AF307701

Helmut Hutten (Hrsg.)

Biomedizinische Technik 4

Technische Sondergebiete

Mit 223 Abbildungen

1991
Springer-Verlag Berlin Heidelberg New York London
Paris Tokyo Hong Kong Barcelona Budapest
Verlag TÜV Rheinland Köln

Professor Dr.-Ing. Helmut Hutten
FB Medizin, Physiologisches Institut
Biomedizinische Technik und Medizinische Informatik
Johannes Gutenberg-Universität Mainz
Saarstraße 21
6500 Mainz

ISBN-13:978-3-642-84182-8   e-ISBN-13:978-3-642-84181-1
DOI: 10.1007/978-3-642-84181-1

CIP-Kurztitelaufnahme der Deutschen Bibliothek
Biomedizinische Technik/Helmut Hutten (Hrsg.). – Berlin; Heidelberg; New York; London; Paris; Tokyo;
Hong Kong; Springer; Köln: Verl. TÜV Rheinland.
NE: Hutten, Helmut [Hrsg.]
Bd. 4. Technische Sondergebiete. – 1991
  ISBN-13:978-3-642-84182-8

Satzarbeiten: Brühlsche Universitätsdruckerei, Gießen

2068/3020-543210 – Gedruckt auf säurefreiem Papier

Mitarbeiter

Otto ANNA, Professor Dr.-Ing., Abt. Biomedizinische Technik und Krankenhaustechnik, Medizinische Hochschule Hannover

Hans-Peter BERLIEN, Professor Dr. med., Laser-Medizin-Zentrum GmbH, Berlin

Armin BOLZ, Dipl. Phys., Zentralinstitut für Biomedizinische Technik, Universität Erlangen-Nürnberg

Klaus DÖRSCHEL, Dr., Laser-Medizin-Zentrum GmbH, Berlin

Uwe FAUST, Professor Dr.-Ing., Institut für Biomedizinische Technik, Universität Stuttgart

Wolfgang FRIESDORF, Dr. med., Zentrum für Anästhesiologie, Universität Ulm

Heinz GUNDLACH, Dr., Firma Carl Zeiss, Oberkochen

Christoph HARTUNG, Professor Dr.-Ing., Abt. Biomedizinische Technik und Krankenhaustechnik, Medizinische Hochschule Hannover

Eric HECKER, Dr.-Ing., Drägerwerk AG, Lübeck

Dieter KURZ, Dr., Firma Carl Zeiss, Oberkochen

Hansgeorg MEYER, Professor Dr.-Ing., Lehrgebiet für Elektrische Anlagen und Fachdidaktik der Elektrotechnik, Universität Hannover

Gerhard MÜLLER, Professor Dr.-Ing., Laser-Medizin-Zentrum GmbH, Berlin

Ortwin MÜLLER, Dipl.-Phys., Braunschweig

Max SCHALDACH, Professor Dr.-Ing., Zentralinstitut für Biomedizinische Technik, Universität Erlangen-Nürnberg

Jürgen SCHÜTZ, Professor Dr., Klinik für Strahlentherapie/Radioonkologie, Universität Münster

Helmut WURSTER, Dipl.-Ing., Richard Wolf GmbH, Knittlingen

Jürgen ZOBEL, Dipl.-Math., Richard Wolf GmbH, Knittlingen

Vorwort

Die Ingenieurwissenschaften beschäftigen sich mit der gezielten Anwendung und Ausnutzung von Naturgesetzen, um damit solche Werkzeuge, Instrumente, Geräte und Verfahren bereitzustellen, die den Menschen in die Lage versetzen, seine Erkenntnis- und Handlungsfähigkeit über die durch biologische Voraussetzungen gezogenen Grenzen hinaus zu steigern. Unter dem Sammelbegriff „Technik" werden die Ergebnisse dieser ingenieurwissenschaftlichen Leistung zusammengefaßt.

Die Medizin hat sich von Anfang an der jeweils zur Verfügung stehenden technischen Hilfsmittel bedient. Vom Steinmesser der grauen Vorzeit führt eine stete Entwicklung über die Erfindung des Lichtmikroskops, die Entdeckung der Röntgenstrahlen und die Anwendung der künstlichen Niere bis zur heutigen Medizin-Technik. Der Leistungsstand der modernen Medizin in Forschung und Klinik ist ohne Medizin-Technik nicht denkbar.

Die Biomedizinische Technik stellt jenes multidisziplinäre Fachgebiet dar, in dem sich die verschiedenen Disziplinen der Medizin, der Ingenieur- und der Naturwissenschaften berühren. Dieses Fachgebiet sieht seine vorrangige Aufgabe in der Bereitstellung von Technik für Probleme in Medizin und Biologie, aber auch und mit zunehmender Bedeutung in der unmittelbaren Beschäftigung mit medizinischen und biologischen Problemen unter Anwendung ingenieurwissenschaftlicher Methoden und Kenntnisse.

Die Biomedizinische Technik ist, bei aller Eigenständigkeit, nach wie vor stark geprägt von den vielfältigen Wechselbeziehungen zwischen der Medizin, den Ingenieur- und den Naturwissenschaften. Als Folge hiervon kam es zu einer immer noch fortschreitenden Aufteilung und Spezialisierung innerhalb des Fachgebietes. Als Beispiel für diese anhaltende Entwicklung seien die Medizinische Informatik, die Biomaterialien und die Laser in der Medizin genannt. Viele dieser Teilgebiete unterliegen in Forschung und Anwendung eigenen Anforderungen und Gesetzmäßigkeiten. Um zu gewährleisten, daß für jedes Teilgebiet der aktuelle Stand des Wissens angemessen dargestellt wird, wurden Autoren gewonnen, deren eigene Erfahrungen und Forschungsaktivitäten die dafür notwendigen Voraussetzungen boten. Jeder Herausgeber ist sich der Tatsache bewußt, daß trotz aller redaktionellen Vorgaben und inhaltlichen Koordinationsbemühungen ein Mehrautorenwerk in Inhalt und Darstellung niemals so einheitlich gestaltet werden kann wie das Werk eines einzelnen Autors. Dieser Nachteil wird jedoch durch den hohen Informationsgehalt, wie ihn nur Autoren mit Fachkompetenz vermitteln können, mehr als aufgewogen.

Die Herausgabe eines derart umfassenden Buches für ein Fachgebiet, das sich in einer Phase starker dynamischer Entwicklung und Ausweitung befindet, wirft in vielfacher Hinsicht Probleme auf. Jede Darstellung entspricht einer Momentaufnahme und kann bereits nach kurzer Zeit überholt sein. Bedingt durch die Mitarbeit so zahlreicher Autoren ist es trotz aller Bemühungen nicht immer möglich, die verschiedenen Momentaufnahmen zeitlich völlig aufeinander abzustimmen.

Wenn mit der Herausgabe eines Buches die Erwartung verbunden wird, damit ein nützliches Hilfsmittel für unterschiedliche Zielgruppen bereitzustellen, dann muß diese Vorgabe in vielfacher Hinsicht berücksichtigt werden. Ein solches Werk soll dem, der sich in das Fachgebiet einarbeiten möchte, ebenso von Nutzen sein wie jenem, der bereits auf diesem Fachgebiet tätig ist. Es soll ferner, dem multidisziplinären Charakter des Fachgebietes entsprechend, über die Grenzen des eigenen Fachgebietes hinaus wirken. Aus diesem Grund sollen die Beiträge einen Verständniszugang auch von benachbarten Fachgebieten aus ermöglichen und für Interessierte aus der Medizin, den Ingenieur- und den Naturwissenschaften eine Quelle nützlicher Informationen sein.

Die Darstellung eines so weitgefächerten Fachgebietes kann bei allem Bemühen, vielen Ansprüchen gerecht zu werden, nicht jeden Wunsch erfüllen. Es ist offensichtlich, daß ein in seinem Umfang stark eingeschränktes Buch nicht die speziellen Fachvorlesungen in ihrer Ausführlichkeit und didaktischer Gestaltung ersetzen kann. An vielen Stellen war es leider unvermeidbar, zugunsten der inhaltlichen Vollständigkeit auf die wünschenswerte didaktische Ausgestaltung zu verzichten.

Die Unterteilung in vier Bände, die jeweils einen thematischen Schwerpunkt aufweisen, kommt sicher den Wünschen mancher Lesergruppen entgegen. Allerdings muß betont werden, daß die in einem einzelnen Band enthaltenen Beiträge die Gesamtheit des Fachgebietes mit seinen vielfältigen multidisziplinären Aspekte nicht widerspiegeln können. Die inhaltliche Zusammengehörigkeit des mehrbändigen Werkes wird dadurch unterstrichen, daß alle Beiträge fortlaufend numeriert und bandübergreifende Verweise enthalten sind.

Eventuelle Mängel hinsichtlich der Gliederung und Strukturierung fallen in die ausschließliche Verantwortung des Herausgebers. Entsprechende Hinweise aus dem Kreis der Leser werden dankbar begrüßt.

Mein ganz besonderer Dank gilt den Autoren. Ohne ihre Mitwirkung und ihre Bereitschaft, die nicht immer einfachen redaktionellen Auflagen und Wünsche des Herausgebers zu erfüllen, wäre die Verwirklichung dieses Projektes nicht möglich gewesen.

Für ihre Unterstützung möchte ich ferner den Mitarbeitern der beiden Verlage meinen Dank aussprechen.

Graz, im Mai 1991   Helmut Hutten

Inhalt

33 Laser in der Medizin
Berlien, Dörschel, Müller

34 Strahlentherapie, Strahlenschutz
Schütz

35 Meßwertwandler in der Medizin
Faust

36 Biomaterialien
Schaldach, Bolz

37 Ergonomie
Friesdorf, Hecker

38 Elektromagnetische Verträglichkeit
Meyer

39 Technik im Krankenhaus – Praxis, Normen und Richtlinien
Anna, Hartung

Inhaltsübersicht der Bände 1–3

Band 1: Diagnostik und bildgebende Verfahren

Band 2: Therapie und Rehabilitation

18 Elektrotherapie und Thermotherapie
    (Rusch)
19 Ultraschalltherapie und Stoßwellen
    (Schuy, Leitgeb)
20 Drucktherapie
    (Dirnagl, Strout, Weyans)

Band 3: Signal- und Datenverarbeitung, Medizinische Sondergebiete

21 Medizinische Informatik
    (Dickhaus, Hofmann, Klauck, Leven)
22 Bildverarbeitung
    (Höhne)
23 Patientenüberwachung
    (Epple, Bleicher)
24 Datenverbundsysteme
    (Wilde)
25 Telemetrie und Datenübertragung
    (Kimmich)
26 Notfallmedizin, Reanimationsgeräte, Transportvorrichtungen, Ausstattung von
    Rettungsmitteln
    (Dick, Jantzen, Hennes, Brandt, Strecker)
27 Apparative Überwachung in der Schwangerschaft, während der Geburt und in
    der Neugeborenenperiode
    (Gentner)
28 Dentalmedizinische Technik
    (Liefke)
29 Audiologische Technik
    (Daetz, Kießling, Helle)
30 Medizintechnik in der Ophthalmologie
    (Hennekes)

31 Mikroskope

Heinz Gundlach, Dieter Kurz, Ortwin Müller

31.1 Lichtmikroskope

Heinz Gundlach

31.1.1 Einleitung

Die Anfänge der Lichtmikroskopie gehen zurück bis in das 16. Jahrhundert. Um 1590 haben sehr wahrscheinlich holländische Brillenmacher das zusammengesetzte Mikroskop erfunden. Bereits 1665 entdeckte der Engländer Robert Hooke (1635–1703) die ersten Zellen im Korkgewebe. Neben dem zusammengesetzten Mikroskop wurden auch stark vergrößernde Lupen benutzt. So konnte Antony von Leeuwenhoek (1632–1723) mit seinem bis zu 270fach vergrößernden einlinsigen „Mikroskop" die ersten Bakterien beschreiben.

Die großen Entwicklungen der Lichtmikroskopie folgten im 19. Jahrhundert. Den eigentlichen Durchbruch auf dem Weg zur Konstruktion moderner Mikroskope brachte die Theorie zur Bildentstehung im Mikroskop durch Ernst Abbe (1840–1905) im Jahre 1872. Durch den Einsatz neuer optischer Gläser durch Otto Schott (1851–1935) konnten besser korrigierte Objektive gerechnet werden. Mit der Einführung der apochromatischen Objektive und der Ölimmersion erreichte das Lichtmikroskop bereits 1886 seine Auflösungsgrenze von 200 nm. Das 20. Jahrhundert steht ganz im Zeichen der Entwicklung von Beleuchtungs- und Kontrastierungsverfahren sowie der mikrophotographischen Einrichtungen; Photometer- und Bildanalyseeinrichtungen ergänzen die Mikroskope zu messenden Systemen. Die Fernseh- und Lasertechniken mit den Möglichkeiten der Digitalisierung und Kontrastverstärkung haben den Anwendungsbereich der Lichtmikroskopie entscheidend erweitert.

31.1.2 Der Aufbau des Lichtmikroskops

Mechanische Baugruppen

Das Mikroskopstativ ist das tragende Element, an dem alle mechanischen und optischen Teile angesetzt bzw. integriert sind. Der Objekttisch dient zur Aufnahme und zum Absuchen des Präparats. Über die Bewegung der Tische in der Z-Achse wird bei der Mehrzahl der Mikroskope auch das Präparat scharfgestellt = fokussiert. Für Spezialanwendungen gibt es Mikroskope mit feststehendem Tisch (s. Inverse Mikroskope). Die Fokussierung erfolgt dann über die Höhenverstellung des Objektivrevolvers oder über den Tubusträger. Der Objektivrevolver dient zur Aufnahme der Objektive. Er ist bei Kurs- und den meisten Labormikroskopen am Stativ fest montiert, bei Forschungsmikroskopen wechselbar. Der Tubus ist heute meistens ein Binokulartubus, nur einfache Schüler- und Kursmikroskope haben aus Preisgründen noch einen monokularen Tubus. Trinokulare Tuben werden beispielsweise für die Mikrophotographie und Videoübertragung eingesetzt.

Optische Baugruppen

Das Objektiv ist die zentrale optische Einheit und erzeugt das Zwischenbild. Das Okular im Tubus hat die Wirkung einer Lupe und vergrößert das Zwischenbild. Der Kondensor ist zusammen mit dem Kollektor verantwortlich für die Beleuchtung des Präparats.

Der geometrisch-optische Strahlengang

Abbildungsstrahlengang mit auf endliche Bildweite gerechneten Objektiven (Abb.31.1a). Das Objektiv entwirft von dem Objekt ein umgekehrtes, vergrößertes, reelles Zwischenbild. Dieses Zwischenbild liegt in der Brennebene des (als Lupe wirkenden) Okulars, von dem es in das Unendliche abgebildet wird. Die Entfernung der objektseitigen Brennebene des Okulars von der bildseitigen Brennebene des Objektivs heißt optische Tubuslänge. Die mechanische Tubus-

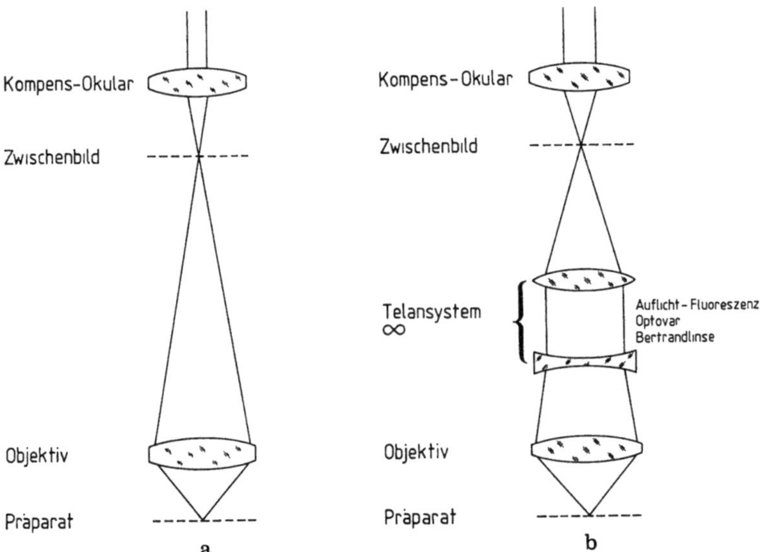

Abb.31.1. Abbildungsstrahlengang (schematisch) für Objektive mit endlicher Bildweite und Kompensionsokularen

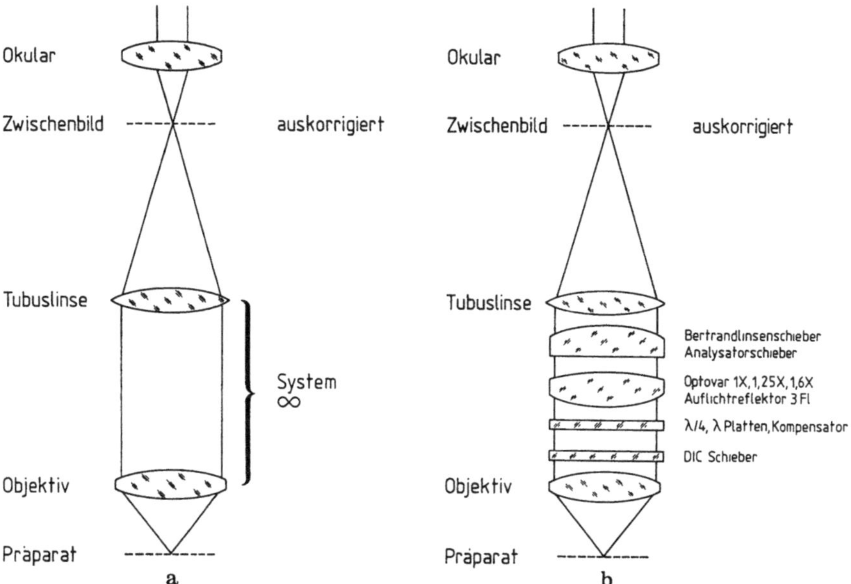

Abb. 31.2. Abbildungsstrahlengang (schematisch) für Objektive mit ∞ Bildweite am Beispiel der ICS-Optik (Infinity Color Corrected System)

länge rechnet von der Anlagefläche des Objektivs bis zur Auflagefläche des Okulars und beträgt bei den Mikroskopen heute 160 mm. Die noch im Zwischenbild vorhandene chromatische Vergrößerungsdifferenz wird durch das Okular kompensiert. Optische Zusatzelemente müssen mit Hilfe eines Telansystems in den Strahlengang eingefügt werden (Abb. 31.1 b).

Abbildungsstrahlengang mit auf unendliche Bildweite gerechneten Objektiven (Abb. 31.2 a). Das Objektiv entwirft von dem Objekt ein Bild in unendlicher Bildweite. Die Tubuslinse sammelt die hinter dem Objektiv parallelen Strahlen und erzeugt in ihrer Brennebene ein umgekehrtes reelles Zwischenbild. In diesem Beispiel ist das Zwischenbild vollständig auskorrigiert, und es werden demzufolge auch keine Kompensationsokulare benötigt. Dieses Konzept bringt Vorteile bei der Weiterverarbeitung des Bildes durch Photographie und Fernseher. Optische Komponenten für die Kontrastierungsverfahren, die Auflichtfluoreszenz oder Vergrößerungswechsler werden in den parallelen Strahlengang zwischen Objektiv und Tubuslinse eingefügt und erfordern weder Zwischenringe, Zwischentuben noch zusätzliche Optik (Abb. 31.2 b).

Vergrößerung

Die Gesamtvergrößerung des Mikroskops errechnet sich nach der Formel

$$V_{\mathrm{Mikr}} = M_{\mathrm{Obj}} \cdot V_{\mathrm{Oku}}.$$

Die Maßstabszahl M des Objektivs gibt an, um wieviel länger eine Strecke im Zwischenbild als im Präparat ist. Die zweite Stufe der Abbildung wird durch die Vergrößerung V des Okulars angegeben.

Häufig besitzen Mikroskope noch verkleinernde oder vergrößernde Systeme. Dann muß die Gleichung um diesen Faktor ergänzt werden.

Numerische Apertur und Auflösungsvermögen

Nach der Abbeschen Theorie der Bildentstehung im Mikroskop wird das Auflösungsvermögen eines Mikroskops durch die numerischen Aperturen von Objektiv und Kondensor sowie durch die Wellenlänge des verwendeten Lichtes bestimmt.

Die numerische Apertur A des Objektivs ist durch

$$A_{\mathrm{Obj}} = n \cdot \sin u'$$

definiert (Abb. 31.3).

Dabei ist n die Brechzahl des Mediums vor der Frontlinse und u' der halbe Öffnungswinkel in diesem Medium.

Trockenobjektive haben deshalb numerische Aperturen $A < 1$, im Höchstfall wird eine Apertur von 0,95 erreicht.

Immersionsobjektive nutzen die höhere Brechzahl von Flüssigkeiten aus ($n > 1$) und weisen daher höhere numerische Aperturen auf. In Verbindung mit dem Immersionsöl ($n = 1{,}515$) werden Aperturen bis 1,4 erreicht.

Sind die numerischen Aperturen und die Wellenlänge des verwendeten Lichtes bekannt, so kann das Auflösungsvermögen nach

$$d = \frac{\lambda}{A_{\mathrm{Obj}} + A_{\mathrm{Kond}}}$$

bestimmt werden. d = Abstand von 2 Punkten in nm, λ = Wellenlänge in nm, A_{Obj} = numerische Apertur des Objektivs, A_{Kond} = numerische Apertur des Kondensors.

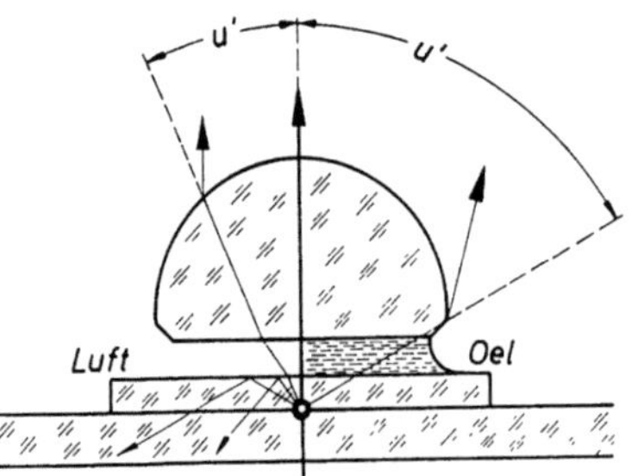

Abb. 31.3. Öffnungswinkel Objektiv in Abhängigkeit von der Brechzahl des Mediums zwischen Frontlinse und Deckglas. Totalreflexion an der Deckglasoberkante

Die Auflösungsgrenze eines Lichtmikroskops ist gekennzeichnet durch den kleinsten Abstand zweier Punkte im Objekt; sie beträgt in Verbindung mit den numerischen Aperturen A_{Obj} und A_{Kond} von jeweils 1,4 und bei Verwendung von grünem Licht ($\lambda = 550$ nm) $d = 200$ nm.

Die Auflösung kann nur durch Vergrößern der Apertur oder Verkürzung der Wellenlänge gesteigert werden. Auf der Basis dieser Überlegungen wurde das Ultraviolettmikroskop geschaffen (A. Köhler u. M. v. Rohr 1904). Eine wesentliche Steigerung der Auflösung brachte erst das Elektronenmikroskop.

Förderliche Vergrößerung

Es wird nun ersichtlich und verständlich, warum der Auflösung eine größere Bedeutung zukommt als der Gesamtvergrößerung eines Mikroskops. Keine noch so hohe Okularvergrößerung kann dem Auge mehr zeigen, als im Zwischenbild aufgrund der numerischen Apertur des Objektivs aufgelöst wird.

Für die sogenannte förderliche (nutzbare) Gesamtvergrößerung V ergeben sich bei der Wellenlänge $\lambda = 550$ nm die folgenden Grenzen:

$$V_{min} = 500\ A_{Obj}$$

und

$$V_{max} = 1\,000\ A_{Obj}.$$

Ist die angewendete Gesamtvergrößerung kleiner als V_{min}, so wird das Auflösungsvermögen des Objektivs nicht voll ausgenutzt. Vergrößerungen über dem 1 000fachen Wert der Objektivapertur liefern keine zusätzliche Information und werden nur für Meß- und Zahlaufgaben oder in Verbindung mit konstrastverstärkenden Videosystemen (s. Abschn. 31.1.9) eingesetzt.

Korrektion der Bildfehler und Einteilung der Objektive

Bei der Abbildung mittels Linsen und Linsensystemen tritt eine beträchtliche Anzahl von Bildfehlern auf. Man unterscheidet zwischen Fehlern, die bereits in der optischen Achse auftreten und solchen, die sich am Rand des Bildes bemerkbar machen.

Zu der ersten Gruppe gehören:
- die sphärische Aberration,
- der Sinusfehler,
- die chromatische Aberration

und zur zweiten Gruppe
- die Koma,
- der Astigmatismus,
- die Bildkrümmung,
- die Verzeichnung,
- die chromatische Vergrößerungsdifferenz.

Durch die Kombination mehrerer, verschieden geformter Linsen aus unterschiedlichen Glassorten oder aus Flußspat sowie durch die Anordnung von Blenden gelingt es, die Abbildungsfehler mehr oder weniger vollständig zu beseitigen.

Eine Einteilung der verschiedenen Objektive wird nach dem Grad der Korrektion der Bildfehler vorgenommen, wobei die Art der Farbkorrektion im Vordergrund steht. Folgende Korrektionsklassen werden unterschieden:
- chromatische Objektive,
- fluorit- oder semiapochromatische Objektive,
- apochromatische Objektive.

Achromate sind einfach aufgebaute Objektive, bei denen im Interesse eines niedrigen Preises nur die Schnittweiten für die Farben blau und rot des Spektrums gleich gemacht sind. Die Reste der chromatischen Aberration machen sich an dunklen Präparatstellen durch violette oder gelbgrüne Farbsäume bemerkbar.

Planachromate sind Objektive, bei denen die Bildkrümmung praktisch vollkommen beseitigt wurde. Gleichzeitig konnte durch den dafür notwendigen Mehraufwand an Linsen auch die achromatische Korrektion verbessert werden (Zeiss 1938).

Fluoritobjektive sind Objektive, die durch Verwendung von Flußspat anstelle von Kronglas gegenüber den Achromaten bei etwa gleicher Anzahl von Linsen eine erheblich bessere Korrektion der Bildfehler sowie eine höhere Apertur aufweisen. Heute werden Fluoritobjektive vorwiegend als Planobjektive angeboten.

Die neueste Entwicklung stellen die Plan-Neofluare von Zeiss (1986) dar, die bei einer Sehfeldzahl von 25 (s. u.) eine an die Planapochromate heranreichende Farbkorrektion aufweisen. Durch die Verwendung neuer Glassorten wird eine außerordentlich gute Transmission im gesamten sichtbaren Spektralbereich bis in den UV-Bereich von 340 nm erzielt. Daher sind diese Objektive sowohl für die Anwendung in der Fluoreszenzmikroskopie als auch für alle anderen Beleuchtungs- und Kontrastierungsverfahren besonders gut geeignet [1, 2].

Planapochromate sind Objektive der höchsten Leistungsklasse, bei denen alle chromatischen und sphärischen Fehler hervorragend beseitigt sind und die gegenüber Fluoritobjektiven eine noch höhere Apertur aufweisen. Dementsprechend werden diese Objektive überall dort eingesetzt, wo höchste Auflösung gefordert ist und die Dokumentation auf Farbfilm erfolgt.

Deckglasdicke und Immersion. Objektive werden in der Regel für eine Deckglasdicke von 0,17 mm optimal korrigiert. Abweichungen von diesem Sollwert verursachen je nach der Apertur des verwendeten Objektivs eine das Bild mehr oder weniger beeinträchtigende Über- oder Unterkorrektion. Objektive mit hoher numerischer Apertur werden oft mit einer Korrektionsfassung ausgerüstet, mit der Deckglasdickenabweichungen ausgeglichen werden können.

Ein anderes wirksames Mittel, den Einfluß einer Deckglasdickenabweichung auszugleichen, ist das Prinzip der Immersion. Zwischen Objekt und Objektivfrontlinse wird eine Flüssigkeit aufgebracht, die möglichst die gleichen optischen Eigenschaften aufweist wie das Deckglas und das Glas der Frontlinse. Gleichzeitig bewirkt die Immersion auch eine Vergrößerung der Apertur und damit einen Gewinn an Auflösung (s. o.). Außer dem Öl ($n = 1,515$) als Immersionsmittel werden auch Wasser ($n=1,333$) oder Glyzerin ($n=1,455$) benutzt. Die Multiimmersions-Objektive vom Typ Plan-Neofluar (Zeiss 1975) sind für die Benutzung mit Öl, Wasser und Glyzerin korrigiert, können mit und ohne Deckglas benutzt werden und haben eine wesentlich höhere Apertur als vergleichbare Trockenobjektive. Sie eignen sich daher besonders gut für die Fluoreszenzmikroskopie.

Spezial- und Sonderobjektive werden unterteilt in:
- Ultrafluare sind von 230 bis 700 nm chromatisch korrigiert,
- LD-Objektive haben einen großen Arbeitsabstand (LD Long Working Distance),
- Objektive o. D. sind für Präparate ohne Deckglas gerechnet,
- Objektive m. I. haben eine eingebaute Irisblende,
- Objektive Ph für Phasenkontrast,
- Objektive Pol sind spannungsfrei,
- Objektive HD für Auflichthellfeld- und Dunkelfelduntersuchungen.

Okulare

Hauptkennzeichen der Okulare sind die Lupenvergrößerung und der Korrektionstyp. Okulare, die die chromatische Vergrößerungsdifferenz ausgleichen, werden als Kompensationsokulare bezeichnet (s. o.) Wichtige Größen für die Beurteilung der Okulare und ihrer optischen Leistung sind die Sehfeldzahl sowie der Bildwinkel. Die Sehfeldzahl ist der Zahlenwert des in Millimeter angegebenen Zwischenbilddurchmessers. Die Größe des Objektfeldes in Millimeter errechnet sich aus der Sehfeldzahl dividiert durch die Objektivmaßstabszahl. Für die Betrachtung großer Sehfelder werden Weitwinkel- oder Großfeld-Okulare mit Bildwinkeln bis 55° eingesetzt. Okulare für Brillenträger haben eine besonders hohe Lage der Austrittspupille über der Fassung der Augenlinse.

Kondensoren

Kondensoren sind Linsensysteme, die die Aufgabe haben, sowohl die Objektfelder schwacher Objektive homogen auszuleuchten, als auch im Grenzfall die maximale Objektivapertur mit Licht zu füllen. Diese Ansprüche kann naturgemäß ein einziger Kondensor nicht erfüllen. Entsprechend der Korrektion der Objektive gibt es einfach korrigierte Kondensoren in den Aperturbereichen 0,6 bis 0,9 und 1,3 sowie Kondensoren mit achromatisch-aplanatischer Korrektion bis zur Apertur 1,4. Für die einzelnen Kontrastierungsverfahren stehen spezielle Kondensoren zur Verfügung, für vergleichende Untersuchungen werden sogenannte Kombinationskondensoren angeboten. Untersuchungen in Petrischalen und Zellkulturkammern erfordern Kondensoren mit großem Arbeitsabstand (LD-Kondensoren).

Lichtquellen und Kollektoren

Für die Durchlichtmikroskopie werden heute vorwiegend Niedervoltglühlampen und Halogenlampen eingesetzt, die sich durch eine hohe Leuchtdichte auszeichnen. Der vor der Lampe angebrachte Kollektor bildet die Glühwendel vergrößert in die vordere Brennebene des Kondensors ab. Neben einer ausreichenden Helligkeit muß die Lichtquelle auch eine definierte Farbtemperatur liefern. Halogenlampen haben den Vorteil, daß der Glaskolben nicht geschwärzt wird und damit Helligkeit und Farbtemperatur über die gesamte Betriebsdauer konstant bleiben. Für die Fluoreszenzmikroskopie werden vorzugsweise Gasentladungslampen in Verbindung mit fokussierbaren Kollektoren eingesetzt.

31.1.3 Mikroskopbeleuchtung nach Prof. A. Köhler (1893)

Das wesentliche Merkmal dieses Beleuchtungsverfahrens ist die Verflechtung von einem Objektstrahlengang und einem Pupillenstrahlengang, die zum besseren Verständnis getrennt dargestellt werden (Abb. 31.4). Im Pupillenstrahlengang wird die Lichtquelle durch den Kollektor in die Kondensorblende abgebildet, die sich in der vorderen Brennebene des Kondensors befindet. Die Kondensorblende bestimmt als Eintrittspupille die Öffnung der Hauptstrahlen, mit ihr wird die Beleuchtungsapertur eingestellt. Weitere Bilder der Lichtquelle entstehen durch das

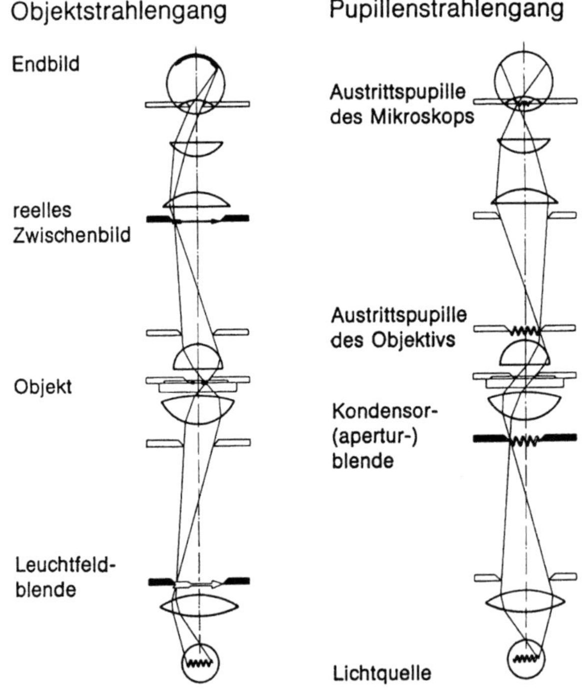

Abb. 31.4. Strahlengang Köhlersche Beleuchtung

Objektiv in der hinteren Brennebene des Objektivs und durch das Okular in der Austrittspupille des Mikroskops.

Im Objektstrahlengang bildet der Kondensor die Leuchtfeldblende in das Präparat ab. Von hier erfolgt die Abbildung zusammen mit dem Präparat in die Sehfeldblende des Okulars.

Die Vorteile der Köhlerschen Beleuchtung bestehen darin, daß trotz kleiner Glühwendel sowohl die ganze Fläche der Leuchtfeldblende als auch die Apertur von Kondensor und Objektiv ausgeleuchtet werden. Mit Hilfe der Leuchtfeldblende wird im Präparat nur das Feld beleuchtet, das in die Sehfeldblende abgebildet wird. Mit der Kondensorblende = Aperturblende läßt sich die Beleuchtungsapertur und damit das Verhältnis von Auflösung, Kontrast und Tiefenschärfe regeln.

31.1.4 Beleuchtungs- und Kontrastierungsmethoden

Für die Darstellung der folgenden Verfahren muß die wellenoptische Betrachtungsweise der Bildentstehung heranzogen werden, nach der das Bild im Mikroskop als Ergebnis eines Beugungs- und Interferenzvorgangs aufzufassen ist.

Hellfeldbeleuchtung

Die klassische Hellfeld-Untersuchungsmethode setzt kontrastreich gefärbte Objekte voraus, die die Amplitude des zur Beleuchtung hindurchgeschickten Lichts durch Absorption verkleinern. Die Präparate erscheinen in einem Hell-Dunkel- oder Farbkontrast auf hellem Feld. Der Kontrast wird mit Hilfe der Kondensorblende geregelt.

Dunkelfeldbeleuchtung

Die Beleuchtungsapertur ist immer größer als die Objektivapertur, und es gelangen nur die am Objekt abgebeugten Lichtstrahlen in das Objektiv. Die Objekte erscheinen als helle Beugungsfigur auf völlig dunklem Untergrund. Die Leuchtdichte des Untergrundes ist stets Null, daher ist der Kontrast = 1. Mit diesem Verfahren lassen sich auch submikroskopische Teilchen nachweisen. Es gibt Trockendunkelfeld-Kondensoren und Ultra-Kondensoren für die Verwendung mit Öl.

Phasenkontrastverfahren

Aufbauend auf der Abbeschen Theorie der Bildentstehung im Mikroskop entwickelte der holländische Physiker Frits Zernike (1935) das Phasenkontrastverfahren, mit dem für das Auge unsichtbare Phasenverschiebungen ungefärbter biologischer Objekte in sichtbare Hell-Dunkel-Kontraste umgewandelt werden können. Im primären Beugungsbild eines sogenannten Phasenpräparats sind die direkten Lichtwellen gegenüber den abgebeugten Lichtwellen in der Phase verschoben (Abb. 31.5 a). Diese Phasenverschiebung von ca. $\lambda/4$ wird durch Dicken- und/oder Brechzahlunterschiede im Präparat hervorgerufen. Die Phasenplatte verändert die Phase und Amplitude der direkten Lichtwellen so, daß eine Phasenverschiebung von $\lambda/2$ erzielt wird (Abb. 31.5 b) und die Amplituden von direkten und abgebeugten Lichtwellen annähernd gleich sind (Abb. 31.5 b). Durch Interferenz tritt Auslöschung ein, das Phasenobjekt erscheint dunkel auf einem helleren Untergrund. In der praktischen Anwendung lassen sich direktes und gebeugtes Licht oft nicht vollständig trennen, d. h. gebeugte Lichtwellen werden auch phasenverschoben. Das führt zu optischen Artefakten in Form von hellen Höfen (Halo-Effekt). Phasenkontrastuntersuchungen erfordern eine sorgfältige Präparation, die Präparate sollten möglichst dünn ausgestrichen werden. Der Anwendungsbereich reicht von der medizinischen Schnelldiagnostik über die Zellforschung bis zur Untersuchung ungefärbter Schnitte. 1953 erhielt Zernike den Nobelpreis für Physik.

Für dieses Verfahren werden spezielle Phasenkontrastobjektive sowie Phasenkontrastkondensoren benötigt. Einfache Routinemikroskope besitzen häufig nur eine separate Ringblende unterhalb des Hellfeldkondensors. Bei Forschungsmikroskopen mit zugänglichem Zwischenbild können separate Phasenringe in Verbindung mit normalen Hellfeldobjektiven benutzt werden.

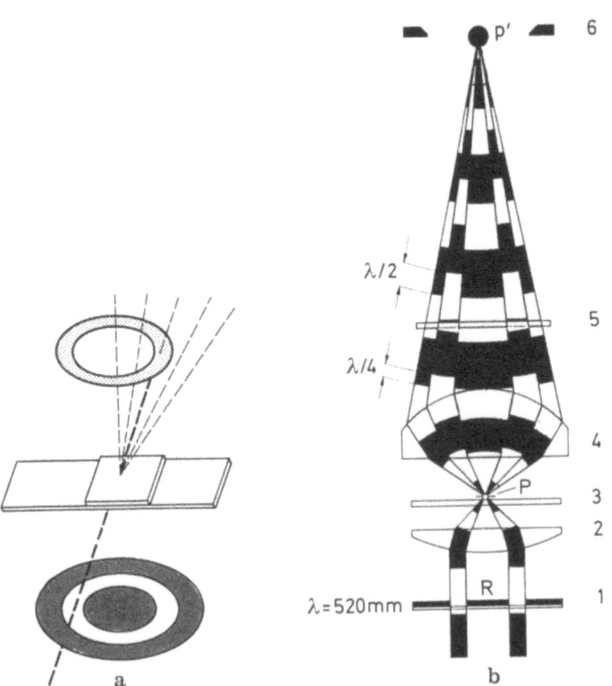

Abb. 31.5. Strahlengang eines Phasenkontrast-Mikroskops (schematisch)

Differential-Interferenzkontrast-Verfahren nach Smith und Nomarski

Das Prinzip des Zweistrahl-Interferenzkontrast-Mikroskops nach Smith zeigt die Abb. 31.6. Das linear polarisierte Licht trifft auf das Wollaston-Prisma 1 in der vorderen Brennebene des Kondensors. Es erfolgt Strahlenaufspaltung in zwei zueinander senkrecht stehende Wellenzüge, die aber unter dem Auflösungsvermögen des verwendeten Objektivs liegt. Ähnlich wie beim Phasenkontrast tritt an den Grenzen des Objekts je nach der Objektphasenverschiebung Aufhellung oder Verdunklung gegenüber dem Umfeld auf. Ein zweites Wollastonprisma in der hinteren Brennebene des Objektivs führt die beiden Teilwellen wieder zusammen. Die Einrichtung nach Smith verlangt Spezialobjektive mit fest eingebauten Wollastonprismen, die Objektivauswahl ist begrenzt und der Kontrast kann nur durch Drehen des Polarisators verändert werden.

Die Interferenzkontrast-Einrichtung nach Nomarski verwendet modifizierte Wollaston-Prismen, die außerhalb der Brennebene von Kondensor und Objektiv liegen, so daß normale Objektive benutzt werden können. Der Kontrast kann zusätzlich durch Verschieben des Prismas auf der Objektivseite verändert werden.

Es werden wie beim Phasenkontrast optische Weglängendifferenzen dargestellt. Die Objekte erscheinen reliefartig, und auch dickere Strukturen werden ohne „Halo" abgebildet. Durch Ausnutzen der vollen Apertur lassen sich optische Schnitte durch dickere transparente Objekte legen [3].

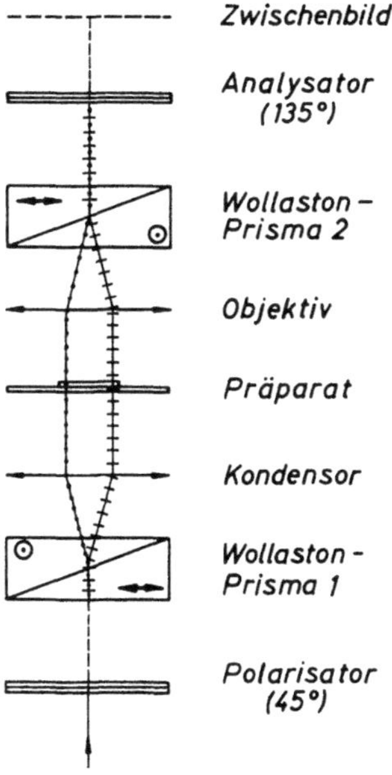

Abb. 31.6. Strahlengang eines Zweistrahl-Interferenzkontrast-Mikroskops (schematisch)

Reflexionskontrastverfahren

Mit Hilfe von polarisiertem Licht und einem speziellen Antiflex-Objektiv, bei
dem eine $\lambda/4$-Platte vor der Frontlinse drehbar eingebaut ist, lassen sich Interfe-
renzerscheinungen im Auflicht sichtbar machen, die beispielsweise Aufschluß geben über das Adhäsionsverhalten von Zellkulturen an Glasoberflächen. Dieses
Verfahren kann mit Durchlichtkontrastierungsmethoden kombiniert werden [4,
5].

Polarisationsmikroskopie

Im polarisierten Licht werden doppelbrechende (anisotrope) Strukturen sichtbar
gemacht. Im einfachen Fall bestehen Polarisationsmikroskope aus einem Polari-
sator, einem Analysator sowie einem drehbaren Mikroskoptisch. Zum Messen
der durch Doppelbrechung bedingten Gangunterschiede der Lichtwellen werden
Hilfsobjekte, Kompensatoren und eine spannungsfreie Optik benötigt.

Fluoreszenzmikroskopie

Unter Fluoreszenz versteht man die Lichtemission von bestimmten organischen
und anorganischen Stoffen bei Anregung mit energiereicher Strahlung, wobei
diese unmittelbar nach Beendigung der Anregung rasch abklingt. Diese Leucht-
erscheinung wurde zuerst bei dem Mineral Flußspat = Fluorit beobachtet. Die
Wellenlänge des emittierten Fluoreszenzlichts ist immer größer als die des anregenden Lichts (Stokessche Regel 1852).
   Viele biologische Substanzen fluoreszieren bereits von sich aus bei geeigneter
Anregung (Eigenfluoreszenz). Nicht fluoreszierende Strukturen können mit Flu-
oreszenzfarbstoffen (Fluorochromen) angefärbt werden (Sekundärfluoreszenz).
Die Immunfluoreszenz, 1941 durch Coons eingeführt, basiert auf der Antigen-
Antikörper-Bindung unter Verwendung fluorochrommarkierter Antikörper.
Hier wird die hohe Spezifität der Immunreaktionen mit der hohen Nachweisemp-
findlichkeit der Fluoreszenzmikroskopie gekoppelt. Für die Fluoreszenzmikroskopie werden spezielle Lampen sowie Filter benötigt (Abb. 31.7a, b). Als Lichtquellen werden vorzugsweise Quecksilber-Hochdrucklampen (z. B. HBO 50) sowie auch Xenon-Höchstdrucklampen eingesetzt. Für die Grünanregung eignen
sich bedingt auch Halogenlampen. Nur die für die Anregung notwendige Wellenlänge wird von dem Erregerfilter (auch als Kurzpaß- oder KP-Filter bezeichnet)
durchgelassen und gelangt auf das Präparat. Das nach allen Seiten abstrahlende
Fluoreszenzlicht (Selbstleuchter) wird von dem Sperrfilter (auch als Langpaß-
oder LP-Filter bezeichnet) maximal durchgelassen und das nicht absorbierte Er-
regerlicht abgesperrt.
   Die Fluoreszenzmikroskopie kann sowohl im Durchlicht- als auch im Auflichtverfahren durchgeführt werden, wobei sich das Auflichtverfahren heute
weitgehend durchgesetzt hat, weil es in der Handhabung einfacher und mit
Durchlichtkontrastierungsverfahren kombinierbar ist. Für die Auflichtfluoreszenz benötigt man noch die entsprechenden Farbteiler.

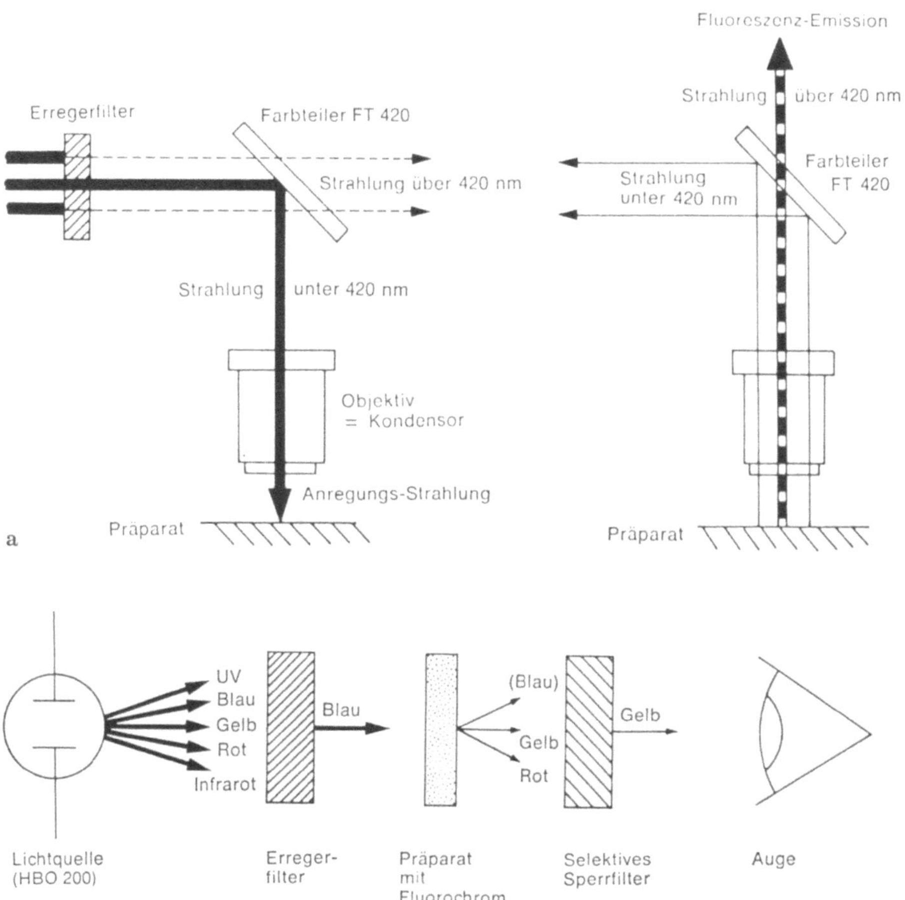

Abb. 31.7. Strahlengang eines Fluoreszenzmikroskops (schematisch) für Blau-Anregung (z. B. FITC-Methode)

Tabelle 31.1. Anwendung und spezielle Eigenschaften der Fluoreszenzmikroskope

Methode (Fluorochrom)	Anwendung	Anregung	Fluoreszenz
DAPI	DNA	UV	Blau
Acridinorange	Zellkerne	Blau	Gelb, Orange
FITC (Fluoresceinisothiocyanat)	Nachweis für Antigen/ Antikörper	Blau	Grün
Rhodamin	Nachweis für Antigen/ Antikörper	Grün	Rot

Für die Fluoreszenzmikroskopie eignen sich besonders Fluoritobjektive (s. Abschn. 31.1.2). Planapochromate können nur für die Anregung im sichtbaren Spektralbereich eingesetzt werden. Die Helligkeit des Fluoreszenzbildes nimmt jeweils proportional zum Quadrat der numerischen Aperturen von Kondensor und Objektiv zu.

Bei der Auflichtanregung geht die Apertur in der 4. Potenz ein, da hier das Objektiv auch als Kondensor wirkt. Dagegen geht die Helligkeit umgekehrt zum Quadrat der Gesamtvergrößerung zurück. Aus diesem Grund sind Okulare mit geringer Eigenvergrößerung zu wählen.

Eine Auswahl von Anwendungen zeigt Tabelle 31.1.

31.1.5 Inverse Mikroskopie

Mikroskope umgekehrter (inverser) Bauart wurden ursprünglich zur Untersuchung von Plankton eingesetzt. Mit grundlegenden Neuentwicklungen ist der Anwendungsbereich auch auf die moderne Zellforschung und Molekularbiologie ausgedehnt worden [6].

Strahlenführung und Bauprinzip

Die Beleuchtungseinrichtung ist oberhalb, die Objektive sind unterhalb des Objekttisches angeordnet (Abb. 31.8). Das Stativ ist U-förmig gestaltet, der Photo-

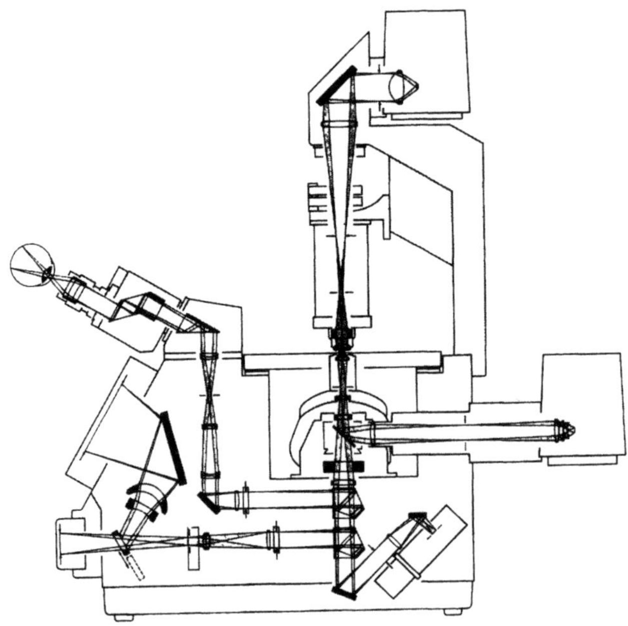

Abb. 31.8. Strahlengang eines inversen Mikroskops (Zeiss Axiovert) mit integriertem Photostrahlengang

strahlengang integriert. Der Tisch ist fest, fokussiert wird über den Objektivrevolver. Dadurch weisen diese Mikroskope eine hohe Stabilität auf, was bei der Anbringung von Mikromanipulatoren besonders vorteilhaft ist. Alle Beleuchtungs- und Kontrastierungsverfahren bis zur maximalen Apertur von 1,4 können angewendet werden, dazu ist die gesamte Beleuchtungseinrichtung wegklappbar, um einen schnellen Präparatwechsel oder Manipulationen am Objekt vorzunehmen. Alle Durchlichtverfahren lassen sich auch mit der Auflichtfluoreszenz und dem Reflexionskontrast kombinieren. Für Untersuchungen in Kulturkammern und Petrischalen sind Objektive und Kondensoren mit langem Arbeitsabstand erforderlich.

Mikropräparation und -injektion

Experimentelle Arbeiten an lebenden Systemen nehmen an Bedeutung zu. Hierfür benötigt man Mikromanipulatoren, die entweder am Mikroskop, auf einer Grundplatte oder an Stativen angebracht werden. Mikromanipulatoren können mechanisch, pneumatisch oder elektrisch betrieben werden. Für die Injektion geringster Substanzmengen bis in den Femtoliter-Bereich (10^{-15} l) in lebende Zellen wird die Spitze einer Glaskapillare mittels Manipulator in das Zytoplasma oder den Zellkern geführt. Für Routineanwendungen in der Biotechnologie können heute solche Injektionen schon automatisch ausgeführt werden.

31.1.6 Dokumentation

Zeichenapparate

Die mikroskopische Zeichnung hat nach wie vor ihre Bedeutung, insbesondere dann, wenn die Strukturen in verschiedenen Ebenen angeordnet sind und von der Mikroskopoptik mangels Tiefenschärfe nicht auf einmal erfaßt werden können. Die einfachsten Formen sind Spiegel, die man über dem Okular anbringt (Projektionszeichenspiegel). Am bequemsten sind Zeicheneinrichtungen, die zwischen Tubusträger und Tubus angebracht werden und mit denen man binokular beobachten und zeichnen kann.

Mikrophotographie

Die mikrophotographische Dokumentation ist objektiver und auch wesentlich schneller als das Zeichnen.

Die Spiegelreflexkamera am Mikroskop. Eine handelsübliche Spiegelreflexkamera wird mit dem Standard-Objektiv ($f = 50$ mm) direkt über einen Adapter auf das Okular aufgesetzt und das Objektiv auf ∞ gestellt. Der Bildwinkel des Okulars sollte größer sein als der des Kameraobjektivs, um Vignettierungen zu vermeiden. Erschütterungen durch Spiegelschlag und Schlitzverschluß lassen sich durch längere Belichtungszeiten oder durch separate Halterung der Kamera vermeiden.

Spezielle Mikroskopkameras. Diese Kameras sind fest mit dem Mikroskop verbunden, haben ein speziell für die Bedürfnisse der Mikrophotographie entwickeltes Kameraobjektiv und einen schwingungsfrei gelagerten Zentralverschluß. Eine Schnittstelle am Kamerakörper erlaubt das Ansetzen von Kleinbild- oder Großbildkassetten einschließlich der Sofortbildphotographie. Diese Mikroskop- oder Aufsetzkameras können an Stereomikroskopen, Labor- und Forschungsmikroskopen sowie an den inversen Mikroskopen verwendet werden.

Kameramikroskope. Hauptmerkmal ist der fest in das Mikroskopstativ integrierte Photostrahlengang. Bis zu zwei Kleinbildkassetten und ein Großbildansatz können wahlweise benutzt werden. Zusätzlich kann noch eine TV-Kamera oder ein Photometer angesetzt werden. Die Kamerafunktionen moderner Kameramikroskope werden heute durch Mikroprozessoren gesteuert.

Abbildungsmaßstab. Der Abbildungsmaßstab ist das Verhältnis von Bildgröße zu Objektgröße und wird nach folgender Formel berechnet:

$$M_{\text{Abb}} = M_{\text{Obj}} \cdot V_{\text{Oku}} \cdot \frac{f_{\text{Kameraobj}}}{250 \text{ mm}} .$$

Bei Kameramikroskopen wird das Zwischenbild über ein Projektiv auf den Film übertragen. Hier muß die Maßstabszahl des Objektivs mit dem sog. Kamerafaktor multipliziert werden.

Filmmaterial. Für die Schwarzweißphotographie können alle handelsüblichen Filme verwendet werden, gering- und mittelempfindliche Filme für die meisten Durchlichtverfahren, hochempfindliche Filme beispielsweise für die Fluoreszenz. In der Farbmikrophotographie werden in erster Linie Umkehrfilme verwendet. Kunstlichtfilme sind auf eine Farbtemperatur von 3200 K abgestimmt, die auch von den meisten Halogenlampen bei Nennspannung erreicht wird. Tageslichtfilme benötigen Licht mit einer Farbtemperatur von 5500 bis 6000 K, das in der Mikroskopie nur die Xenonlampe und der Mikroblitz liefern. Mit Konversionsfiltern kann die Farbtemperatur der Halogenbeleuchtung auf den Tageslichtfilm abgestimmt werden.

Mikroprojektion und TV-Mikroskopie

Die Mikroprojektion ist heute nahezu durch die TV-Mikroskopie verdrängt worden, da die Präparatbelastung wesentlich geringer ist und auch lebende Objekte demonstriert werden können. Nahezu alle handelsüblichen Schwarzweiß- und Farbkameras können über den Standard-C-Mount-Anschluß angeschlossen werden.

31.1.7 Mikroskopphotometrie

Die Mikroskopphotometrie ist die Kombination photometrischer Meßverfahren mit der Mikroskopie. Mikroskopphotometer werden sowohl für Absorptionsmessungen als auch für Reflexions- und Remissionsmessungen sowie zur Bestimmung von Fluoreszenzintensitäten eingesetzt. Man unterscheidet zwischen Einstrahl- und Zweistrahlphotometern. Heute sind fast ausschließlich Einstrahlgeräte im Einsatz.

Einstrahlgeräte bestehen aus einem serienmäßigen Mikroskop (aufrecht oder invers), das durch Zusatzteile für die Lichtmessung ergänzt wird. Die Lichtquelle (Halogen- oder Gasentladungslampen) ist stabilisiert, der Photometeraufsatz enthält die Meßblenden sowie den optoelektronischen Empfänger. Zur Erfassung und Erstellung von Verteilungsbildern werden Scanningtische eingesetzt, die über Computer gesteuert werden (Scanning-Mikroskopphotometrie). Durch den Einsatz beleuchtungsseitiger und empfängerseitiger Monochromatoren lassen sich Spektren im Bereich UV (240 nm) bis IR (2100 nm) erfassen und analysieren. Außerdem können in der Fluoreszenzanalyse Anregungs- und Emissionsspektren gemessen werden (Mikrospektralphotometrie). Für die automatische Verarbeitung und Auswertung der Meßwerte wird eine umfangreiche Software angeboten.

31.1.8 Bildanalyse und Bildverarbeitung

Zur Bildanalyse wird das vom Mikroskop erzeugte Zwischenbild von einer Präzisionsvideokamera erfaßt, digitalisiert und im Bildspeicher eines Bildverarbeitungssystems gespeichert. Unter Rechnereinsatz können dann beispielsweise Teilchen gezählt, Flächen gemessen und Längen bestimmt werden (s. Kap. 22 Bildverarbeitung).

31.1.9 Hochauflösende und bildverstärkende Video-Mikroskopie

Diese Techniken wurden erst in den letzten Jahren entwickelt. Bei der hochauflösenden TV-Mikroskopie, als VEC oder AVEC (Allen Video Enhanced Contrast) bezeichnet [7–9], wird eine hochauflösende Fernsehkamera mit einem aufrechten oder inversen Forschungsmikroskop verbunden. Bei diesen Fernsehkameras kann der Kontrast so verstärkt werden, daß im Mikroskop mit dem Auge nicht mehr erkennbare Helligkeitsunterschiede auf dem Monitor kontrastreich dargestellt werden. Der wesentliche Vorteil besteht darin, daß man die förderliche Vergrößerung im Mikroskop (s. Abschn. 31.1.2) überschreiten kann. Durch die Kombination mit optischen Kontrastierungsverfahren und vergrößernden Zusatzsystemen können in lebenden Objekten Strukturen bis in den Bereich von 20 nm dargestellt werden [10]. Die Dokumentation dieser Bilder erfolgt entweder über die Bildschirmphotographie, über Videoprinter oder Speicherung auf Videoband. In einer weiteren Ausbaustufe können die Bilder auch digitalisiert werden. Die bildverstärkende Videomikroskopie, auch als VIM (Video Intensification Microscopy)- oder LLL (Low Light Level)-Methode bezeichnet, verwendet Fernsehkameras mit empfindlichen Röhren oder spezielle Kameras mit vorgeschalteten Bildverstärkern. Das Hauptanwendungsgebiet liegt in der Immunfluoreszenz und hier besonders in der Anwendung an lebenden Systemen. Hiermit lassen sich sehr schwache Fluoreszenzen nachweisen bis hinunter in den Bereich einzelner Photonen. Ein weiterer Vorteil liegt darin, daß man mit sehr viel geringeren Intensitäten anregen kann. Dadurch bleichen die Präparate weniger schnell aus, und lebende Systeme werden weniger stark belastet. Auch diese Bilder können digitalisiert und ausgewertet werden [11, 12].

31.1.10 Laser in der Mikroskopie

Laser können entweder für experimentelle Eingriffe am Objekt oder zur Beleuchtung eingesetzt werden. In der Laser-Mikrochirurgie lassen sich beispielsweise mit einem fokussierten Laserstrahl Läsionen setzen oder kleinste Teile aus biologischen Systemen abtrennen. In der Fluoreszenzmikroskopie benützt man den Laserstrahl, um lokal Fluorochrome auszubleichen (Photobleaching).

Beim Laser-Scanning-Mikroskop wird anstelle der konventionellen Lichtquelle ein Laser verwendet. Der aus einem Laser austretende Lichtstrahl wird über die Strahlenaufweitung auf den für die Ausleuchtung der Pupille notwendigen Durchmesser gebracht. Der Laserstrahl trifft danach auf die x-y-Scan-Einheit, die den Rasterscan erzeugt und das Präparat punktweise abtastet (Abb. 31.9).

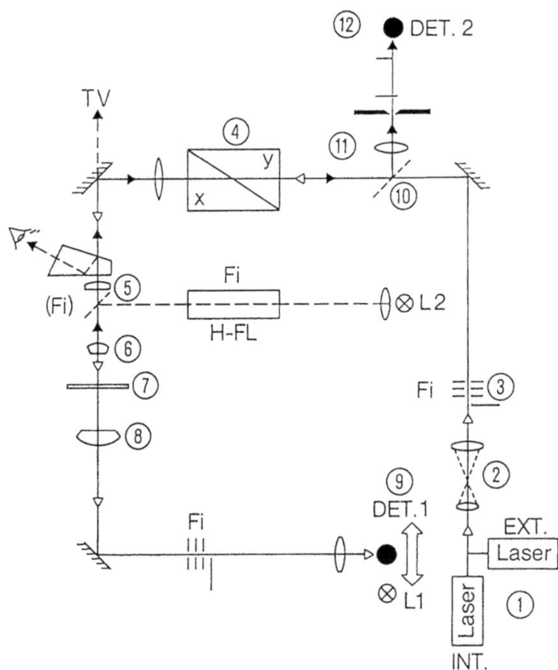

Abb. 31.9. Strahlengang Laser-Scan-Mikroskop (Zeiss LSM). 1 Laser, 2 Strahlaufweitung, 3 Graufilterabschwächer, 4 x-y-Scaneinheit, 5 Tubuslinse, 6 Objektiv, 7 Präparat, 8 Durchlichtkondensor, 9 Durchlichtdetektor, 10 Strahlteiler, 11 konfokales Raumfilter, 12 Auflichtdetektor

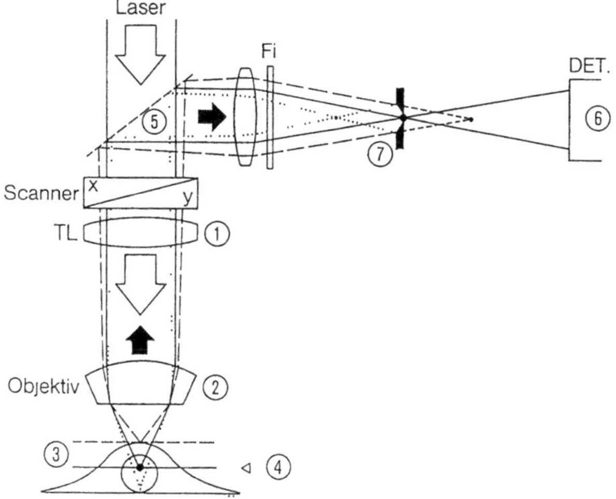

Abb. 31.10. Konfokaler Strahlengang Laser-Scan-Mikroskop. 1 Tubuslinse, 2 Objektiv, 3 Fokusebene, 4 Objekt, 5 Strahlteiler, 6 Detektor, 7 konfokales Raumfilter

Optoelektronische Detektoren im Durchlicht- und Auflichtstrahlengang nehmen das von der Probe zurückkommende Licht auf und erzeugen ein der Lichtintensität proportionales Stromsignal. Das Bild entsteht wie bei der TV-Mikroskopie auf einem Monitor und kann im Kontrast beeinflußt werden. Über die stufenlose Variation der Scanwinkel wird ein Zoom-Effekt bis zu dem Faktor 8 × erreicht. Da der Laser-scan-Betrieb mit einem konventionellen Forschungsmikroskop kombiniert ist, können alle mikroskopischen Verfahren im Durch- und Auflicht ohne Einschränkung angewendet werden [13].

Beim konfokalen Betrieb wird vor dem Auflichtdetektor ein Raumfilter in Form einer Lochblende verwendet. Das aus der Fokusebene des Objektivs kommende Licht kann diese Lochblende verlustfrei passieren, Lichtstrahlen aus anderen Ebenen werden ausgeblendet (Abb. 31.10). So können beispielsweise im konfokalen Auflichtfluoreszenzbetrieb optische Schnitte durch relativ dicke Präparate gelegt werden, die dann über entsprechende Computerprogramme zu räumlichen Bildern (3D-Rekonstruktion) verarbeitet werden können [14, 15].

31.1.11 Literatur

Allgemeine Literatur

Francon, M.: Einführung in die neueren Methoden der Lichtmikroskopie. Karlsruhe: Braun 1967

Gerlach, D.: Das Lichtmikroskop, 2. überarb. Aufl. Stuttgart: Thieme 1985

Michel, K.: Die Grundzüge der Theorie des Mikroskops, 3. überarb. Aufl. Stuttgart: Wissenschaftliche Verlagsgesellschaft 1981

Michel, K.: Die Mikrophotographie, 3. Aufl. Wien: Springer 1967

Piller, H.: Microscope photometry. Berlin: Springer 1977
Ruch, F.; Witte, S.: Moderne Untersuchungsmethoden in der Zytologie, 2. Aufl. Baden-Baden:
Witzstrock 1979

Spezielle Literatur

1 Höcherl, G.: Eine neue Mikroskop Familie von Carl Zeiss: Die Forschungsmikroskope
Axioplan und Axiophot sowie das Inspektionsmikroskop Axiotron. Zeiss Information 29,
H.98 (1986) 4–8
2 Gundlach, H.; Wehland, J.: Immunfluoreszenz-Mikroskopie mit dem neuen Zeiss Photomi-
kroskop Axiophot. Zeiss Information 29, H.99 (1987) 36–39
3 Allen, R.D.; David, G.B.; Nomarski, G.: The Zeiss Nomarski differential equipment for
transmitted light microscopy. Z. wiss. Mikroskopie 69 (1969) 193–221
4 Patzelt, W.I.: Reflexionskontrast. Eine neue lichtmikroskopische Technik. Mikrokosmos 3
(1977), 78–81
5 Pentz, S.; Schulle, H.: Darstellung des Adhäsionsverhalten kultivierter Leberzellen an Glasoberflächen während der Mitose durch Reflexionskontrast-Mikroskopie. Zeiss Information
25, H.91 (1980) 41–43
6 Gundlach, H.: Die Anwendung von inversen Mikroskopen in der Zell- und Entwicklungs-
biologie. Supplement GIT. Angewandte Photographie in Wissenschaft und Technik, Oktober (1981) 9–16
7 Allen, R.D. et al.: Video-enhanced contrast differential interference contrast (AVEC-DIC)
microscopy. Cell Motility 1 (1981) 291–302
8 Allen, R.D. et al.: Video enhanced contrast polarisation (AVEC-Pol) microscopy. Cell
Motility 1 (1981) 275–289
9 Shotton, D.: The current renaissance in light microscopy. I Dynamic studies of living cells by
video enhanced contrast microscopy. Proceedings RMS, Vol. 22/1 (1987)
10 Hayden, J.H.; Allen, R.D.: Detection of single microtubules in living cells: particle transport
can occur in both directions along the same microtubule. J Cell Biology, Vol.99 (1984)
1785–1793
11 Sedlacek, H.H.; Gundlach, H.; Ax, W.: The use of television cameras equipped with an image intensifier in the immunofluorescence microscopy. Behring Inst. Mitt., Nr.59 (1976)
64–70
12 Kukulies, J.; Stockem, W.: Fluoreszenz-Analog-Cytochemie an lebenden Zellen. Zeiss Information 29. Bd, Heft 98 (1986) 13–21
13 Wilke, V.: Optical scanning microscopy – the laser scan microscope. Scanning Vol 7 (1985)
88–96
14 Baak, J.P.A. et al.: Potential clinical uses of laser scan microscopy. Applied Optics, Vol 26,
No.16 (1987) 3413–3416
15 Arndt-Jovin, D.J.; Nicoud, M.R.; Kaufmann, St.J.; Jovin, Th.M.: Fluorescence digital imaging microscopy in cell biology. Science Vol 230, No.4723 (1985) 247–256

31.2 Elektronenmikroskope

Dieter Kurz

31.2.1 Einleitung

Im Gegensatz zur Lichtmikroskopie begann die Geschichte der Elektronenmikroskopie erst in diesem Jahrhundert. 1931 konnte E. Ruska die ersten 16fach
vergrößerten elektronenoptischen Abbildungen von Gitternetzen erzeugen. Diese Arbeiten beruhten auf einer Theorie von H. Busch aus dem Jahr 1926, nach
der die magnetischen Felder von kurzen Magnetspulen für Elektronenstrahlen eine analoge Wirkung haben wie Glaslinsen für Licht.

Heute ist die Elektronenmikroskopie in vielen Bereichen der Wissenschaft
und Technik unentbehrlich geworden. Mit einem im Vergleich zum Lichtmikro-

skop um fast 1 000fach besseren Auflösungsvermögen lassen sich mit einem Elektronenmikroskop feinste Strukturen wie Viren und sogar einzelne Proteinmoleküle abbilden. Man unterscheidet das Transmissionselektronenmikroskop zur Abbildung dünner durchstrahlbarer Proben und das Rasterelektronenmikroskop zur Abbildung von Oberflächen.

Seit Mitte der 70er Jahre werden neben der reinen elektronenmikroskopischen Abbildung auch analytische Untersuchungsverfahren verstärkt eingesetzt. Diese Verfahren reichen von bildanalytischen Methoden wie Strukturvermessung, Bildverbesserung und 3D-Rekonstruktion bis zur Analyse und Lokalisierung von Elementen geringster Konzentration verbunden mit der höchstauflösenden Darstellung von Elementverteilungen. Diese Techniken entwickeln sich stürmisch und erweitern den Anwendungsbereich moderner Elektronenmikroskope beträchtlich.

31.2.2 Der Aufbau des Elektronenmikroskops

In einem Elektronenmikroskop wird ein Elektronenstrahl auf das Präparat gebündelt, und die Wechselwirkungsprozesse der Elektronen mit der Materie werden zur Untersuchung des Präparats genutzt. Bei Transmissionselektronenmikroskopen wird die Streuung der Elektronen in dünnen durchstrahlbaren Proben zur Abbildung verwendet. In Rasterelektronenmikroskopen wird der Elektronenstrahl fein fokussiert und rasterförmig über die Oberfläche der Probe gelenkt. Das Bild entsteht elektronisch mit Hilfe der Signale aus der Probenoberfläche.

Beiden Mikroskoptypen gemeinsam sind elektronenoptische Baueinheiten wie Strahlerzeugungssystem, elektromagnetische Linsen, Strahljustiersysteme und das Vakuumsystem. Diese Baueinheiten werden daher zunächst allgemein beschrieben.

Vakuumsystem

Die für die Elektronenmikroskopie notwendigen freien Elektronen benötigen ein sehr gutes Vakuum von mindestens 10^{-5} Hectopascal (hPa, normaler Luftdruck $= 1\,013$ hPa). Nur bei diesem Unterdruck findet keine Streuung der Elektronen an den Restmolekülen innerhalb des Vakuumsystems statt.

Die in der Elektronenmikroskopie verwendeten Vakuumsysteme bestehen mindestens aus zwei Vakuumpumpen: einer Vorvakuumpumpe, meist einer Drehschieberpumpe, die das Gerät vom Luftdruck bis zu einem Vakuum von 10^{-2} hPa evakuiert, und einer Hochvakuumpumpe, die den notwendigen Enddruck erzeugt.

Als Hochvakuumpumpen sind Diffusionspumpen, Ionengetterpumpen, Turbomolekularpumpen und Kryopumpen gebräuchlich. Für viele Anwendungen sind auch komplexere Pumpsysteme mit Vakuumbereichen unterschiedlicher Endvakua im Einsatz. Die notwendigen Übergangsbereiche werden dann durch Ventile und sogenannte Druckstufen hergestellt. Beispielsweise kann sich das zur

Aufzeichnung der Bilder notwendige Filmmaterial in einem anderen Vakuumbereich befinden als das Präparat.

Zur Einbringung der Präparate in das Vakuumsystem werden oft Schleusensysteme verwendet, die schnelles Arbeiten am Gerät erlauben.

Vakuumsysteme für die Elektronenmikroskopie müssen möglichst frei von organischen Restmolekülen sein. Organische Verbindungen werden vom Elektronenstrahl vernetzt und führen so zu Verschmutzungen an Mikroskopteilen und Zerstörungen des Präparats. Dieser als Kontamination bezeichnete Vorgang erfordert sehr sorgfältig gereinigte Bauteile und verlangt sehr sauberes Arbeiten vom Benutzer.

Strahlerzeugungssystem

Zur Objektbestrahlung in Elektronenmikroskopen werden in den meisten Fällen thermisch emittierte Elektronen mit definierter Geschwindigkeit benutzt.

Abbildung 31.11 zeigt ein thermisches Strahlerzeugungssystem mit Glühkathode, Wehnelt-Elektrode und Anode. Die Glühkathode besteht aus einem 0,1 bis 0,2 mm starken, durch Stromdurchgang geheizten Wolframdraht, der im Vakuum bei Temperaturen von 2600 bis 3000 K Elektronen aussendet. Diese Elektronen bilden um die Kathode eine Raumladungswolke. Durch ein zwischen Kathode und Anode liegendes elektrisches Feld werden Elektronen aus der Raumladung beschleunigt und gleichzeitig in einen Überkreuzungspunkt (Crossover) fokussiert. Durch Änderung dieses elektrischen Feldes läßt sich die Geschwindigkeit der Elektronen variieren. In heutigen Elektronenmikroskopen reichen die Beschleunigungsspannungen von 200 V bis 40 kV (1 kV = 1000 V) bei Rasterelektronenmikroskopen und von 20 kV bis 1 MV (1 MV = 1000 kV) bei Transmissionselektronenmikroskopen.

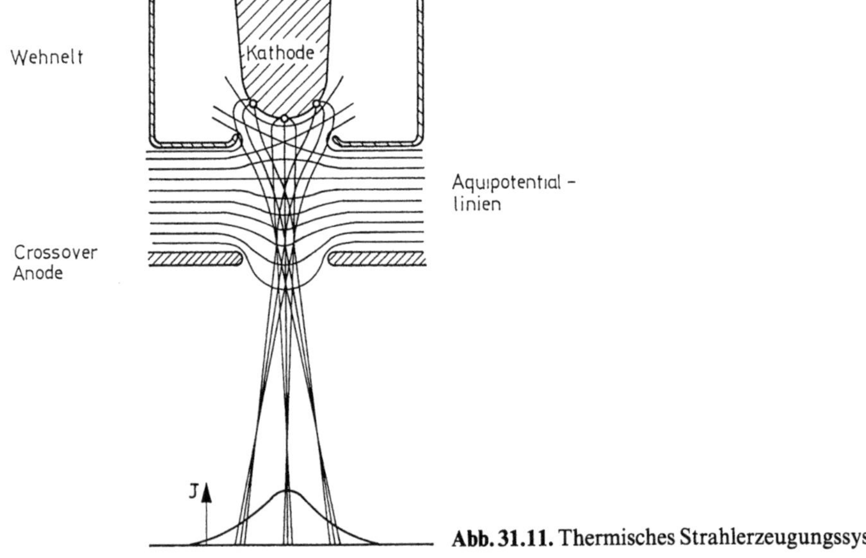

Abb. 31.11. Thermisches Strahlerzeugungssystem

Elektronenlinsen

Aufbau und Wirkungsweise elektromagnetischer Linsen. Zur Fokussierung von
Elektronenstrahlen können elektrische und elektromagnetische Felder verwendet
werden. In modernen Elektronenmikroskopen werden ausschließlich elektromagnetische Elektronenlinsen eingesetzt, da ihre Handhabung einfacher ist und die
Bildfehler geringer sind.

Die fokussierende Wirkung elektromagnetischer Linsen beruht auf der
Lorentz-Kraft:

$$F = e \cdot v \times B \qquad\qquad (31.1)$$

mit $F =$ Kraftvektor, $e =$ Elementarladung des Elektrons, $v =$ Geschwindigkeits-
vektor des Elektrons, $B =$ Vektor der elektromagnetischen Induktion.

Eine kurze stromdurchflossene Spule, deren Achse die optische Achse darstellt, bildet nach diesem Gesetz eine einfache Sammellinse für Elektronen
(Abb. 31.12). Zur Erzeugung kurzbrennweitiger Linsen genügt eine derartige Anordnung jedoch nicht, man benötigt sogenannte Polschuhlinsen. Bei diesen Linsen sind die Spulen mit hochpermeablem, für die elektromagnetischen Feldlinien
gut leitendem Material, wie zum Beispiel Reineisen, gekapselt. Das von der Spule
erzeugte elektromagnetische Feld wird über die Polschuhe geeignet geformt und

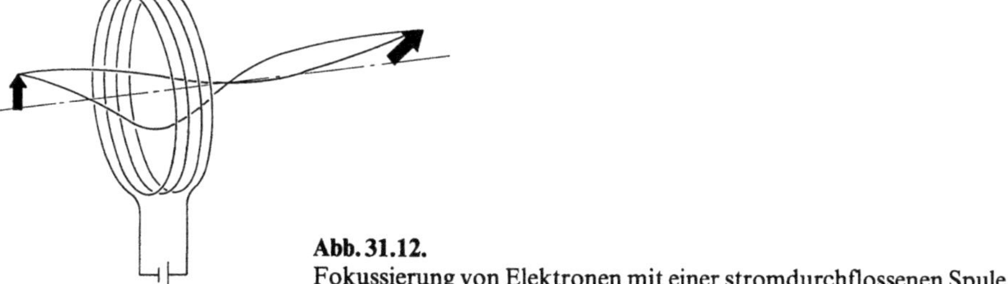

Abb. 31.12.
Fokussierung von Elektronen mit einer stromdurchflossenen Spule

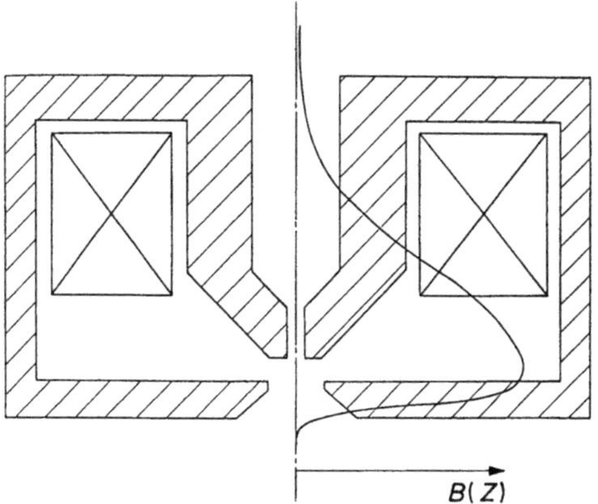

Abb. 31.13. Polschuhlinse (Objektivlinse) eines Elektronenmikroskops mit der Verteilung des
magnetischen Flusses $B(z)$ entlang der optischen Achse

auf die optische Achse konzentriert. Abbildung 31.13 zeigt als Beispiel die Objektivlinse eines Transmissionselektronenmikroskops mit der zugehörigen Feldstärkeverteilung $B(z)$ längs der optischen Achse.

Zur Berechnung der Eigenschaften des Polschuhfeldes muß die Lorentz-Gleichung (31.1) gelöst werden. Hierzu werden numerische Methoden auf Rechenanlagen eingesetzt. Es läßt sich zeigen, daß die Eigenschaften dieser Polschuhlinsen durch die aus der Lichtoptik bekannten Parameter wie Brennweite, Lage der Brennpunkte, Hauptebenen usw. zu charakterisieren sind. Diese Eigenschaften sind durch die Stärke des Magnetfeldes auf der optischen Achse bestimmt. Somit kann bei elektromagnetischen Linsen die Brennweite durch Änderung des Stromes in der erregenden Magnetspule auf einfache Weise verändert werden.

Der jeweiligen Aufgabe entsprechend unterscheidet man Kondensorlinsen zur Erzeugung einer geeigneten Präparatausleuchtung, Objektivlinsen zur hochauflösenden und hochvergrößerten Abbildung und Projektivlinsen zur Nachvergrößerung von Zwischenbildern.

In der Transmissionselektronenmikroskopie sind die Objektivlinsen wegen des hohen Auflösungsvermögens sehr starke Linsen mit entsprechend kurzen Magnetfeldern. Dadurch ist es erforderlich, das Präparat innerhalb des Polschuhspaltes einzubringen. In diesem Bereich befinden sich also Objektschleuse, Objekthalterung und -verschiebung und Antikontaminationseinrichtungen, wodurch sehr komplexe Konstruktionen entstehen.

Abbildungsfehler und Auflösungsgrenze elektromagnetischer Linsen. Elektromagnetische Linsen besitzen, ähnlich wie Glaslinsen, Bildfehler und erzeugen daher nichtideale Abbildungen. Im Gegensatz zur Lichtoptik sind diese Bildfehler bis heute nur teilweise korrigierbar und begrenzen daher das Auflösungsvermögen der Elektronenmikroskopie. Aus den insgesamt 11 möglichen Bildfehlern elektromagnetischer Linsen wirken sich 4 Fehler auflösungsbegrenzend aus:

Öffnungsfehler (sphärische Aberration):
Die Ursache für den Öffnungsfehler sind unterschiedliche Brennweiten für achsennahe und achsenferne Strahlen. Dadurch wird ein Punkt in der Bildebene als Scheibchen abgebildet. Der Radius r_s dieses Scheibchens beträgt (bezogen auf die Objektebene):

$$r_s = C_s \cdot \alpha_0^3 \tag{31.2}$$

mit C_s = Öffnungsfehlerkoeffizient der Linse, α_0 = Apertur der Bestrahlung.

Farbfehler (chromatische Aberration):
Die Ursache für den Farbfehler sind unterschiedliche Brennweiten für Elektronen unterschiedlicher Geschwindigkeiten (Elektronenenergien). Energieunterschiede der Elektronen entstehen bei der Emission im Strahlerzeugungssystem, durch Wechselwirkung der Elektronen im Crossover (Boersch-Effekt) und durch Streuung im Präparat.

Der Radius r_s des Farbfehlerscheibchens bezogen auf die Objektebene beträgt:

$$r_s = C_s \cdot \alpha_0 \cdot \frac{\Delta E}{E} \tag{31.3}$$

mit C_c = Farbfehlerkoeffizient der Linse, α_0 = Apertur der Bestrahlung, ΔE = Energieschwankungsbreite der Elektronen, E = Primärenergie der Elektronen.

Beugungsfehler:
Wie in der Lichtmikroskopie hängt die Auflösung in der Elektronenoptik auch vom Beugungsfehler ab. Der Radius des Beugungsfehlerscheibchens r_B bezogen auf die Objektebenen ergibt sich demnach zu

$$r_B = 0{,}6 \cdot \frac{\lambda}{\alpha_0} \tag{31.4}$$

mit λ = Wellenlänge der Elektronen, α_0 = Apertur der Bestrahlung.
Die Wellenlänge ergibt sich nach der Beziehung von de Broglie für Materiewellen in Abhängigkeit vom Impuls der Elektronen und damit von ihrer Beschleunigungsspannung (vgl. Tabelle 31.2).

Axialer Astigmatismus:
Ursache für den axialen Astigmatismus von Elektronenlinsen sind Abweichungen des magnetischen Feldes von der Rotationssymmetrie, bedingt durch Unrundheiten von Polschuhen und Inhomogenitäten des Polschuhmaterials. Dadurch schneiden sich Elektronenstrahlen, die vom Objekt in zwei zueinander senkrechten, die optische Achse enthaltenden Ebenen ausgehen, in verschiedenen Bildebenen.

Dieser Bildfehler kann durch die Verwendung von Stigmatoren kompensiert werden. Stigmatoren sind Bauelemente zur Erzeugung nichtrotationssymmetrischer elektromagnetischer Felder, deren Stärke und Richtung verändert werden können. Sie sind heute Bestandteil jedes Elektronenmikroskops.

Elektromagnetische Ablenk- und Justierelemente. Zur Justierung des Elektronenstrahls auf die optische Achse und für Ablenkvorgänge beim Rasterelektronenmikroskop werden meist elektromagnetische Ablenkelemente verwendet. Ihr Prinzip beruht ebenfalls auf der Lorentz-Kraft (31.1): ein senkrecht zur optischen Achse wirkendes magnetisches Feld bewirkt entsprechend seiner magnetischen Induktion B eine Auslenkung des Elektronenstrahls um den Winkel α. Es werden Doppelablenkelemente verwendet (Abb. 31.14), aus denen der Elektronenstrahl, in einen größeren Winkel abgelenkt oder parallel zu optischen Achse versetzt,

Tabelle 31.2. Abhängigkeit der Wellenlänge von der Beschleunigungsspannung der Elektronen

U_b in kV	λ in nm
20	0,009
40	0,006
60	0,005
80	0,0042
100	0,0037
400	0,0016

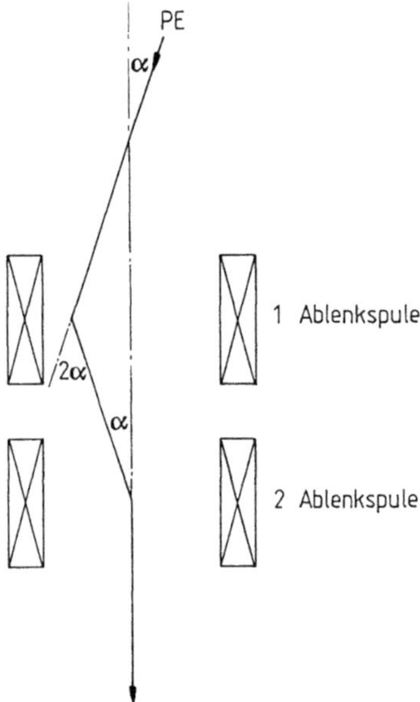

Abb. 31.14. Doppelablenkeinheit für Elektronenstrahlen. PE = Primärelektronenstrahl

austritt. Statische Magnetfelder dienen zur Justierung des Elektronenstrahls auf die optische Achse, zeitlich veränderliche Felder werden zur Erzeugung von Ablenkvorgängen in Rasterelektronenmikroskopen genutzt.

Auflösungsgrenze des Elektronenmikroskops. Die Auflösungsgrenze in der Elektronenmikroskopie ergibt sich aus der Überlagerung von sphärischer und chromatischer Aberration mit dem Beugungsfehler. Da alle drei Felder von der Bestrahlungsapertur α_0 abhängen, gibt es für jedes Elektronenmikroskop einen optimalen Winkel α_{opt}, bei dem die Auflösungsgrenze des Gerätes erreicht wird.

Als typischen Wert erreicht man im Transmissionselektronenmikroskop bei einem Winkel von $\alpha_{opt} = 10^{-2}$ rad und 100 kV Beschleunigungsspannung eine Auflösungsgrenze von $d = 0,3$ nm. Für viele Objekte, speziell im biomedizinischen Bereich, liegt die Auflösungsgrenze in der Transmissionselektronenmikroskopie wegen präparativer Begrenzungen jedoch bei $d = 2$ nm. Im Rasterelektronenmikroskop erreicht man theoretisch und praktisch bei 30 kV Beschleunigungsspannung und $\alpha_{opt} = 5 \cdot 10^{-3}$ rad eine Auflösungsgrenze von 4 nm.

31.2.3 Wechselwirkungen des Elektrons mit Materie

Bei der Bestrahlung von Materie mit Elektronen entstehen eine Reihe von Wechselwirkungen, die zur Bildentstehung im Elektronenmikroskop genutzt werden. Diese Wechselwirkungen erzeugen gleichzeitig Signale, die die chemischen und physikalischen Eigenschaften des Präparats charakterisieren und somit für mikroanalytische Untersuchung Verwendung finden. Abbildung 31.15 gibt einen schematischen Überblick.

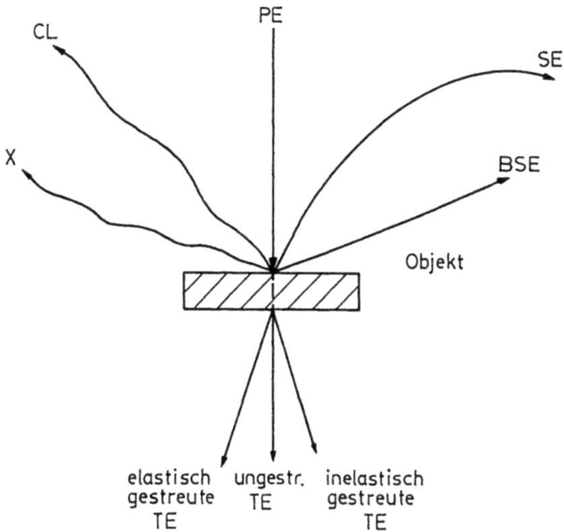

Abb. 31.15. Wechselwirkungen des Elektronenstrahls mit dem Objekt. PE = Primärelektronen, TE = Transmittierte Elektronen, SE = Sekundärelektronen, BSE = Rückstreuelektronen, CL = Kathodolumineszenz, X = Röntgenstrahlung

Transmittierte Elektronen

Bei Bestrahlung von dünnen Präparaten (Dicke von 10 nm bis einigen μm) mit energiereichen Primärelektronen (50 kV bis 1 MV) werden transmittierte Elektronen erzeugt. Diese transmittierten Elektronen klassifiziert man in

– ungestreute Elektronen: diese Elektronen haben keinerlei Wechselwirkung im Präparat erfahren, sie tragen keine Information über das Präparat mit sich;
– elastisch gestreute Elektronen: diese Elektronen werden an den Atomen des Präparats zwischen Atomkern und Hüllelektronen aus ihrer Richtung abgelenkt. Da dabei kein Energieverlust stattfindet, spricht man von elastischer Streuung;
– inelastisch gestreute Elektronen: diese Elektronen erleiden Zusammenstöße mit den Hüllelektronen des Objekts. Hierbei findet Energieaustausch und Richtungsänderung statt.

Transmittierte Elektronen erzeugen das Bild des Objekts im Transmissionselektronenmikroskop. Der Betrag des Energieverlusts der inelastisch gestreuten Elektronen ist außerdem charakteristisch für das streuende Atom, er wird daher für mikroanalytische Untersuchungen gemessen.

Sekundärelektronen und Rückstreuelektronen

Durch Streuung des Elektronenstrahls entstehen auch im Rückraum Elektronen. Man unterscheidet die sogenannten Sekundärelektronen (SE) mit Energien bis 50 eV und die Rückstreuelektronen (BSE) oberhalb von 50 eV bis zur Primärenergie der eingestrahlten Elektronen.

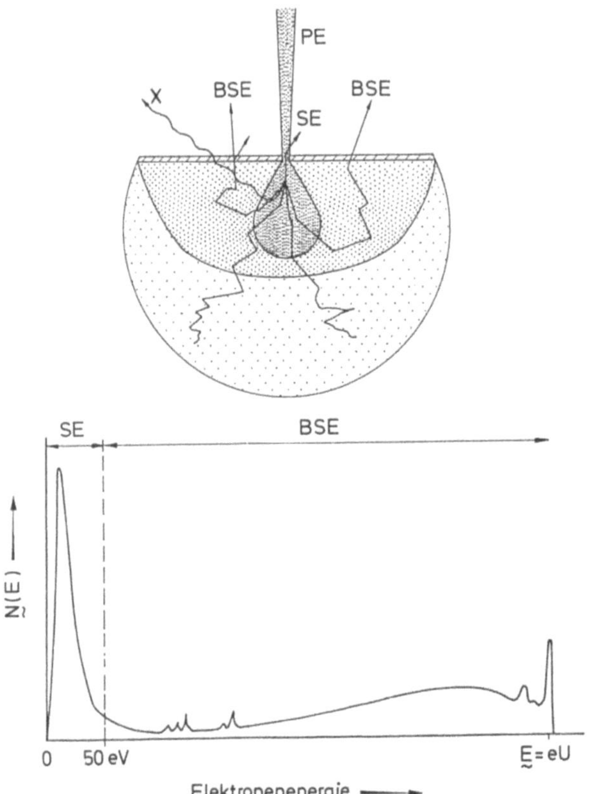

Abb. 31.16. Entstehung und Informationstiefe von Sekundärelektronen und Rückstreuelektronen. PE = Primärelektronen, SE = Sekundärelektronen, BSE = Rückstreuelektronen, X = Röntgenstrahlung, $N(E)$ = Anzahl der Elektronen

Abbildung 31.16 zeigt die Entstehung und Informationstiefe von Sekundärelektronen und Rückstreuelektronen. Da die Sekundärelektronen in einer kleinen „Streubirne" an der Oberfläche entstehen, eignen sie sich besonders zur hochaufgelösten Abbildung von Oberflächen im Rasterelektronenmikroskop. Die Sekundärelektronenausbeute hängt von der Flächenneigung des Objekts zum Primärelektronenstrahl ab. Sie ist außerdem an Kanten erhöht und kann durch Abschattungseffekte vermindert werden. Dadurch entstehen bei Abbildung mit Sekundärelektronen besonders plastische Bilder.

Der wichtigste Anwendungsbereich für Rückstreuelektronen besteht in der Materialanalyse an ebenen Proben. Der Kontrastmechanismus ist dort abhängig von der Streuung an Atomen mit verschiedener Kernladungszahl Z, so daß Materialunterschiede mit $Z < 1$ sicher festgestellt werden können.

Röntgenstrahlung

Bei genügend hoher Energie des Primärelektronenstrahls entstehen Röntgenstrahlen in Form von Brems- und charakteristischer Strahlung. Die Energie der charakteristischen Strahlung ist elementspezifisch und wird daher weitgehend für analytische Untersuchungen eingesetzt. Hierzu ist es notwendig, mit speziellen Röntgendetektoren die charakteristische Röntgenstrahlung nach ihrer Energie zu analysieren. Mit dieser Methode sind Punkt-, Linien- und Flächenverteilungen von Elementen mit hoher Auflösung meßbar.

Kathodolumineszenz

Viele Proben, besonders Halbleiter, Minerale, aber auch organische Moleküle leuchten unter dem Elektronenstrahl. Dieses als Kathodolumineszenz bezeichnete Signal wird daher insbesondere für Materialanalyse bei Rasterelektronenmikroskopen eingesetzt.

31.2.4 Das Transmissionselektronenmikroskop (TEM)

Aufbau des TEM

Abbildung 31.17 zeigt schematisch den Aufbau eines Transmissionselektronenmikroskops. Der vom Strahlerzeugungssystem erzeugte Crossover kann mit einer elektromagnetischen Strahljustierung auf die optische Achse justiert werden.

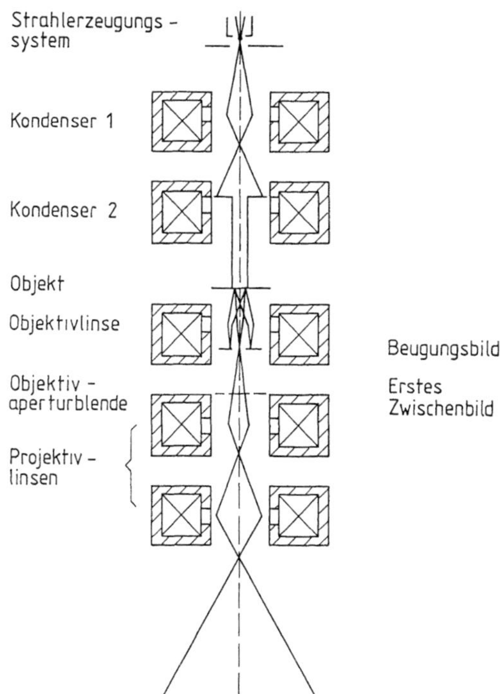

Abb. 31.17. Schematischer Aufbau eines Transmissionselektronenmikroskops

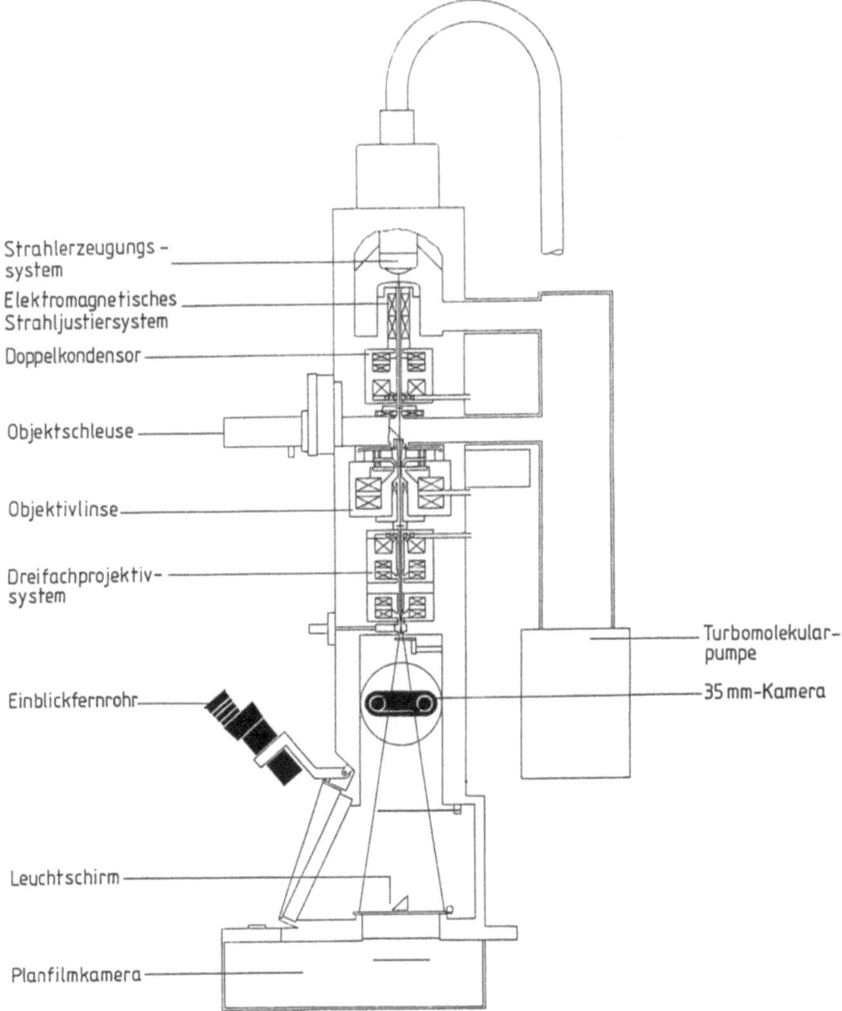

Abb. 31.18. Modernes Transmissionselektronenmikroskop

Das Doppelkondensorsystem verkleinert diesen Crossover und bildet ihn auf das Objekt ab. Die Größe und Apertur dieses Beleuchtungsflecks kann entsprechend den Abbildungsbedingungen und der Empfindlichkeit des Präparats angepaßt werden.

Das Objektiv erzeugt ein erstes, vergrößertes Zwischenbild des Objekts. Die Qualität des Objektivs beeinflußt das erreichbare Auflösungsvermögen des Gerätes. Das nachfolgende Projektivsystem erlaubt die weitere Vergrößerung dieses Zwischenbildes. In der hinteren Brennebene des Objektivs entsteht das sogenannte Beugungsbild.

Die elektronenmikroskopischen Bilder können mit oder ohne Einblickmikroskop auf einem Leuchtschirm betrachtet werden. Zur Registrierung der Bilder befindet sich unterhalb des Leuchtschirms elektronenstrahlempfindliches Filmmaterial. Abbildung 31.18 zeigt den Aufbau eines Transmissionselektronenmikroskops moderner Bauart mit zweistufigem Vakuumsystem. Das Objekt wird über die Objektschleuse in das Objektiv eingebracht. Das Dreifachprojektivsystem erlaubt die Einstellung eines weiten Vergrößerungsbereichs von 150fach bis 400 000fach. Über feinfühlige mechanische oder motorische Antriebe kann das Objekt im Vakuum verschoben werden.

Bildentstehung im TEM

Bei der Bildentstehung im TEM unterscheidet man nach Streuabsorptionkontrast und Phasenkontrast. In der elektronenmikroskopischen Abbildung sind stets beide Kontraste enthalten. Beim Streuabsorptionskontrast werden nur die ungestreuten und die in kleinem Winkel gestreuten Elektronen abgebildet. Die in größerem Winkel gestreuten Elektronen werden von der Objektivaperturblende (Abb. 31.17) abgefangen. Man spricht in Analogie zur Lichtmikroskopie von Hellfeldabbildung. Dunkelfeldabbildung erhält man durch Ausblenden der ungestreuten Elektronen. Dies kann mit Hilfe geeigneter Blenden im Kondensorsystem und mit gekippter Beleuchtung erreicht werden.

Die Elektronenwellen werden beim Durchgang durch das Objekt auch in ihrer Phase verschoben, man spricht von Phasenkontrast. Bei der Sichtbarmachung des Phasenkontrastes spielt im TEM der Öffnungsfehler der Objektivlinse eine wichtige Rolle.

Dieser Bildfehler sorgt für Phasenschiebungen zwischen ungestreuten und gestreuten Elektronenwellen. Über die Defokussierung der Objektivlinse sind unterschiedliche Phasenschiebungen einstellbar. Mit verschiedenen Fokuseinstellungen kann somit der Phasenkontrast verändert werden.

Im Detail ist die Bildentstehung im TEM sehr komplex. Sie ist abhängig von den Eigenschaften des Objekts (Streuabsorptionskontrast oder Phasenkontrast), den Beleuchtungsbedingungen (Hell- oder Dunkelfeld) und den Abbildungsbedingungen (die Fokussierung beeinflußt den Phasenkontrast).

Elektronenbeugung im TEM

Zur Untersuchung periodischer Objekte (z. B. Kristalle) werden im TEM oft Beugungsverfahren eingesetzt. Die in der hinteren Brennebene des Objektivs entstehende Elektronendichteverteilung entspricht dem Beugungsbild des Objektes. Bei einem kristallinen Objekt ist dies ein Punktdiagramm. Durch Umschalten der Projektivlinsen von der 1. Zwischenbildebene auf die hintere Brennebene des Objektivs ist ein einfacher Übergang von Abbildung auf Beugung möglich.

31.2.5 Das Rasterelektronenmikroskop (REM)

Abbildung 31.19 zeigt den prinzipiellen Aufbau eines Rasterelektronenmikroskops. Die Elektronenstrahlquelle erzeugt einen „Brennfleck" (Crossover) von

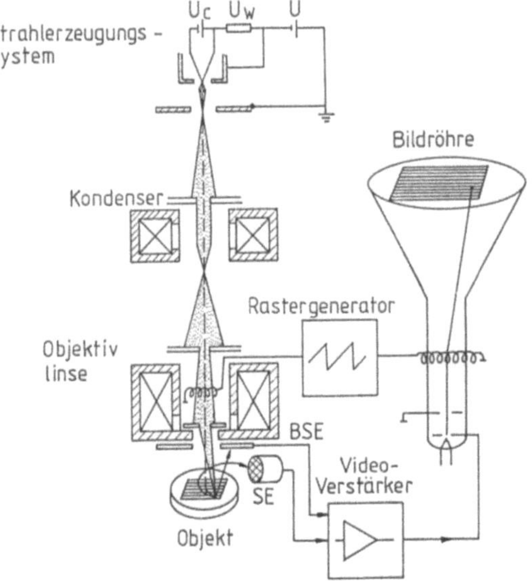

Abb. 31.19. Schematischer Aufbau eines Rasterelektronenmikroskops

10 bis 50 µm Durchmesser. Die Elektronen werden hierbei wahlweise auf Energien von 200 V bis 30 kV beschleunigt. Nachgeschaltete Kondensoren verkleinern diesen Crossover. Je nach Anwendung werden damit große Elektronensonden mit viel Elektronenstrom, z. B. für Röntgenmikroanalyse, und kleine Sondendurchmesser mit wenig Elektronenstrom, z. B. für Hochauflösung, eingestellt.

Die Objektivlinse fokussiert und verkleinert diese Zwischenbildsonde auf das Objekt. Zur Erzeugung von Bildern wird der Elektronenstrahl mittels Ablenkelementen in x und y gerastert und die dabei entstehenden Signale von Detektoren erfaßt. Über Verstärker werden daraus Videosignale erzeugt, die die Helligkeit von simultan gerasterten Monitoren steuern. Auf diese Weise lassen sich mit Sekundärelektronen Bilder mit Auflösungen im Nanometerbereich oder mit Röntgenstrahlen Elementverteilungsbilder im Mikrometerbereich erzeugen. Die Vergrößerung ergibt sich aus dem Verhältnis der Größe des abgerasterten Feldes auf dem Objekt und der Bildgröße auf dem Monitor und wird über den Strom in den Ablenkspulen variiert. Die bestmögliche Auflösung wird durch die „Streubirne" (vgl. Abschn. 31.2.3) und den Durchmesser der Elektronensonde bestimmt und ist derzeit auf Werte zwischen 10 nm und 50 nm begrenzt. Die verschiedenen Detektoren sind im Halbraum oberhalb der Probe angeordnet. Für die Photographie der Bilder werden hochauflösende Monitorröhren benützt.

Abbildung 31.20 zeigt das Prinzip des Sekundärelektronendetektors. Die langsamen Sekundärelektronen werden über ein Absaugpotential U_g von einigen 100 V von der Probe abgesaugt und über ein Nachbeschleunigungspotential U_s von etwa 10 kV auf einen Szintillator beschleunigt. Das dort ausgelöste Licht wird über einen Lichtleiter auf einen Photomultiplier mit hoher Vorverstärkung geführt und dort verstärkt.

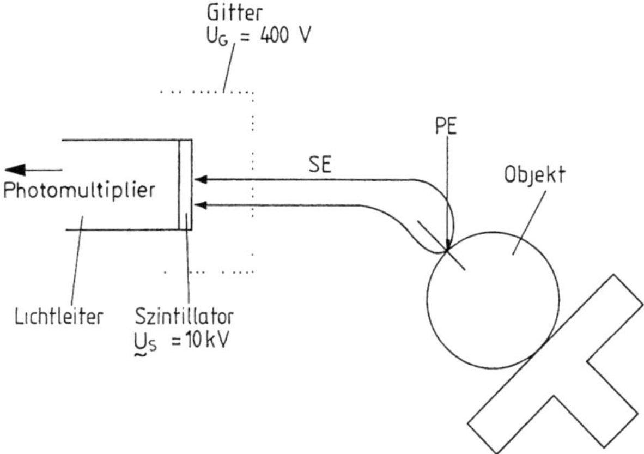

Abb. 31.20. Prinzip des Sekundärelektronendetektors

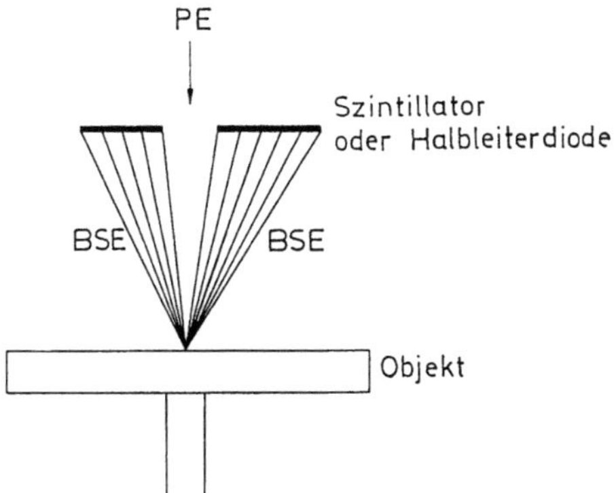

Abb. 31.21. Prinzip des Rückstreuelektronendetektors

Der Sekundärelektronendetektor kann wegen des elektrischen Absaugfeldes seitlich zwischen Objektivlinse und Objekt angeordnet sein. Abbildung 31.21 zeigt das Prinzip des Rückstreuelektronendetektors. Der Rückstreuelektronendetektor muß wegen der Richtungsverteilung der Rückstreuelektronen oberhalb der Probe zwischen Objekt und Objektivlinse angebracht werden.

Es sind zwei verschiedene Typen von Detektoren möglich:

1. Szintillator-Lichtleiter-Photomultiplier-Kombination, besonders geeignet für hohe Elektronenenergien und bei schnellen und langsamen Rastervorgängen.
2. Halbleiterdetektor, nur geeignet für langsame Rastervorgänge, dafür aber mit Möglichkeiten zur Signalmischung über Sektoreinteilung des Detektors und Detektion bei niederen Elektronenenergien.

Abbildung 31.22 zeigt die Schnittzeichnung eines modernen Rasterelektronenmikroskops. Der Elektronenstrahl wird über einen Doppelkondensor und die Objektivlinse verkleinert auf das Objekt fokussiert und mit Ablenkspulen im Objek-

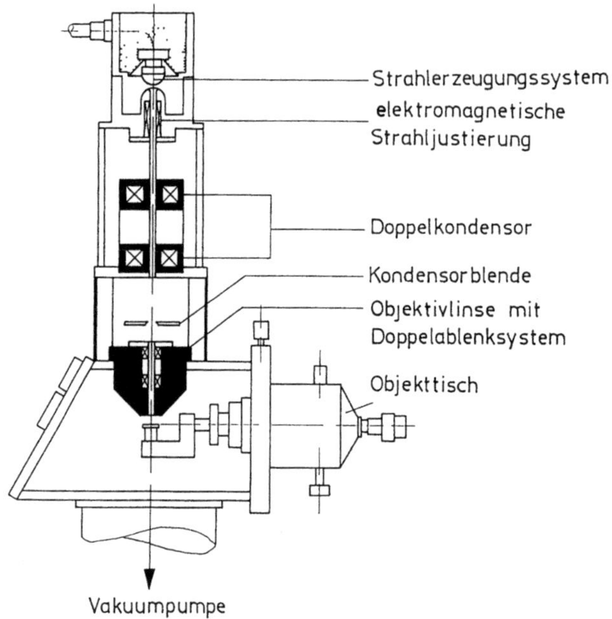

Abb. 31.22. Modernes Rasterelektronenmikroskop

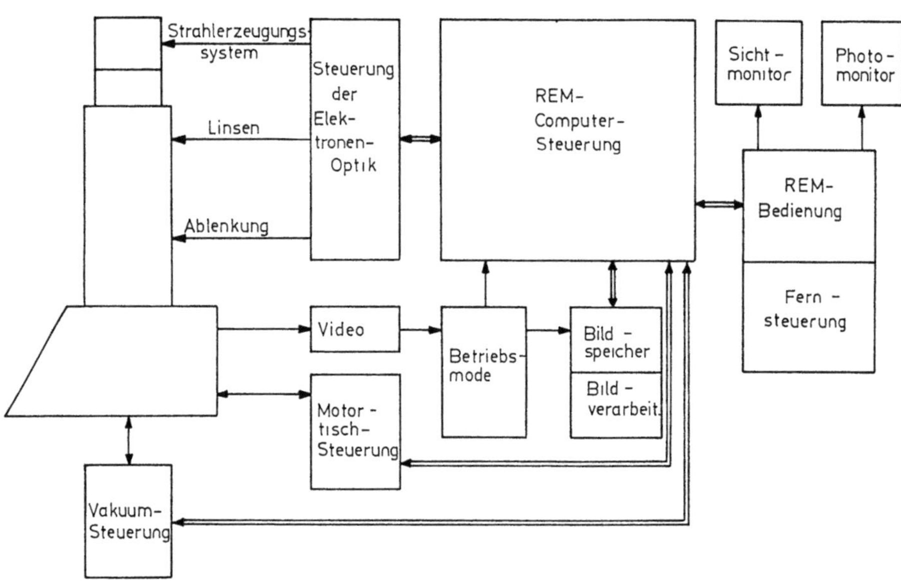

Abb. 31.23. Blockschaltbild eines mikroprozessorgesteuerten Rasterelektronenmikroskops

tiv über das Objekt gerastert. Der Vergrößerungsbereich beträgt 2fach bis
200 000fach. In der großen Objektkammer können Präparate bis zu 150 mm
Durchmesser untersucht werden.

Abbildung 31.23 zeigt das zugehörige Blockschaltbild für die Elektronikein-
heit. Das Gerät ist mikroprozessorgesteuert und enthält eine Bildspeichereinheit
zur elektronischen Speicherung, Darstellung und Verarbeitung der Rasterbilder.
Die Bilder werden auf einem Fernsehmonitor sichtbar und können über einen
Photographiemonitor aufgezeichnet werden. Das Rasterelektronenmikroskop
besitzt eine hohe Tiefenschärfe und liefert daher besonders plastische Bilder von
Oberflächen.

31.2.6 Das Rasterdurchstrahlungsmikroskop (STEM)

Eine Sonderform des TEM ist das Rasterdurchstrahlungsmikroskop (STEM). Es
entsteht durch Adaption eines Rasterzusatzes zu einem TEM. Abbildung 31.24
zeigt den prinzipiellen Aufbau eines STEM. Wie im REM wird der Elektronenstrahl auf das Objekt fokussiert und rasterförmig abgelenkt. Die entstehenden Signale in Transmission und Rückstreuung werden zur Bilderzeugung verwendet.

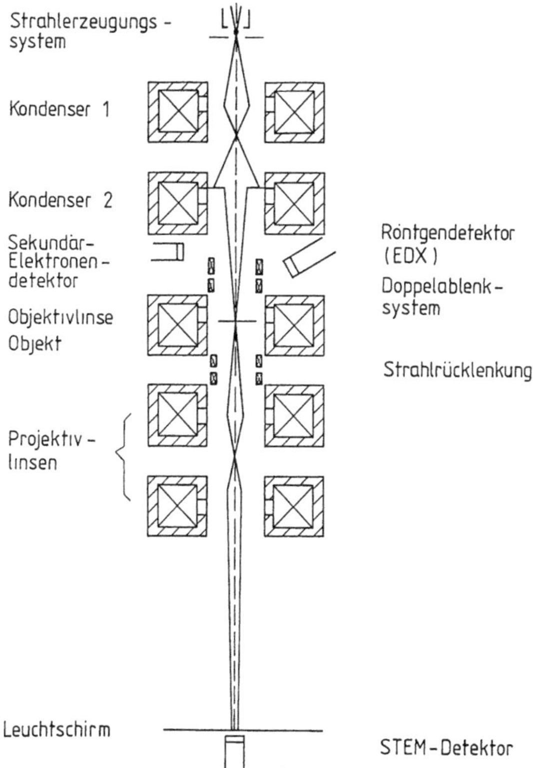

Abb. 31.24. Schematischer Aufbau eines Rasterdurchstrahlungsmikroskops (STEM)

Es lassen sich somit rasterelektronenmikroskopische Bilder mit transmittierten Elektronen, Sekundärelektronen und Rückstreuelektronen erzeugen. Besondere Bedeutung besitzt das STEM für analytische Untersuchungen (vgl. Abschn. 31.2.7).

31.2.7 Analytische Verfahren in der Elektronenmikroskopie

In der Elektronenmikroskopie werden in zunehmenden Maße analytische Verfahren eingesetzt, um neben der Abbildung weitere Informationen über das Objekt zu gewinnen.

Analytische Verfahren in TEM

Bildanalyse und Bildverarbeitung. Zur Bildanalyse und Bildrekonstruktion wird das elektronenmikroskopische Bild im TEM mit Hilfe einer Videokamera erfaßt, digitalisiert und im Bildspeicher eines Bildverarbeitungssystems gespeichert. Unter Rechnereinsatz und teilweise unter Verwendung von Kippserien (d. h. Aufnahmen des Objekts unter verschiedenen Winkeln) sind beispielsweise folgende Auswertemethoden möglich:
- Stereologie zur Erschließung der dritten Dimension des Objekts,
- Meßwerterfassung wie Teilchenzählung, Flächenmessungen, Längenmessungen usw.
- Bildrekonstruktion mittels Korrelationsverfahren.

Elementanalytik. Eine weitere wichtige Fragestellung ist die Analyse des Objekts auf seine chemische Zusammensetzung. Als Meßsignale verwendet man die charakteristische Röntgenstrahlung und den elementspezifischen Energieverlust der inelastisch gestreuten Elektronen. Für die Untersuchung leichter bis mittlerer Elemente eignet sich besonders die Energieverlustspektroskopie, zur Analyse mittlerer bis schwerer Elemente wird die Röntgenmikroanalyse eingesetzt.

Als Detektoren werden energiedispersive Röntgendetektoren (EDX) verwendet. Die Röntgenstrahlenenergie wird hierbei über eine stickstoffgekühlte Halbleiterdiode gemessen und mit einer komplexen Elektronik ausgewertet und dargestellt. Besonders im STEM ist damit Elementanalyse mit hoher Auflösung in einem Punkt, entlang einer Linie oder flächenhaft als Elementverteilungsbild möglich.

Für die Elektronenenergieverlust-Spektroskopie (EELS) sind zwei Anordnungen bekannt:
1. In einem STEM wird dem STEM-Detektor ein elektromagnetisches Filter vorgeschaltet. Die transmittierten Elektronen können damit auf ihren elementspezifischen Energieverlust analysiert werden. Wie bei der Röntgenmikroanalyse sind damit Punkt, Linienmessung und die Darstellung von Elementverteilungen möglich.
2. In einem TEM wird in das Projektivsystem ein elektromagnetisches Filter eingebaut (Abb. 31.25). Mit dieser Anordnung können ohne Einschränkung der TEM-Abbildungsmöglichkeiten   hochaufgelöste   Elementverteilungsbilder

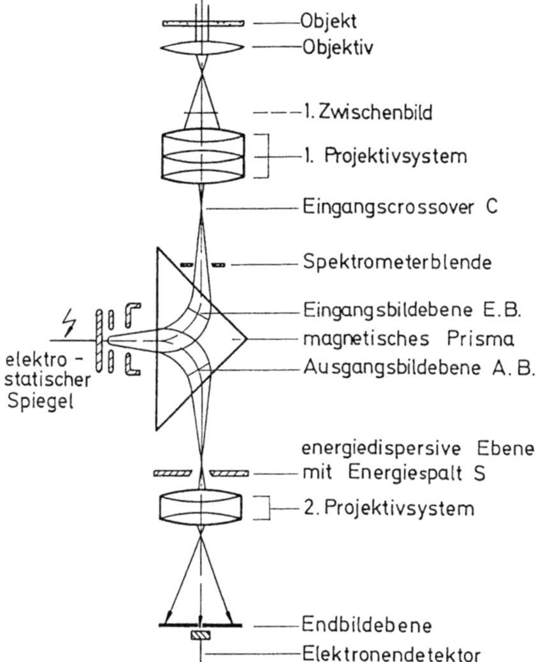

Abb. 31.25. Transmissionselektronenmikroskop mit fest integriertem Elektronenenergieverlust-Spektrometer (Elektronenfilter)

und Punktanalysen hergestellt werden. Das Filter liefert außerdem Kontrastverbesserungen bei schwach streuenden Präparaten und verbessert die Bildschärfe bei der Untersuchung dicker (0,5 µm) Präparate.

Analytische Verfahren im REM

Bildanalyse und Bildverarbeitung. Bildanalyse und Bildverarbeitung wird im REM bevorzugt für Meßwerterfassung wie Teilchenzählung, Flächenmessung, Längenmessung und Falschfarbendarstellung eingesetzt. Einige moderne REMs haben diese Möglichkeiten bereits fest eingebaut.

Elementanalytik. Zur Oberflächenanalyse im REM wird Röntgenspektroskopie mit energiedispersiven (EDX) und wellenlängendispersiven (WDX) Systemen verwendet.

Die EDX-Systeme entsprechen den bereits beschriebenen Systemen. Die WDX-Systeme analysieren das Röntgenspektrum mit Hilfe der Bragg-Reflexion und detektieren die Strahlung über ein Röntgenzählrohr. Sie sind besonders für leichte Elemente geeignet.

Es gibt noch eine Reihe weiterer analytischer Methoden, die spezielle Detektoren benötigen, wie z.B. die Kathodolumineszenz. Hier sei auf weitergehende Literatur verwiesen.

31.2.8 Präparation

Objekte, insbesondere biologische Präparate mit ihrem hohen Wassergehalt, können im Elektronenmikroskop wegen des Vakuums nicht direkt untersucht werden. Große Bedeutung kommt daher der Präparation vor allem im TEM zu. Mit ausgeklügelten Methoden müssen die Präparate für das TEM dünn genug, möglichst nahe an ihrem nativen Zustand und kontrastreich präpariert werden. Man unterscheidet das Negativkontrastverfahren, die Dünnschnittmethodik und Kryomethoden.

Das Negativkontrastverfahren wird hauptsächlich bei der Partikelpräparation verwendet. Isolierte dünne Partikel werden in einer anorganischen Substanzlösung eingebettet und auf dünne Trägerfolie aufgebracht. Nachteil dieses Verfahrens ist, daß der Kontrast im wesentlichen von dem anorganischen Negativkontrastmittel und nicht von der eigentlichen Struktur erzeugt wird. Damit wird das erreichbare Auflösungsvermögen im Elektronenmikroskop durch die Präparation auf 2 nm begrenzt.

Die Dünnschnittmethodik ist das am häufigsten verwendete Verfahren und wird vor allem bei Geweben verwendet. Sie besteht im wesentlichen aus vier Arbeitsgängen:
1. chemische Fixierung des Objekts,
2. Entwässerung und Einbettung in ein Harz,
3. Dünnschnitt mit Hilfe eines Ultramikrotoms,
4. Kontrastierung.

Als Resultat erhält man wie bei der Negativkontrastierung eine Abbildung der an die Strukturen angelagerten Schwermetalle des Kontrastmittels mit eingeschränkter Auflösung.

Verbesserungen wurden in letzter Zeit durch Verwendung des Filterelektronenmikroskops (vgl. Abschn. 31.2.7) erzielt, wo auf die Kontrastierung verzichtet werden kann.

Weitere Möglichkeiten ergeben sich durch Kryomethoden. Hierbei wird die chemische durch eine physikalische Fixierung des Objekts ersetzt. Das im Präparat enthaltene Wasser wird mit hoher Kühlgeschwindigkeit ($T > 10^4$ K/s) vitrifiziert, d. h. zu amorphem Eis erstarrt. Anschließend ergeben sich verschiedene Möglichkeiten zur weiteren Präparation. Beispielsweise kann das amorphe Eis aus dem Gewebe durch Sublimation entfernt werden. Eine weitere Methode ist die Gefriersubstitution; hierbei wird ein allmählicher Austausch des Wassers durch ein Lösungsmittel vorgenommen, das bei tiefen Temperaturen noch flüssig ist. Das Gefrierbruchverfahren und Kryoschnitte mit Hilfe eines Kryoultramikrotoms sind weitere Methoden der Kryotechnik. Sie kommen dem Ziel der möglichst nativen Abbildung des Objekts am nächsten.

Nur erwähnt werden sollen in diesem Zusammenhang weitere Spezialverfahren wie Immunomarkierung und Autoradiographie. Die Präparation für das Rasterelektronenmikroskop ist einfacher. Leitende Objekte (z. B. Metalle) können direkt betracht werden, nichtleitende Objekte werden entweder mit dünnen leitenden Schichten bedampft oder bei niederen Elektronenenergien abgebildet. Biologische Proben müssen wie für das TEM fixiert, aber nicht eingebettet werden. In vielen Fällen werden auch indirekte Methoden wie Abdrücke (Replicas) verwendet.

31.2.9 Literatur

Egerton, R.F.: Electron energy loss spectroscopy in the electron microscope. New York: Plenum Press 1986

EL-Kareh, A.B.; EL-Kareh, J.C.: Electron beams, lenses, and optics, Vol. I, II. New York: Academic Press 1970

Glaser, W.: Grundlagen der Elektronenoptik. Wien: Springer 1952

Grivet, P.: Electron optics. Oxford: Pergamon Press 1965

Hawkes, P.W.: Magnetic electron lenses. Topics Current Physics 18. Berlin: Springer

Hawkes, P.W.: Image processing and computer-aided design in electron optics. London: Academic Press 1973

v. Heimendahl, M.: Einführung in die Elektronenmikroskopie: Verfahren zur Untersuchung von Werkstoffen und anderen Festkörpern. Braunschweig: Vieweg & Sohn 1970

Lange, R.; Blödorn, J.: Das Elektronenmikroskop TEM + REM: Stuttgart: Thieme 1981

Lickfeld, K.: Elektronenmikroskopie. Stuttgart: Ulmer-Verlag 1979

Meek, G.A.: Practical electron microscopy for biologists. Chichester/New York: Wiley 1976

Oatley, C.W.: The scanning electron microscope. London: Cambridge University Press 1972

Pfefferkorn, G.; Reimer, L.: Raster-Elektronenmikroskopie. 2. Aufl. Berlin: Springer 1977

Picht, J.; Heydenreich, J.: Einführung in die Elektronenmikroskopie. Berlin: VEB Verlag Technik 1966

Plattner, H.; Zingsheim, H.P.: Elektronenmikroskopische Methodik in der Zell- und Molekularbiologie. Stuttgart: G. Fischer 1987

Reimer, L.: Elektronenmikroskopische Untersuchungs- und Präparationsmethoden. 2. Aufl. Berlin: Springer 1967

Reimer, L.: Scanning electron microscopy. Berlin: Springer 1985

Reimer, L.: Transmission electron microscopy. Berlin: Springer 1984

Saxton, W.O.: Computer techniques for image processing in electron microscopy. Series: Advances in Electronics and Electron Physics. Vol. 10. London: Academic Press 1978

Schimmel, G.: Elektronenmikroskopische Methodik. Berlin: Springer 1969

Schimmel, G.: Methodensammlung der Elektronenmikroskopie, Hrsg.: G. Schimmel und W. Vogell. Stuttgart: Wissenschaftliche Verlagsgesellschaft 1973

Seiler, H.: Abbildung von Oberflächen. Mannheim: Bibliographisches Institut 1968

Wells, O.C.: Scanning electron microscopy. New York: McGraw-Hill 1974

Zworykin, V.K. et al.: Electron optics and the electron microscope. London: John Wiley & Sons 1957

31.3 Operationsmikroskope

Ortwin Müller

31.3.1 Anwendungsübersicht und Anforderungen

Das Operationsmikroskop ist ein Arbeitsmittel des Mikrochirurgen. Die Objekte der Mikrochirurgie haben ihre Größe im Millimeter- und Submillimeterbereich. Mikrochirurgie wird heute routinemäßig in folgenden medizinischen Disziplinen betrieben: Ophthalmologie, Oto-Rhino-Laryngologie, Gynäkologie, Neurochirurgie, rekonstruktive und plastische Chirurgie. Es ist jedoch zu erwarten, daß der Trend zur Verfeinerung der Operationsmethoden die Mikrochirurgie in weitere Disziplinen einführen wird. Mikrochirurgie setzt den Einsatz einer vergrößernden Sehhilfe voraus, für die sich folgende optischen Minimalforderungen angeben lassen:

- Sie muß ein aufrechtes, seitenrichtiges und vergrößertes Bild des Operationsgegenstandes und der verwendeten Instrumente liefern.

- Die Beobachtung muß, sofern beim Beobachter Stereopsis vorliegt, stereoskopisch sein, um räumliches Sehen und Arbeiten zu ermöglichen.
- Das Gesichtsfeld darf nicht wesentlich kleiner als das Operationsfeld sein und muß in ausreichender Bildgüte dargeboten werden.
- Die Anordnung und Halterung der Sehhilfe vor den Augen des Operateurs muß ausreichenden Manipulationsraum gewähren und ein ermüdungsfreies Arbeiten über längere Zeit sicherstellen.

Diese Anforderungen können im Bereich schwacher Vergrößerung (1 bis 5) bisweilen schon durch Lupenbrillen erfüllt werden, insbesondere in der heutigen ausgereiften Form der Prismenlupenbrille [1]. Die Fernrohrlupenbrillen selbst sind als historische Vorstufe zum Operationsmikroskop anzusehen. Sie finden sich bereits im Medizin-Gerätekatalog eines namhaften Herstellers aus dem Jahre 1913 [2]. Vom Operationsmikroskop wird heute jedoch im allgemeinen weit mehr verlangt als oben angegeben, so z. B. die Punkte:
- Bereitstellung einer höheren und damit zwangsläufig auch variablen Vergrößerung (3 bis 25);
- bequeme Variation der Vergrößerung ohne Sichtunterbrechung und Aufgabe der Operationsfeldkontrolle;
- Variationsmöglichkeit und Anpassung des Arbeitsabstandes sowie der Lage und Richtung des Okulareinblicks;
- spezielle mikroskopfixierte Auflichtbeleuchtungen;
- integrierte Einrichtungen für Dokumentation, Mitbeobachtung, chirurgische Assistenz und Ausbildung;
- Vorkehrungen und Einrichtungen für die Aufrechterhaltung der Asepsis und der Funktionsfähigkeit bei unvorhergesehenen Ereignissen.

So wie die Mikrochirurgie im Bereich der Sehhilfe zur Entwicklung des Operationsmikroskops führte, so hat sie natürlich auch im Bereich der anderen Instrumente und Hilfsmittel den technologischen Fortschritt befördert. Die heutige Vielfalt von Technik im Operationssaal verlangt aber andererseits auch vom Einzelgerät mehr Anpassung und Integration in ein benutzerfreundliches Gesamtkonzept, sollen Chirurg und Patient nicht überfordert werden.

31.3.2 Das Mikroskop

Das Operationsmikroskop läßt sich funktionell in drei Hauptteile gliedern: Mikroskop im engeren Sinne, Beleuchtung sowie Träger- und Hilfseinrichtungen. Auch in der praktischen Ausführung der Geräte tritt eine solche Gliederung mehr oder weniger in Erscheinung, besonders bei Baukastensystemen, die mehrere Disziplinen bedienen.

Optisches Prinzip

Entsprechend den oben genannten Anforderungen hat sich heute für Operationsmikroskope ein optisches Prinzip durchgesetzt, das man als Fernrohrlupe be-

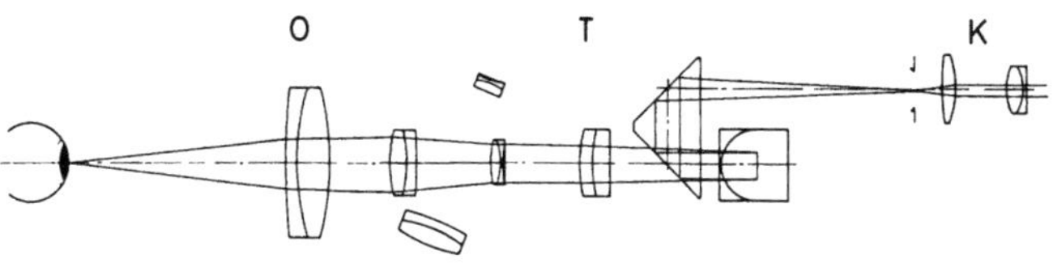

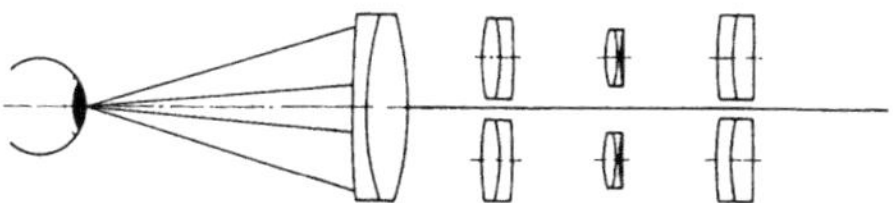

Abb. 31.26. Strahlengang im Fernrohrlupensystem

zeichnet. Abbildung 31.26 zeigt den Strahlengang in zwei zueinander senkrechten Ebenen und wird nachfolgend erläutert:

Zwischen Objektiv O (Brennweite f_1) und Tubuslinsen T (f_2) besteht für jedes Beobachterauge ein separater paralleler Strahlengang. Folglich liegt das Objekt in der Brennebene von O. Zwischen O und T kann je ein teleskopisches System angeordnet sein (Vergrößerungsfaktor γ), mittels dessen die Gesamtvergrößerung variiert wird. Der für stereoskopisches Sehen erforderliche Konvergenzwinkel zwischen den Gesichtslinien wird durch prismatische Wirkung am Objektiv erzeugt, das von beiden Strahlengängen außerhalb der Achse durchsetzt wird. Die von den Tubuslinsen über nachfolgende drehbare, bildaufrichtende Prismen entworfenen Zwischenbilder werden mit den Okularen K (f_3) betrachtet. Die angulare *Gesamtvergrößerung* beträgt

$$\Gamma = \frac{f_2}{f_1} \quad \gamma \cdot \frac{250}{f_3\,\mathrm{mm}} . \tag{31.5}$$

Der Faktor $250/f_3$ stellt die Lupenvergrößerung Γ_K des Okulars dar. Überblickt wird dabei ein Objektfelddurchmesser

$$D_M = \frac{f_1}{f_2} \frac{z}{\gamma} . \tag{31.6}$$

Die Sehfeldzahl z gibt den Durchmesser des genutzten Okularzwischenbildes an; $2\arctan(z/2f_3)$ ist der vom System maximal verarbeitete bzw. tolerierbare Bildwinkel. Oberhalb von 45° spricht man heute von Weitwinkelsystemen.

Die Mikroskopvergrößerung läßt sich also auch durch Variation bzw. Wechsel von Objektiv- und Okularbrennweite verändern. Von dieser Möglichkeit wird praktisch Gebrauch gemacht, wenn ein Gerät an die Arbeitsbedingungen verschiedener Disziplinen oder unterschiedlicher Operationen anzupassen ist. Vergrößerungswechsel während einer Operation müssen natürlich bequemer und schneller erfolgen. Eine bewährte Einrichtung hierfür stellen Galilei-Fernrohre dar. Mit je einem davon kann man zwei verschiedene γ-Werte realisieren, indem man sie auch im umgekehrten Strahlengang benutzt. Mit je zwei Fernrohren, die in einem Drehrevolver angeordnet sind, lassen sich dann fünf verschiedene Ver größerungen erhalten. Stufenlose Vergrößerungswahl ist mit pankratischen Fernrohren möglich [3]. Bei einer Änderung der Vergrößerung darf sich die Bildebene nicht wahrnehmbar verschieben.

Weitere Kenngrößen

Die *Auflösung* $\varDelta$ des Mikroskops ist bekanntlich durch dessen numerische Apertur A (Sinus des halben Öffnungswinkels) bestimmt. Für Operationsmikroskope ist $\varDelta = \lambda/2A$, mit $\lambda =$ Wellenlänge. Bei gegebener Apertur bedingt die Beugung eine sinnvolle maximale, die sog. *förderliche Vergrößerung* Γ_0, für die die Beziehung $500 \cdot A \leqq \Gamma_0 \leqq 1\,000 \cdot A$ gilt. Andererseits erscheint es zunächst aber auch nicht sinnvoll, bei gegebener Vergrößerung die Apertur über das bezeichnete Maß hinaus zu steigern, da dann die Auflösung durch Sehschärfe und Pupillengröße des Beobachters bestimmt werden, somit die Optik schlecht genutzt wäre. Zwischen Apertur, Vergrößerung und dem *Austrittspupillendurchmesser a* des Mikroskops besteht die Beziehung

$$a \cdot \Gamma = 500 \cdot A \text{ mm}. \tag{31.7}$$

Daraus folgt, daß im Bereich der förderlichen Vergrößerung die Austrittspupillen Werte zwischen 0,5 und 1 mm annehmen. Die Austrittspupillen guter Operationsmikroskope betragen je nach Vergrößerung zwischen 1 und 2,8 mm, sind also stets größer als oben gefordert. Sie erreichen damit fast die Grenze von 3 mm, oberhalb derer die Fehler des Auges eine qualitätvolle Netzhautabbildung nicht mehr zulassen. Diese Übergröße der Austrittspupillen ist dem Bedürfnis nach Helligkeit zuzuschreiben. Die *Helligkeit* der Beobachtung ist durch die Beleuchtungsstärke der Netzhaut des Normalbeobachters definiert und gegeben durch

$$H \sim T_{\mathrm{M}}\, E\, a^2. \tag{31.8}$$

Dabei ist E die Objektbeleuchtungsstärke und T_{M} die Transmission der Optik. Der Proportionalitätsfaktor ist vom Objekt abhängig.

Wichtig für den praktischen Gebrauch des Operationsmikroskops ist die visuelle *Schärfentiefe*. Sie setzt sich aus den drei Anteilen Fokustiefe $\mathrm{d}x_1$, Akkommodationstiefe $\mathrm{d}x_2$ und Auflösungstiefe $\mathrm{d}x_3$ zusammen. Die Fokustiefe ist dadurch bedingt, daß für das Auge ein kleinster auflösbarer Winkel ω existiert (Sehschärfenwinkel), demzufolge ein Bildpunkt und seine im Abstand $\pm \mathrm{d}x_2$ gelegenen Zerstreuungskreise gleich scharf gesehen werden. Dagegen beruht die Akkommodationstiefe $\mathrm{d}x_2$ auf der Brechkraftveränderung des Systems Okular – Auge, wodurch der Ort größter Sehschärfe um die Okularebene verschoben werden kann. Die Auflösungstiefe resultiert aus Beugung und hat zur Folge, daß eine Objektdifferenzierung im Tiefenbereich $\mathrm{d}x_3$ nicht mehr möglich ist. Es gelten die folgenden Beziehungen

$$\mathrm{d}x_1 = 250 \text{ mm} \cdot \omega/A\Gamma,$$
$$\mathrm{d}x_2 = \left(\frac{250 \text{ mm}}{\Gamma}\right)^2 \cdot \left(\frac{1}{x_{\mathrm{N}}} - \frac{1}{x_{\mathrm{F}}}\right), \tag{31.9}$$
$$\mathrm{d}x_3 = \frac{\lambda}{A^2}.$$

Γ Gesamtvergrößerung, A numerische Apertur, x_N Abstand Augennahpunkt, x_F Abstand Augenfernpunkt. λ Wellenlänge. Dazu ein praktisches Beispiel: $\Gamma = 10$, $A = 0,03$, $\omega = 3$ min; es beträgt $dx_1 = 0,73$ mm, $dx_3 = 0,61$ mm bei $\lambda = 550$ nm; legt man einen Beobachter mit $x_N = 150$ mm zugrunde, ist $dx_2 = 4,2$ mm; bei vorliegender Presbyopie ($x_N = 1\,000$ mm) ergibt sich $dx_2 = 0,62$ mm. Wegen der relativ kleinen Vergrößerung und der übergroßen Austrittspupille sind bei Operationsmikroskopen die drei Schärfentiefeanteile etwa gleich bedeutend. Die subjektiv empfundene Schärfentiefe setzt sich damit, je nach Beobachter und Objekt, in nicht genau zu definierender Weise aus den drei Anteilen zusammen.

Aus den Gleichungen (31.7), (31.8) und (31.9) folgt, daß die Forderungen nach großer Helligkeit und nach großer Schärfentiefe miteinander konkurrieren.

Stereoskopisches Sehen ist Grundlage der Operationsmikroskopie. Dem Verlangen, den Stereowinkel möglichst groß zu machen, steht allerdings die Forderung entgegen, durch begrenzende Öffnungen sehen zu wollen. Gebräuchliche Stereowinkel liegen je nach Anwendung zwischen 3° und 10°.

Von den Konstruktionsdaten des Operationsmikroskops ist weiterhin die *Schnittweite* von Interesse. Darunter ist der Abstand der Objektebene von der ersten Linsenfläche des Objektives zu verstehen. Die Schnittweite muß eine gewisse Mindestgröße haben, um dem Operateur den Gebrauch seiner Instrumente zu ermöglichen. Ist sie zu groß, so werden Manipulationen infolge gestreckter Armhaltung unbequem. Weiterhin sinken bei gegebener Objektivöffnung mit wachsender Schnittweite Apertur, Stereowinkel und Helligkeit. Gebräuchliche Schnittweiten liegen im Bereich von 150 mm bis 400 mm. Es sind Systeme ausgeführt worden, bei denen die Schnittweite kontinuierlich veränderbar ist. Ein solches Gerät kann z. B. ein Objektiv haben, das aus einem Positiv- und einem Negativteil zusammengesetzt ist, welche gegeneinander zu verschieben sind. Die Schnittweitenänderung dient dann dazu, das Mikroskop auf ein Objekt zu fokussieren. Man spricht auch von Innenfokussierung, im Gegensatz zu einer Außenfokussierung, bei der das Mikroskopgehäuse bewegt wird. Mit der Schnittweitenänderung wird auch die Vergrößerung etwas beeinflußt.

Mitbeobachtung

Die Fernrohrlupenoptik des Operationsmikroskops weist parallele Sehachsen auf und verlangt deshalb vom Beobachter aufgrund der Koppelung von Akkomodation und Vergenz ein entspanntes Sehen, was bei langen Operationsdauern ohnehin von Nutzen ist. Ungeübten Beobachtern, die zu Gerätemyopie neigen, wird ein entsprechendes Training empfohlen. Mikroskope mit geneigten Sehachsen (Greenough-Systeme) sind nur noch bei Kleinmikroskopen zu finden. Die Fernrohrlupenoptik gestattet es, mit verhältnismäßig geringem Aufwand Zubehör für Mitbeobachtung, Assistenz und Dokumentation anzubringen, ein für die Mikrochirurgie entscheidender Vorteil. Abbildung 31.27 zeigt den Strahlengang im Mikroskop bei zusätzlicher Verwendung einer monokularen Mitbeobachtereinrichtung und einer Kleinbild-Photoeinrichtung; Abbildung 31.28 zeigt einen Stereo-Strahlenteiler. Er ermöglicht es, daß zwei sich gegenübersitzende Operateure gleiche Sehbedingungen haben.

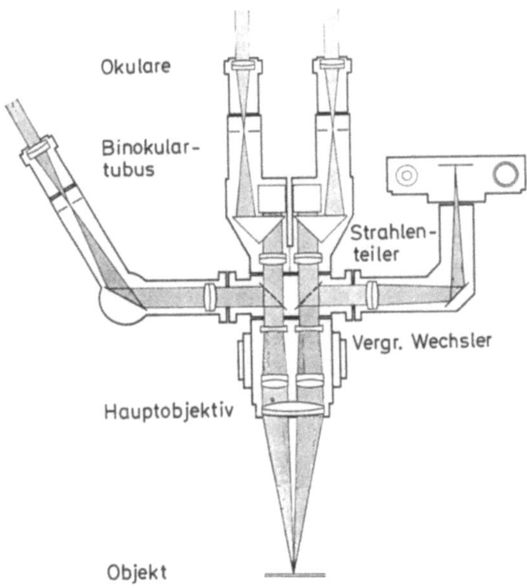

Abb. 31.27. Mitbeobachtung und Dokumentation am Mikroskop

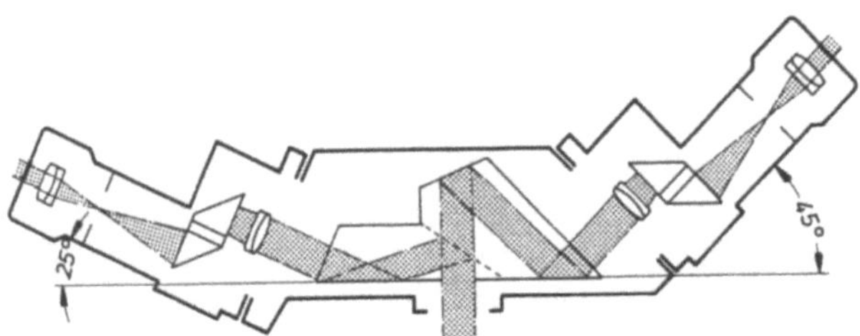

Abb. 31.28. Stereo-Strahlenteiler für zwei Beobachter

31.3.3 Beleuchtung

Anforderungen

Allgemeine Operationsleuchten, insbesondere Deckenleuchten, sind für die Benutzung eines Operationsmikroskops aus folgenden Gründen nicht ausreichend:
- Die Beleuchtungsstärke im Gesichtsfeld reicht nicht aus, insbesondere bei höheren Vergrößerungen bzw. kleinen Mikroskopaustrittspupillen.
- Viele Objekte der Mikrochirurgie liegen in Körperhöhlen oder sind nur durch enge Röhren zugänglich (z. B. Mittelohr, Kehlkopf, Augeninneres). Hier ist es erforderlich, daß die optischen Achsen von Mikroskop und Beleuchtung entweder identisch (koaxial) oder zumindest sehr benachbart (paraxial) sind.
- Es gibt Objekte der Mikrochirurgie, die mit einer flächenhaften Auflichtbeleuchtung, egal welchen Winkels, nicht zufriedenstellend sichtbar werden. Hier sind Spezialbeleuchtungen erforderlich.

Die Systembeleuchtung am Operationsmikroskop ist unverzichtbar sowie disziplinen- und objektspezifisch.

Optik und Lichtquelle

Für eine gute Auflichtbeleuchtung benutzt man den sog. Köhlerschen Strahlengang nach Abbildung 31.29. Die Lichtquelle L wird durch den Kollektor K in das Beleuchtungsobjektiv O abgebildet. Das Objektiv bildet die neben K angeordnete Leuchtfeldblende nach S ab. Das Lichtquellenbild in O ist die Austrittspupille dieser Abbildung. Die Köhlersche Beleuchtung ist dadurch ausgezeichnet, daß sie bei beliebig strukturierter Lichtquelle ein homogenes, scharf begrenztes Leuchtfeld liefert. Ihr Nachteil ist die relativ große Baulänge. Für die Beleuchtungsstärke E im Leuchtfeld gilt

$$E = \frac{F}{d^2} T_B \, B \, .\tag{31.10}$$

B Leuchtdichte der Lichtquelle, F Fläche und d Abstand der Austrittspupille vom Leuchtfeld. T_B Transmission. Gleichung (31.8) kann jetzt mit (31.10) kombiniert werden.

Bei neueren Kompaktmikroskopen verzichtet man auf die Köhlersche Beleuchtung. Hier wird dann die Strahlung der Quelle durch eine Optik zum benötigten Feld lediglich gebündelt. Eventuell wird auch die Quelle selbst oder eine benachbarte Blendenebene auf das Objektfeld abgebildet. Dies wird möglich, wenn als Lichtquelle die Austrittsfläche einer Faseroptik Verwendung findet. Besteht das Faserkabel aus sehr vielen Einzelfasern in statistischer Verteilung und wird in die Einzelfasern winkelhomogen bis zum Grenzwinkel eingestrahlt, so stellt die Abstrahlfläche eine der inhomogenen Glühwendel überlegene Lichtquelle dar, die auch in nicht-Köhlerscher Art eine gute Mikroskopbeleuchtung ergibt. Kennzeichen solcher Beleuchtungen ist, daß die Leuchtfeldberandung verwaschen oder farbig aussieht. Das Gesichtsfeld durch das Mikroskop sollte dann stets kleiner als das Leuchtfeld sein. Faseroptikbeleuchtungen heißen auch „Kaltlichtbeleuchtungen", weil sie die heiße Lichtquelle und ihre elektrische Versorgung vom Mikroskop wegbringen, indem der Ort der Einstrahlung in das Kabel sich bis zu mehreren Metern entfernt befinden kann. Natürlich erfolgt auch bei Kaltlichtbeleuchtung eine Absorption der optischen Strahlungsleistung im Objekt, die zu einer Erwärmung führen kann.

Die Transmissionen der Faserkabel liegen im Bereich von 30 bis 60%. Sie können durch Verwendung einer Lichtquelle mit höherer Leuchtdichte ausgegli-

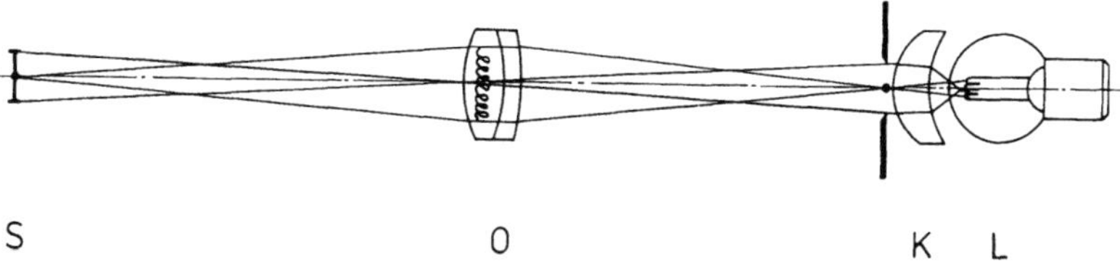

Abb. 31.29. Prinzip der Köhlerschen Beleuchtung

chen werden. Besonders geeignet für die Speisung von Faserkabeln sind Halogen-Glühlampen höherer Leistung (≥ 100 W) mit Spiegelreflektoren. Augenmerk ist jedoch der spektralen Transmission der Faser zuzuwenden, da der dem Operateur geläufige Farbeindruck einer Lichtquelle verfälscht werden kann. Andererseits ist es aber durch Faserbeleuchtungen auch möglich, dem Operateur spezifische Vorzüge von Gasentladungslampen (Xe-Hochdruck-, Halogen-Metalldampflampe) zugänglich zu machen.

Beleuchtungsvarianten

Schrägbleuchtung. Es handelt sich um eine Auflichtbeleuchtung, bei der zwischen den optischen Achsen von Mikroskop und Beleuchtung ein Winkel größer etwa $10°$ besteht. Sie ist nur bei ebenen Objekten einsetzbar, liefert dort jedoch infolge Schattenwurf und Vermeidung von Reflexlicht ein sehr kontrastreiches Bild. Da die Austrittspupille der Beleuchtung keiner Beschränkung unterliegt, lassen sich hohe Beleuchtungsstärken erzielen. Stört der Schattenwurf, so setzt man zwei Leuchten unter entgegengesetzten Winkeln ein.

Paraxialbeleuchtung. Auch hier liegt eine Auflichtbeleuchtung vor, bei der jedoch zwischen den Achsen von Mikroskop und Beleuchtung ein möglichst kleiner Winkel (4 bis $8°$) besteht, ohne daß eine Überdeckung der Mikroskopeintrittspupillen mit der Austrittspupille der Beleuchtung bzw. deren virtuellen Bildern erfolgt. Die paraxiale Beleuchtung wird zum Arbeiten in Hohlräumen oder durch Röhren hindurch eingesetzt. Definitionsgemäß ist die Austrittspupillengröße beschränkt, so daß die Beleuchtungsstärke im wesentlichen nur mittels der Leuchtdichte der Lichtquelle gesteigert werden kann. Abbildung 31.30 zeigt den Strahlengang eines Operationsmikroskops mit paraxialer Köhlerscher Beleuchtung. Sie hat den besonderen Vorteil, das Mikroskopobjektiv optisch mitzubenutzen, so daß bei Objektivwechsel das Leuchtfeld von selbst dem Gesichtsfeld angepaßt wird.

Bei der paraxialen Beleuchtung kann bisweilen Reflex- und Streulicht störend in Erscheinung treten.

Pankratische Beleuchtung. Sie stellt eine Sonderform der paraxialen Beleuchtung dar. Bei ihr werden Änderungen in der Leuchtfeldgröße nicht durch Abblenden, sondern durch Verschieben optischer Glieder mit Änderung des Abbildungsmaßstabes fester Blenden erzielt. Unter der Voraussetzung, daß der genutzte Lichtstrom der Lichtquelle bei diesen Verschiebungen gleich bleibt, gilt $D_{\mathrm{B}}^2 \cdot F = \mathrm{const}$, D_{B} Leuchtfelddurchmesser, F Fläche der Austrittspupille. Ist F_{Max} die maximal zu nutzende und ausgeleuchtete Austrittspupille, D_{BMin} der kleinste erzielte Leuchtfelddurchmesser, so ist gemäß (31.10) die Beleuchtungsstärke

$$E = \left(\frac{D_{\mathrm{BMin}}}{D_{\mathrm{B}}}\right)^2 \frac{F_{\mathrm{Max}}}{d^2} T_{\mathrm{B}} B \leq \frac{F_{\mathrm{Max}}}{d^2} T_{\mathrm{B}} B. \tag{31.11}$$

Aus (31.10) und (31.11) entnimmt man folgendes Ergebnis: Mit einer pankratischen Beleuchtung kann grundsätzlich keine höhere Beleuchtungsstärke erzielt werden als mit einer bereits auf maximale Apertur und Pupille ausgelegten Köh-

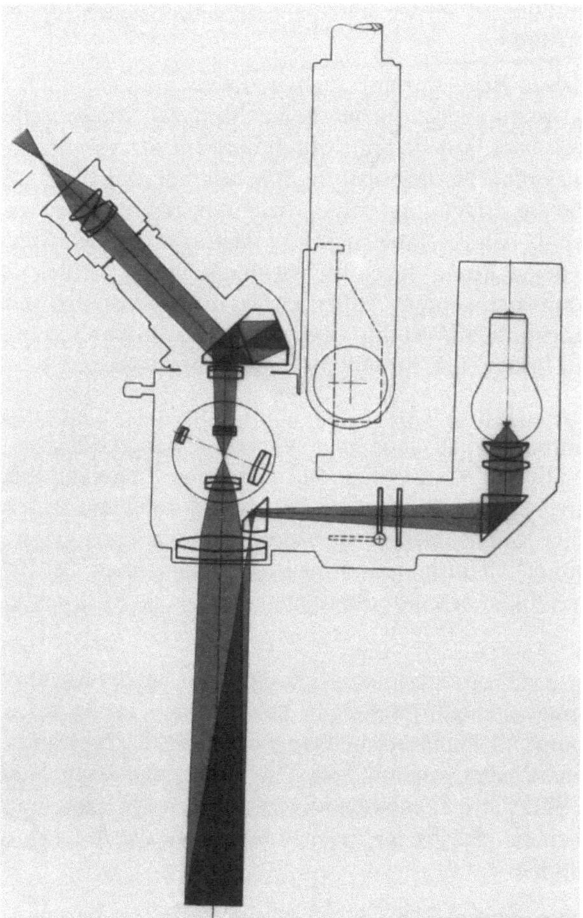

Abb. 31.30. Paraxiale Beleuchtung im Operationsmikroskop

lerschen Beleuchtung. Der Vorzug der pankratischen Beleuchtung liegt auf einem anderen Gebiet: Kombinieren wir die Beziehung (31.5) und (31.6) zu $\Gamma \sim 1/D_\mathrm{M}$. sowie (31.7), (31.8) und (31.11) zu $H \sim (A/\Gamma \cdot D_\mathrm{B})^2$, so folgt aus diesen zwei Relationen nun

$$H \sim \left(A \, \frac{D_\mathrm{M}}{D_\mathrm{B}} \right)^2 . \tag{31.12}$$

Koppelt man daher einen Mikroskop- mit einem Beleuchtungspankraten derart, daß der Leuchtfelddurchmesser D_B proportional zur mikroskopabhängigen Größe $A \cdot D_\mathrm{M}$ abläuft, so ist der visuelle Helligkeitseindruck des Beobachters im gesamten Leuchtfeld stets unabhängig von der gewählten Vergrößerung. Weil die pankratische Beleuchtung die hohen Beleuchtungsstärken dabei nur für kleine Leuchtfelder benötigt, kann die Leistung der Lichtquelle bzw. die Leistungsfähigkeit der Kollektoroptik minimiert werden. Die pankratische Beleuchtung ist deshalb die „ökonomische" Lösung.

Koaxiale Beleuchtung. Bei dieser Beleuchtung, auch 0°-Beleuchtung genannt, werden beide Mikroskopeintrittspupillen von der Beleuchtungsaustrittspupille mindestens teilweise überdeckt. Dies läßt sich nur durch den Einsatz von physikalischen Strahlenteilern realisieren. Die Beleuchtung hat besondere Bedeutung in der Ophthalmologie, u. a. bei der Erzeugung einer effizienten sog. regredienten Beleuchtung [4]. Der Nachteil als Allgemeinbeleuchtung liegt darin, daß sowohl das Mikroskop als auch die Beleuchtung durch die Strahlenteiler in Helligkeit bzw. Beleuchtungsstärke geschwächt werden. Außerdem ist die Anordnung und Gestaltung des Teilers konstruktiv aufwendig, soll die Mikroskopabbildung nicht durch Korrektionsfehler, Reflex- und Streulicht verschlechtert werden.

Spaltbeleuchtung. Die Spaltbeleuchtung wird in der Ophthalmologie allgemein zur Untersuchung transparenter Medien eingesetzt [4]. Am Operationsmikroskop dient sie als Zusatzbeleuchtung. Vom Prinzip her ist es eine winkelvariable Schrägbeleuchtung in Köhlerscher Art, bei der das Leuchtfeld zu einem feinen Spalt verengt werden kann, der sich senkrecht zur Stereobasis des Beobachters befindet. Das Beleuchtungsbündel stellt dann in Objektumgebung einen „Lichtschnitt" dar. Das in ihm vom Objekt erzeugte Streulicht nimmt das Mikroskop auf.

Blitzbeleuchtung. Für Zwecke der Photodokumentation dient ein Elektronenblitz als Lichtquelle, dies bei Schräg- als auch paraxialer Beleuchtung. Im letzteren Fall ist zusätzlich eine Glühlampe als Dauerbeleuchtung erforderlich, da sich nur so Ausleuchtung und Reflexlicht beherrschen lassen. Die Glühlampe kann über einen Doppelkollektor in die Blitzröhre abgebildet werden. Alternativ kann man auch einen Klappspiegel verwenden, der für die Zeit der Aufnahme die Blitzröhre anstelle der Glühlampe einkoppelt.

Stroboskopbeleuchtung. Dies ist eine paraxiale Beleuchtung, die in der Laryngologie zur Beobachtung der periodisch bewegten Stimmbänder und Stimmlippen dient.

Intraokulare Beleuchtung. Es handelt sich dabei um eine faseroptische Beleuchtung in Kanülenform (Durchmesser ≤ 1 mm), die in der Ophthalmologie, u. a. bei Vitrektomieoperationen, eingesetzt wird. Bei solchen Operationen im Inneren des Auges versagen im allgemeinen alle anderen Beleuchtungen, und auch die Mikroskopbeobachtung unterliegt starken Einschränkungen.

31.3.4 Träger und Hilfseinrichtungen

Anforderungen

Die Anordnung des Operationsmikroskops im Operationssaal und die hierfür erforderlichen Hilfsmittel sind in besonderer Weise disziplin- und objektspezifisch. Oberstes Konstruktionsprinzip ist es, dem Operateur und dem Patienten ergono-

misch sinnvolle Arbeits- bzw. Behandlungspositionen und -abläufe zu ermöglichen. Dabei müssen jedoch auch das übrige Instrumentarium, die sonstigen Einrichtungen (z. B. Operationstisch, Anästhesieeinrichtung) sowie das Hilfspersonal berücksichtigt werden. Dies alles führt leider nicht immer zu befriedigenden
Kompromissen.

Mechanische Einrichtungen

Jedes Operationsmikroskop ist über eine Kupplung mit einem stabilen Träger,
dem Stativ, verbunden. Man unterscheidet Boden-, Decken-, Wand- und Tisch-
stative. Im hochtechnisierten Operationssaal haben nur die zwei ersteren Bedeutung. Bodenstative sind im allgemeinen fahrbar, Deckenstative fest montiert. Eine Ausnahme ist das fahrbare Deckenstativ. Hinsichtlich der Bewegungsbereiche
und der Verstellgeschwindigkeit einer bestimmten Mikroskopausrüstung und
-anordnung unterscheidet man den Vorgang der Voreinstellung und Grobanpas-
sung von dem der Feinpositionierung. Ersteres geschieht meist vor der Operation
durch Hilfspersonal, letzteres während der Operation durch den Operateur oder
die OP-Schwester unter sterilen Bedingungen. Für beide Vorgänge finden sich sowohl manuelle als auch servomotorische Antriebe. Es leuchtet ein, daß im hochtechnisierten Operationssaal der Trend zur Servoelektrik anhält. Diese Entwicklung wird durch die Anforderungen der Betriebssicherheit und durch den bezahl-
baren Aufwand gebremst.

Folgende Eigenschaften von Mikroskopgehäusen, Kupplungen und Stativen
sind für die Adaption von Operationsmikroskopen besonders zu beachten:
- Standfestigkeit und Kippsicherheit beweglicher Stative bei den Maximalwer-
  ten des angehängten Gewichtes, der möglichen Auslenkung und Ausfahrung,
  und zwar auch beim Transport;
- Schwingungsarmut und Schwingungsdämpfung bei Anregung;
- für manuelle Antriebe: leichtgängige Bewegung durch Kraftausgleich, kombiniert mit einer wirkungsvollen Fixiereinrichtung oder einer definierbaren Be-
  wegungsbremse;

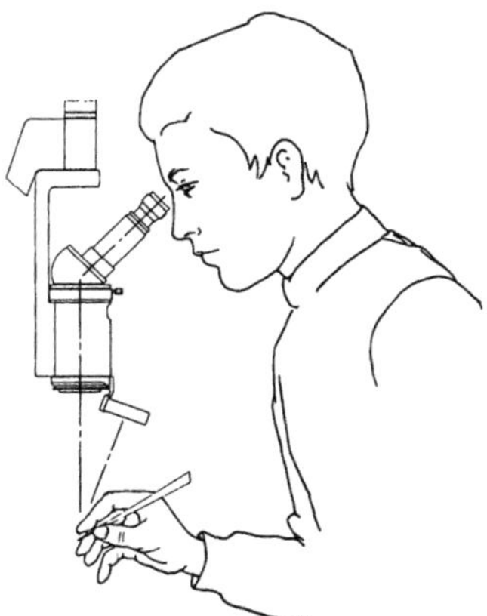

Abb. 31.31. Einblick in das ophthalmologische Mikroskop

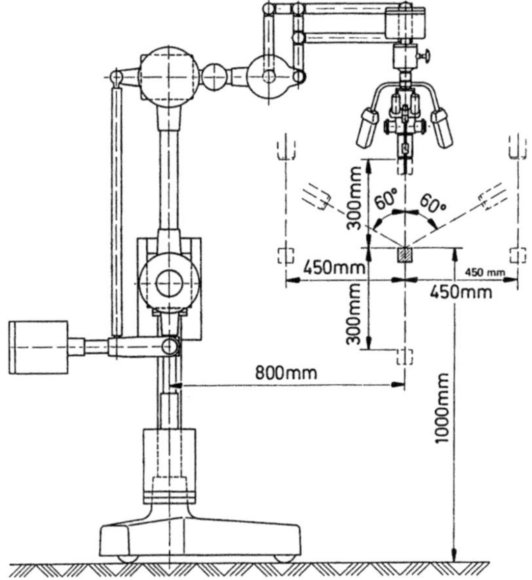

Abb. 31.32. Bodenstativ mit Mikroskop für die Neurochirurgie

- für Motorantriebe: unterschiedliche Geschwindigkeiten für Grob- und Fein-positionierung; minimale Geräusche;
- robuste, beschädigungsarme Konstruktionen mit der Möglichkeit, bei Defekt oder Stromausfall die Operation zu Ende zu bringen;
- glatte, gegen einschlägige Reinigungsmittel unempfindliche Oberflächen; Möglichkeiten, sterile Überzüge oder sterilisierbare Abdeck- und Bedienungs-elemente anzubringen.

Aus einer Vielzahl möglicher Ausführungen seien zwei Beispiele gegeben. Abbildung 31.31 stellt die typische Anordnung und den Einblick in ein ophthalmologisches Operationsmikroskop dar. Abbildung 31.32 zeigt ein Bodenstativ mit Gewichtsausgleich und ein angehängtes Operationsmikroskop für die Neurochirurgie.

Elektrische Einrichtungen

Hier sind als erstes die Netzversorgungsgeräte für die Lichtquellen zu nennen. Sie sollten gegen Netzspannungsschwankungen stabilisiert sein und das Einstellen der Helligkeit von 20 bis 100% ermöglichen. Ein Lampenwechsel während der Operation muß innerhalb kürzester Zeit ausführbar sein, entweder manuell oder selbsttätig motorisch. Weitere elektrische Baugruppen werden für die Speisung und Schaltung von Servomotoren, Anzeigen, Positionsgebern, Entlagenschaltern usw. erforderlich. Der Operateur steuert die elektrisch vermittelten Funktionen, die er häufig benutzt (z.B. Vergrößerung, Feinfokussierung) über Fußschalter selbst. In der Ophthalmologie werden so heute schon bis zu 14 Schalter betätigt.

Hinzu kommt die Bedienung anderer Geräte. Es ist deshalb verständlich, wenn auch bei den Operationsmikroskopen mehr und mehr intelligente Elektronik und Mikroprozessortechnik ihren Einzug hält, um den Operateur von Hilfstätigkeiten zu entlasten. Beispiel dafür ist der Ersatz des Fußschaltpultes durch eine mittels Sprache bedienbare Schalteinheit.

Elektrische und elektronische Einrichtungen am Operationsmikroskop müssen im Vergleich zu Objekten der Konsumelektronik, besonders hohe Betriebssicherheit und Verfügbarkeit haben. Der Anschluß an die im OP-Bereich stets vorhandene unterbrechungsfreie Stromversorgung, gegebenenfalls über einen Wechselrichter, ist empfehlenswert.

31.3.5 Ausführungsdaten von Operationsmikroskopen

Für derzeit gebräuchliche und verbreitete Operationsmikroskope werden in Tabelle 31.3 Zahlenwerte von im Text behandelten Größen angegeben: f_1 Objektivbrennweite, f_2 Tubusbrennweite, f_3 Okularbrennweite, z Sehfeldzahl, γ Vergrößerungsfaktor des Zusatzfernrohres, A numerische Apertur, D_B Leuchtfelddurchmesser bei 200 mm Schnittweite, E Richtwert für Beleuchtungsstärke bei Nennspannung, gemittelt über 20 mm Durchmesser im Feld D_B.

Tabelle 31.3

Disziplin	Mikroskop						Beleuchtung			
	f_1 mm	f_2 mm	f_3 mm	z mm	γ	A	Lichtquelle	D_B mm	E klx	Art
Ophthalmologie	175	125	25	20	0,4	0,016	6 V, 30 W	30	42	Paraxial,
	200	160	20	16	bis	bis				köhlersch
			16	12,5	2,4	0,046	12 V, 100 W	62	33	Paraxial,
			12,5	10	kont.					Faseroptik
							12 V, 100 W	36	63	Koaxial,
		170	25	22	wie	wie				Faseroptik
			20	18	oben	oben	12 V, 30 W	9	110	Spaltbeleuchtung
Oto-Rhino-Laryngologie	200	125	25	20	0,4	0,008	6 V, 30 W	30	42	Paraxial,
	400	160	20	16	0,6	bis				köhlersch
			16	12,5	1,0	0,040	12 V, 100 W	41	80	Paraxial,
			12,5	10	1,6	*				Faseroptik
					2,5		12 V, 100 W	41	90	Paraxial,
					Stufen					köhlersch
Plastische rekonstruktive und Tubenchirurgie	200	170	31	22	0,5	0,013	12 V, 100 W 2 Stück	56	73	Paraxial, Faseroptik
	225		25	22	bis	bis				
	250		20	18	2,0	0,040				
	275				kont.	*				
	300						HTI-Lampe 250 W	41	170	Paraxial, Faseroptik

* Minimale und maximale Apertur, je nach f_1 und γ im angegebenen Bereich.

Sind mehrere Werte verzeichnet, bedeutet dies, daß der Benutzer die Ausrüstung wählen bzw. die Bestückung ändern kann.

31.3.6 Literatur

Allgemeine Literatur

Gleichen, A.: Lehrbuch der geometrischen Optik. Leipzig, Berlin: Teubner 1902
Lang, W.: Einführung in die Technik und Handhabung der Zeiss Operationsmikroskope. Oberkochen: Carl Zeiss 1980

Spezielle Literatur

1 Handbuch für Augenoptik, 3. Aufl. Oberkochen: Carl Zeiss 1987
2 Ophthalmologische Untersuchungsinstrumente und Korrektionssysteme der Medizinischen Abteilung. Druckschrift Med 21, Jena: Carl Zeiss 1913
3 Klein, W.: Einige optische Grundlagen zu Vario-Systemen. Jahrbuch für Optik und Feinmechanik. Wetzlar: Pegasus 1972
4 Müller, O.: Augenuntersuchung mit der Spaltlampe. Oberkochen: Carl Zeiss 1981

32 Endoskopie und ihre Anwendung

Helmut Wurster, Jürgen Zobel

32.1 Einleitung

Der Beginn der Endoskopie oder Körperhöhlenspiegelung als epochemachende Entwicklung geht auf das Jahr 1806, auf den Frankfurter Arzt Bozzini (1779–1809) zurück. Er entwickelte einen Lichtleiter, durch welchen man gleichzeitig in Schlüssellochperspektive durchschauen konnte. Das Licht war durch ein Blendblech abgeschirmt. Als Beleuchtung diente eine Kerze. Leider konnte Bozzini durch seinen frühen Tod die Erfolge seiner Methode nicht mehr erleben. Das Wort „Endoskop" kommt aus dem griechischen und bedeutet „Hineinsehen" (Abb. 32.1).

Die Verwendung von glühenden Platindrähten zur Beleuchtung brachte weitere Fortschritte, aber die Endoskope im heutigen Sinne wurden erst 1879 durch den Wiener Arzt Max Nitze eingeführt. Dies war die Geburtsstunde des optischen Endoskops. Das Nitzesche Zystoskop hatte bereits ein Linsensystem, welches aus Umlenkprisma, Objektiv, einem Umkehrsystem und Okular bestand.

Nach der Erfindung der Glühlampe durch Edison 1886 kam eine Wende in der Entwicklung, denn die Miniaturglühlampe mit Kohlefaden, später dann mit Metallfaden, machte es möglich, kleinere Lampen mit hoher Lichtausbeute an die Spitze des Endoskops zu setzen. Das weitere Interesse galt jetzt dem Spülsystem der Zystoskope sowie Kanälen zum Einführen von Kathetern. Ein von proximal steuerbarer Hebel zum Ablenken der eingeführten Ureterkatheter wurde durch Albarran 1897 entwickelt. Damit war es dann möglich, über das Zystoskop einen Katheter in den Harnleiter einzuführen. Die Optik wurde durch Ringleb 1908 weiterentwickelt, indem er mehrere Umkehrsysteme in das Endoskoprohr baute, wodurch er eine größere Apertur und somit mehr Helligkeit übertragen konnte.

Ende der 50er Jahre wurde die Glasfasertechnologie erfunden, welche zuerst beim Beleuchtungssystem, später aber auch als geordnetes Faserbündel zur

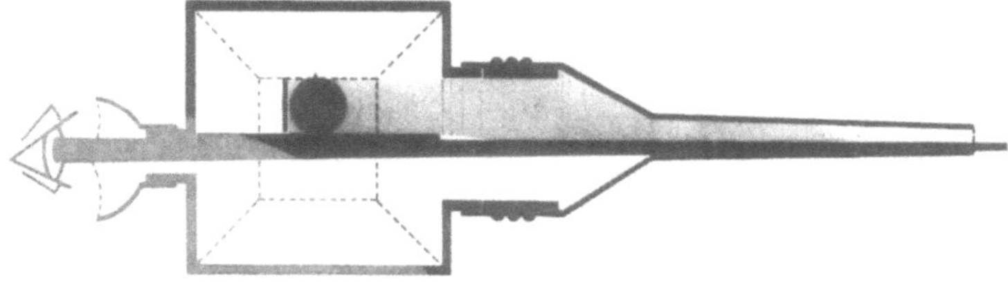

Abb. 32.1. Sehrohr nach Bozzini 1806

Übertragung von Bildern für flexible Instrumente eingesetzt wurde (Hirschowitz 1958). Dies brachte eine wesentliche Verbesserung der Lichtübertragung. Das Licht wurde in einem separaten Lichtgerät erzeugt und über Glasfasern bis zur Endoskopspitze geleitet. Damit waren das Miniaturisierungsproblem und das Leistungsproblem gelöst.

Die Endoskopie diente früher eigentlich nur der Diagnostik der Blase. Die Ausbreitung auf andere Fachgebiete erfolgte stetig, und auch die Therapie mittels Endoskop wurde gefördert. Das Verhältnis Therapie zu Diagnostik hat sich gegenüber früher gedreht, und die Endoskopie ist heute zu über 80% eine therapeutische Methode, ohne die die Behandlung vieler Krankheiten heute nicht mehr vorstellbar wäre.

32.2 Die endoskopische Optik und Beleuchtung

32.2.1 Die endoskopische Abbildungskette

Die endoskopische Optik besteht aus einer Kette spezifischer, aufeinander abgestimmter optischer Geräte und Hilfsmittel. Diese endoskopische Abbildungskette beginnt bei der Lichterzeugung und deren Einkoppelung in den Lichtleiter. Der dem Beobachter abgewandte Teil des Endoskops heißt distaler Teil. Das Objektfeld wird vom endoskopischen Objektiv und Bildweiterleitungssystem an das proximale Ende des Endoskops abgebildet. Am proximalen Ende des Endoskops kann das dorthin transportierte Bild visuell betrachtet werden. Dieses Bild kann aber auch über optische Zusatzgeräte zur visuellen Betrachtung oder zur Dokumentation auf ein Bildaufnahmesystem abgebildet werden (Abb. 32.2).

Aufgrund der Anatomie entsteht die Forderung, dünne, hinreichend lange Geräte zu haben, die in natürliche oder künstlich geschaffene Körpereingänge eingeführt werden und bis in die zu untersuchende Körperhöhle reichen. Das En-

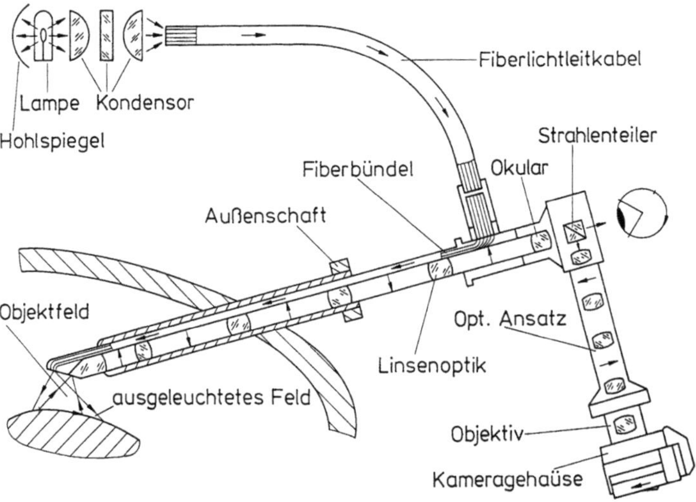

Abb. 32.2. Die endoskopische Abbildungskette

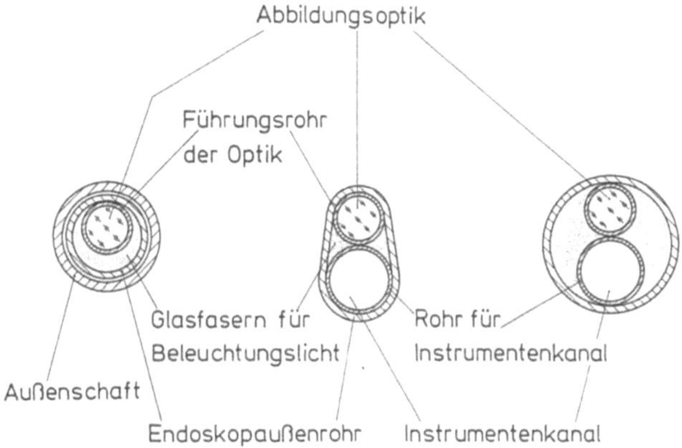

Abb. 32.3. Querschnitt durch Endoskope

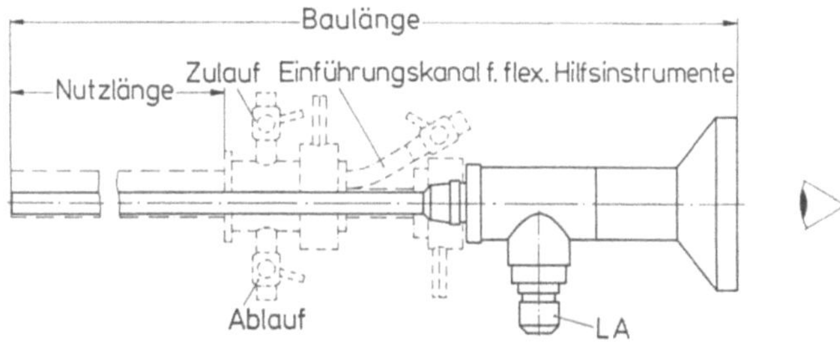

Abb. 32.4. Nutzlänge und Baulänge eines Endoskops. LA Lichtanschluß

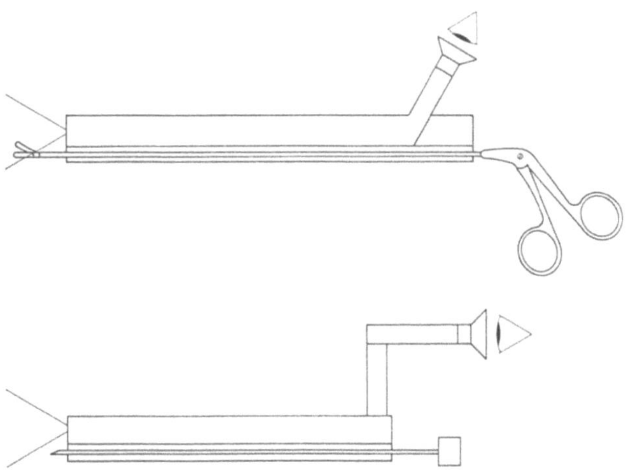

Abb. 32.5. Außeraxialer Einblick

doskop ist das schwierigste Glied der endoskopischen Abbildungskette. Im kreisrunden oder auch ovalen Querschnitt des distalen Endoskops müssen ein abbildendes System, die Lichtzufuhr sowie Saug-, Spül- und Instrumentierkanäle untergebracht werden (Abb. 32.3). Müssen während des endoskopischen Eingriffs verschiedene Endoskope wechselweise eingeführt werden, wird ein einmal einzuführender Außenschaft verwendet, in dem die Endoskope schnell gewechselt werden können.

Die Länge des Endoskops hängt vom Zugangsweg ab, jedoch ist meist das Verhältnis aus Länge zum einsehbaren Querschnitt so extrem, daß ohne abbildende Optik kein befriedigender Überblick möglich ist. Grenzfälle stellen der Kehlkopfspiegel und das Rektoskop dar. Die Länge des einführbaren Teils wird Nutzlänge genannt. Die tatsächliche Baulänge des Endoskops ist aber größer, da der Einblick aus Sterilitätsgründen von der Einführungsstelle abgesetzt ist und dazwischen die Anschlüsse für Saug- und Spülkanäle sowie für die Beleuchtung angebracht sind (Abb. 32.4).

Wenn die in den Instrumentenkanal einzuführenden Hilfsinstrumente nicht gebogen werden können, muß der Einblick seitlich versetzt oder abgewinkelt sein (Abb. 32.5).

32.2.2 Die endoskopische Optik

Die Abbildungskette im Endoskop

Das Endoskop bildet ein in der Körperhöhle gelegenes Objektfeld über ein in der Endoskopspitze gelegenes Objektiv ab. Dieses Bild kann aber nicht ausgewertet werden, da es noch im distalen Teil des Endoskops entsteht. Dieses Zwischenbild wird dann auf optischem und neuerdings auch auf elektronischem Weg in den proximalen Bereich zur visuellen Beobachtung übertragen. Bei der optischen

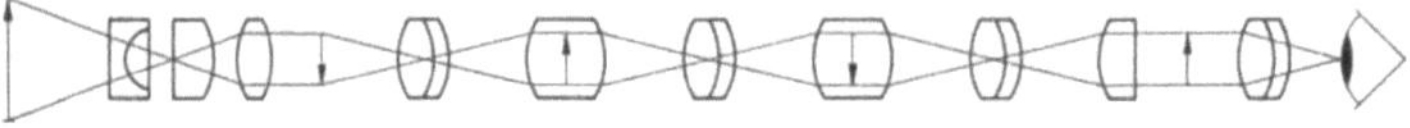

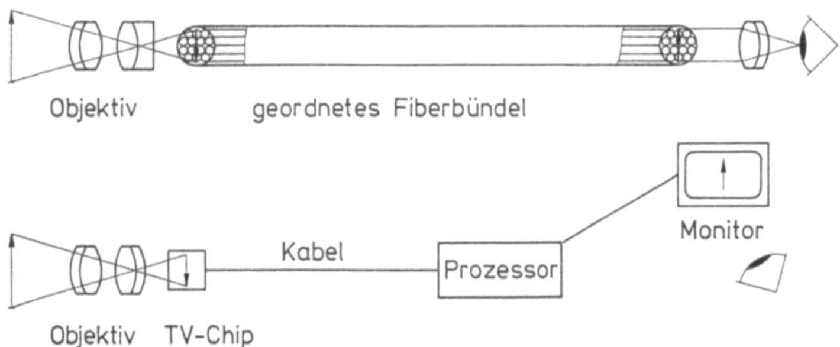

Abb. 32.6. Bildweiterleitungssysteme in Endoskopen

Bildweiterleitung wird das letzte Zwischenbild durch ein Okular betrachtet. Das Okular entwirft von diesem Zwischenbild ein virtuelles aufrechtes und seitenrichtiges Bild des vorgenannten Objektfeldes für die visuelle Inspektion. Im Falle elektronischer Bildweiterleitung entsteht ein reelles Bild direkt auf dem TV-Monitor (Abb. 32.6).

Das Objektiv des Endoskops

Das Endoskopobjektiv entwirft ein höhen- und seitenvertauschtes, stark verkleinertes Bild des Objektfeldes, auch Gesichtsfeld genannt. Der Winkel der beiden Randbüschel heißt Gesichtsfeldwinkel.

Da der nutzbare Bilddurchmesser festliegt, kann der Gesichtsfeldwinkel und damit die Größe des Gesichtsfeldes nur durch die Objektivbrennweite gesteuert werden. Dabei stellen besonders Weitwinkelobjektive aufwendige Konstruktionen dar.

Ablenkprismen in der Endoskopspitze

Die axiale Ausrichtung des Endoskops ergibt sich aus der Richtung des Einführungsweges in den Körper. Wenn die Beweglichkeit des Endoskops nicht ausreicht, muß die optische Achse an der Spitze des Endoskops mit einem Prisma zum Objektfeld hin abgelenkt werden. Dabei unterscheidet man prograde, seitwärts gerichtete und retrograde Ablenkung (Abb. 32.7). Weist das Ablenkprisma nur eine einzige Reflexionsfläche auf, wird das Bild höhenvertauscht bzw. gestürzt. Dieser Bildsturz muß an irgend einer Stelle des Endoskops durch geeignete Prismen aufgehoben werden. Weist das Ablenkprisma zwei Reflexionsflächen auf, die beide auf der Ebene senkrecht stehen, in der die optische Achse verläuft, hebt sich der Bildsturz schon im Prisma wieder auf. Mit einem Dachflächenpaar wird zusätzlich eine Seitenvertauschung bewirkt, so daß das Bild nicht spiegelbildlich, sondern nur um 180° gedreht scheint. Dies entspricht einer Bildumkehr durch Objektiv oder ein weiterleitendes Linsensystem. Ablenkprismen sind oft in das Objektiv-System integriert.

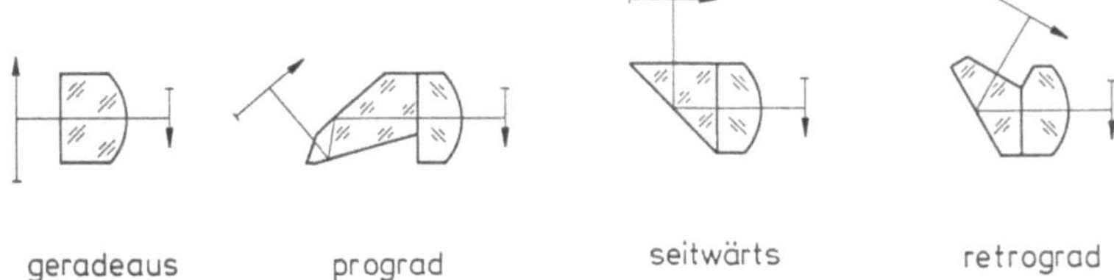

Abb. 32.7. Seitliche Ablenkung

Bildweiterleitung mit Linsen

Das vom Objektiv entworfene Bild des Objektfelds muß von der Bildebene des
Objektivs zum proximalen Ende des Endoskops weitergeleitet werden. Diese
Bildweiterleitung kann mit Linsensystemen gemacht werden, wenn das Endoskop in ein starres Rohr eingebaut ist. Ein solches Bildweiterleitungssystem wird
auch Umkehrsystem oder Umkehrung genannt, da das Bild bei dieser Zwischen-
abbildung höhen- und seitenvertauscht wird. Die Bildweiterleitung erfolgt durch
eine oder mehrere Umkehrungen. Das erste Umkehr UK 1 richtet das vom Endoskopobjektiv umgekehrt entworfene Bild wieder auf. Je zwei weitere Bildumkeh-

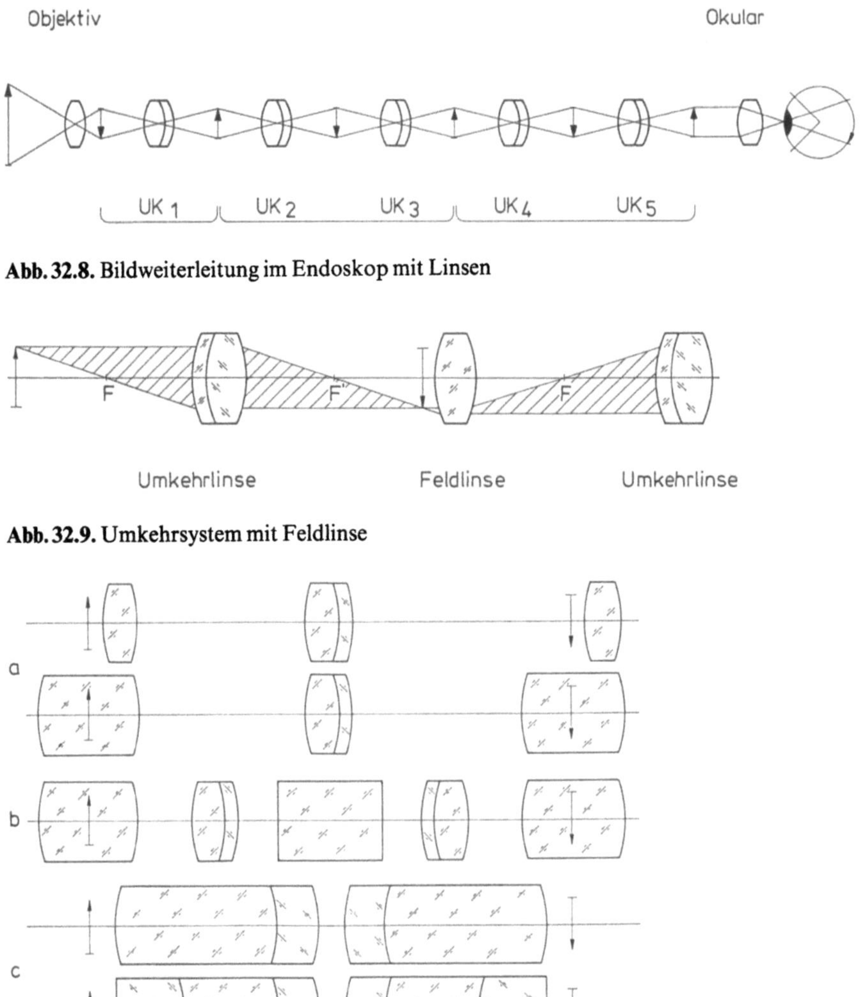

Abb. 32.8. Bildweiterleitung im Endoskop mit Linsen

Abb. 32.9. Umkehrsystem mit Feldlinse

Abb. 32.10. Umkehrsysteme

rungen UK2+UK3+UK4+UK5 entwerfen wieder ein aufrechtes Bild, so daß mit einer ungeraden Anzahl von Bildumkehrungen ein aufrechtes Bild okularseitig entsteht (Abb. 32.8). Die Helligkeit eines Endoskops wird durch das Umkehrsystem bestimmt.

Die Apertur des Bildweiterleitungssystems kann durch Vergrößern der Umkehranzahl gesteigert werden, jedoch sind dem wegen dem Ansteigen der Reflexionsverluste enge Grenzen gesetzt. Das Umkehrsystem besteht aber nicht nur aus der eigentlichen Umkehrlinse, sondern enthält noch eine Feldlinse. Diese Feldlinse steht in der Nähe der Zwischenbildebene und lenkt das zum Randpunkt zielende Büschel so um, daß der Hauptstrahl dieses Büschels auf den Hauptpunkt der nächsten Umkehrlinse zielt (Abb. 32.9).

Der Aufbau des Umkehrsystems kann unterschiedliche Ausführungsformen haben. Abbildung 32.10a zeigt das einteilige Umkehr mit bikonvexer Feldlinse bzw. stabförmiger Feldlinse. Abbildung 32.10b zeigt das zweiteilige symmetrische Umkehr mit stabförmiger Feldlinse und Glasstab zwischen den Achromaten. Abbildung 32.10c zeigt zwei Ausführungsformen der sogenannten Stablinsen. Bei den von Hopkins erstmals beschriebenen Stablinsen werden die Umkehrlinsen eines symmetrischen Umkehrs mit je einem Glasstab verkittet. Dieser Glasstab trägt auf der anderen Seite die Feldlinse.

Fiberbildleiter

Bei den Fiberbildleitern wird die Übertragungseigenschaft ummantelter Glasfasern ausgenutzt. Diese Glasfasern bestehen aus einer fadenförmigen Kernfaser mit hohem Brechungsindex n_K, die von einem Glasmantel mit niedrigerem Brechungsindex n_M umgeben ist. An der Grenzschicht von Kern zum Mantel werden Lichtstrahlen, die unter einem größeren Winkel als dem Grenzwinkel der Totalreflexion einfallen, total reflektiert und in der Kernfaser weitergeleitet. Ein einmal am einen Ende eingekoppeltes Lichtbündel wird bis zum Faserende praktisch verlustfrei transportiert. Der maximale Öffnungswinkel α bestimmt auch den maximalen Abstrahlungswinkel. Der halbe Öffnungswinkel heißt auch Aperturwinkel (Abb. 32.11).

Solche ummantelten Glasfasern werden aus ummantelten Glasstäben durch Ziehen bei Temperaturen über dem Schmelzpunkt zu feinen Fasern ausgezogen. Sie behalten ihre optischen Eigenschaften, lediglich der Faserdurchmesser ändert sich ($\varnothing = 8$ bis $12\,\mu m$ für Bildleitbündel, $\varnothing = 30$ bis $70\,\mu m$ für Lichtleitbündel). Der Biegeradius solcher Glasfasern beträgt, abhängig vom Faserdurchmesser, nur einige Zentimeter. Die Fasern für Bildleiter müssen möglichst dünn sein, da

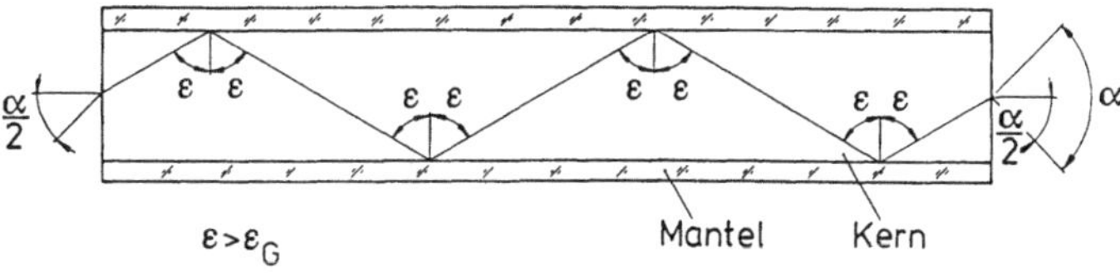

Abb. 32.11. Ummantelte Glasfaser

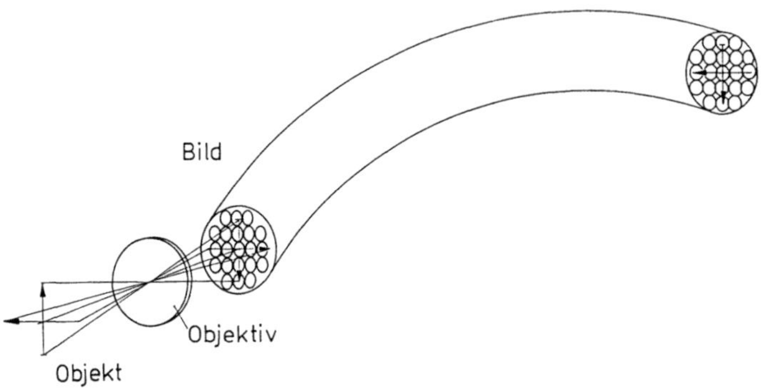

Abb. 32.12. Bildbündelordnung

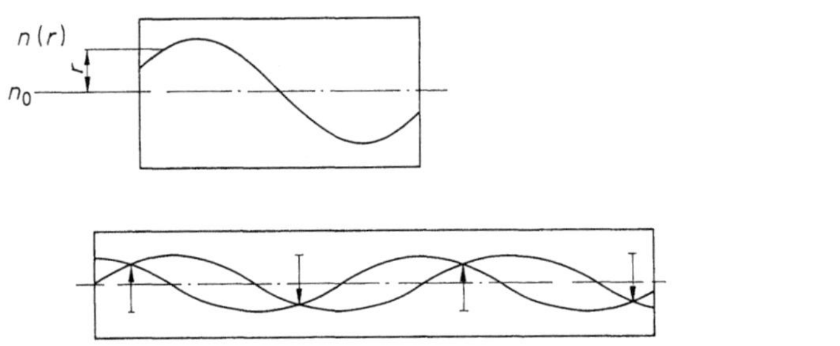

Abb. 32.13. Bildweiterleitung mit Gradientenoptik

dies die Auflösung des Bildleiters bestimmt. Diese Fasern werden bis zu Hunderttausenden so zusammengefaßt, daß jede Faser an beiden Bündelenden dieselbe relative Lage zum Gesamtbündel hat. So überträgt jede Faser einen Teil der Bildinformation (Abb. 32.12).

Die Anzahl der Bildpunkte dieser Bildweiterleitung hängt von der Anzahl der Einzelfasern ab. Da aber der Außendurchmesser des Bildbündels für die endoskopische Anwendung begrenzt ist, muß die Einzelfaser möglichst dünn sein. Dieser Durchmesser ist aus optischen Gründen begrenzt. An die Ordnung der Fasern werden hohe Anforderungen gestellt, schon eine geringfügige Abweichung von der Ordnung bewirkt eine Verfälschung der Bildinformation. Es dürfen nur wenige gebrochene Fasern im Bildbündel vorkommen. Da die vom Auge aufgenommene Information vom Gehirn nach Strukturen und Mustern durchsucht wird, konzentriert sich der Beobachter auf solche augenfälligen Erscheinungen, und die eigentlich übertragene Bildinformation tritt in den Hintergrund. Neben den nur an den Bündelenden fest verkitteten, ansonsten locker in einem Kunststoffmantel gefaßten hochflexiblen Bildleitern gibt es auch über die ganze Länge miteinander verschmolzene Fasern. Bei diesen Bündeln kann die Einzelfaser nicht brechen, dafür geht die Flexibilität des Bündels mit wachsendem Durchmesser schnell zurück.

Eine dritte Art der Bildleiter sind Gradientenstäbe, bei denen sich der Brechungsindex radial stetig ändert. Dieser Brechungsindexverlauf wird dadurch erreicht, daß in einem chemischen Bad ein Ionenaustausch stattfindet. Dieser Ionenaustausch ist natürlich in den Randzonen besonders intensiv und nimmt zum Kern hin ab. Der Brechungsindexverlauf ist eine Funktion des Abstands von der Zylinderachse des derart behandelten Glasstabs (Abb. 32.13)

$$n(r) = n_0 \left(1 - \frac{A}{2} r^2 \right).$$

Sie können zur Bildweiterleitung benutzt werden. Die Qualität der Gradientenoptik ist wegen der unvermeidlichen Bildfehler nicht mit einer korrigierten Linsenoptik zu vergleichen. Daher hat dieser Bildleiter für die Endoskopie nur geringe Bedeutung.

Elektronische Bildweiterleitung

Mit dem Fortschreiten der Miniaturisierung in der Elektronik ist es möglich, Bildsensoren in die Endoskopspitze einzubauen. In solchen Video-Endoskopen befinden sich nur noch ein Endoskopobjektiv, der bildaufnehmende Sensor und dessen Elektronik. Die eigentliche Prozessorelektronik befindet sich außerhalb des Endoskops. Das Bild wird direkt auf einem Monitor dargestellt (Abb. 32.6).

Okular

Das von der Linsenoptik bzw. dem Fiberbildleiter am proximalen Ende des Endoskops entworfene letzte Zwischenbild wird mit dem Okular betrachtet. Dieses entwirft ein virtuelles Bild des Objektfeldes, das dem Auge innerhalb der deutlichen Sehweite erscheint. Im letzten Zwischenbild wird die Bildfeldblende angebracht, so daß das Bild scharf begrenzt erscheint. Die von verschiedenen Bildpunkten des letzten Zwischenbildes ausgehenden Lichtbüschel schneiden sich auf der Achse hinter dem Okular und bilden dort die Austrittspupille des Endoskops. Wird die Augenpupille des Beobachters mit der Austrittspupille des Endoskops

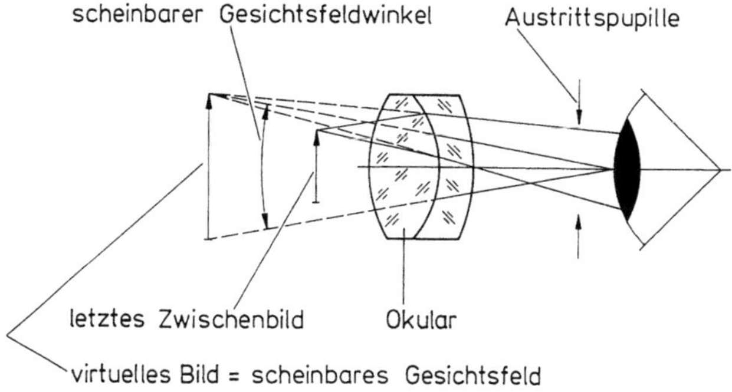

Abb. 32.14. Strahlengang im Okular

zur Deckung gebracht, kann der Beobachter das vom Endoskopokular entworfene virtuelle Bild des Objektfeldes überblicken. Dieses virtuelle Bild heißt daher auch scheinbares Gesichtsfeld (Abb. 32.14).

Das scheinbare Gesichtsfeld hängt nicht mehr vom Endoskopobjektiv oder vom Bildweiterleitungssystem, sondern nur noch von der Okularvergrößerung ab. Wird die Okularvergrößerung gesteigert, wird zwar der scheinbare Gesichtsfeldwinkel gesteigert, jedoch wird der Durchmesser der Austrittspupille und damit die Helligkeit des Endoskops geringer.

Bildaufrichtende Prismen

Wenn von dem Ablenkprisma in der Spitze des Endoskops ein höhenvertauschtes („gestürztes") Bild entworfen wird, muß mit einem sogenannten Wendeprisma dieser Bildsturz wieder aufgehoben werden. Zwei der im Endoskop bevorzugt angewendeten Prismen zeigt Abb. 32.15.

Diese Prismen werden bevorzugt im Okularbereich eingebaut, wo die Baumaße eine geringere Rolle als im distalen Bereich spielen.

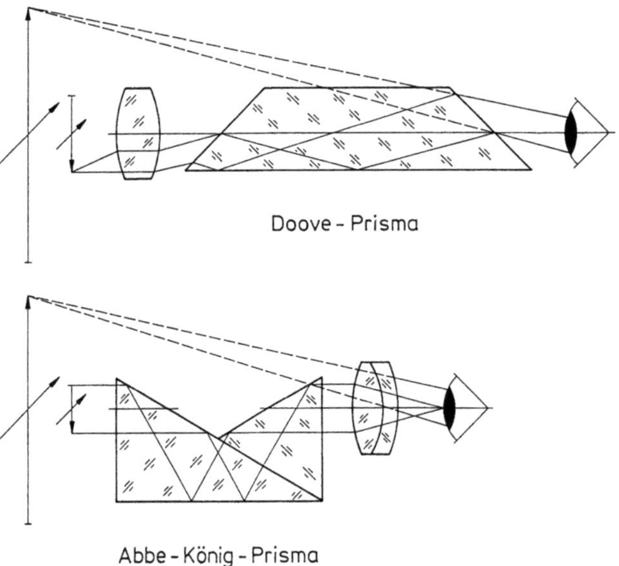

Abb. 32.15. Bildaufrichtende Prismen

Leistungsdaten von Endoskopen

Neben den Leistungsdaten Bildwinkel, Ablenkungswinkel, Arbeitsabstand, die von der Auslegung des Endoskopobjektivs abhängen, der Helligkeit und Randvignettierung, die vom gewählten Bildweiterleitungssystem und seinen Parametern abhängen, und der Größe des scheinbaren Gesichtsfeldes und der Austrittspupille, die von der Wahl der Okularbrennweite abhängen, gibt es Leistungsdaten für das Endoskop, die erst vom Gesamtinstrument her beurteilt werden können. Die Abbildung wird erst dann als scharf beurteilt, wenn die verbleibende Unschärfe das Auflösungsvermögen des Auges von ca. 1 Bogenminute unterschreitet. Die verbleibende Unschärfe resultiert einmal aus den Restaberrationen der ansonsten auskorrigierten Bildfehler. Daher ist die Vergrößerung des scheinbaren Gesichtsfeldes begrenzt. Andererseits darf die beugungsbedingte Unschärfe die Auflösungsgrenze des Auges nicht überschreiten. Da diese beugungsbedingte Unschärfe von der Gesamthelligkeit und der Gesamtvergrößerung des Endoskops abhängt, muß die Dimensionierung der Endoskopbaugruppen, Objektiv, Umkehrsystem, Okular, genau aufeinander abgestimmt werden. Die korrektionsbedingten Restaberrationen sind beim Endoskop mit Linsenumkehr wegen der Anhäufung von Bildumkehrungen nur durch aufwendige Baugruppen zu unterdrücken. Die Beugungsunschärfe ist wegen der geringen Apertur des Endoskops nicht vernachlässigbar. Beide Unschärfen überlagern sich in den Zwischenbildebenen und in dem vom Okular entworfenen Zwischenbild. Diese Bedingung der scharfen Abbildung gilt nur für Punkte einer einzigen Objektebene. Punkte aus dem Objektraum vor oder hinter der Objektebene werden nur dann als scharf abgebildet angesehen, wenn deren Unschärfekreis kleiner ist als die Auflösung des Auges gerade noch zuläßt. Daher kann der Schärfentiefenbereich des Endo-

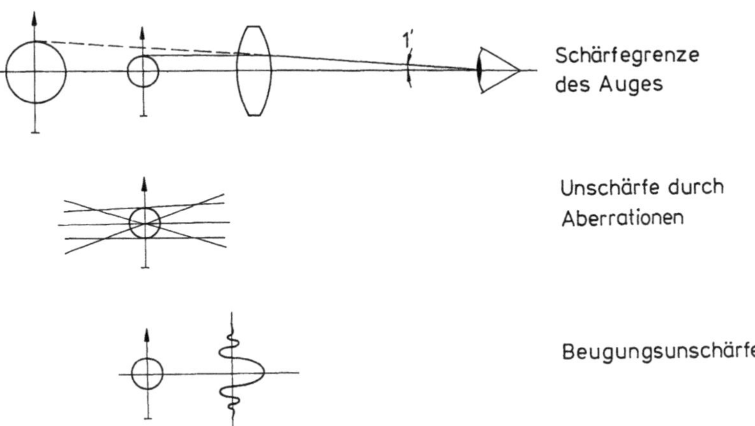

Abb. 32.16. Zulässiger Unschärfekreis

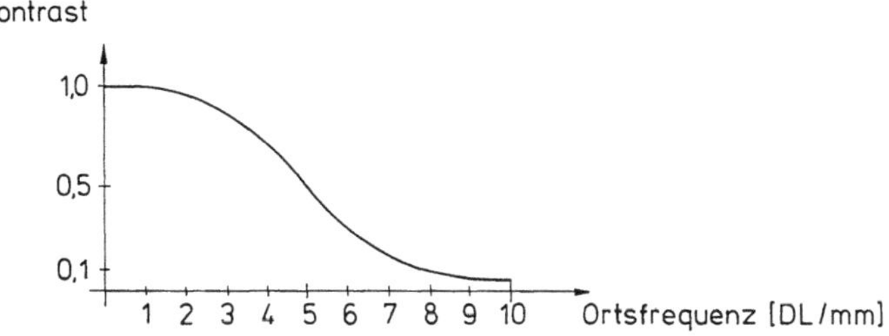

Abb. 32.17. Optische Übertragungsfunktion

skops nicht wie beim Photoobjektiv nur aus der Öffnung, der Brennweite und dem Objektabstand bestimmt werden (Abb. 32.16).

Unabhängig vom subjektiven Bildeindruck wird das Auflösungsvermögen angegeben in Doppellinien pro mm (DL/mm) und bezieht sich auf ein Gitter aus hellen und dunklen geraden Strichen. Die Anzahl der Doppellinien wird Ortsfrequenz genannt.

Eine Aussage über die Qualität der optischen Abbildung erhält man, wenn man für verschieden breite Gitter den Kontrast angibt, mit dem sich die dunkeln Gitterstriche gegen die hellen Gitterstriche abheben. Dabei wird der maximal mögliche Kontrast auf 1 gesetzt. Der Kontrast wird dann in Abhängigkeit von der Ortsfrequenz als abfallende Kurve eingezeichnet. Diese Kurve wird optische Übertragungsfunktion genannt (Abb. 32.17).

32.2.3 Beleuchtung

Ausreichende Helligkeit ist die Voraussetzung für kontrastreiche Dokumentation. Daher kommt der Lichtversorgung moderner Endoskope große Bedeutung bei. Die von der Lichtquelle erzeugte Lichtmenge wird nach dem Einkoppeln in ein Glasfaserbündel zum Endoskop weitergeleitet. Dieses Bündel, Lichtleitkabel genannt, wird aus praktischen Gründen vom Endoskop abnehmbar gemacht. An diesem Übergang gehen ca. 40% des Lichtes verloren. Einmal treten an der Austrittsfläche des Kabels und an der Eintrittsfläche des im Endoskop eingebauten Fiberbündels unvermeidliche Reflexionsverluste auf. Der größte Verlust entsteht aber dadurch, daß die Fibern des Lichtleitkabels und des Endoskops sich nicht genau paarweise gegenüberstehen. Die lichtführende Fiber trifft statistisch gesehen nur zu 66% auf eine weiterleitende Fiber.

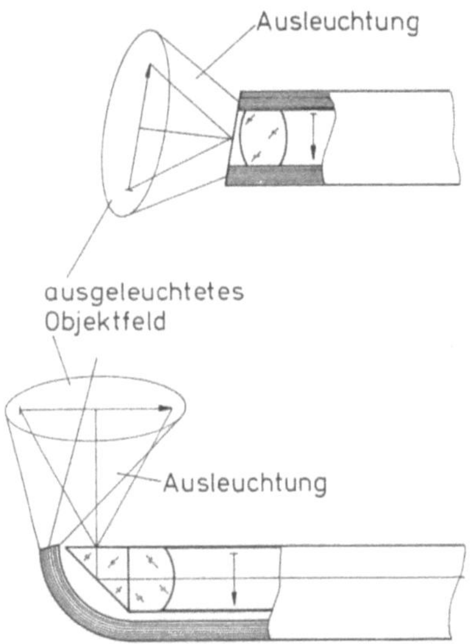

Abb. 32.18. Ausleuchtung des Objektfeldes

Wie im Abschnitt „Fiberbildleiter" gesehen, hängt der erreichbare Öffnungswinkel einer Fiber vom Brechungsindex des Kernglases und des Mantelglases ab.

Das Beleuchtungslicht wird an der Endoskopspitze in Richtung auf das Objektfeld abgestrahlt. Das nicht direkt in das Endoskopobjektiv zurückreflektierte Licht wird in der Körperhöhle wie in einer Ulbricht-Kugel mehrfach hin- und herreflektiert und dient zur Aufhellung und gleichmäßigen Ausleuchtung des Objektfeldes. Dabei macht besonders die Beleuchtung seitlich der Endoskopachse gelegener Objektfelder Schwierigkeiten. Bei prograder Ablenkung der optischen Achse können die Fibern des Lichtleitbündels so gebogen werden, daß die Abstrahlrichtung des Fiberbündels mit der Richtung der optischen Achse zusammenfällt. Bei Seitblickinstrumenten kann der ausgeleuchtete Feldwinkel nicht mehr mit dem Gesichtsfeldwinkel übereinstimmen. Beide Winkel müssen sich aber so überschneiden, daß das Gesichtsfeld ganz ausgeleuchtet ist (Abb. 32.18).

32.3 Lichtquellen zur Endoskopie

32.3.1 Endoskopische Lichtquellen zur Diagnostik und Therapie

Nachdem die Glühlampe an der Spitze des Endoskops zur Ausleuchtung der Körperhöhle lange Zeit das Mittel der Wahl war, wurden hier weitere Entwicklungen durchgeführt. Eine Glühlampe wandelt von der ihr zugeführten elektrischen Leistung nur ca. 15% in Lichtleistung um. Somit sind durch die Größe des Endoskops Leistungsgrenzen gesetzt, die auch durch die Entwicklung von Kleinstglühlampen mit höherem Wirkungsgrad, wie z. B. Miniaturhalogenlampen, nicht gelöst werden konnten. Erst durch den Einsatz von Glasfasern konnte die Lichtleistung um ein Vielfaches gegenüber früher erhöht werden. Durch Wärmeschutzfilter konnten die Wärmestrahlungen aus dem Licht eliminiert werden, so daß nur noch Lichtleistung bis zu 700 bis 750 nm, im sichtbaren Bereich, übertragen wurde.

Der Einsatz der Halogenlampe mit einer Farbtemperatur von 3 200 K brachte gegenüber der Glühlampe (2 400 K) ein weißeres Licht, welches von den Ärzten ein Umdenken bei der Beurteilung des Befundes erforderlich machte. Das Licht der Halogenlampe wird über Hohlspiegel und Kondensorsystem, welches bereits ein Wärmeschutzfilter enthält, auf das Glasfiberkabel fokussiert. Der hohe Verlust beim Einkoppeln kann aber ohne weiteres durch eine höhere Lampenleistung ausgeglichen werden, so daß immer noch genügend Licht ohne Wärmeanteil, also Kaltlicht, am Endoskopausgang zur Verfügung steht (Abb. 32.19a).

Abbildung 32.20a zeigt die Transmissionseigenschaften τ der Glasfaser als Funktion der Wellenlänge und Abb. 32.20b die Transmission über der Glasfaserlänge. Es ist daraus ersichtlich, daß die Dämpfung relativ gering ist, wenn das Licht einmal in der Glaserfaser ist. Zum anderen fällt die Übertragungseigenschaft zu kurzen Wellenlängen, also im blauen Bereich, relativ stark ab, was sich in der Endoskopie nicht so störend bemerkbar macht, da die beobachteten Körperhöhlen meist im roten Bereich liegen.

Die heute verwendeten Fasern haben einen Öffnungswinkel von $\alpha = 60$ bis $80°$, spezielle Weitwinkelfasern bis $\alpha = 120°$. Da die spektrale Übertragung der

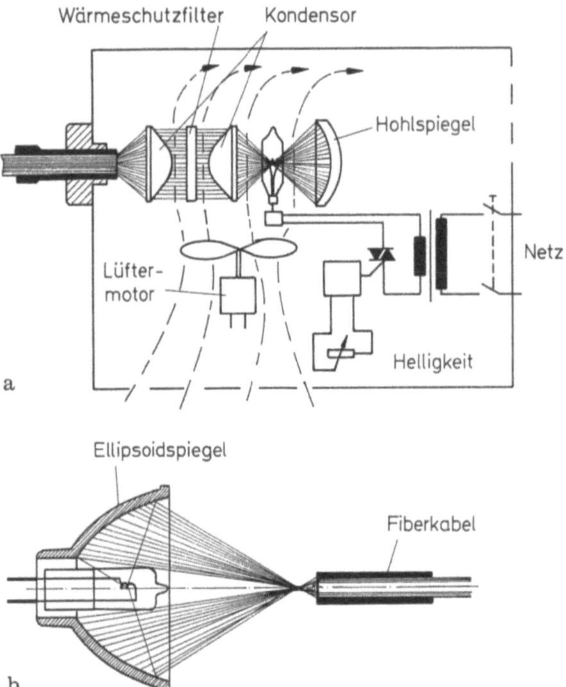

Abb. 32.19. Prinzip von endoskopischen Lichtquellen. **a** Kondensorsystem mit Halogenlampen, **b** Halogenspiegellampe

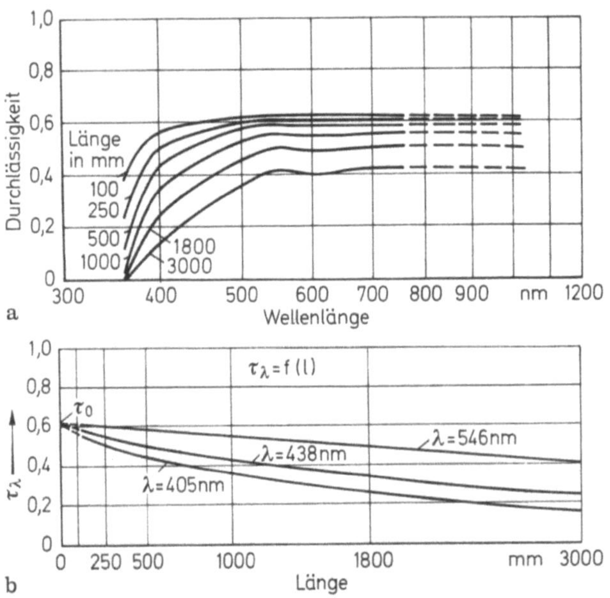

Abb. 32.20. a Transmissionseigenschaft der Glasfaser als Funktion der Wellenlänge. **b** Transmission der Glasfasern als Funktion der Faserlänge

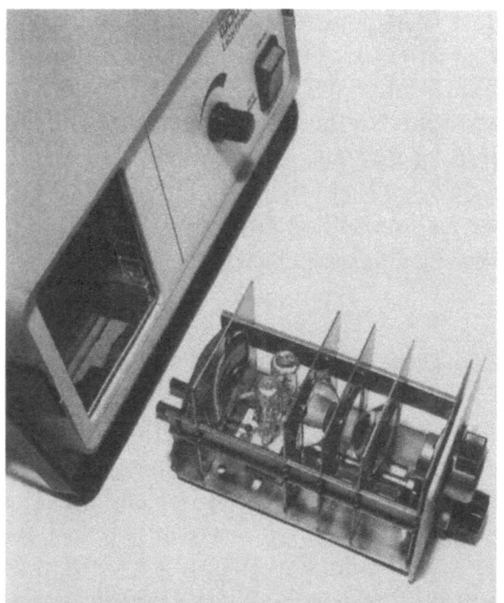

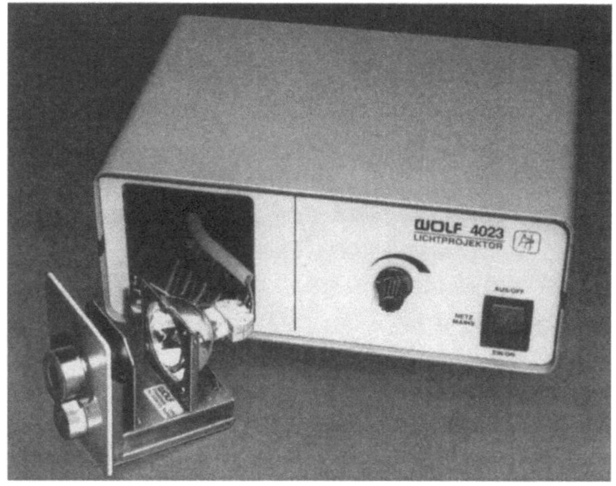

Abb. 32.21. a Lichtquelle mit Kondensorsystem und Lampenumschaltung. b Lichtquelle mit Spiegellampe

verwendeten Glassorten eingeht, erscheinen Weitwinkelfasern etwas gelblich. Die verwendeten Glassorten haben eine höhere Absorption im blauen Teil des Spektrums.

Die Weiterentwicklung der Halogenlampe zur Halogenspiegellampe brachte eine weitere Erhöhung der Lichtausbeute. Durch den Spiegel wird ein sehr großer Raumwinkel der Lampe erfaßt. Am Eingang der Faser sind nur schräge Büschel, was in der Mitte des Beleuchtungsfeldes einen dunklen Fleck ergibt; dieser wird durch eine Korrekturlinse kompensiert. Das bewährte Kondensorsystem wird daher durch die Spiegellampe mit ihren wärmestrahlungsdurchlässigen Ellipsoid-Spiegeln der höheren Lichtausbeute wegen abgelöst (Abb. 32.19 b). Die Abb. 32.21 a und 32.21 b zeigen die beiden Lichtquellen.

Da das Endoskop heute überwiegend zu therapeutischen Zwecken eingesetzt wird, ist es erforderlich, daß zwei Lampen in einem Lichtgerät vorhanden sind, so daß beim Ausfall einer Lampe durch Umschwenken der Lampe oder Umstecken des Kabels sofort Licht zur Verfügung steht, um den therapeutischen Eingriff ohne wesentliche Unterbrechung durchführen zu können. Insbesondere bei Komplikationen (Blutungen) ist es notwendig, daß das Licht nicht für längere Zeit unterbrochen wird. Lichtgeräte mit nur einer Lampe sollten daher nur für rein diagnostische und nicht für therapeutische Zwecke eingesetzt werden.

32.3.2 Lichtquellen zur Dokumentation endoskopischer Befunde

Erst durch die Einführung der Glasfaser war es möglich, ohne spezielle aufwendige Zusatzgeräte vernünftig zu photographieren und zu filmen, da genügend Licht zur Verfügung stand. Spezielle Lichtquellen wurden entwickelt, welche anstelle der Halogenlampen Kurzbogenlampen enthielten, die eine wesentlich höhere Leuchtdichte als die Flachkernwendel der Halogenlampe bringen. Es wurden in erster Linie Xenon-Bogenlampen eingesetzt mit Leistungen bis zu 1 000 W, deren Lichtfarbe bei 6 000 K liegt. Diese wurden dann über eine Kondensoroptik auf das Glasfaserkabel einfokussiert.

Für Filmprojektoren wurden spezielle Bogenlampen mit einem wärmedurchlässigen Spiegel und einer relativ guten Fokussierung entwickelt. Diese Lampen sind unter der Bezeichnung Halogenmetalldampflampen heute im Handel und eignen sich sehr gut für die Hochleistungslichtprojektoren in der Endoskopie. Zur Erhöhung der Leuchtdichte am Glasfaserkabel sind optische Bauelemente im Strahlengang erforderlich, meist genügt eine Sammellinse.

Problematisch bei der Konstruktion solcher Geräte ist die hohe Leuchtdichte beim Einkoppeln in das Glasfaserkabel, da die zum Verkleben der Fasern ver-

Abb. 32.22. Hochleistungslichtgerät mit 400-W-Bogen-Spiegellampe

wendeten Kitte einen Teil der Lichtleistung absorbieren und sich dadurch so stark erhitzen können, daß der Kitt anbrennt. Durch entsprechende Konstruktion der Kabelfassung und spezielle Kühlsysteme konnte dieses Problem gelöst werden.

Abbildung 32.22 zeigt ein modernes Lichtgerät, welches eine 400-W-HTI-Lampe enthält. Da sich bei einer solchen Lampe die Farbtemperatur mit dem Lampenstrom ändert, wird die Lichtregelung dieser Geräte nicht elektrisch, sondern optisch über eine mechanische Blende vorgenommen. Hierbei ist zu beachten, daß die Blende nicht radialsymmetrisch wirkt, sondern nur schlitzförmig. So werden dem Fiberkabel noch genügend Strahlen mit großer Apertur zur Verfügung gestellt, damit der Rand des Objektes noch voll ausgeleuchtet wird. Diese Blenden können manuell oder motorisch angetrieben sein. Letzteres insbesondere zur automatischen Regelung der Helligkeit in Verbindung mit Videokameras, wobei das Videosignal die Helligkeit derart regelt, daß auf dem Monitor keine Überstrahlung auftritt. Abbildung 32.23 zeigt das Prinzip einer solchen Licht-

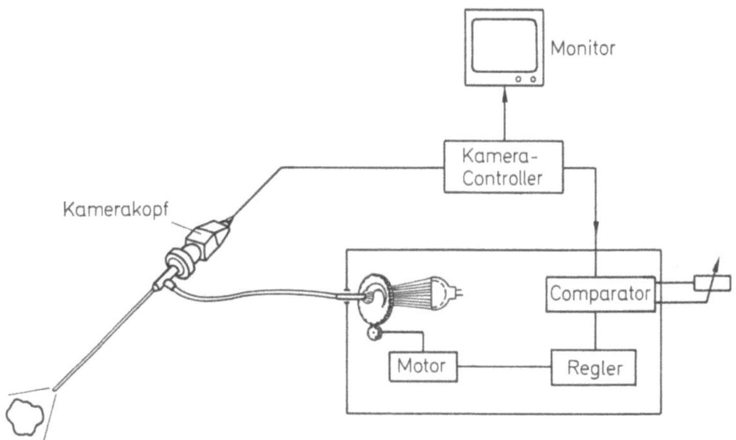

Abb. 32.23. Funktionsprinzip einer Lichtquelle mit Videoautomatik

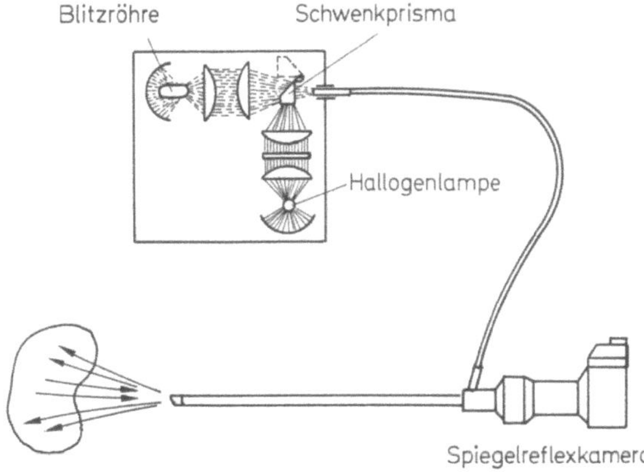

Abb. 32.24. Funktionsprinzip eines Blitzgenerators zur Endophotographie

Tabelle 32.1. Lichtleistungen von Lampentypen bei verschiedenen Kabeldurchmessern und der nach dem Kabel verbleibende Infrarotanteil (a = Lichtwerte in klx; b = Leistung total in W; c = Infrarotanteil ab 715 nm in W)

Faser-$\varnothing$/mm	4,5			3,5			2,0			1,6		
Lampentype	a	b	c	a	b	c	a	b	c	a	b	c
Xenon Kurzbogen-lampe 1000 W mit Kondensorsystem	3500	5,3	0,30	3400	5	0,28	2560	3,6	0,20	2100	2,7	0,15
Halogen Metall-dampflampe 400 W mit Kalt-lichtspiegel	2780	3,8	0,25	1900	2,6	0,2	980	1,35	0,1	540	0,7	0,05
Halogen Metall-dampflampe 300 W mit Kalt-lichtspiegel	2300	3,8	0,25	1900	2,4	0,3	790	1,2	0,13	380	0,55	0,06
Halogen Kaltlicht-spiegellampe 150 W	607	1,35	0,5	377	0,84	0,3	181	0,41	0,15	55	0,12	0,04
Halogenlampe mit Kondensorsystem 150 W	390	0,81	0,14	286	0,6	0,11	176	0,36	0,06	56	0,1	0,01

quelle, die eine Videoautomatik integriert hat. Zur Photographie hat sich der proximale Elektronenblitz bewährt, da er kürzere Belichtungszeiten bringt. Anstelle der Bogenlampe wird eine Blitzröhre eingesetzt, die ihr Licht dann auf das Faserkabel fokussiert. Das Gerät ist so aufgebaut (Abb. 32.24), daß das Beobachtungslicht über ein Prisma eingeblendet wird. Mit dem Auslösen der Kamera wird das Prisma ausgeschwenkt, der Blitz ausgelöst, und nach erfolgter Aufnahme fällt das Prisma zurück, so daß der Arzt das Beobachtungslicht wieder zur Verfügung hat.

Durch die immer empfindlicher werdenden Filme und Videokameras reichen Lichtquellen mit 400 W elektrischer Lampenleistung völlig aus, während in früheren Jahren 1 000-W-Lampen noch notwendig waren, um genügend Licht in der Körperhöhle zu haben. Tabelle 32.1 zeigt einen Vergleich der Beleuchtungsstärke verschiedener Lampentypen am Ausgang verschieden dicker Glasfaserkabel.

32.3.3 Messen von Beleuchtungsstärke und Lichtleistung

Zum Messen der Beleuchtungsstärke in Lux stehen heute Siliziumfotozellen zur Verfügung. Der hohen Beleuchtungswerte wegen werden geeichte farbneutrale Graufilter vorgeschaltet.

Das Licht aus dem Glasfaserkabel oder Endoskop oder auch aus der Lichtquelle direkt hat einen Einfallswinkel, welcher mindestens der Apertur der Faser entspricht und im Bereich zwischen 60 und 80°, bei Weitwinkel bis 110° liegt. Die Kosinuskorrektur dieser Meßgeräte reicht nicht aus, um dies auszukompensieren. Die angegebenen Luxwerte sind daher immer nur in Verbindung mit der angegebenen Meßmethode und dem jeweiligen Gerät als relevant zu betrachten. Abweichungen zwischen den Geräten sind beträchtlich.

Eine genauere Lichtmessung ist über einen Leistungsmesser möglich, jedoch ist die Umrechnung der Leistung in Beleuchtungsstärke schwierig, da die spektrale Verteilung hierzu bekannt sein muß.

32.4 Anwendung der Endoskope in der Medizin

Neben der Urologie fand das Endoskop auch sehr schnell seinen Einzug in andere medizinische Fachgebiete.

Abbildung 32.25 gibt einen Überblick über den Einsatz der Endoskope in den verschiedenen Körperregionen. Vor allen Dingen im therapeutischen Bereich bietet heute die Anwendung endoskopischer Methoden gegenüber der offenen Chirurgie Vorteile, insbesondere dahingehend, daß die Aufenthaltsdauer des Patienten im Krankenhaus reduziert und somit eine allgemeine Kostenersparnis bewirkt werden kann, was großen volkswirtschaftlichen Nutzen mit sich bringt. Der Einsatz standardisierter Verfahren in der medizinischen Therapie wurde durch die Endoskopie reduziert, so z. B. bei der Nierensteinsanierung durch die perkutane Nephroskopie und die Arthroskopie, wie bei der Abhandlung der einzelnen Fachgebiete gezeigt wird. Je nach Einsatz sind verschiedene Peripheriegeräte zum Endoskop notwendig, sei es zum Aufdehnen des Abdomens mit CO_2-Gas, Instillieren von Flüssigkeit, Pumpen zum Absaugen, Hochfrequenzchirurgiegeräte zum Schneiden und Koagulieren sowie Generatoren für die Ultraschall- und die elektrohydraulische Steinsanierung.

32.4.1 Urologie

In der Urologie, der ältesten Disziplin der Endoskopie, hat diese besondere Bedeutung. Die bekannteste Untersuchung in der Urologie mit dem Endoskop ist die Zystoskopie, nämlich die Spiegelung der Blase zu diagnostischen Zwecken. Das Zystoskop besteht aus Schaft, Arbeitseinsatz und Optik. Zur Untersuchung wird ein Schaft mit einer Stärke zwischen 16 bis 21 Ch. verwendet. Zum leichten Einführen wird der Schaft mit dem Mandrin distal verschlossen. Ein solches Zystoskop mit Arbeitseinsatz bietet auch die Möglichkeit, einen Ureterkatheter in das Ostium einzuführen. Entsprechend dem Befund kann dann die Therapie durchgeführt werden, wobei dafür stärkere Schäfte zwischen 21 und 26 Ch. verwendet werden. Charrière (Ch.) ist ein Maß für die Dicke des Schaftes, bei nicht kreisförmigem Schaft für seinen Umfang. 1 Ch. = 1/3 mm bei runden Schäften. Der kreisäquivalente Durchmesser wird erhalten, indem man die Charrière-Zahl durch 3 teilt

$$Ch. = 3 \cdot d = 3 \cdot \frac{U}{\pi}.$$

Es werden für die Zystoskope meist ovale Querschnitte verwendet, damit neben der Optik noch möglichst viel Raum bei kleinstmöglicher Charrière-Zahl für Zu-

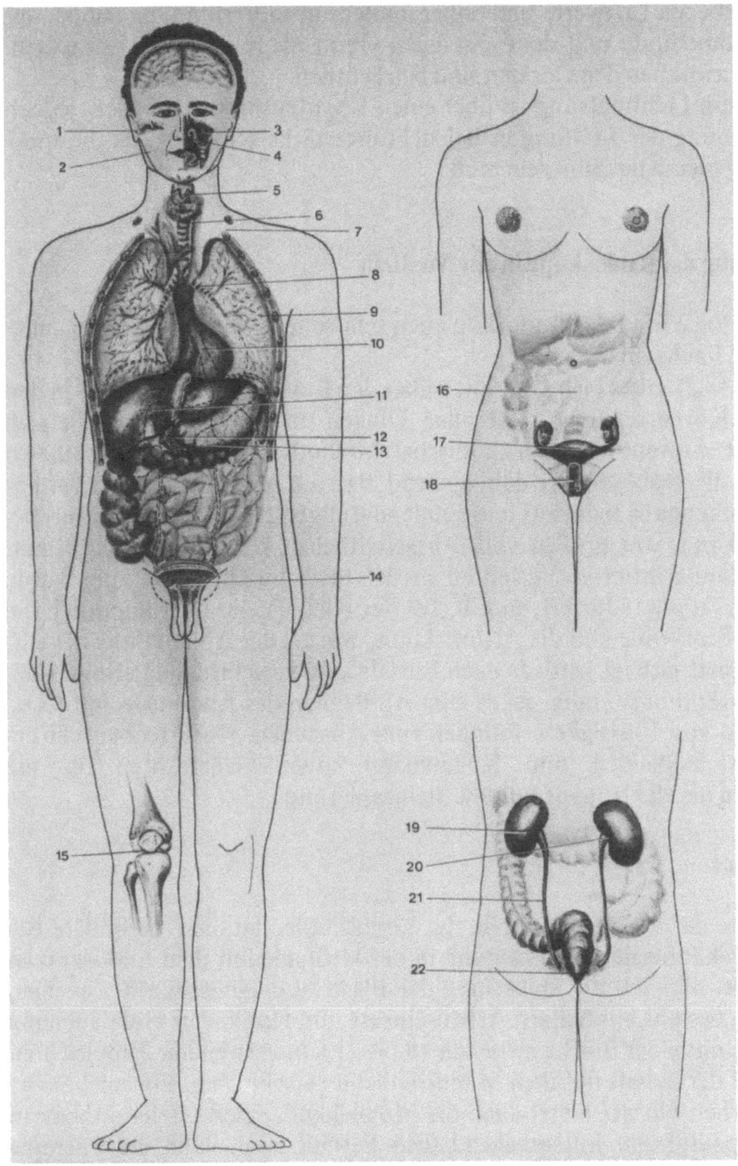

Abb. 32.25. Einsatz der Endoskope am menschlichen Körper. 1 Ohr-Endoskope, 2 Arthroskope für kleine Gelenke (Kiefergelenk), 3 Sinuskope, 4 Rhinoskope, Pharyngoskope, 5 Laryngoskope, 6 Transkonioskope, 7 Mediastinoskope, 8 Bronchoskope, 9 Thorakoskope, 10 Oesophagoskope, 11 Laparoskope, 12 Choledochoskope, 13 Gastro-Bulboskope, Duodensokope, 14 Cysto-Urethroskope, Resektoskope, Lithotriptoren, 15 Arthroskope, 16 Gynäkologische Laparoskope, Pelviskope, 17 Hysteroskope, Fetoskope, 18 Amnioskope, Vaginoskope, 19 Pyeloskope, 20 Nephroskope, 21 Uretero-Renoskope, 22 Prokto-Rektoskope, Sigmoidoskope, Coloskope

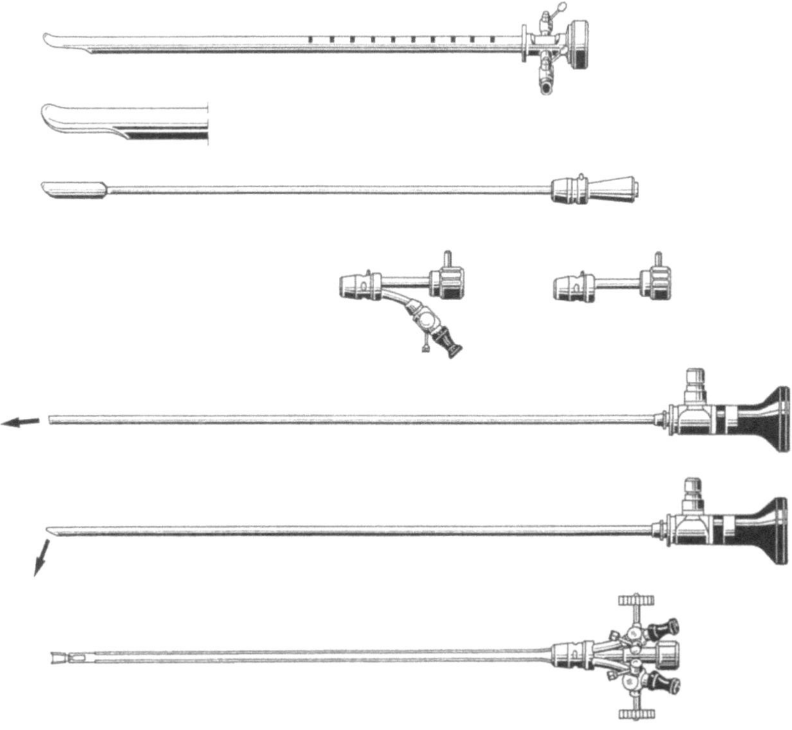

Abb. 32.26. Zystoskop-Set für die Blase: Schaft, Mandrin, Zwischenstück, 5°-Optik, 70°-Optik, Albarran-Einsatz

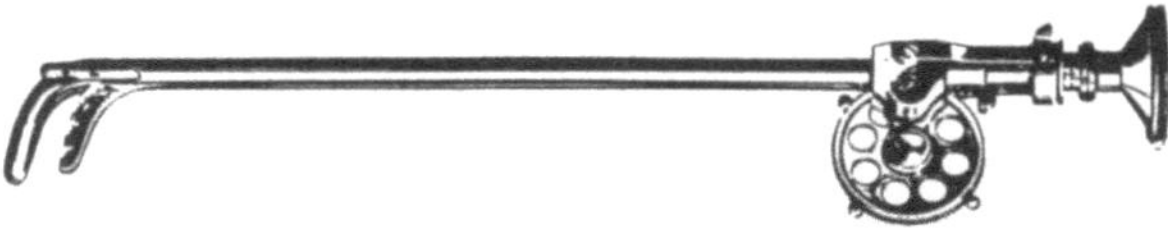

Abb. 32.27. Mechanischer Lithotriptor mit seitlicher Optik 1927

satzinstrumente bleibt. Die Blickrichtung der Optiken für die Harnröhre beträgt meist 5° und für die Blase 70° (Abb. 32.26).

Schon früh, nachdem die Endoskope erfunden waren, wurden Zangen und Zertrümmerungsgeräte auf mechanischer Basis für Blasensteine entwickelt (Abb. 32.27). Der Stein wurde mechanisch zertrümmert und danach über den Endoskopschaft abgesaugt.

Eine weitere therapeutische Maßnahme ist die Resektion der Prostata, indem zuerst kaltschneidende Geräte eingesetzt wurden, die später durch hochfrequenzbetriebene abgelöst wurden. Heute wird eine Schlinge verwendet, welche im Schaft bewegbar ist und mit Hochfrequenzstrom gespeist wird; sie bricht beim Gewebekontakt in das Gewebe ein und schneidet dieses. Wird die Schlinge dann in den Endoskopschaft zurückgezogen, werden Gewebestücke von ca. 2 cm Länge und etwa 5 mm Dicke aus dem Prostataadenom herausgeschnitten. Die Blase wird dabei mit einer sterilen, elektrisch nicht leitenden Lösung gespült. Die gleichen Instrumente eignen sich auch zur Resektion von Blasentumoren. Abbildung 32.28 zeigt die Prostataresektion (TUR, transurethrale Resektion).

Eine weitere Anwendung in der Urologie zur Steinzerstörung ist die Nephroskopie, bei welcher perkutan in die Niere eingegangen und dann unter endosko-

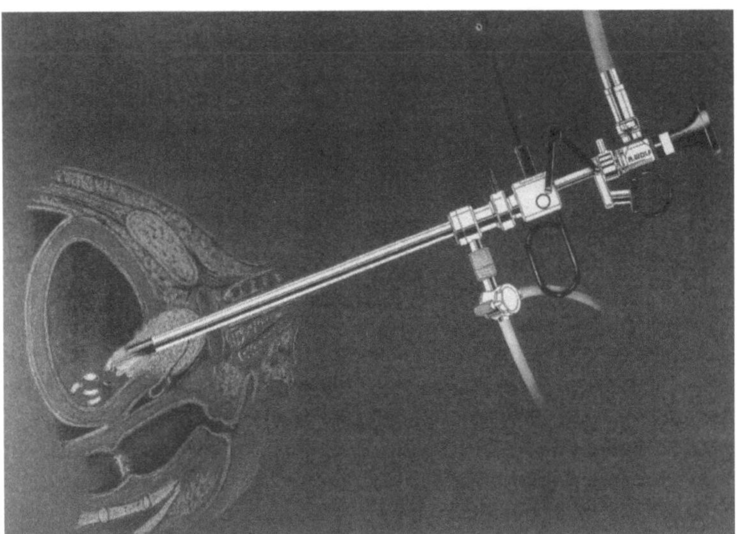

Abb. 32.28. Resektion der Prostata

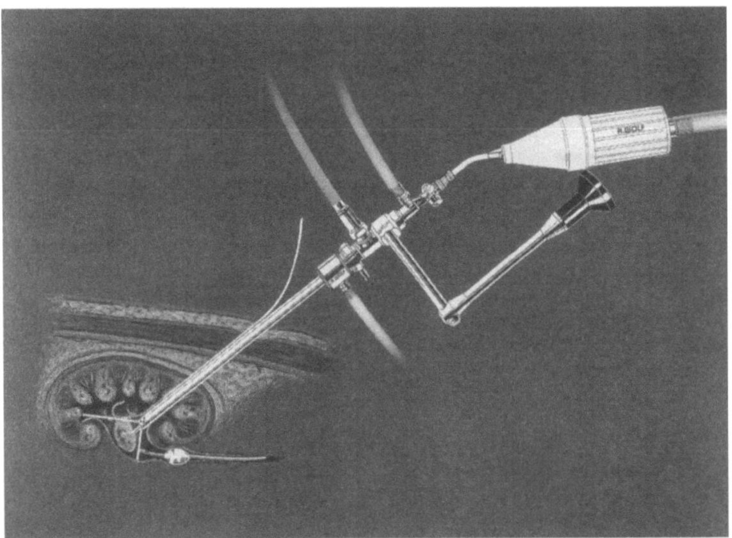

Abb. 32.29. Perkutane Nierensteinentfernung mit Endoskop und Ultraschall-Lithotriptor

pischer Sicht der Stein zertrümmert wird. Hierbei gibt es entweder die elektrohydraulische Methode, bei welcher durch Funkenentladungen am Stein Stoßwellen erzeugt werden, die den Stein sprengen, oder die Ultraschallmethode, wobei ein durch Ultraschall in Schwingungen versetztes Rohr den Stein anbohrt und in Stücke zerbricht. Durch das Innenlumen des Rohres werden die pulverisierten Steinteile und Konkremente kontinuierlich abgesaugt. Das Prinzip dieser Methode zeigt Abb. 32.29.

Relativ neu ist die Uretero-Renoskopie, welche erst seit 1980 mit starren Instrumenten durchgeführt wird. Insbesondere bei Harnleitersteinen oder nach Behandlung mit dem extrakorporalen Stoßwellenlithotriptor treten häufig nach Zertrümmern der Nierensteine große Steinmengen im Harnleiter auf, die diesen blockieren und eine „Steinstraße" bilden. Das Uretero-Renoskop erlaubt es durch Einführen von elektrohydraulischen oder auch Ultraschallsonotroden, diese Steine in situ zu zertrümmern. Der Harntrakt mit Niere, Ureter, Blase und Uretra ist somit voll der Endoskopie zugänglich. Die Endoskope sind Operationsendoskope und erlauben das Einführen von starren Hilfsinstrumenten.

Für Kleinkinder gibt es spezielle Säuglingsinstrumente, deren Optikdurchmesser bei 1,9 mm liegt, die dazugehörigen Schäfte beginnen bei 7,5 Ch.

32.4.2 Chirurgie

Erst Mitte der 70er Jahre hat die eigentlich schon lang bekannte Arthroskopie an Bedeutung gewonnen und wird heute insbesondere am Kniegelenk als Routinemethode eingesetzt.

Wie Abb. 32.30 zeigt, wird durch den Gelenkspalt in das Gelenk eingegangen mit einem 5 bis 6 mm dicken Schaft, in welchem eine endoskopische Optik fixiert

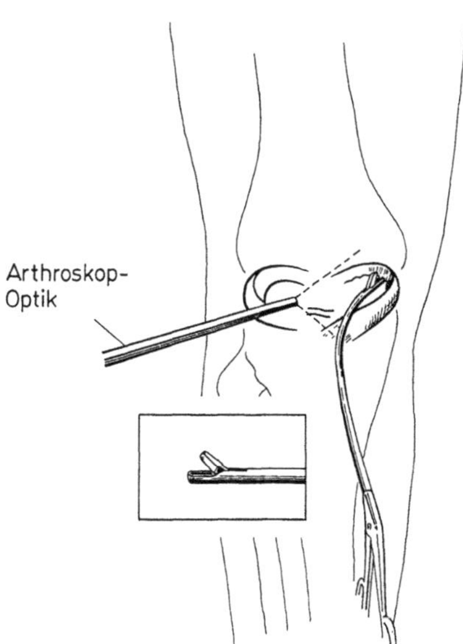

Abb. 32.30. Arthroskopie: Abschneiden von Knorpelteilen am Meniskus

ist. Der Schaft erlaubt einen genügend starken Zulauf von Kochsalzlösung, der Abfluß erfolgt über eine separat eingestochene Kanüle. Somit kann der Gelenkspalt inspiziert werden, insbesondere der Meniskus. Zeigen sich Schäden oder Risse am Meniskus, so wird durch eine weitere Öffnung direkt mit Scheren und Zangen eingegangen, um die defekten Teile abzutragen. Das Abtragen dieser Teile kann auch mit motorisierten Schneidinstrumenten erfolgen. Um an die verschiedenen Stellen des Meniskusteils heranzukommen, müssen die Zangen unterschiedliche Formen und Maulteile haben, so daß eine große Anzahl notwendig ist.

Die Arthroskopie hat Vorteile gegenüber der offenen Operation, da sie die Krankheitszeit wesentlich reduziert.

Für die anderen Gelenke sind die Methoden zur Zeit in Entwicklung; es werden Endoskopien am Hand-, Fuß-, und Schultergelenk durchgeführt. Eine neue Methode ist die endoskopische Untersuchung des Kiefergelenks, auch hier wird therapeutisch eine Abtragung am Knorpel vorgenommen.

Neu ist die transanale Rektumchirurgie mittels Operations-Rektoskop, welches an Bedeutung gewinnt.

32.4.3 Gastroenterologie

Dominierend in der Gastroenterologie war das Laparoskop mit der Laparoskopie zur Spiegelung des Bauchraums, insbesondere der Leber. Mit dem Laparoskop wird die Leber untersucht, vor allem kann die Leberoberfläche sehr genau betrachtet werden, um krankhafte Veränderungen festzustellen. Hierbei wird das Abdomen des Patienten in Lokalanästhesie mit einem Inertgas aufgefüllt, mei-

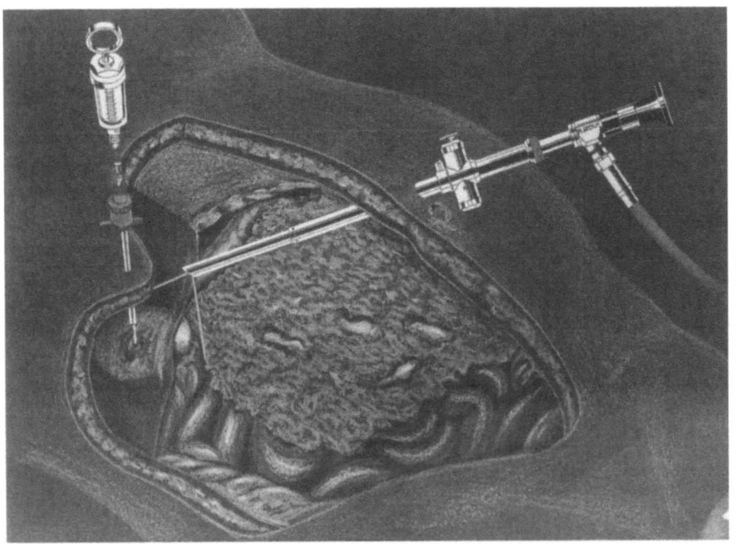

Abb. 32.31. Laparoskopie mit zweitem Einstich zur Leberpunktion

stens wird hierfür Lachgas N_2O oder Kohlendioxyd CO_2 verwendet. Abbildung 32.31 zeigt das Prinzip der Laparoskopie mit zweitem Einstich zur Gewinnung von Lebergewebe.

Zum Aufdehnen des Peritoneums werden spezielle Gasinsufflatoren verwendet, die einen bestimmten Druck im Bauchraum aufrechterhalten, um Abstand zwischen Bauchdecke und Organen zu bekommen.

Anstelle der in Abb. 32.31 gezeigten Optik und des zweiten Einstichs zum Entnehmen einer Biopsie kann auch ein Operations-Laparoskop (s. Abb. 32.36a) verwendet werden, das es erlaubt, über einen Kanal starre Hilfsinstrumente einzuführen. Von Vorteil dabei ist, daß die Bauchdecke nur einmal durchstochen werden muß. Nachteilig ist, daß die Hilfsinstrumente nur unter einem flachen Winkel gesehen werden.

Die anderen Teile des Gastroenterologietraktes, nämlich Speiseröhre, Magen und Darm, werden weitestgehend mit flexiblen Instrumenten untersucht. Der prinzipielle Aufbau des Fiberskops, welches anstelle des optischen Systems ein geordnetes Glasfaserbündel benützt, ist durch seine Beweglichkeit in diesem Bereich den starren Instrumenten überlegen.

Abbildung 32.32 zeigt ein flexibles Endoskop mit den dazugehörigen Peripheriegeräten, der Lichtquelle und der Saug- und Spülpumpe. Der Instrumentenkopf besteht im wesentlichen aus dem Optikausblick, einer Düse zum Sauberspritzen des Optikfensters (falls dieses durch Magen- oder Darmsäfte verschmutzt wird) und zum Insufflieren von Luft, aus zwei Fiberbündeln für Licht und aus einem Biopsiekanal, dessen Durchmesser entsprechend dem Fiberskop zwischen 2,2 und 3,5 mm liegt (Abb. 32.33). Durch diesen werden dann die entsprechenden Zangen und Sonden geführt, welche z. B. Entnahme von Biopsien, Entfernen von Fremdkörpern, Schlitzen der Papille usw. erlauben. Im gastroen-

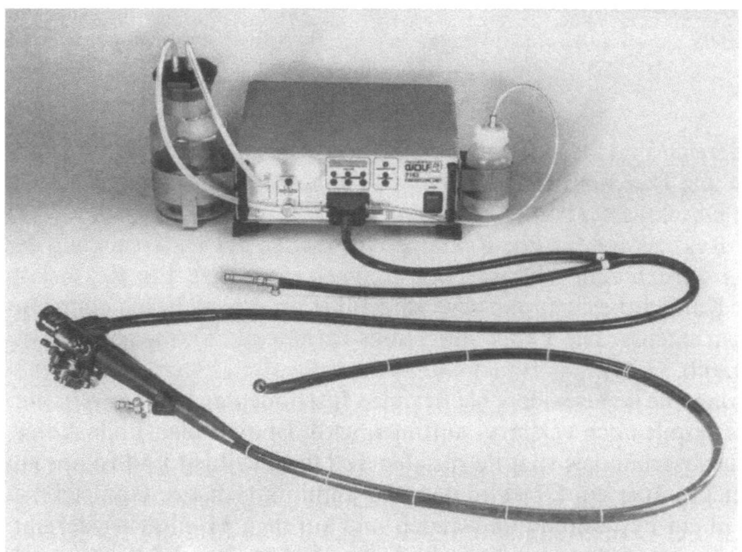

Abb. 32.32. Flexibles Endoskop mit Saug- und Spülpumpe

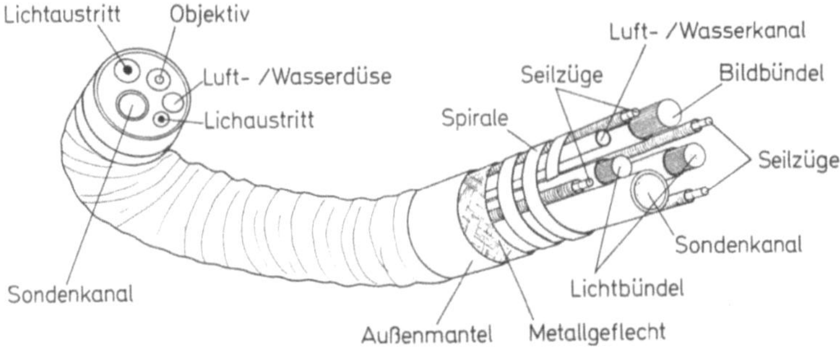

Abb. 32.33. Prinzipieller Aufbau eines flexiblen Endoskops

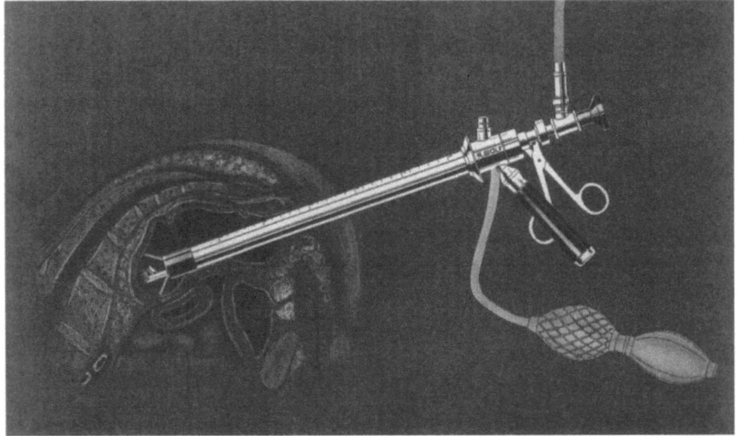

Abb. 32.34. Rektoskop

terologischen Bereich sind meist kombinierte Fiberskope eingesetzt mit Nutzlängen von ca. 1 m und Durchmessern von 9 und 11 mm. Coloskope sind ca. 1,40 m lang und haben Durchmesser von 11 bis 13 mm.

Die starren Rektoskope für den Rektalbereich dienen der Untersuchung des Enddarmes und werden zum Abtragen von Polypen eingesetzt. Ein Rektoskop mit integrierter Kaltlichtbeleuchtung wird eingeführt. In diesem liegen dann Optik und Hilfsinstrumente. Die Länge des Tubus beträgt ca. 30 cm, sein Durchmesser 21 mm (Abb. 32.34).

Eine Neuerung, die insbesondere bei flexiblen Instrumenten heute bereits eingesetzt und in Zukunft noch verstärkt auftreten wird, ist die Video-Endoskopie. Anstelle des Glasfaserbündels sitzt im distalen Teil des flexiblen Endoskops ein CCD-Chip, welcher über ein Objektiv das Bild aufnimmt, dieses dann elektronisch abtastet, in ein Fernsehbild umwandelt und auf dem Monitor wiedergibt. Somit können die sehr teuren und empfindlichen kohärenten Bildleiter durch Chip, Vorverstärker, Kabel und Videocontroller ersetzt werden.

Wichtig hierbei ist natürlich, daß die Farbtreue erhalten bleibt, denn diese ist maßgebend für die Diagnostik. Die Technik dieser Geräte wird in Abschn. 32.5 noch im Detail beschrieben.

32.4.4 Gynäkologie

In der Gynäkologie wurde die Endoskopie zuerst zur pelviskopischen Laparoskopie, zur Diagnostik des Bauchraumes und des weiblichen Genitales sowie zur Hysteroskopie, der Untersuchung des Cavum uteri (Abb. 32.35), eingesetzt. Nach der Diagnostik kam auch hier die Therapie in den Vordergrund der gynäkologischen Endoskopie (Abb. 32.36 a/b). Entsprechend dem Einsatz wird die Methode mit einem oder zwei Einstichen gewählt. Die gynäkologische Laparoskopie dient der Diagnostik und vermehrt der Therapie, so z. B. dem Beseitigen von Endometriosen durch Koagulation, Durchtrennen und Koagulieren von Verwachsungen, Biopsien im Bauchraum bei unklarem Befund. Auch die Durchtrennung der Eileiter zur Sterilisation der Frau wird größtenteils endoskopisch durchgeführt, mittels Koagulieren mit bipolarer Hochfrequenz und Durchschneiden, Koagulieren mit reiner Wärme (Endotherm), Verschließen der Tuben mit mechanischen Clips oder elastischen Ringen.

Die Optik und die Zusatzinstrumente werden wie bei der gastroenterologischen Laparoskopie über Trokare eingeführt, nachdem das Abdomen mit CO_2-Gas aufgedehnt wurde. Das Pneugerät hält den eingestellten Druck, der bei 8 bis 12 mmHg (10 bis 16 mbar) liegt, auch bei Gasverlust konstant. Abbildung 32.37 zeigt verschiedene Laparoskope und Trokarhülsen mit Trokaren.

Ein weiteres Gebiet ist die Salpingoskopie, d. h. die Untersuchung des Eileiters durch das Laparoskop hindurch, wobei ein Babyskop durch den Laparoskopkanal des Laparoskops gesteckt und der Eileiter von innen inspiziert wird. Auch das Gewinnen von Eizellen aus dem Ovar wird mit diesen Instrumenten durchgeführt.

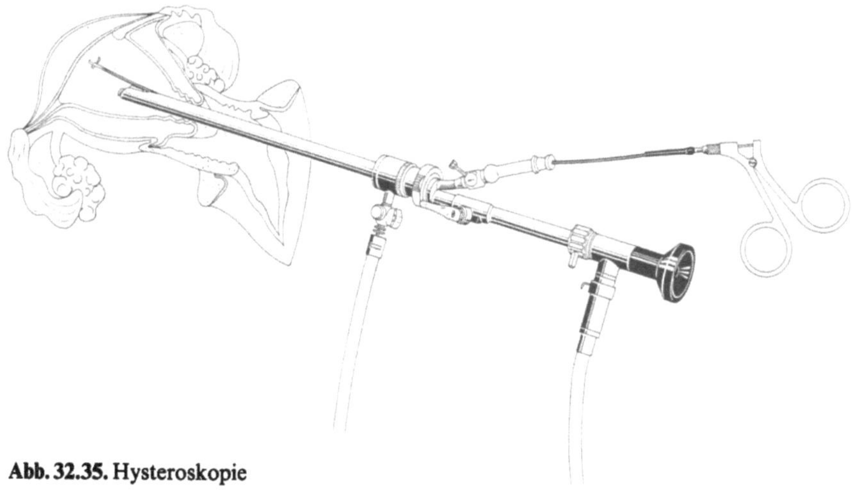

Abb. 32.35. Hysteroskopie

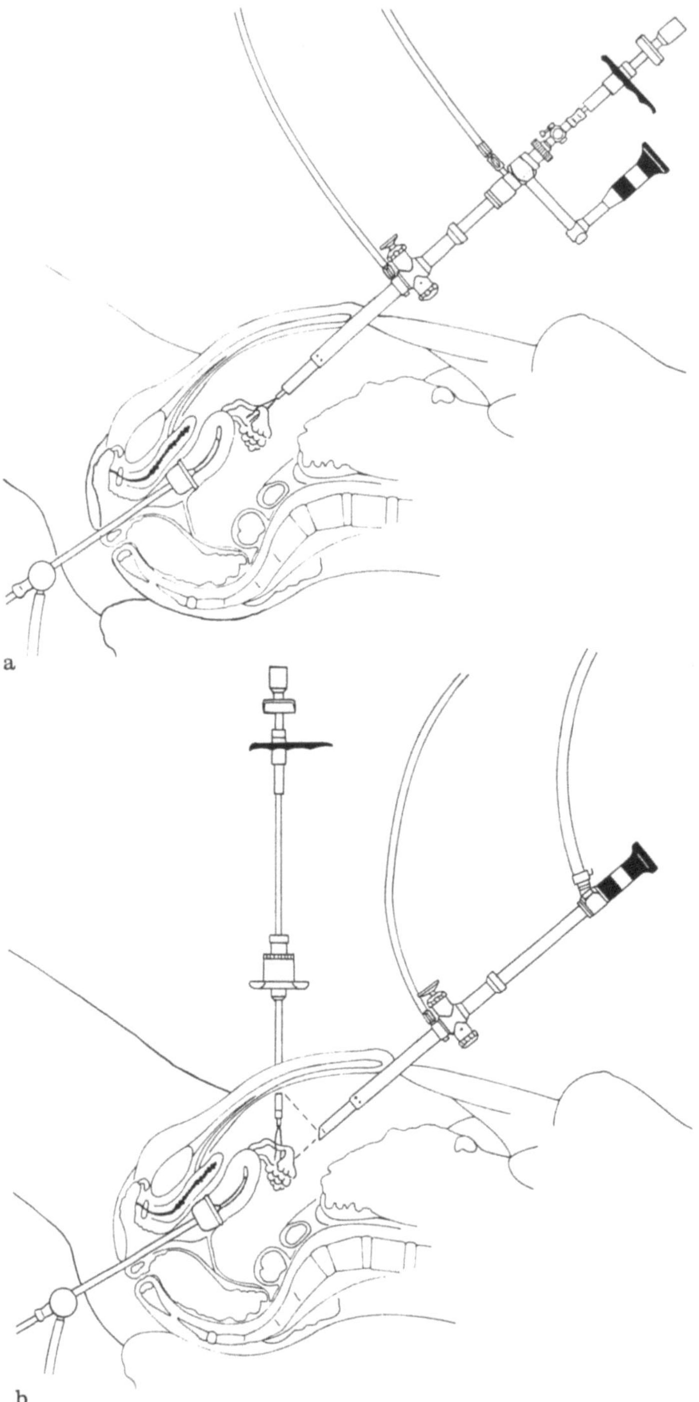

Abb. 32.36. a Gynäkologische Laparoskopie: Tubenkoagulation mit einem Einstich. **b** Tubenkoagulation mit zwei Einstichen

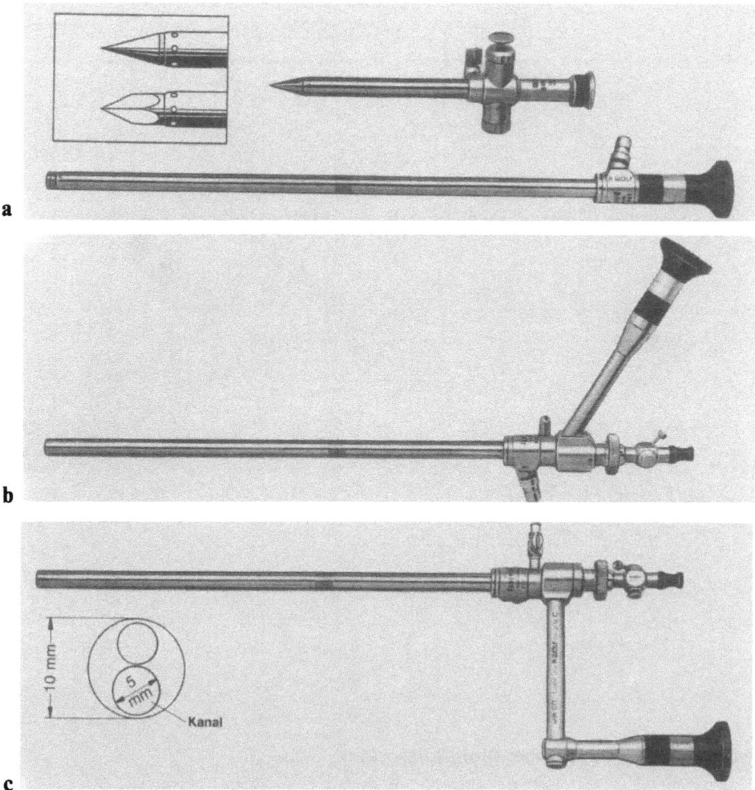

Abb. 32.37. Endoskope zur Laparoskopie. **a** mit Trokaren

Der Laser wird als Koagulations- und Schneidegerät in der gynäkologischen Laparoskopie sehr häufig eingesetzt. Es handelt sich hierbei meist um YAG-Laser mit einer Wellenlänge von 1,064 µm und CO_2-Laser mit einer Wellenlänge von 10,6 µm. Das Verhalten beider Laser ist unterschiedlich (s. Kap. 33). Der Laser-Coupler lenkt den Strahl in die Richtung des Instrumentierkanals und fokussiert ihn am Ende des Endoskops (Abb. 32.38).

32.4.5 Hals-Nasen-Ohren (HNO)

Im HNO-Bereich werden Endoskope in den Bronchien, dem Kehlkopf und im Nasen-Rachenbereich angewendet. Die Endoskopie der Nasennebenhöhlen (Sinuskopie) gewinnt an Bedeutung. Die Bronchoskopie wird heute noch mit starren Instrumenten bis zur Verzweigung durchgeführt, wobei die Optiken unterschiedliche Blickrichtungen haben, um in die verschiedenen Äste der Bronchien hineinschauen zu können. Oftmals werden mit dem Endoskop Fremdkörper aus den Bronchien entfernt. Dies geschieht mit Hilfe von kleinen Zangen, die durch den Tubus hindurchgeführt werden. Auch mit dem Laser läßt sich durch den Bronchoskoptubus sehr gut arbeiten. Es werden über Fasern Neodym-, YAG-

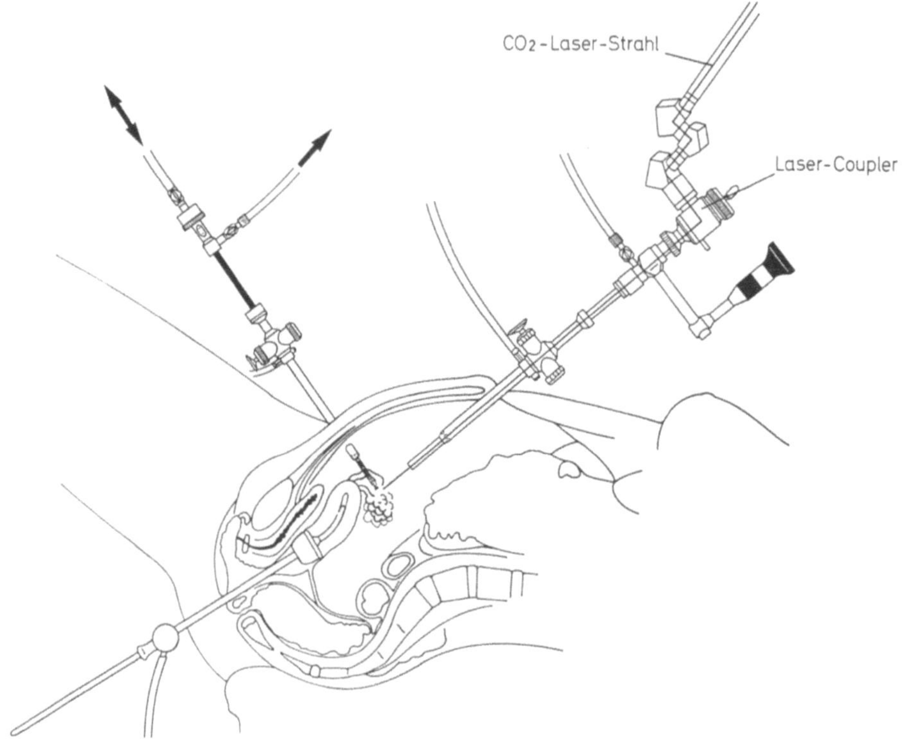

Abb. 32.38. Einsatz des CO_2-Lasers mit Operationslaparoskop

und Argon-Laser und über Laser-Coupler CO_2-Laser eingesetzt. Mit den flexiblen Bronchoskopen, deren Durchmesser 6 mm und darunter betragen, kommt man noch tiefer in die feinen Verästelungen der Lunge hinein (Abb. 32.39).

Die Laryngoskopie dient vor allen Dingen der Diagnostik der Stimmlippen. Mit dem starren Laryngoskop werden die Stimmlippen inspiziert, wobei eine stroboskopische, über die Stimme des Patienten getriggerte Beleuchtung es erlaubt, die Stimmlippen als quasi stehendes Bild zu betrachten. Über die Schwingungsform können Veränderungen festgestellt werden. Die Therapie der Stimmlippen erfolgt mit dem Laryngoskoptubus, durch welchen dann Mikrochirurgie mit Instrumenten oder mit YAG-, Neodym- und CO_2-Laser durchgeführt wird. Die Beobachtung erfolgt hierbei durch den Endo-Laryngoskoptubus über ein Operationsmikroskop.

Die Sinuskopie, die Untersuchung des Nasen- und Rachenraums sowie der Nebenhöhlen, ist eine neue Methode zur Inspektion und Therapie der Nebenhöhlen. Hierbei wird in die Nebenhöhle eingegangen, so daß diese endoskopisch inspiziert und, wenn notwendig, ausgeräumt werden kann. Zusatzinstrumente zur Sinuskopie sind verschiedene Zangen sowie ein spezielles Spülsystem zum Ausspülen der Nebenhöhlen (Abb. 32.40).

Weiterhin werden Endoskope auch zur Inspektion des Ohres, insbesondere des Trommelfells, eingesetzt. Diese Endoskope haben entsprechend ihrer Anwendung eine sehr kurze Baulänge.

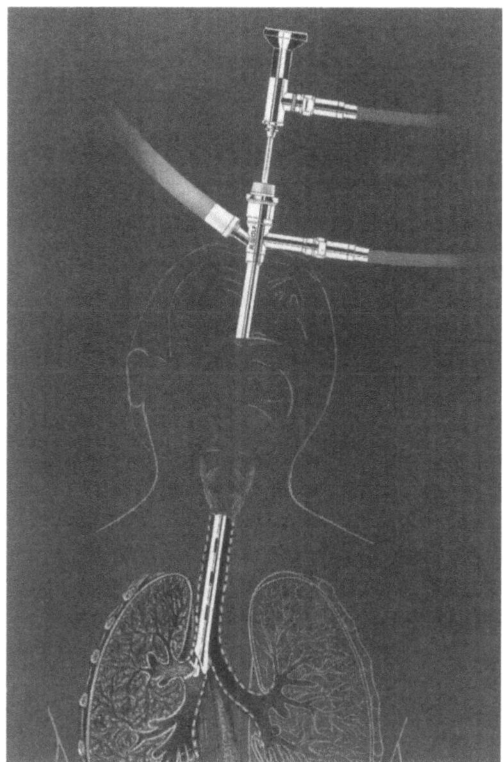

Abb. 32.39. Bronchoskopie

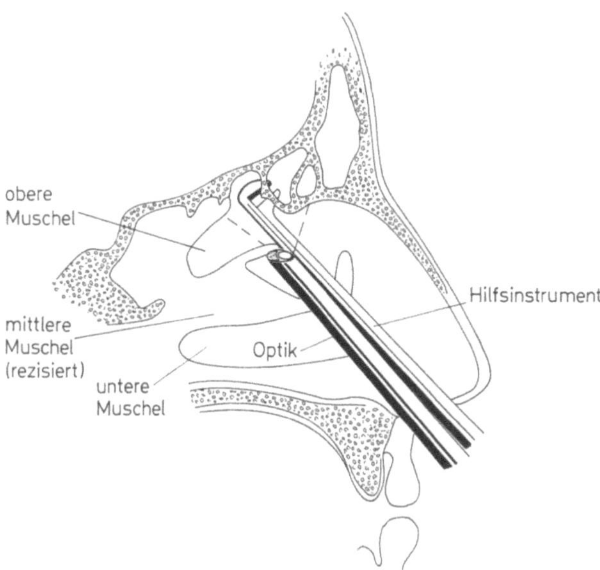

Abb. 32.40. Nasennebenhöhlen-Chirurgie

32.5 Dokumentation in der Endoskopie

Die Dokumentation der endoskopischen Befunde ist sehr wichtig für die Lehre
der Endoskopie.

32.5.1 Zubehör zur Demonstration

Um weitere Personen an endoskopischen Untersuchungen teilnehmen zu lassen,
wurden Demonstrationsansätze entwickelt, welche das optische Bild des Endoskops über einen Strahlteiler aufteilen. Ein Teil geht zum direkten Beobachter,
während der andere Teil über ein entsprechendes Bildweiterleitungssystem für
den Mitbeobachter bestimmt ist.

Die einfachste Form ist der starre Demonstrationsansatz. Bei diesem wird zunächst das okularseits austretende Lichtbündel in einem Strahlenteiler meist im
Verhältnis 1:1 geteilt. Der behandelnde Arzt kann durch diesen Strahlenteiler direkt in das Endoskop blicken. Der abgelenkte Strahlengang wird dann in einem
weiteren Zwischenbild abgebildet, welches je nach geforderter Länge von einem
oder mehreren Linsenumkehrsystemen weitergeleitet und durch ein Okular vom
Mitbeobachter betrachtet wird. Anstatt eines starren Bildleitungssystemes kann
auch ein flexibles Faserbildbündel verwendet werden. Die Handhabung ist bei
der medizinischen Anwendung weniger störend, allerdings hat das Fiberbündel
eine deutlich geringere Auflösung als die Linsenumkehrsysteme.

Eine Kombination aus Flexibilität und hochauflösender Linsenoptik stellt
die Gelenkoptik dar. Der optische Aufbau entspricht dem des starren Demon-
strationsansatzes. Die Umkehrsysteme bestehen aus symmetrischen, zweiteiligen
Umkehrungen. Zwischen diesen beiden Linsen des Umkehrsystems sitzt je ein
Paar Dreikantprismen, das die Achse seitlich versetzt, so daß die starren Teilsy-

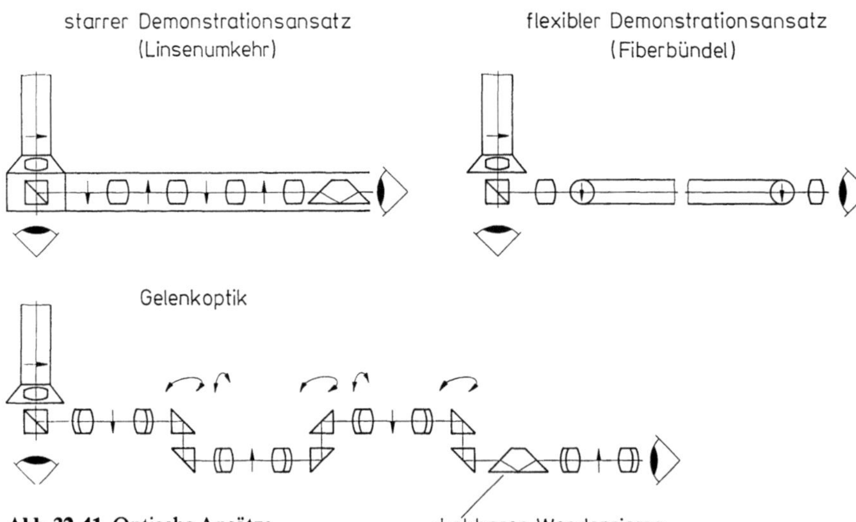

Abb. 32.41. Optische Ansätze

steme gegeneinander verdreht werden können. Eine zusätzliche Drehbarkeit um die Längsachse eines jeden Gelenks erhöht die Flexibilität. Ein am okularseitigen Ende angebrachtes drehbares Wendeprisma ermöglicht in jeder beliebigen Stellung der Gelenkoptik die Bildaufrichtung einzustellen, da sich beim Bewegen der Optik das Bild verdreht und korrigiert werden muß (Abb. 32.41).

32.5.2 Endoskopische Photodokumentation

Die endoskopische Photographie ist notwendig zum Festhalten von endoskopischen Befunden und deren Dokumentation. Durch Verbesserung der Lichtquellen, durch Blitzlichtphotographie und den Einsatz von Spiegelreflexkameras mit entsprechenden Objektiven ist es möglich, gute endoskopische Bilder zu erhalten. Das vom Endoskopokular entworfene virtuelle Bild, das vom Benutzer betrachtet wird, wird jetzt über ein geeignetes Zusatzobjektiv in ein reelles Bild auf die Filmebene der Kamera abgebildet. Meist reicht das Licht des Endoskops nicht aus, um das Bild formatfüllend zu vergrößern. Nur bei dicken Endoskopen, wie Laparoskopen, sind formatfüllende Bilder möglich. Als Kameras haben sich die Kleinbildkameras im Format 24 × 36 mm sehr bewährt.

32.5.3 Endoskopisches Filmen

Hier gilt dasselbe wie zur endoskopischen Photographie. Eine Filmkamera wird direkt auf das Endoskop angesetzt, wobei sich hier nur Kameras mit Reflexsucher eignen. Wenn das Bild nicht formatfüllend ist, muß die Belichtung des Films entsprechend korrigiert werden. Zum endoskopischen Filmen werden starke Dauerlichtquellen verwendet, wie in Abschn. 32.3.2 beschrieben.

32.5.4 Video-Endoskopie

Da Videokameras speziell zur Endoskopie heute sehr klein und äußerst lichtempfindlich sind, ersetzen diese vielfach die normalen Filmkameras. Meist werden Zoom-Objektive an den Videokameras adaptiert, so daß, entsprechend den Lichtverhältnissen, das günstigste Bild eingestellt werden kann. Video hat den Vorteil, daß es zur direkten Dokumentation für viele Mitbeobachter verwendet werden kann, d. h., es kann eine endoskopische Operation live in einem Hörsaal über mehrere Monitore übertragen und über Videobandgeräte gleichzeitig aufgezeichnet werden.

Durch diese Vorteile hat die Video-Endoskopie die Photographie, aber vor allen Dingen das endoskopische Filmen abgelöst. Die Empfindlichkeit der Bildsensoren liegt heute im Bereich von 10 lx für das noch erkennbare Bild und beträgt etwa 100 lx für ein gutes Farbbild. Diese Beleuchtungsstärken sind mit den Hochleistungslichtquellen leicht machbar, auch bei dünnen Optiken. Damit die Kamera direkt aufgesteckt werden kann, muß sie sehr handlich sein. Speziell entwickelte endoskopische Videokameras erfüllen diese Bedingung. Die Kamera

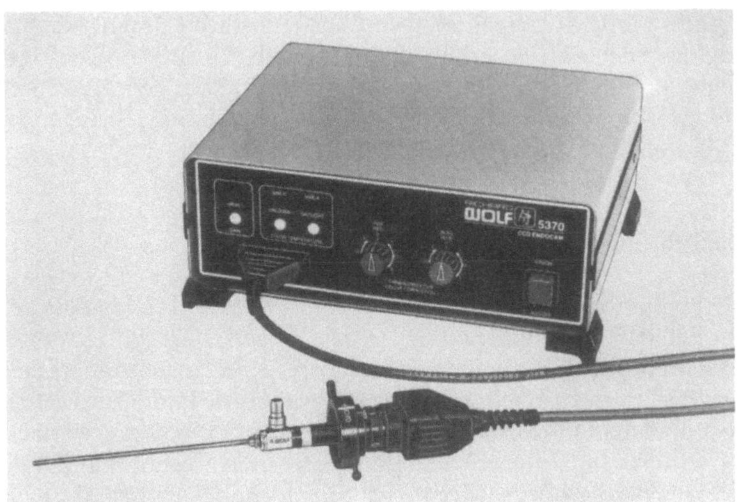

Abb. 32.42. Endo-Chip-Kamera mit Controller

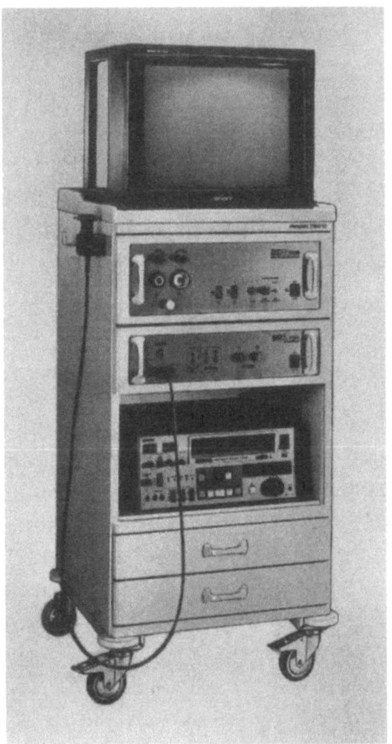

Abb. 32.43. Endoskopische Kameraausrüstung mit Monitor, Lichtquelle, Kamera und Videorecorder

enthält außer Objektiv und Bildsensor nur noch die Elektronik bis zur störfreien Signal-Weiterleitung. Alles andere ist über Kabel abgesetzt in das Bildaufbereitungsgerät, den Controller.

Eine endoskopische CCD-Kamera (Charged Coupled Device) hat heute ein Gewicht von weniger als 100 g und die Größe einer Streichholzschachtel, so daß sie in keiner Weise den endoskopischen Eingriff behindert. Gerade im Bereich der Arthroskopie, aber auch in der Laparoskopie und Gastroenterologie, werden viele Endoskopien generell nur noch über den Monitor gemacht. Für den Untersucher ist das Schauen auf den Monitor nicht so ermüdend wie das einäugige Betrachten durch das Endoskop.

Abbildung 32.42 zeigt eine Videokamera der heutigen Generation mit einem Halbleiterbildsensor mit Streifenfilter zur Farberkennung. Abbildung 32.43 zeigt eine komplette Ausrüstung mit Kamera, Lichtprojektor, Recorder und Monitor, wie sie heute in der Endoskopie eingesetzt wird.

Das Video-Endoskop selbst unterscheidet sich von der Kamera nur dadurch, daß der Bildsensor wesentlich kleiner und an der Endoskopspitze mit unterge-

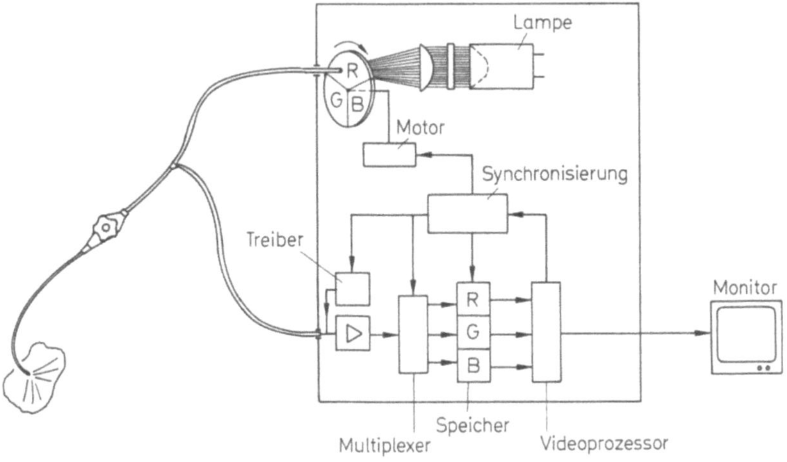

Abb. 32.44. Prinzip des Video-Endoskops

Tabelle 32.2. Vergleich der Foto-, Film- und TV-Formate

Bezeichnung	Format	Format-diagonale (mm)	Unschärfe-kreis (μm)
Mittelformat	45 × 60 mm	75	70
Kleinbild 35 mm	24 × 36 mm	43	50
Pocketformat	12 × 15,8 mm	20	25
16-mm-Film	7,5 × 10,3 mm	12,7	15
Super-8-Film	4,2 × 5,7 mm	7,1	15
1″	9,6 × 12,8	16	40
2/3″ TV-PAL	6,6 × 8,8	11	26
1/2″	4,8 × 6,4	8	20

bracht ist. Um noch genügend Auflösung zu haben, kann ein solcher Chip nicht mit einem Streifenfilter versehen werden für das Farbfernsehen, da mindestens drei Pixel für einen Farbbildpunkt benötigt werden. Die Farbinformation wird daher sequentiell erhalten, indem nacheinander rotes, grünes und blaues Licht durch die Lichtbündel des Endoskops zur Beleuchtung des Objekts geschickt wird. Die Farbauszüge werden in der Kameraelektronik entsprechend gespeichert und dann zu dem normalen Farbbild zusammengesetzt. Die Sequenz der Einzelbildauszüge muß so schnell sein, damit wieder 25 Vollbilder pro Sekunde der Farbfernsehnorm entsprechend entstehen. Abbildung 32.44 zeigt das Prinzipschaltbild einer solchen Anordnung.

Die heute erhältlichen Sensoren liegen mit ihrem Gehäusedurchmesser bei ca. 5 mm, die aktive Fläche liegt bei $2,6 \times 2,6$ mm, die Pixelgröße bei 13×16 µm. Mit dieser Chipfläche kann das Format des Monitors nicht voll ausgefüllt werden. Die Auflösung ist so gewählt, daß etwa 250 Linien bei Farbe wiedergegeben werden können. Tabelle 32.2 zeigt den Vergleich der Photo-, Film- und TV-Formate.

32.6 Literatur

Sökeland, J.: Endoskopische Eingriffe, Leitfaden für die Mitarbeiter des Urologen. Broschüre der R. Wolf GmbH, Knittlingen 1982

Carson, C. C.; Dunnik, R. (eds.): Endourology. New York, Edinburgh: Churchill Livingstone 1985

Reuter, H.-J.: Atlas der urologischen Endoskopie, Bd. 1. Stuttgart: Thieme 1980

Wickham, J. E. A.; Miller, R. A. (eds.): Percutaneous renal surgery. Edinburgh, London, Melbourne, New York: Churchill Livingstone 1983

Mauermayer, W. (Hrsg.): Transurethrale Operationen. Berlin: Springer 1981

100 Jahre Cystoskop. Broschüre der R. Wolf GmbH, Knittlingen 1979

Henche, H.-R.; Holder, J.: Die Arthroskopie des Kniegelenkes: Diagnostik und Operationstechniken, 2. Aufl. Berlin: Springer 1988

Lindemann, H.-J. (Hrsg.): Atlas der Hysteroskopie: Untersuchungstechnik, Diagnostik, Therapie der Gebärmutterhöhle. Stuttgart: Fischer 1980

Frangenheim, H.: Die Laparoskopie in der Gynäkologie, Chirurgie und Pädiatrie: Lehrbuch und Atlas, 3. Aufl. Stuttgart: Thieme 1977

Henning, H.; Look, D.:Laparoskopie: Atlas und Lehrbuch. Stuttgart: Thieme 1985

Bueß, G.; Theiß, R.; Günther, M.; Hutterer, F.; Pichlmaier, H.: Transanale endoskopische Mikrochirurgie. Leber-Magen-Darm. München: Richard Pflaum Bd. 15, Nr. 6, November 1985

Goldmann L. (ed.): The Biomedical Laser: Technology and Clinical Applications. New York: Springer 1981

Becker, W. (Hrsg.): Atlas der Hals-Nasen-Ohren-Krankheiten einschl. Bronchien und Oesophagus, 2. Aufl. Stuttgart: Thieme 1983

Nahkosteen, J. A; Niederle, N.; Zavalla, D. C.: Atlas und Lehrbuch der flexiblen Bronchoskope. Berlin: Springer 1983

Bueß, G.; Unz, F.; Pichlmaier, H. (Hrsg.): Endoskopische Techniken. Köln: Deutscher Ärzteverlag 1984

Instrumenten-Aufbereitung richtig gemacht, mit Sonderteil: Starre Endoskope. Herausgegeben vom Arbeitskreis Instrumenten-Aufbereitung, 2. Aufl. 5/1983

Generelle Hinweise zur Reinigung, Desinfektion, Sterilisation und Aufbewahrung von Wolf-Endoskopen. Richard Wolf GmbH

Naumann, H.; Schröder, G.: Bauelemente der Optik. München: Carl Hanser 1987

Hodam, F.: Formelsammlung und Tabellenbuch der technischen Optik. Berlin: VEB Verlag Technik 1974

Slevogt, H.: Technische Optik. Berlin: Walter de Gruyter 1974

33 Laser in der Medizin

Hans-Peter Berlien, Klaus Dörschel, Gerhard J. Müller

1960 entwickelte Maiman den ersten Laser, und bereits wenige Monate später begannen Mediziner, sich für den Einsatz dieser neuen Lichtquelle zu interessieren. Dies ist nicht so verwunderlich, da Licht als Therapieform ohnehin seit längerem in den Katalog der Behandlungsverfahren des Mediziners gehörte, insbesondere in den Fachdisziplinen Ophthalmologie und Dermatologie.

Heute wird der Laser in fast allen medizinischen Fachgebieten eingesetzt. Es gibt jedoch nicht *den* medizinischen Laser, sondern für jeden speziellen medizinischen Fall muß man genau überlegen, welcher Lasertyp mit welcher Wellenlänge der geeignete ist.

Die verwendeten Laser sind also ein Spezialinstrument wie viele andere auch. Die speziellen Eigenschaften der Laserstrahlung werden hierbei meist gar nicht benötigt. Der Laser ist vor allem Energielieferant, und einer der Hauptvorteile des Lasers in der Medizin ist die Möglichkeit, diese Laserenergie über flexible Fasern in den Körper hineinzuleiten.

33.1 Der Laser – Ein Höchstfrequenzverstärker mit Rückkopplung

Die induzierte Emission ist ein Verstärkungsprozeß für Photonen, also Licht, dessen technische Realisierung der *Laser* (Light Amplification of Stimulated Emission of Radiation) ist.

Vor der Erfindung des Lasers hatte man schon Anfang des 20. Jahrhunderts gelernt, langwellige elektromagnetische Strahlung (Hochfrequenz, Rundfunk) zu erzeugen und zu verstärken. Ein wichtiger Durchbruch bei der Verstärkung gelang Meissner (1916) durch die Entwicklung des rückgekoppelten Verstärkers. Mit Hilfe der Rückkopplung eines Teils des Ausgangssignals in den Eingang eines Verstärkers zurück konnte man mit an sich schwachen Verstärkern große Gesamtverstärkungen erreichen.

Eine solche Anordnung aus Verstärker und Rückkopplung stellt ein schwingfähiges Gebilde, einen Schwingkreis dar.

Überwiegt die dem Schwingkreis im Verstärker zugeführte Energie die Verluste im Schwingkreis, so wird das Signal im Schwingkreis und damit auch das Ausgangssignal theoretisch unendlich groß. In der Praxis nimmt das Ausgangssignal durch Sättigungseffekte sehr hohe Werte an. Gleichzeitig wird das Ausgangssignal unabhängig vom Eingangssignal. Aus dem rückgekoppelten Verstärker mit endlicher Verstärkung ist ein selbsterregter Oszillator, ein Sender, geworden. Dieser Zustand der Selbsterregung kann in einem rückgekoppelten Verstär-

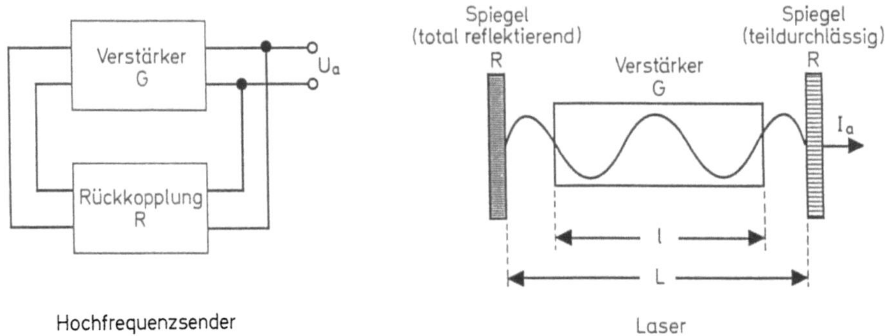

Abb. 33.1. Analog zu einem Hochfrequenzsender (Rundfunk, Fernsehen) besteht auch ein Laser aus einem Verstärker (induzierte Emission) und einer Rückkopplung (Spiegel)

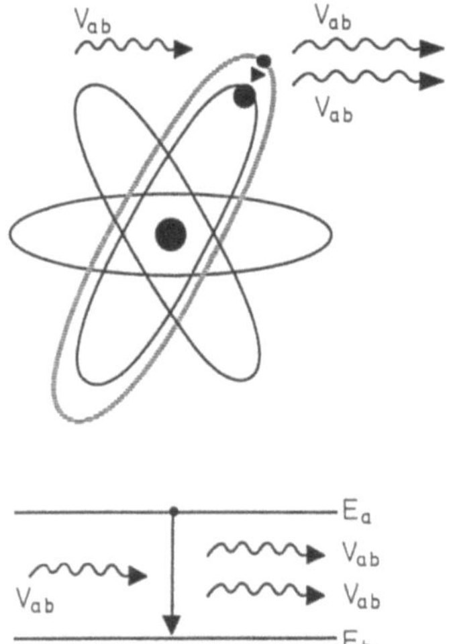

Abb. 33.2. Durch ein Photon wird der Zerfall eines angeregten Energieniveaus induziert. Hierbei wird ein zweites Photon gleicher Phase und Wellenlänge erzeugt

ker auch ohne direktes Eingangssignal durch das immer vorhandene Eigenrauschen des Verstärkers erreicht werden.

In völliger Analogie zu den eben erwähnten Erkenntnissen der Hochfrequenztechnik ist nun der Laser zu verstehen (Abb. 33.1), d. h. der Laser ist nichts anderes als ein rückgekoppelter Hf-Verstärker, lediglich die Bauelemente sind andere, bedingt durch extrem hohe Frequenzen (millionenfach höher als beim Rundfunk).

Zum Bau eines Laser muß man also einmal Stoffe, sogenannte Lasermedien finden, bei denen der Effekt der induzierten Emission eine genügend hohe Verstärkung liefert. Diese stellen dann den Verstärker dar. Zweitens muß eine effiziente Rückkopplung realisiert werden. Hierzu reflektiert man das aus dem Lasermedium strahlende Licht mit Spiegeln wieder in das Lasermedium zurück. Eine solche Spiegelanordnung nennt man Resonator. Durch zusätzliche Bauelemente, die man in die Rückkopplung einbringt, kann dann analog wie beim bereits erwähnten Radiosender das Ausgangssignal beeinflußt werden. Beispiele hierfür sind schmalbandige oder durchstimmbare Filter, mit denen die Ausgangsfrequenz eingestellt werden kann, oder Schalter, mit denen die Güte der Rückkopplung kurzzeitig geändert werden kann, um damit in extrem kurzen Zeiten die gesamte im Schwingkreis gespeicherte Energie freizusetzen. Die einzelnen Bauelemente und die Eigenschaften dieses speziellen Höchstfrequenzsenders „Laser" werden in den folgenden Abschnitten kurz erläutert. Eine ausführliche Beschreibung des Lasers findet man z. B. bei [1].

33.1.1 Der Laserprozeß

Der Prozeß der induzierten Emission (Abb. 33.2) ist die Grundlage der Laserverstärkung. Um diesen Prozeß nutzen zu können, muß z. B. in einem Atom (Ion, Molekül, Festkörper) ein Elektron vorher von einem tieferen Energieniveau auf ein höheres angehoben worden sein. Um damit einen Laserverstärkungsprozeß bewirken zu können, muß man diesen Zustand nicht nur bei einem einzelnen Atom, sondern bei einem ganzen Ensemble von Atomen erzeugen. Die Zahl der Atome, bei dem das höhere, obere Laserniveau besetzt ist, muß also immer größer gehalten werden als die Besetzungszahl des niedrigen, unteren Laserniveaus. Dies bezeichnet man als Besetzungsinversion.

3-Niveau-Laser

Wenn man in einem System von 3 Energieniveaus (Abb. 33.3) vom unteren Niveau 1 in das obere Niveau 3 pumpt, so kann bei der spontanen Emission, also dem Zerfall des oberen Niveaus, auch das mittlere Niveau 2 besetzt werden. Wenn die Lebensdauer dieses Niveaus langlebig ist, erhöht sich dort mit der Zeit die Besetzungszahl. Bei sehr kräftigem Pumpen kann die Besetzung dieses zweiten Niveaus zumindest kurzzeitig höher werden als die des unteren Laserniveaus (Grundzustand).

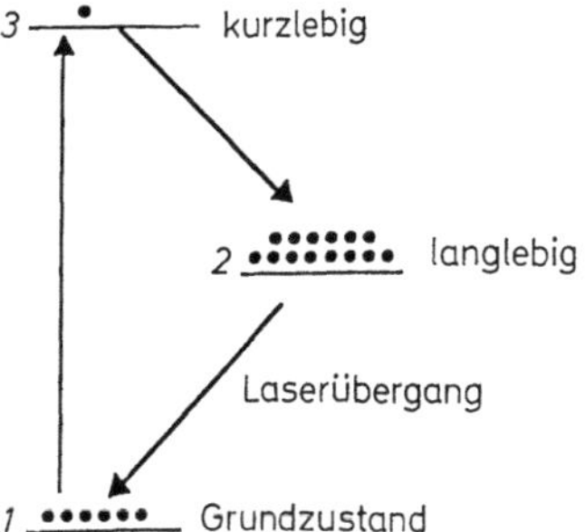

Abb. 33.3. In einem 3-Niveau-Lasersystem kann bei sehr intensiven Pumpen von 1 nach 3 im Niveau 2 eine höhere Besetzung als im Grundzustand 1 erreicht werden

Bei Einsetzen der Lasertätigkeit wird dann allerdings die Besetzungsinversion sehr schnell abgebaut. Im allgemeinen reicht die Pumpleistung dann nicht aus, um die Besetzungsinversion ständig aufrecht zu halten, so daß 3-Niveau-Laser praktisch immer gepulste Laser sind.

4-Niveau-Laser

Erweitert man ein 3-Niveau-System durch ein weiteres Niveau 2′ zwischen dem Niveau 1 und 2 (Abb. 33.4), so kann man die Probleme des 3-Niveau-Lasers bezüglich der nur kurzzeitigen Besetzungsinversion umgehen, wenn das zusätzliche Niveau 2′ sehr kurzlebig ist. Geht der Laserübergang dann von 2 nach 2′, so entleert sich das Niveau 2′ beim Einsetzen der Lasertätigkeit wegen seiner Kurzlebigkeit ständig in das Grundniveau. In dieser Konfiguration kann selbst mit sehr geringen Pumpleistungen ständig eine Besetzungsinversion zwischen 2 und 2′ aufrecht erhalten werden. 4-Niveau-Laser können deshalb im kontinuierlichen (cw-) Betrieb betrieben werden.

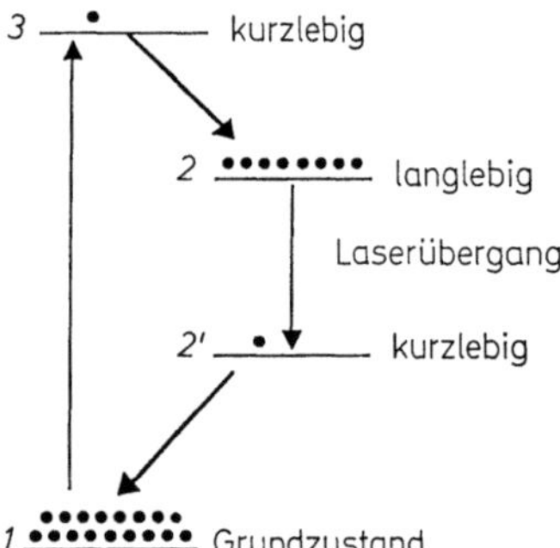

Abb. 33.4. In einem 4-Niveau-Lasersystem kann auch durch schwaches Pumpen im langlebigen Niveau 2 eine Besetzungsinversion gegenüber dem kurzlebigen Niveau 2′ erreicht werden, weil sich das Niveau 2′ wegen seiner Kurzlebigkeit sofort entleert

33.1.2 Lasermedien

Als Lasermedien kommen alle Stoffe in Frage, bei denen eine Besetzungsinversion erzeugt werden kann. Dies ist bei vielen der folgenden Stoffe möglich:
– freie Atome, Ionen, Moleküle, Molekülionen in Gasen oder Dämpfen,
– Farbstoffmoleküle gelöst in Flüssigkeiten,
– Atome, Ionen, eingebaut in einem Festkörper,
– dotierte Halbleiter.

Die Zahl der Medien, bei denen Lasertätigkeit beobachtet wurde, und die Zahl der Laserübergänge ist inzwischen sehr groß. Beim Element Neon sind allein fast 200 verschiedene Laserübergänge beobachtet worden.

Nach Art des Lasermediums werden Gas-, Flüssigkeits-, Halbleiter- und Festkörperlaser unterschieden.

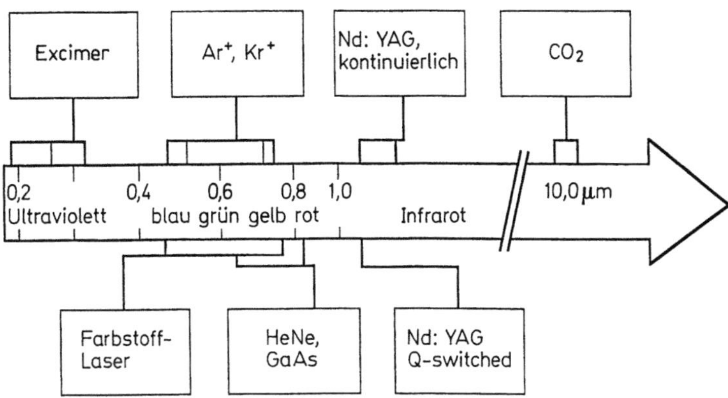

Abb. 33.5. Die häufigsten in der Medizin verwendeten Lasertypen

Es sind inzwischen Laserlinien vom Ultraviolett-Spektralgebiet (100 nm) bis zu mm-Wellenlängen im fernen Infraroten bekannt. An Lasern im Röntgenwellengebiet wird intensiv geforscht. Wirklich praktische Bedeutung haben jedoch nur etwa 2 bis 3 Dutzend Lasertypen erreicht.

Die medizinische Anwendung beschränkt sich bisher auf den CO_2-Laser, Ar^+- und Kr^+-Ionenlaser, cw- und gepulsten Nd:YAG-Laser, cw- und gepulsten Farbstofflaser, HeNe-Laser und GaAs-Laser (Abb. 33.5). Laser wie der Excimerlaser, der frequenzverdoppelte Nd:YAG-Laser, Er:YAG-Laser, Metalldampflaser finden gerade Eingang in den medizinischen Bereich.

Lasermedien kann man außerdem danach unterscheiden, ob sie diskrete Laserlinien, also nur in einem sehr engen, festgelegten Wellenlängenintervall, oder kontinuierlich in einem größeren Wellenlängengebiet Laserstrahlung erzeugen können.

Freie Atome und Ionen haben wegen ihrer scharf definierten Energieniveaus diskrete Laserlinien. Die bekannten Festkörperlaser emittieren ebenfalls diskrete Laserlinien (Rubinlaser, Nd:YAG-Laser).

Es wurden jedoch auch Festkörperlaser (Farbzentrenlaser, Alexandritlaser, Diamantlaser) entwickelt, deren Emissionswellenlängen über größere Spektralbereiche kontinuierlich verändert werden können. Dies gilt ganz besonders auch für Farbstofflaser, bei denen diese Technik am weitesten fortgeschritten ist.

Halbleiterlaser haben wegen der Bandstruktur der Energieniveaus der Halbleiter ebenfalls keine diskreten, scharfen Laserlinien.

33.1.3 Anregungsmechanismen

Nach Abschnitt 33.1.1 kann Lasertätigkeit nur erreicht werden, wenn eine Besetzungsinversion zweier Energieniveaus vorliegt. Um diese Besetzungsinversion zu erzeugen, muß dem Lasermedium Energie in geeigneter Form zugeführt werden. Dies kann auf sehr verschiedenen Wegen erreicht werden, die im Prinzip unabhängig vom speziellen Laserprozeß sind. Trotzdem muß das jeweilige Anregungsverfahren sehr speziell für den jeweiligen Lasertyp ausgewählt und optimiert werden. Die wesentlichen Verfahren sind das Anregen durch sehr intensives Licht, das sogennante optische Pumpen, und das Anregen in einer elektrischen Gasentladung. Bei den Halbleiterlasern erfolgt die Anregung direkt durch elektrischen Strom. Auch chemische Reaktionen können zum Anregen genutzt werden.

Optisches Pumpen

Bestrahlt man das Lasermedium mit intensivem Licht, dann können durch Absorption höhere Energieniveaus besetzt werden. Diesen Vorgang nennt man „optisches Pumpen". Als Lichtquellen kommen meist sehr intensive Blitzlampen bzw. kontinuierlich strahlende Hochdrucklampen oder auch Laser selbst in Frage (Abb. 33.6). Da Lampen in breiten Spektralgebieten Strahlung abgeben, sind Lasermedien mit einer Vielzahl von Anregungsniveaus bzw. sogar von Anregungsbändern besonders geeignet, durch optisches Pumpen angeregt zu werden. Es tragen nämlich nur die Wellenlängen zum Pumpen bei, die genau der Energiedifferenz zwischen zwei Niveaus entsprechen. Mit Pumplasern (Argonlaser) können deshalb praktisch nur Lasermedien mit Anregungsbändern gepumpt werden. Da der Laserübergang nur einen Teil der Anregungsenergie ausnutzt, ist die erzeugte Laserwellenlänge immer langwelliger als die Pumpwellenlänge.

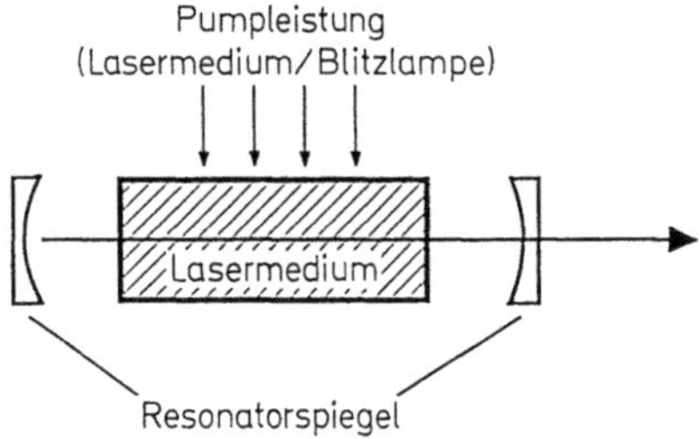

Abb. 33.6. Anregung eines Lasermedium durch optisches Pumpen

Gasentladungen

Zur Herstellung der Besetzungsinversion können bei gas- oder dampfförmigen Lasermedien Gasentladungen benutzt werden (Abb. 33.7). In der Gasentladung zerfällt das neutrale Gas teilweise in Ionen und Elektronen. Durch die in der Entladung herrschende Feldstärke werden die Elektronen beschleunigt und stoßen mit Atomen oder Ionen zusammen. Dabei wird die kinetische Energie der Elektronen auf den Stoßpartner übertragen. Die Energie kann direkt oder indirekt zur Besetzung der oberen Laser-Niveaus benutzt werden. Die verwendeten Stromdichten in den Gasentladungen können sehr hohe Werte erreichen (Argon-Laser, > 100 A/cm^2). Dadurch werden aufwendige Kühlungen des Entladungsrohres notwendig. Um die Entladung in sehr enge Kanäle einzuschließen, werden

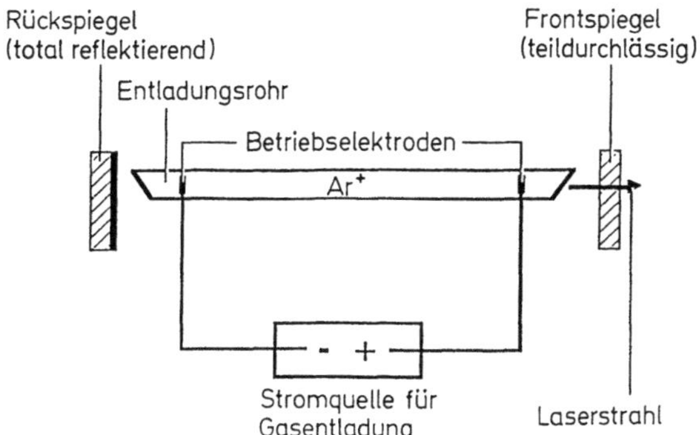

Abb. 33.7. Anregung eines Lasermediums durch eine Gasentladung

auch größere Magnetfelder benötigt, deren Spulen ebenfalls gekühlt werden müssen.

Da es schwierig ist, das Maximum der Elektronenenergieverteilung in den Bereich der anzuregenden Laserniveaus (ca. 20 eV bei Edelgasen) zu bringen, wendet man oft einen Kunstgriff an, um die erforderliche Inversion der Besetzungsdichten zu erreichen. Dem aktiven Medium wird ein Pumpgas zugesetzt, das ein metastabiles Niveau besitzt, von dem das obere Laserniveau durch Stöße zweiter Art angeregt werden kann. Damit diese Stoßanregung effektiv ist, müssen das metastabile und das obere Laserniveau etwa gleiche Energien haben. Durch Strahlungsübergänge aus anderen Niveaus, die durch die Gasentladungen angeregt werden, erhöht sich die Besetzung dieses metastabilen Niveaus und speichert quasi die Anregung vieler Niveaus.

Stößt ein Pumpatom im metastabilen Zustand mit einem Laseratom im Grundzustand zusammen, so wird die Anregungsenergie auf das Laseratom übertragen.

Der Wirkungsgrad der einzelnen Laser ist sehr unterschiedlich, so muß man z. B. beim Ionenlaser erst die Ionisationsenergie aufbringen und zweitens dann die Anregungsenergie im ionisierten Zustand. Für den Laserübergang kann man aber nur einen kleinen Teil der aufgewendeten Pumpenergie ausnutzen. Viel günstiger liegen die Verhältnisse z. B. beim CO_2-Laser. Hier erreicht man mit viel weniger Energieaufwand das obere Laserniveau.

33.1.4 Optische Resonatoren

Wie bei allen Resonatoren soll ein optischer Resonator auf bestimmte Anregungsfrequenzen mit maximaler Schwingungsamplitude reagieren. Da die geometrischen Ausdehnungen eines optischen Resonators aus praktischen Gründen nicht in der Größenordnung der Lichtwellenlänge liegen kann, muß ein optischer Resonator in sehr hohen Oberschwingungen angeregt werden. Eine andere wichtige Funktion des Laserresonators besteht in der Rückkopplung der Photonen in das Lasermedium, denn proportional zur Aufenthaltsdauer im Lasermedium steigt die Wahrscheinlichkeit für die induzierte Emission, die ja die Verstärkung beim Laserprozeß darstellt.

In der Praxis besteht der Laserresonator meist aus zwei Spiegeln, die parallel gegenüber angeordnet sind. Diese Spiegel können sowohl eben als auch gekrümmt sein. Entsprechend den Krümmungsradien und dem Abstand unterscheidet man verschiedene Resonatortypen. Der am meisten verwendete Typ ist der konfokale Resonator, bei dem die Radien der Spiegel gerade dem Abstand entsprechen.

Zur Beschreibung der Laserstrahlung im Resonator benötigt man eine Aussage über
– die wellenlängenabhängige Intensitätsverteilung der Strahlung,
– die geometrische Intensitätsverteilung der Strahlung im Resonator.

Beide Aussagen führen auf den Begriff der Moden. Die Lasermoden sind die Eigenfrequenzen des Laserresonators. Im ersten Fall spricht man von longitudinalen Moden, im zweiten Fall von transversalen Moden.

Longitudinal-Moden

Wie bei jedem Resonator können auch bei einem optischen Resonator nur Eigenschwingungen angeregt werden, deren Vielfache der halben Wellenlänge exakt mit der geometrischen Abmessung des Resonators übereinstimmen (Abb. 33.8).

Im Falle der Laserresonatoren ist die Ordnungszahl n sehr hoch und die Differenzfrequenz $\Delta v = c/2L$ zwischen zwei benachbarten Longitudinal-Moden sehr klein (<1 GHz). Aus der großen Zahl von möglichen Eigenfrequenzen des optischen Resonators werden nur diejenigen mit merklicher Intensität angeregt, die innerhalb der Fläche liegen, die durch das Doppler-Maximum des Lasermediums und der Verlustgeraden aller Resonatorverluste aufgespannt wird. Nur für diese Frequenzen überwiegt die Verstärkung die Verluste, und es wird Lasertätigkeit erreicht.

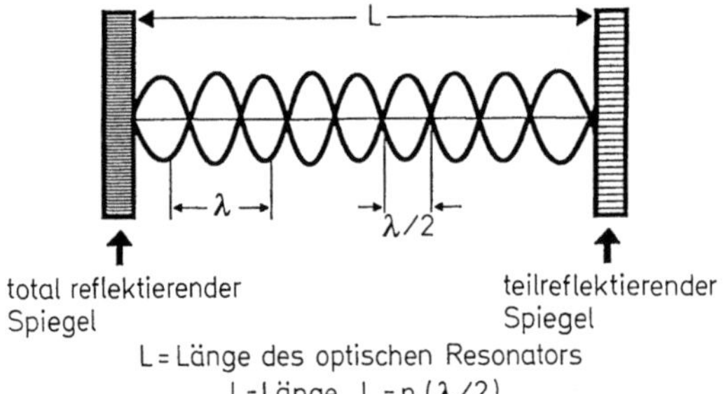

Abb. 33.8. In einem optischen Resonator werden nur Laserfrequenzen verstärkt, deren Amplitude auf den Spiegeln einen Knoten haben (stehende Wellen). Diese Bedingung ist nur erfüllt, wenn der Abstand ein ganzes Vielfaches der halben Wellenlänge beträgt

Transversale elektromagnetische Moden

Neben den longitudinalen Moden gibt es die transversalen elektromagnetischen Moden (TEM_{ln}): Diese Moden beschreiben die räumliche Intensitätsverteilung der Strahlung im Resonator. Der Mode niedrigster Ordnung ist der Grundmode TEM_{00}. Höhere Moden TEM_{ln} haben Werte für l und $n \geq 0$.

Bei einem höheren TEM-Mode spaltet der Intensitätsverlauf der Laserstrahlung in jeweils $l+1$ bzw. $n+1$ Teilstrahlen auf.

Die Diskussion des Strahlverlaufs in konfokalen Resonatoren ist am einfachsten für den transversalen Grundmode TEM_{00} durchzuführen, da seine Feldverteilung durch eine einfache Gauß-Funktion beschrieben wird. In der Mitte zwischen den Spiegeln liegt eine charakteristische Einschnürung, die sogenannte Strahltaille. Ihr Durchmesser d_0 hat im Falle des Grundmodes eine einfache anschauliche Bedeutung: Er stellt den Abstand des $1/e^2$-Abfalls der Intensität von der Strahlachse dar und kann näherungsweise als Modendurchmesser bezeichnet werden (Abb. 33.9).

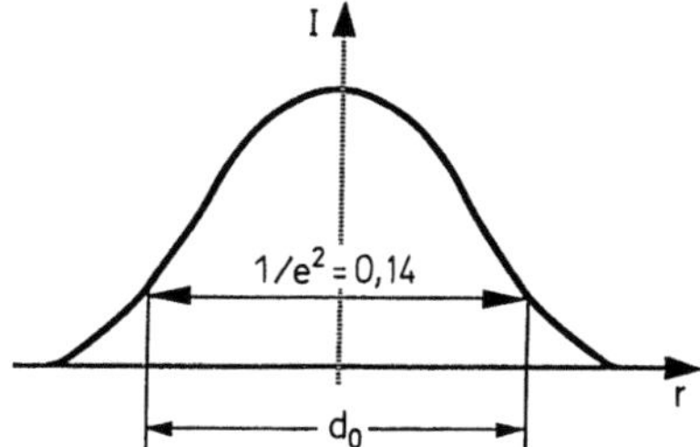

Abb. 33.9. Bei einem Gaußschen Strahl definiert man als Durchmesser den Wert, bei dem die Intensität auf den $1/e^2 = 0{,}14$ Teil abgefallen ist

Mit zunehmender Entfernung von der Strahltaille wächst der Durchmesser des Modes. Am Ort der Spiegel ist der Modendurchmesser bereits auf das $\sqrt{2}$fache angewachsen. Die gaußförmige Intensitätsverteilung des Modes bleibt bis auf eine – von der Entfernung abhängige – Maßstabsänderung an jedem Ort erhalten.

Der Öffnungswinkel θ kann anschaulich interpretiert werden als Beugungswinkel an der Strahltaille, entsprechend einer Öffnung mit dem Durchmesser d_0. Bei nicht konfokalen Resonatoren sind die Verhältnisse ähnlich, die mathematische Beschreibung ist jedoch komplizierter.

33.1.5 Laserstrahlung

Die von einem Laserresonator ausgehende Laserstrahlung hat drei wichtige Merkmale (Abb. 33.10):
1. Die Strahlung ist kohärent, d. h. alle Wellenzüge sind exakt in Phase zueinander sowohl in Zeit und Raum.

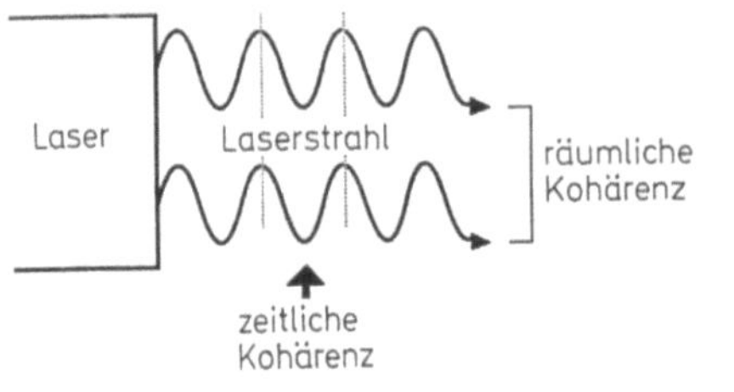
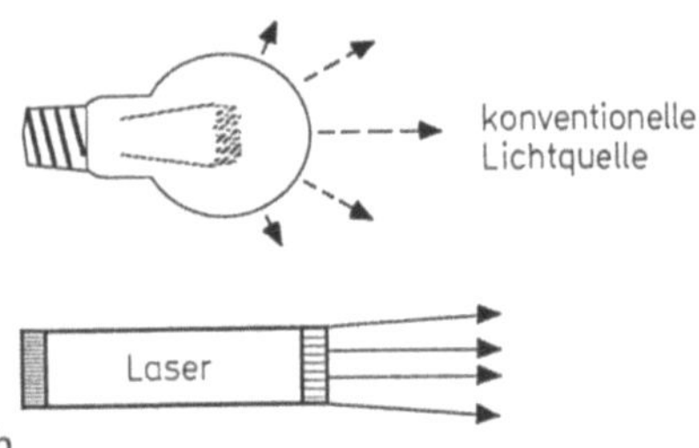

Abb. 33.10. Der Laser vereinigt die drei Eigenschaften (**a**) Kohärenz, (**b**) Kollimation und (**c**) Monochromasie bei gleichzeitig hoher Strahlungsintensität

2. Die Strahlung ist stark kollimiert, d. h. das Strahlenbündel ist fast parallel zueinander. Über große Entfernungen nimmt ein Laserstrahl nur wenig an Durchmesser zu.
3. Die Laserstrahlung ist monochromatisch, d. h. alle Wellenzüge haben die gleiche Wellenlänge, Frequenz und Photonenenergie.

Außerdem kann man mit einem Laser sehr hohe Strahlungsleistungen erreichen. Alle diese Kennzeichen lassen sich einzeln auch mit anderen Lichtquellen erzeugen, doch ist der Laser die einzige Lichtquelle, bei der alle oben genannten Kennzeichen gleichzeitig vorhanden sind.

Neben den Kennzeichen Kohärenz, Kollimation und Monochromasie ist es bei der Beschreibung eines Laserstrahles wichtig, die lokalen Intensitätsverhältnisse im Strahl zu beschreiben. Des weiteren ist es wichtig, den Einfluß von optischen Elementen wie Linsen bzw. Spiegel auf die Strahlform zu kennen.

Da der Laserstrahl ein Abbild der Laserstrahlung im Laserresonator ist, findet man die Intensitätsverteilung der transversalen elektromagnetischen Moden (TEM) des Resonators (s. Abschn. 33.1.4) auch im Laserstrahl wieder (Abb. 33.11).

Ein im Grundmode (TEM_{00}) schwingender Resonator emittiert also auch einen Laserstrahl mit einem Grundmode TEM_{00}, usw. Der Laserstrahl hat in diesem Fall an jeder Stelle ein Intensitätsprofil wie eine Gaußsche Glockenkurve. Um bei einer solchen Intensitätsverteilung von einem Strahldurchmesser sprechen zu können, definiert man als Durchmesser den Wert, bei dem die Intensität der Laserstrahlung auf den $1/e^2 = 0{,}14$ten Teil abgenommen hat.

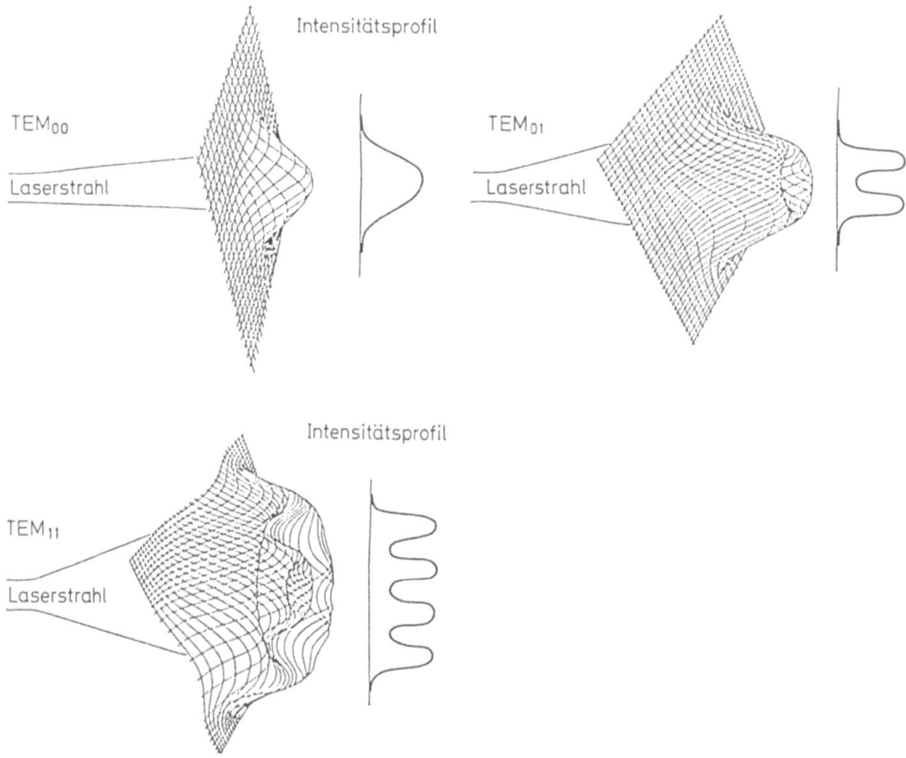

Abb. 33.11. Schematische Darstellung der Intensitätsverteilung von Transversalmoden, wenn keine feste Vorzugsrichtung im Resonator vorgegeben ist

Bei höheren Moden TEM_{ln} ist die Durchmesserdefinition nicht mehr so klar zu formulieren, aber man kann davon ausgehen, daß ein höherer TEM_{ln}-Mode etwa um den Wert $\sqrt{l}$ bzw. $\sqrt{n}$ größere Abmessungen hat, wenn er vom gleichen Resonator erzeugt wurde.

Stellt man eine Linse in einen Laserstrahl, so liefern die Gesetze der geometrischen Optik nur annähernd richtige, teilweise sogar erheblich falsche Ergebnisse bei der Beschreibung des Strahlverlaufs nach der Linse. Hier muß man auf die Theorie zur Abbildung von Gaußschen Strahlen [2] bzw. bei Multimode-Laserstrahlen auf kompliziertere Theorien zurückgreifen [3].

Wichtigster Unterschied bei der Abbildung von Gaußschen Bündeln im Gegensatz zur geometrischen Optik ist die Tatsache, daß eine Strahltaille im Abstand f vor einer Linse zu einer neuen, gleich großen Strahltaille im Abstand f nach der Linse führt, im Gegensatz zur geometrischen Optik, bei der eine 1:1-Abbildung von $2f$ nach $2f$ erfolgt.

Da man die abzubildende Strahltaille oft weder von der Lage noch vom Durchmesser her kennt, kann man den Durchmesser der Strahltaille d_0 nach einer Linse mit der Brennweite f auch einfacher abschätzen, wenn man die Divergenz θ des Strahles bestimmt (Abb. 33.12).

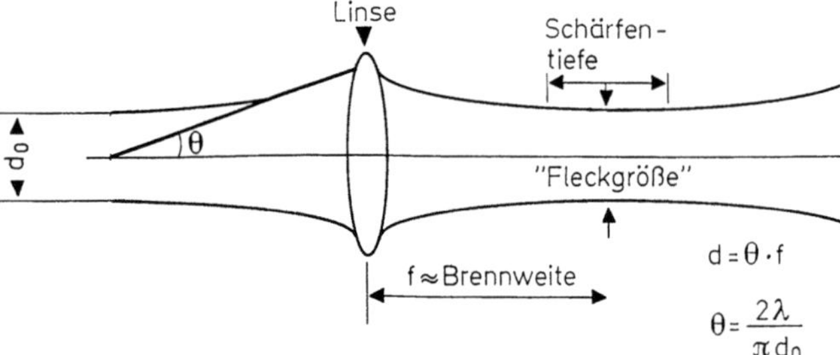

Abb. 33.12. Die Brennfleckgröße d eines fokussierten Laserstrahls wird durch die Divergenz des Laserstrahls und die Brennweite bestimmt. Er hängt außerdem von der Laserwellenlänge ab

Tabelle 33.1.

Lichtquelle	Lichtleistung	Leistungsdichte
Sonne	10^{26} W	$5 \cdot 10^{2}$ W/cm^2
Hg-Höchstdrucklampe	5 W	10^{3} W/cm^2
Glühlampe 100 W	3 W	10^{-2} W/cm^2
HeNe-Laser	1 mW	$4 \cdot 10^{4}$ W/cm^2
Ar$^+$-Laser	10 W	$4 \cdot 10^{8}$ W/cm^2
Nd: YAG-Laser, Fokussierhandstück	100 W	$4 \cdot 10^{5}$ W/cm^2
CO$_2$-Laser für Metallbearbeitung	10 kW	10^{8} W/cm^2
Gepulste Laser	1 000 MW	10^{14} W/cm^2

Es gilt dann:

$$d = \theta \cdot f \quad \theta = \frac{2\lambda}{\pi \cdot d_0}.$$

Aus den oben genannten Gleichungen ist zu erkennen, daß der Strahltaillendurchmesser linear von der Linsenbrennweite und linear von der Divergenz, indirekt aber auch von der Wellenlänge abhängt.

Die Laserleistungen medizinischer Laser liegen meist zwischen 0,1 und 100 W. Konzentriert man die Laserleistung im Fokus einer Linse, so kann man an dieser Stelle enorme Leistungsdichten bzw. Intensitäten erhalten. Tabelle 33.1 zeigt für einige Laser und andere Lichtquellen, welche Leistungsdichten im Fokus einer Linse erreichbar sind.

33.2 Wirkungen von Laserstrahlung an biologischem Material

Die Gewebewirkung von Laserstrahlen hängt vor allem ab von der im Gewebe absorbierten Energie und der Zeitdauer, in der diese Energie zugeführt worden ist (Abb. 33.13). Man unterscheidet im wesentlichen drei verschiedene Klassen von Wirkungen:

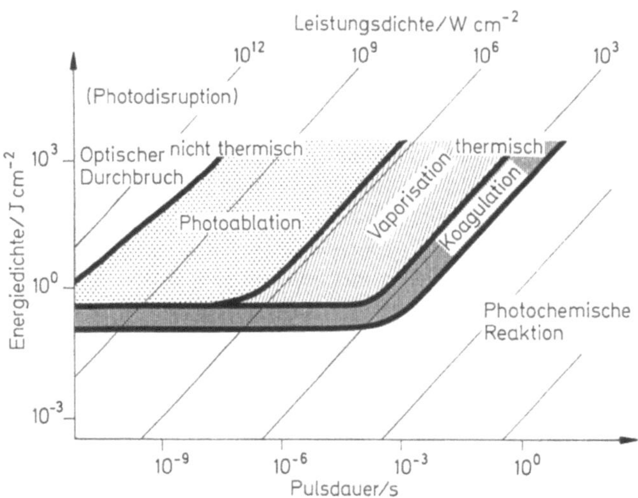

Abb. 33.13. Die unterschiedliche Wirkung von Laserlicht auf biologisches Material in Abhängigkeit von der Energiedichte der absorbierten Laserstrahlung und der Zeit, in der die Energie zugeführt wurde

- photochemische Wirkungen,
- thermische Wirkungen,
- nichtthermische Wirkungen.

Die photochemischen Wirkungen der Laserstrahlung beruhen im Prinzip auf Einzelphotonenabsorptionen, die biochemische Prozesse auslösen. Solche Wirkungen können deshalb schon bei sehr geringen Intensitäten ablaufen. Der Sehvorgang ist hierfür das bekannteste Beispiel.

Bei den thermischen Wirkungen kommt die eingestrahlte Strahlungsenergie nach Umwandlung in Wärme zur Wirkung. Je nach Erwärmung erhält man hier entweder eine Koagulation (Eiweißfällung) oder ein Verdampfen des Gewebes.

Führt man die Laserenergie in Form kurzer energiereicher Pulse dem Gewebe zu, fliegt das bestrahlte Volumen explosionsartig weg (Photoablation) unter Mitnahme des größten Teils der eingestrahlten Energie. Das zurückbleibende Gewebe wird dabei, bis auf eine dünne Randzone in der Größenordnung der Eindringtiefe der Strahlung, praktisch nicht beeinträchtigt.

Bei sehr hohen Intensitäten können solche Explosionen auch im Innern transparenter Medien erzeugt werden (optischer Durchbruch, Photodisruption).

33.2.1 Photochemische Wirkungen

Medizinisch werden photochemische Reaktionen bei der sogenannten Biostimulation, der Laserakupunktur und bei der photodynamischen Therapie genutzt.

Für die beiden erstgenannten Wirkungen ist bisher kein eindeutiger medizinischer wissenschaftlicher Nachweis geführt worden. Insbesondere sind die möglicherweise ablaufenden biochemischen Prozesse völlig unbekannt.

Bei der photodynamischen Therapie werden photosensible Substanzen appliziert, die sich im zu bestrahlenden Gewebe (z. B. Tumorgewebe) selektiv anreichern, so daß eine Bestrahlung unter gezielter Ausnutzung des Absorptionsspektrums dieser Substanzen möglich ist.

Der klassische Vertreter einer solchen Substanz ist das Hämatoporphyrinderivat (HpD). Dies ist eine aus Rinderblut hergestellte Mischsubstanz, die sich, in den Organismus injiziert, im ganzen Körper verteilt.

Im gesunden Gewebe wird das HpD schneller abgebaut, so daß nach 3 bis 4 Tagen das photosensible HpD nur noch im Tumorgewebe vorhanden ist. Durch eine anschließende Laserlichtbestrahlung bilden sich auf photochemischem Wege toxische Sauerstoffradikale, die das Tumorgewebe zerstören.

33.2.2 Thermische Wirkungen

Unter der thermischen Wirkung von Laserstrahlung in der Medizin versteht man im wesentlichen das Koagulieren und das Verdampfen (Schneiden) von Gewebe.

Die verschiedenen thermischen Wirkungen lassen sich anhand der durch Laserbestrahlung erreichten Temperatur und der Dauer dieser Temperatureinwirkung beschreiben. Je nach der Eindringtiefe der Laserstrahlung (Abb. 33.14), der Wärmekapazität und der Wärmeleitung des Gewebes werden diese Temperaturen im Gewebe mit unterschiedlichen Leistungen und Bestrahlungsdauern erreicht. Entsprechend der im Gewebe erreichten Temperatur gibt es die in Tabelle 33.2 aufgeführten thermischen Gewebeeffekte.

Abbildung 33.15 zeigt prinzipiell die thermischen Schädigungszonen bei der thermischen Laserbestrahlung.

Weiterhin ist zu berücksichtigen, daß sich die optischen, thermischen und mechanischen Eigenschaften von Geweben während der Laserbestrahlung und damit die Gewebeerhitzung verändern. So ist z. B. die Karbonisation (Verkohlen von Gewebe) von starker Bedeutung für das Absorptionsverhalten, da hierdurch

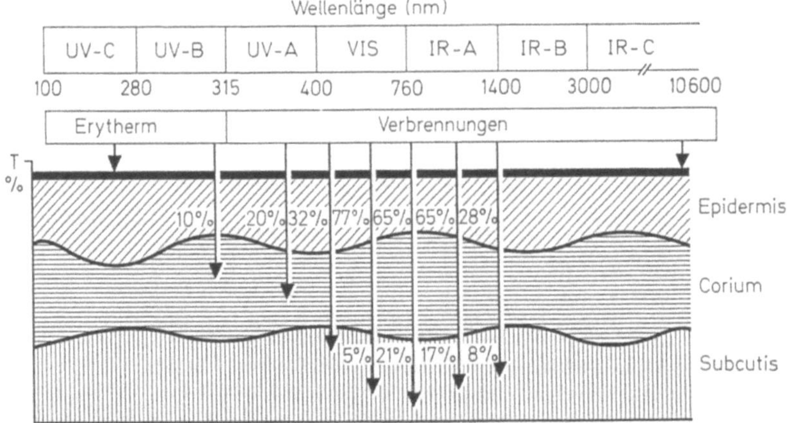

Abb. 33.14. Eindringtiefe von Laserstrahlung in Abhängigkeit von der Wellenlänge

Tabelle 33.2. Gewebeeffekte in Abhängigkeit der Temperatur der Laserstrahlung

Temperatur °C	Gewebeeffekte
bis 40	Keine irreversiblen Gewebeschäden
40...45	Enzyminduktionen, Ödemausbildung, Membranauflockerung und in Abhängigkeit von der Zeit Zelltod
60	Proteindenaturierung, beginnende Koagulation und Nekrosen
80	Kollagendenaturierung, Membrandefekte
100	Trocknung
>150	Karbonisierung
>300	Verdampfung, Vergasung

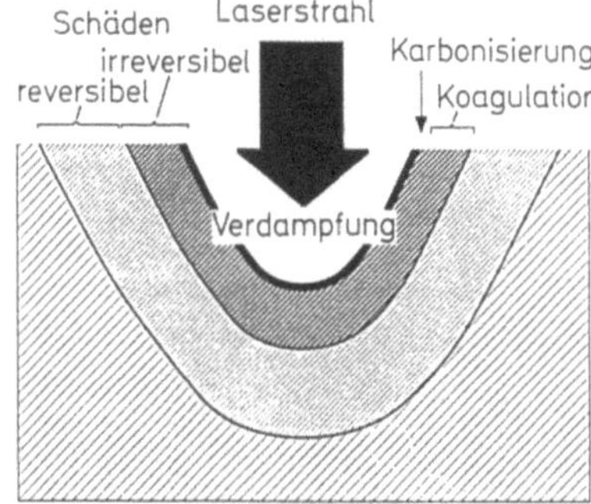

Abb. 33.15. Die verschiedenen Schädigungszonen beim thermischen Laserschneiden

eine erhöhte Absorption der Laserstrahlung eintritt und als Folge sehr schnell hohe Temperaturen an der Oberfläche erreicht werden. Das gleiche wird durch eine Austrocknung des Gewebes erreicht, da die Wärmeleitung stark abgeschwächt wird und sich ein Wärmestau bildet.

Für die beiden wichtigsten chirurgischen Laser, den CO_2- mit geringer und den Nd:YAG-Laser mit sehr hoher Eindringtiefe, sollen im folgenden noch einmal die thermischen Wirkungen diskutiert werden.

CO_2-Laser – Abtragen und Schneiden

Die Schneidwirkung des CO_2-Lasers ist begründet in der starken Absorption durch Wasser, die Eindringtiefe der Strahlung in das Gewebe beträgt für den CO_2-Laser etwa 1/20 mm. Das in dieser dünnen Schicht absorbierte Licht wird in Wärme umgewandelt und führt sehr schnell zu Temperaturen über 300 °C und damit zum Verdampfen des Gewebes.

Diese spezielle Eigenschaft erlaubt den Einsatz als Schneidlaser, wobei nacheinander Schicht für Schicht abgetragen wird [4].

Nd:YAG-Laser – Koagulieren

Im Gegensatz zum CO_2-Laser dringt die Nd:YAG-Strahlung tief (5 bis 10 mm) in das Gewebe ein, d. h. die auftretenden Effekte unterscheiden sich deutlich. Bedingt durch die geringe Absorption und die starke Lichtstreuung ist es nicht möglich, Gewebe sofort zu verdampfen.

Bei kurzer Bestrahlungszeit beobachtet man deshalb nur eine Koagulation des Gewebes [5]. Verlängert man die Bestrahlungszeit, so wird die Temperatur des Gewebes auf etwa 100 °C ansteigen, und das Gewebe trocknet aus. Durch die Austrocknung wird die Wärmeleitung schlechter und die Temperatur steigt weiter an. Wenn die bestrahlte Oberfläche trocken ist und etwas zu karbonisieren beginnt, ändert sich das Absorptionsverhalten des Gewebes. Dadurch wird der Laserstrahl in einer dünneren Schicht vollständig absorbiert mit der Folge, daß das Gewebe schlagartig zu verdampfen beginnt.

Bei niedrigen Laserleistungsdichten (< 20 W/mm^2) kann auch durch lange Bestrahlungszeiten mit dem Nd:YAG-Laser kein Verdampfen (Schneiden) erreicht werden, da die Energie durch Wärmeleitung in das umgebende Gewebe vollständig abgeführt wird. In diesem Fall wird das Gewebe nur koaguliert.

Ein effektives Schneiden mit den üblichen Fokussierhandstücken tritt erst bei Leistungen über 70 W mit niedrigen Schnittgeschwindigkeiten auf.

33.2.3 Nichtthermische Prozesse

Im Bereich kurzer Pulsdauern und damit hoher Leistungsdichten tritt eine neue Klasse von Prozessen auf, die sich von den rein thermischen oder photochemischen Wirkungen der Laserstrahlung auf Materie deutlich unterscheiden [6, 7].

Es handelt sich hierbei zum einen um den Prozeß der Photoablation (Photodekomposition) (Abb. 33.16), der seine Bedeutung im Abtragen von Material unter sehr geringer thermischer Belastung des umliegenden Gewebes erlangt hat. Dieser Prozeß findet bei Energiedichten im Bereich 0,1 bis 10 J/cm^2 und Laserpulsdauern im ns- und µs-Bereich statt.

Bei noch höheren Leistungsdichten (ca. 10^{11} W/cm^2) tritt als weiterer Prozeß der „optische Durchbruch" (Photodisruption) (s. Abb. 33.12) auf.

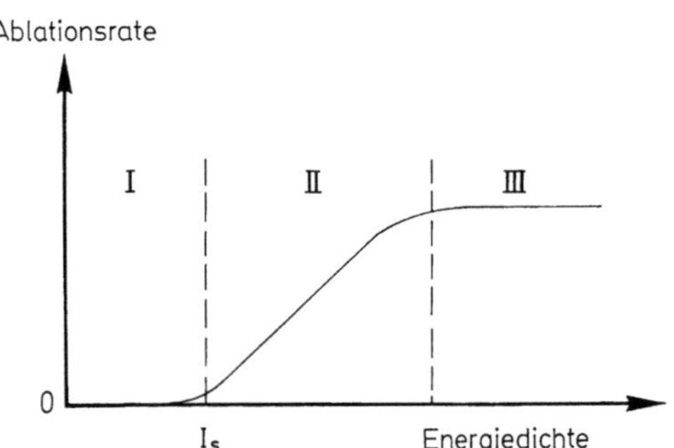

Abb. 33.16. Typischer Verlauf der Ablation als Funktion der Pulsenergiedichte

Photoablation

Abbildung 33.16 zeigt schematisch den Verlauf der Gewebeabtragung bei der Ablation.

Bei kleinen Energiedichten (Zone I) führt die eingestrahlte Laserstrahlung nur zu einem geringen Aufheizen des Gewebes. Dieser Effekt ist dem Erwärmen von Gewebe mit cw-Lasern vergleichbar. Beim Überschreiten der Ablationsschwelle (I_s) fliegt das bestrahlte Volumen explosionsartig weg (Zone II) unter Mitnahme fast der gesamten eingestrahlten Energie. Die thermischen Schäden des zurückbleibenden Gewebes sind deshalb gering und beschränken sich auf eine Zone, die etwa der Eindringtiefe der Laserstrahlung entspricht. Bei noch höheren Energiedichten flacht die Kurve ab, weil nicht mehr die gesamte Laserstrahlung zur Wirkung kommt. Diese „Sättigung" (Zone III) wird durch ein Plasma verursacht, das sich über der Oberfläche bildet und einen Teil der Strahlung absorbiert und damit nicht auf dem Gewebe zur Ablation führt. Die Ablation wird im wesentlichen charakterisiert durch die Ablationsschwelle und den Anstieg der Ablationsrate. Diese Größen hängen vom Absorptionskoeffizienten bzw. der Eindringtiefe des Gewebes bei der benutzten Laserwellenlänge ab.

Der exakte Mechanismus der Ablation, der Anteile sowohl einer thermischen Abtragung als auch eines Aufbrechens von molekularen Bindungen beinhaltet, ist noch nicht vollständig aufgeklärt [8].

Optischer Durchbruch (Optical Breakdown)

Für die Erzeugung eines optischen Durchbruchs ist keine lineare Grundabsorption des Materials notwendig. Aufgrund der hohen Feldstärke ($>10^9$ V/m) der Laserstrahlung werden Atome bzw. Moleküle so stark polarisiert, daß sie ionisieren. Die Elektronen werden dann im elektrischen Feld der Laserstrahlung beschleunigt, bis sie wieder mit Atomen oder Molekülen zusammenstoßen und diese damit ebenfalls ionisieren, was zu einem lawinenartigen Ansteigen der Anzahl freier Elektronen und Ionen (Avalanche-Effekt) und dadurch zum Entstehen eines Plasmas führt.

Durch das heiße Plasma werden sekundäre Prozesse [9, 10] bewirkt. Zum einen dehnt sich das heiße Plasma sehr schnell aus, mit Geschwindigkeiten, die das Mehrfache der Schallgeschwindigkeit des Mediums betragen können. Diese Expansion führt zu einer hörbaren akustischen Welle oder Stoßwelle und damit zu mechanischen Kräften, die zum Beispiel die Nachbarmembran nach einer Kunstlinsenimplantation zerreißen oder, ähnlich wie in der extrakorporalen Stoßwellenlithotripsie, Körperkonkremente in Fragmente zertrümmern.

Neben mechanischen Wirkungen strahlt ein heißes Plasma sichtbares und infrarotes Licht ab [11], welches seinerseits die Umgebung aufheizen kann.

33.3 Anwendungen des Lasers in der Medizin

33.3.1 Der berührungslose Einsatz der Laserstrahlung

Beim berührungslosen Einsatz von medizinischen Lasern wird die Laserstrahlung über ein Strahlführungssystem an das Gewebe gebracht, ohne daß dabei das Gewebe berührt wird. Strahlführungssysteme, die für den berührungslosen Einsatz in Frage kommen, sind Spiegelgelenkarme und Quarz- bzw. Glasfasern. Während man mit Spiegelgelenkarmen weitgehend alle Laserwellenlängen übertragen kann, ist eine verlustarme Übertragung über Quarzfasern nur etwa von 300 nm (im nahen UV) bis zu 2000 nm (im nahen IR) möglich. An Lichtleitern, die auch für den Transport längerwelliger IR-Strahlung geeignet sind, wird derzeit gearbeitet.

Gegenüber Spiegelgelenkarmen sind Lichtleiter wesentlich flexibler, die räumliche Kohärenz und die Kollimation der Laserstrahlung bleiben allerdings nicht erhalten.

Typische Kombinationen von Strahlführungssystemen und Endgliedern für den berührungslosen Einsatz sind Spiegelgelenkarm-Fokussierhandstück bzw. Spiegelgelenkarm-Operationsmikroskop (Abb. 33.17). Bei der letzteren Kombination wird der Laserstrahl vor dem Hauptobjektiv koaxial in das OP-Mikroskop eingespiegelt. Über einen Mikromanipulator kann der Laserstrahl über ein Operationsfeld von rund 25 mm Durchmesser frei bewegt werden.

Die Fokussierung auf den gewünschten Applikationsort erfolgt unter optischer Kontrolle mit Hilfe eines Zielstrahls. Als Zielstrahl dient bei Lasern, die im Sichtbaren emittieren, meist der abgeschwächte Laserstrahl selbst, bei Lasern, die im Ultravioletten oder im Infraroten emittieren, der koaxiale Strahl eines HeNe-Ziellasers [12, 13].

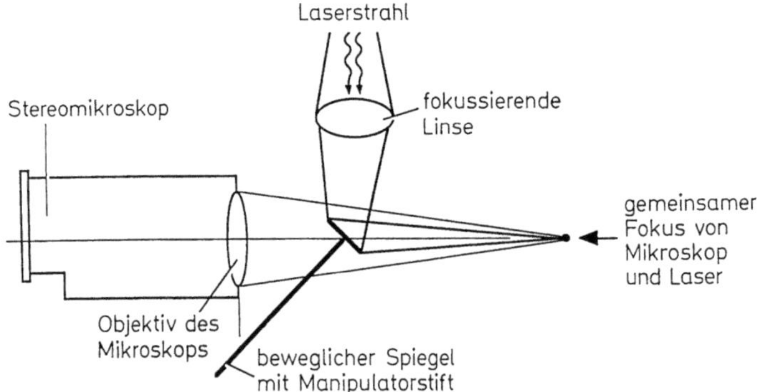

Abb. 33.17. Ein Mikromanipulator, gekoppelt mit einem Operationsmikroskop, erlaubt das feinfühlige Bearbeiten von kleinen Strukturen mit dem Laser unter Sicht

33.3.2 Die Kontaktmethode

Bei der Kontaktmethode wird das zu behandelnde Gewebe in direkten Kontakt mit dem Faserende (Bare Fibre) bzw. dem Faserende aufgesetzte „Hot Tips" oder Saphirspitzen gebracht. Der kleine Durchmesser handelsüblicher Glasfasern (0,05 bis 1 mm) erlaubt als Bare Fibre auch den endoskopischen Einsatz.

Wird bei der Kontaktmethode die Bare Fibre auf das Gewebe aufgesetzt und mit kleiner Leistung (z. B. 20 Watt mit einem Nd:YAG-Laser) bestrahlt, dann entwickelt sich durch die heiße Faserspitze eine scharf begrenzte homogene Karbonisationszone, in der die Laserstrahlung eine Vaporisation des Gewebes bewirkt.

Auf die Lichtleiter können „Heater Probes" oder „Hot Tips" aufgesetzt werden. Diese bestehen aus einer Metallkappe. Die Laserleistung wird in der Heater Probe direkt in Wärme umgesetzt. Eine potentielle Anwendung der Heater Probes ist die Rekanalisation von nicht durchgängigen Blutgefäßen.

Saphirspitzen, die über einen vorhandenen Adapter auf die Faserenden aufgesetzt werden können, wurden für den Nd:YAG-Laser entwickelt. Sie verändern die Abstrahlcharakteristik der aus der Faser austretenden Laserstrahlung in definierter Weise und addieren zur Koagulationswirkung den Evaporisationseffekt in gleicher Weise wie die Bare Fibre. Der Durchmesser dieser Saphirspitzen ist so gehalten, daß sie durch den Arbeitskanal eines handelsüblichen Gastroskops geführt werden können und das Einführen in Körperhöhlen und Fisteln erlauben. Saphirspitzen können auch an Handstücke montiert und in der Freihandchirurgie eingesetzt werden [14].

33.3.3 Medizinische Anwendungsfelder des Lasers

Körperoberflächen

Eines der frühesten Gebiete der medizinischen Laseranwendung war die Körperoberfläche. 1963 wurde der Laser durch Goldman erstmalig in der Dermatologie eingesetzt [15].

Die Indikationen können in zwei Hauptaufgaben unterteilt werden:
- Das Abtragen oder Koagulieren von Haut- und Hautanhangsgebilden und
- die Therapie von intrakutanen Gefäßveränderungen und Mißbildungen.

Bei der Behandlung von Epitheldysplasien wird hauptsächlich der CO_2-Laser eingesetzt, da er zu einer sofortigen Evaporisation der Haut führt. Zur Therapie von trophischen Ulzera und zur Reinigung am Wundgrund wird er gleichfalls benutzt.

Hauttumoren wie Basaliome, Spinaliome und Melanome werden heutzutage vorzugsweise mit dem Nd:YAG-Laser koaguliert oder alternativ mit dem CO_2-Laser abgetragen.

Pigmentanomalien werden heute mit dem Argon- oder dem Argon-Dye-Laser und zuweilen auch mit dem Nd:YAG-Laser angegangen. Hierbei sind der Argon- und der Argon-Dye-Laser die Laser der Wahl, weil das von ihnen emittierte Licht der Wellenlänge 0,48 bis 0,78 µm besonders gut an den natürlichen Farbstoff Melanin ankoppelt.

Gefäßsystem

Superficiale Gefäßerkrankungen. Bei der Therapie körperflächennaher Gefäßveränderungen wie Spider naevi, Naevus flammeus und kutanen plano-tuberösen
Hämangiomen, haben sich der Argonlaser und der Nd:YAG-Laser bewährt. Besonders der Argon-Laser mit seiner geringen Eindringtiefe und der hohen Absorption seiner Strahlung an Hämoglobin kommt für die Therapie oberflächli-
cher Gefäßveränderungen in Betracht.

In den so behandelten Gefäßen wird eine thermisch-dynamische Spätreaktion
in Form einer Angiitis induziert, die zu einer Okklusion der Teleangiektasien
führt. Die okkludierten Venen werden der natürlichen Resorption überlassen.

Subkutane und gemischte Formen. Hämangiome sind die häufigsten Mißbildungen im Kindesalter, ihre Behandlung ist umstritten. Ein Großteil der Hämangiome heilt bis zum 8. Lebensjahr spontan ab, weshalb häufig ein Abwarten gerechtfertigt ist.

Bei ungünstiger Lokalisation, z. B. im Gesicht oder an funktionell wichtigen
Strukturen, kann ein weiteres Wachstum zu erheblichen funktionellen Störungen
bzw. Entstellungen führen. Daraus ergibt sich eine Therapieindikation schon im
Säuglings- oder im frühen Kindesalter (Abb. 33.18).

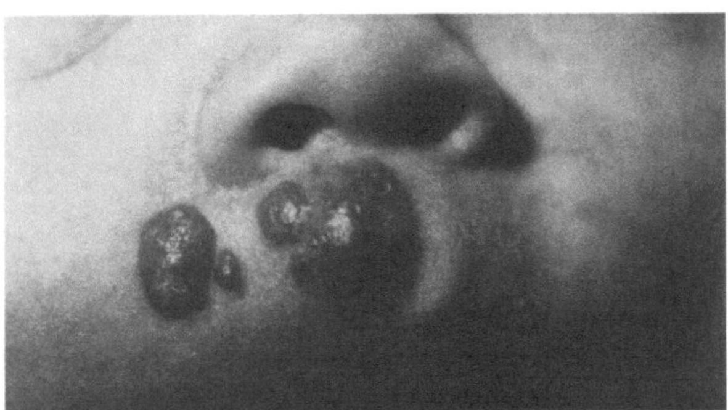

a

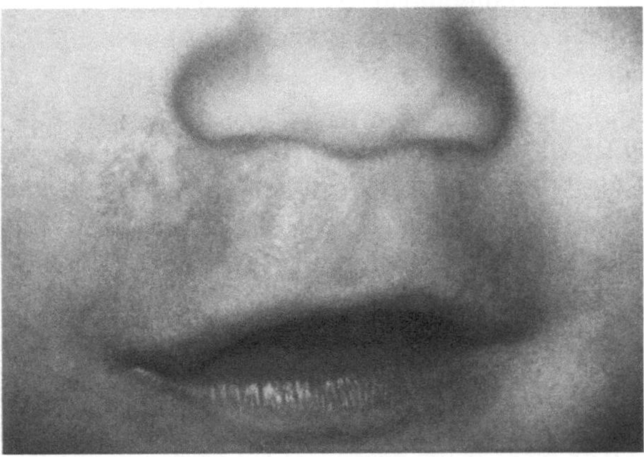

b

Abb. 33.18. Zwei Hämangiome der Oberlippe (**a**) vor und (**b**) nach Laserbehandlung

Der Nd:YAG-Laser besitzt eine genügend große Penetrationstiefe, so daß er zum Einsatz kommt. Allerdings muß die Haut mittels spezieller Eiswürfel gekühlt werden, um Hautverbrennungen zu vermeiden [16].

Eine weitere Applikationsform ist die perkutane intraluminale Bestrahlung voluminöser Kavernome mit der Bare Fibre. Mit Hilfe einer Kanüle wird die Faser intraluminal plaziert. Dabei kommt es intraluminal zu einer Thrombosierung des Blutes und einer Schädigung der Gefäßwand mit nachfolgender Obliteration. Während der Laserbestrahlung muß das Faserende frei gespült werden, da es sonst zerstört wird. Auch hier kommt ebenfalls ein Nd:YAG-Laser mit einer Wellenlänge von 1,06 µm zum Einsatz, die Leistung beträgt 10 bis 20 W, die Dauer 1 bis 5 s/Areal und die Geschwindigkeit 0,2 bis 1 mm/s.

Endoskopie

Mit Einführung der Endoskopie vollzog sich ein grundlegender Wandel in der operativen Medizin. Lassen sich doch durch diese Technik konventionelle operative Eingriffe erleichtern, oder sie entfallen ganz. Um große, eröffnende Operationen zu vermeiden, werden immer neue endoskopisch-operative Methoden inauguriert.

Trotz relativ hohen Standards der derzeitigen Endoskope, sowohl der starren als auch der flexiblen, sind einer Ausweitung des endoskopischen Operierens zur Zeit Grenzen gesetzt. Diese Grenzen werden technisch dadurch erreicht, daß alle Instrumente mechanisch bewegt werden, was ihre Miniaturisierung limitiert. Laserlicht, das über Lichtwellenleiter an die Stelle der Applikation geleitet wird, kann hier zu einer weiteren Verkleinerung und damit zu einer weiteren Flexibilisierung des endoskopischen Operierens führen.

Der CO_2-Laser, aufgrund seiner hohen Absorption in Wasser, ist der ideale Schneidlaser. Da der CO_2-Laserstrahl bisher jedoch nur über einen Spiegelgelenkarm geführt werden kann, ist der Einsatz nur mit starren Endoskopen möglich. Dieses limitiert natürlich sein Einsatzgebiet.

Mit Hilfe eines Operationsmikroskops und eines Mikromanipulators ist dieser Laser in der Mikrochirurgie einsetzbar. Bei relativ kurzen Bestrahlungszeiten mit relativ niedrigen Leistungen kann so chirurgisch exakt und tiefenbegrenzt eine Schneidwirkung erzielt werden. Es werden dazu Leistungen von 15 bis 20 W und eine Fokusgröße von 0,8 bis 1 mm benötigt. Die Pulsdauer beträgt 0,2 s und die Repetitionsrate 5 Hz [17].

Der Nd:YAG-Laser, dessen Strahlung über dünne und sehr biegsame Quarzglasfasern geleitet werden kann, eignet sich für den Einsatz in flexiblen und starren Endoskopen. Entsprechend groß sind seine Möglichkeiten.

Die Faser wird über den Arbeitskanal in das Endoskop eingeführt, und unter Sicht wird das Faserende am gewünschten Wirkort plaziert.

Mit Hilfe dieser Technik können maligne Stenosen der Speiseröhre und des Magen-Darm-Traktes eröffnet werden. Dabei gelingt die Passageherstellung in 75 bis 90% der Fälle. Komplikationen treten in 4 bis 8% auf, bei 1 bis 2% enden diese tödlich.

Die zeitliche Wirkung der Laserbehandlung ist jedoch begrenzt. Nach 3 Wochen bis 3 Monaten treten z. B. beim Ösophagus-Karzinom Rezidivstenosen auf, die zu einer erneuten Behandlung zwingen [18].

Eine weitere Methode ist die endoskopische Laserlithotripsie von Gallensteinen. Seit der Einführung der endoskopischen Papillotomie durch Classen und Demling 1974 entwickelte sich dieses Verfahren sprunghaft und stellt heute bei isolierten Choledochussteinen die Therapie der Wahl dar. Doch trotz Weiterentwicklung des technischen Zubehörs in der mechanischen, elektrohydraulischen und ultraschallgesteuerten Lithotripsie verbleibt eine endoskopisch-therapeutische Lücke.

Mit Hilfe eines blitzlampengepumpten Nd:YAG-Lasers wurden Gallensteinkonkremente fragmentiert und anschließend endoskopisch entfernt. Zur Anwendung kam diese Technik bei Patienten, die schwerwiegende Begleiterkrankungen aufwiesen, ihnen konnte so ein größerer Eingriff in Allgemeinnarkose erspart werden. Komplikationen traten dabei nicht auf [19].

Bei der Behandlung angeborener narbiger, nicht bösartiger Veränderungen mit dem Nd:YAG-Laser 1,06 µm in der Kontaktmethode mit der Bare Fibre wird mit einer Leistung zwischen 15 und 25 W und einer Taktdauer von 0,2 bis 0,5 s gearbeitet. Hierbei ist zu beachten, daß bei hoher Wiederholungsrate ein Wärmestau entstehen kann und die Größe der Koagulationsnekrose zunimmt.

Offene Chirurgie

Körperhöhlen. Chirurgische Eingriffe sind auch bei exakter präoperativer Planung nicht frei von intra- oder postoperativen Komplikationen. Sorgen bereiten Blutungen während oder nach einem Eingriff, Gallelecks bzw. -fisteln nach Leberresektionen, Komplikationen nach Operationen an Pankreas, Milz, Niere und Mamma.

In der Kinderchirurgie kann ein Blutverlust von 100 ml bereits zu einem lebensbedrohlichen Schock führen, der zu Transfusionen zwingt.

Daher ist es verständlich, daß der Chirurg versucht, neue Techniken zu entwickeln und einzusetzen, die ein blut- und komplikationsarmes Operieren ermöglichen.

Als Beispiel seien hier die HF-Chirurgie, die Fibrinklebung, der IR-Koagulator, der Ultraschalldissektor und der Laser genannt.

Gerade letzterer kann bei richtiger Indikation zu einem schonenden Arbeiten eingesetzt werden. Heutzutage wird deshalb der Laser in nahezu allen Körperregionen eingesetzt.

In der Schädelhöhle setzen die Neurochirurgen den Laser zur Tumorresektion, Angiomverödung, bei stereotaktischen Operationen sowie zur Plexuskoagulation ein. Die Laser, die hierbei zur Anwendung kommen, sind der Argonlaser und der Nd:YAG-Laser in der Non-Kontakt-Methode sowie der CO_2-Laser. Abhängig von der Indikationsstellung eignet sich der CO_2-Laser aufgrund seiner fein dosierbaren Applikation und der fest umschriebenen Gewebsreaktion eher für die Exzision kleiner Tumoren und, wenn umgebende Strukturen möglichst wenig geschädigt werden sollen. Der Nd:YAG-Laser wird aufgrund der größeren Koagulation, Eindringtiefe und Streuwirkung für das Abtragen und Koagulieren großer, gefäßhaltiger Tumormassen verwendet. Daher werden bei Tumorresektionen sowohl der Nd:YAG-Laser als auch der CO_2-Laser eingesetzt, hingegen bei Angiomresektionen und Plexuskoagulation der Nd:YAG-Laser in der Non-Kontakt-Methode [20].

In der offenen Thoraxchirurgie wird der Laser zur Lungenparenchymresektion eingesetzt, zur Behandlung von Fisteln und bei Dekortikationen. Für offene Operationen an der Bauchhöhle hat sich der YAG-Laser speziell bei Resektionen parenchymatöser Organe bewährt.

Es konnten Verfahrensweisen für den Lasereinsatz für die Resektion parenchymatöser Organe weiterentwickelt und standardisiert werden. So zeigt es sich, daß bei Verwendung eines Fokussierhandstücks mit einem Brennfleckdurchmesser von 0,5 mm eine Mindestausgangsleistung von 90 bis 100 W erforderlich ist, um eine ausreichende Leistungsdichte für einen Schneideffekt zu erzielen. Darüber hinaus darf die Schnittgeschwindigkeit nicht mehr als 1 mm/s betragen, da es andernfalls nicht immer zu einer Karbonisierung des bestrahlten Gewebes kommt. Mit diesem Vorgehen läßt sich das Parenchym sehr gut durchtrennen. Venen mit einem Durchmesser von 3 bis 5 mm und Arterien bis zu 1,5 mm werden primär bei der Durchtrennung verschlossen. Größere Gefäße müssen vorher ligiert werden, da sie mit dem Laser nicht zu verschließen sind. Auch in der gynäkologischen offenen Abdominalchirurgie etablieren sich die Laser. Bei einigen operativen Refertilisierungsverfahren, so der intrapelvinen Adhäsiolyse, der Tubenimplantation, bei der mit dem Laser der Implantationskanal eröffnet wird, sowie bei Myomexstirpationen kommt heute hauptsächlich der CO_2-Laser zur Anwendung. Die Vorteile hiervon sind die minimale Gewebsschädigung und geringe Traumatisierung des umliegenden Gewebes, die relative Blutstillung sowie das vergrößerte Operationsfeld unter dem Operationsmikroskop [21].

Stamm und Hals. Offene chirurgische Verfahren an Stamm und Hals, bei denen der Laser eingesetzt wurde, sind Mamma-Amputationen sowie die subkutane Mastektomie, bei denen vorwiegend der Nd:YAG-Laser in der Non-Kontakt-Methode oder alternativ der CO_2-Laser zum Einsatz kommen.

Die Vorteile des Lasers sind, wie erwähnt, geringe Blutverluste und Traumatisierung des umliegenden Gewebes sowie die Risikoverminderung der Streuung entarteter Zellen während der Operation.

Extremitätenchirurgie. Vorwiegend in den angloamerikanischen Ländern werden Laser in der Extremitätenchirurgie eingesetzt. Die Indikation ist hier meist gegeben bei mechanischen irritierenden Fehl- oder Neubildungen, wie z. B. Interdigitalneurom, Ganglionzysten, Hackenneurom, dem knöchernen Hackensporn und beim Tarsaltunnelsyndrom. Hierbei wird vorwiegend der CO_2-Laser eingesetzt, mit dessen Hilfe die mechanisch irritierenden Strukturen vollständig evaporisiert werden und deren Neubildung, besonders bei von neuralem Gewebe entspringenden Strukturen, verhindert wird. Ein weiterer Einsatz des CO_2-Lasers in der Extremitätenchirurgie wird erwähnt im Zusammenhang mit Knochen-, speziell Hüftgelenksoperationen bei Hämophiliekranken, bei denen durch den Einsatz des Lasers ein größerer Blutverlust aus dem Osteotomiespalt verhindert wird.

33.4 Literatur

1 Weber, H.; Herziger, G.: Laser: Grundlagen und Anwendungen. Weinheim: Physik Verlag 1984

2 Kogelnik, H.; Li, T.: Laser beams and resonators. Proceedings of the IEEE, Vol. 54, No. 10 1966

3 Iffländer, I.; Weber, H.: Focussing of multimode laser beams with variable beam parameters. Optica Acta, Vol. 33, No. 8 (1986) 1083–1090

4 McKenzie, A. L.: How far does thermal damage extend beneath the surface of CO_2 laser incisions? Phys. Med. Biol., Vol. 28, No. 8 (1983) 905–912

5 Svaasand, L. O.; Boerslid, T.; Oeveraasen, M.: Thermal and optical properties of living tissue: Application to laser-induced hyperthermia. Lasers in Surgery and Medicine 5 (1985) 589–602

6 Srivinasan, R.; Leigh, W. T.: Ablation of polymers and biological tissue by ultraviolet lasers. Science Vol. 234 (1986) 559–565

7 Reichel, E.; Schmidt-Kloiber, H.; Schöffmann, H.; Dohr, G.; Eherer, A.: Interaction of short laser pulses with biological structures. Optics and Laser Technology, Vol. 19, No. 1 (1987) 40

8 Singleton, D. L.; Paraskevopoulos, G.; Taylor, R. S.; Higginson, L. A. J.: Excimer laser angioplasty: Tissue ablation, arterial response and fiber optic delivery. IEEE J. of Quantum Electr., Vol. QE-23, 10 (1987) 1772

9 Docchio, F.; Dossi, L.; Sacchi, C. A.: Q-switched Nd:YAG laser irradiation of the eye and related phenomena: An experimental study. I. Optical breakdown determination for liquids and membranes. Lasers in Life Sciences 1 (2) (1986) 87–103

10 Docchio, F.; Dossi, L.; Sacchi, C. A.: Q-switched Nd:YAG laser irradiation of the eye and related phenomena: An experimental study. II. Shielding properties of laser induced plasmas in liquids and membranes. Lasers in Life Sciences 1 (2) (1986) 105–116

11 Teng, P.; Nishioka, N. S.; Anderson, R. R.; Deutsch, T. F.: Acoustic studies of the role of immersion in plasma-mediated laser ablation. IEEE J. of Quantum Electronics, Vol. QE-23, No. 10 (1987) 1845

12 Dinstl, K.; Fischer, F. L. (Hrsg.): Der Laser: Grundlagen und klinische Anwendung. Berlin: Springer 1981

13 Ulrich, F.; Nicola, N.; Bock, J.; Wittgens, W.; Greve, P.: A micromanipulator to aid microsurgical removal of intracranial tumours with the Nd:YAG laser. Lasers in Med. Science, Vol. 1 (1986) 131–133

14 ReMine, S. G.: Sapphire to contact Nd:YAG laser vs other cutting techniques for hepatic resections. Am. Soc. for Laser Med. and Surg. Ab.

15 Goldman, L. (Hg.) The biomedical laser: technology and clinical applications. New York: Springer 1981

16 Borovy, M.; Fuller, T.; Holtz, P.; Kaczander, B.: Laser surgery in pediatric medicine – Present and Future, J. Foot Surg. 22 (2) (1983) 353–357

17 Tadir, Y.; Oradia, J.; Mayena, R.; Winston, R. M. L.: Intraperitonial adhesiolysis by CO_2-Laser microsurgery. In: Atsumi, K.; Numkul, N. (Eds.): Lasers Tokyo. 4th Congress of International Society for Laser Surgery, Tokyo: Jerusalem Academic Press (1981) 27

18 Hagenmüller, F.: Palliative Stenosenbehandlung (Speiseröhre, Magen-Darm) mit Laserlicht. Klin. Wochenschr. 66 (1988) 70–73

19 Ell, Chr.; Demling, L.: Endoskopische Laserlithotripsie von Gallensteinen. Akt. Chir. 23 (1988) 53–57

20 Grosspietzsch, R.; Schulz, B. O.; Endell, W. et al.: Rekonstruktive Mikrochirurgie mit dem CO_2-Laser. Res., Exp. Med. 174 (1979) 239

21 Aranoff, B. L.: Lasers in general surgery. World J. Surg. 7 (1983) 681

34 Strahlentherapie, Strahlenschutz

Jürgen Schütz

Unter den vielen vorkommenden Arten von Strahlen geht es hier um diejenigen, die ionisieren können. Ionisierende Strahlen greifen an der Elektronenhülle der Atome an und beeinflussen damit deren chemische Eigenschaften. Auf dieser besonderen Folge der Wechselwirkung zwischen Strahlung und Materie beruht die Strahlentherapie, dieselbe Wechselwirkung führt zum Röntgenbild. Die biologische Wirksamkeit dieser Strahlen macht aber auch Schutzmaßnahmen erforderlich. Als elektrisch geladene Teilchen sind die entstehenden Ionen sehr gut nachweisbar.

Ionisierende Strahlen hat es in Form der kosmischen Strahlung aus dem Weltall und der Strahlung natürlich radioaktiver Stoffe schon immer gegeben. 1896 stellte Becquerel fest, daß Uranerz eine den gerade entdeckten Röntgenstrahlen ähnliche Strahlung aussendet. 1898 fanden M. und P. Curie im Radium das „strahlende Element", von dem diese Strahlung im wesentlichen ausgeht. Damit war das Phänomen der Radioaktivität und eine wichtige Quelle ionisierender Strahlen entdeckt.

Die Möglichkeit, radioaktive Stoffe fast unbegrenzt künstlich zu erzeugen, hat seit der Mitte dieses Jahrhunderts der Problematik der ionisierenden Strahlen eine neue Dimension gegeben. Bei Untersuchungen über die Leitung des elektrischen Stromes durch Gase, die mit brillanten Leuchterscheinungen verbunden ist, fand Röntgen 1895 die dann nach ihm benannten Strahlen. Geeignete Röntgenröhren wurden entwickelt. Heute werden Röntgen- und andere ionisierende Strahlen auch mit Beschleunigern und Kernreaktoren erzeugt.

34.1 Biologische Strahlenwirkung

Als physikalischer Primärprozeß ist neben der Ionisation, bei der ein Elektron aus der Atomhülle freigesetzt wird, auch die Anregung zu betrachten, bei der Elektronen auf entferntere Bahnen gehoben werden. Als Folge der Primärprozesse an Atomen kommt es zu Veränderungen auf der molekularen und schließlich auf der zellulären Ebene (Abb. 34.1). In bezug auf die Zelle unterscheidet man direkte Strahlenwirkungen, die wichtige Bestandteile, wie etwa DNS-Moleküle (Desoxyribonukleinsäure – genetisches Material), unmittelbar treffen und indirekte, bei denen die Wirkung über die in der Zellflüssigkeit gebildeten chemischen Radikale erfolgt.

Aufgrund zellulärer Veränderungen ist mit somatischen (das Individuum betreffenden) Effekten zu rechnen, wenn es sich um Körperzellen handelt, und mit

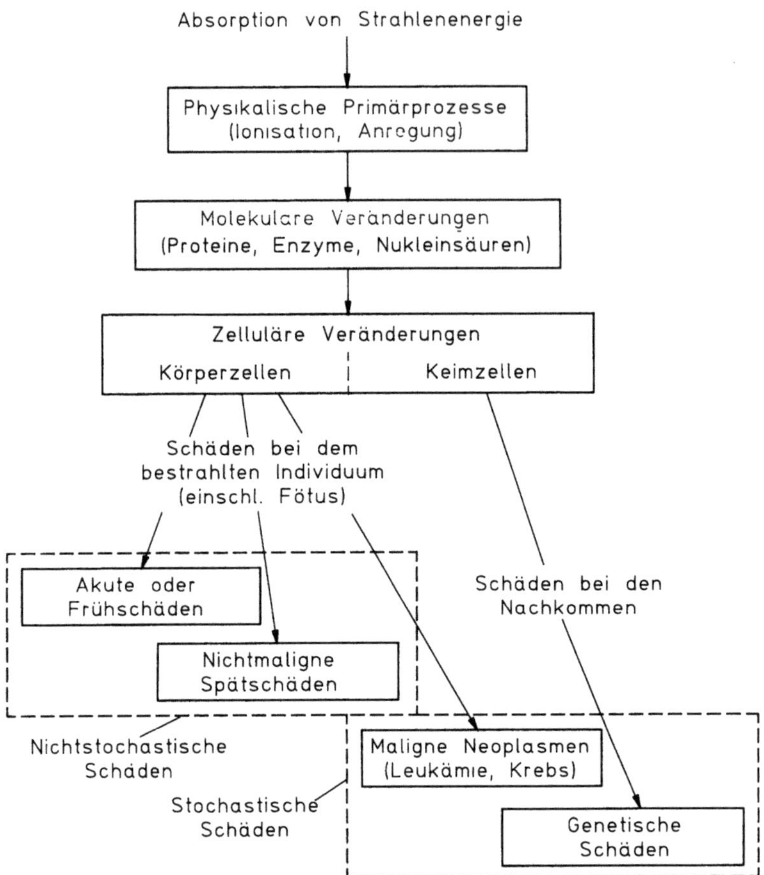

Abb. 34.1. Wechselwirkung ionisierender Strahlen mit lebender Materie, Vorgänge und Folgen [6]

genetischen (die Nachkommenschaft betreffenden, vererblichen-hereditären), wenn Keimzellen betroffen sind. Die Wirkungen können zufallsbedingt (stochastisch, probabilistisch) oder nicht zufallsbedingt (nichtstochastisch, deterministisch) sein. Bei niedrigen Strahlendosen, (Strahlenschutz, Röntgendiagnostik und nuklearmedizinischer Diagnostik) stehen die stochastischen Wirkungen wie Induktion von Krebs oder genetische Veränderungen im Vordergrund. Für hohe Strahlendosen infolge eines schweren Strahlenunfalls oder einer Strahlentherapie sind die nichtstochastischen akuten Wirkungen wie Zelluntergang, Strahlenkrankheit, Strahlentod und Spätwirkungen wie z. B. bleibende Gewebeveränderungen bestimmend.

Bei den stochastischen Strahlenwirkungen ist der Eintritt zufallsbedingt, d. h. ein einziger Ionisationsakt kann den Effekt bewirken; die Wahrscheinlichkeit des Vorkommnisses steigt mit der Dosis. Bei den nichtstochastischen Strahlenwirkungen hängt die Ausprägung des Effekts von der Dosis ab. Was im Strahlenschutz als „Schaden" imponiert, ist in der Röntgendiagnostik Folge der notwen-

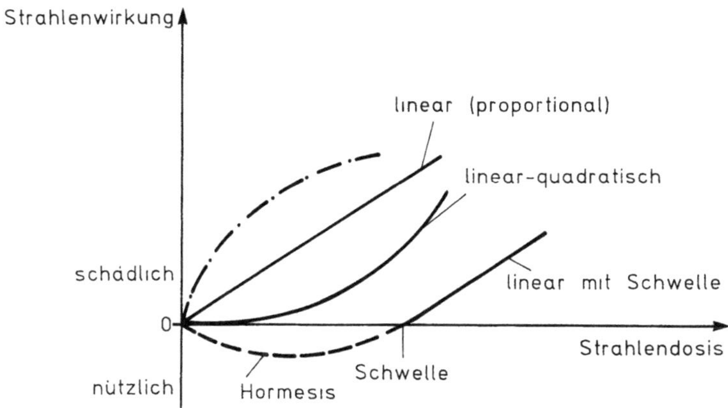

Abb. 34.2. Formen des Zusammenhangs zwischen Strahlendosis und Strahlenwirkung (Dosis-Wirkungsbeziehungen)

digen Wechselwirkung und in der Strahlentherapie angestrebte Wirkung. Der international gebrauchte und im deutschen Strahlenschutzrecht verankerte Begriff „Exposition" vermeidet eine Wertung [8, 25].

Für die biologische Wirkung, insbesondere kleiner Strahlendosen, ist von entscheidender Bedeutung, wie der funktionelle Zusammenhang zwischen Dosis und Wirkung beschaffen ist. Abbildung 34.2 zeigt einige Möglichkeiten auf. Unter dem Aspekt des Strahlenschutzes wäre ideal, wenn es eine Schwellendosis gäbe, unterhalb der es nicht zu Wirkungen kommt. Eine solche Schwelle existiert mit Gewißheit aber nur für nichtstochastische Prozesse. Bei den stochastischen Prozessen muß angenommen werden, daß auch kleinste Strahlendosen etwas bewirken können. Es kommt nun sehr darauf an, welche mathematische Form die Beziehung hat. Die einfachste Funktion ist eine Gerade durch den Nullpunkt des Koordinatensystems (Proportionalität), sie wird vereinbarungsgemäß als „lineare" Dosis–Wirkungsbeziehung allen Abschätzungen zugrunde gelegt und erlaubt dank ihrer Einfachheit viele weitergehende Rechnungen.

Von den strahlenbiologischen Phänomenen her ist am ehesten eine „linear-quadratische" Dosis–Wirkungsbeziehung anzunehmen. Kleine Strahlendosen sind dann weniger wirksam als große, etwa bedingt durch Reparaturmechanismen in den Zellen. Die Zugrundelegung einer „linearen" Beziehung überschätzt demgegenüber die Wirkung und gibt Sicherheit. Kleine Strahlendosen könnten allerdings auch eine positive (stimulierende) Wirkung haben, was unter dem Stichwort Hormesis diskutiert wird. Letztlich ist nicht auszuschließen, daß kleinste Strahlendosen auch überproportional wirksam sein könnten, da über den Bereich kleiner Strahlendosen grundsätzlich keine sicheren Aussagen möglich sind. Hohe Strahlendosen führen zum Zelluntergang, womit zugleich krebsige Entartung und Vererbung entfallen.

Für die biologische Wirkung kommt es darauf an, wie die Ionisationsakte auf die Zellen verteilt sind. Locker ionisierende Strahlen (wenige Ionisationsakte, z. B. pro Zellkern) sind weniger wirksam als dicht ionisierende. Zur praktischen Quantifizierung dient die relative biologische Wirksamkeit (RBW). Angesichts der Möglichkeiten zur Reparatur von Strahlenschäden kommt auch der zeitlichen Verteilung der Ionisationsakte (Dosisleistung) eine Bedeutung zu.

Strahlentherapie erfolgt üblicherweise fraktioniert, die vorgesehene Gesamtdosis wird in einem festgelegten Zeitrhythmus (in der Regel arbeitstäglich) in Teildosen über einen längeren Zeitraum (einige Wochen) appliziert. Da die Erholungschancen für gesundes Gewebe besser sind als für Tumorgewebe, kommt es zu einer erwünschten selektiven Einwirkung auf den Tumor. Mitunter wird die Bestrahlung auch planmäßig durch Pausen unterbrochen (Split-course-Technik). Dicht ionisierende Strahlen (z. B. Neutronen) geben den Reparaturmechanismen keine Chance. Sie sind bei schlecht durchblutetem, mit Sauerstoff unterversorgtem Gewebe besonders wirksam (Sauerstoffeffekt).

34.2 Strahlenarten

Ionisieren können verschiedene Arten von Strahlen mit ansonsten verschiedenen Eigenschaften. Wellen- und Teilchenstrahlung sind die beiden großen Gruppen.

Bei den Wellenstrahlen (Röntgen-, Gammastrahlen) handelt es sich um sehr kurzwellige elektromagnetische Wellen oder im Teilchenbild um energiereiche Quanten (Photonen). Röntgenstrahlen entstehen beim Abbremsen von Elektronen im elektrischen Feld der Atome (Bremsstrahlung) und bei Elektronenübergängen zu den inneren Schalen schwerer Atome (charakteristische Strahlung).

Die Röntgenbremsstrahlung weist ein kontinuierliches Spektrum auf (Obergrenze entsprechend der Elektronenenergie). Durch Filtern wird das Spektrum im Sinne einer Aufhärtung verändert (harte Strahlung – energiereiche Photonen, weiche Strahlung – energiearme Photonen) (Abb. 34.3). Die charakteristische Strahlung weist naturgemäß ein diskretes Spektrum auf, die Spektrallinien sind charakteristisch für das Anodenmaterial. Die Beschleunigung der Elektronen erfolgt in Röntgenröhren (Anodenspannung bis 500 kV; vgl. Kap. 4, Röntgentechnik) und Beschleunigern. In der Medizin wird fast ausschließlich mit Röntgenbremsstrahlung gearbeitet.

Gammastrahlen entstehen bei Kernprozessen (z. B. beim radioaktiven Zerfall). Sie weisen ein diskretes Spektrum auf, Energie und Intensität sind für das jeweilige Radionuklid charakteristisch.

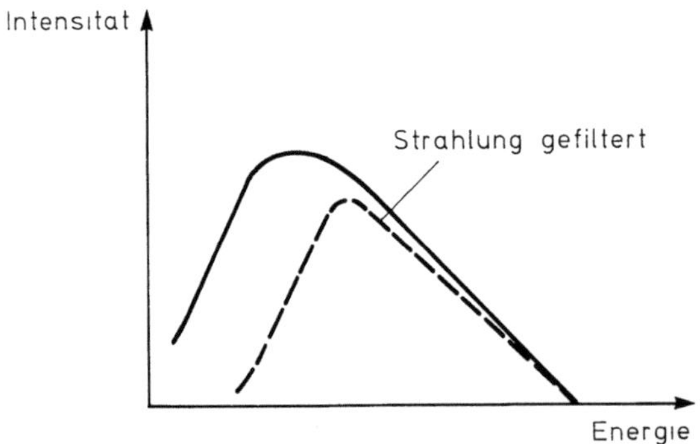

Abb. 34.3. Röntgenbremsstrahlung, Filterwirkung

Röntgen- und Gammastrahlen sind indirekt ionisierende Strahlen, im medizinischen Bereich erfolgt die Wechselwirkung mit den Hüllenelektronen in Form des Fotoeffekts (bei niedrigen Energien) oder des Compton-Effekts (bei höheren Energien). Quantitativ erfolgt die Ionisation erst durch die freigesetzten Elektronen und im Bereich von deren begrenzter Reichweite. Es handelt sich um locker ionisierende Strahlen (RBW: 1). Die Schwächung von Röntgenstrahlen in Materie folgt einem Exponentialgesetz (Abb. 34.4). Zur anschaulichen Quantifizierung werden Halbwertschichten oder Zehntelwertschichten angegeben.

Von den Teilchenstrahlen finden in der Medizin allein die mittels Beschleuniger erzeugten Elektronenstrahlen breite Anwendung. In begrenztem Umfang werden Alpha- und Beta-Strahlen radioaktiver Stoffe für eine Kontakttherapie genutzt. Mittels Kernreaktoren, Beschleunigern oder Generatoren erzeugte Neutronenstrahlen werden als dicht ionisierende Strahlen auch für die Tiefentherapie eingesetzt. Interessant wären Protonen- und Mesonenstrahlen, die dicht ionisierend sind und am Ende ihrer Bahn ein ausgeprägtes Dosismaximum aufweisen (Bragg-Peak, Abb. 34.4), doch bedarf es zu ihrer Erzeugung sehr aufwendiger Beschleunigeranlagen.

Elektronenstrahlen von Beschleunigern sind weitgehend monoenergetisch im Gegensatz zu den Beta-Strahlen radioaktiver Stoffe (Elektronen aus dem Atomkern), die ein kontinuierliches Spektrum aufweisen. Die ebenfalls bei bestimmten radioaktiven Umwandlungen entstehenden Alpha-Strahlen sind monoenergetisch. Alpha-Teilchen (Helium-Kerne) bestehen aus zwei Protonen und zwei Neutronen, sie sind besonders stabil. Als elektrisch geladene Teilchen sind Elektronen-, Beta- und Alpha-Strahlen direkt ionisierend. Die Einwirkung auf die Hüllenelektronen erfolgt unmittelbar vermittels der elektrischen Felder. Elektronen- und Beta-Strahlen sind locker ionisierend (RBW: 1), Alpha-Strahlen dagegen dicht ionisierend (RBW: ca. 20). Teilchenstrahlen haben in Materie eine begrenzte Reichweite. Bei nicht einheitlicher Energie der Teilchen und als Folge

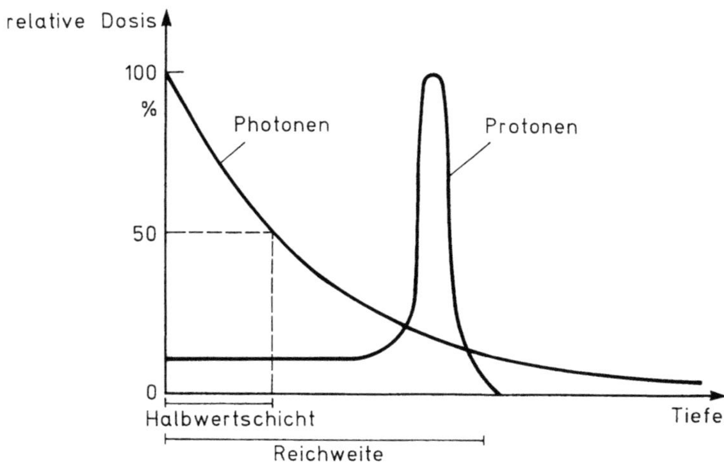

Abb. 34.4. Eindringen von ionisierender Strahlung in Materie; Photonen: Exponentialgesetz, asymptotische Annäherung an die Nullinie; Teilchen: begrenzte Reichweite

von Streuprozessen wird unterschieden zwischen maximaler, praktischer, mittlerer und im Hinblick auf die Strahlentherapie auch therapeutischer Reichweite.

Neutronenstrahlen gibt es aus Kernreaktoren (Kernspaltung, Fission), gezielt werden sie mittels bestimmter Kernreaktionen erzeugt. In Neutronengeneratoren (Röhren) wird Tritium mit Deuteronen beschossen (d + T-Reaktion), wobei Helium und fast monoenergetische Neutronen (14 bis 15 MeV) entstehen. Mit größeren Beschleunigern (Zyklotrons) können weitere Kernreaktionen angeregt werden (z. B. d + D, d + Be, p + Be). Die Energie der entstehenden Neutronen ist hier fast ganz durch die Energie der auftreffenden Deuteronen oder Protonen bestimmt.

Neutronen ionisieren indirekt. Die Wechselwirkung erfolgt durch Zusammenstoß mit (vornehmlich leichten) Atomkernen. Quantitativ wird die Ionisation durch die Rückstoßkerne bewirkt. Bei den Neutronen handelt es sich um dicht ionisierende Strahlen, RBW: ca. 3 (Strahlentherapie), ca. 10 (Strahlenschutz). Die Schwächung von Neutronenstrahlen in Materie entspricht etwa der von energiereicher Wellenstrahlung (Abb. 34.4).

34.3 Strahlendosis

Die Geschichte des Einsatzes ionisierender Strahlen für eine Strahlentherapie ist zugleich eine Geschichte der Dosimetrie dieser Strahlen. Zunächst dienten sichtbare biologische Wirkungen, wie etwa die Rötung der Haut, zur groben Quantifizierung (HED – Hauterythemdosis: ca. 5 Gy). Im folgenden wurde dann, wie es für ionisierende Strahlen naheliegt, die Anzahl der erzeugten Ionen, die speziell in Luft leicht zu erfassen ist, als physikalisch definiertes Maß für Strahlendosen herangezogen. Die Einheit dieser Ionendosis war das Röntgen (r, später R), entsprechend der Erzeugung von $1,6 \cdot 10^{15}$ Ionenpaaren in 1 kg Luft; 1 kg Luft (unter Normalbedingungen etwa 1 m^3) besteht aus $2 \cdot 10^{25}$ Molekülen. Im SI-System ist die Einheit C/kg, $1\,R = 2,6 \cdot 10^{-4}$ C/kg. Die modernen Dosisgrößen knüpfen an dem mit den Ionisationsvorgängen verbundenen Energieaufwand an. Für die Bildung eines Ionenpaares werden rund 35 eV benötigt. Ein Teilchen mit einer Energie von 3,5 MeV vermag demnach 10^5 Ionenpaare zu bilden.

Die *Energiedosis* als dosimetrische Basisgröße für die Strahlentherapie ist definiert als in einem Volumen absorbierte Energie dividiert durch die Masse dieses Volumens. SI-Einheit ist das Gray (Gy), $1\,Gy = 1$ J/kg = 1 Ws/kg. Früher wurde die Einheit Rad (rd) verwendet, 100 rd = 1 Gy. Für Luft war die Ionendosis in R zahlenmäßig etwa gleich der Energiedosis in rd ($1\,R \cong 1$ rd). Ein Joule (J) entsprechend 0,24 cal bedeutet als Wärmeenergie nicht viel (Erwärmung von 1 g Wasser um 0,24 °C), bewirkt aber in der Form ionisierender Strahlung $1,8 \cdot 10^{17}$ Ionisationsakte mit entsprechenden Konsequenzen. Die Ionisationsakte mit ihrer Wirkung im zellulären Bereich sind das Entscheidende bei ionisierenden Strahlen und nicht summarisch die übertragene Energie. Die tödliche Ganzkörperdosis von 10 Gy führt zu einer Erwärmung des Körpers um lediglich zwei Tausendstel Grad!

Eine genauere Betrachtung hat Einzelheiten der Energiebilanz zu berücksichtigen: Was wird außer durch die zu messende Strahlung in das Meßvolumen hineingetragen (z. B. durch Produkte von Ionisationsvorgängen in einem ausgedehnten Strahlenfeld), was verbleibt in dem Volumen? Hier liegen die Unterschiede zwischen Energiedosis und Kerma (Kinetic Energy Released in Material). Zu berücksichtigen ist ferner, daß in einem Detektormaterial gemessen wird, das in ein Umgebungsmaterial eingebettet ist. Kalibriert bzw. geeicht wird für ein Bezugsmaterial, das mit dem Detektormaterial nicht identisch sein muß. Die Dosisgröße für die Strahlentherapie ist die Wasser-Energiedosis (bei Phantommessungen) vielfach in Wasser.

Da eine Dosis durch Wechselwirkung der Strahlung mit Materie zustande kommt, ist der Aufbau einer Dosis durch diese Wechselwirkung bestimmt. Bei energiereicher Photonen- und weniger ausgeprägt auch bei Elektronenstrahlung haben die bei den Ionisationsvorgängen ausgelösten Elektronen vorwiegend die Richtung der Primärstrahlung.

Das Dosismaximum wird daher erst in einer gewissen Tiefe erreicht (Aufbaueffekt, Hautschonung bei einer Tiefentherapie). Umgekehrt gibt es bei weniger energiereicher Röntgenstrahlung eine rückwärts gerichtete Streustrahlung, die zu einer Dosisüberhöhung in der Oberfläche führt. Ferner bewirkt eine Strahlendosis in Abhängigkeit von der Photonenenergie unterschiedliche Energiedosen in Wasser und verschiedenen Geweben. So führen beispielsweise 40-keV-Photonen in Knochen zu einer rund sechsmal höheren Energiedosis als in Wasser, während 400-keV-Photonen nur 95% dieser Dosis bewirken [14]. Es bedarf deshalb energiereicher Photonen, wenn Knochen durchstrahlt werden soll.

Die *Äquivalentdosis* trägt der biologischen Wirksamkeit der Strahlung Rechnung. Sie ergibt sich aus der Energiedosis durch Multiplikation mit einem Bewertungsfaktor (für Röntgenstrahlen und Elektronen 1, für bestimmte Neutronen etwa 10, für Alpha-Strahlen 20). Obwohl der Bewertungsfaktor dimensionslos ist, tritt an die Stelle der Einheit der Energiedosis Gray die spezielle Einheit Sievert (Sv). Früher wurde die Einheit Rem verwendet (100 rem = 1 Sv). Die Äquivalentdosis ist eine Größe für den Strahlenschutz.

34.4 Strahlentherapie

Das Anliegen der Strahlentherapie ist, im Herd (Tumor) die erforderliche Strahlendosis zu applizieren und dabei gesundes Gewebe so wenig wie möglich zu exponieren. Die Dosisverteilung im Herdvolumen soll homogen sein, während im durchstrahlten gesunden Gewebe die unterschiedliche Strahlensensibilität der verschiedenen Organe zu berücksichtigen ist. Abbildung 34.5 zeigt die Situation: Das Zielvolumen umschließt mit einem Sicherheitssaum das Herd- oder Tumorvolumen, in ihm soll die vorgegebene Dosis erreicht werden. Aus den anatomischen und apparativen Gegebenheiten resultiert das Behandlungsvolumen, das schließlich diese Strahlendosis erhalten muß. Als bestrahltes Volumen wird das gesamte durchstrahlte Volumen bezeichnet.

Der Bestrahlungszweck wird verfehlt (und damit eine Heilungschance nicht genutzt), wenn die notwendige Dosis im Herdvolumen nicht erreicht wird. Eine zu hohe Exposition gesunden Gewebes (empfindlicher Organe) andererseits kann den Erfolg einer Strahlenbehandlung zunichte machen. Neben der Fraktionie-

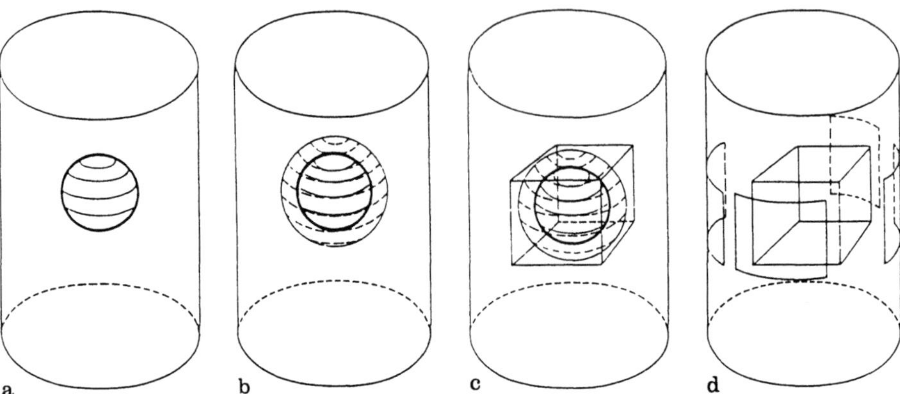

Abb. 34.5. Volumenkonzept der Strahlentherapie [10]. **a** Tumor(Herd-)volumen; **b** Zielvolumen
(Tumorvolumen mit Sicherheitszone); **c** Behandlungsvolumen, es folgt aus den technischen Gegebenheiten (im Zielvolumen soll die geforderte Mindestdosis überall erreicht werden), im Idealfall nur wenig größer als das Zielvolumen; **d** bestrahltes Volumen (Volumen, das durchstrahlt
und mit einer nennenswerten Dosis beaufschlagt wird). Referenzpunkt: Punkt im Zielvolumen
mit der die Dosis repräsentierenden Referenzdosis (Extremwerte sind die maximale und minimale Dosis im Zielvolumen); Dosisspitze (Hot Spot): Punkt außerhalb des Zielvolumens, in dem die
Referenzdosis überschritten wird [DIN 6814 Teil 8/1986]

rung (Abschn. 34.1) hat die Dosisverteilung die Differenzierung zwischen kran-
kem und gesundem Gewebe zu bewirken. Zu diesem Zweck werden verschiedene
Strahlenarten in verschiedener Weise unter Einsatz von Hilfseinrichtungen angewandt. Nicht zuletzt deshalb ist die Strahlentherapie zu einem bevorzugten Betä-
tigungsfeld für Medizinphysiker geworden.

Methodisch wird unterschieden zwischen der Teletherapie, bei der sich die
Strahlenquelle in einiger Distanz vom Körper befindet, und der Brachytherapie
mit unmittelbarem Kontakt zwischen Strahlenquelle und Körper, zu letzterer gehört auch das Einbringen von Strahlenquellen in Körperhöhlen. Abgesetzt davon gibt es die Anwendung offener radioaktiver Stoffe im Körper als Aufgaben-
gebiet der Nuklearmedizin.

Der Verlauf eines Strahlenbündels im Körper wird charakterisiert durch die
Tiefendosiskurve (Abb. 34.6 a). Sie gibt die Dosis im Verlauf des Zentralstrahls in
Abhängigkeit von der Tiefe (Abstand von der Eintrittsfläche) als Bruchteil der
Dosis im Dosismaximum an (relative Tiefendosis). Wenn ein Aufbaueffekt wirksam wird (Abschn. 34.3), baut sich das Dosismaximum (100%) erst in einer gewissen Tiefe auf. Umfassender kennzeichnen Isodosenscharen den Verlauf eines
Strahlenbündels (Abb. 34.6. b). Der Bündelquerschnitt wird durch feste (vielfach
in Verbindung mit Tubussen) und verstellbare Blenden vorgegeben, mittels zusätzlicher Bleiformteile (Satelliten) kann eine individuelle Anpassung des Bestrahlungsfeldes erfolgen. Zur Beeinflussung des Isodosenverlaufs dienen Kor-
rekturfilter, die die Strahlung über den Querschnitt hin unterschiedlich schwä-
chen. Ein typisches Beispiel sind die vielfach genutzten Keilfilter, die einen abge-
schrägten Dosisverlauf bewirken (Abb. 34.7). Beim Anbringen ist auf die richtige
Orientierung zu achten.

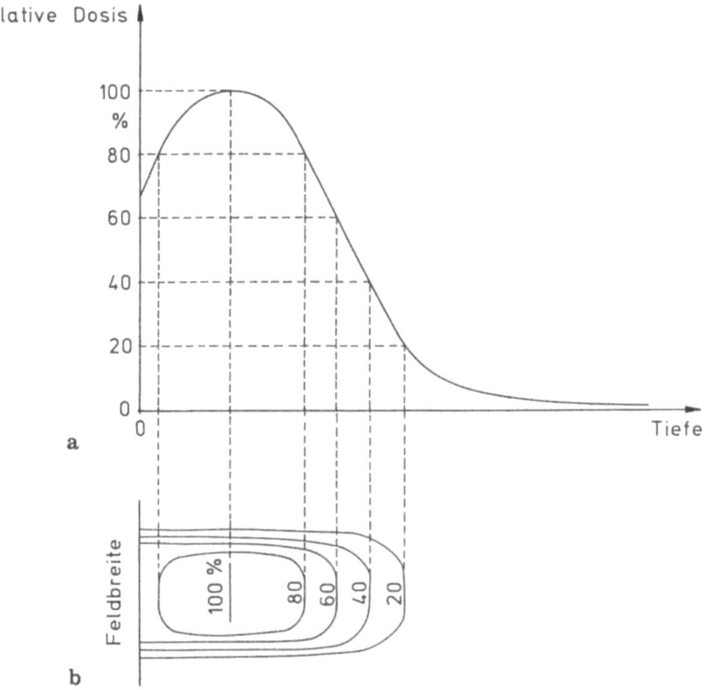

Abb. 34.6. Strahlenbündel im Körper. Aus dem Tiefendosisverlauf (a) folgen Isodosen (b) für ein räumlich ausgedehntes Strahlenbündel. Der für energiereiche Photonen typische Aufbaueffekt führt dazu, daß das Dosismaximum erst in einer gewissen Tiefe erreicht wird.

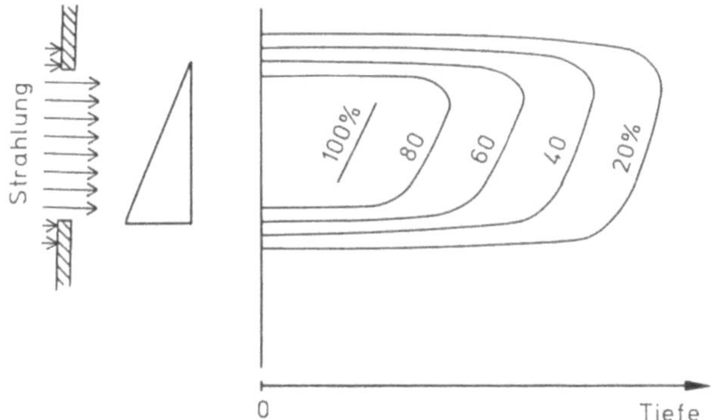

Abb. 34.7. Formung der Isodosen durch einen Keilfilter (Schwächungsfilter)

Bei tiefgelegenen Herden läßt sich die therapeutische Aufgabe nur durch Einstrahlung von verschiedenen Seiten in Form einer Mehrfeldertechnik oder Bewegungsbestrahlung erfüllen (Abb. 34.8). Vielfach wird als einfachste Mehrfeldertechnik die Bestrahlung über Gegenfelder angewandt, bei der die Zentralstrahlen einen Winkel von 180° bilden (Abb. 34.9). Eine Zweifelderbestrahlung über Winkelfelder, bei der in der Regel Keilfilter eingesetzt werden müssen, zeigt Abbildung 34.10.

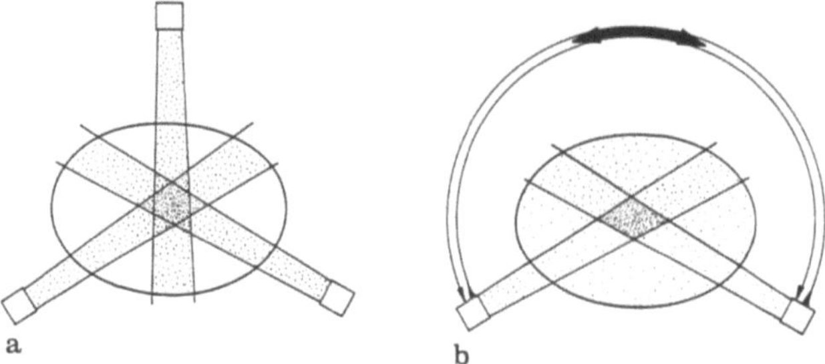

Abb. 34.8. a Tiefentherapie: Mehrfeldertechnik. **b** Tiefentherapie: Bewegungsbestrahlung

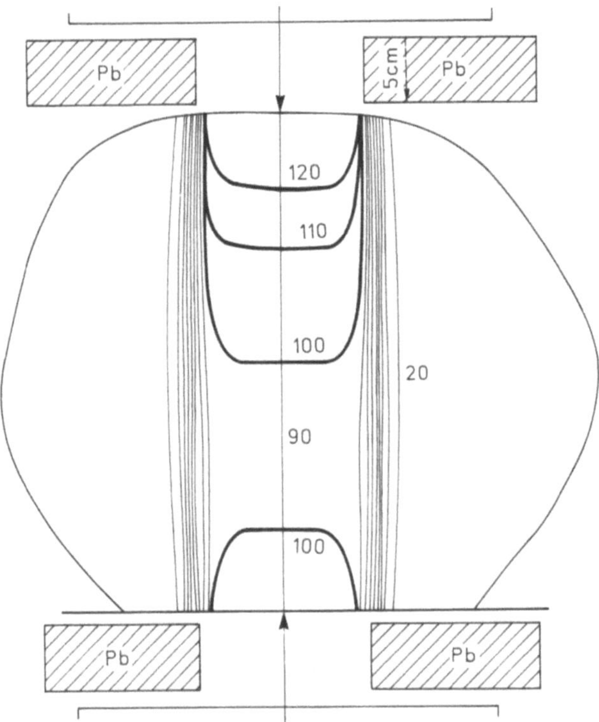

Abb. 34.9. Gegenfeldtechnik. Kobalt-60-Gamma-Strahlen [1]. Zusätzliche Eingrenzung der Bestrahlungsfelder durch Bleiblöcke. Unterschiedliche Einstrahldosis (60%/40%)

Die Bewegungsbestrahlung erfolgt vornehmlich als Rotationsbestrahlung, bei der sich die Strahlenquelle auf einem Kreis bewegt (typisches Bestrahlungsgerät mit festem Quelle-Drehachs-Abstand: Abb. 34.11). Von der Teilrotation mit größer werdenden Segmenten bis hin zur Vollrotation ändert sich der Verlauf der Isodosen in typischer Weise (Abb. 34.12). Bei der Pendelbestrahlung wird ein Segment mehrmals unter Änderung des Drehsinns durchlaufen. Eine weitergehende Formung der Dosisverteilung ermöglicht die mehrsegmentale Rotationsbestrahlung, die dadurch gekennzeichnet ist, daß im Verlauf der Rotation Seg-

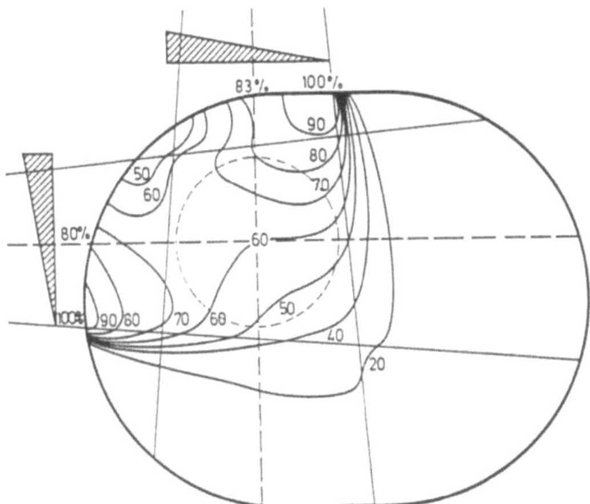

Abb. 34.10. Winkelfeldtechnik mit Keilfiltern. Zwei rechtwinklig angesetzte Felder [22]

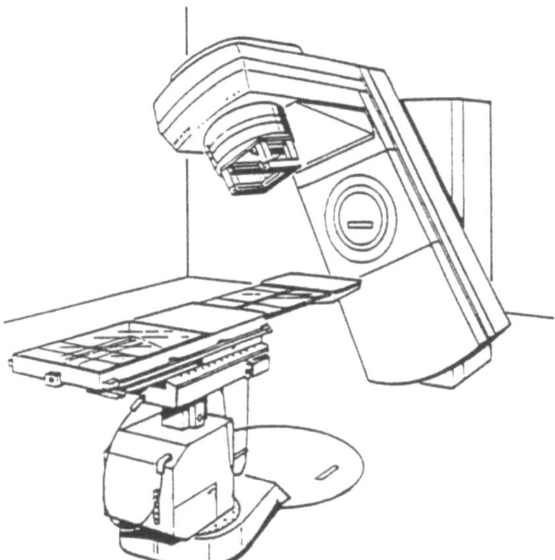

Abb. 34.11. Bestrahlungsgerät (Beschleuniger) für Rotationsbestrahlung mit Lagerungstisch (Schema)

mente ausgespart werden. Die Einstrahlung über zwei gegenüberliegende Segmente führt zu einem schmetterlingsförmigen Isodosenverlauf, wodurch empfindliche Organe ausgespart werden können (Abb. 34.13). Bei Bewegungsbestrahlungen muß sichergestellt sein, daß Strahlung nur erzeugt wird, wenn sich das Gerät auch bewegt.

Eine isozentrische Bestrahlung liegt vor, wenn die Zentralstrahlen aller Einzelfelder auf ein Isozentrum gerichtet sind (s. Abb. 34.8). Bei der mehrachsigen isozentrischen Bestrahlung gibt es mehrere Isozentren, auf die jeweils die Zentral-

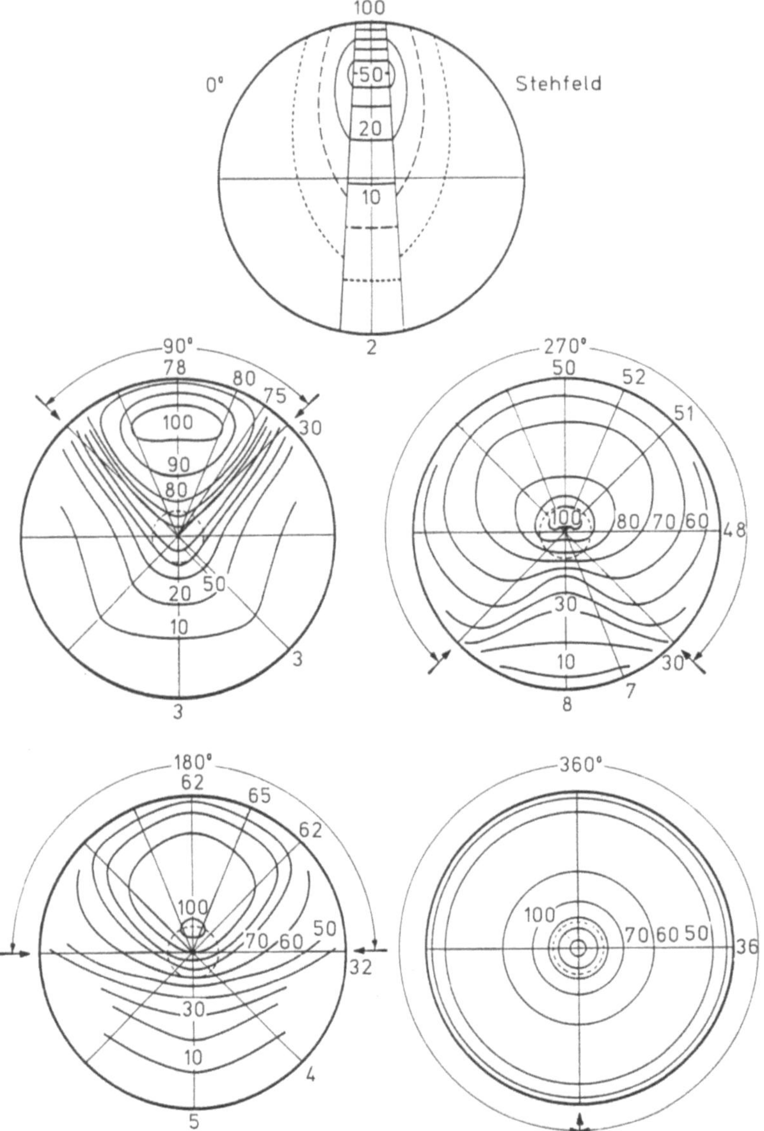

Abb. 34.12. Typische Isodosenverläufe bei der Bestrahlung mit Rotationswinkel zwischen 0° (Stehfeld) und 360° (Vollrotation) [18]

strahlen bestimmter Einzelfelder gerichtet sind (Abb. 34.14). Sie ermöglicht eine weitergehende Anpassung der Isodosen.

Bei der exzentrischen Rotationsbestrahlung ist der Zentralstrahl nicht auf die Rotationsachse ausgerichtet. Die tangentiale Rotationsbestrahlung ergibt schalenförmige Isodosen, die beispielsweise für die Bestrahlung ausgedehnter Partien der Körperoberfläche geeignet sind (Abb. 34.15).

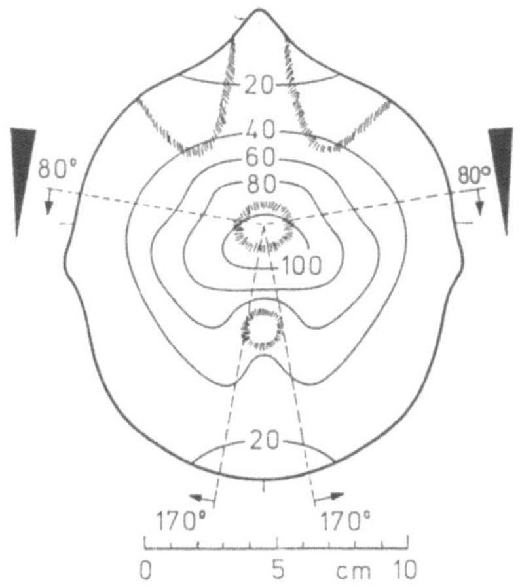

Abb. 34.13. Rotation isozentrisch um eine Achse, zwei Segmente, Keilfilter [18]

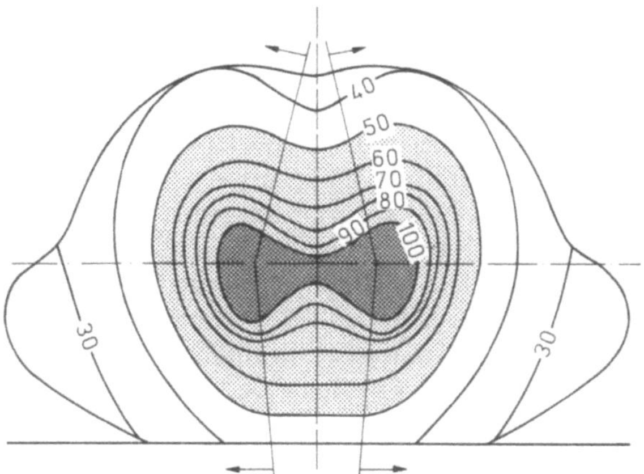

Abb. 34.14. Rotation isozentrisch um zwei Achsen, jeweils ein Segment (biaxiale Pendelung) [1]

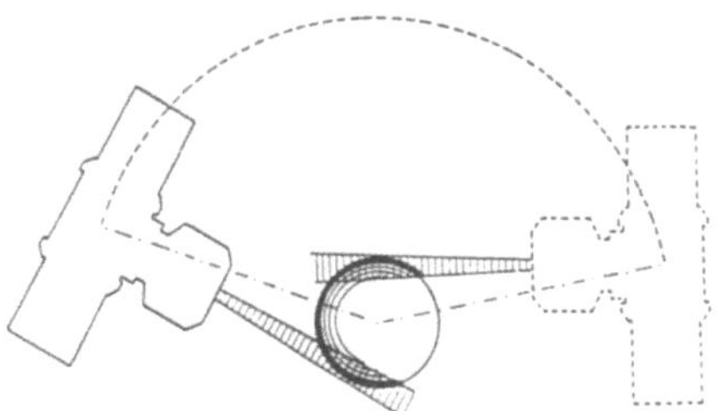

Abb. 34.15. Rotation exzentrisch um eine Achse (Tangentialrotation) [18]

34.4.1 Röntgenröhren

Röntgenbremsstrahlung aus Hochvakuum-Glühkathodenröhren (Kap. 4, Röntgentechnik) hat auch in der Strahlentherapie ihren Platz (Orthovolttherapie). Durch Anodenspannung (10 bis 400 kV) und Filterung kann die Strahlenqualität in weiten Grenzen variiert werden. Therapieröhren haben gekühlte Festanoden und sind für Dauerbetrieb ausgelegt. Das ist erforderlich, um die gegenüber der Diagnostik viel höheren Strahlendosen zu erhalten. Die Kühlung begrenzt den Anodenstrom (ca. 10 mA) und damit die Dosisleistung. Sofern wegen der Hochspannung Öl als Kühlmittel verwendet wird, zirkuliert es in einem geschlossenen System und wird seinerseits durch Wasser gekühlt. Der Fluß der Kühlmittel und ihre Temperatur werden überwacht (Strahler: Röhre und Schutzgehäuse).

Röntgenbremsstrahlung weist ein kontinuierliches Spektrum auf, das durch Filtern (Härtungsfilter) modifiziert wird (s. Abb. 34.3). Bei überwiegend energiereichen Photonen spricht man von harter, bei energiearmen Photonen von weicher Strahlung. Durch Filter (Aluminium, Kupfer, spezielle Legierungen) wird vorwiegend der weiche Anteil der Strahlung geschwächt. Schon die Röhre selbst mit Schutzgehäuse und ggfs. darin enthaltenem Öl bewirkt eine gewisse Eigenfilterung. Wenn besonders weiche Strahlung erzeugt werden soll, erhält die Röhre ein Austrittsfenster aus Beryllium und hat nur eine geringe Eigenfilterung.

Das in der Strahlentherapie übliche Arbeiten mit verschiedenen Zusatzfiltern bringt ein beträchtliches Gefahrenmoment mit sich. Üblicherweise wird unter der Annahme, daß die gewünschte Strahlenqualität vorliegt, mit einem bestimmten Anodenstrom über eine bestimmte Zeit bestrahlt. Fehlt nun das Zusatzfilter oder besteht es aus dünnerem oder durchlässigerem Material, so ist die Dosisleistung in der Tiefe, vor allem aber in der Oberfläche höher und damit nach der vorgegebenen Zeit auch die Dosis. In dem Extremfall, daß harte Strahlung vorgesehen ist (hohe kV, starke Filterung), kann bei Fehlen des Filters die Dosisleistung und damit die Dosis in der Haut ein Vielfaches des vorgesehenen Wertes betragen. Bei einer einzigen Bestrahlung können dabei schwere bis lebensbedrohliche Strahlenschäden gesetzt werden. Umgekehrt wird bei fälschlicherweise zu starker Filterung in der dann zu kurzen Bestrahlungszeit die vorgesehene Dosis nicht erreicht.

Es gibt mannigfaltige Filtersicherungen, die aber zwangsläufig davon ausgehen müssen, daß in dem Schieber mit seinen Kontaktstiften das Filter auch richtig sitzt (Abb. 34.16). Der Filterschieber ist am Strahler zu identifizieren, und seine Kennzeichnung wird in der Regel am Schalttisch angezeigt. Das Filter selbst muß hingegen unmittelbar inspiziert werden. Mitunter gibt es Anzeigen, die bestimmte vorgesehene Kombinationen von Spannung und Filterung signalisieren, oder Schaltungen, die ein Bestrahlen nur bei solchen Kombinationen zulassen.

Die Strahlenqualität, gegeben durch Spannung und Filterung, bestimmt den Dosisverlauf in der Tiefe (Abb. 34.17). Weiche Strahlung (niedrige kV, ggf. Berylliumfenster, kein Zusatzfilter) eignet sich zur Bestrahlung von Herden in der Haut, das tieferliegende Gewebe wird kaum exponiert. Härtere Strahlung (höhere kV, stärkere Filterung) bewirkt mehr Tiefenwirkung, allerdings unter erheblicher Exposition des oberflächlichen Gewebes.

Die Tiefenwirkung der Strahlung läßt sich grundsätzlich auch durch die Wahl des Fokus-Haut-Abstands (FHA) variieren (Abb. 34.18). So kann eine Oberflä-

Abb. 34.16. Filter für die konventionelle Röntgentherapie (Kontaktstifte für die elektrische Anzeige des im Strahlengang befindlichen Filters am Schalttisch, Leerfilter entsprechend Eigenfilterung)

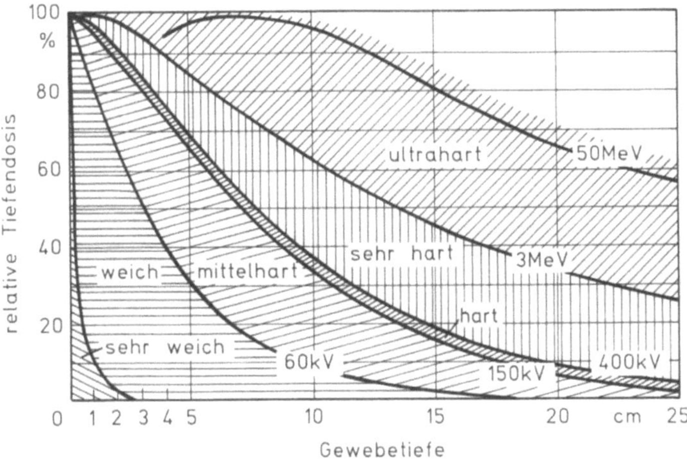

Abb. 34.17. Praktische Einteilung der Photonenstrahlen: Eindringtiefe in Gewebe in Abhängigkeit von der Röhrenspannung bei üblicher Filterung (Röntgenröhren) bzw. von der Elektronenenergie [28]

chenbestrahlung unter Schonung des tieferliegenden Gewebes als Weichstrahltherapie wie auch als Nahbestrahlung durchgeführt werden. Die Einhaltung des vorgesehenen Fokus-Haut-Abstandes hat erhebliche Bedeutung, denn wegen des quadratischen Abstandsgesetzes besteht ein beträchtlicher Einfluß auf die Dosisleistung und damit die Dosis. In der Orthovolttherapie wird mit Tubussen gearbeitet, die zugleich den Fokus-Haut-Abstand und das Bestrahlungsfeld bestimmen.

Da das Interesse gegenwärtig auf die mit Beschleunigern erzeugten oder von radioaktiven Stoffen ausgehenden Strahlen konzentriert ist, gibt es keine neueren Entwicklungen auf dem Sektor der mit Röntgenröhren bestückten Therapiegeräte. Abbildung 34.19 zeigt eine Standard-Therapieröhre. Die Festanode besteht aus einem Kupferblock, der an seinem Ansatz gekühlt wird, die Röntgenstrahlen

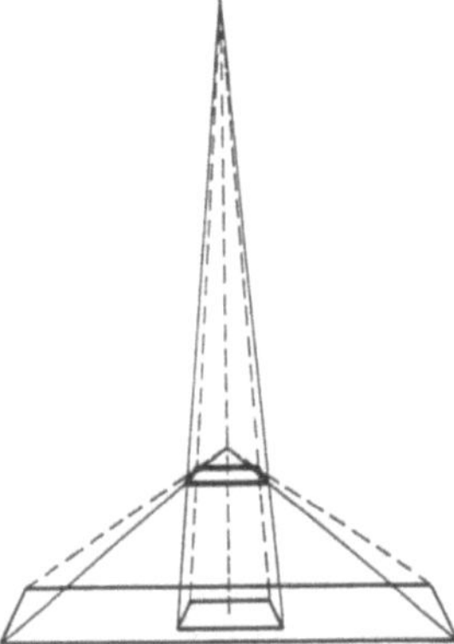

Abb. 34.18. Nah- und Fernbestrahlung (bei kurzer Distanz verteilt sich die Strahlung in der Tiefe auf eine größere Fläche, die Dosisleistung nimmt rasch ab)

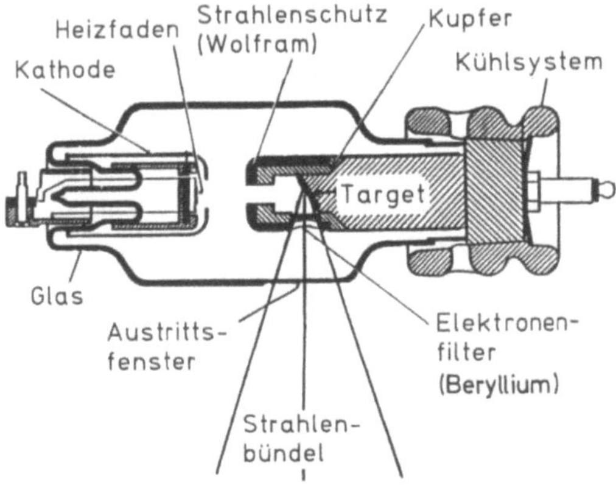

Abb. 34.19. Röntgenröhre für die Strahlentherapie (Standard-Orthovolttherapie) [15]

werden in einem Wolfram-Plättchen (Target) erzeugt. Um den Fokus ist die Anode topfförmig gestaltet mit einer Bohrung für den Austritt des Strahlenbündels, so daß schon die Röhre Strahlenschutzfunktionen hat.

Eine typische Konstruktion für Spannungen bis 50 kV gibt Abb. 34.20 wieder. Die Röhre ist für die Erzeugung weicher Strahlen ausgelegt. Da die Anode auf Erdpotential liegt, sind Nahbestrahlungen möglich, und zur Kühlung kann Wasser verwendet werden. Der stabförmige Strahler (Röhre mit Schutzgehäuse) ist einseitig gehaltert, der Strahlenaustritt erfolgt seitlich.

Eine Spezialröhre, die auch in Körperhöhlen eingeführt werden kann, zeigt Abb. 34.21. Die rohrförmige Hohlanode liegt auf Erdpotential und wird mit Wasser gekühlt. Ausgenutzt werden Röntgenstrahlen, die mit der Richtung des Elektronenstrahls die Anode durchdringen (schräggestellte Durchstrahl-Anode). Verbunden ist dieser Strahlertyp, der auch für Nahbestrahlungen geeignet ist, mit dem Namen Chaoul. Die vorgesehene Anwendung als Körperhöhlenrohr demonstriert Abb. 34.22 (Kontakttherapie). Zusatzfilter und damit die Möglich-

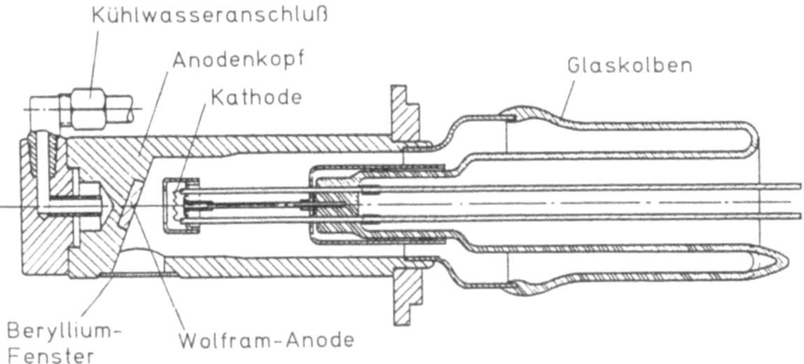

Abb. 34.20. Röntgenröhre für die Strahlentherapie (Weichstrahltherapie) [9]

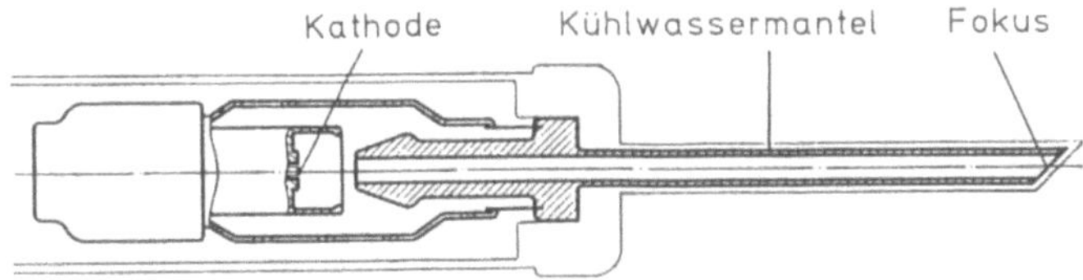

Abb. 34.21. Röntgenröhre für die Strahlentherapie (Körperhöhlenrohr) [20]

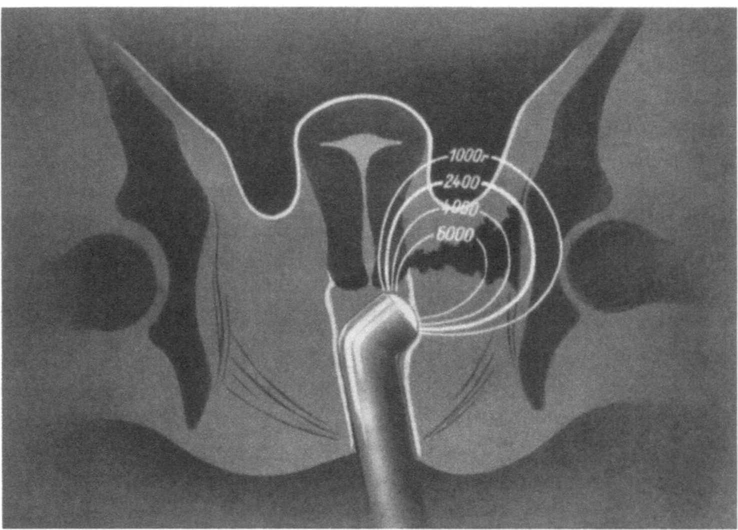

Abb. 34.22. Anwendung des Körperhöhlenrohrs in der Gynäkologie (Bestrahlung der Parametrien von der Scheide aus) [16]

keit, die Strahlenqualität über die Filterung zu variieren, gibt es bei dieser Konstruktion nicht.

Unter der Bezeichnung Generator werden die elektrischen Einrichtungen zusammengefaßt, die zum Betrieb einer Röntgenröhre erforderlich sind. Während für die Diagnostik (Kap. 4) hohe Stromstärken und kurze Schaltzeiten gefordert werden, sind Therapiegeneratoren für längere Bestrahlungszeiten bei begrenztem Anodenstrom ausgelegt. Mit Rücksicht auf die Strahlenqualität wird auch in der Therapie Gleichspannung angestrebt.

Am Schalttisch wird durch Betätigen eines Regeltransformators die Anodenspannung eingestellt, während die Filterung meist nur angezeigt wird. Der Anodenstrom wird über die Heizspannung (Glühkathode) geregelt. Entsprechend der zu applizierenden Dosis wird die bei der betreffenden Strahlenqualität (Spannung und Filterung) und dem vorgesehenen Strom sowie dem Fokus-Haut-Abstand und der Feldgröße erforderliche Bestrahlungszeit nach Bestrahlungstabelle mittels Schaltuhr vorgewählt. Wenn die Vorgänge nicht automatisiert sind, müssen während der Bestrahlung und insbesondere unmittelbar nach dem Einschalten Spannung und Strom nachgeregelt werden. An manchen Geräten erfolgt eine mitlaufende Messung der Dosisleistung.

Die Handhabung wird vereinfacht, und die Fehlermöglichkeiten werden reduziert, wenn nur bestimmte Spannungsstufen geschaltet werden können und diesen bestimmte Zusatzfilter per Empfehlung (Kontrollampe) oder zwangsweise (Strahlung nur bei bestimmten Spannungs-Filter-Kombinationen auslösbar) zugeordnet sind. Zweckmäßig werden die Kombinationen so gewählt, daß jeweils etwa die gleiche Kenndosisleistung resultiert. Die Zusatzfilterung ist ein kritischer Punkt, der ständiger Aufmerksamkeit bedarf.

Durch eine entsprechende Schaltung ist dafür gesorgt, daß die Strahlung nur eingeschaltet werden kann, wenn die Kühlsysteme funktionieren und wenn ggf. die Türen zum Bestrahlungsraum geschlossen sind.

Bestrahlungstabellen, die für alle vorgesehenen Bestrahlungsbedingungen die zum Erreichen einer bestimmten Dosis erforderlichen Bestrahlungszeiten enthalten, beruhen auf Messungen der Kenndosisleistung. Das ist der Maximalwert der Wasser-Energiedosisleistung, gemessen in Wasser auf der Achse des Nutzstrahlenbündels im Abstand 100 cm vom Brennfleck. (Früher wurde mit dem Röntgenwert gearbeitet: Standard-Ionendosisleistung „frei Luft" in 50 cm Abstand vom Brennfleck.)

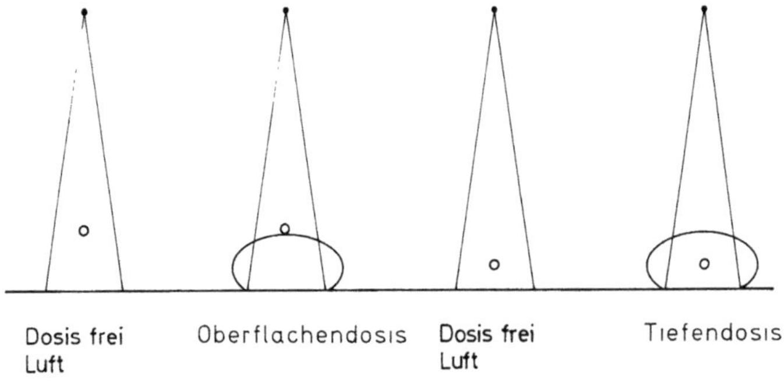

Abb. 34.23. Strahlendosen

Eine frei Luft ermittelte Dosis ist von der Oberflächendosis verschieden, die sich bei Anwesenheit eines Streukörpers ergibt (Abb. 34.23). Im Bereich der Orthovolttherapie kann die Rückstreuung eine Dosiserhöhung um bis zu 50% verursachen [27]. Tiefendosiskurven und -tabellen mit der relativen Tiefendosis 100% in der Oberfläche müssen in Verbindung mit der Oberflächendosis gebraucht werden, wie sie sich aus direkter (Messung) und rückgestreuter (Tabelle) Strahlung ergibt. Nur so kann die Herddosis in der Tiefe zutreffend ermittelt werden.

Wenn ohne Berücksichtigung der Oberflächendosis gleich auf Herddosis dosiert werden soll, wird mit Gewebe-Luft-Verhältnissen gearbeitet. Die Zahlenwerte sind in Abhängigkeit von der Tiefe und der Feldgröße tabelliert [4].

Zur Messung von weicher Strahlung werden meist Meßkammern verwendet, die in ein Phantom integriert sind. Damit ergibt sich unmittelbar die Oberflächendosis. Die Dosisleistungswerte, die den Bestrahlungstabellen zugrunde liegen, müssen regelmäßig durch Messung mit einem geeichten Dosimeter überprüft werden, nach den gesetzlichen Bestimmungen alle 6 Monate [26].

34.4.2 Beschleuniger

Mit Beschleunigern können Elektronen auf höhere Energien beschleunigt werden, als dies mit Röntgenröhren möglich ist. Sofern dann Röntgenbremsstrahlung erzeugt wird, ist sie durchdringender und wird in Knochen weniger absorbiert, was sie für die Tiefentherapie besonders geeignet macht. Energiereiche Elektronen werden aber auch unmittelbar zur Strahlentherapie verwendet.

Zunächst gab es auch für die Medizin Kreisbeschleuniger. Bei einem derartigen *Betatron* (Abb. 34.24, erzeugt werden Elektronen-, nicht Beta-Strahlen!) laufen Elektronen in einem Hochvakuumgefäß einige Millionenmal um und werden dabei bis auf nahezu Lichtgeschwindigkeit beschleunigt. Die Beschleunigung und die Führung auf der Kreisbahn erfolgt durch dasselbe Magnetfeld (Anstiegsphase eines magnetischen Wechselfeldes). Durch Störung des Feldes werden die Elektronen entweder zur Erzeugung von Röntgenstrahlen auf ein Target gelenkt oder durch ein Austrittsfenster freigesetzt. Betatrons für die routinemäßige Anwendung in der Medizin wurden für Elektronenenergien bis zu 45 MeV gebaut. Wegen der Elektromagnete handelt es sich um große und schwere Maschinen, die erhebliche Tragwerke benötigen, um Einstrahlungen aus verschiedenen Richtungen und Bewegungsbestrahlungen in Form von Pendelungen oder gar einer Vollrotation zu ermöglichen.

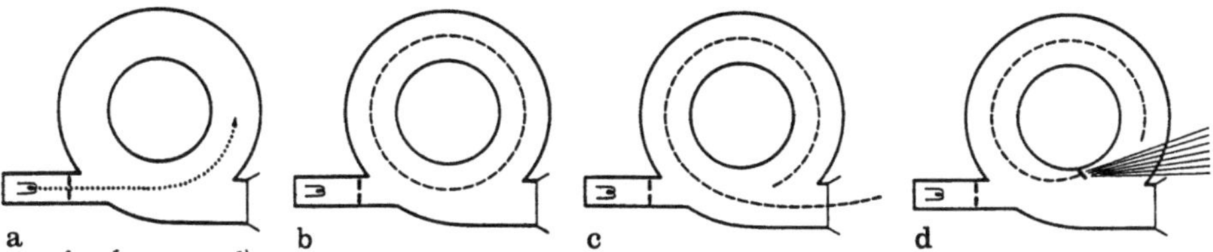

Abb. 34.24. Betatron [29]. **a** Elektroneneinschuß; **b** Beschleunigung der Elektronen auf der Kreisbahn; **c** Freisetzung der Elektronen (Elektronenstrahl); **d** Abbremsen der Elektronen und Erzeugung von Röntgenstrahlen (Target)

Als besonders zweckmäßig haben sich Maschinen mit einer maximalen Elektronenenergie um 20 MeV erwiesen. Die damit zu erzeugende 20-MV-Röntgenbremsstrahlung ist für die Tiefentherapie gut geeignet: Das Dosismaximum bildet sich in etwa 3 cm Tiefe (Aufbaueffekt, Hautschonung), die 50%-Isodose liegt in rund 15 cm Tiefe, und wegen des kleinen Brennflecks ist die Strahlung scharf gebündelt. 20-MeV-Elektronen ermöglichen eine wirksame Therapie bis in etwa 6 cm Tiefe (Halbtiefentherapie). Zu höheren Energien hin werden die Röntgenstrahlen so durchdringend, daß die Austrittsdosis die Eintrittsdosis überwiegt und zu einem limitierenden Faktor werden kann. Andererseits hat sich gezeigt, daß für die eigentliche Tiefentherapie Elektronen nicht besser geeignet sind als Photonen.

Es liegt am Prinzip des Betatrons, daß nicht beliebig viele Elektronen gleichzeitig beschleunigt werden können. Elektronenstrahlen ausreichender Intensität sind damit zu erzielen, wegen der ungünstigen Umwandlung können aber die erreichbaren Röntgenstrahlen-Intensitäten nicht befriedigen. Der Fokus-Haut- bzw. Drehachs-Abstand kann deshalb nicht so groß gewählt werden, wie es für einen günstigen Tiefendosisverlauf und die für manche Bestrahlung erforderlichen Feldgrößen notwendig wäre.

Linearbeschleuniger liefern sehr viel höhere Strahlenintensitäten. In einem geraden Rohr werden die Elektronen durch eine stehende elektromagnetische Welle oder eine Wanderwelle beschleunigt (Abb. 34.25). Nach dem Prinzip des Massenspektrographen werden durch Umlenkung in Magnetfeldern Elektronen einheitlicher Energie erhalten (Abb. 34.26).

Die Hochfrequenzenergie wird von *Magnetrons* oder *Klystrons* geliefert. Zur Erzeugung von Elektronenstrahlen werden diese Geräte gedrosselt betrieben, damit nicht zu hohe Dosisleistungen und damit unerwünscht kurze, nicht mehr kontrollierbare Bestrahlungszeiten resultieren. Die potentiell sehr hohe und für die Erzeugung von Röntgenstrahlen auch genutzte Elektronenintensität stellt ein Gefahrenmoment dar.

Als Strahlenbündel für die Therapie gibt es Elektronen etwa ab 6 MeV. Meist in vorgegebenen Stufen können Elektronen höherer Energie bis hin zur Maximalenergie erhalten werden. Beschleuniger mit geringerer Elektronenenergie gibt es zur alleinigen Erzeugung von Röntgenstrahlen. Diese verhältnismäßig kleinen, einfachen Geräte konkurrieren mit den Kobalt-60-Teletherapiegeräten, die lange Zeit den Standard in der Strahlentherapie (Tiefentherapie) verkörpert haben.

Elektronenbeschleuniger für die Strahlentherapie gibt es mit Maximalenergien bis etwa 20 MeV. Da genügend Elektronen für die Umwandlung zur Verfügung stehen, werden nicht 20-MV-Röntgenstrahlen erzeugt, sondern solche mit 10 bis 15 MV, die den menschlichen Dimensionen besser angepaßt sind. Beispiele von Beschleunigern zeigt Abb. 34.27. Durch Anbringen eines Strahlenfängers können die Anforderungen an den räumlichen Strahlenschutz reduziert werden. Die Einstellmöglichkeiten werden dadurch allerdings eingeschränkt.

Beschleuniger verfügen für die Röntgenstrahlen über ein meist optisches Meßsystem für den Fokus–Haut-Abstand und ein Lichtvisier zur Sichtbarmachung des Bestrahlungsfeldes. Bei den Elektronen wird mit Tubussen gearbeitet (Vorgabe des Abstandes und des Feldes).

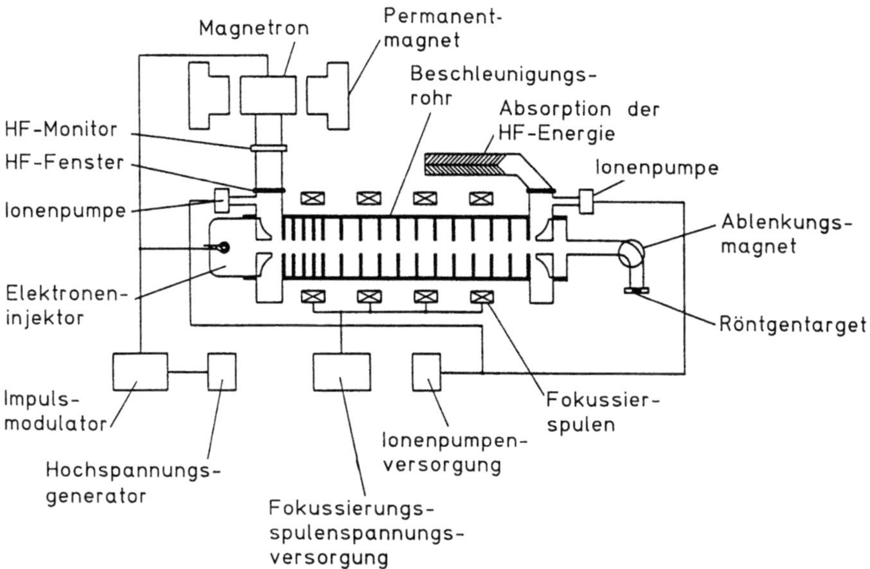

Abb. 34.25. Linearbeschleuniger (Wanderwellenbeschleuniger) [29]

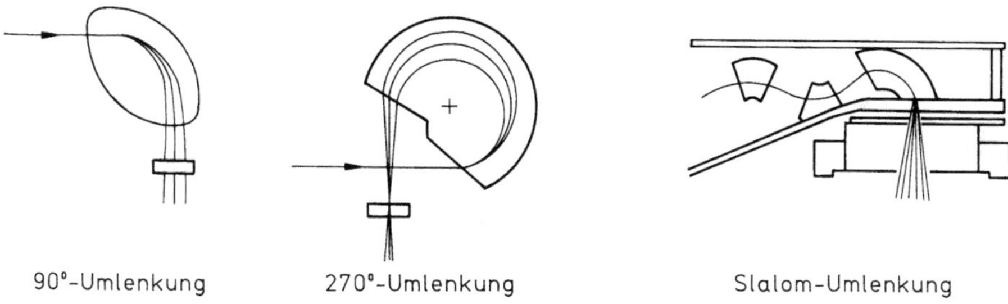

Abb. 34.26. Strahlumlenkung bei Linearbeschleunigern

Da mit zunehmender Energie die Röntgenstrahlen immer mehr gerichtet austreten, bedarf es eines Feldausgleichs, der durch entsprechend geformte korrigierende Filter bewirkt wird (Abb. 34.28). Bei diesen Ausgleichsfiltern steht nicht die Veränderung der spektralen Verteilung der Bremsstrahlung im Vordergrund, sondern die Schwächung der Strahlung in Bündelmitte (Schwächungsfilter). Auch ein solches Filter stellt ein Gefahrenmoment dar (Fehlen, falscher Sitz, Beschädigung).

Der freigesetzte Elektronenstrahl ist scharf gebündelt und ohne zusätzliche Maßnahmen nicht geeignet, die in der Therapie üblichen Bestrahlungsfelder gleichmäßig auszustrahlen. Meist werden die Elektronen durch Folien aus unterschiedlichem Material und von unterschiedlicher Dicke (je nach Elektronenenergie und gewünschter Feldgröße) aufgestreut. Damit ist jedoch ein Energieverlust verbunden. Die Streufolien stellen ein sehr erhebliches Gefahrenmoment dar (vergleichbar den Filtern in der Orthovolttherapie). Wenn eine Streufolie fehlt

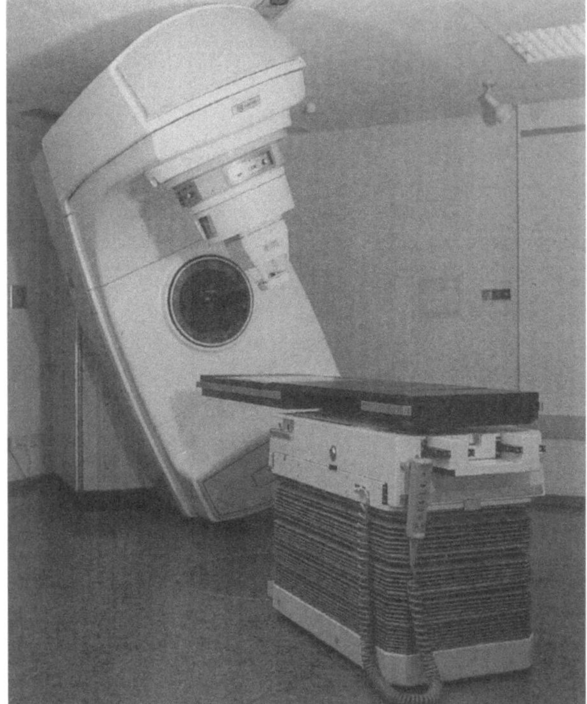

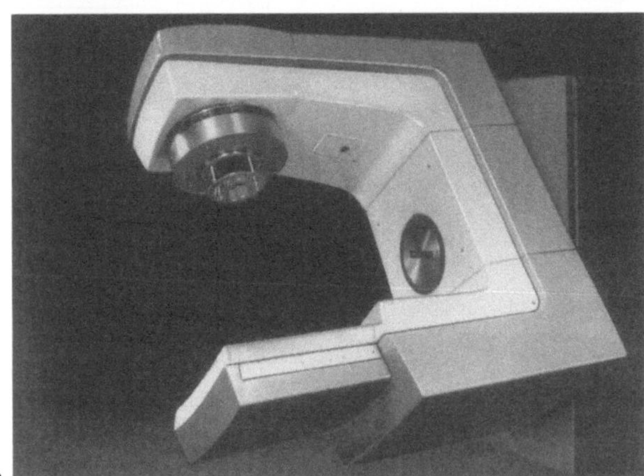

Abb. 34.27. a Linearbeschleuniger (Varian) (mit Elektronentubus). **b** Linearbeschleuniger (Siemens) (mit ausgefahrenem Strahlenfänger und Satellitenblenden)

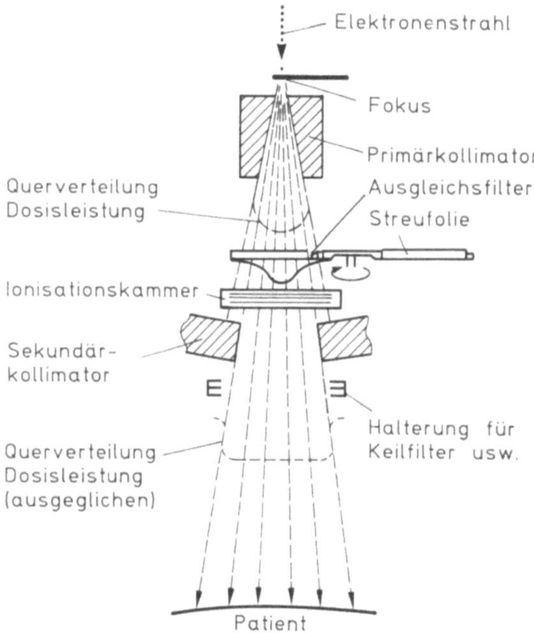

Abb. 34.28. Strahlengang bei einem Linearbeschleuniger (Photonen oder Elektronen)

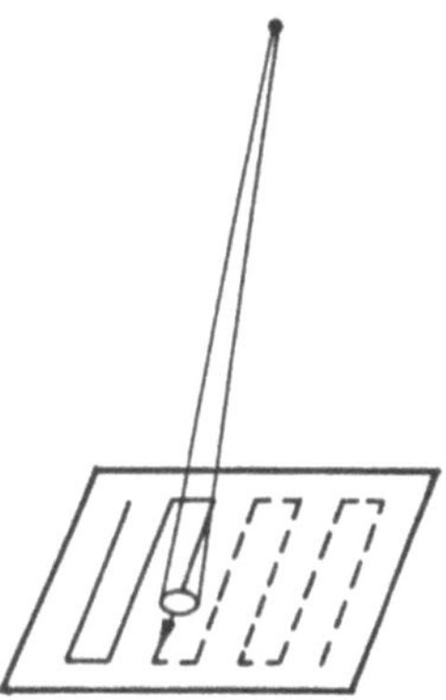

Abb. 34.29. Scannen des Elektronenfeldes (Linearbeschleuniger)

oder beschädigt ist, trifft den Patienten ein schmales Strahlenbündel mit sehr hoher Dosisleistung, das wiederum bei einer einzigen Bestrahlung zu schweren bis lebensbedrohlichen Schäden führen kann. Auch hier sind mannigfaltige Sicherungen entwickelt worden.

Statt die Ausstrahlung eines größeren Feldes durch Aufstreuen zu bewirken, kann es auch mit dem schmalen Elektronenbündel (Pinselstrahl) mäanderförmig „abgescannt" werden (Abb. 34.29). Hier bleibt die Elektronenenergie unverändert, der Scann-Vorgang bedeutet jedoch ein Risiko.

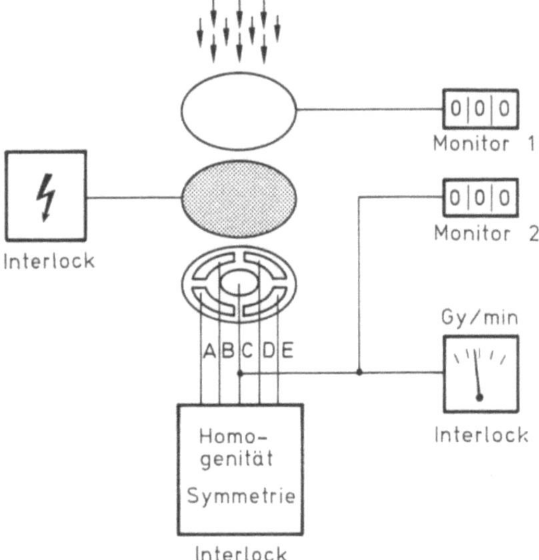

Abb. 34.30. Dosismeßsystem bei einem Linearbeschleuniger (Doppelmeßkammer)

Die Verwendung eines Beschleunigers sowohl zum Erzeugen von Elektronen-
wie von Röntgenstrahlen ist nicht unproblematisch, weil die Intensitäten um
Größenordnungen verschieden sind. Jede Verwechslung kann deletäre Folgen
haben. Hinzu kommen die jeweils erforderlichen Streufolien oder Ausgleichsfilter.

Bei Beschleunigern muß während des Bestrahlens die auflaufende Dosis gemessen werden, da die Dosisleistung nicht so konstant ist, daß über die Bestrahlungszeit dosiert werden könnte. Mitlaufende Zeituhren dienen nur als zusätzli-
ches Überwachungsinstrument. Die Messung erfolgt mit Durchschußkammern
(flachen Ionisationskammern), die das ganze Strahlenbündel erfassen
(Abb. 34.30, Monitor 1). Vorgewählt und angezeigt werden Skalenteile, denen je
nach Strahlenqualität und -geometrie bestimmte Strahlendosen im Dosismaximum oder im Herd entsprechen. Die Strahlung wird abgestellt, wenn die vorge-
wählte Dosis erreicht ist.

Aus Sicherheitsgründen muß ein zweites Dosimeter vorhanden sein, das bei
einer geringfügig höheren Dosis abschaltet, wenn das erste Dosimeter versagt.
Durch Unterteilung der Meßvolumina kann eine Durchschußkammer auch zur
Kontrolle der Feldsymmetrie herangezogen werden (Abb. 34.30, duales Monitor-
system). Bei geeigneter Anordnung der ohnehin erforderlichen beiden Meßkammern ist auch eine gewisse Kontrolle über Streufolien und Ausgleichsfilter möglich.

Die internen Dosimetriesysteme der Geräte werden mit einem geeigneten, externen Dosimeter kalibriert. Die Kenndosisleistung ist auch hier der Maximalwert der Wasser-Energiedosisleistung, gemessen in Wasser auf der Achse des
Nutzstrahlenbündels im Abstand von 100 cm vom Quellpunkt der Röntgen-

strahlen (Fokus) bzw. der Elektronen. Wegen ihrer Bedeutung muß die Kalibrierung jeweils beim Tages-Check überprüft werden [21].

Die Bestrahlungsräume bedürfen einer erheblichen Abschirmung (Bunker). Entscheidendes Kriterium ist die Energie der Röntgenstrahlen. Das gilt auch, wenn nur Elektronenstrahlen erzeugt werden sollen (z. B. Beschleuniger für intraoperative Bestrahlungen).

34.4.3 Tele-Curie-Geräte

Als Quelle energiereicher Photonen für die Tiefentherapie kommen auch radioaktive Stoffe infrage, die entsprechende Gamma-Strahlen aussenden. Für Bestrahlungseinrichtungen mit radioaktiven Quellen (Tele-Curie-Geräte) wird überwiegend Kobalt-60 und daneben noch Caesium-137 verwendet, beides künstlich-radioaktive Stoffe. Curie ist die alte Einheit der Radioaktivität, sie entspricht etwa der Aktivität von einem Gramm Radium ($3,7 \cdot 10^{10}$ Zerfälle/s), neue Einheit ist das Becquerel (1 Bq = 1 Zerfall/s).

Die von Kobalt-60 emittierten Gamma-Quanten mit Energien von 1,25 und 1,33 MeV (entsprechend etwa einer 3-MV-Röntgenbremsstrahlung) sind für eine Tiefentherapie gut geeignet. Die Halbwertszeit ist mit 5,3 Jahren etwas kurz. Da die Intensität der Strahlung mit etwa 1% pro Monat abnimmt, müssen die Bestrahlungstabellen laufend angepaßt werden, und nach etwa 5 Jahren ist ein Quellenwechsel fällig, damit die Bestrahlungszeiten nicht zu lang werden. Caesium-137 liegt mit seiner Photonenenergie von 0,66 MeV (entsprechend etwa einer 1-MV-Röntgenbremsstrahlung) nicht so günstig, weist aber eine Halbwertszeit von 30 Jahren auf.

Die spezifische Aktivität (Aktivität pro Masse) von Kobalt-60 führt auch bei hohen Aktivitäten (bis zu $3,7 \cdot 10^{14}$ Bq = 10 000 Ci) nicht zu übermäßig voluminösen Strahlenquellen. Das ist für die Strahlengeometrie bedeutsam, wenn auch die radioaktiven Strahler in dieser Hinsicht mit den fast punktförmigen Brennflecken der Beschleuniger nicht konkurrieren können. Caesium-137-Strahlenquellen sind nicht so kompakt, und die resultierenden Halbschattenzonen haben eine merkliche Breite (unscharf begrenztes Strahlenbündel, Abb. 34.31). Abbildung 34.32 zeigt beispielhaft die Strahlenquelle eines Kobalt-60-Teletherapiegerätes. Kobalt-60 liegt in metallischer Form vor, Caesium-137 dagegen als hygroskopisches Salz (Korrosionsgefahr).

Wegen der erforderlichen Abschirmung gegenüber der durchdringenden Strahlung ist der Strahlerkopf eines Tele-Curie-Gerätes voluminös und schwer (Kobalt-60-Gamma-Strahlen: Halbwertschicht in Blei ca. 1 cm). Das Nutzstrahlenbündel wird durch den Austrittsschacht gebildet und sein Querschnitt durch ein Blendensystem weiter geformt.

Das Sperren und Freigeben der Strahlung kann in verschiedener Weise erfolgen (Abb. 34.33). Da es sich um starke, nicht abschaltbare Strahlenquellen handelt, kommt dem Verschlußsystem große Bedeutung zu. Grundsätzlich muß gewährleistet sein, daß bei einem Stromausfall die Strahlenquelle in die Ruheposition zurückkehrt bzw. das Verschlußsystem schließt. Das wird in der Regel durch einen Federmechanismus bewirkt. Die Quellenposition bzw. die Stellung des Verschlußsystems wird am Schaltpult angezeigt.

Abb. 34.31. Strahlenbündelquerschnitte (Photonen)

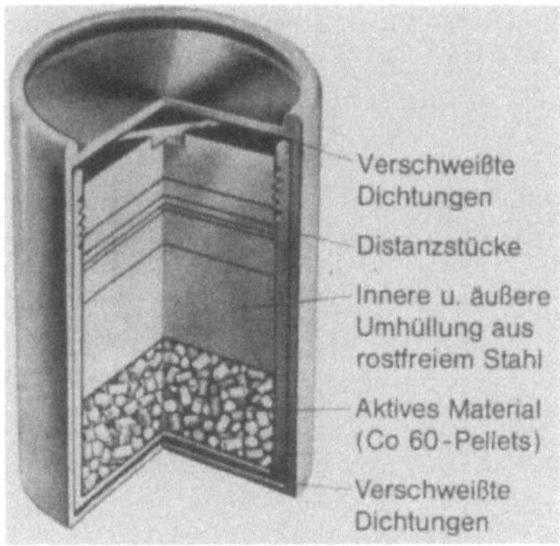

Abb. 34.32. Kobalt-60-Strahlenquelle

Das Versagen des Verschlußmechanismus ist ein typisches Gefahrenmoment solcher Geräte, für das Vorsorge getroffen werden muß. Als Sicherheitseinrichtung ist ein unabhängiges Dosismeßsystem für den Bestrahlungsraum vorgeschrieben [21]. Der Bestrahlungsraum bedarf einer erheblichen Abschirmung (Bunker).

Der Quelle-Haut-Abstand wird in der Regel optisch gemessen und das Bestrahlungsfeld durch ein Lichtvisier angezeigt. Die Bestrahlung erfolgt nach Zeit, wobei aus Sicherheitsgründen 2 Schaltuhren vorgeschrieben sind. Die Bestrahlungszeiten ergeben sich aus der Kenndosisleistung (Maximalwert der Wasser-Energiedosisleistung, gemessen in Wasser auf der Achse des Nutzstrahlenbündels in 100 cm Abstand, hier von der Vorderfläche der Quelle). Der Abfall der Dosisleistung kann nach dem Zerfallsgesetz berechnet werden, sofern die Quelle nicht mit Radionukliden verunreinigt ist, die andere Halbwertszeiten aufweisen. Trotzdem ist eine halbjährliche Kontrolle der Kenndosisleistung vorgeschrieben [21].

Der Strahlerkopf ist konstruktiv so ausgelegt, daß der Wechsel der Strahlenquelle keine nennenswerte Strahlenexposition der damit befaßten Personen zur Folge hat. In der Regel kann der Transportbehälter in zwei Schächten die neue und die alte Quelle aufnehmen. Letztendlich müssen Strahlenquellen als radioaktiver Abfall entsorgt werden.

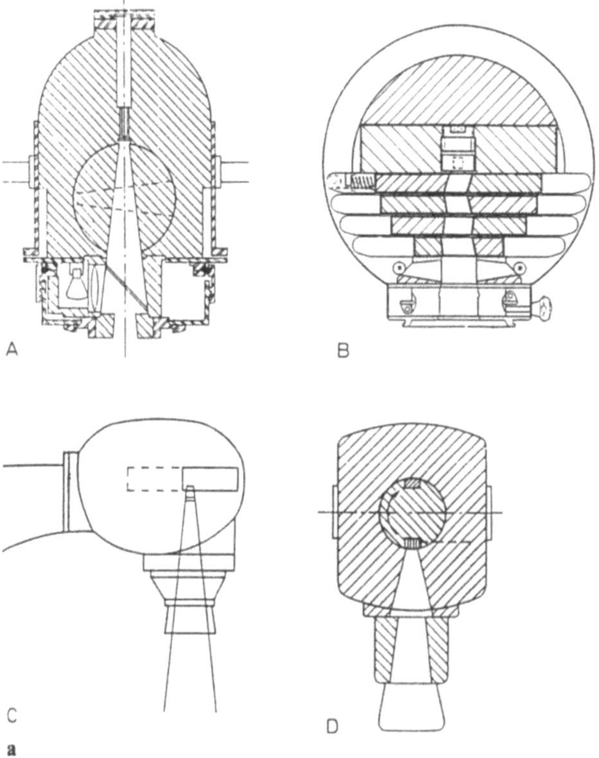

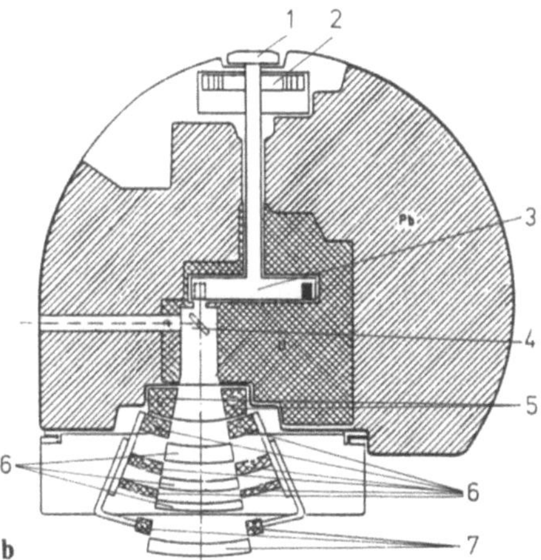

Abb. 34.33. a Verschlußsysteme von Tele-Curie-Geräten. A Quelle fest, Drehverschluß, B Quelle fest, 4 Verschlußschieber, C Längsverschiebung der Quelle, D Rotation der Quelle. **b** Kobalt-60-Teletherapiegerät (Philips). 1 Notverschluß von Hand, 2 Spiralfeder, 3 Quellenträger mit Quelle, 4 Lichtvisier, 5 Primärkollimator, 6 Einstellbare fokussierte Blende, 7 Halbschattentrimmer

34.4.4 Brachytherapie: Strahler und Geräte

Radium wurde schon bald nach seiner Entdeckung in der Medizin eingesetzt. Es wird als umschlossener radioaktiver Stoff gebraucht, das Präparat (Radiumsalz) ist von einer allseitig dichten, festen, inaktiven Hülle umschlossen. Diese Hülle wirkt zugleich als Filter, das die Gamma-Strahlung austreten läßt (die Alpha-Strahlung wird zurückgehalten, die Beta-Strahlung vermag spezielle, dünne Umhüllungen zu durchdringen). Radium-226 hat eine Halbwertszeit von 1 600 Jahren. Mit den Folgeprodukten der radioaktiven Zerfallsreihe emittiert es Gamma-Quanten unterschiedlicher Energie, vorwiegend solche von 0,6, 1,1 und 1,8 MeV. Damit entspricht die Durchdringungsfähigkeit der von Kobalt-60-Gamma-Strahlen.

Als radioaktiver Strahler eignet sich Radium zum Einbringen in Körperhöhlen (intrakavitäre Therapie) und hat daher in der gynäkologischen Strahlentherapie besondere Verbreitung gefunden. Präparate in der Form von Stäbchen in entsprechenden Halterungen (Träger) erlauben eine gewisse Formung der Isodosen (Abb. 34.34). Durch Distanzierung (Tamponade) kann die Tiefenwirkung erhöht werden. Eiförmige Präparate werden etwa in die Gebärmutterhöhle eingebracht. Nadeln dienen zum Spicken eines Tumors (interstitielle Therapie). Da Radium nur begrenzt zur Verfügung steht, kommt es vorzugsweise für eine Brachytherapie und hier für eine protrahierte Bestrahlung in Betracht. Das Strahlenfeld ist

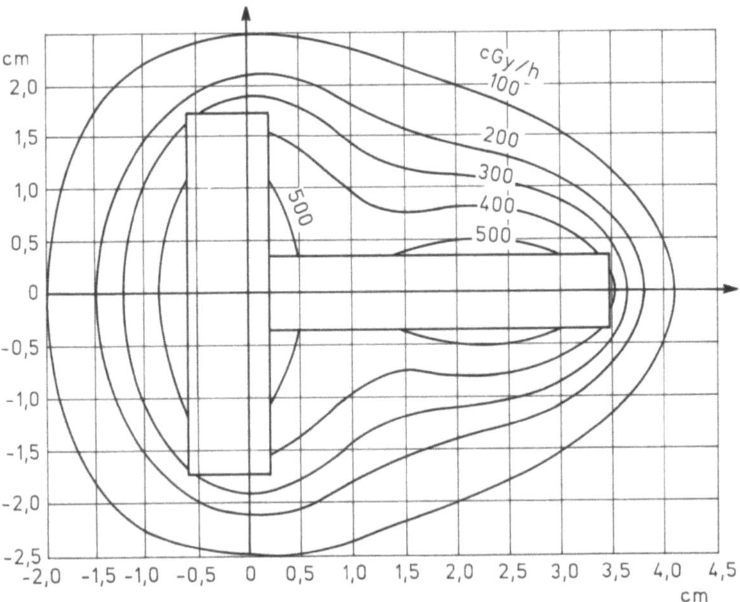

Abb. 34.34. Radiumträger für die gynäkologische Strahlentherapie [2]. Stift (im Gebärmutterhals) und Platte (vor dem Muttermund). Die angegebene Verteilung der Dosisleistung wird erreicht mit etwa 70 mg Radium im Stift und 40 mg Radium in der Platte. Bei einer Liegezeit von 12 Stunden (1 320 mg-Eh) ergibt das im Bereich des Muttermundes eine Dosis von etwa 60 Gy (6 000 rd)

dabei sehr inhomogen. Dosiert wurde ursprünglich nach Radiummenge (mg-Element) und Liegedauer in mgEh (Milligrammelementstunden). Da es aber auf die Strahlendosen ankommt, werden inzwischen entsprechende Angaben für repräsentative Stellen gemacht (z. B. Punkt A und B im Becken bei der gynäkologischen Strahlentherapie).

Angesichts der durchdringenden Gamma-Strahlung des Radiums ergeben sich beim Positionieren und Entfernen der Strahler sowie für die Pflege der Patienten während der üblichen Applikation über viele Stunden erhebliche Strahlenschutzprobleme. Es bedarf stark abgeschirmter Räume und zusätzlich fester und beweglicher Abschirmungen. Ein weiteres Problem ist die Umhüllung. Ihre Beschädigung kann den umschlossenen radioaktiven Stoff in einen offenen verwandeln mit Kontaminations- und Inkorporationsgefahr. Visuelle Kontrollen sowie laufende interne und jährliche externe Dichtigkeitsprüfungen sind daher vorgeschrieben [25].

Nachdem künstlich radioaktive Stoffe zur Verfügung standen, kamen für Hohlräume Kobalt-60-Perlen, für Spickungen Jod-125 und Gold-198 in Form von Seeds oder Tantal-182 als Draht zur Anwendung. Die Radionuklide werden nach Strahlenart (Beta-, Gamma-) und -energie sowie Halbwertszeit und Verfügbarkeit ausgewählt. Nach dem Anwendungszweck richtet sich auch der Aufbau des Strahlers. Als reiner Beta-Strahler wird Strontium-90 mit seinem Folgeprodukt Yttrium-90 in einem stempelförmigen Applikator für die Oberflächentherapie verwendet. In Kalottenform findet Ruthenium-106 (Folgeprodukt Rhodium-106) am Auge Verwendung.

Vor allem im Hinblick auf den Strahlenschutz wurden für die intrakavitäre und interstitielle Therapie die Nachladeverfahren (Afterloading) entwickelt [11] (Abb. 34.35). Hierbei wird vorab ein Führungssystems positioniert, in das ferngesteuert radioaktive Strahler eingebracht werden, während sich der Patient in einem abgeschirmten Bestrahlungsraum (Bunker) befindet. Die Hin- und Rückführung der Strahler ist das typische Sicherheitsproblem dieser Geräte (Abb. 34.36). Abbildung 34.37 zeigt den Meßaufbau zur Kontrolle der Dosisleistung und zum Kalibrieren von Dosimetern für Messungen an exponierten Stellen.

Mit schwachen Strahlenquellen (etwa Caesium-137) nähert man sich den Verweilzeiten und damit den Verhältnissen bei der Radium-Therapie an. Stärkere Strahlenquellen (Iridium-192) erlauben kurze Bestrahlungszeiten in der Größen-

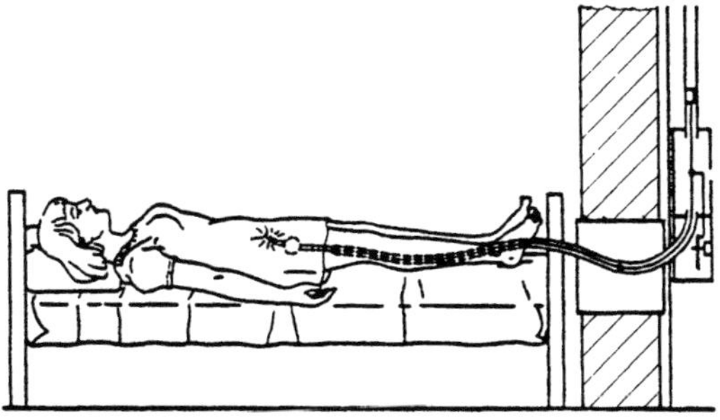

Abb. 34.35. Afterloading (Quelle ausgefahren) [24]

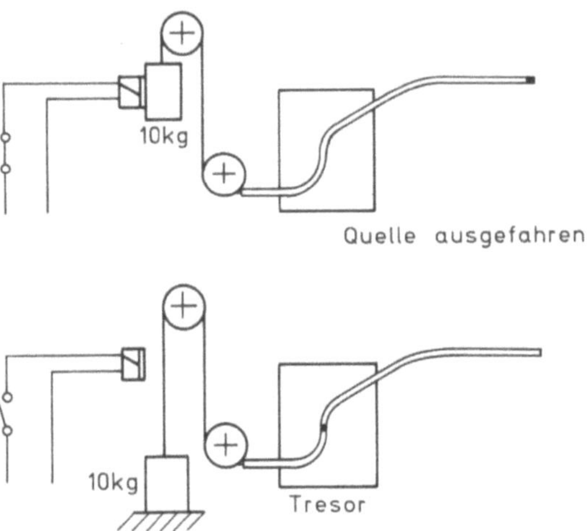

Abb. 34.36. Afterloading-Sicherheitssystem (Buchler). (Rückführung der Quelle im Notfall durch Gewichtszug)

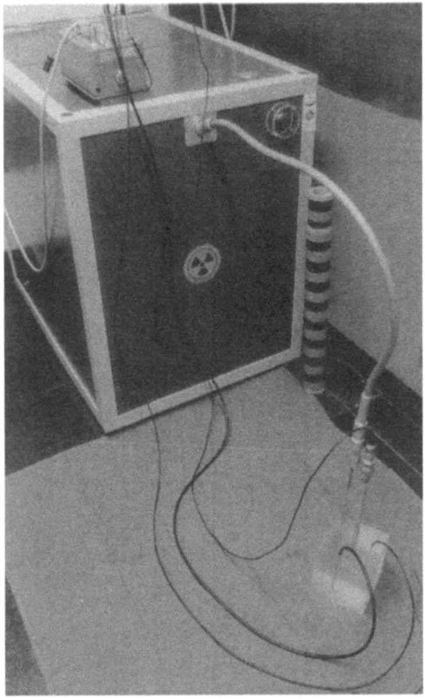

Abb. 34.37. Meßaufbau an einem Afterloading-Gerät (Buchler). Phantomwürfel mit Führungssystem der Strahlenquelle, externem Dosimeter und zwei Dosimetersonden. Ein bleiabgeschirmter Köcher soll im Notfall das Führungssystem samt Quelle aufnehmen, wenn alle Rückführungssysteme versagen

ordnung von Minuten. Eine Formung der Isodosen kann erreicht werden, indem eine Strahlenquelle oszillierend bewegt wird oder nacheinander in verschieden positionierte Kanäle eingeführt wird. Es kann auch mit mehreren Strahlenquellen ggf. mit inaktiven Abstandshaltern gearbeitet werden.

Die Bestrahlung läuft programmiert ab. Zweckmäßig wird die Dosis in zugänglichen und gefährdeten Organen kontrolliert (z. B. Harnblase, Darm). In Ruhe befinden sich die Strahlenquellen in einem abschirmenden Tresor. Es gelten die Sicherheitsbestimmungen für umschlossene radioaktive Stoffe.

34.4.5 Offene radioaktive Stoffe

Offene radioaktive Stoffe werden enteral (Aufnahme durch den Mund) oder parenteral (durch Injektion) in den Körper eingebracht, sie können auch in Körperhöhlen instilliert werden. Die Ausscheidung erfolgt ggf. auf natürlichem Wege, woraus erhebliche Strahlenschutzprobleme resultieren. Die Patienten müssen stationär aufgenommen werden, die Krankenzimmer benötigen sanitäre Einrichtungen, die an Abklinganlagen angeschlossen sind. Alle Räume, in denen mit offenen radioaktiven Stoffen umgegangen wird, müssen dekontaminierbar sein.

Das Musterbeispiel einer Therapie mit offenen radioaktiven Stoffen ist die Behandlung der Schilddrüse mit Jod-131. Jod, das der Körper aufnimmt, gelangt überwiegend in die Schilddrüse, weil es dort zur Hormonproduktion benötigt wird. Radioaktives Jod wird so an seinem Wirkungsort konzentriert. Die Jodaufnahme der Schilddrüse hängt vom Bedarf ab, so daß durch die Gabe von nicht radioaktivem Jod das Organ für eine spätere Aufnahme von radioaktivem Jod blockiert wird.

Zur Behandlung eines bösartigen (tumorbedingten) Ascites (Bauchwassersucht) kann Gold-198, Phosphor-32 oder Yttrium-90 in kolloidaler Form in die Bauchhöhle eingebracht werden. Phosphor-32 wird auch bei Erkrankungen des blutbildenden Systems eingesetzt (Reduktion der roten Blutkörperchen bei Polycythaemia vera). Für die Behandlung von Prozessen im Lymphsystem gibt es die Instillation von Phosphor-32 und Gold-198 in die Lymphbahnen. Die genannten Radionuklide wirken auf kurze Distanz durch ihre Beta-Strahlung. Zur Lokalisation und damit zur Erfolgskontrolle wird ggf. dem reinen Beta-Strahler Phosphor-32 ein gammastrahlendes Radionuklid (Jod-131) beigegeben.

Schließlich gibt es radioaktive Stoffe in Mikrosphären, die beispielsweise gezielt in die versorgende Arterie eines Tumors appliziert werden. Methodisch gehört auch dieses Verfahren noch zur Nuklearmedizin.

34.4.6 Hilfseinrichtungen

Therapie-Simulatoren dienen dazu, im Zuge einer Durchleuchtung unter Therapiebedingungen mit Diagnostik-Strahlung die Bestrahlungsfelder festzulegen. Es handelt sich um spezielle Röntgen-Durchleuchtungsgeräte mit Bildverstärker-Fernsehen (s. Kap. 4), die in Analogie zu den Therapiegeräten um eine waagerechte Achse schwenkbar sind. Der Fokus-Drehachs-Abstand ist üblicherweise

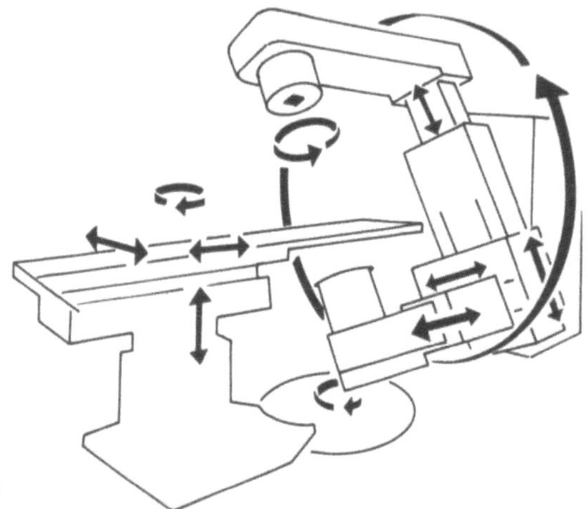

a

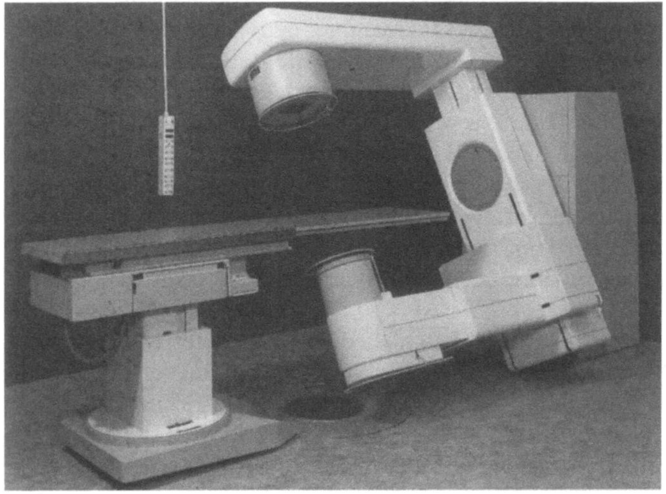

b

Abb. 34.38. a Therapiesimulator (Bewegungsmöglichkeiten von Gerät und Lagerungstisch). **b** Therapiesimulator (Philips)

variabel (etwa 60 bis 120 cm), um den Strahlengang verschiedener Therapiegeräte simulieren zu können (Abb. 34.38). Aus Strahlenschutzgründen sind die Geräte fernbedient. Der Lagerungstisch muß dem der Therapiegeräte entsprechen, dasselbe gilt für Lagerungshilfen, wie raumfeste Lichtvisiere (Abb. 34.39).

Bei den üblichen Bestrahlungsfeldern geht das Strahlenbündel hinter dem Patienten vielfach über das Eingangsformat der gängigen Bildverstärker (Durchmesser ca. 25 cm) hinaus. Diese müssen daher in der Eingangsebene verschieblich sein, damit der ganze Querschnitt des Strahlenbündels, wenn auch nicht gleichzeitig, gesehen werden kann. Die Feldgrenzen werden durch eine Drahtblende, die neben der (weiter geöffneten) Strahlenblende vorhanden ist, im Durchleuchtungsfeld sichtbar gemacht, wie auch der Zentralstrahl (als Kreuzungspunkt zweier Drähte) (Abb. 34.40).

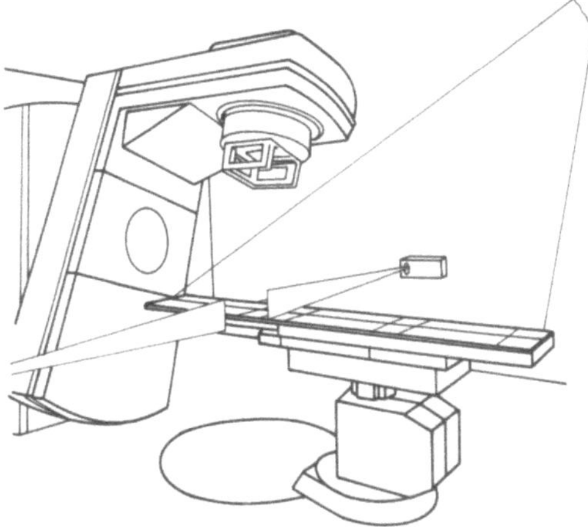

Abb. 34.39. Lichtvisiere für einen Beschleuniger. Schlitzvisier zur Markierung einer Drehachsebene (ggf. auch der Körperlängsachse) und Kreuzvisiere zur Markierung einer weiteren Drehachsebene und einer Zentralstrahlebene

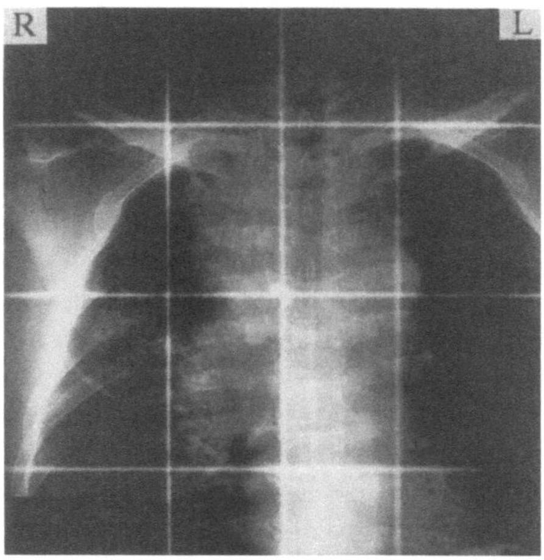

Abb. 34.40. Simulatoraufnahme (zentrales Bronchialkarzinom). Die Feldgrenzen sind durch die Drahtblende markiert, der Zentralstrahl ist besonders gekennzeichnet, die Aufnahmebedingungen werden notiert

In der Tiefentherapie, häufig auch schon in der Halbtiefentherapie, sind für eine substantielle Bestrahlungsplanung Körperquerschnitte erforderlich. Diese sind in idealer Weise mittels Computertomographie zu erhalten (s. Kap. 4). Da zur Erzeugung der Querschnitte Röntgenstrahlen und damit ebenso wie meist für die Therapie Photonen verwendet werden, können nicht nur die geometrischen Daten (Anatomie), sondern auch die ermittelten Gewebewerte für die Planung Verwendung finden.

Benötigt werden Querschnitte in der Ebene des Zentralstrahls und zu den Grenzen des Strahlenbündels hin. Mehr als in der Diagnostik kommt es beim

Einsatz der Computertomographie in der Strahlentherapie darauf an, daß die Querschnitte maßstabsgetreu sind. Ferner interessiert der Algorithmus, nach dem die Schwächungseigenschaften des Gewebes gegenüber der verwendeten Strahlung (Röntgenstrahlen um 100 kV) in CT-Zahlen (Hounsfield-Einheiten) und diese in Schwärzungsstufen umgesetzt werden.

Da die Anforderungen an die Güte der Darstellung nicht hoch sind und für die Anfertigung eines Querschnitts auch mehr Zeit zur Verfügung steht, sind anstelle der aufwendigen Computertomographen schon einfachere Konstruktionen vorgeschlagen worden. So können etwa auf der Basis eines Simulators, durch Rotation von Röhre und Bildverstärker um den Patienten, orientierende Querschnitte erhalten werden.

Ursprünglich hat man durch mechanische Hilfsmittel den Körperumriß ermittelt und den Querschnitt anhand einer in Atlanten niedergelegten Standardanordnung der Organe ausgefüllt. Mittels Ultraschall (Compound-Verfahren) konnten neben dem Körperumriß schon individuelle Organgrenzen ermittelt werden. Auch in konventioneller Röntgen-Schichttechnik ist unter Anwendung besonderer Geräte versucht worden, Körperquerschnitte zu erhalten.

Für die Berechnung der Dosisverteilung im Körper sind inzwischen computerunterstützte Therapie-Planungssysteme Stand der Technik. Die in der Simulation festgelegten, durch Computertomographie ermittelten Querschnitte werden mittels Datenträger (in der Regel off-line) auf den Rechner übertragen oder als Bild eingelesen. Zusätzlich werden die vorgesehenen Strahlenbündel (Felder) und die Gerätedaten eingegeben. Das System berechnet Isodosen und ermittelt für vorgegebene Strahlendosen die Einstelldaten für das jeweilige Bestrahlungsgerät.

Bei der Entscheidung über einen Bestrahlungsplan wird auf das Zielvolumen (s. Abb. 34.5) und die mitbestrahlten kritischen Organe besonders geachtet. Gegebenenfalls wird ein Plan schrittweise durch Abänderungen und wiederholte Rechnungen optimiert. Gegenwärtig geschieht dies an Hand zweidimensionaler Darstellungen unter Mitwirkung des Therapeuten. Es gibt Bemühungen um räumliche Darstellungen (Abb. 34.41, vgl. Kap. 22, Bildverarbeitung) und eine programmierte Optimierung.

Körperquerschnitt und Isodosen erscheinen in der Regel zunächst auf einem Fernseh-Display, zur Dokumentation gibt es eine Ausgabe als Hardcopy oder graphische Darstellung mittels Plotter. Besondere Anforderungen stellen Bestrahlungen mit verschiedenen Strahlenarten oder an verschiedenen Geräten, insbesondere Kombinationen von Brachy- und Teletherapie.

Durch Feldkontrollaufnahmen mittels Therapiestrahlung am Therapiegerät wird kontrolliert, ob die bei der Simulation festgelegten und der Bestrahlungsplanung zugrunde gelegten Feldanordnungen auch realisiert werden. Dazu werden empfindliche Röntgenfilme mit (wegen der energiereichen Strahlung) Metallfolien verwendet [17]. Zur besseren Übersicht werden die Filme doppelt belichtet, einmal entsprechend dem Feld eingeblendet und dann (automatisch) aufgeblendet. Das Bestrahlungsfeld erscheint durch die doppelte Belichtung dunkel gegenüber der zur Orientierung dienenden Umgebung. Wenn erforderlich, wird an Hand dieser Feldkontrollaufnahmen die Lagerung des Patienten oder auch die Feldeinstellung korrigiert. Die Bildgüte dieser Aufnahme ist allerdings mit der der Simulationsaufnahmen nicht zu vergleichen.

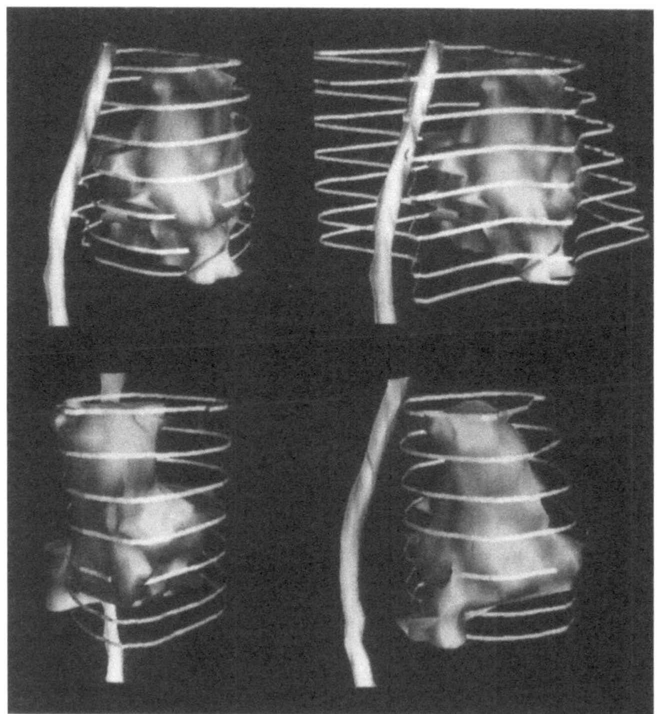

Abb. 34.41. Dreidimensionale Bestrahlungsplanung [3]. Bestrahlung des Mediastinums über 3 Felder, dargestellt sind das Zielvolumen und das Rückenmark (kritisches Organ) sowie 80%- bzw. (oben rechts) 60%-Isodosen

Abb. 34.42. Wasserphantom mit automatisiertem Dosismeßsystem (Therados). Für die Messungen wird das destillierte Wasser aus dem Vorratsbehälter (Mitte) in das Phantomgefäß gepumpt. Die Meßsonde wird durch Schrittmotoren in drei Koordinatenrichtungen bewegt. Die Steuerungseinrichtung (links) wird außerhalb des Bestrahlungsraumes aufgestellt

Neben den Feldkontrollaufnahmen gibt es noch Felddokumentationsaufnahmen, bei denen unempfindliche Filme während der Bestrahlung eines Feldes mitbelichtet werden.

Zu den Hilfseinrichtungen gehören auch die für die Messung der Dosisleistung im Strahlenkegel der Therapiegeräte erforderlichen Dosimeter und Phantome. Zum Ausmessen von Strahlenfeldern eignen sich besonders Wasserphantome mit ferngesteuerter Bewegung der Meßsonde (Abb. 34.42). Mit Computerunterstützung können Isodosenfelder automatisch aufgenommen und ggf. unmittelbar in ein Therapie-Planungssystem eingespeist werden.

34.4.7 Vorschriften

Für die Strahlentherapie enthalten die Röntgenverordnung (Röntgenstrahlen erzeugt durch beschleunigte Elektronen mit einer Energie bis zu 3 MeV) [26] und die Strahlenschutzverordnung (radioaktive Stoffe und Beschleuniger) [25] sowie die dazu ergangenen Richtlinien (z. B. [21]) wesentliche Bestimmungen. Von gewisser Bedeutung ist auch die Medizingeräteverordnung. Daneben gibt es VDE-Bestimmungen, DIN-Normen und Unfallverhütungsvorschriften, die als „Regeln der Technik" bestimmenden Charakter erlangen.

Das Atomgesetz ist die Grundlage für den Umgang mit ionisierenden Strahlen. Es enthält Ermächtigungsvorschriften für den Erlaß von Verordnungen und legt fest, daß es sich bei Verstößen um Ordnungswidrigkeiten handelt, die mit einem Bußgeld geahndet werden können. Ein für die Strahlentherapie wichtiger Haftungstatbestand findet sich in § 26/1985: Die Anwendung von radioaktiven Stoffen oder Beschleunigern zur Heilkunde ist nur dann von der allgemeinen Haftung freigestellt, wenn der Stand von Wissenschaft und Technik gewahrt und radioaktive Stoffe, Beschleuniger sowie Meßgeräte ausreichend gewartet worden sind.

Röntgengeräte sind in der Regel (bauartzugelassene Strahler) nur anzeigepflichtig und können nach Tätigwerden eines Sachverständigen genehmigungsfrei betrieben werden. Einzelheiten enthält die Röntgenverordnung mit ergänzenden Richtlinien. Demgegenüber ist der Umgang mit radioaktiven Stoffen (Ausnahme: Prüfstrahler für Dosismeßgeräte mit Aktivitäten unterhalb gewisser Grenzen) und Beschleunigern genehmigungspflichtig. Die zu beachtenden Vorschriften und Regeln werden in der Genehmigung aufgeführt.

Zur Qualitätssicherung verlangt die Röntgenverordnung (§ 17/1987), daß bei Therapieeinrichtungen die Dosisleistung im Nutzstrahlenbündel regelmäßig (alle 6 Monate) unter den üblichen Betriebsbedingungen gemessen und aufgezeichnet wird. Vor Aufnahme einer Behandlung muß der Bestrahlungsplan einschließlich der Bestrahlungsbedingungen schriftlich festgelegt und von einem fachkundigen Arzt kontrolliert werden (§ 27). Die Einstellung eines jeden Bestrahlungsfeldes muß vor jeder einzelnen Bestrahlung von einem Arzt überprüft werden (§ 27).

Die Herstellernorm DIN 6811/1972 enthält Festlegungen über die Griffstelle, wenn Strahler für Röntgenbremsstrahlung bis 100 kV bei bestimmten Anwendungen von Hand gehalten werden sollen. Bei energiereicherer Strahlung muß die Behandlung in einem geschlossenen Raum erfolgen, der gegen Betreten durch Türkontakte gesichert ist (Errichternorm DIN 6812/1985).

Die Strahlenschutzverordnung findet für den medizinischen Bereich ihre Ergänzung in einer umfassenden Richtlinie „Strahlenschutz in der Medizin". In der
Verordnung ist festgelegt (§ 19/1989), daß Beschleuniger nur betrieben werden
dürfen, wenn neben dem strahlenschutzbeauftragten Arzt ein besonders ausge-
bildeter Physiker oder eine hinreichend ausgebildete sonstige Person als weiterer
Strahlenschutzbeauftragter bestellt ist. Nach der Richtlinie (1979) ist dieser Beauftragte für den physikalisch-technischen Bereich insbesondere zuständig für
die Dosimetrie, die Bereitstellung der für die Therapie erforderlichen physikalischen Daten, die Ausarbeitung des physikalischen Inhalts der Bestrahlungspläne,
die betriebsinterne technische Überwachung des Beschleunigers (ggf. auch einer
Gamma-Bestrahlungseinrichtung) und die strahlenschutztechnischen Sicherheitsmaßnahmen.

Die Behörde kann verlangen, daß Strahlenschutzanweisungen erlassen werden, insbesondere für das Vorgehen bei außergewöhnlichen Vorkommnissen
(Störung des Verschlußsystems bei einer Gamma-Bestrahlungseinrichtung, Störung der Rückführung des Strahlers in die Ruhestellung bei fernbedienten Appli-
kationseinrichtungen, § 34 und Richtlinie). Störfallmaßnahmen müssen halbjährlich geübt werden. In Bestrahlungsräumen muß ein Notschalter installiert sein,
mit dem die Anlage abgeschaltet oder der Strahlerkopf geschlossen werden kann
(§ 59).

Die Prüfung umschlossener radioaktiver Stoffe (in der Regel jährlich) ist in
§ 75, die Wartung von Beschleunigern und Bestrahlungseinrichtungen mit radioaktiven Quellen (jährlich eine Wartung und zeitlich versetzt eine sicherheitstechnische Überprüfung) ist in § 76 der Strahlenschutzverordnung geregelt.

Die Medizingeräteverordnung enthält Bestimmungen über die jedem
medizinisch-technischen Gerät beizugebende Gebrauchsanweisung mit Angaben
über Funktionsprüfung und Wartung (§ 4/1985) sowie über die Einweisung des
Personals anhand dieser Gebrauchsanweisung (§ 10).

34.5 Strahlenschutz

Während in der Strahlentherapie hohe Dosen ionisierender Strahlen gezielt zu
Heilzwecken eingesetzt werden, hat es der Strahlenschutz – von schweren Unfällen abgesehen, bei denen eine Strahlenquelle außer Kontrolle geraten ist – mit
niedrigen Strahlendosen zu tun. Da es sichere Erkenntnisse über die Beziehung
zwischen Strahlendosis und -wirkung im Niedrigdosisbereich nicht gibt (Abschn.
34.1, Abb. 34.2), ist die seit Anbeginn vorhandene natürliche Strahlung der einzig
verläßliche Maßstab für die Bewertung kleiner zusätzlicher Strahlendosen.

Abbildung 34.43 stellt die durchschnittliche jährliche Strahlenexposition aus
natürlichen und künstlichen Quellen in den entwickelten Ländern als effektive
Dosis dar. Das von der Internationalen Strahlenschutzkommission (ICRP) vor-
geschlagene Konzept der effektiven Äquivalentdosis [13] erlaubt es, Strahlenexpositionen, die nur Teile des Körpers oder einzelne Organe betreffen, hinsichtlich
des Risikos der Induktion einer zum Tode führenden Krebserkrankung zu einer
Ganzkörperbestrahlung in Beziehung zu setzen. Empfohlen von der Europäischen Gemeinschaft hat das Konzept mit der Röntgenverordnung von 1987 [26]

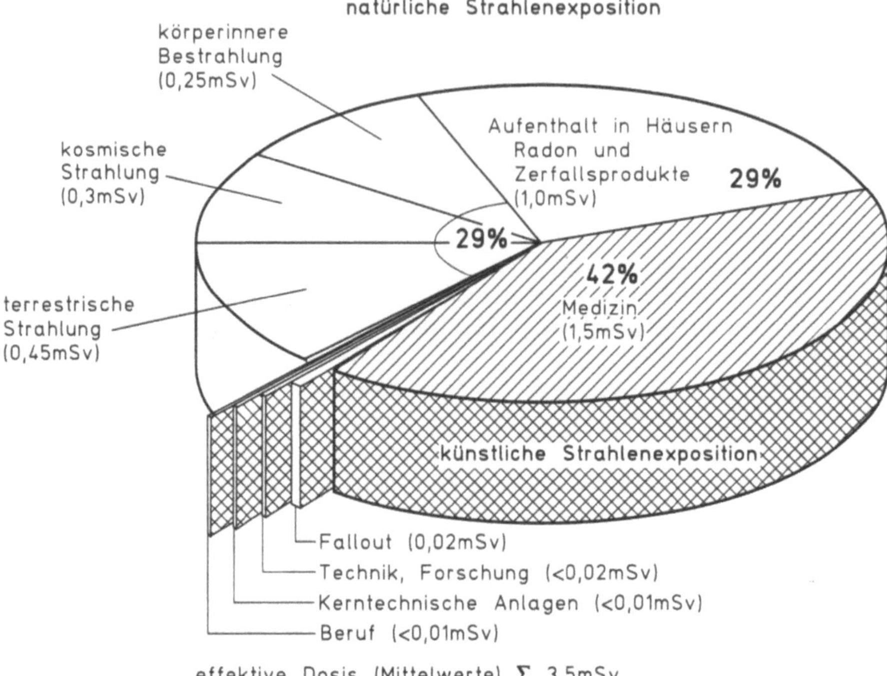

Abb. 34.43. Durchschnittliche jährliche Exposition der Bevölkerung in den entwickelten Ländern aus natürlichen und künstlichen Strahlenquellen (effektive Äquivalentdosis) [19]

Eingang in die deutsche Strahlenschutzgesetzgebung gefunden. Die Äquivalentdosis mit der Einheit Sievert (Sv) ist die Dosisgröße für den Strahlenschutz (s. Abschn. 34.3). Sie quantifiziert die unterschiedliche biologische Wirksamkeit verschiedener Arten von ionisierenden Strahlen.

Die Darstellung läßt erkennen, daß die künstliche Exposition inzwischen das Niveau der natürlichen erreicht. Dabei muß betont werden, daß es sich um Durchschnittswerte handelt, im einzelnen unterliegen die natürliche wie die künstliche Exposition erheblichen Schwankungen. Das Bemühen des Strahlenschutzes muß dahin gehen, den künstlichen Anteil an der Gesamtexposition nicht weiter steigen zu lassen. Da die künstliche Exposition weit überwiegend aus der medizinischen Anwendung ionisierender Strahlen herrührt, versprechen Bemühungen in diesem Bereich eine besondere Breitenwirkung.

34.5.1 Exposition aus natürlichen Quellen

Uran und Thorium sind die Muttersubstanzen natürlicher radioaktiver Zerfallsreihen, die über viele Zwischenstufen unterschiedlich strahlender Radionuklide schließlich mit nicht mehr radioaktivem Blei enden. Da die Ausgangsstoffe, wenn auch in unterschiedlicher Konzentration, ubiquitär vorhanden sind, findet sich

Tabelle 34.1. Durchschnittliches Inventar
natürlicher Radioaktivität des Menschen

Kalium-40	4400 Bq
Kohlenstoff-14	3000 Bq
Wasserstoff-3 (Tritium)	20 Bq
Polonium-210	12 Bq
Radium-226	5 Bq
Thorium-228	2 Bq

ihre durchdringende Gamma-Strahlung überall. Sie macht die „terrestrische"
Komponente der natürlichen Exposition aus. Schon in der Bundesrepublik gibt
es erhebliche Unterschiede der terrestrischen Strahlung etwa zwischen Schleswig-
Holstein und Gebieten in Bayern sowie im Saarland. Auf der Welt gibt es stellen-
weise so viel Radioaktivität im Boden, daß nach hiesigen Strahlenschutzvorstel-
lungen das Vorhandensein einer Wohnbevölkerung bedenklich erscheint.

Die „kosmische" Komponente der natürlichen Exposition (Höhenstrahlung)
stammt aus dem Weltraum, zur Erdoberfläche hin nimmt die Intensität ab. Hier
bestehen Unterschiede mit der geographischen Breite, vor allem aber mit der Höhe. Eine Wohnbevölkerung in 4000 m Höhe (Anden) ist einer erheblich größeren
Exposition ausgesetzt als eine Bevölkerung auf Meeresniveau.

Die terrestrische wie die kosmische Strahlung sind durchdringend und führen
zu einer gleichmäßigen Ganzkörperexposition. Anders die körperinnere Bestrahlung durch Radionuklide im Körper, deren (vornehmlich) Beta-Strahlung eine
lokale Exposition bewirkt. Wie Tabelle 34.1 zeigt, ist das durchschnittliche Inventar natürlicher Radioaktivität des Menschen nicht unbeträchtlich. Es macht
rund 10000 Bq aus, wobei allerdings anzumerken ist, daß das Becquerel (1 Kern-
zerfall pro Sekunde) eine sehr kleine Einheit ist (s. Abschn. 34.4.3).

Wie Uran und Thorium ist Kalium-40 ein primordialer radioaktiver Stoff,
der von Anbeginn vorhanden war. Entsprechend der Bedeutung des Kaliums für
die Lebensvorgänge findet sich das strahlende Isotop Kalium-40 überall im Körper. Kohlenstoff-14 und Tritium werden durch die Höhenstrahlung in der Atmosphäre laufend gebildet und entsprechend der Bedeutung von Kohlenstoff
und Wasserstoff für die Biochemie in den Körper eingebaut. Polonium-210,
Radium-226 und Thorium-228 sind Tochtersubstanzen in radioaktiven Zerfallsreihen, sie sind nur mit geringen Aktivitäten vertreten, aber als Alpha-Strahler
biologisch besonders wirksam (s. Abschn. 34.3). Die körperinnere Bestrahlung
läßt sich nur nach dem Konzept der effektiven Dosis zu der Exposition durch die
terrestrische und kosmische Strahlung in Beziehung setzen.

Die Erkenntnis ist noch nicht alt, daß die genannten Komponenten nur etwa
die Hälfte der natürlichen Strahlenexposition ausmachen. In den Zerfallsreihen
von Uran und Thorium tritt als Tochtersubstanz auch das radioaktive Edelgas
Radon auf, bei dem und dessen wichtigen Folgeprodukten es sich um Alpha-
Strahler handelt. Als Gas gelangt Radon aus dem Erdboden, aber auch aus Baumaterial in die Atemluft und führt zu einer erheblichen Exposition der Lunge
(1 mSv effektive Dosis bedeutet 8 mSv Organdosis!).

In der Bundesrepublik hält sich die Radon-Problematik in Grenzen, im Ausland gibt es aber – bedingt durch das verwendete Baumaterial – Wohngebäude mit nicht unbedenklichen Radon-Konzentrationen. Die tatsächlich durch Radon bewirkte Exposition wird durch die Lebensgewohnheiten beeinflußt (Lüftung, Aufenthalt im Freien). Für die Bewertung zusätzlicher (künstlicher) Expositionen ist der Umstand von entscheidender Bedeutung, daß die als Basis anzusehende natürliche Exposition keineswegs eine konstante Größe ist.

34.5.2 Exposition aus künstlichen Quellen

In den entwickelten Ländern rührt die Exposition aus künstlichen Quellen im wesentlichen von der Medizin und hier von der Röntgendiagnostik her. Die Strahlentherapie und die Nuklearmedizin tragen vergleichsweise wenig dazu bei, weil es sich um kleine Personengruppen bzw. geringe Strahlendosen handelt.

Der Fallout von den Kernwaffenanwendungen und -erprobungen in der Atmosphäre nimmt ab, seit Testexplosionen nur noch unterirdisch ausgelöst werden. Technik, Forschung und berufliche Exposition wirken sich auf den Mittelwert nur wenig aus. Ebenso ist es mit der Kerntechnik. Auch ein über den Auslegungsstörfall weit hinausgehender Unfall, wie 1986 in dem Kernkraftwerk von Tschernobyl, ändert daran auf längere Sicht nichts. Für die von dem radioaktiven Niederschlag stärker betroffenen Gebiete der Bundesrepublik ist es im ersten Jahr zu einer zusätzlichen Exposition etwa in der Höhe von 1 mSv (halbe natürliche Jahresdosis) gekommen, und im Verlauf von 50 Jahren wird noch etwa 1 mSv hinzukommen.

Zunehmende Bedeutung erlangt die durch zivilisatorisches Handeln bedingte Vermehrung der natürlichen Radioaktivität in der Lebenssphäre und damit die vermehrte Exposition durch die Strahlung dieser natürlich radioaktiven Stoffe. So wird beispielsweise beim Betrieb von Kohlekraftwerken Radioaktivität freigesetzt, wobei es sich vornehmlich um alphastrahlende Radionuklide handelt. Ebenso enthält Rohphosphat für die Herstellung von Düngemitteln merklich Radioaktivität. Schließlich ist in diesem Zusammenhang auch das Fliegen in großen Höhen zu nennen, mit einer vermehrten Exposition durch die kosmische Strahlung.

34.5.3 Exposition in der Medizin

In der Strahlentherapie wird im Zielvolumen mit Strahlendosen um 50 Gy eine Zellvernichtung (nichtstochastische Strahlenwirkung, s. Abschn. 34.1) angestrebt. Auch im Behandlungsvolumen und weitgehend im bestrahlten Volumen (s. Abschn. 34.4, Abb. 34.5) wird die Grenze zu den nichtstochastischen Strahlenwirkungen überschritten. In den Bereichen des Körpers, die nicht von direkter Strahlung getroffen werden, treten als Folge von Streustrahlung und Durchlaßstrahlung Strahlendosen auf, bei denen stochastische Wirkungen im Vordergrund stehen.

Die Exposition des Personals ist bei allen Formen der Teletherapie und im Bereich der Brachytherapie, wenn mit Nachladeverfahren oder Beta-Strahlern (s.

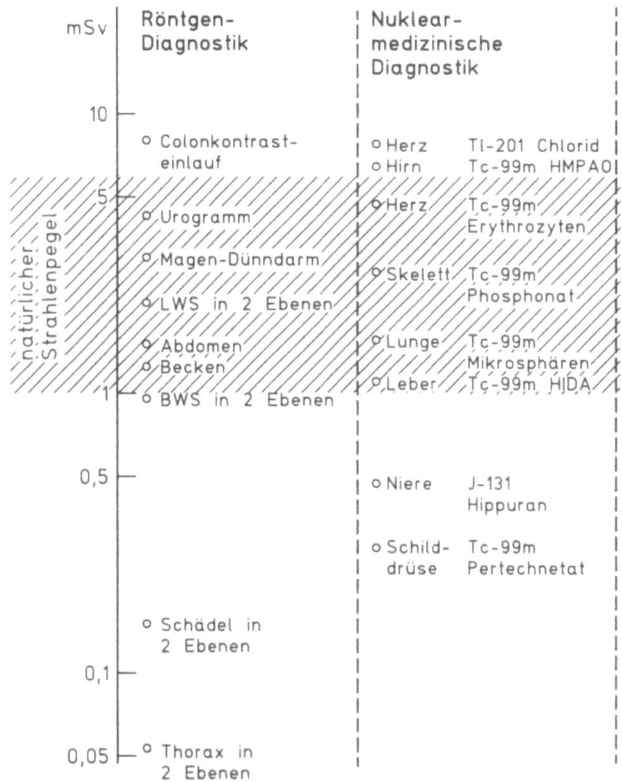

Abb. 34.44. Exposition durch medizinisch-diagnostische Maßnahmen und Schwankungsbreite der natürlichen Exposition eines Jahres (effektive Dosis, logarithmische Skala) [7]

Abschn. 34.4.4) gearbeitet wird, vernachlässigbar klein. Die Applikation von Gamma-Strahlern, wie Radium, oder von offenen radioaktiven Stoffen ist mit einer merklichen Exposition des Personals verbunden.

Röntgendiagnostik und nuklearmedizinische Diagnostik verursachen Expositionen, die sich für die einzelne Untersuchung in der Größenordnung der natürlichen Exposition eines Jahres halten (Abb. 34.44). Wenn die Notwendigkeit zu einer Anwendung ionisierender Strahlen besteht, ist sie auch gerechtfertigt. Da aber schädliche Wirkungen selbst kleinster Strahlendosen nicht auszuschließen sind, muß die Indikation streng gestellt werden, und es müssen alternative Verfahren (Ultraschall, Kernspinresonanz) in Betracht gezogen werden.

34.5.4 Gesetzliche Bestimmungen

Gesetzliche Grundlage des Strahlenschutzes in der Bundesrepublik Deutschland sind das Atomgesetz und das Strahlenschutzvorsorgegesetz. Aufgrund des Atomgesetzes sind die Röntgenverordnung (Röntgenstrahlen erzeugt durch beschleunigte Elektronen mit Energien bis 3 MeV) und die Strahlenschutzverordnung (radioaktive Stoffe, Beschleuniger) erlassen worden. Gesetze und Verordnungen sind unmittelbar verbindlich, Richtlinien erhalten durch behördliche Anordnung Verbindlichkeit.

Die weltweit ähnliche, gesetzliche Regelung des Strahlenschutzes basiert auf den Empfehlungen der Internationalen Strahlenschutzkommission (ICRP). Ausgehend von der Annahme, daß auch kleinste Strahlendosen Krebs induzieren oder genetische Veränderungen bewirken können, verlangt das System der Dosisbegrenzung der ICRP, daß jede Anwendung ionisierender Strahlen durch den zu erwartenden Nutzen gerechtfertigt sein muß, daß jede notwendige Strahlenexposition so niedrig wie vernünftigerweise möglich gehalten wird (ALARA: As Low As Reasonably Achievable) und, daß bestimmte Grenzwerte nicht überschritten werden. Auch aufgrund von Richtlinien des Rates der Europäischen Gemeinschaften (übernationales Recht [8]) sind diese internationalen Empfehlungen in das nationale Recht eingebracht worden.

Bei den Strahlenexpositionen aus künstlichen Quellen ist zwischen der beruflichen Exposition von Beschäftigten, der medizinischen Exposition von Patienten und der Exposition der Bevölkerung zu unterscheiden. Die natürliche Strahlenexposition wird bei der Dosisbegrenzung nicht berücksichtigt (auch nicht die erhöhte Exposition beim Aufsuchen radioaktiver Heilquellen).

Ein Eckwert des Strahlenschutzes ist der Jahresgrenzwert der effektiven Dosis bzw. Ganzkörperdosis für beruflich strahlenexponierte Personen der Kategorie A von 50 mSv. Wenn dieser Wert nicht überschritten wird und das Gros der beruflich strahlenexponierten Personen weit unter diesem Wert bleibt (wie es tatsächlich der Fall ist), entspricht damit das Risiko in Strahlenbetrieben etwa dem allgemeinen Unfallrisiko in der Industrie. 1988 ist zusätzlich eine Beschränkung auf 400 mSv für das Berufsleben eingeführt worden. Im übrigen darf im Vierteljahr höchstens die Hälfte des Jahresgrenzwertes erreicht werden, und gebärfähige Frauen dürfen mit Rücksicht auf eine Frühschwangerschaft im Monat eine Dosis von 5 mSv nicht überschreiten.

Der Grenzwert für die effektive Dosis bzw. Ganzkörperdosis wird ergänzt durch Grenzwerte für Teilkörperdosen. In der Medizin ist allein der Jahresgrenzwert für die Hände von Bedeutung (500 mSv), der beim Hantieren im Strahlenkegel von Durchleuchtungsgeräten oder bei der Applikation von Radium und ähnlichen Strahlern schnell erreicht werden kann.

Beruflich strahlenexponierte Person ist, wer bei der Berufsausübung mehr als ein Zehntel der genannten Jahresgrenzwerte erhalten kann. Eine Einstufung in die Kategorie B ist möglich, wenn nicht mehr als drei Zehntel der Jahresgrenzwerte zu erwarten sind. Beruflich strahlenexponierte Personen unterliegen in der Regel (Kategorie A immer) einer ärztlichen Überwachung durch ermächtigte Ärzte sowie einer physikalischen Strahlenschutzkontrolle (Personendosimetrie). Ebenso wie Personen, die Strahlen anwenden, ohne beruflich strahlenexponierte Personen zu sein, müssen sie (halbjährlich) belehrt werden.

Bei der physikalischen Strahlenschutzkontrolle ist zwischen der Personendosis (Dosis des Dosimeters) und der tatsächlich erhaltenen Körperdosis zu unterscheiden. An exponierten Stellen müssen zusätzliche Dosimeter getragen werden (z. B. Fingerringdosimeter). Wie die natürliche Exposition werden medizinische Expositionen als Patient in die Ermittlung der beruflichen Exposition nicht einbezogen.

Für die medizinische Strahlenexposition von Patienten gibt es keine Grenzwerte, jede notwendige Exposition ist erlaubt. Die Indikation muß aber streng gestellt (unter Einbeziehung anderer Untersuchungs- und Behandlungsverfahren) und die Anordnung durch fachkundige Ärzte gegeben werden.

Für die Bevölkerung hat die ICRP ursprünglich ein Zehntel des Grenzwerts für beruflich strahlenexponierte Personen der Kategorie A (5 mSv) für zumutbar gehalten und inzwischen empfohlen, 1 mSv nicht zu überschreiten. In der Bundesrepublik gilt ein Wert von 0,3 mSv, der etwa den Schwankungen der natürlichen Exposition um den Mittelwert von 2 mSv entspricht. Bei schweren Störfällen in Kernkraftwerken sind für die Umgebung ausnahmsweise höhere Werte zugelassen.

Der Strahlenschutz wird durch die Festlegung von Strahlenschutzbereichen (Sperrbereich, Kontrollbereich, Überwachungsbereich) gewährleistet. In Kontrollbereichen ist eine höhere Exposition als 15 mSv im Jahr möglich, sie müssen gekennzeichnet und gegen unbefugtes Betreten gesichert sein. Für betriebliche Überwachungsbereiche ist der entsprechende Wert 5 mSv, für außerbetriebliche Überwachungsbereiche 0,3 mSv pro Jahr.

Der Umgang mit ionisierenden Strahlen ist in der Regel, der Erwerb, Transport und die Abgabe (Entsorgung) radioaktiver Stoffe oberhalb von Freigrenzen ist immer genehmigungspflichtig. Für die Einhaltung der Bestimmungen sind die Strahlenschutzverantwortlichen bzw. von ihnen bestellte fachkundige Strahlenschutzbeauftragte verantwortlich.

34.5.5 Technische Maßnahmen

Der Strahlenschutz in unserer zivilisatorisch geprägten Umwelt wird gewährleistet durch konstruktive und bauliche Maßnahmen sowie durch Dosismessungen zur Überwachung. Abstand ist zwar der beste Strahlenschutz, praktisch muß aber mit teilweise meterdicken Abschirmungen gearbeitet werden. Da aufgrund der Gesetzmäßigkeiten der Strahlenausbreitung (s. Abschn. 34.2) Strahlenschutz niemals hundertprozentig sein kann, stellt sich die Frage, welche zusätzliche Strahlendosis als akzeptabel angesehen werden kann (eigentlich, welches zusätzliche Risiko akzeptiert wird) und welcher Aufwand noch vertretbar ist.

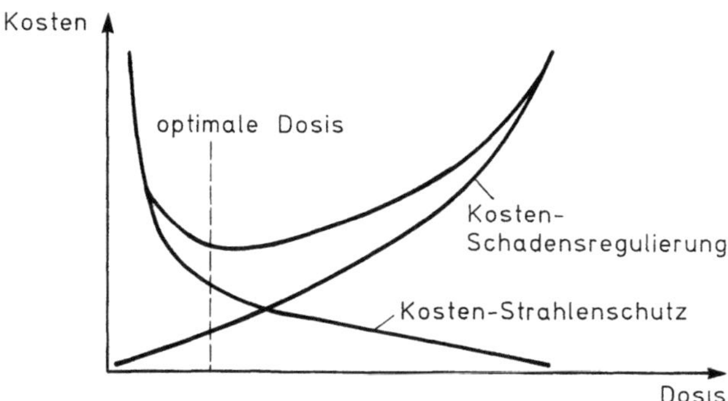

Abb. 34.45. Optimierung des Strahlenschutzes auf Grund eines Kostenmodells [12]

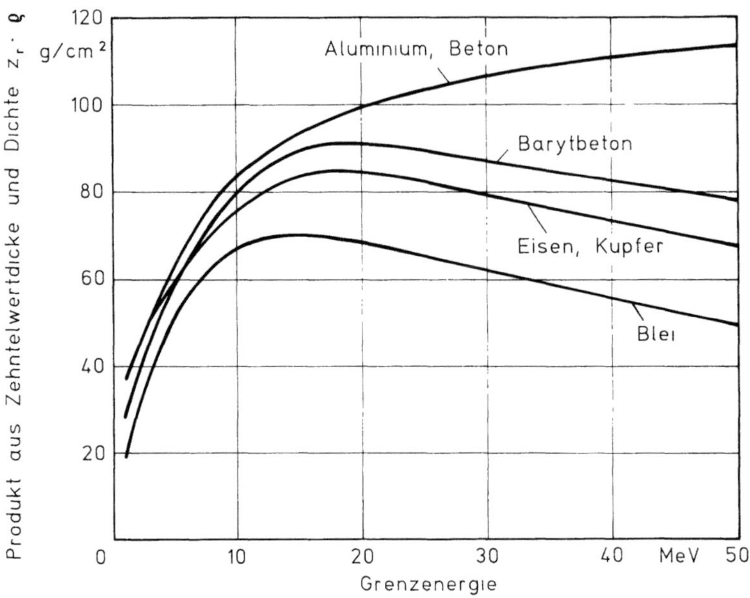

Abb. 34.46. Abschirmwirkung verschiedener Materialien gegenüber Röntgenbremsstrahlung in Abhängigkeit von der Elektronenenergie [5]

Die ICRP hat sich in einer eigenen Schrift [12] mit der Problematik des ALARA-Prinzips auseinandergesetzt. Abbildung 34.45 veranschaulicht die Zusammenhänge: Je höhere Strahlendosen zugelassen werden, desto geringer sind die Kosten für Strahlenschutzmaßnahmen, desto höher werden aber die Kosten für die Regulierung von Strahlenschäden. In dieser ökonomischen Betrachtung ergibt sich ein Optimum an der Stelle der geringsten Gesamtkosten. Da Gesundheit und Leben letztlich nicht in Kostengrößen erfaßt werden können, läßt sich tatsächlich eine akzeptable Strahlendosis so nicht ermitteln. Es kommt hinzu, daß unterschiedliche Risiken in verschiedenen Bevölkerungen höchst unterschiedlich bewertet werden. So wird beispielsweise in der Bundesrepublik gegenwärtig das täglich erfahrbare beachtliche Risiko des Straßenverkehrs gegenüber dem nur selten Realität erlangenden Strahlenrisiko erstaunlich gering bewertet.

Konkret gibt es Richtlinien, welche Baustoffe im Hinblick auf die Radon-Problematik nicht oder nicht mehr verwendet werden sollen, und Normen für Schutzschichten aus verschiedenen Baustoffen, wenn im medizinischen Bereich beispielsweise Röntgengeräte, Tele-Curie-Geräte oder Beschleuniger aufgestellt werden sollen. Abbildung 34.46 aus der Errichternorm für Elektronenbeschleuniger (DIN 6847 Teil 2, 1977) gibt Zahlenwerte für Röntgenbremsstrahlung in Abhängigkeit von der Energie der erzeugenden Elektronen. Aus der Betriebsbelastung (Einzelbestrahlungen mal mittlere Dosis im Nutzstrahlenbündel in 1 m Abstand pro Woche) und der Aufenthaltsdauer einer Person sowie dem Dosisgrenzwert für diese Person in einer Woche und der Zehntelwertdicke des Abschirmmaterials werden unter Berücksichtigung weiterer Faktoren die erforderlichen Wandstärken berechnet.

Bei Beschleunigern ist zu berücksichtigen, daß in gewissem Umfang künstliche Radioaktivität erzeugt wird. Dem ist bei der Auswahl der Materialien, die von direkter Strahlung getroffen werden, Rechnung zu tragen, und dieser Umstand ist bei der Bemessung der Lüftungsanlage von Bedeutung.

Zur Dosisüberwachung gibt es Dosimeter in den Bestrahlungsräumen von Tele-Curie- und Afterloading-Geräten, in den Abklinganlagen für radioaktive Stoffe sowie in den Abluftkaminen und Abwasserführungen. Auch die in den Kontrollbereichen zu tragenden Personendosimeter dienen der Dosisüberwachung.

In der Kerntechnik entsteht viel künstliche Radioaktivität. Aufgrund des Strahlenschutzvorsorgesetzes von 1986 wird nach den Erfahrungen bei dem Reaktorunfall von Tschernobyl in der Bundesrepublik ein flächendeckendes Netz von Dosismeßstationen errichtet.

34.6 Literatur

Allgemeine Literatur

Deutsche Normen, Berlin: Beuth
DIN 6800: Dosismeßverfahren in der radiologischen Technik
DIN 6804: Strahlenschutzregeln für den Umgang mit umschlossenen radioaktiven Stoffen in der Medizin, Therapeutische Anwendung
DIN 6809: Klinische Dosimetrie
DIN 6811: Medizinische Röntgeneinrichtungen bis 300 kV, Strahlenschutzregeln für die Herstellung
DIN 6812: Medizinische Röntgenanlagen bis 300 kV, Strahlenschutzregeln für die Errichtung
DIN 6814: Begriffe und Benennungen in der radiologischen Technik
DIN 6815: Strahlenschutzprüfungen in medizinischen Röntgenbetrieben
DIN 6827: Protokollierung bei der medizinischen Anwendung ionisierender Strahlen
DIN 6843: Strahlenschutzregeln für den Umgang mit offenen radioaktiven Stoffen in der Medizin
DIN 6844: Nuklearmedizinische Betriebe, Regeln für die Errichtung und Ausstattung
DIN 6846: Medizinische Gamma-Bestrahlungsanlagen
DIN 6847: Medizinische Elektronenbeschleuniger-Anlagen
DIN 6853: Ferngesteuerte Applikationsanlagen zur Therapie mit umschlossenen radioaktiven Stoffen
Jaeger, R. G.; Hübner, W. (Hrsg.): Dosimetrie und Strahlenschutz. Stuttgart: Thieme 1974
Gesetz über die friedliche Verwendung der Kernenergie und den Schutz gegen ihre Gefahren (Atomgesetz). Neufassung vom 15. 7. 1985, BGBl I 1985, S. 1565
Gesetz zum vorsorgenden Schutz der Bevölkerung gegen Strahlenbelastung (Strahlenschutzvorsorgegesetz – StrVG). BGBl I 1986, S. 2610
Diethelm, L.; Olsson, O.; Strnad, F.; Vieten, H.; Zuppinger, A. (Hrsg.): Handbuch der Medizinischen Radiologie. Band XVI: Allgemeine strahlentherapeutische Methodik, Teil 1, Teil 2. Berlin: Springer 1970, 1971
International Commission on Radiological Protection ICRP Publication 26: Recommendations of the commission. Veröffentlichungen der Internationalen Strahlenschutzkommission ICRP, H. 26 (1977): Empfehlungen der Kommission. Stuttgart: Fischer 1978
Lenihan, I. M. A. (ed.): Medical physics handbooks. Klevenhagen, S. L.: No 13: Physics of electron beam therapy. Mould, R. F.: No 14: Radiotherapie treatment planning. Greening, I. R.: No 15: Fundamentals of radiation dosimetry. Kathren, R. L.: No 16: Radiation protection. Greene, D.: No 17: Linear accelerators for radiation therapy. Bristol: Adam Hilger

Hendee, W. R.: Radiation therapy physics. Chicago, London: Year Book Medical Publishers 1981

Willich, E.; Georgi, D.; Kuttig, H.; Wenz, W. (Hrsg.): Radiologie und Strahlenschutz. Berlin: Springer 1988

Glocker, R.; Macherauch, E.: Röntgen- und Kernphysik für Mediziner und Biophysiker. Stuttgart: Thieme 1965

Fritz-Niggli, H.: Strahlengefährdung/Strahlenschutz. Bern: Hans Huber 1988

Petzold, W.: Strahlenphysik, Dosimetrie und Strahlenschutz. Stuttgart: Teubner 1983

Scherer, E. (Hrsg.): Strahlentherapie, Radiologische Onkologie. Berlin: Springer 1987

Abbatucci, J.-S.; Quint, R.; Bloquel, J.; Roussel, A.; Urbajtel, M.: Techniken der kurativen Telekobalttherapie. Stuttgart: Enke 1976

Kahn, F. M.: The physics of radiation therapy. Baltimore, London: Williams & Wilkins 1984

Johns, H. E.; Cunningham, J. R.: The physics of radiology. Springfield Illinois: Charles C. Thomas 1983

Verordnung über den Schutz vor Schäden durch ionisierende Strahlen (Strahlenschutzverordnung – StrlSchV) Neufassung vom 30. 6. 1989, BGBl I 1989, S. 1321

Verordnung über den Schutz vor Schäden durch Röntgenstrahlen (Röntgenverordnung – RöV) vom 8. 1. 1987, BGBl I 1987, S. 114

Verordnung über die Sicherheit medizinisch-technischer Geräte (Medizingeräteverordnung – MedGV) vom 14. 1. 1985, BGBl I 1985, S. 93

Spezielle Literatur

1 Abbatucci, J.-S.; Quint, R.; Bloquel, J.; Roussel, A.; Urbajtel, M.: Techniken der kurativen Telekobalttherapie. Stuttgart: Enke 1976

2 Arndt, J.: Indikationen und Grenzen der Strahlentherapie bösartiger Neubildungen. Jena: VEB Gustag Fischer 1973 S. 370

3 Bauer-Kirpes, B.; Schlegel, W.; Boesecke, R.; Lorenz, W. J.: Display of organs and isodoses as shaded 3-D objekts for 3-D therapy planning. Int. J. Radiation Oncology Biol. Phys. 13 (1987) 135–140

4 Cohen, M.; Jones, D. E. A.; Greene, D. (Hrsg.): Central axis depth dose data for use in radiotherapy. British J. of Radiology, Supplement No. 11, British Institute of Radiology, London 1972

5 Deutsche Normen: DIN 6847 Teil 2: Medizinische Elektronenbeschleuniger-Anlagen Strahlenschutzregeln für die Errichtung. Berlin: Beuth 1977

6 Der Bundesminister für Forschung und Technologie (Hrsg.): Deutsche Risikostudie Kernkraftwerke. Köln: TÜV Rheinland 1979

7 Deutsche Röntgengesellschaft: Die Strahlenexposition in der Röntgendiagnostik und der nuklearmedizinischen Diagnostik im Vergleich zur natürlichen Exposition und der durch Tschernobyl ausgelösten Strahlenexposition. Informationen 1/88 S. 9–14

8 84/466/Euratom: Richtlinie des Rates vom 3. 9. 1984 zur Festlegung der grundlegenden Maßnahmen für den Strahlenschutz bei ärztlichen Untersuchungen und Behandlungen. ABl Nr. L 265 vom 5. 10. 1984, S. 1
84/467/Euratom: Richtlinie des Rates vom 3. 9. 1984 zur Änderung der Richtlinie 80/836/Euratom hinsichtlich der Grundnormen für den Gesundheitsschutz der Bevölkerung und der Arbeitskräfte gegen die Gefahren ionisierender Strahlung. ABl Nr. L 265 vom 5. 10. 1984, S. 4

9 Gahlen, W.: Weichteilstrahltherapie. In: Diethelm L.; Olsson, O.; Strnad, F.; Vieten, H.; Zuppinger A. (Hrsg.): Handbuch der Medizinischen Radiologie, Band XVI Teil 1, S. 170. Berlin: Springer 1970

10 Gauwerky, F.: Über das Zielvolumenkonzept der strahlentherapeutischen Planung. Radiologe 15 (1975) 217–223

11 Henschke, U. K.; Hilari, B. S.; Mahan, G. D.: Afterloading in interstitial and intracavitary radiation therapy. Amer. J. Roentgenol. 90/2 (1963) 386–395

12 International Commission on Radiological Protection ICRP Publication 22: Implications of commission recommendations that doses be kept as low as readily achievable. Oxford: Pergamon Press 1973

13 International Commission on Radiological Protection ICRP Publication 26: Recommendations of the commission. Veröffentlichungen der Internationalen Strahlenschutzkommission ICRP, H. 26 (1977): Empfehlungen der Kommission. Stuttgart: Fischer 1978

14 International Commission on Radiation Units and Measurements Report 37: Stopping powers for electrons and positrons. Bethesda (Maryland): ICRU Publications 1984

15 Johns, H. E.; Cunningham, J. R.: The physics of radiology. Springfield (Illinois): Charles C. Thomas 1983

16 Kepp, R. K.: Gynäkologische Strahlentherapie. Stuttgart: Thieme 1952

17 Kronholz, H.-L.; Schütz, J.; Schnepper, E.: Kontrastreiche Aufnahmen zur Feldkontrolle und Felddokumentation in der Strahlentherapie mit energiereichen Photonen. Strahlentherapie und Onkologie 164 (1988) 91–93

18 Kuttig, H.: Bewegungsbestrahlung. In: Diethelm, L.; Olsson, O.; Strnad, F.; Vieten, H.; Zuppinger, A. (Hrsg.): Handbuch der Medizinischen Radiologie, Band XVI Teil 2, S. 263, 290, 293. Berlin: Springer 1971

19 Niklas, K.: Natürliche und medizinische Strahlenexposition. In: Gesellschaft für Strahlen- und Umweltforschung (Hrsg.): GSF Mensch und Umwelt, Radioaktivität und Strahlenfolgen. München 1986

20 Plaats, G. J. van der: Die Kontaktbestrahlung. In: Diethelm, L.; Olsson, O.; Strnad, F.; Vieten, H.; Zuppinger, A. (Hrsg.): Handbuch der Medizinischen Radiologie, Band XVI Teil 1, S. 203. Berlin: Springer 1970

21 Richtlinie für den Strahlenschutz bei Verwendung radioaktiver Stoffe und beim Betrieb von Anlagen zur Erzeugung ionisierender Strahlen und Bestrahlungseinrichtungen mit radioaktiven Quellen in der Medizin (Richtlinie Strahlenschutz in der Medizin). RdSchr. d. BMI v. 18. 10. 1979. Berlin: Hildegard Hoffmann 1979

22 Ringleb, D.: Konventionelle Tiefentherapie von Stehfeldern aus. In: Diethelm, L.; Olsson, O.; Strnad, F.; Vieten, H.; Zuppinger, A. (Hrsg.): Handbuch der Medizinischen Radiologie, Band XVI, Teil 1, S. 354. Berlin: Springer 1970

23 Der Bundesminister für Umwelt, Naturschutz und Reaktorsicherheit (Hrsg.): Umweltradioaktivität und Strahlenbelastung, Jahresbericht 1985. Bonn 1987

24 Scheer, K. E.: Kontaktbestrahlung mit radioaktiven Stoffen. In: Diethelm, L.; Olsson, O.; Strnad, F.; Vieten, H.; Zuppinger, A. (Hrsg.): Handbuch der Medizinischen Radiologie, Band XVI Teil 2, S. 154. Berlin: Springer 1971

25 Verordnung über den Schutz vor Schäden durch ionisierende Strahlen (Strahlenschutzverordnung – StrlSchV) Neufassung vom 30. 6. 1989, BGBl I 1989 S. 1321

26 Verordnung über den Schutz vor Schäden durch Röntgenstrahlen (Röntgenverordnung – RöV) vom 8. 1. 1987, BGBl I 1987 S. 114

27 Wachsmann, F.; Drexler, E.: Kurven und Tabellen für die Radiologie. Berlin: Springer 1976

28 Wachsmann, F.; Vieten, H.: Grundlagen der strahlentherapeutischen Methoden. In: Diethelm, L.; Olsson, O.; Strnad, F.; Vieten, H.; Zuppinger, A. (Hrsg.): Handbuch der Medizinischen Radiologie Band XVI Teil 1, S. 71. Berlin: Springer 1970

29 Willich, E.; Georgi, P.; Kuttig, H.; Wenz, W. (Hrsg.): Radiologie und Strahlenschutz, S. 392, 393. Berlin: Springer 1988

35 Meßwertwandler in der Medizin

Uwe Faust

35.1 Einleitung

Sensoren haben die Aufgabe, physikalische oder chemische Quantitäten, die durch unser Sensorium nicht oder nur unzureichend erfaßt oder quantifiziert werden können, in solche Größen umzuwandeln, die unserer Beobachtung zugänglich sind. Häufig steht außerdem die Dokumentation solcher Größen, die im folgenden auch als Signal bezeichnet werden, im Vordergrund der Bemühungen. Damit wird eine retrospektive Betrachtung möglich, so daß eine permanente Beobachtung durch den Menschen entfallen kann. In diesem Sinne ist auch das einfache Fieberthermometer ein Sensor. Es beruht auf dem Prinzip der Volumenausdehnung einer Flüssigkeit oder eines Gases in Abhängigkeit von der Temperatur. Dabei wird jedoch nach obiger Aufgabenstellung nur eine Teilaufgabe gelöst, nämlich die Umsetzung der Temperatur in eine entsprechende Länge, die visuell quantitativ erfaßbar ist. Eine Dokumentation und die kontinuierliche Erfassung des Meßwertes ist damit allerdings noch nicht gelungen.

Sensoren benötigen zur Signalumsetzung Energie, die der Meßgröße entzogen oder von einer äußeren Energiequelle dem Meßobjekt zugeführt wird. Werden stoffliche Größen erfaßt, kann das Signal auch durch Materieumsatz erzeugt werden. Bei jeder Messung tritt der Meßwertaufnehmer in Wechselwirkung mit dem Prozeß, der beobachtet werden soll. Als Prinzip einer jeden Messung ist zu beachten, daß der Prozeß selbst durch die Messung nicht in unerlaubter Weise beeinflußt werden darf. Die Grenze des Erlaubten ist dabei durch die erforderliche oder erwartete Meßgenauigkeit vorgegeben. Der Meßwertaufnehmer kann im direkten Kontakt mit dem Prozeß stehen oder aber diesen aus der Ferne beobachten, wie dieses bei optischen Methoden zum Beispiel möglich ist.

Eine kontinuierliche oder quasikontinuierliche Erfassung der Meßgröße ist häufig wünschenswert. Diese Forderung ist dann erfüllt, wenn der zeitliche Abstand der einzelnen Messungen klein ist gegenüber der Zeit, in welcher sich die Meßgröße ändert, und wenn die Einstellzeit des Sensors gegenüber der Änderungsgeschwindigkeit des Signals klein ist, der Sensor also dem Signal trägheitslos folgt.

Der Sensor besteht im allgemeinen aus dem eigentlichen Signalwandler. In der Regel wird die Meßgröße in eine elektrische Größe umgewandelt, womit auch stets die Möglichkeit der Dokumentation gegeben ist. Zusätzliche Elemente schützen den Sensor vor unerwünschten Einflüssen und ermöglichen dadurch erst seine Funktion. Die Konfektionierung gestattet es, den Sensor zu handhaben und auch gegebenenfalls zu sterilisieren, um ihn damit für ganz bestimmte Anwendungen verfügbar zu machen.

Zu unterscheiden ist zwischen solchen Sensoren, welche die Signalenergie direkt wandeln, und solchen, die energetisch betrieben werden, bei denen die Signalenergie den von einer äußeren Quelle erzeugten Energiestrom moduliert. Letztere werden aktive Sensoren genannt. Der Widerstandsgeber ist dieser Kategorie zuzuordnen, dessen Eigenschaft erst durch die Einprägung eines Stromes bei gleichzeitiger Spannungsmessung erfaßt werden kann. Dagegen stellt das Thermoelement einen elektrischen Generator dar, dessen Verhalten durch eine Spannungsmessung bestimmt wird. Sensoren, die ohne Einkopplung von Fremdenergie arbeiten, werden als passiv bezeichnet.

Von Sensoren wird gefordert, daß sie in einem vorgegebenen Bereich der zu messenden Größe linear arbeiten, damit Proportionalität zwischen angezeigtem Meßwert und der zu messenden Größe besteht (Abb. 35.1). Mit der heute zur Verfügung stehenden Technik ist dieser Forderung jedoch nur noch eingeschränktes Gewicht beizumessen, da mit Hilfe der Datentechnik die Berechnung zwischen Eingangssignal und Ausgangsgröße über eine Kennlinie oder eine mathematische Funktion einfach möglich geworden ist. Die Forderung nach einem hysteresisfreien Meßsystem hat hingegen nach wie vor ihre Gültigkeit (Abb. 35.2).

Für die Aufnahme von dynamischen Meßgrößen muß im Frequenzbereich des Signals ein linearer Frequenzgang von Amplitude und Phase gefordert werden (Abb. 35.3). Allerdings kann auch hier bei bekanntem Übertragungsverhalten eine rechnerische Korrektur on-line vorgenommen werden.

Die Eingangs-/Ausgangsbeziehung des Sensors muß bekannt sein. Im allgemeinen stellt man diese Beziehung durch eine Kalibrierung her. Bei linear arbeitenden Systemen ist lediglich eine Zwei-Punkt-Kalibrierung erforderlich. Bei solchen mit gekrümmter Kennlinie sind viele Stützpunkte erforderlich, zwischen denen dann mit geeigneten Mitteln interpoliert wird.

Für bestimmte Sensoren ist die Eichfähigkeit zu fordern. Die Eichung, eine hoheitliche Maßnahme, macht die Einhaltung vorgegebener Toleranzen seitens des Sensors erforderlich. Die Kompensation vorhandener Toleranzen durch Kalibrierung mit Hilfe von Stellgliedern des Meßgerätes ist nicht statthaft, es sei denn, Meßfühler und Meßgerät sind fest miteinander verbunden und werden als eine zusammengehörige Einheit betrachtet und geeicht. Es ist dann nicht erlaubt, einen Sensor auszuwechseln, ohne eine Nacheichung vornehmen zu lassen.

Große Bedeutung hat die Meßgenauigkeit eines Systems, die ganz entscheidend von den Eigenschaften des Sensors abhängt. Hier ist der Begriff der Präzision einzuführen. Darunter ist der Grad der Reproduzierbarkeit eines Meßwertes bei wiederholter Messung der gleichen Größe zu verstehen. Als Ursache der Abweichung von Meßwerten untereinander sind zufällig verteilte Störgrößen, z. B. Rauschen, zu nennen. Aber auch die Drift gehört in diese Kategorie, die durch Umgebungseinflüsse und Änderung der Materialeigenschaft durch Altern oder Betrieb verursacht wird. Dieser Fehler wird als „zufällig" bezeichnet. Der Begriff der Richtigkeit erfaßt den systematischen Fehler. Dieser beschreibt die Abweichung des angezeigten Wertes vom „wahren Wert". Präzision und Richtigkeit zusammen ergeben die Genauigkeit, mit der eine Meßgröße abgebildet wird. An-

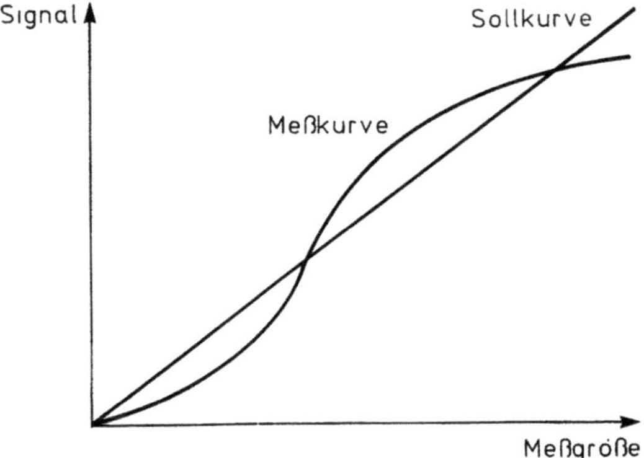

Abb. 35.1. Eingangs-/Ausgangsbeziehung eines Sensors bei nichtlinearer Übertragungseigenschaft

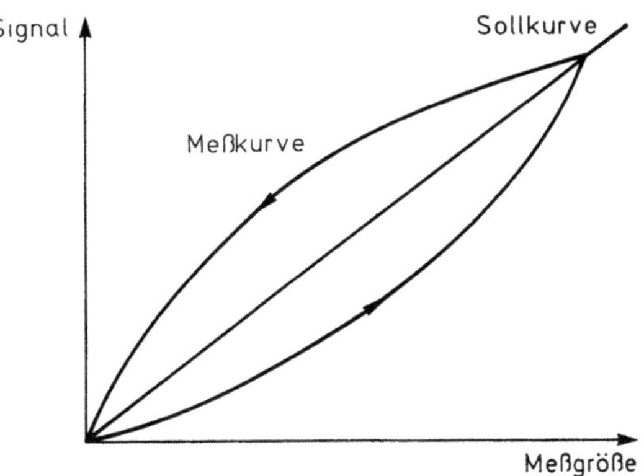

Abb. 35.2. Eingangs-/Ausgangsbeziehung eines Sensors mit Hysteresis

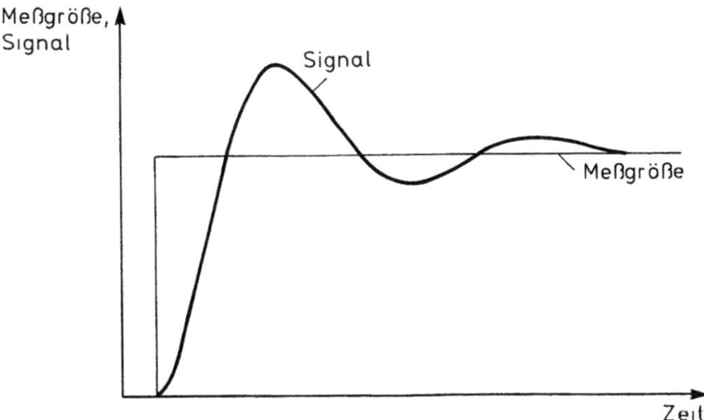

Abb. 35.3. Dynamische Eigenschaft eines Sensors mit Zeitverzug und Schwingneigung

ders ausgedrückt, der Meßfehler setzt sich zusammen aus dem zufälligen und dem systematischen Fehler.

Nur der durch Rauschen verursachte zufällige Fehleranteil kann durch wiederholte Messungen und nachfolgende Mittelwertbildung verkleinert werden. Die Auflösung eines Sensors, das ist die kleinste angezeigte Differenz zweier benachbarter Meßwerte, ist durch seinen zufälligen Fehler begrenzt.

35.2 Thermosensoren

Eine Vielzahl von physikalischen Stoffeigenschaften und Stoffgrößen ist von der Temperatur abhängig. Die hier vorgelegte Auswahl von Sensoren orientiert sich an den Kriterien Stabilität, Meßbereich, Linearität, Prinzip der Signalwandlung, Abmessung und Einstellzeit. Für die Kelvin-Skala wird das Symbol T und für die Celsius-Skala das Symbol ϑ verwendet [1–5].

35.2.1 Thermoresistive Sensoren

Der elektrische Widerstand von Stoffen verschiedenster Art ist von der Temperatur abhängig. Bei der Auswahl geeigneter Materialien stehen die zuvor genannten Gesichtspunkte im Vordergrund. Setzt man eine lineare Beziehung zwischen Widerstand und Temperatur voraus, die stets in einem möglicherweise sehr eingeschränkten Temperaturintervall näherungsweise Gültigkeit hat, so lautet die Beziehung:

$$R_\mathrm{T} = R_0 \, (1 + \alpha T). \tag{35.1}$$

Dabei ist R_0 der Widerstand bei der Temperatur T_0 und R_T derjenige bei T. Der Temperaturbeiwert α, im allgemeinen Fall eine Funktion von T, wird als abschnittsweise konstant angenommen (Linearisierung). Er kann sowohl positive als auch negative Werte annehmen. Sowohl der spezifische Widerstand als auch α nehmen für verschiedene Stoffklassen sehr unterschiedliche Größen an. Tabelle 35.1 gilt für Raumtemperatur 20 °C.

Aus der Tabelle ist ersichtlich, daß der Temperaturkoeffizient von Metallen am kleinsten ist. Dennoch werden diese gerne als Temperatursensoren eingesetzt.

Tabelle 35.1. Spezifischer Widerstand und Temperaturbeiwert verschiedener Materialien bei Raumtemperatur 20° C. Weitere Werte siehe [6]

Material	Spez. Widerstand ϱ in Ω m	Temperaturbeiwert α in K^{-1}
Metalle	$10^{-6} \ldots 10^{-8}$	$+0{,}004 \ldots 0{,}007$
Si-Halbleiter 10^{16} Störstellen/cm^3	$1{,}0$	$+0{,}008$
Thermistor NTC	10^3	$-0{,}04$
Thermistor PTC	10^3	$+0{,}1$

Dies ist durch die hohe Stabilität und Reproduzierbarkeit bei der Herstellung einiger Metalle zu erklären.

Für ein größeres Intervall läßt sich die Widerstandsabhängigkeit von der Temperatur nicht mehr mit einer linearen Näherung angeben. Der elektrische Widerstand von Metallen wird durch ein Polynom n-ter Ordnung beschrieben, der von Widerständen mit negativem Temperaturkoeffizienten (NTC) durch eine Exponentialfunktion.

Thermoresistive Sensoren werden energetisch betrieben, d. h. daß sie zum Betrieb mit einer elektrischen Energiequelle zu verbinden sind. Die in ihnen in Wärme umgesetzte elektrische Leistung P läßt sich einfach berechnen durch folgende Beziehung:

$$P = I^2 R. \tag{35.2}$$

I ist der Strom, der in den Sensor eingeprägt wird.

Der Wärmefühler selbst stellt eine Störung des Temperaturfeldes dar. Zunächst sei ein passiver Wärmefühler betrachtet, d. h. ein solcher, der nicht an eine Energiequelle angeschlossen ist. Zu Beginn einer Messung wird der Sensor eine um ΔT abweichende Temperatur von der Umgebung aufweisen. Durch die Oberfläche wird ein von ΔT und der Zeit abhängiger Wärmestrom fließen. Er hängt weiterhin von der Wärmekapazität und -leitfähigkeit der verwendeten Materialien und von den Wärmeübergangswiderständen im Sensor und der Umgebung ab. Erst nach unendlich langer Zeit wird der Sensor exakt die Temperatur der Umgebung angenommen haben. Wir haben es hier mit einem Problem der stationären Wärmeleitung, im einfachsten Fall in ruhenden Medien zu tun. Die Energiebilanz für das Volumenelement eines ruhenden inkompressiblen Mediums führt auf die partielle Differentialgleichung der Wärmeleitung, die für bereichsweise konstante Wärmeleitfähigkeit lautet:

$$\frac{\partial T}{\partial t} = a\nabla^2 T \quad \text{mit} \quad a = \lambda/\varrho c_\mathrm{p}, \tag{35.3}$$

$\varrho =$ Dichte, $c_\mathrm{p} =$ spez. Wärmekapazität, $T =$ Temperatur, $\lambda =$ Koeffizient der Wärmeleitung, $t =$ Zeit, $\nabla^2 =$ Laplace-Operator.

Zur Lösung dieser partiellen Differentialgleichung sind Anfangs- und Randbedingungen festzulegen. Es handelt sich hier um ein Randwertproblem dritter Art. Als qualitatives Ergebnis erhält man die Aussage, daß die Temperaturdifferenz zwischen Sensor und Umgebung um so rascher abnimmt, je geringer seine Wärmekapazität ist, je höher die Koeffizienten der Wärmeleitung sind, und zwar des umgebenden Mediums als auch der Materialien des Sensors, und je größer die Wärmeübergangszahl zwischen den einzelnen Materialien des Sensors sowie zwischen Sensoroberfläche und Medium ist. Da es sich nicht um eine einfache exponentielle Abhängigkeit von der Zeit handelt – bei einfachen Modellen stellt die Fehlerfunktion eine Lösung dar –, läßt sich der zeitliche Verlauf des Temperaturangleichs nicht mit einer einzigen Zeitkonstante beschreiben. Es werden bei der Beschreibung der dynamischen Eigenschaften von Temperatursensoren i. allg. mehrere Zeiten angegeben, in denen ein Temperaturangleich auf z. B. 50, 90 bzw. 95% erfolgt.

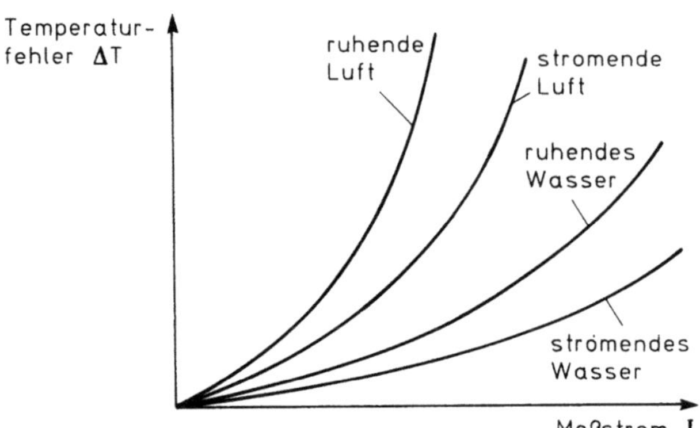

Abb. 35.4. Temperaturfehler eines Sensors in Abhängigkeit von Art und Zustand des umgebenden Mediums

Das dynamische Verhalten des Temperatursensors ist einerseits abhängig von den gewählten Materialien, aus denen er aufgebaut ist, und andererseits von der Umgebung, in der er sich befindet. Genauer gesagt, vom Wärmeübergangskoeffizienten und der Wärmeleitfähigkeit des Mediums und weiterhin davon, ob das Medium ruhend oder bewegt ist (Abb. 35.4). Die Eigenschaften von Temperatursensoren werden deshalb in Tabellenform angegeben, welche die Meßbedingungen enthalten, unter denen sie gewonnen wurden.

Der Wärmefühler steht über seine Zuleitung im Wärmeaustausch mit der Umgebung, was zu einem systematischen Fehler führt. Die Zuleitung soll deshalb dünn und gut isoliert sein.

Durch den Betrieb des Sensors mit einem elektrischen Strom wird in diesem ständig Wärme erzeugt. Stellt man sich vor, daß zu einem Zeitpunkt, in dem das Wärmegleichgewicht zwischen Sensor und Umgebung eingestellt ist, die elektrische Energie eingeschaltet wird, so ist erneut die Wärmeleitungsgleichung anzusetzen, um den zeitlichen Verlauf der Sensortemperatur und die Endtemperatur zu berechnen. Es kommt zu einem systematischen positiven Abweichen der Sensortemperatur von dessen Umgebung, die um so höher ist, je größer die umgesetzte elektrische Energie ist. Daraus läßt sich als Betriebsbedingung festlegen, daß die Betriebsspannung bzw. der Betriebsstrom so gering wie möglich gehalten werden soll.

Metallische Widerstandsgeber

Der am häufigsten eingesetzte metallische Widerstandsgeber besteht aus Platin und hat bei 0 °C einen Widerstand von 100 Ω. Er wird als Pt 100 bezeichnet. Platin besitzt den Vorteil, eine ausgezeichnete Langzeitstabilität aufzuweisen. So darf sich z. B. der Widerstand nach zehn aufeinanderfolgenden Temperaturschocks von −200 bzw. +600 °C um nicht mehr als 0,05% ändern.

Der elektrische Widerstand von Metallen wird durch ein Polynom beschrieben:

$$R_\mathrm{T} = R_0 \left(1 + AT + BT^2 + CT^3 + \dots\right). \tag{35.4}$$

Tabelle 35.2. Charakteristische Werte für Pt-100-Widerstände in Glas- und Keramik-Ummantelung

	Luft $v = 1{,}0$ m/s	Wasser $v = 0{,}2$ m/s
Wärmeübergangszahl in mW/K	2 ... 20	20 ... 1000
Angleichzeit auf 0,9 ΔT in s	10 ... 100	1 ... 10
Meßstrom in mA bei Eigenerwärmung um 0,1 K bei $t = 20°$ C	1 ... 5	5 ... 30

In einem Temperaturbereich von 0 bis 850 °C gilt folgende Näherungsgleichung für den Platin-Widerstandsfühler:

$$R = R_0 \left(1 + 3{,}9080 \cdot 10^{-3}\vartheta - 5{,}8019 \cdot 10^{-7}\vartheta^2\right) \tag{35.5}$$

und für den Bereich von -200 bis 0 °C:

$$R = R_0 \left[1 + 3{,}9080 \cdot 10^{-3}\vartheta - 5{,}8019 \cdot 10^{-7}\vartheta^2\right.$$
$$\left. - 4{,}2735 \cdot 10^{-12} (\vartheta - 100)\vartheta^3\right]. \tag{35.6}$$

In einem für medizinische und biologische Aufgaben hinlänglichen Temperaturintervall von -50 bis $+100$ °C läßt sich das Widerstandsverhalten von reinem Platin ebenfalls mit Gleichung (35.6) beschreiben. Der Fehler erreicht sein Maximum von 0,15‰ bei -50 °C. Wird im gleichen Bereich mit einer linearen Näherung gearbeitet, so ist ein Temperaturbeiwert

$$\alpha = \frac{R_{100} - R_0}{100\, R_0} = 0{,}00385 \text{ K}^{-1}$$

einzusetzen. Der Fehler erreicht im positiven Bereich sein Maximum mit $-1{,}3$‰ bei $+50$ °C, im negativen Bereich mit 5,5‰ bei -50 °C.

In Tabelle 35.2 sind die Zeiten für einen Pt 100 angegeben, die vergehen, bis die Temperaturdifferenz zwischen Wärmefühler und Medium auf 10% des Anfangswertes abgeklungen ist, und zwar in strömender Luft und strömendem Wasser. Sie ist abhängig von der Wärmeübergangszahl, für die ebenfalls charakteristische Werte eingetragen sind. Auch der stationäre Temperaturfehler, verursacht durch den Meßstrom, hängt von dieser Größe ab.

Für metallische Widerstandsgeber werden im allgemeinen dünne Drähte aus Platin oder auch Nickel auf zylindrische oder flache Körper aufgebracht und dann mit einer Schutzschicht aus Glas oder Keramik überzogen. Aus meßtechnischen Gründen ist man bestrebt, den Betriebsstrom bzw. die Betriebsspannung möglichst hoch zu wählen. Die Leistungsaufnahme des Wärmefühlers ist jedoch durch die zulässige Übertemperatur, die dieser annimmt, d. h. den zulässigen systematischen Fehler, begrenzt.

Halbleitertemperaturfühler

Bei den nicht-metallischen, temperaturabhängigen Widerständen ist zwischen den Heißleitern und den Kaltleitern zu unterscheiden; außerdem können kristalline Halbleiter, Dioden und Transistoren sowie Kristalle zur Temperaturmessung herangezogen werden [7, 8].

Kaltleiter

Kaltleiter haben wie Metalle einen positiven Temperaturkoeffizient und werden deshalb auch als PTC-Widerstände bezeichnet. Sie bestehen aus polykristallinem Bariumtitanat ($BaTiO_3$), dotiert mit ferromagnetischen Materialien. Ihr Widerstand ist frequenzabhängig. Er ändert sich sehr stark bei der Curie-Temperatur. Zur Temperaturmessung sind sie nicht geeignet. Sie werden in Regel- und Schutzschaltungen eingesetzt. Der Temperatureffekt von Halbleiterwiderständen beruht auf einer Änderung der Verteilung der Elektronen im Leitungs- und Valenzband. Diese kann in erster Näherung mit einer Boltzmann-Statistik beschrieben werden.

Heißleiter

Heißleiter haben einen negativen Temperaturkoeffizienten und werden als NTC-Widerstände bezeichnet. Wegen ihres hohen Temperaturbeiwertes, verglichen mit denen von Metallwiderständen, werden sie am häufigsten eingesetzt. Sie bestehen aus Mischungen gesinterter Metalloxide von Mangan, Nickel, Kobalt, Kupfer und Magnesium. Der Fertigungsprozeß führt zu einer vergleichsweise großen Streuung des Grundwiderstands und des Temperaturbeiwerts. Sie können deshalb nur in der Verbindung mit Abgleichelementen eingesetzt werden.

NTC-Widerstände haben eine exponentielle Temperaturabhängigkeit, die durch die folgende Gleichung beschrieben werden kann:

$$R_T = R_0 \exp[B(T^{-1} - T_0^{-1})]. \tag{35.7}$$

Als Bezugstemperatur wird $T_0 = 25\,°C$ gewählt, gelegentlich auch $20\,°C$. Demnach ist R_0 der Widerstand bei $25\,°C$. Die Temperatur ist in Kelvin einzusetzen, B ist eine Materialkonstante mit der Dimension einer Temperatur. Sie nimmt Werte zwischen 1 500 bis 7 000 K an und beschreibt die Empfindlichkeit des Sensors. Die obige Gleichung läßt sich in folgenden Ausdruck umformen:

$$R_T = A \exp(B/T); \quad A = R_0 \exp(-B/T_0). \tag{35.8}$$

Der Wert R_0 kann in einem weiten Bereich variieren, und zwar von 50 bis $40 \cdot 10^6\,\Omega$. Nach [2, S.25–43] ist R_0 ($T_0 = 25°$) im Bereich von $1\,\Omega$ bis $1\,M\Omega$ mit einer Toleranz von 5 bis 10% zu fertigen. Abbildung 35.5 gibt die Abhängigkeit des Widerstands von der Temperatur wieder. Je größer der Wert von B, desto steiler verläuft die Widerstandskurve, d.h. desto höher ist die Temperaturempfindlichkeit. Die Nichtlinearität der Temperaturempfindlichkeit läßt sich nur als Funktion der Temperatur angeben. Die relative Empfindlichkeit ergibt sich wie folgt:

$$\alpha = \frac{1}{R}\frac{dR}{dT} = -\frac{B}{T^2}. \tag{35.9}$$

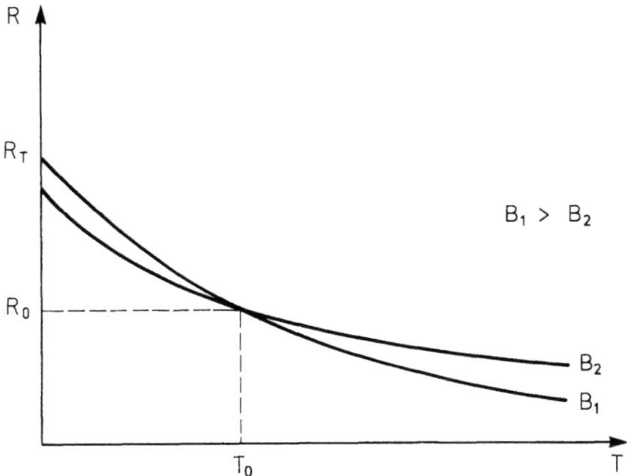

Abb. 35.5. Kennlinienverlauf eines NTC-Widerstands mit unterschiedlicher Empfindlichkeit

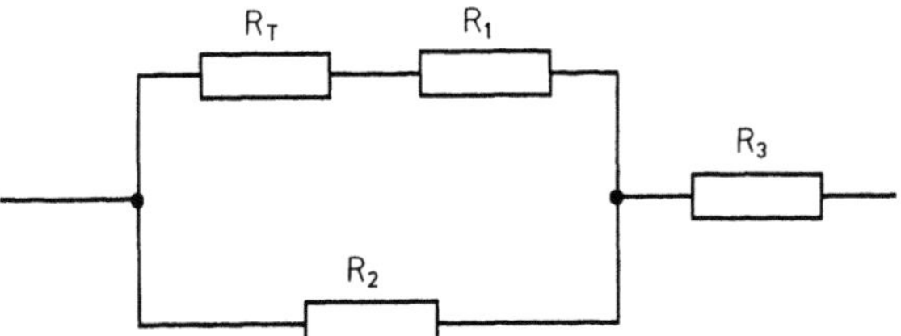

Abb. 35.6. Kompensationsnetzwerk für einen NTC-Sensor

Für 37 °C, d. h. 310 K, nimmt der Temperaturbeiwert bei einem angenommenen B von 4000 K einen Wert von 0,04 K^{-1} an. Er ist damit um das Zehnfache größer als der von Metallen. Seine Schwankung in einem Temperaturintervall von ± 10 K beträgt $\pm 0,002$ K^{-1}.

Das zum Ausgleich der Fertigungstoleranzen verwendete Netzwerk ist in Abb. 35.6 dargestellt. Mit diesem wird gleichzeitig eine Linearisierung der Kennlinie vorgenommen. Soll die Linearisierung in einem eingeschränkten Bereich $T_1 \leqq T \leqq T_2$ erfolgen, erhält man gute Ergebnisse, wenn gleiche Temperaturkoeffizienten der Schaltung bei den Temperaturen

$$T_3 = T_1 + 0,25 \, (T_2 - T_1) \text{ und } T_4 = T_2 - 0,25 \, (T_2 - T_1)$$

vorgeschrieben werden. Damit sinkt allerdings die Empfindlichkeit des Sensors. Erfolgt die Linearisierung nur in einem sehr eingeschränkten Temperaturintervall, z. B. zwischen 35 und 42°C, wie bei der medizinischen Routineanwendung üblich, fällt das nicht besonders ins Gewicht. Als weitere Vorteile für Thermistoren sind ihr hoher Widerstand und die relativ schnelle Einstellzeit aufgrund der geringen Masse zu nennen. Sie können weiterhin sehr preiswert hergestellt werden. Eine Langzeitstabilisierung erfolgt durch künstliche Alterung, z. B. mittels Ultraschall.

Kristalline Halbleiter

Auch kristalline Halbleiter wie z. B. dotiertes Germanium oder Silizium können als Temperatursensoren verwendet werden. Silizium hat zwischen -50 und $+150\,°C$ einen hinlänglich linearen, positiven Temperaturkoeffizienten, der auf die temperaturabhängige Beweglichkeit der freien Ladungsträger im Silizium zurückzuführen ist. Er liegt bei etwa $0{,}008\ K^{-1}$ und ist damit vergleichbar dem metallischer Thermosensoren.

Da Durchlaß- und Sperrstrom einer Diode temperaturabhängig sind, kann auch dieser Effekt zur Temperaturmessung herangezogen werden. Hier handelt es sich wiederum um eine exponentielle Abhängigkeit, die durch folgende Näherung zwischen Strom I und Spannung U beschrieben werden kann:

$$I = k_1 \exp[(U-U_0)/(k_2 T)], \tag{35.10}$$

wobei k_1, k_2 und die Sperrspannung U_0 Materialkonstanten darstellen. Für die Abhängigkeit des Stromes von der Temperatur ergibt sich ein negativer Temperaturkoeffizient. Zur Temperaturmessung werden im Bereich von -50 bis $+150\,°C$ GeAs-Dioden und Si-Transistoren verwendet [2]. Betreibt man den Transistor bzw. die Diode mit konstantem Strom, ergibt sich eine lineare Abhängigkeit der Spannung U von der Temperatur. Der Temperaturbeiwert liegt bei etwa $-2{,}25\ mV/K$. Die große Exemplarstreuung infolge der lokalen Kristallbeschaffenheit und von Oberflächeneffekten steht einem breiten Einsatz entgegen, trotz günstiger Herstellungskosten. Eine Verbesserung der Herstellungstoleranzen durch Höchstintegrationstechnik ist in Zukunft zu erwarten.

35.2.2 Kristall-Thermometer

Aufgrund des piezoelektrischen Effekts lassen sich Kristalle durch Anlegen einer elektrischen Spannung zu mechanischen Schwingungen mit sehr hoher Resonanzgüte anregen. Sie werden deshalb in elektrischen Schaltungen zur Frequenzstabilisierung eingesetzt. Die Resonanzfrequenz ist temperaturabhängig. Damit lassen sich mit einem kristallinen piezoelektrischen Schwinger Temperaturmessungen vornehmen. Da Zeitmessungen sehr präzise vorgenommen werden können, haben solche Temperatursensoren eine besonders hohe Auflösung. Die Abhängigkeit der Frequenz von der Temperatur läßt sich sehr gut durch ein Polynom dritten Grades annähern:

$$f(T) = f_0\,(1 + aT + bT_{2+}cT_3). \tag{35.11}$$

Die Konstanten hängen ab vom gewählten Material, dem angeregten Schwingungsmodus und der Orientierung der Kristallachsen bezüglich der elektrischen Kontaktflächen. Ein Kristall kann so geschnitten werden, daß er fast keine Temperaturabhängigkeit aufweist. Bei einer bestimmten Orientierung der Achse kann man erreichen, daß die Konstanten b und c gegen Null gehen. Es wird eine Empfindlichkeit von $1\ kHz/K$ erreicht.

Bei einer Integrationszeit von $100\ s$ erhält man bei einem kommerziell gefertigten Instrument eine Auflösung von $10^{-4}\ K$. Man erreicht eine Richtigkeit des gemessenen Wertes von 10^{-2} K. Das erwähnte kommerziell gefertigte Instrument arbeitet mit einer Grundfrequenz von 28 MHz.

35.2.3 Thermoelemente

Sind zwei Metalle mit unterschiedlicher Austrittsarbeit der Elektronen und Elektronendichte zusammengeschweißt oder gelötet, so treten Elektronen aus dem Metall mit der geringeren Austrittsarbeit in das mit der höheren über (Seebeck-Effekt). Das führt zu einer Kontaktspannung, die von der Temperatur abhängig ist (Thermoelektrische Spannung). Die Metalle und Metallegierungen kann man demnach in eine thermoelektrische Spannungsreihe mit willkürlichem Nullpunkt anordnen (Tabelle 35.3) [9].

Tabelle 35.3. Thermoelektrische Spannungsreihe bei der Temperatur 0° C mit willkürlichem Nullpunkt für Blei

Metall	Sb	Fe	Zn	Ag	Pb	Al	Pt	Ni	Bi
Spannung μV/K	+35	+16	+3	+2,7	0	−0,5	−3,1	−19	−70

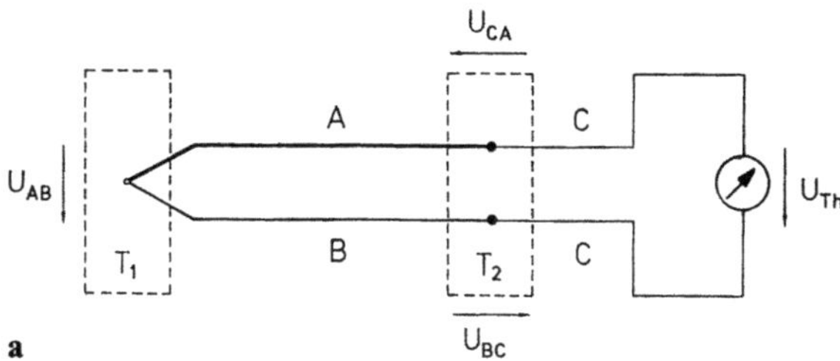

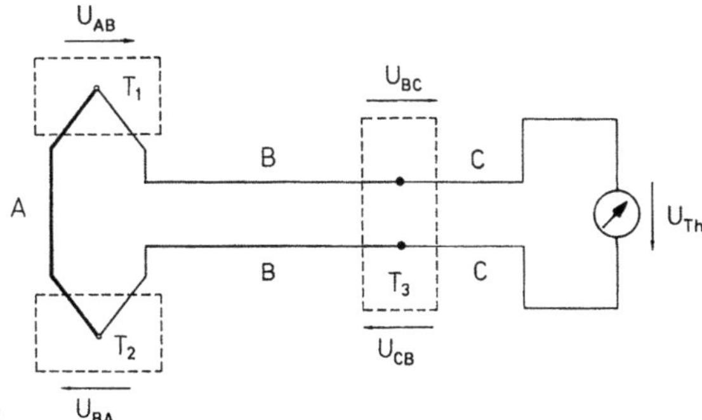

Abb. 35.7. Thermoelement. **a** Die im Instrument oder im Verstärker angezeigte Spannung ist die Summe aller Thermospannungen im Kreis. Die unterschiedlichen Metalle sind mit A, B und C bezeichnet. Thermospannung: $U_{Th} = U_{AB}(T_1) + U_{CA}(T_2) + U_{BC}(T_2)$; **b** Die thermoelektrische Spannung an den Kontakten des Instrumentenkreises sind wegen der gleichartigen Metallpaarung identisch und entgegengesetzt, so daß sie sich gegenseitig kompensieren; angezeigt wird: $U_{Th} = U_{AB}(T_1) + U_{BA}(T_2) = U_{AB}(T_1) - U_{AB}(T_2)$

Die Thermospannung hängt von der Temperatur der Kontaktstelle und von der
gewählten Metallpaarung ab. Sie wird durch ein Polynom beschrieben. Da jede
Metallpaarung eine Thermospannung erzeugt, werden die Leitungen, die zum
Meßinstrument bzw. zum Verstärker führen, zweckmäßigerweise in gleichem
Material ausgeführt (Abb. 35.7). Zwangsläufig entsteht so ein Thermoelement-
paar, dessen Thermospannung von der Temperaturdifferenz an den Kontaktstel-
len abhängt. Thermoelemente stellen also Differenztemperaturmesser dar. Mit
guter Näherung läßt sich die Spannung eines Thermoelementpaares durch eine
quadratische Gleichung beschreiben:

$$U = a\,(T_1 - T_2) + b\,(T_1 - T_2)^2, \tag{35.12}$$

wobei a und b materialabhängige Konstanten darstellen und T_1 bzw. T_2 die Temperaturen der Lötstellen 1 bzw. 2. Die Änderung der Thermospannung mit der
Temperatur wird mit dem Temperaturbeiwert ausgedrückt:

$$\alpha = \frac{dU}{dT} = a + 2b(T_1 - T_2)\,. \tag{35.13}$$

Für technisch realisierte Thermoelemente erhält man für α Werte von 10 µV/K
(Pt Rh 10/Pt) bis zu 80 µV/K (Ni Cr 10/Konstantan).

Thermoelemente können abhängig vom Material in einem Temperaturintervall von -200 bis $+1\,500$ °C eingesetzt werden. Sie können besonders klein hergestellt werden, Drahtdurchmesser < 10 µm sind realisierbar. Aufgrund des hohen Leitungswiderstandes ist die Zuleitung zum Meßinstrument mit sogenannten
Ausgleichsleitungen vorzunehmen, wobei darauf zu achten ist, daß die Aus-
gleichsleitung die gleiche Thermospannung aufweist wie das Kontaktmaterial, da
anderenfalls an diesen Übergangsstellen Kontaktspannungen auftreten würden.

Aufgrund der geringen Masse sind die thermischen Angleichszeiten klein. Für
absolute Temperaturmessungen ist es nachteilig, daß eines der Thermoelemente
auf konstante Referenztemperatur zu bringen ist, z. B. den Eispunkt 0 °C. Der
zulässige Fehler für Thermoelemente wird mit ± 1 µV oder $\pm 0,25\%$ angegeben.

Das nichtlineare Verhalten von Thermoelementen über größere Temperatur-
bereiche wird aus Tabelle 35.4 deutlich, die einige häufig verwendete Metallpaarungen enthält.

Tabelle 35.4. Nichtlineares Verhalten von Thermoelementen bei verschiedenen Metall/-
Metallegierungs-Paarungen (Konstantan: 45 bis 60% Cu, Rest Ni und andere Metalle; Platin-
Rhodium: 90% Pt, 10% Rh)

Temperatur ϑ in °C	Kupfer/ Konstantan U in mV	Eisen/ Konstantan U in mV	Platin/ Platin-Rhodium U in mV
-200	$-\ 5,70$	$-\ 8,15$	—
0	0,00	0,00	0,00
100	4,25	5,37	0,643
200	9,20	10,95	1,436
400	21,00	22,16	3,251

Der Vorteil von Thermoelementen ist in ihrer großen Zuverlässigkeit, Reproduzierbarkeit und Langzeitstabilität zu sehen. Ihr Nachteil beruht auf dem geringen Gleichspannungssignal und darauf, daß an jeder Kontaktstelle infolge des Seebeck-Effekts zusätzliche Thermospannungen entstehen, die sich zur Meßspannung addieren.

35.2.4 Thermische Strahlungsdetektoren

Die Wirkung thermischer Strahlungsdetektoren beruht nicht auf einer direkten Photonen-Elektronen-Wechselwirkung, sondern auf der Temperaturerhöhung infolge der Strahlungsabsorption. Dadurch ändern sich die elektrischen Eigenschaften der Materialien wie zuvor beschrieben. Der Vorteil thermischer Strahlungsdetektoren gegenüber den in Abschn. 35.3 beschriebenen Quantendetektoren beruht auf ihrer breitbandigen spektralen Empfindlichkeit, ihrer Detektivität im fernen infraroten und im Mikrowellenbereich sowie ihrer Stabilität bei hohen Bestrahlungsintensitäten, wie z. B. bei Laserstrahlung.

In Thermosäulen wird der thermoelektrische Effekt durch Hintereinanderschaltung einer größeren Anzahl n von gleichartigen Metallpaarungen n-fach verstärkt. Verwendet man in Thermosäulen Oberflächenabsorber, so wird die gesamte Energie der einfallenden Strahlung über einen weiten Wellenbereich in Wärmeenergie gewandelt. Sie sind für Leistungsmessungen bei CW-Betrieb (Continuous Waves) geeignet, jedoch nicht für den gepulsten Betrieb mit hoher Leistung. Dazu verwendet man Detektoren mit glasartigem Überzug, welcher nur für einen bestimmten Wellenlängenbereich durchlässig ist, der jedoch im allgemeinen größer ist als der, der von Halbleiterdetektoren erfaßt wird. Den prinzipiellen Aufbau einer Thermosäule zeigt Abb. 35.8.

Die Wirkung des Bolometers beruht auf der Widerstandsänderung eines metallischen Leiters in Abhängigkeit von der Temperatur, die im allgemeinen in einer Wheatstone-Brücke gemessen wird. In einer nach außen thermisch isolierten Vakuumzelle, deren Innenseite geschwärzt ist, befinden sich einige hundert Meter

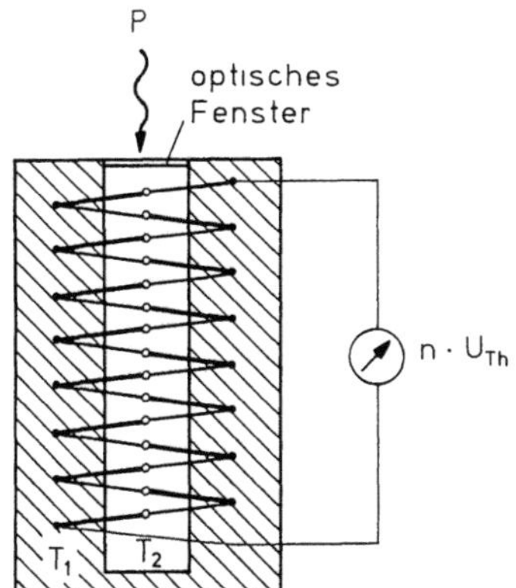

Abb. 35.8. Thermosäule, prinzipieller Aufbau aus n gleichartigen Thermoelementen

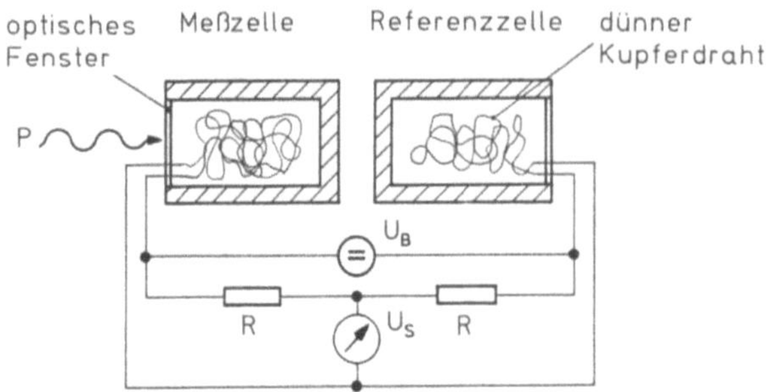

Abb. 35.9. Bolometer (rat's nest calorimeter) mit Meß- und Referenzzelle in einer Wheatstone-Brückenschaltung

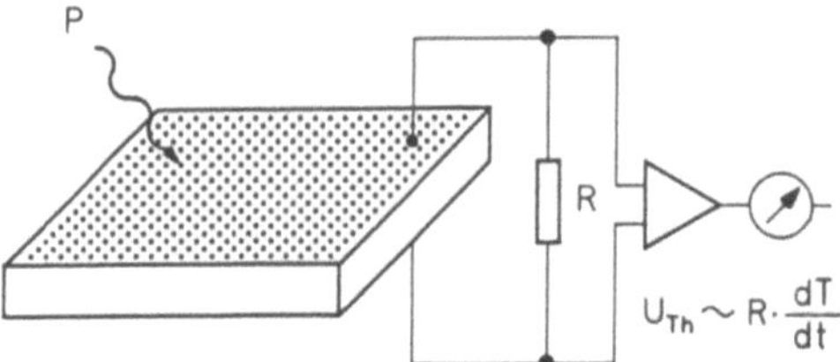

Abb. 35.10. Meßschaltung eines pyroelektrischen Empfängers. Die Oberflächenelektroden auf dem Kristall bestehen aus transparentem, leitendem Material

eines dünnen Metalldrahtes, dessen Enden herausgeführt werden (Abb. 35.9). Verwendet man zwei identische Zellen und setzt nur eine dem zu messenden Lichtstrom aus, dann ist die angezeigte Brückenspannung bei den zu erwartenden geringen Widerstandsänderungen proportional zur Temperaturerhöhung.

Der pyroelektrische Effekt kann nur zur Messung von moduliertem Licht ausgenutzt werden. Das Antwortsignal pyroelektrischer Empfänger ist proportional zum zeitlichen Differentialquotienten ihrer Temperatur und damit des einfallenden Lichtstromes [9]. Daraus resultiert ihr viel schnelleres Ansprechverhalten als anderer thermischer Empfänger. Pyroelektrische Materialien sind ferroelektrische Kristalle wie z.B. Lithiumtantalat, die spontane Polarisationen zeigen. Diese beruht auf den elektrischen Feldern der einzelnen Atome oder Moleküle, aus denen der Kristall besteht. Befindet sich der Kristall weit unterhalb der Curie-Temperatur, überlagern sich alle individuellen Felder gleichsinnig parallel zu einer Kristallachse. Bei Temperaturerhöhung zerfällt diese Ausrichtung partiell, bis sie bei der Curie-Temperatur völlig zerstört ist. Der meßbare Effekt beruht auf einer Ladungsverschiebung. Die Größe der Oberflächenladung ist temperaturabhängig. Bei einer Beschaltung gemäß Abb. 35.10 fließt die Oberflächenladung Q über den Widerstand R ab. Eine Ladungsverschiebung ΔQ ist die Folge einer Temperaturänderung ΔT. Der resultierende Strom ist gleich der Ladungsverschiebung $\Delta Q/\Delta t$ und damit proportional zu $\Delta T/\Delta t$. Deshalb kann der pyroelektrische Empfänger nur für die Messung gepulster oder zerhackter (chopped) Lichtströme verwendet werden.

35.3 Strahlungsempfänger

Die hier behandelten Sensoren sind geeignet zur Messung der Energie elektromagnetischer Wellen im ultravioletten (UV), sichtbaren (VIS) und infraroten (IR) Bereich des Spektrums. Die zugehörigen Wellenlängen erstrecken sich von 0,2 bis 40 µm. Abgesehen von thermischen Sensoren (Abschn. 35.2) ist mit keinem einzelnen Sensor der gesamte Bereich des Spektrums abzudecken. Die Wirkung dieser Sensoren beruht auf Quanteneffekten. Ist die Photonenenergie zu gering, kann keine Wechselwirkung eintreten, ist sie sehr groß, wird die Wahrscheinlichkeit einer Wechselwirkung in der sehr dünnen lichtempfindlichen Zone in Halbleiterdetektoren gering.

Strahlungsdetektoren werden eingesetzt zur Emissionsmessung z. B. von Lasern, zur spektralen Transmissions- und Remissionsmessung in der Spektralphotometrie, zu densitometrischen und sensitometrischen Messungen z. B. bei der Filmauswertung, zur nephelometrischen Messung sowie zur berührungslosen Temperaturmessung. Die Strahlungsquellen sind monoenergetisch oder schmalbandig wie Laser, Laserdiode und Luminiszensdiode, Linienstrahler wie Quecksilber- oder Xenonhochdrucklampen, Kontinuumstrahler wie Glühlampen und Wärmestrahler. Bei photometrischen Messungen werden aus dem Spektrum der Linien- oder Kontinuumstrahler durch Filterung bzw. spektrale Zerlegung bestimmte Wellenlängen ausgewählt. Die spektrale Energieverteilung eines Wärmestrahlers ist durch das Plancksche Strahlungsgesetz beschrieben. Für manche Lichtquellen wird die Strahlungstemperatur angegeben, ihre spektrale Energieverteilung entspricht dann annähernd der in der Planck-Gleichung beschriebenen. Die effektive Strahlungstemperatur der Sonne beträgt 5780 K.

35.3.1 Grundgesetze der Temperaturstrahlung

Die Energieübertragung beruht auf der Abstrahlung und anschließenden Absorption elektromagnetischer Wellen. Der Temperaturstrahlung liegt das Stefan-Boltzmannsche Strahlungsgesetz zugrunde, das die Beziehung herstellt zwischen der Strahlungsleistung P und der Temperatur T, sowie der Oberflächenbeschaffenheit eines Körpers [11]

$$P(T) = \varepsilon A \sigma T^4 \ \text{W} \tag{35.14}$$

mit

$\sigma = 5{,}6686 \cdot 10^{-8} \ \text{W/m}^2 \ \text{K}^4$, Stefan-Boltzmann-Konstante.

Die Gleichung beschreibt die Leistung, welche in den Halbraum 2π von einer Fläche der Größe A abgegeben wird. Die Größe ε, der Emissionsfaktor, ist im allgemeinen von der Wellenlänge abhängig. Nur der absolut schwarze Körper sendet die maximale Energie aus, für ihn ist $\varepsilon = 1$, für alle anderen Oberflächen gilt $\varepsilon < 1$. Emissions- und Absorptionsfaktor eines Körpers sind gleich groß.

Die Abhängigkeit der in den Halbraum 2π abgegebenen spektralen Strahlungsleistung $P\lambda(T)$ des schwarzen Körpers der Ausdehnung 1 m² von der Wellenlänge λ und der Temperatur beschreibt das Plancksche Strahlungsgesetz. In einem Wellenlängenbereich $\lambda, \lambda + \Delta\lambda$ wird demnach eine spektrale Strahlungsleistung von:

$$P_\lambda(T) = \frac{c_1}{\pi\lambda^5} \, \frac{1}{\exp\left(\dfrac{c_2}{\lambda T}\right) - 1} \quad \mathrm{W/m^2\,\mu m} \tag{35.15}$$

emittiert.

Es bedeuten: $c_1 = 2 \cdot c^2 \cdot h\pi = 3{,}7413 \cdot 10^8$ W $\mu m^4/m^2$ Plancksche Strahlungskonstante; $c_2 = hc/k = 1{,}4388 \cdot 10^4$ μm K Plancksche Strahlungskonstante; $c = 2{,}9979 \cdot 10^8$ m/s Lichtgeschwindigkeit in Vakuum; $h = 6{,}6256 \cdot 10^{-34}$ Js Plancksches Wirkungsquantum; $k = 1{,}3805 \cdot 10^{-23}$ J/K^1 Boltzmann-Konstante. Die Wellenlänge λ ist in μm einzusetzen.

Die Wellenlänge λ_{max}, bei der die maximale Strahlungsintensität abgegeben wird, ist im Wienschen Verschiebungsgesetz formuliert:

$$\lambda_{max} = b/T \, \mathrm{m} \tag{35.16}$$

mit der Wienschen Konstanten $b = 2{,}897 \cdot 10^{-3}$ m/K.

Der Verlauf der Strahlungsleistung P als Funktion der Wellenlänge und das Integral über die Wellenlänge ist für die Temperaturen 0, 37 und 50 °C in Abb. 35.11 dargestellt.

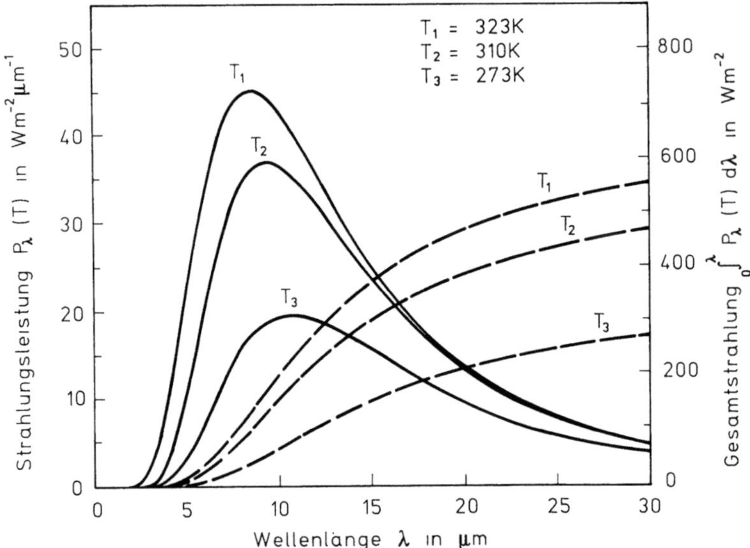

Abb. 35.11. Strahlungsleistung des schwarzen Körpers der Größe 1 m^2, die in den Halbraum 2π abgegeben wird

—— Strahlungsleistung $P_\lambda(T)$ in W m^2/μm

--- Gesamtstrahlung $\int_0^\lambda P_\lambda(T)\,\mathrm{d}\lambda$ in W/m

35.3.2 Charakteristika von Photodetektoren

Die Photodetektoren sind in zwei Klassen einzuteilen, in Halbleiterdetektoren mit und ohne Grenzschichteffekt und in Emissionsdetektoren. In photosensitiven Halbleitermaterialien, Photoleitern und Photodioden, werden durch den Photonenstrom Elektronen-Löcher-Paare (innerer Photoeffekt) erzeugt. In Emissionsdetektoren, Vakuumphotozellen, werden durch den Beschuß der Photokathode mit Photonen aus dieser Elektronen herausgeschleudert (Photonenenergie > Austrittsarbeit) und durch das anliegende elektrische Feld im Vakuum zur Anode geleitet (äußerer Photoeffekt). Halbleiter-Photodetektoren sind klein, mechanisch unempfindlich, haben geringen Energieverbrauch und sind preiswert. Mit Photomultipliern, eine Vakuumphotozelle mit Verstärkereffekt durch Sekundärelektronen-Auslösung, erreicht man im UV-VIS-Bereich die höchste Empfindlichkeit. Sie sind jedoch relativ groß, zerbrechlich, erfordern eine hohe Betriebsspannung und sind teuer [12–16].

Die spektrale Empfindlichkeit ist eine sehr wichtige Größe bei der Auswahl eines Photodetektors. Sie weist meist ein ausgeprägtes Maximum bei einer bestimmten Wellenlänge auf. Alle Parameter des Photodetektors, die auch in Datenblättern angegeben sind, müssen bezüglich der Wellenlänge spezifiziert werden. Das Ziel muß es sein, einen Detektor auszuwählen mit hoher Empfindlichkeit im zu messenden Wellenlängenintervall bzw. im Emissionsmaximum einer Strahlenquelle. Dies ist dann von besonderer Bedeutung, wenn geringe Energiepegel zu messen sind.

Im folgenden werden wichtige Begriffe zur Charakterisierung von Photodetektoren eingeführt.

Der *Quantenwirkungsgrad* η ist ein Maß dafür, wie groß die Wahrscheinlichkeit ist, daß ein Photon ein Elektron auslöst. Ist n_{Ph} der Photonenstrom, so erzeugt dieser n_e Elektronen im Detektor

$$\eta = (n_e / n_{\mathrm{Ph}}) \cdot 100\%. \tag{35.17}$$

Der Wirkungsgrad ist von der Wellenlänge abhängig. Typische Werte im Emissionsmaximum liegen zwischen 5 und 30% für Photokathoden und zwischen 60 und 90% für Photodioden. Bei sehr geringen Photonenströmen kommt deren statistische Natur zum Vorschein.

Die *Detektorempfindlichkeit* R (Responsivity) ist definiert als der Quotient aus dem Detektorsignal S in Volt oder Ampere und der auf den Detektor fallenden Strahlungsleistung P:

$$R = S/P \quad \mathrm{A/W \ bzw. \ V/W}. \tag{35.18}$$

Auch R ist eine Funktion der Wellenlänge. Monoenergetische Photonen mit der Energie $E = hc/\lambda$ erzeugen einen Photonenstrom $n_{\mathrm{Ph}} = P\lambda/hc \quad \mathrm{s}^{-1}$.
Mit Hilfe des Wirkungsgrades erhält man daraus den Elektronenstrom $ne = \eta P\lambda/hc \quad \mathrm{s}^{-1}$ und weiter durch Multiplikation mit der Elementarladung $e = 1{,}6021 \cdot 10^{-19}$ As die Signalstromstärke S_i

$$S_i = \eta P\lambda e/hc \quad \mathrm{A} \tag{35.19}$$

und daraus die Empfindlichkeit

$$R = \eta \lambda e / hc \quad \text{A/W}. \tag{35.20}$$

Die *äquivalente Rauschleistung* NEP (Noise Equivalent Power) eines Detektors gibt dessen Auflösungsgrenze an. Die NEP ist die Rauschleistung des Detektors, die bei völliger Dunkelheit erzeugt wird. Sie ist gleich der Strahlungsleistung, welche den gleichen elektrischen Strom bzw. die gleiche elektrische Spannung am Detektor erzeugt wie die Rauschleistung. Daneben gibt es andere Rauschquellen im Detektor, die an die statistische Natur der Prozesse im Detektor gebunden sind und deren Eigenschaften von der Betriebsart des Detektors abhängen [14, S. 69–86]. Die NEP ist von der Temperatur des Detektors und dessen Umgebung abhängig. Sie ändert sich mit der Bandbreite, mit welcher der Detektor betrieben wird. Man bezieht sie deshalb auf die Wurzel der Bandbreite. Ihre Größenordnung beträgt 10^{-12} bis 10^{-14} W/Hz$^{1/2}$.

Die Abhängigkeit der NEP von der Temperatur ist nichtlinear. Für einige Detektoren ändert sie sich bei einer bestimmten Temperatur fast sprungartig über mehrere Dekaden [11, S. 115].

Eine aus der NEP abgeleitete Größe ist die *spezifische Detektivität D**, bei der auf die Detektorfläche A normiert wird,

$$D^* = \frac{\sqrt{A}}{\text{NEP}} = \frac{R}{S_{\text{R}}} \sqrt{\Delta f A} \quad \text{m Hz}^{1/2}/\text{W} . \tag{35.21}$$

Mit S_{R} ist die Rauschleistung des Detektors bezeichnet. Je höher die Detektivität, desto besser ist die Güte des Detektors. Zur eindeutigen Kennzeichnung der spezifischen Detektivität sind weitere Kenngrößen erforderlich, so bedeutet z. B. die Angabe D^* (310, 1 000, 1), daß die spezifische Detektivität mit einem Strahler von 310 K bei einer Modulationsfrequenz von 1 000 Hz und einer Bandbreite von 1 Hz gemessen wurde. Zur Erhöhung der Detektivität werden Photoleiter und Photodioden gekühlt. Besonders wichtig ist diese Maßnahme im Bereich des fernen Infrarotspektrums, da hier die Quantenenergie der Photonen sehr gering ist und unter der thermischen Energie der Elektronen bei Raumtemperatur liegt. Die thermische Energie beträgt bei Raumtemperatur von 295 K bereits 0,03 eV. Als Kühlmittel hat sich flüssiger Stickstoff, dessen Siedepunkt bei 77 K liegt, bewährt. Diodenarrays in Diodenkameras kühlt man mit Anordnungen, die den thermoelektrischen Effekt ausnutzen. Auf den Photodetektor trifft außer der Strahlungsenergie vom Meßpunkt, auf den durch Linsen oder Spiegel fokussiert wird, die Strahlungsenergie der Umgebung. Letztere leistet ebenfalls einen Beitrag zur NEP. Unter der Voraussetzung, daß die Umgebung der Photodiode die Temperatur von 295 K annimmt, läßt sich dieser Anteil der Strahlungsenergie als Funktion der Wellenlänge berechnen. Dabei wird ein räumlicher Strahlungswinkel von 2π angenommen. Man erhält so eine thermische Grenzkurve der Detektivität (BLIP) (Background Limited Infrared Photodetector). Weitere Verbesserungen sind durch das Anbringen gekühlter Blenden unmittelbar vor dem Detektor zu erzielen.

Die *Ansprechzeit* des Detektors kennzeichnet seine Trägheitseigenschaften und damit die maximal zu übertragende Frequenz, die besonders bei sehr kurzen

Lichtimpulsen von Lasern z. B. von Bedeutung ist. Sie ist nicht eindeutig definiert, so bedeutet die Angabe t_{50} z. B. die Zeit, welche bis zum Erreichen des 50% Wertes vergeht. Anstiegs- und Abfallzeiten sind nicht identisch. Die Ansprechzeit t_{50} soll keine größeren Werte annehmen als das 0,1fache der Impulsdauer.

35.3.3 Photowiderstände

Photowiderstände sind passive Bauelemente aus halbleitenden Materialien, deren spezifischer Widerstand sich bei Belichtung verringert. Zwei Effekte sind dafür verantwortlich: die Erhöhung der Ladungsträgerdichte und die Erhöhung der effektiven Beweglichkeit der Ladungsträger. Letzteres ist vornehmlich in dünnen, aufgedampften, polykristallinen Schichten der Fall. Der Effekt beruht darauf, daß sich der Übergangswiderstand an den Korngrenzen verringert. Obwohl die Empfindlichkeit solcher Detektoren sehr groß ist, sollen diese sehr komplizierten Mechanismen nicht weiter betrachtet werden. Photoleiter, in denen die Ladungsträgerdichte durch Lichteinfall erhöht wird, bestehen aus monokristallinen Strukturen. Handelt es sich um undotierte Materialien, bezeichnet man sie als intrinsisch, sind sie mit Störstellen dotiert, heißen sie extrinsisch. Zum Betrieb von Photowiderständen ist stets der Anschluß einer Spannungsquelle und eines Lastwiderstandes in Serie mit dem Detektor erforderlich. Photoleiter sind langsame Detektoren, deren Ansprechzeit im Mikro- bis Millisekundenbereich liegt. Der Grund ist die hohe mittlere Lebensdauer der generierten Ladungsträger im Kristall. Die intrinsischen Photoleiter erhöhen nur dann ihre Leitfähigkeit, wenn die Energie der einfallenden Photonen höher ist als der Abstand zwischen Valenz- und Leitungsband des betreffenden Materials. Elektronen werden in das Leitungsband angehoben und erhöhen so die Leitfähigkeit, Löcher bleiben im Valenzband zurück. Die Grenzwellenlänge λ_C für den Nachweis von Photonen ist also vom Abstand des Leitungs- und Valenzbandes E_g des Materials abhängig,

$$E_g < E_{Ph} = hc/\lambda,$$

$$\lambda_C = hc/E_g. \tag{35.22}$$

Die spezifische Detektivität und die theoretische Grenzkurve (BLIP) für einige halbleitende Materialien sind in Abb. 35.12 dargestellt. Grenzwellenlänge und Bandabstand hängen gemäß Tabelle 3.5 zusammen.
Den Bandabstand für einige wichtige Materialen zeigt Tabelle 35.6.
In extrinsischen Photoleitern wird die Erhöhung der Leitfähigkeit durch optische Ionisation der Störstelle bewirkt. Die dafür benötigte Energie ist i. a. geringer, so

Tabelle 35.5. Zusammenhang zwischen Grenzwellenlänge eines halbleitenden Detektors und Photonenenergie (1 eV $= 1,6 \times 10^{-19}$ J)

λ_C in µm	0,2	0,4	1	2	4	10	20	40
J/10^{-19} W	9,93	4,97	1,99	0,99	0,50	0,20	0,10	0,05
J/eV	6,20	3,10	1,24	0,62	0,31	0,12	0,06	0,03

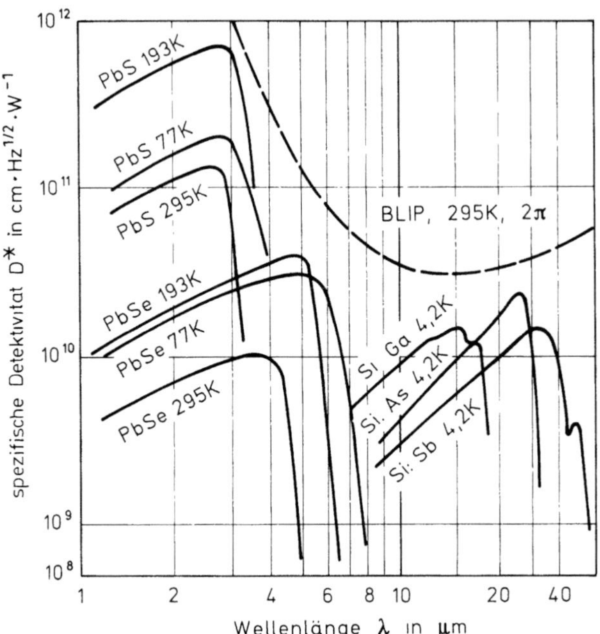

Abb. 35.12. Spezifische Detektivität für einige intrinsische Photoleiter $\lambda_{max} < 15$ μm und einige extrinsische Photoleiter $\lambda_{max} > 15$ μm. Die theoretische Grenzkurve (BLIP) gilt für Hintergrundtemperatur von 295 K bei einem räumlichen Blickwinkel von 2π (modifiziert nach [11, S. 114]

Tabelle 35.6. Grenzwellenlänge für verschiedene Halbleitermaterialien [12, S. 238–243]

Halbleiter	Bandabstand bei 300 K E_g in [eV]	Grenzwellenlänge λ in μm
Silizium (Si)	1,20	1,118
Germanium (Ge)	0,74	1,852
Galliumphosphid (GaP)	2,34	0,549
Indiumphosphid (InP)	1,42	0,926
Aluminiumarsenid (AlAs)	2,16	0,574
Galliumarsenid (GaAs)	1,43	0,868
Aluminiumantimonid (AlSb)	1,62	0,766
Cadmiumsulfid (CdS)	2,42	0,513
Tellur (Te)	0,32	3,877
Zinktellurid (ZnTe)	2,25	0,514
Bleitellurid (PbTe)	0,32	3,877
Zinnselenid (SnSe)	0,90	1,379

daß sie besonders für die Messung langwelliger Strahlung einzusetzen sind. Wegen der geringen Energie, die zur Anregung notwendig ist, muß thermische Ionisation der Störstellen vermieden werden. Man erreicht das durch die Kühlung des Detektors [11, s. 114 u. 116].

35.3.4 Sperrschicht-Photodetektoren, Photodioden

Halbleiterdioden sind dadurch gekennzeichnet, daß ein p- und ein n-dotiertes halbleitendes monokristallines Material aneinandergrenzt (Abb. 35.13). Im Bereich dieser Grenzschicht, dem pn-Übergang, bildet sich eine negative und positive Raumladungszone aus. Infolge der Raumladungen existiert ein vom p- zum n-Material gerichtetes elektrisches Feld. Wird das existierende Gleichgewicht durch die Erzeugung zusätzlicher Elektronen-Löcherpaare gestört, wie bei Einstrahlung von Photonen in die Grenzschicht, ist in einem äußeren Kreis eine Photospannung bzw. ein Photostrom nachweisbar. Die Elektronen werden in das Leitungsband angehoben und gelangen infolge der elektrischen Spannungsdifferenz am pn-Übergang auf die n-Seite des Halbleiters, die Löcher gelangen auf die p-Seite des Valenzbandes (Abb. 35.14). Dadurch wird die p-Seite positiv und die n-Seite negativ aufgeladen. Die daraus resultierende Spannung vermindert die Diffusionsspannung um die Leerlaufphotospannung. Im Kurzschlußfall fließt im äußeren Kreis ein Photostrom. Die photovoltaische Spannung und der Photostrom haben entgegengesetzte Vorzeichen. Das typische Kennlinienfeld einer sol-

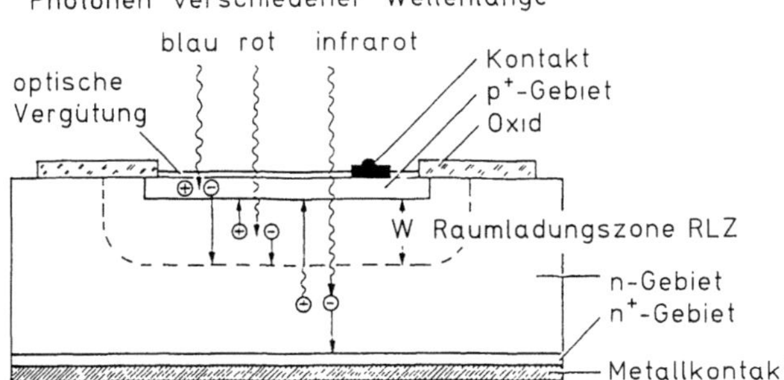

Abb. 35.13. Schematischer Aufbau einer planaren Silizium-Photodiode. [Si-Photodetektoren und IR-Luminiszenzdioden (Datenbuch 1985/86, Siemens)]

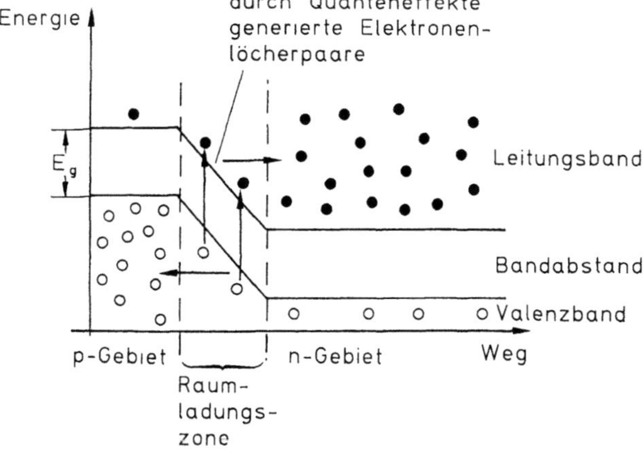

Abb. 35.14. Bändermodell des pn-Übergangs einer Photodiode

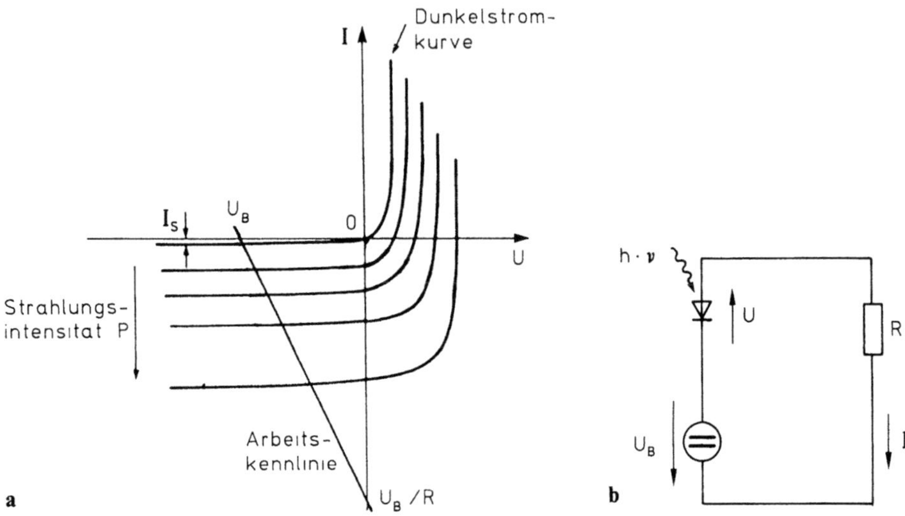

Abb. 35.15. a Kennlinienfeld einer Photodiode, Strahlungsleistung P, I_s = Sättigungsstrom, U_B = Batteriespannung, $I_R = U_{B/R}$; **b** Betrieb der Photodiode in Sperrichtung

chen Photodiode bei unbelichtetem und belichtetem pn-Übergang zeigt Abb. 35.15 a.

Die Leerlaufphotospannung ist in exponentieller Weise von der auftreffenden Strahlungsleistung P abhängig. Deren Messung wird als photovoltaischer Betrieb bezeichnet. Im allgemeinen betreibt man Photodioden mit negativer Vorspannung, d. h. in Sperrichtung (Abb. 35.15 b). Die Abhängigkeit des Stromes von der Strahlungsleistung ist linear.

Der Wellenlängenbereich von Silizium-Photodioden erstreckt sich von 300 bis 1100 nm. Bei den Grenzwellenlängen ist die Empfindlichkeit auf 10% des maximalen Wertes abgefallen. Die Listenangaben von Herstellern sind hier nicht einheitlich. Die Wellenlängen maximaler Empfindlichkeit liegen zwischen 800 und 950 nm. Man erreicht hier eine Quantenausbeute bis zu 90% und eine spezifische Detektivität D^* von $6{,}5 \cdot 10^{13}$ cm Hz$^{1/2}$/W.

Da die Eindringtiefe von Photonen abnehmender Energie immer größer wird, sie ihre Wirkung jedoch nur im Bereich der Raumladungszone entfalten können, liegt es nahe, diese zu vergrößern. Das gelingt, wenn man zwischen die p- und n-dotierten Bereiche einen undotierten, eigenleitenden (intrinsic) Bereich einschiebt. Es entsteht dann eine Materialfolge p-i-n. Photodioden mit diesem Aufbau werden als PIN-Dioden bezeichnet. Der photoaktive Bereich wird vergrößert. Es können damit Photodioden für bestimmte Grenzwellenlängen optimiert werden. Ein Kompromiß zwischen Quantenwirkungsgrad und oberer Grenzfrequenz ist zu schließen. Im Bereich des sichtbaren Lichtes liegt die Grenzfrequenz moderner PIN-Dioden im Gigahertz-Bereich.

Schottky-Photodioden nutzen den Raumladungseffekt aus, der sich an Grenzen zwischen Halbleiter und Metall ausbildet. Der Effekt ist vergleichbar dem des pn-Übergangs. Sie eignen sich insbesondere zum Nachweis von UV-Strahlung.

Lawinen-(Avalanche-)Photodioden basieren auf der Verstärkung des primären durch Photonen angeregten Photonenstromes durch Stoßwirkung. Die kinetische Energie der Elektronen und Löcher, die sie innerhalb der mittleren freien Weglänge aufnehmen, muß größer sein als der Bandabstand. Dazu werden sie bis nahe an die Durchbruchgrenze in Sperrichtung vorgespannt.

Die monolithische Integration von Photodiode und Transistor bzw. Thyristor führt zum Phototransistor bzw. zum Photothyristor. Photodioden werden in Zeilen oder flächenförmiger Anordnung (Array) als integrierte Bauelemente hergestellt. Matrizen mit $1\,024 \times 1\,024$ Bildpunkten sind realisiert worden. Als hoch integrierte Schaltkreise, hergestellt als Charged Coupled Device (CCD), enthalten sie Vorverstärker und Logik zum seriellen Auslesen der Information, eingesetzt in Videokameras [17].

35.3.5 Vakuumphotozellen und Photomultiplier

Bei einigen Materialien, vornehmlich Alkalimetallen und ihren Legierungen, ist die Elektronenaustrittsarbeit $\mathbf{E_A}$ so gering, daß bei Belichtung Elektronen in der Photokathode freigesetzt werden. Auch hier gibt es wieder eine Grenzwellenlänge. Die Photonenenergie muß größer oder gleich der Austrittsarbeit der Elektronen aus dem Kathodenmaterial sein: $\lambda_C = hc/E_A$. Je nach verwendetem Kathodenmaterial hat λ_C verschiedene Werte. Die in der Praxis erreichte obere Grenze liegt bei 800 nm. Beschleunigt man die ausgetretenen Elektronen in einem elektrischen Feld, das zwischen Anode und Kathode ausgespannt wird, so kann man an einem Lastwiderstand R eine Spannung abgreifen, die proportional zum Photonenstrom ist. Vakuumphotozellen haben in der Praxis nur noch geringe Bedeutung. Überträgt man auf die ausgetretenen Elektronen durch ein starkes elektrisches Feld eine hohe Energie und läßt sie auf eine Sekundärelektrode prallen, eine Dynode, so werden an dieser Elektrode Sekundärelektronen ausgelöst. Durch Kaskadierung kann dieser Effekt wiederholt und damit verstärkt werden, und man kommt zu einem Verstärkungsfaktor bis zu 10^7. Eine solche Anordnung wird als Photomultiplier bezeichnet. Die pro Kaskade angelegte Spannung ist im allgemeinen nicht gleich, sie liegt im Bereich von 100 bis 150 V. Typisch sind 10

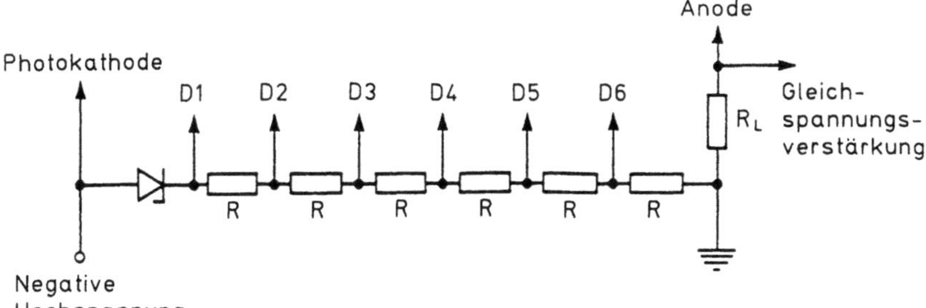

Abb. 35.16. Äußere Beschaltung eines Photomultipliers. Der Anodenstrom liegt im Bereich von 100 µA, die Anodenspannung zwischen 1 bis 2 kV, der Strom im Spannungsteiler beträgt das 10- bis 100fache des Anodenstroms

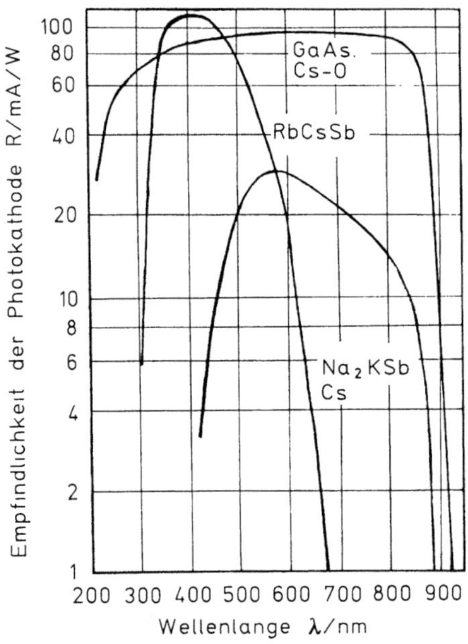

Abb. 35.17. Spektrale Empfindlichkeit von Photomultipliern für unterschiedliche Kathodenmaterialien

Kaskaden. Man erhält damit Anodenspannung zwischen 1 und 2 kV. Die äußere Beschaltung eines Photomultipliers zeigt Abb. 35.16.

Photomultiplier werden vornehmlich im ultravioletten und sichtbaren Teil des Spektrums eingesetzt (Abb. 35.17). Man erreicht eine Quantenausbeute von annähernd 30%. Wegen ihrer hohen Empfindlichkeit können sie zur Photonenzählung eingesetzt werden (Single Photon Detector). Die 10% Grenze ihrer spektralen Empfindlichkeit erstreckt sich von ca. 200 bis 900 nm. Vorteilhaft werden sie in Spektralphotometern hoher Qualität eingesetzt.

35.4 Elektrochemische Sensoren

Der Begriff „elektrochemische Sensoren" legt es nahe, an solche Meßwandler zu denken, die infolge einer chemischen Reaktion in einem äußeren Meßkreis einen elektrischen Strom erzeugen. Dieses liegt vor, wenn zwei unterschiedliche Metalle in eine elektrolytische Lösung getaucht und über einen Leiter miteinander verbunden werden. Der Strom ist sowohl von der Metallpaarung als auch vom verwendeten Elektrolyten abhängig. Die Anordnung ist damit prinzipiell geeignet, eine Aussage über die an der Reaktion beteiligten Stoffe und deren Konzentrationen zu liefern. Auch Elektroden zur Spannungsmessung, z. B. der Ruhe- und Aktionsspannung, sind hier einzuordnen. An ihren Phasengrenzen wird der im biologischen Gewebe fließende Ionenstrom – vornehmlich getragen durch die extrazellulären, hochkonzentrierten Natrium- und Chlorionen – in einen Elektronenstrom im Metall gewandelt. Auch die Konzentration von Molekülen wie Sauerstoff kann mit elektrochemischen Wandlern gemessen werden. Das setzt allerdings voraus, daß die Moleküle an der Phasengrenze Metall/Elektrolyt zunächst in Ionen gewandelt werden. Auch durch Ionenaustausch an porösen Stoffen, wie Membranen, können an deren Phasengrenze Spannungen entstehen, die ein Maß sind für die Konzentration des gelösten Stoffes und mittels Elektroden gemessen werden können.

Aber nicht nur durch Elektroden können solche örtlichen Potentialunterschiede gemessen werden. Sind sie auf Raumladungszonen zurückzuführen, können verstärkende Halbleiterbauelemente, sogenannte Metalloxyd-Feldeffekttransistoren, vorteilhaft verwendet werden.

Da die zu messenden gelösten oder gasförmigen Stoffe im allgemeinen große Diffusionswege zurückzulegen haben, bis es zu einer Reaktion an der Sensoroberfläche kommt, vergehen lange Zeiten, bis ein Gleichgewicht erreicht wird. Deshalb sind elektrochemische Sensoren sehr träge. Ihre Einstellzeit liegt im Bereich von Sekunden bis zu Minuten. Durch die Kontaminierung der Oberflächen sind sie häufig instabil im Langzeitbetrieb. Zum Verständnis der Wirkungsweise elektrochemischer Sensoren werden im folgenden einige grundsätzliche Aspekte behandelt. Zum tieferen Eindringen in die Materie sei auf die Spezialliteratur verwiesen [18, 19].

Als Elektrolyte bezeichnet man Lösungen, aber auch Festkörper, bei denen Ionen den Stromtransport übernehmen und nicht Elektronen wie in Metallen. Von größter Bedeutung sind die wäßrigen Elektrolyte.

35.4.1 Eigenschaften wäßriger Elektrolyte

Reines Wasser ist ein sehr schlechter elektrischer Leiter, da nur wenige Wassermoleküle dissoziiert sind zu

$$2\,H_2O \rightleftharpoons H_3O + OH^-.$$

Die Wasserstoffionenkonzentration beträgt bei 25 °C 10^{-7} mol/l. In physiologischer Lösung (9 g NaCl/l) erhält man eine Salzkonzentration von 0,15 mol/l. Träger des Stromes im Elektrolyten sind deshalb im allgemeinen die Ionen des gelösten Stoffes.

Die Eigenschaften des Lösungsmittels, hier des Wassers, sind für das Verständnis elektrolytischer Reaktionen von Bedeutung. Die Asymmetrie des Wassermoleküls drückt sich aus in seinen polaren Eigenschaften und ist quantifiziert in seinem Dipolmoment. Das Wasser bildet aufgrund dessen kristallähnliche Strukturen aus. Insbesondere umgeben sich positive und negative Ionen mit einer größeren oder kleineren Hülle von Wassermolekülen, die Ionen sind hydratisiert. Das schränkt ihre Beweglichkeit u ein. Diese ist definiert als Quotient aus Geschwindigkeit eines Ions bezogen auf die Einheit der elektrischen Feldstärke. Wegen der Wechselwirkungen zwischen den Ionen ist die Beweglichkeit abhängig von Druck, Temperatur, Konzentration und Art des Lösungsmittels. Bei schwachen Elektrolyten, die nicht vollständig dissoziieren, ist der Dissoziationsgrad ebenfalls von der Konzentration abhängig, er nimmt zu mit abnehmender Konzentration (Ostwaldsches Verdünnungsgesetz).

Die Kräfte zwischen den Ionen und ihre nicht mehr zufällige Verteilung führen dazu, daß diese bei chemischen Reaktionen behindert sind und die Reak-
tionsgeschwindigkeit niedriger wird als erwartet. In thermodynamischer Betrachtungsweise wäre zu formulieren, daß das elektrochemische Potential der Ionen
niedriger ist, als es ihrer Konzentration entspricht. Das läßt sich berücksichtigen,
indem man statt der Konzentration c die Aktivität a einführt und beide mit einem
Aktivitätskoeffizienten verknüpft. Bei getrennter Betrachtung für positive und
negative Ionen ergibt sich $a_+ = \gamma_+ c$ und $a_- = \gamma_- c$ und daraus

$$\sqrt{a_+ a_-} = \sqrt{\gamma_+ \gamma_-}\, c \qquad \gamma \leqq 1 \tag{35.23}$$

und weiter eine mittlere Aktivität

$$a_\pm = \gamma_\pm c \,. \tag{35.24}$$

Für Konzentrationen $<0{,}1\,\mathrm{mol/l}$ kann der Aktivitätskoeffizient mit guter
Näherung mit einer Theorie von Debye und Hückel [18, S. 369ff.] berechnet
werden. Bei einer Temperatur von 25 °C kann für verdünnte wäßrige Lösungen
das Ergebnis wie folgt geschrieben werden:

$$\lg \gamma_\pm = -\frac{0{,}5 z_+ z_- \sqrt{I}}{1 + \sqrt{I}} \,. \tag{35.25}$$

Mit z_+ und z_- ist die Valenz der Anionen bzw. Kationen bezeichnet. Dabei ist ein
Durchmesser der Ionen von 0,35 nm eingesetzt worden. Die Größe $I = 0{,}5 \Sigma c_i z_i^2$
steht für die Ionenstärke, wobei z_i die Wertigkeit des i-ten Ions angibt. Die Beziehung ist graphisch in Abb. 35.18 für das Intervall $0 < I < 0{,}1\,\mathrm{mol/l}$ aufgetragen.
Für höhere Konzentrationen ist ein empirisch bestimmtes lineares, positives Kor-
rekturglied anzufügen, welches dazu führt, daß der Aktivitätskoeffizient mit zunehmender Ionenstärke weniger steil abfällt als nach Gleichung (35.25).

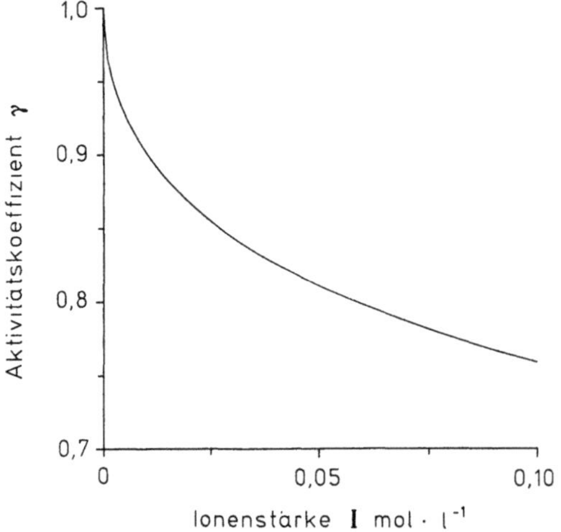

Abb. 35.18. Der Aktivitätskoeffizient ist Proportionalitätsfaktor zur Beschreibung der Abhängigkeit der Aktivität eines Ions von seiner Konzentration. Er ist eine Funktion der Ionenstärke I.
Die Berechnung erfolgt nach der Näherung (35.25)

Die Leitfähigkeit des Elektrolyten σ einer Ionenlösung hängt wie folgt von der Aktivität a_i mol/l, der Ladungszahl z_i und der Beweglichkeit u_i m²/Vs ab:

$$\sigma = 1\,000\ F\ \Sigma\ a_i z_i u_i \quad S/m.$$

Dabei ist $F = 9{,}64857 \cdot 10^4$ As/mol die Faraday-Konstante.

35.4.2 Metall/Elektrolyt-Reaktionen (Die Halbzelle)

Wird ein Metall in einen Elektrolyten gebracht, so können Metallatome als Ionen in Lösung gehen, dabei handelt es sich um eine Oxidation, oder Metallionen können sich an das Kristallgitter der Elektrode anlagern, eine Reduktion findet statt:

$$M_e \underset{\text{Reduktion}}{\overset{\text{Oxidation}}{\rightleftharpoons}} M_e z^+ + z_e^- \ .$$

Eine anschauliche Erklärung für diesen Prozeß wurde von Nernst gegeben. Die Metallatome stehen unter einem Lösungsdruck, die Metallionen unter der Wirkung des osmotischen Drucks. Ist der Lösungsdruck größer als der osmotische Druck, so kommt es zu einer Oxidation (unedle Metalle) und umgekehrt. Bei der Oxidation entsteht ein Überschuß an Elektronen im Metall, eine negative Raumladungszone entsteht, die eine positive im Elektrolyten zur Folge hat. Im Gleichgewicht verhindert der elektrische Potentialgradient bzw. die Spannungsdifferenz zwischen Metall und Elektrolyt, daß weitere Metallatome als Ionen in Lösung gehen. Nicht bei allen Metallen stellt sich ein Gleichgewicht ein, Natrium löst sich z. B. vollständig auf, doch bei denen, die als Elektrodenmaterial geeignet sind, darf man davon ausgehen. Das Umgekehrte ereignet sich bei der Reduktion (Abb. 35.19).

Nach der von Helmholtz entwickelten Theorie, die von Gouy, Chapman und Stern weiterentwickelt wurde, bildet sich an der Phasengrenze eine Raumladungszone mit einem positiven und negativen Ladungsanteil gleicher Größe aus. Der eine ist fest an die Oberfläche des Metalls gebunden, der andere beginnt nach

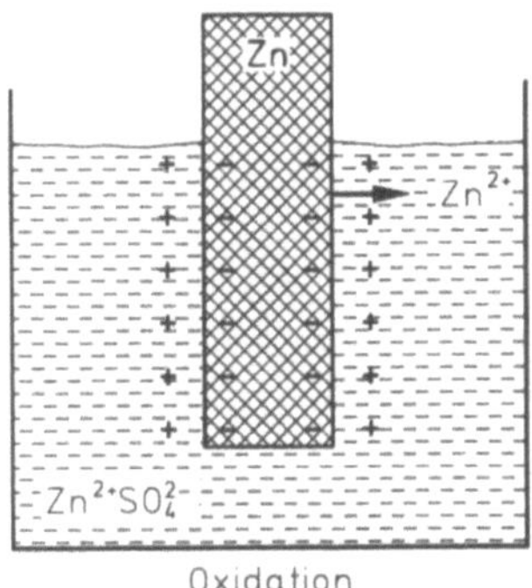

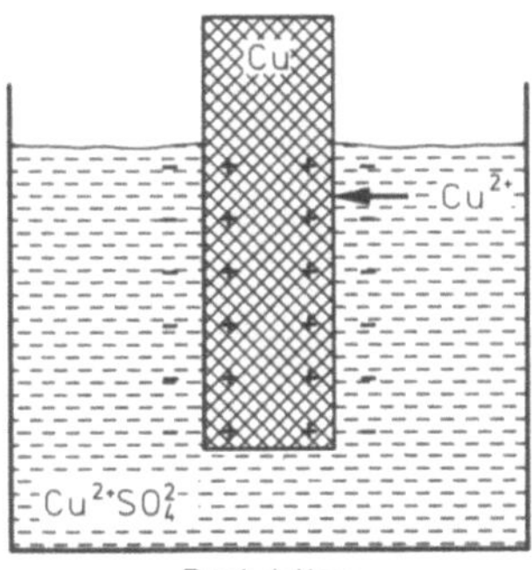

Abb. 35.19. Metalle können unter Abgabe von Elektronen als positives Ion in Lösung gehen (Oxidation) oder aus dem Elektrolyten unter Aufnahme von Elektronen in das Metallgitter eingebaut und damit reduziert werden

einer ladungsfreien Zone in der Größenordnung eines Ionendurchmessers und erstreckt sich einige Nanometer in den Elektrolyten (Abb. 35.20). Der an Ladungsträgern verarmte Bereich zwischen den Raumladungszonen führt zur Ausbildung einer Kapazität und ist Ursache des hohen elektrischen Widerstandes von Elektroden.

Die elektrische Spannung, ein Resultat der Ladungsverteilung, ist nicht meßbar und nicht berechenbar. Zur Messung bedarf es einer zweiten Halbzelle. Eine Halbzelle besonderer Art ist die Standard-Wasserstoffelektrode. Eine Platin-

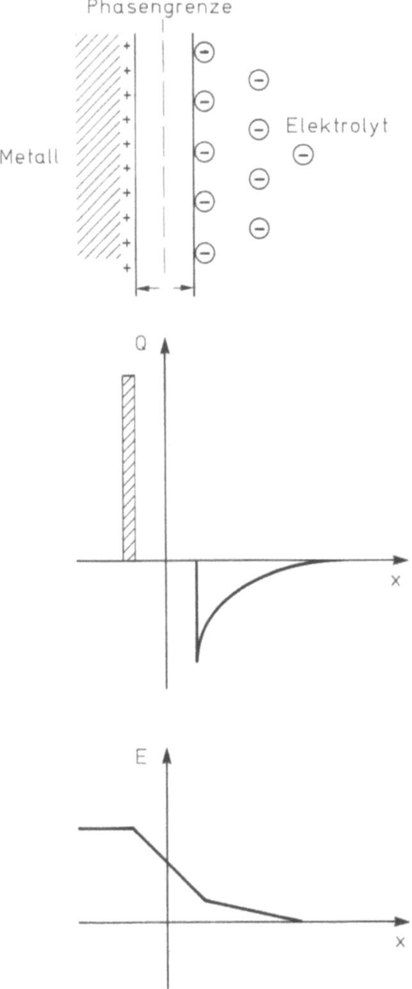

Abb. 35.20. a Zwischen Metall und Elektrolyt bildet sich eine Phasengrenze aus. Es entsteht ein an Ladungsträgern verarmter Raum der Dicke, die dem Durchmesser des hydratisierten Ions entspricht. **b** Die Oberfläche des Metalls ist Dirac-stoßartig mit Elektronen belegt, eine gleichgroße Ladungswolke mit entgegengesetztem Vorzeichen erstreckt sich in den Elektrolyten (Modell nach Gouy-Chapmann-Stern). Es bildet sich eine elektrische Doppelschicht aus. **c** Dargestellt ist der aus der Ladungsverteilung resultierende Potentialverlauf E

Elektrode, die zur Vergrößerung der Oberfläche elektrolytisch mit einer feinen Platinschicht (Platinschwarz) überzogen ist, befindet sich in einem Elektrolyten, dessen pH-Wert 0 ist, d. h. daß die Aktivität der H-Ionen 1 mol/l ist. Sie wird umspült von Wasserstoffgas bei einem Druck von 101,325 kPa (1 atm). Das Potential der Standard-Wasserstoffelektrode ist definitionsgemäß identisch 0 für alle Temperaturen.

Standardpotentiale von Halbelektroden werden bei 25 °C gegen die Standard-Wasserstoffelektrode gemessen. Die Spannung zwischen der Standard-Wasserstoffelektrode und einer Halbzelle hängt von der Aktivität des Elektrolyten ab, in welchem die Messung vorgenommen wird. Zur Ermittlung des Standardpotentials wird vorgeschrieben, daß die Aktivität des Elektrolyten $a = 1$ sein muß. Nicht für alle Elektrolyt/Metallpaarungen läßt sich dieser Wert erreichen. Vornehmlich dann nicht, wenn die Löslichkeit oder der Dissoziationsgrad klein ist. Man ermittelt dann das Potential bei einer geringeren Aktivität und erhält das Standardpotential durch Extrapolation auf die Ionenstärke $I = 0$ [18; S. 700–701].

Ist die Elektrode in den Stoffumsatz einbezogen, so spricht man von Ionenpotentialen, dient sie lediglich als Elektronenakzeptor und -donator, wie bei der Wasserstoffelektrode, spricht man von Redoxpotentialen. Die häufig verwendete Elektrode zur Messung von Redoxpotentialen ist die Platinelektrode. Sie wirkt gelegentlich zusätzlich als Katalysator. An der Platin-/Wasserstoffelektrode läuft folgende Reaktion ab:

$$H_2 \underset{Re}{\overset{Ox}{\rightleftharpoons}} 2H^+ + z_e^- \, .$$

Dabei wurde die Hydratation der H-Ionen außer acht gelassen.
Eine Auswahl einiger Standardpotentiale für Halbzellen sind in [20] und Tabelle 35.7 zusammengestellt. Sie haben eine Größe von -3 bis $+3$ V.

Tabelle 35.7. Zusammenstellung der Standardpotentiale für einige Halbzellen, gemessen in wässriger Lösung bei 25° C und 101,3 kPa. Die mit * gekennzeichneten Elektroden sind Redoxelektroden, die Reaktion läuft an einer Platinelektrode ab

Halbzelle	Reaktion	Potential E_0 in [V]
Al/Al^{+++}	$Al \rightleftharpoons Al^{+++} + 3e^-$	$-1,66$
Zn/Zn^{++}	$Zn \rightleftharpoons Zn^{++} + 2e^-$	$-0,763$
Ni/Ni^{++}	$Ni \rightleftharpoons Ni^{++} + 2e^-$	$-0,23$
$Ag/AgCl$	$Ag + Cl^- \rightleftharpoons AgCl + e^-$	$+0,22234$
Hg/Hg_2Cl_2	$2Hg + 2Cl^- \rightleftharpoons Hg_2Cl + 2e^-$	$+0,26796$
Cu/Cu^{++}	$Cu \rightleftharpoons Cu^{++} + 2e^-$	$0,34$
Hg/Hg_2^{++}	$2Hg \rightleftharpoons Hg_2^{++} + 2e^-$	$+0,797$
Ag/Ag^+	$Ag \rightleftharpoons Ag^+ + e^-$	$+0,7991$
Au/Au^+	$Au \rightleftharpoons Au^+ + e^-$	$+1,68$
$Pt:Cr^{+++}/Cr^{++}*$	$Cr^{++} \rightleftharpoons Cr^{+++} + e^-$	$0,041$
$Pt:H^+/H_2*$	$H_2 \rightleftharpoons 2H^+ + 2e$	$0,0000$
$Pt:Fe^{+++}/Fe^{++}*$	$Fe^{++} \rightleftharpoons Fe^{+++} + e^-$	$+0,7701$
$Pt:Cl^-/Cl_2*$	$2Cl^- \rightleftharpoons Cl_2 + 2e^-$	$+1,3583$

Weichen die Meßbedingungen von den Standardbedingungen ab, so läßt sich die Elektrodenspannung der Halbzelle berechnen. Bezeichnet man das chemische Potential des Metalls mit μ' und das der Ionen mit μ'', die elektrischen Potentiale entsprechend mit E' und E'', so gilt unter Gleichgewichtsbedingungen:

$$\mu' - \mu'' + zF(E' - E'') = 0, \tag{35.26}$$

das heißt, daß bei Überführung eines Metallatoms als Ion in den Elektrolyten oder umgekehrt keine Arbeit zu leisten ist. Die Ladungszahl z ist mit einem Vorzeichen behaftet. Für das chemische Potential des Metalls bzw. des Ions ist zu setzen

$$\mu' = \mu'_0 + RT\ln a',$$
$$\mu'' = \mu''_0 + RT\ln a'', \tag{35.27}$$

wobei a' bzw. a'' die auf 1 mol/l bezogene Aktivität, T die absolute Temperatur und $R = 8{,}3143$ J/mol K die Gaskonstante bedeuten. Es läßt sich nunmehr die Potentialdifferenz $E = E' - E''$ berechnen:

$$E = E_0 - \frac{RT}{zF} \ln \frac{a'}{a''}. \tag{35.28}$$

Die Größe E der Kationenelektrode wird als Galvani-Spannung bezeichnet. Wird als Elektrode ein reines Metall verwendet, so ist ihre Aktivität $a' = 1$ zu setzen. Für Amalgamelektroden und solche aus Legierungen gilt das nicht. Die Größe E_0 ist das Standardpotential der Halbzelle, das für $a' = a'' = 1$ mol/l erhalten wird.

35.4.3 Elektrochemische Zellen

Als elektrochemische Zellen bezeichnet man die Kombination zweier Halbzellen. Um für solche Paarungen einen Ausdruck für die elektrische Spannung U zu erhalten, müssen zusammengesetzte Reaktionen betrachtet werden. Bezeichnet man mit A_i die beteiligten Reaktanten und mit A'_i die Reaktionsprodukte und mit n bzw. n' ihre stöchiometrischen Mengenverhältnisse, so läßt sich die Reaktionsgleichung wie folgt beschreiben:

$$ze^- + \sum_{i=1}^{1} n_i A_i \;\rightleftharpoons\; z'e^- + \sum_{i=1}^{k} n'_i A'_i. \tag{35.29}$$

Die daraus abzuleitende Elektrodenspannung U berechnet sich wie folgt:

$$U = U_0 - \frac{RT}{zF} \ln \frac{\prod\limits_{i=1}^{k} (a'_i)^{n_i}}{\prod\limits_{i=1}^{1} (a_i)^{n_i}}$$

mit $z = $ Anzahl der übertragenen Elektronen und U_0 die Differenz der Standardpotentiale.

An einer der Elektroden wird stets eine Oxidation, an der anderen eine Reduktion ablaufen. Die Anzahl der freigesetzten bzw. verbrauchten Elektronen

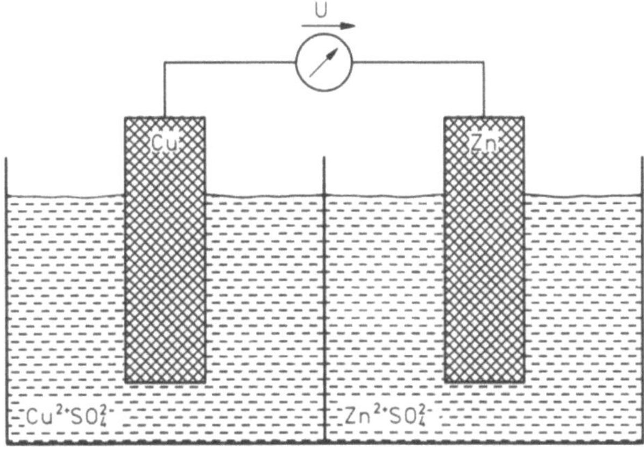

Abb. 35.21. Das Daniell-Element. Die Elektrolyträume sind durch eine Membran getrennt, die den raschen Austausch der Elektrolyten verhindern. An beiden Elektroden laufen reversible Reaktionen ab

muß wegen der Kontinuität des elektrischen Stromes identisch sein. Schreibt man in den Zähler stets die Reaktionsprodukte an beiden Elektroden und in den Nenner die Reaktanten, so weist der Spannungspfeil von der reduzierten zur oxidierten Elektrode. Als Standardspannung ist einzusetzen

$$U_0 = E_{0,\mathrm{re}} - E_{0,\mathrm{ox}} .$$

Hier erweist es sich als Vorteil, die Standardspannung gegen eine feste Referenz, die Wasserstoffelektrode, einsetzen zu können, an Stelle der Berücksichtigung einer Vielzahl von Metallpaarungen. Als Beispiel sei die Galvanische Zelle $Zn/ZnSO_4$ gepaart mit $Cu/CuSO_4$ beschrieben, s. Abb. 35.21 und Gleichung (35.30). Die Trennwand ist für Ionen durchlässig, verhindert jedoch die rasche Durchmischung der beiden Elektrolyte

$$U = E_{0,\mathrm{Cu/Cu^{++}}} - E_{0\,\mathrm{Zn/Zn^{++}}} - \frac{RT}{2F} \ln \frac{a_{\mathrm{Cu^+}} + a_{\mathrm{Zn}}}{a_{\mathrm{Cu}} a_{\mathrm{Zn^{++}}}} . \qquad (35.31)$$

Da für Metall der Aktivitätskoeffizient 1 einzusetzen ist, ergibt sich:

$$U = 0{,}34 + 0{,}76 - \frac{RT}{2F} \ln \frac{a_{\mathrm{Zn^{++}}}}{a_{\mathrm{Cu^{++}}}} \quad \mathrm{V} .$$

Befindet sich eine der beiden Elektroden in einem Elektrolyt bekannter Aktivität, so kann bei bekannter Temperatur aus der Elektrodenspannung die Aktivität der Metallionen im Elektrolyten, in welchem sich die zweite Elektrode befindet, bestimmt werden. Das setzt voraus, daß die beiden Elektrolyträume voneinander getrennt sind und dennoch in leitender Verbindung miteinander stehen. Man erreicht das durch Salzbrücken, die beide Elektrolyte miteinander verbinden, oder dadurch, daß die eine Elektrode durch eine semipermeable Membran vom Elektrolytraum, in welchem die Aktivität bestimmt werden soll, getrennt ist

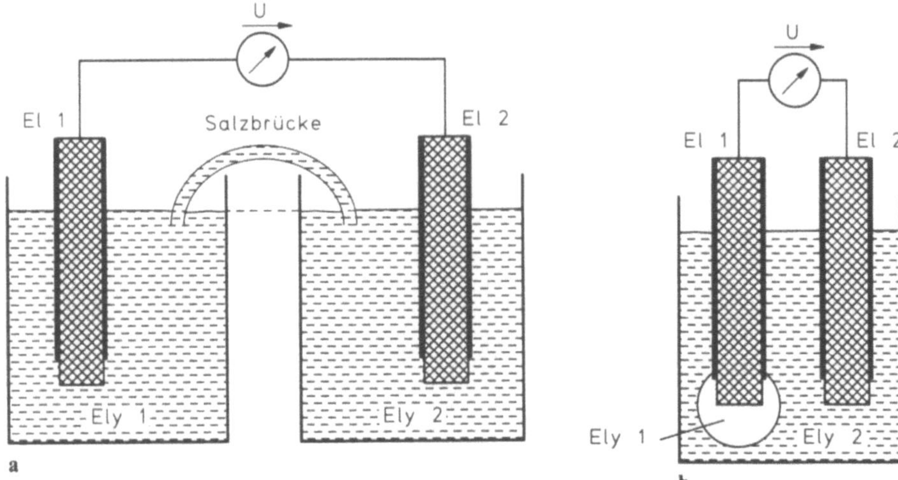

Abb. 35.22. a Die Referenzelektrode El 1 befindet sich in der Referenzlösung Ely 1, i. allg. KCl, die Meßelektrode El 2 in der Meßlösung Ely 2. Beide Elektrolyträume sind durch eine Salzbrücke miteinander verbunden. **b** Umschließt man die Referenzelektrode mit einer Membran, hinter der sich die Referenzlösung befindet, ergibt sich eine vereinfachte Anordnung. Meß- und Referenzelektrode können in einem gemeinsamen Gehäuse vereinigt werden

(Abb. 35.22). In beiden Fällen wird der diffusive Austausch von Ionen zwar nicht verhindert, jedoch erheblich vermindert.

An der Phasengrenze zwischen Elektrolyten unterschiedlicher Zusammensetzung nach Konzentration oder Ionenart treten Diffusionsspannungen auf, die auf die unterschiedliche Ionenbeweglichkeit zurückzuführen sind. Nach der von Henderson formulierten Beziehung berechnet sich diese Spannung wie folgt:

$$U = \frac{RT}{F} \frac{\Sigma(a_i'' - a_i')u_i z_i}{\Sigma(a_i'' - a_i')u_i z_i^2} \ln \frac{\Sigma a_i'' u_i}{\Sigma a_i' u_i}. \tag{35.32}$$

Der Spannungspfeil ist vom Elektrolyten, für den die einfach indizierten Größen gelten, auf den mit den zweifach indizierten gerichtet. Die sich an der Verbindungsstelle zweier Elektrolyten aufbauenden Diffusionsspannungen sind, verglichen mit Elektrodenpotentialen, gering. Sie nehmen die Größe von einigen Millivolt an. Für einen einwertigen Elektrolyten, der in Richtung des Konzentrationsgefälles diffundiert, bildet sich eine elektrische Doppelschicht aus, deren Spannungssprung aus (35.32) hervorgeht:

$$U = \frac{RT}{F} \frac{u^+ - u^-}{u^+ + u^-} \ln \frac{a''}{a'}. \tag{35.33}$$

Diffundieren zwei einwertige Elektrolyte gegeneinander, wobei die Aktivitäten $a_1'' = a_1$; $a_1' = 0$ und $a_2'' = 0$; $a_2' = a_2$ sein sollen, vereinfacht sich (35.32) auf folgende Form:

$$U = \frac{RT}{F} \frac{a_1(u_1^+ - u_1^-) + a_2(u_2^+ - u_2^-)}{a_1(u_1^- + u_1^-) + a_2(u_2^+ + u_2^-)} \ln \frac{a_1(u_1 + u_1^-)}{a_2(u_2^+ + u_2^-)}. \tag{35.34}$$

Kaliumchlorid hat aufgrund der geringen Beweglichkeitsunterschiede der Kalium- und Chlorionen eine sehr geringe Diffusionsspannung und ist häufig der in Elektroden und Salzbrücken verwendete Elektrolyt.

Die Abhängigkeit der Diffusionsspannung von der Temperatur ist explizit ausgedrückt. Auch die Elektrodenspannung ist von der Temperatur abhängig. Nach einer Theorie von Gibbs-Helmholtz hängt diese von der molaren Reaktionsenthalpie H bei konstantem Druck p wie folgt ab:

$$H = zF\left[U - T\left(\frac{\partial U}{\partial T}\right)_{\mathrm{p}}\right]. \tag{35.35}$$

Die Beziehung ist nichtlinear. Temperaturkennwerte gehen von einer erlaubten Linearisierung bei der Arbeitstemperatur aus. Man erhält positive Temperaturkoeffizienten, wenn die Elektrodenreaktion Reaktionswärme liefert, und negative, wenn diese der Umgebung entzogen wird. Für das Daniell-Element (Abb. 35.21) beträgt der Temperaturkoeffizient bei $15\,^\circ\mathrm{C}$ z. B. $+4{,}29 \cdot 10^{-4}$ V/K.

35.4.4 Referenzelektroden

Wie in Abschn. 35.4.3 gezeigt, sind stets Elektrodenpaare für eine Messung erforderlich. Die eine der beiden wird als Indikator-Elektrode bezeichnet, das ist jene, deren Potential eine Aussage über die Aktivität des zu messenden Stoffes ermöglicht, die andere, Bezugs- oder Referenzelektrode, stellt den Kontakt zur Testlösung im allgemeinen über eine Salzbrücke her. Ihr Potential soll unabhängig von der Zusammensetzung der Testlösung sein. Da alle Elektrodenpotentiale temperaturabhängig sind, sollte der Temperaturkoeffizient beider Elektroden möglichst gleich sein.

Als Eigenschaften von Referenzelektroden fordert man gute Stabilität, Reversibilität, Reproduzierbarkeit und einfache Handhabung. Eine gute Reversibilität kann mit modernen Meßmitteln durch einen hohen Eingangswiderstand des Verstärkers erreicht werden. Es ist jedoch zu beachten, daß bei Elektroden für intrazelluläre Messungen trotz eines geringen Stromes von z. B. 10^{-10} A die Stromdichte wegen der kleinen aktiven Fläche sehr hoch werden kann. Das führt dazu, daß die Elektrode sich nicht mehr im Gleichgewicht oder sehr nahe an diesem befindet und zusätzliche Effekte auftreten, die zu einer Elektrodenüberspannung führen.

Da die Wasserstoffelektrode zum einen schwer handhabbar, die mit Platinschwarz überzogene Elektrode sehr anfällig für Vergiftungen ist und parasitäre Reaktionen an der Oberfläche katalysiert werden können, eignet sie sich als Referenzelektrode nur in Ausnahmefällen.

Als Referenzelektroden haben sich reversible Elektroden 2. Art bewährt. Das sind solche, bei denen das Metall der Elektrode mit dem Anion der Lösung ein schwerlösliches Salz bilden. Die Elektrode wird elektrolytisch mit diesem Salz überzogen, oder das Metall wird mit reinem Salz gemischt und mit dem Metallpulver verpreßt. Das am häufigsten vorkommende anorganische Anion im lebenden Organismus ist das Chlorion. Man findet es auch in Salzbrücken und in mit Elektrolyt gefüllten Elektroden (Glaskapillarelektroden). Es ist naheliegend, solche Elektrodenmetalle zu verwenden, die schwerlösliche Chloride bilden. Die größte praktische Bedeutung haben die Silber/Silberchlorid-Elektroden und die Quecksilber/Quecksilberchlorid-(Kalomel-) Elektroden erlangt. Auch zur Messung bioelektrischer Spannungen verwendet man häufig Silber/Silberchlorid-Elektroden. Wird die Referenzelektrode zur Anode, werden Chlorionen an ihr abgeschieden und oxidieren das Silber zu Silberchlorid, arbeitet sie als Kathode, wird AgCl reduziert und Chlorionen gehen in Lösung, ein reversibler Prozeß.

Für die Funktion der Elektrode ist es wesentlich, daß der die Elektrode umgebende Elektrolyt mit den Ionen des schwerlöslichen Salzes gesättigt ist. Am Beispiel der Silber/Silberchlorid-Elektrode soll gezeigt werden, daß ihr Potential von der Aktivität der Chlorionen abhängt. An ihrer Oberfläche läuft die folgende reversible Reaktion ab:

$$AgCl \rightleftharpoons Ag^+ + Cl^-.$$

Das Löslichkeitsprodukt K ist für eine bestimmte Temperatur eine Konstante und unabhängig von der Konzentration anderer Ionen

$$K = a_{Ag}^+ \cdot a_{Cl^-} \ mol^2/l^2 \,. \tag{35.36}$$

Bei 25 °C erhält man $K = 1{,}78 \cdot 10^{-10}$ mol/l². In reinem Wasser ist

$$a_{Ag}^+ = a_{Cl} = K = 1.33 \cdot 10^{-5} \ mol/l. \tag{35.37}$$

Der Elektronenaustausch geschieht wie folgt:

$$Ag \rightleftharpoons Ag^+ + e^-,$$

so daß als Standardpotential das der Reaktion Ag/Ag$^+$ einzusetzen ist. Man erhält

$$U = U_{0,Ag/Ag^+} + \frac{RT}{F} \ln a_{Ag^+} \,, \tag{35.38}$$

und mit Hilfe von (35.36) ergibt sich:

$$U = U_{0,Ag/Ag^+} + \frac{RT}{F} \ln K - \frac{RT}{F} \ln a_{Cl^-} \,,$$

$$U = U_{0,Ag/AgCl} - \frac{RT}{F} \ln a_{Cl^-} \,. \tag{35.39}$$

Mit dem Standardpotential nach Tabelle 35.7 wird

$$U = 0{,}22234 - \frac{RT}{F} \ln a_{Cl^-} \quad V \,.$$

In hoch konzentrierten KCl-Lösungen ändert sich die Löslichkeit von AgCl um mehrere Größenordnungen. Es bilden sich komplexe Anionen. Das Löslichkeitsprodukt K wird dadurch jedoch nicht beeinflußt, hingegen besteht die Gefahr, daß bei sehr dünner Ag/AgCl-Beschichtung der Silberelektrode diese metallisch wird. Man verhindert das, indem der KCl-Lösung Silberchlorid zugesetzt wird.

Ganz ähnlich wie die Silber/Silberchlorid-Elektrode verhält sich die Kalomel-Elektrode. Bei der Lösung des Quecksilbersalzes erfolgt entsprechend (35.35) die

Tabelle 35.8. Potential der Silber/Silberchlorid- und der Kalomel-Elektrode in KCl-Lösung und dessen Temperaturkoeffizient bei 25 °C gemessen gegen die Standard-Wasserstoffelektrode, die bei 25 °C einen Temperaturbeiwert von $-0,87$ mV/K aufweist

Elektrolyt KCl mol/l	Ag/AgCl		Hg/Hg$_2$Cl$_2$	
	U V	$\dfrac{\Delta U}{\Delta T}$ mV/K	U V	$\dfrac{\Delta U}{\Delta T}$ mV/K
0,01	+0,343	+0,617	+0,388	+0,94
0,1	+0,288	+0,431	+0,333	+0,79
1,0	+0,235	+0,250	+0,280	+0.59
3,5	+0,204	+0,14	+0,249	+0,47
ges.	+0,196	−0,14	+0,241	+0,22

Reaktion

$$Hg_2Cl_2 \rightleftharpoons Hg_2^{++} + 2\,Cl^- . \tag{35.40}$$

Das Löslichkeitsprodukt nimmt folgenden Wert an:

$$K = a_{Hg^{++}} \cdot (a_{Cl^-})^2 = 1 \cdot 10^{-18} \ \text{mol}^3/\text{l}^3 . \tag{35.41}$$

In der Elektrode erfolgt die Reaktion

$$2\,Hg \rightleftharpoons Hg_2^{++} + 2\,e^- .$$

Entsprechend der Umrechnung nach (35.38) und (35.39) erhält man für die Kalomel-Referenz-Elektrode:

$$U = U_{0,Hg/Hg_2Cl_2} - \frac{RT}{2F} \ln(a_{Cl^-})^2 , $$

$$U = 0,26796 - \frac{RT}{F} \ln(a_{Cl^-})^2 \quad V . \tag{35.42}$$

Beide Referenzelektroden hängen also gleichermaßen von der Aktivität der Chlorionen in der Lösung ab. Wegen des geringen Unterschieds der Beweglichkeit der Kalium- und Chlorionen und der damit verbundenen geringen Diffusionsspannung an der Phasengrenze zur Meßlösung bevorzugt man KCl als Elektrolyten (35.33). Läßt man z. B. eine gesättigte KCl-Lösung gegen eine 0,01 molare Lösung diffundieren, erhält man ca. 1 mV.

Tabelle 35.8 gibt die Potentiale der beiden Referenzelektroden in Abhängigkeit von der Elektrolytkonzentration an.

35.4.5 Ionenselektive Elektroden

Das bekannteste Beispiel für eine ionenselektive Elektrode (ISE) ist die pH-Elektrode. Der Bestimmung des pH-Wertes kommt allgemein große Bedeutung zu, nicht nur in der klinischen Chemie. Seine Messung erfolgt i. allg. mit einer ISE. Etwa 30 weitere Anionen und Kationen können gegenwärtig mit ISE gemessen werden. Darunter sind die in der Medizin wichtigen wie K^+, Na^+, Ca^{++}, Mg^{++} sowie Cl^- und die Gase CO_2, NH_3 und NO_x. Die Wirkung der ISE beruht auf dem Einsatz einer selektiv permeablen oder einer Ionenaustausch-Membran. Durch Einsatz membrangebundener Enzyme, von Mikroorganismen und von Körpergewebe erschließen sich weitere Möglichkeiten, wie z. B. die Bestimmung von Aminosäuren, Harnstoff und Penicillin. Solche Elektroden können mit Durchmessern von 10 nm (z. B. für intrazelluläre Messungen) bis zu Zentimetern gefertigt werden.

Nach [21] lassen sich die selektiven Membranen zunächst in zwei Kategorien unterteilen: Festkörper- und Flüssigmembranen. Homogene Festkörpermembranen bestehen aus Glas oder Kristallen, in heterogenen Membranen sind kristalline Substanzen in einer Matrix gebunden. In ihnen wechselt ein Ion im Gitter des Festkörpers seinen festen Platz mit einem Ion der Lösung. Im Gegensatz dazu gibt es in Flüssigkeitsmembranen keine festen Plätze wie im klassischen Ionentauscher. Von größerer Bedeutung hingegen sind Transportmechanismen, die an Träger (Carrier) gekoppelt sind, wobei im allgemeinen neutrale oder geladene organische Komplexbildner vorhanden sind, oder solche, bei denen Kanäle durch Komplexbildung selektiv geöffnet werden. Diese Moleküle sind in die Membran eingebettet und werden als Ionophere bezeichnet. Für die Bestimmung von H^+- und Na^+-Ionen werden vorzugsweise Festkörpermembranen eingesetzt, für die übrigen Carrier-Membranen. Eine Vielzahl mit unterschiedlichen Eigenschaften wurden synthetisiert [21, 22]. Der am längsten bekannte Stoff ist das Antibiotikum Valinomycin. Es erhöht die Permeabilität der Membran von Mitochondrien für Alkali-Ionen und wird selbst in diese eingebaut. Es wird heute in kommerziellen Elektroden für die Messung von Kalium verwendet. Diese Entdeckung führte zur Synthese von Stoffen mit vergleichbaren Eigenschaften, die wichtigsten davon sind in [21 und 22] beschrieben.

Unter Verwendung einer selektiven Membran entsteht eine Elektrodenanordnung, die schematisch in Abb. 35.23 skizziert ist. Die Spannung an dieser Elektrodenkette beträgt

$$U = E_{01} - E_{02} + E_{Diff\ 1} - E_{Diff\ 2} + E_{Ph\ 1} - E_{Ph\ 2}. \tag{35.43}$$

E_{01} und E_{02} sind die Halbzellenpotentiale der Elektrodenmetalle gegen die bekannten Elektrolyte 1 und 3. Die Diffusionsspannung $E_{Diff\ 2}$ ist, wie gezeigt wurde, vergleichsweise klein und bei Verwendung einer hohen Salzkonzentration in

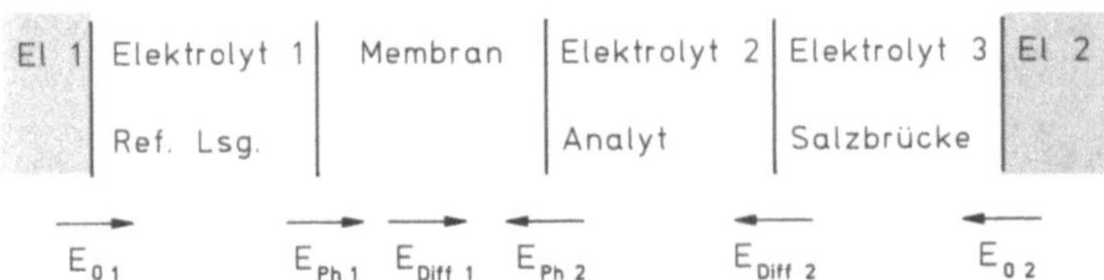

Abb. 35.23. Selektive Eigenschaften von Elektroden erzielt man durch den Einsatz von selektiven Membranen. An den Phasengrenzen der Membran entstehen Phasengrenzpotentiale

der Elektrode konstant zu setzen, s. (35.32). Auch das Phasengrenzpotential Elektrodenelektrolyt/Membran $E_{Ph\ 1}$ darf als unabhängig von der Testlösung angenommen werden, so daß (35.43) wie folgt geschrieben werden kann:

$$U = U_0 + E_{Diff\ 1} - E_{Ph\ 2} = U_0 - E_D.$$

Ein semiempirischer Ansatz zur Behandlung von Membransystemen wurde von Eisenmann [23] vorgenommen, der auf Arbeiten von Nicolsky zurückgeht. Die dort abgeleitete Nicolsky-Eisenmann-Gleichung beschreibt den Zusammenhang zwischen der Phasengrenzspannung und der Aktivität der beteiligten Ionen i und j sowie dem potentiometrischen Selektivitätsfaktor K_{ij}.

$$U = U_0 + \frac{RT}{z_i F} \ln \left[a_i + \Sigma K_{ij}(a_j)^{z_i/z_j} \right]. \tag{35.44}$$

Für eine Glasmembran kann der Selektivitätskoeffizient wie folgt interpretiert werden [24]:

$$K_{ij} = \frac{a_i}{a_j} \cdot \frac{a_j'}{a_i'} \cdot \frac{u_j'}{u_i'}, \tag{35.45}$$

wobei die gestrichenen Größen sich auf die Membranphase beziehen. Es wird jedoch darauf hingewiesen, daß K_{ij}-Werte zweckmäßig experimentell zu bestimmen sind und daß eine gegenseitige Abhängigkeit in Ionengemischen vorliegt. Für $K_{ij} < 1$ liegt eine Bevorzugung des zu messenden i-ten Ions gegenüber dem störenden vor. Nach (35.44) liegt für $a_j = 0$ eine lineare Abhängigkeit zwischen $U - U_0$ und $\log a_i$ vor. Diese ist experimentell im Bereich $10^{-1} < a_i < 10^{-5}$ nachgewiesen. Die Begrenzung erfolgt durch Nebeneffekte infolge Verunreinigungen der Lösung. Unter Laboratoriumsbedingungen wurden folgende Nachweisgrenzen erreicht: $a_{Ca^{++}} = 5 \cdot 10^{-9}$ mol/l, $a_{K^+} = 10^{-6}$ mol/l und $a_{H^+} = 10^{-11}$ mol/l.

Die vornehmliche Verwendung von Carrier-Membranen ist darauf zurückzuführen, daß eine ausreichende Transportkapazität in Kanälen von Festkörpermembranen nur bei Membrandicken < 10 nm vorhanden ist, bei denen keine hinreichende mechanische Festigkeit mehr erreicht werden kann. Außerdem beträgt ihre Selektivität typisch $1 : 10^2$, hingegen bei Carrier-Membranen $1 : 10^3 - 1 : 10^6$.

Die wahrscheinlich mit einer ISE am häufigsten, mindestens aber am längsten durchgeführte Messung, ist die zur Bestimmung der Wasserstoffionenkonzentration. Sie wird als pH-Wert angegeben und ist mit der Aktivität durch

$$pH = -\log(a_{H^+}) \tag{35.46}$$

verknüpft [25]. Da bei $25\,°C$ die Gleichgewichtskonstante $K_W = a_{H^+} \cdot a_{OH^-} = 1{,}008 \cdot 10^{-14}$ beträgt und in reinem Wasser $a_{H^+} = a_{OH^-}$ ist, gilt pH $= 7$. Saure Lösungen sind durch pH < 7 und basische durch pH > 7 gekennzeichnet. Die Wasserstoffionenkonzentration kann mit einer Wasserstoffelektrode, einer Schwermetall/Metalloxid-Elektrode, z. B. Sb/Sb_2O_3, einer Festkörper-Membranelektrode, meist Glas, und einer Flüssig-Membranelektrode gemessen werden. Für die Wasserstoffelektrode und die Antimonelektrode erhält man

$$E = E_0 + \frac{RT}{F} \ln a_{H^+} = U_0 - \frac{2{,}303\ RT}{F} pH, \tag{35.47}$$

wobei für die Wasserstoffelektrode bei $pH = 101$ kPa der Wert für $E_0 = 0$ ist und als Standardpotential für die Antimonelektroden $E_{Sb/Sb_2O_3} = 0{,}25$ V einzusetzen ist. In beiden Fällen erhält man eine Empfindlichkeit $\partial E/\partial pH$ von 59 mV/pH.

Für die Glas-Membranelektrode ist unter ausschließlicher Berücksichtigung der H^+- und Na^+-Ionen, die gegeneinander getauscht werden, (35.44) zu reduzieren auf

$$U = U_0 + \frac{RT}{F} \ln\left(a_{H^+} + K_{H^+,Na^+} \cdot a_{Na^+}\right). \tag{35.48}$$

Für einen linearen Zusammenhang zwischen den pH-Wert und der zu messenden Spannung bei $pH = 7$ muß demnach gefordert werden $K_{H^+,Na^+} \cdot a_{Na^+} \ll 10^{-7}$. Entsprechende Glassorten werden hergestellt.

Legt man vor die Glasmembran eine solche, die durchlässig ist für Gase, wie z.B. CO_2 und NH_3, hingegen nicht für H^+-Ionen, so läßt sich damit der Partialdruck des Gases über den pH-Wert bestimmen. Für die CO_2-Elektrode sei der Reaktionsverlauf näher ausgeführt. In wäßriger Lösung reagiert CO_2 mit H_2O zu H_2CO_3. Die Löslichkeitskonstante α gibt die Beziehung zwischen dem Partialdruck des Kohlendioxids und der Konzentration der Kohlensäure wieder:

$$[H_2CO_3] = \alpha p_{CO_2}. \tag{35.49}$$

Durch eine zweistufige Reaktion entstehen

$$H_2CO_3 \;\rightleftharpoons\; H^+ + HCO_3^-,$$

mit der Dissoziationskonstante K_1 und

$$HCO_3^- \;\rightleftharpoons\; H^+ + CO_3^{--}.$$

Hier ist das Gleichgewicht auf die linke Seite verschoben, so daß diese Reaktion vernachlässigt werden darf. Es gilt somit folgende Beziehung:

$$\alpha p_{CO_2} = \frac{(a_{H^+})^2 - K_W}{K_1}. \tag{35.50}$$

Nimmt man an, daß $K_W \ll (a_{H^+})^2$ ist, so gilt die Näherung

$$pH \simeq -\log(a_{H^+})^2 = -\frac{1}{2}\log p_{CO_2} - \frac{1}{2}\log \alpha K_1, \tag{35.51}$$

wobei α und K_1 Konstanten sind.

Die Empfindlichkeit der Elektrode kann auf das Doppelte gesteigert werden durch Zugabe von Natriumbicarbonat zum Elektrolyten des Elektrodenraumes, i. allg. KCl, in dem sich die Referenzelektrode befindet. Natriumbicarbonat dissoziiert vollständig zu Na^+ und HCO_3^-.

Nunmehr gilt:

$$\alpha p_{CO_2} = \frac{(a_{H^+})^2 + a_{H^+} a_{Na^+} - K_W}{K_1}. \tag{35.52}$$

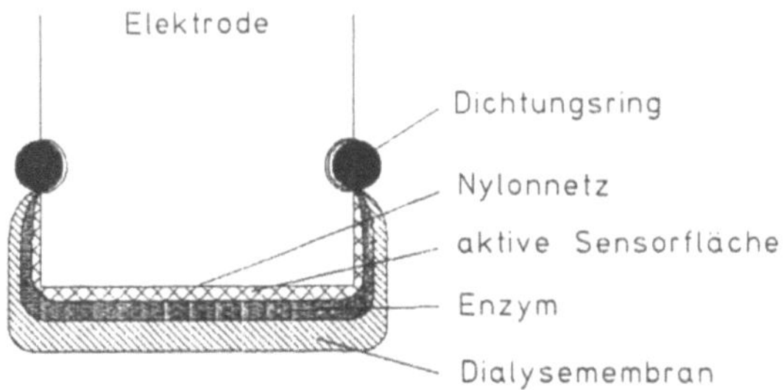

Abb. 35.24. Schematische Darstellung einer Enzymelektrode. Das Nylonnetz dient zur Einstellung eines konstanten Abstands. Der Raum vor der Elektrode ist mit Elektrolyt gefüllt

Bei einer Konzentration des Natriumbicarbonats von 10^{-3}–10^{-2} mol/l gilt $a_{H^+} \ll a_{N_a^+}$ und weiter mit guter Näherung

$$pH = -\log p_{CO_2} - \log\left(\frac{\alpha K_1}{a_{Na^+}}\right). \tag{35.53}$$

Die Bestimmung des CO_2-Partialdrucks wird damit auf die Messung des pH-Werts zurückgeführt.

Eine weitere Modifikation besteht darin, diese Membran mit immobilisierten Enzymen zu belegen [26]. Wegen der hohen Spezifität von Enzymen reagiert die Elektrode substratspezifisch. Der Wirkungsmechanismus beruht darauf, daß aus dem Substrat ein nachweisbares Molekül oder Ion, CO_2, NH_3, H^+, abgespalten wird. Eine ausführliche Zusammenstellung verwendeter Enzyme und Reaktionen findet sich in [27], eine Auswahl in [28]. Der schematische Aufbau einer Enzymelektrode ist in Abb. 35.24 dargestellt. Anstelle des Enzyms können auch Mikroorganismen [29], Pflanzenzellen oder Körpergewebe [30] aufgebracht werden.

Der Nachweis von Harnstoff kann z.B. auf verschiedene Weise erfolgen:

$$\text{Harnstoff} \xrightarrow{\text{Urease}} NH_4^+ + HCO_3^-,$$

durch eine Kationenelektrode, empfindlich auf NH_4^+, eine NH_3-Elektrode nach Reaktion mit OH^- oder eine CO_2-Elektrode nach Reaktion von HCO_3^- und H^+ zu H_2O und CO_2. Die beste Lösung ist hier durch die NH_3-Elektrode gegeben, welche die vergleichsweise beste Spezifität bei kleinster Nachweisgrenze ($a_{NH} = 10^{-5}$) hat. Der Nachteil dieser Elektrode liegt in ihrer langen Einstellzeit von einigen Minuten. Für diese Elektrode wird Urease auf eine Polypropylenmembran aufgebracht, die integraler Bestandteil der NH_3-selektiven Gasmembran ist. Beispiele für weitere realisierte Enzymelektroden sind die Glukose-Glukoseoxidase-Elektrode, die Kreatin-Kreatinase-Elektrode, Aminosäure-Oxidase-Elektrode und die Penicillin-Penicillinase-Elektrode.

35.4.6 Amperometrische Elektroden

Das bekannteste Beispiel für eine amperometrische Elektrode [31] ist die Sauerstoffelektrode. Ihr Wirkungsprinzip beruht auf der Reduktion von O_2 an einer Edelmetall-Elektrode, i. allg. wird Platin verwendet, unter der Wirkung einer elektrischen Spannung. Der Stoffumsatz an der Elektrode ist vom Partialdruck des Sauerstoffs und von der Spannung an der Elektrode abhängig. Da die Reduktion eine Reaktion ist, die Elektronen verbraucht, wird die aktive Elektrode gegenüber der Referenzelektrode negativ vorgespannt, sie wird zur Kathode. Die Reaktion verläuft zweistufig unter Aufnahme von 4 Elektronen:

$$O_2 + 2\,H_2O + 2\,e^- \rightarrow H_2O_2 + 2\,OH^-$$
$$\underline{H_2O_2 + 2\,e^- \rightarrow 2\,OH^-}$$
$$O_2 + 2\,H_2O + 4\,e^- \rightarrow 4\,OH^-.$$

Die Abhängigkeit des Elektronenstroms von der angelegten Spannung ist in Abb. 35.25 dargestellt und ebenfalls die daraus resultierende Beziehung zwischen dem Strom und dem Partialdruck des Sauerstoffs p_O, bei einer vorgegebenen Spannung von $-0,5 > U_e > -0,7$ V. Bei einer Spannung $U_e > -0,5$ V erfolgt kein vollständiger Umsatz des an die Elektrode durch Diffusion gelangenden Sauerstoffs. Bei dem sich daran anschließenden Plateau ist der Umsatz vollständig und im weiteren Verlauf $U_e < -0,7$ V wird der Elektrodenstrom durch andere Ladungsträger zusätzlich verstärkt, Stoßionisation kann auftreten. Die Platinelektrode wird durch eine selektive, sauerstoffdurchlässige Membran, häufig Teflon, vom Meßraum getrennt. Die Referenzelektrode ist mit dem Elektrolyten des Elektrodenraumes in Kontakt, so daß auch in Gasen gemessen werden kann. Dieser Elektrodentyp wird als Clark-Elektrode bezeichnet (Abb. 35.26a).

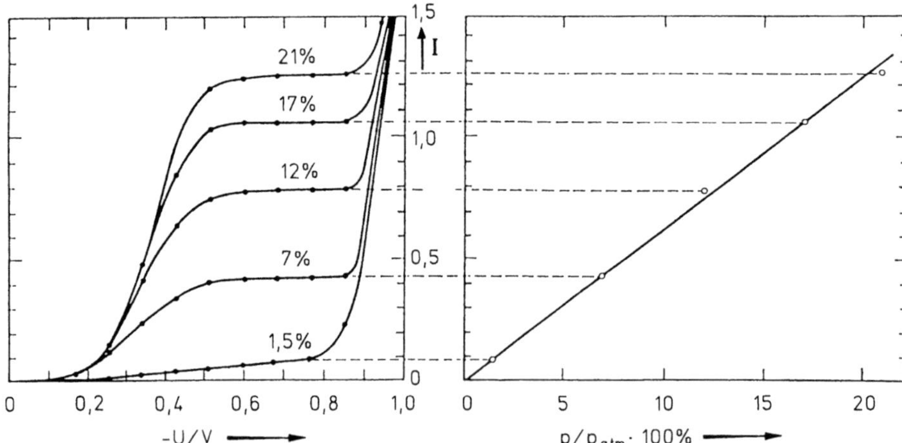

Abb. 35.25. Die Sauerstoffelektrode: **a** Abhängigkeit des Elektrodenstroms I in willkürlichen Einheiten von der negativen Vorspannung an der Platinelektrode U. Parameter ist der relative Sauerstoffpartialdruck bei 101 kPa in %. **b** Abhängigkeit des Elektrodenstroms vom Sauerstoffpartialdruck bei einer Elektrodenvorspannung von 0,75 V [31 a]

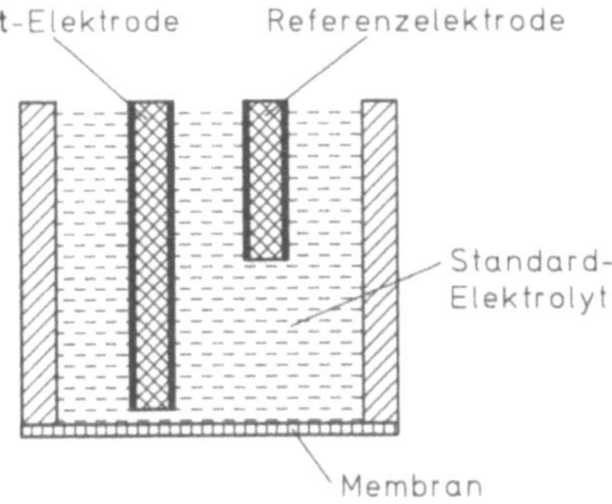

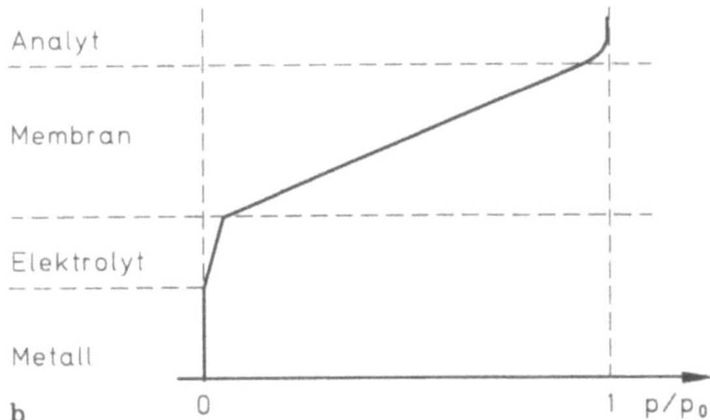

Abb. 35.26. a Schematischer Aufbau einer Sauerstoffelektrode (Clark-Elektrode); **b** schematische Darstellung des Verlaufs des Sauerstoffpartialdrucks im Elektrolyten, in der Membran und im Elektrodenraum

Der Elektrodenstrom ist abhängig vom Durchmesser der Platinelektrode, den Diffusionskoeffizienten und der Löslichkeit von Sauerstoff im Analyten, dem Elektrolyten des Elektrodenraumes sowie von den geometrischen Abmessungen. Da sich ein Teil dieser Größen relativ stark mit der Temperatur ändert, ist eine Abhängigkeit des Meßwertes von der Temperatur vorhanden.

Hält man die Bedingung ein, daß der Abfall des Sauerstoffpartialdrucks fast ausschließlich in der Membran und nur zum geringen Teil im Elektrolyten des Elektrodenraumes erfolgt, so herrscht vor der Membran der Druck p_0 des ungestörten Feldes (Abb. 35.26b). Unter den genannten Bedingungen gilt folgende Näherung für den Elektrodenstrom I:

$$\frac{I}{Ap_o} \approx 4F\frac{\alpha_m D_m}{d_m} \qquad \text{A/kPa cm}^2 . \tag{35.54}$$

Es bedeuten: $A =$ Elektrodenfläche, $\alpha_m =$ Löslichkeitskoeffizient, $D_m =$ Diffusionskoeffizient innerhalb der Membran und d_m die Dicke der Membran. Bei einer Temperatur von 25 °C ist für Teflon (Polytetrafluorethylen-co-hexafluorpropan) $D_m = 0,184 \cdot 10^{-6}$ cm^2/s und $\alpha_m = 0,202 \cdot 10^{-2}$ Ncm^3(O$_2$)/cm^3(Teflon)kPa [37a]. Daraus errechnet sich $\alpha_m = 9,02 \cdot 10^{-8}$ mol(O$_2$)/cm^3(Teflon)kPa. Für eine

Membran der Dicke $d_m = 25\ \mu m$ erhält man:

$$\frac{I}{A p_O} \approx 2,56 \cdot 10^{-6}\ A/cm^2\ kPa\ .$$

Bei einer Elektrode mit einem Durchmesser von $10\ \mu m$ $(A = 7,85 \cdot 10^{-7}\ cm^2)$ ergibt sich daraus ein Strom von $I/p_O \approx 2,01 \cdot 10^{-12}\ A/kPa$. Das Zeitverhalten solcher Elektroden wird in Abschn. 35.4.8 behandelt.

35.4.7 Ionenselektive Feldeffekttransistoren

Wird die Steuerelektrode eines verstärkenden Halbleiterbauelements, eines Feldeffekttransistors, durch eine ionenselektive, isolierende Oberflächenbeschichtung ersetzt, erhält man einen ionenselektiven Feldeffekttransistor (ISFET). Der Feldeffekttransistor [15] besitzt wie die bipolaren Transistoren drei Elektroden, von denen die eine, das Gate, den Strom zwischen den beiden anderen steuert. Beim Metalloxid-Feldeffekttransistor (MOS) ist die Gateelektrode vom Halbleitersubstrat, dem dotierten Silizium, durch eine Siliziumoxidschicht isoliert. Die Steuerung des Stromes zwischen Drain und Source, im Channel, erfolgt über das elektrische Feld, welches sich durch Anlegen einer elektrischen Spannung an die Gateelektrode zwischen diesem und dem Kanal ausbildet. Der Kanal ist die leitende Zone, in welcher der Strom durch Löcher oder Elektronen getragen wird, die sich zwischen Drain und Source ausbildet (Abb. 35.27a). Die Steuerung des Drainstromes erfolgt hier im Gegensatz zu bipolaren Transistoren leistungslos. Der Drainstrom steigt zunächst mit zunehmender Drain-Source-Spannung und nimmt dann Sättigungscharakter an. Anstiegssteilheit und Sättigungsstrom hängen von der Gate-Source-Spannung ab. Im Sättigungsbereich ist der Drainstrom demnach nur noch von der Gate-Source-Spannung abhängig. Dieses ist die Betriebsart, in welcher der Transistor eingesetzt wird in der hier diskutierten Anwendung.

Ein elektrisches Feld kann ebenfalls zwischen Gate und Substrat erzeugt werden, indem die Metallelektrode fortgelassen wird und über ein das Gate abdeckendes isolierendes Material ein Elektrolyt mit diesem in Kontakt gebracht wird (Abb. 35.27b). Das Phasengrenzpotential Isolator/Elektrolyt ist verantwortlich für die Steuerwirkung. Von dem isolierenden Material, das den Kanal bedeckt, ist zu fordern, daß es selektive Eigenschaften hat. Daneben müssen von den verwendeten Materialien wie SiO_2, Si_3N_4, Al_2O_3 und T_2O_5 hervorragende Isolationseigenschaften gefordert werden und weiter, daß sie für das Lösungsmittel undurchlässig sowie chemisch stabil sind. Kombiniert man solche Oxidschichten mit selektiven Membranen oder solchen, auf denen Enzyme, Mikroorganismen, Pflanzen- oder Tierzellen deponiert sind, ergeben sich vielfältige Möglichkeiten der Stoffbestimmung, wie in Abschn. 35.4.6 dargestellt. Es bieten sich hier mit den technologischen Kenntnissen, wie sie für die Herstellung von Halbleitern entwickelt wurden, Möglichkeiten an, sehr kleine Sensoren in großen Stückzahlen preiswert herzustellen. Es ist das Verdienst von Bergveld [33, 34], dieses Gebiet erschlossen zu haben. Seine Untersuchungen richteten sich zunächst

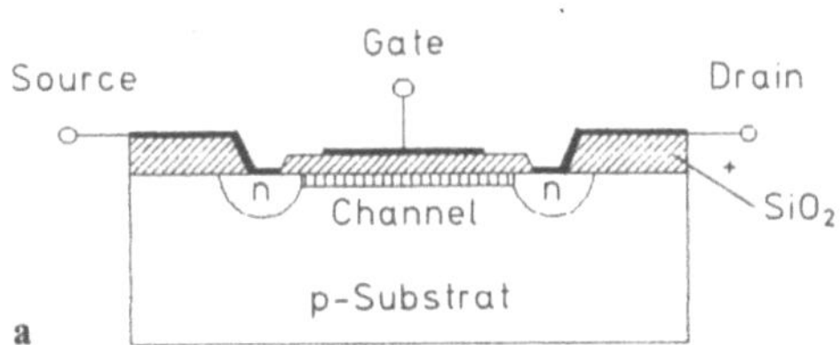

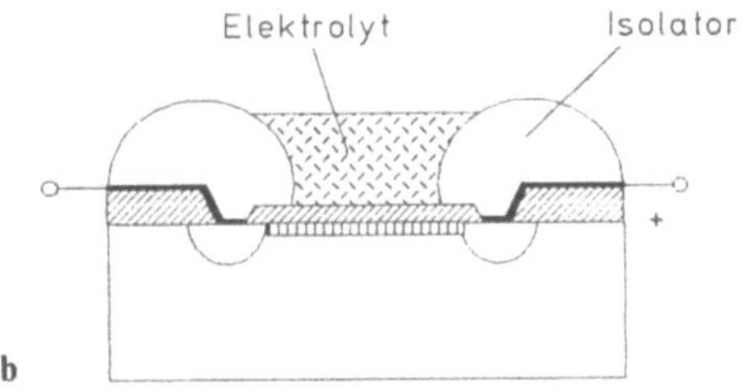

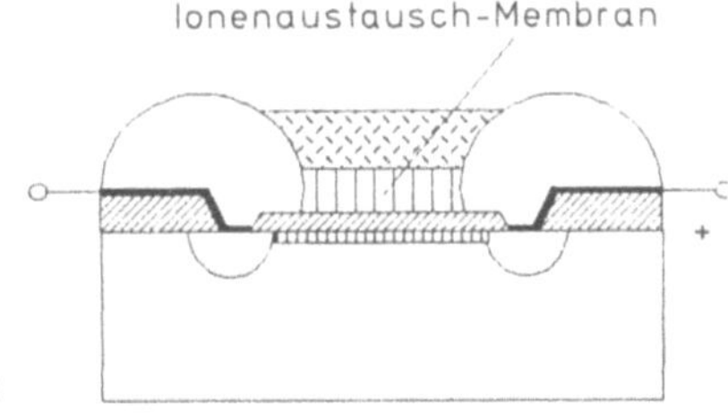

Abb. 35.27. a Schematische Darstellung eines Metalloxidtransistors (MOSFET); **b** durch Entfernen des metallischen Gates und durch Wechselwirkung des Elektrolyten mit dem Isolator, oberhalb des Kanals, bildet sich eine elektrische Doppelschicht aus, welche direkt auf den Kanal einwirkt; **c** zur Erhöhung der Selektivität wird über die den Kanal isolierende Schicht eine Ionenaustauschmembran aufgebracht

auf die in der Elektrophysiologie wichtigen Na-, K- und H-Ionen. Theoretische Herleitungen, Herstellungsverfahren, Schaltungstechnik und Anwendungsbeispiele werden ausführlich in [35] behandelt.

Am Beispiel der pH-Elektrode sei in die Theorie eingeführt. Experimente mit anorganischen Materialien zur Bedeckung des Kanals führten nicht auf die erwartete Empfindlichkeit der pH-Elektrode von 58 mV/pH, wie sie aus der Nernst-Beziehung zu erwarten ist. Es wurde außerdem ein nichtlinearer Verlauf festgestellt. Theoretische Überlegungen führten zu Modellvorstellungen über die Wechselwirkung des Wassers mit der Metalloxidoberfläche, die in guter Übereinstimmung mit den Experimenten stehen. Oberflächenreaktionen werden verantwortlich gemacht für die Abweichung der Theorie von den experimentellen Ergebnissen. So reagiert z. B. Si_3N_4 mit Wasser und dem Wasserdampf der Luft, und es entsteht SiO_2.

Alle Metalloxide tragen eine bestimmte Anzahl von Hydroxylgruppen an ihrer Oberfläche, die reagieren, sobald sie mit Wasser in Berührung kommen. Deren

Dichte N_S ist charakteristisch für das jeweilige Material. Sie haben amphoteren Charakter, d.h. sie können neutral sein und als Protonendonatoren oder -akzeptoren reagieren. Die Gleichgewichtskonstante für Protonenabgabe sei K_a, die für die Anlagerung K_b. Für diese Reaktionen stehen nur oberflächennahe Protonen zur Verfügung, deren Konzentration dann von der im Elektrolyten abweicht. Es entsteht eine Oberflächenladung σ. Die entstehende elektrische Spannung an der Doppelschicht beruht auf der unterschiedlichen Konzentration der H-Ionen an der Oberfläche und im Elektrolyten. Dieser Zusammenhang wird durch die Boltzmann-Gleichung beschrieben. Unter der Annahme, daß die Anzahl der Plätze, die für eine Reaktion zur Verfügung stehen, groß ist, verglichen mit der Besetzung $N_S \cdot e_0 \gg \sigma$, kommt man zu folgender Beziehung zwischen der Aktivität a_{H^+} der Wasserstoffionen und der Spannung U:

$$\ln a_{H^+} - \ln\left(\frac{K_a}{K_b}\right)^{\frac{1}{2}} = \frac{F}{RT}U + \text{Arsinh}\,\frac{\sigma}{2e_0 N_S}\cdot(K_a K_b)^{-\frac{1}{2}}, \qquad (35.55)$$

wobei $e_0 = 1{,}6021 \cdot 10^{-19}$ As die Elementarladung darstellt und U die elektrische Spannung. Die unbekannte Ladungsdichte auf der Oberfläche kann durch die Kapazität der Doppelschicht C_D ersetzt werden: $\sigma = U C_D$. Faßt man die materialspezifischen Größen wie folgt zusammen:

$$\beta = \frac{2 F e_0}{RT}\cdot\frac{N_S(K_a K_b)^{\frac{1}{2}}}{C_D} \qquad (35.56)$$

und bezeichnet den pH-Wert für die Spannung $U = 0$, was $\sigma = 0$ zur Folge hat, mit

$$\text{pH}_{ref} = -\log\left(\frac{K_a}{K_b}\right)^{\frac{1}{2}}, \qquad (35.57)$$

so kann (35.55) wie folgt geschrieben werden:

$$2{,}303\,(\text{pH}_{ref} - \text{pH}) = \frac{F}{RT}U + \text{Arsinh}\left(\frac{F}{RT}\frac{1}{\beta}U\right). \qquad (35.58)$$

Für kleine Werte des Arguments der Arsinh-Funktion kann diese durch ihr Argument selbst und für große Werte durch den natürlichen Logarithmus des doppelten Arguments ersetzt werden. Es ergeben sich folgende Näherungen:

$$U \simeq 2{,}303\,\frac{RT}{F}\cdot\frac{\beta}{1+\beta}(\text{pH}_{ref} - \text{pH}), \qquad \beta \gg \frac{FU}{RT}, \qquad (35.59)$$

$$2{,}303\cdot(\text{pH}_{ref} - \text{pH}) \simeq \frac{F}{RT}U + \ln\frac{2F}{RT}\cdot\frac{1}{\beta}U, \qquad \beta \ll \frac{FU}{RT}.$$

Die Funktion nähert sich der Nernst-Beziehung umso mehr, je größer β wird. Ein stark nichtlineares Verhalten ergibt sich für kleine Werte von β. Aus Experimenten wurden die Zahlenwerte nach Tabelle 35.9 abgeleitet.

Aus den Zahlenwerten berechnet sich nach (35.56) der Wert für C_D/N_S für Siliziumoxid mit $2{,}9 \cdot 10^{-20}$ F und für Aluminiumoxid zu $2{,}7 \cdot 10^{-20}$ F. Für die in der Literatur angegebenen Werte der spezifischen Grenzschichtkapazität von

Tabelle 35.9. Aus Experimenten berechnete Werte für Silizium- und Aluminiumoxid

Material	pH_{ref}	β	$\log K_a$	K_a/cm^2	$\log K_b$	K_b/cm^2
SiO_2	2,2	0,14	$-5,7$	$2 \cdot 10^{-6}$	$-1,3$	$5-10^{-2}$
Al_2O_3	8	4,8	-10	$1 \cdot 10^{-10}$	$+6,0$	10^6

$20 \cdot 10^{-6}$ F/cm^2 und für die Anzahl der Hydroxylgruppen an der Oberfläche N_S von $5 \cdot 10^{14}$ cm^{-2} (SiO_2) und $8 \cdot 10^{14}$ cm^{-2} (Al_2O_3) ergibt sich eine gute Übereinstimmung mit der Theorie. Die Anwesenheit anderer An- und Kationen, wie in Körperflüssigkeiten üblich, wird durch die Theorie nur unzulänglich beschrieben. Wie bei anderen ionenselektiven Elektroden sind selektive Membranen dem den Kanal bedeckenden Isolator vorzuschalten (Abb. 35.27c). Die Literatur über solche selektive Membranen, Herstellungsprozesse für ISFET, die Integration von Referenzelektroden und spezielle Schaltungen für die Spannungsmessung ist sehr umfangreich. Es wird auf die Literatursammlung in [35], die Zeitschrift "Sensors and Actuators" sowie die Konferenzberichte "Solid-State Sensors and Actuators" hingewiesen.

35.4.8 Diffusionsprozesse bei amperometrischen Elektroden

Bei Konzentrationsmessungen, die nicht auf eine Potentialmessung zurückgeführt werden können, bei denen der Teilchenstrom vernachlässigbar ist, kommt es zu einer Verarmung der zu messenden Substanz, insbesondere in der Umgebung der Elektrode. Es handelt sich um einen dynamischen Prozeß. Ein solcher tritt bei der Sauerstoffelektrode auf, bei welcher der Elektrodenstrom ein Maß für die Sauerstoffkonzentration bzw. den Partialdruck $p(t, x)$ ist.

Die Diffusionsgleichung beschreibt die Beziehung zwischen der zeitlichen Änderung des Partialdrucks $\partial p/\partial t$ und den Laplace-Operator der räumlichen Druckverteilung $\nabla^2 p$. Beide sind über den Diffusionskoeffizienten D miteinander verknüpft

$$\frac{\partial p}{\partial t} = D\nabla^2 p \,. \tag{35.60}$$

Die Teilchenstromdichte J berechnet sich aus dem Druck nach folgender Beziehung:

$$J = D\alpha \cdot \frac{dp(r, t)}{dr} \,, \tag{35.61}$$

wobei α die Löslichkeit des zu messenden Stoffes in dem betrachteten Medium darstellt. Diese ist wie die Diffusionskonstante von der Temperatur abhängig. Zahlenwerte für α und D sind in [36, 37] nachzuschlagen.

Für eine kugelförmige Elektrode mit dem Radius r_0 kann (35.60) unter Einführung von Kugelkoordinaten integriert werden, und es ergibt sich die

Funktion des Drucks in Abhängigkeit vom Abstand r und der Zeit t bei einem gegebenen Anfangsdruck p_0 zu:

$$p(r, t) = p_0 \left[\left(1 - \frac{r_0}{r} \right) + \frac{r_0}{r} \, \phi \left(\frac{r - r_0}{2\sqrt{Dt}} \right) \right], \quad r \geqq r_0 . \qquad (35.62)$$

Die Gleichung gilt unter der Voraussetzung, daß auf der Elektrodenoberfläche $r = r_0$ der Partialdruck $p = 0$ ist. Die Funktion ϕ stellt die Fehlerfunktion dar, die wie folgt definiert ist:

$$\phi(z) = \frac{2}{\sqrt{\pi}} \int_0^z e^{-u^2} du \quad \text{mit} \quad \begin{cases} \phi(0) = 0 \\ \phi(\infty) = 1 \end{cases} . \qquad (35.63)$$

Die Fehlerfunktion ist tabelliert, sie nimmt Werte zwischen 0 und 1 an. Durch Einführung einer dimensionslosen Zahl $r/r_0 - 1 = \varrho$ für den Abstand gelangt man zu folgender Schreibweise:

$$\frac{p(\varrho, \tau)}{p_0} = \frac{1}{1 + \varrho} \left[\varrho + \phi \left(\frac{\varrho}{\sqrt{\tau}} \right) \right] . \qquad (35.64)$$

Die Größe τ steht für $\tau = 4 Dt/r_0^2$ und stellt die dimensionslose Zeit dar. Für den Grenzwert $\tau = 0$ ergibt sich für alle Abstände die Anfangskonzentration p_0:

$$\frac{p(\varrho, 0)}{p_0} = 1 . \qquad (35.65)$$

Der zweite Grenzwert ergibt sich für $\tau \to \infty$

$$\frac{p(\varrho, \infty)}{p_0} = \frac{\varrho}{1 + \varrho} = 1 - \frac{r_0}{r} . \qquad (35.66)$$

Es handelt sich um einen vom Ursprung ausgehenden Hyperbelast im ersten Quadranten mit der Asymptote $p/p_0 = 1$. Diese Funktion ist unabhängig von der Diffusionskonstante. Das Gleichgewicht wird um so schneller erreicht, je größer τ wird, d.h. je größer D und je kleiner r_0 sind.

Zur Untersuchung der Abhängigkeit der Einstellzeit von t geht man zweckmäßig vom Teilchenstrom $J(t)$ aus, der nach (35.61) für $r = r_0$ berechnet wird

$$J(t) = 4 \pi \alpha D r_0 \left(1 + \frac{r_0}{\sqrt{\pi Dt}} \right) p_0 ,$$

$$J(\tau) = 4 \pi \alpha D r_0 \left(1 + \frac{2}{\sqrt{\pi \tau}} \right) p_0 . \qquad (35.67)$$

Berücksichtigt man, daß ein O_2-Molekül vier Elektronen aufnimmt, ergibt sich daraus mit der Faraday-Konstante $F = 9{,}6487 \cdot 10^4$ As/mol der elektrische Strom I:

$$I(\tau) = 16 \pi F \alpha D r_0 \left(1 + \frac{2}{\sqrt{\pi \tau}} \right) p_0 . \qquad (35.68)$$

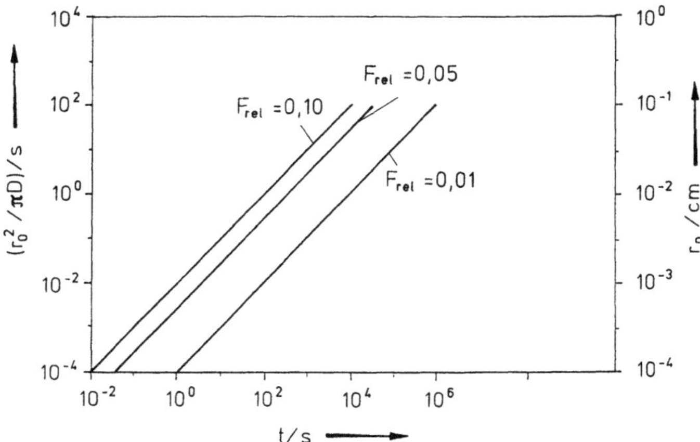

Abb. 35.28. Abhängigkeit der Einstellzeit von amperometrischen Elektroden vom Elektrodendurchmesser und der Diffusionskonstante des Analyten. Die rechte Skala erhält man, wenn man für $\pi \cdot D = 10^{-4}$ einsetzt, was für Wasser bei 30 °C mit guter Näherung gilt. Parameter ist die relative Abweichung vom Endwert F_{rel}

Der Strom steigt linear mit dem Elektrodendurchmesser an und nicht mit deren Fläche. Das Gleichgewicht wird für $t \to \infty$ erreicht. Der zweite Summand in der Klammer stellt die relative Abweichung des Stromes vom Endwert dar. Der Fehler wird für einen bestimmten Zeitpunkt t um so größer, je größer der Elektrodendurchmesser und je kleiner die Diffusionskonstante ist:

$$F_{rel} = \frac{I(t) - I(\infty)}{I(\infty)} = \frac{2}{\sqrt{\pi\tau}} \,. \tag{35.69}$$

Die Fehlerkurve stellt eine Hyperbel im ersten Quadranten dar mit der Ordinate und der Abszisse als Asymptoten. Parametrisiert man die Funktion und trägt den Elektrodenradius über der Zeit auf, ergibt sich die Abb. 35.28.

Der Fehler ist unabhängig von der Löslichkeit des Stoffes im Medium. Die lineare Abhängigkeit der Einstellzeit bei unterschiedlicher Fehlervorgabe stellt sich bei doppeltlogarithmischer Auftragung als Parallelenschar dar. Die Skala für r_0 wurde für einen Diffusionskoeffizienten von Sauerstoff in Wasser bei 30 °C ($D = 3{,}18 \cdot 10^{-5}$ cm²/s) berechnet. Tolerierbare Einstellzeiten ergeben sich bei Elektrodendurchmessern unterhalb von 10 µm.

Da der Diffusionskoeffizient in Gasen um etwa vier Zehnerpotenzen größer ist, $D = 0{,}181$ cm²/s für O_2 in N_2, reduziert sich die Einstellzeit etwa um den Faktor 10^{-4}, bei gleichzeitig zu D proportionalem Anstieg des Elektrodenstromes, s. (35.68).

Probleme treten auf, wenn der Stofftransport nicht ausschließlich auf Diffusion beruht, sondern außerdem noch Druck- und Temperaturdifferenzen vorliegen. Der Meßwert repräsentiert dann einen Zustand, der auf der Zeitachse nicht definiert ist.

Zur Berechnung des Elektrodenstromes ist der Löslichkeitskoeffizient α einzusetzen. Für Sauerstoff in Wasser ist $\alpha = 0{,}0261$ Ncm³(O_2)/cm³(H_2O)/101 kPa angegeben [19]. Dieser Zahlenwert repräsentiert das auf Normalbedingungen reduzierte Gasvolumen (0 °C; 101 kPa), bezogen auf das Flüssigkeitsvolumen bei 30 °C. Für Wasser erhält man daraus den molaren Löslichkeitskoeffizienten durch Division mit dem Molvolumen von $22,4 \cdot 10^3$ cm^3/mol, $\alpha = 1,15 \cdot 10^{-8}$ mol (O_2)/cm$^3(H_2O)$/kPa, bei 30 °C. Damit berechnet sich der Gleichgewichtsstrom nach (35.68) zu $I(\infty)/(p_0 r_0) = 1,77 \cdot 10^{-6}$ A/cm kPa. Bei einem Elektrodendurchmesser von 10 µm beträgt der Elektrodenstrom somit annähernd 1 nA/kPa.

Blanke Metallelektroden werden in der Medizin kaum verwendet wegen der damit verbundenen Oberflächenprobleme und da sie ausschließlich im ungestörten Diffusionsfeld zuverlässige Werte liefern. Diese Bedingungen sind in vivo und im allgemeinen in vitro nicht gegeben. Deshalb bedeckt man die Elektroden mit einer Membran. Deren Diffusionswiderstand soll groß sein gegenüber dem des Mediums, in dem gemessen wird, so daß der Partialdruckabfall zum überwiegenden Teil in der Membran erfolgt. Der Gleichgewichtszustand kann nach Grunewald [38] berechnet werden. Für eine kugelförmige Elektrode mit einem Radius r_0, die bedeckt ist mit einer Membran der Dicke $d = r_1 - r_0$ und somit einen äußeren Radius r_1 besitzt, läßt sich für den Gleichgewichtszustand die Sauerstoffspannung innerhalb und außerhalb der Membran angeben. Es gilt wiederum, daß auf der Elektrodenoberfläche der Partialdruck auf Null absinkt. Folgende Gleichung wird angegeben:

$$p(r) = p_0 \left[1 - \frac{\dfrac{r_1}{r}}{1 + \dfrac{\alpha D}{\alpha_m D_m}\left(\dfrac{r_1}{r_0} - 1\right)} \right], \quad r_0 \leqq r \leqq r_1 ,$$

(35.70)

$$p(r) = p_0 \left[1 - \frac{1 + \dfrac{2\alpha D}{\alpha_m D_m}\left(\dfrac{r_1}{r} - 1\right)}{1 + \dfrac{\alpha D}{\alpha_m D_m}\left(\dfrac{r_1}{r_0} - 1\right)} \right], \quad r \geqq r_1 ,$$

Der Index m weist auf die Stoffgrößen der Membran hin. Der Partialdruck an der Oberfläche der Membran wird dann annähernd dem im ungestörten Feld entsprechen, wenn gilt:

$$\frac{\alpha D}{\alpha_m D_m} \frac{d}{r_0} \gg 1 .$$

(35.71)

Das läßt sich erreichen durch die Wahl einer dicken Membran mit großem Diffusionswiderstand. Beides wirkt sich hingegen nachteilig auf den Elektrodenstrom aus. Für eine Teflonmembran gelten die in Abschn. 4.6 angegebenen Zahlenwerte, die für 37 °C umzurechnen sind [37a]. Man erhält für $D_m = 0,316 \cdot 10^{-6}$ cm^2/s und für $\alpha_m = 0,175 \cdot 10^{-2}$ Ncm$^3(O_2)$/cm^3(Teflon)kPa, die in guter Übereinstimmung mit anderen Literaturangaben stehen. Die entsprechenden Zahlenwerte für Blutplasma sind $D = 0,17 \cdot 10^{-4}$ cm^2/s [9] und $\alpha = 0,209 \cdot 10^{-3}$ Ncm$^3(O_2)$/cm^3(Blutplasma)kPa [19]. Aus der Bedingung (35.71) ergibt sich $6,1 \cdot d/r_0 \gg 1$. Mit einem Verhältnis $d/r_0 > 2$ ist diese Bedingung erfüllt. Nach [39] gilt für die Einstellzeit für eine membranbedeckte Elektrode bei einem Fehler von 5% folgende Näherung:

$$t_{5\%} \approx \frac{d^2}{2D_{\mathrm{m}}} \quad \mathrm{s} \, . \tag{35.72}$$

Setzt man $d/r_0 = 2$, so erhält man daraus mit dem oben angegebenen Wert für D_{m}

$$t_{5\%} \simeq 5{,}9 \cdot 10^6 \cdot r_0^2 \quad \mathrm{s} \, ;$$

r_0 ist in cm einzusetzen.

Bei einem Elektrodendurchmesser von 5 μm ($r_0 = 2{,}5$ μm) ergibt sich eine Einstellzeit von 0,37 s. Diese ist vergleichbar der einer unbedeckten Elektrode mit gleichem Durchmesser, für die sich die Einstellzeit beim Fehler von 5% zu 0,47 s berechnet. Sie ist deutlich niedriger als die einer nackten Elektrode mit gleichem Außendurchmesser ($r_0 = 7{,}5$ μm), für die die entsprechende Zeit 4,2 s beträgt.

Der Elektrodenstrom im Gleichgewichtszustand, d. h. für $t \to \infty$ läßt sich nach [38] durch folgende Gleichung beschreiben:

$$I = 16 \pi F \frac{r_1 \alpha D}{1 + \dfrac{\alpha D}{\alpha_{\mathrm{m}} D_{\mathrm{m}}} \cdot \dfrac{d}{r_0}} \cdot p_0 \, . \tag{35.73}$$

Die Empfindlichkeit läßt sich damit für die angegebenen Zahlen berechnen, und es ergibt sich für die Elektrode mit einem Durchmesser von 5 μm und eine Teflonmembran mit einer Dicke von 5 μm ein Elektrodenstrom von $4{,}2 \cdot 10^{-11}$ A/kPa. Die unbedeckte Elektrode gleichen Durchmessers hat eine Empfindlichkeit von $5{,}5 \cdot 10^{-10}$ A/kPa. Das entspricht einer Abnahme der Empfindlichkeit um etwa eine Größenordnung. Einer Erhöhung der Zuverlässigkeit der Messung in strömenden Medien wird erkauft mit einer wesentlichen Abnahme der Empfindlichkeit. Ein Nachteil bleibt jedoch bestehen, der Elektrodenstrom ist proportional zum Lösungskoeffizienten und zur Diffusionskonstante im Meßmedium, die in biologischem Milieu unter Umständen nicht als bekannt vorausgesetzt werden darf.

Aus praktischen Erwägungen muß gefordert werden, daß aktive und Referenz-Elektrode über eine Elektrolytbrücke innerhalb des Elektrodengehäuses miteinander leitend verbunden sind. Bei der Messung in Gasen ist dieses unabdingbar. Es befindet sich deshalb zwischen Membran und Metallelektrode ein Elektrolytraum. Ein konstanter Abstand kann durch das Einbringen eines Kunststoffgitters erreicht werden. Sofern die Bedingung

$$\frac{\alpha_{\mathrm{e}} D_{\mathrm{e}}}{d_{\mathrm{e}}} \gg \frac{D_{\mathrm{m}} \alpha_{\mathrm{m}}}{d_{\mathrm{m}}} \tag{35.74}$$

eingehalten wird, der Index e steht für die Kennwerte des Elektrolyten innerhalb der Elektrode, wird die zuvor angegebene Empfindlichkeit nur unwesentlich verringert. Da die angegebenen Gleichungen Näherungen darstellen und die Anordnung i. allg. nicht einer kugelsymmetrischen entspricht, sind die Elektroden vor Einsatz einer Kalibrierung zu unterziehen.

35.4.9 Elektroden zur Messung bioelektrischer Spannungen

Wie bei der Messung der Aktivität von Ionen, muß auch bei der Messung bioelektrischer Spannungen der Ionenstrom im Elektrolyten in einen Elektronenstrom in den Ableitelektroden transformiert werden. Die Phasengrenze Elektro-
lyt/Metall ist gekennzeichnet durch die sich dort ausbildende elektrische Doppelschicht (Abb. 35.20). Diese wird beschrieben durch ihr elektrisches Potential,
auch Elektrodenpotential genannt, ihren elektrischen Widerstand und ihre Kapazität. Alle diese Größen sind abhängig von der Art des Elektrodenmetalls und
der Zusammensetzung des Elektrolyten. Während das Elektrodenpotential bei
der Bestimmung von Konzentrationen die zu messende Größe repräsentiert, tritt
es hier als unerwünschte Störgröße auf. Ihr Betrag ist i. allg. groß, verglichen mit
der Amplitude der bioelektrischen Spannungen. Da Elektroden stets paarweise
zu verwenden sind, werden gleiche Elektrodenmetalle eingesetzt. Durch die Anwendung von Elektrolytgel zur Ankoppelung der Elektroden an die Haut werden
annähernd gleiche Ionenaktivitäten an der Phasengrenze eingestellt. Dennoch ist
eine vollständige Symmetrie in der Routine nicht herzustellen, insbesondere auch
dann nicht, wenn Einstich- statt Oberflächenelektroden Verwendung finden. Am
Verstärkereingang wird also die Differenz der Elektrodenpotentiale liegen, die,
verglichen mit dem Signal, eine nicht zu vernachlässigende Größe darstellt.
Schwankungen dieser Spannung führen zu Null-Linienschwankungen des regi-
strierten Signals, auch bei der Verwendung von Wechselspannungsverstärkern.

Befinden sich die Elektroden im Gleichgewicht, so findet durch die Phasengrenze kein Nettoladungstransport statt. Dennoch werden An- und Kationen
ausgetauscht. Die Größe des Stroms wird als Austauschstromdichte bezeichnet.
Sie liegt für Eisen, Nickel, Gold und Platin in der Größenordnung von nA/cm^2
bis µA/cm^2 und erreicht für Silber 4,5 µA/cm^2. Bei der Ableitung elektrischer
Spannungen soll die Elektrodenstromdichte nicht wesentlich größer sein als die
Austauschstromdichte, was insbesondere bei der Verwendung von Mikroelektro-
den nicht immer einzuhalten ist. Elektroden mit einer geringen Austauschstromdichte (im Grenzfall verschwindet diese) erhält man mit Edelmetallen. Sie werden
als ideal polarisierbar bezeichnet und sind durch einen Elektrodenübergangswi-
derstand gekennzeichnet, der gegen ∞ geht. Sie sind für die Ableitung von Spannungen ungeeignet, da der Ableitstrom über den Kondensator fließen muß, dessen Kapazität Schwankungen unterworfen ist, die wiederum zu einer zeitlichen
Veränderung des Elektrodenpotentials führen. Als unpolarisierbare Elektroden
bezeichnet man solche, deren Übergangswiderstand klein ist. Über diesen fließt
(in diesem Falle) der Meßstrom. Da dieser selbst die Eigenschaften der Phasengrenze verändert, ergibt sich ein nichtlineares Übertragungsverhalten der Elektroden. Für dieses werden vier Effekte verantwortlich gemacht:

1. die Durchtrittsübergangsspannung, sie wird erzeugt durch den Ladungstransport durch die Phasengrenze;
2. die Diffusionsübergangsspannung ist die Folge des Ladungstransportes im
   umgebenden Elektrolyten zur Phasengrenze;
3. die Reaktionsüberspannung tritt auf, wenn die chemische Reaktion, die stets
   mit dem Ladungstransport verbunden ist, als hemmender Faktor auftritt;

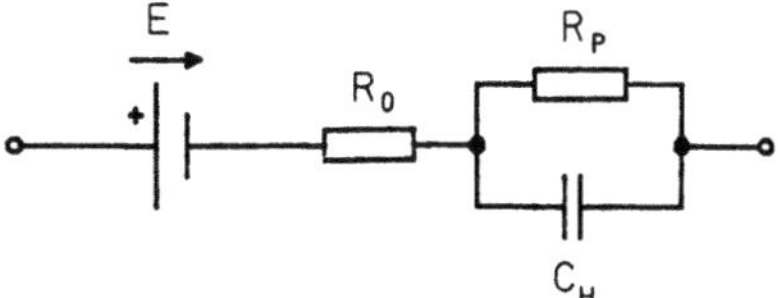

Abb. 35.29. Ersatzschaltbild für eine Elektrode zur Messung von bioelektrischen Spannungen

4. die Kristallisationsspannung ist die Folge einer Hemmung des Einbaus der Metallatome oder deren Herauslösung aus dem Kristallgitter.

Die beiden ersten Effekte haben die größere Bedeutung. Alle hier definierten Spannungen können theoretisch berechnet werden [40]. Es ist üblich, diese Effekte in das Ersatzschaltbild für die Phasengrenze zu integrieren (Abb. 35.29). Die darin aufgeführten konzentrierten Bauelemente sind demnach vom Elektrodenstrom abhängig. Sie hängen außerdem von der Frequenz ab, was sich besonders stark bei tiefen Frequenzen bemerkbar macht. Man kommt zu einer hinlänglichen Übereinstimmung zwischen Theorie und gemessener Elektrodenimpedanz in Abhängigkeit von Frequenz und Elektrodenstrom [24, S. 414 ff].

Die beste Näherung zur Beschreibung des komplexen Widerstandes der Phasengrenze ist durch eine Serienparallelschaltung gegeben. Es wird deutlich, daß die Impedanz dieser Anordnung mit abnehmender Frequenz ansteigt. Wegen des großen Wertes von R_P gilt das besonders für ideal polarisierbare Elektroden. Bei diesen nimmt außerdem die Elektrodenimpedanz mit zunehmender Stromdichte zu. Das entgegengesetzte Verhalten zeigt eine reversible Elektrode 2. Art, z. B. die Ag/AgCl-Elektrode. Sie ist gekennzeichnet durch einen kleinen Widerstand R_P, der mit zunehmender Stromdichte abnimmt. Die einfache Ersatzschaltung vermag die Realität hingegen nur annähernd wiederzugeben. Insbesondere bei Frequenzen unter 1 Hz steigen die Werte für Widerstände und Kapazität beträchtlich an.

Für die Ag/AgCl-Elektrode erhält man für den Betrag der Wechselstromimpedanz etwa 100 Ω/cm^2, der für Edelstahl liegt um zwei bis drei Größenordnungen höher. Als Resultat ist daraus abzuleiten, daß es zweckmäßig ist, für die Messung bioelektrischer Spannungen, deren untere Grenzfrequenz meist unter 1 Hz liegen, Silber/Silberchlorid-Elektroden zu verwenden.

35.5 Mechanische Sensoren

Masse, Weg und Zeit sind die elementaren Größen der Mechanik, auf die sich alle weiteren zurückführen lassen. Weg, Geschwindigkeit, Kraft bzw. Druck und Beschleunigung sind die Größen, deren Messung hier behandelt werden soll. In Tabelle 35.10 sind diese und daraus abgeleitete Größen sowie deren mathematischen Beziehungen untereinander dargestellt. Zur Bestimmung dieser Größen können auch Methoden eingesetzt werden, die nicht auf mechanischen Sensoren beruhen. Die wichtigsten werden zusammenfassend in den einzelnen Unterabschnitten behandelt.

Tabelle 35.10. Zusammenhang zwischen Bestimmungsgrößen und daraus abgeleiteten Größen sowie eine Auswahl von Meßverfahren

Bestimmungsgröße	Symbol Beziehung	Meßgröße
Weg, Abstand	s	Kapazität Induktivität Widerstand Hall-Spannung Laufzeit Interferenz Energieabnahme
Geschwindigkeit	$v = \dfrac{\mathrm{d}s}{\mathrm{d}t}$	Laufzeitdifferenz
Abgeleitete Größen:		Frequenzverschiebung – Doppler-Effekt
Impuls Energie	$p = mv$ $W = \frac{1}{2}mv^2$	elektromagnetisch – Lorentz-Kraft
Leistung	$N = \dfrac{\mathrm{d}W}{\mathrm{d}t}$	
Volumenstrom	$Q = vA$	Energiedissipation – Anemonetrie
Beschleunigung	$a = \dfrac{\mathrm{d}^2 s}{\mathrm{d}t^2}$	Ladungsverschiebung – piezoelektrischer Effekt
Kraft Druck	$F = ma$ $p = maA$	magnetostriktiver Effekt Verformung

35.5.1 Abstandsmessung

Eine Längen- oder Abstandsmessung kann mit Hilfe von Absorptionsmessungen durchgeführt werden. Die Schwächung von Schall-, Licht-, Röntgen- sowie α-, β- und γ-Strahlung gehorcht einem exponentiellen Schwächungsgesetz. Das Produkt aus Abstand und Schwächungskoeffizient steht im Exponenten. Aufgrund der Energieabnahme bzw. der Schwächung einer anderen charakteristischen Größe der Strahlung läßt sich die Distanz zwischen Sender und Empfänger berechnen. Wesentlich höhere örtliche Auflösung läßt sich durch Auswertung von Interferenzmustern erreichen, erzeugt durch die Überlagerung der reflektierten mit einer Referenzwelle. Ein weiteres optisches Verfahren, das eine Auflösung < 1 nm ermöglicht, basiert auf der automatischen Fokussierung eines Linsensystems auf die Oberfläche. Mit reflektierten Ultraschallwellen lassen sich Laufzeitmessungen zur Abstandsbestimmung vornehmen. Auch die Erzeugung von stehenden Schallwellen vor einem Hindernis läßt sich durch die Bestimmung der Lage von Knoten und Bäuchen in eine Distanzmessung überführen. Ein anderes optisches Verfahren beruht auf der Abbildung eines ruhenden und eines mit dem Abstand beweglichen Strichmusters aufeinander.

Potentiometrische Widerstandsgeber

Eine direkte Umformung der Meßgröße Länge in eine Widerstandsänderung und
damit in eine Strom- bzw. Spannungsänderung erhält man durch Verwendung eines Potentiometers. Dazu wird an den Schleifer des Potentiometers ein Taster
montiert, der die Oberfläche des Körpers berührt, dessen Abstand bestimmt werden soll. Ist der Körper des Potentiometers fixiert, so ändert sich der abgegriffene
Widerstand mit dem Abstand. Handelt es sich um ein Wendelpotentiometer, so
ist die Auflösung direkt bestimmt durch die Dichte der Wendeln.

Kapazitive Geber

Wie auch optische Verfahren, so gestattet der kapazitive Geber eine berührungslose Abstandsmessung. Seine häufigste Anwendung ist das Kondensatormikrofon. Hier beruht die Kapazitätsänderung auf einer Druckwirkung an einer Membran und ist damit auf eine Kraftmessung zurückgeführt. Das Problem dieses
Meßwertgebers liegt in seiner geringen Kapazität und Kapazitätsänderung. Die
meist verwendete Anwendung ist der Plattenkondensator. Die Empfindlichkeit
kapazitiver Geber ist außerordentlich hoch. Man erhält eine Auflösung, die besser ist als 1 µm. An die Präzision der Herstellung werden sehr hohe Anforderungen gestellt. Mit den heute zur Verfügung stehenden Methoden der Halbleitertechnologie können diese jedoch erfüllt werden.

Induktive Geber

Die Induktivität einer Spule ist abhängig, abgesehen von der Windungszahl, von
ihrer Form und dem magnetischen Widerstand des Kreises. Befinden sich im magnetischen Feld der Spule leitfähige Materialien, so werden die wirksame Induktivität und der elektrische Widerstand durch den dort induzierten Induktionsstrom verändert. Dieser Effekt kann für die berührungslose Abstandsmessung
ausgenutzt werden, sofern das Objekt, dessen Abstand bestimmt werden soll, eine deutlich von Null abweichende Leitfähigkeit aufweist (Abb. 35.30 a). Die induzierte Wirbelstromdichte ist proportional zur Ortsfunktion des magnetischen
Flusses und der Leitfähigkeit sowie zur Anregungsfrequenz der Spule. Die Induktivität der Spule nimmt ab mit zunehmender Wirbelstromdichte, d. h. bei Annäherung des leitfähigen Objekts an die Spule. Die Änderungen des Wirk- und
Blindwiderstands kann mit einer Brückenschaltung nachgewiesen werden. Die
Induktivitätsänderung läßt sich gleichermaßen wie eine Kapazitätsänderung in
eine Frequenzänderung abbilden, sofern die Spule als frequenzbestimmendes
Element in einen Oszillatorkreis geschaltet ist. Bringt man eine solche Anordnung z. B. über dem Thorax an, kann damit der Herzspitzenstoß nachgewiesen
werden. Eine lineare Beziehung zwischen Änderung der Meßgröße und Abstand
existiert nicht.

Besteht der Körper, dessen Abstand bestimmt werden soll, aus ferromagnetischem Material, so daß die relative Permeabilität > 1 ist, oder sofern ein solches

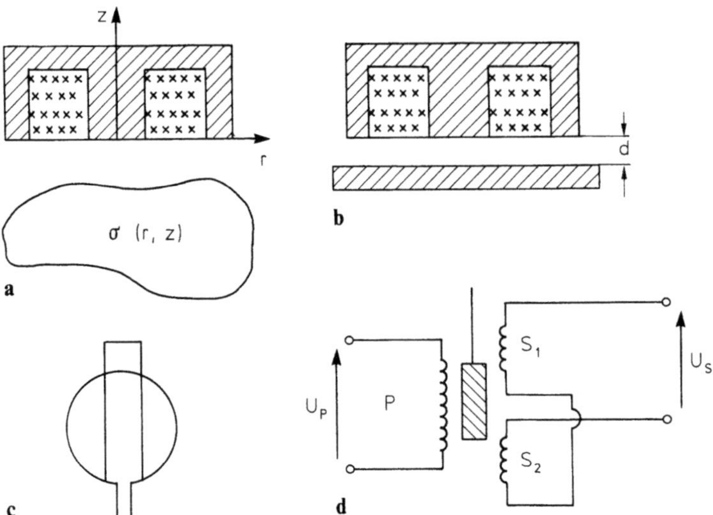

Abb. 35.30. Induktive Geber. **a** Die Induktivität der Spule ändert sich mit der Wirbelstromdichte in einem leitfähigen Medium, das sich im magnetischen Feld der Spule befindet. **b** Durch Veränderung des Luftspalts wird der magnetische Fluß und damit die Induktivität verändert. **c** Durch Formänderung der Leiterschleife verändert sich deren Induktivität. **d** Die Lageänderung des Kerns bewirkt unterschiedliche Sekundär-Spannungen in den Wicklungen S_1 und S_2

Material auf die Oberfläche aufgebracht wird, kann ebenfalls eine berührungslose Abstandsmessung vorgenommen werden. Der magnetische Widerstand des Kreises nimmt ab, die Induktivität der Spule nimmt zu, bei Verringerung des Luftweges (Abb. 35.30 b). Eine allerdings nicht berührungsfreie Veränderung der Induktivität einer geschlossenen Leiterschleife oder Spule wird auch durch Formänderung erreicht [42] (Abb. 35.30 c). Die notwendigen Rückstellkräfte können klein gehalten werden. Dieses Meßprinzip läßt sich anwenden zur Bestimmung von Durchmessern in Hohlorganen. Eine modifizierte Anordnung mit zwei Spulen, bei welcher die in der zweiten Spule induzierte Spannung den Meßwert repräsentiert, wird in [43] beschrieben.

Unter Ausnutzung der veränderten Koppelinduktivität zwischen zwei Spulen sind weitere Anordnungen beschrieben und angewendet worden. Die relative Bewegung zweier Punkte auf der Oberfläche eines Organs z. B. kann durch das Anbringen zweier kleiner Spulen gemessen werden [44]. Wird in eine der beiden eine elektrische Wechselspannung eingeprägt, kann in der anderen eine Spannung gemessen werden, deren Größe vom Abstand der Spulen sowohl in horizontaler als auch in vertikaler Richtung abhängt sowie vom Winkel, welchen die Spulenachsen miteinander bilden.

Das erste am Menschen eingesetzte Tip-Manometer zur Messung des arteriellen Drucks und von Herzgeräuschen beruht auf der Verwendung eines Differentialtransformators [45]. In eine Primärspule wird eine Spannung eingeprägt, die in zwei gleichen, gegensinnig gewickelten Spulen eine Sekundär-Spannung induziert (Abb. 35.30 d). Der ferromagnetische Kern im Inneren der Spule ist beweglich angeordnet. Bei Mittenlage sind die beiden induzierten Teilspannungen gleich groß, die Ausgangsspannung wird Null. Bei Auslenkung des Kerns wird die Symmetrie gestört. Die Ausgangsspannung U ist in weiten Bereichen linear abhängig von der Lage des Kerns. Beim Nulldurchgang erfolgt ein Phasensprung von 180 Grad. Man erreicht eine Empfindlichkeit von 0,2 mV/µm bei einer Erregerspannung von 1 V. Mit Hilfe des Differentialtransformators lassen sich berührungslose Abstandsmessungen vornehmen, sofern man den Kern mit einem isolierenden Material verlängert und am Meßobjekt befestigt. Die geringen Kräfte, die den Kern in der Null-Lage festhalten, können i. allg. vernachlässigt werden.

Zur Abstandsbestimmung im magnetischen Feld lassen sich Hall-Sonden oder Feldplatten einsetzen [46]. Diese bestehen aus halbleitenden Materialien wie InSb, InAs, Si oder GaAs. Die Leitfähigkeit ist, abgesehen von den geometrischen Größen, proportional zur Ladungsträgerkonzentration und deren Beweglichkeit. Fließt in einem solchen Halbleiterstreifen ein Strom und wirkt gleichzeitig ein magnetisches Feld, so erfahren die Elektronen eine Kraftwirkung (Lorentz-Kraft) senkrecht zu ihrer Bewegung und senkrecht zur Richtung des Magnetfeldes. Daraus resultiert eine Verlängerung der Strombahn, die mit einer Widerstandserhöhung einhergeht. Die relative Widerstandsänderung ist eine quadratische Funktion des Betrags der magnetischen Induktion B:

$$\frac{R_\mathrm{B} - R_0}{R_0} = f_\mathrm{R}(|B|^2) \,. \tag{35.75}$$

Ein zweiter galvanomagnetischer Effekt ist die Erzeugung einer Hall-Spannung U_H. Sie entsteht aufgrund des bereits beschriebenen Effekts und bildet sich aus senkrecht zur Richtung des Stromes und senkrecht zur Richtung des magnetischen Feldes. Sie ist somit proportional zum vektoriellen Produkt der Stromdichte und der magnetischen Induktion B. Stehen diese beiden Größen und die Verbindungslinie der Elektroden, an denen die Spannung gemessen wird, senkrecht aufeinander, so gilt mit der Hall-Konstante R_H und der Dicke der Hall-Sonde d folgende Gleichung:

$$U_\mathrm{H} = \frac{R_\mathrm{H}}{d} IB \,. \tag{35.76}$$

Im einfachsten Fall einer reinen Elektronenleitung ist R_H durch die folgende Beziehung gegeben:

$$R_\mathrm{H} = \frac{1}{e_0 N} \tag{35.77}$$

mit der Elementarladung $e_0 = 1{,}6021 \cdot 10^{-19}$ As und N der Ladungsträgerkonzentration. Die Hall-Spannung wird demnach um so größer, je kleiner die Ladungsträgerkonzentration und desto dünner das Material ist. Aus dem erstgenannten Grund sind halbleitende Materialien vorteilhaft einzusetzen. Die Stromstärke ist begrenzt durch thermische Effekte.

35.5.2 Geschwindigkeitsmessung

Prinzipiell kann die Geschwindigkeitsmessung auf eine Abstandsmessung zurückgeführt werden. Durch Differentiation des Abstandes nach der Zeit ergibt sich die Geschwindigkeit. Dabei tritt jedoch ein generelles Problem auf. Bei der Differentiation werden höhere Frequenzanteile des Signals bevorzugt. Da diese häufig Störanteile im Signal darstellen, kommt es zu einer Verstärkung der Störungen. Die einzelnen spektralen Anteile des Signals werden proportional zur Frequenz verstärkt.

Soll die Geschwindigkeit von strömenden Medien bestimmt werden, so kann eine Laufzeitmessung mit Ultraschall vorgenommen werden. Die Geschwindigkeit einer Ultraschallwelle erhält man durch vektorielle Addition der Schallgeschwindigkeit im ruhenden Medium und der Strömungsgeschwindigkeit des Mediums. Mißt man mit Schallimpulsen die Laufzeit mit feststehender Sender/Empfängeranordnung in Stromrichtung und in entgegengesetzter Richtung, ergibt sich eine Laufzeitdifferenz. Dividiert man die halbe Laufzeitdifferenz durch den Abstand von Sender/Empfänger und multipliziert mit dem Quadrat der Schallgeschwindigkeit und dem Kosinus des Winkels zwischen Schall- und Strömungsgeschwindigkeit, erhält man die Geschwindigkeit des strömenden Mediums. Der Doppler-Effekt beruht auf der gleichen Wirkung. Hier wird die Geschwindigkeit von reflektierenden Körpern direkt in eine Frequenzänderung umgesetzt. Ist die Geschwindigkeit der reflektierenden Körper klein, verglichen mit der Schallgeschwindigkeit im Ausbreitungsmedium, so ist die Frequenzänderung mit sehr guter Näherung direkt proportional zur Geschwindigkeit. In der Medizin wird sowohl Ultraschall als auch Licht für Doppler-Messungen eingesetzt.

Eine weitere Möglichkeit, in strömenden Medien die Geschwindigkeit zu messen, bietet die Anemometrie. Die Temperatur einer beheizten Sonde, die in die Strömung eingebracht wird, hängt von der Energiezufuhr und der an die Umgebung abgegebenen Wärmemenge ab. Die Energieabgabe ist abhängig von der Temperaturdifferenz gegen die Umgebung und von der Strömungsgeschwindigkeit und Art des strömenden Mediums. Bei veränderlicher Strömungsgeschwindigkeit bewirkt die i. allg. recht große thermische Zeitkonstante der Sonde eine Schwächung hoher Frequenzanteile. Man bringt deshalb die Temperatur der Sonde mittels einer Regelschaltung auf einen konstanten Wert. Somit wird die zugeführte Energie, die gleich der abgegebenen ist, ein Maß für die Strömungsgeschwindigkeit.

Elektrodynamische Sensoren

Die Wirkung elektrodynamischer Transducer beruht auf dem Induktionsgesetz. Es stellt den Zusammenhang her zwischen einem magnetischen Feld, gekennzeichnet durch die magnetische Flußdichte B, einem mit der Geschwindigkeit v bewegten Leiter und der elektrischen Feldstärke E (Abb. 35.31 a). In vektorieller Schreibweise lautet das Induktionsgesetz:

$$E = v \times B. \tag{35.78}$$

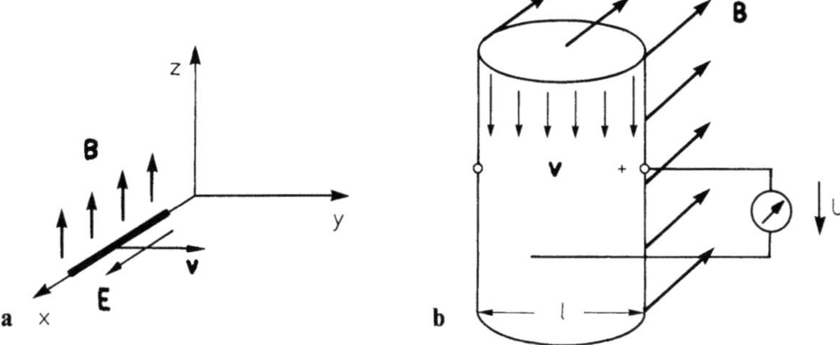

Abb. 35.31. a Die Bewegung eines elektrischen Leiters mit der Geschwindigkeit v senkrecht zu einem Magnetfeld mit der magnetischen Induktion B erzeugt im Leiter eine elektrische Feldstärke E. **b** Prinzip der Strömungsmessung. Befindet sich eine Röhre mit dem Durchmesser l in einem magnetischen Feld mit der magnetischen Induktion B senkrecht zur Achsrichtung und strömt durch diese ein Elektrolyt mit der Geschwindigkeit v, so läßt sich senkrecht zu beiden eine elektrische Spannung U abgreifen, die gleich dem Produkt aus B, v und l ist

Geht man davon aus, daß ein gerades Leiterstück der Länge l senkrecht zu seiner Achsrichtung und senkrecht zu den Feldlinien mit der Geschwindigkeit v bewegt wird (Abb. 35.31 a), kann das Gesetz in skalarer Form angeschrieben werden. An den Enden des Leiters ist eine Spannung U zu messen:

$$U = lBv. \tag{35.79}$$

Die induzierte Spannung ist demnach direkt proportional zur Geschwindigkeit. Eine Vielzahl von unterschiedlichen Geschwindigkeitsmessern arbeitet nach diesem Prinzip. Auch der elektromagnetische Strömungsmesser ist darauf zurückzuführen. Die erzeugte elektrische Feldstärke E übt eine Kraft F auf elektrische Ladungsträger aus, die Lorentz-Kraft, die durch das Coulombsche Gesetz beschrieben wird. Unter Verwendung von (35.78) erhält man:

$$\boldsymbol{F} = -e_0\,\boldsymbol{E} = -e_0 \cdot \boldsymbol{v} \times \boldsymbol{B}, \tag{35.80}$$

die Kraft, die auf ein Elektron der Ladung $e_0 = 1{,}6021 \cdot 10^{-19}$ As ausgeübt wird. Sind die Ladungsträger Ionen, so sind Vorzeichen und Ladungszahl zu berücksichtigen.

In einem Blutgefäß nach Abb. 35.31 b werden demnach Ionen gekrümmte Strombahnen haben, die positiven werden zum linken, die negativen zum rechten Gefäßrand abgelenkt. Die daraus resultierende Spannung U läßt sich für einen Gefäßdurchmesser von 0,01 m, einer Strömungsgeschwindigkeit des Blutes von 0,15 m/s und einer magnetischen Flußdichte von 0,1 Tesla (Vs/m^2) nach (35.79) zu 150 µV angeben. Für die Messung kleiner Gleichspannungen an elektrolytischen Leitern wird auf Abschn. 35.4.9 verwiesen.

35.5.3 Beschleunigungs-, Kraft- und Druckmessung

Diese Messungen lassen sich mit den Beziehungen nach Tabelle 35.10 auf Längen- oder Geschwindigkeitsmessungen zurückführen. Andererseits läßt sich aus Beschleunigungsmessungen durch einfache oder zweifache Integration die Geschwindigkeit bzw. der Weg ermitteln. Diese Rechenoperation führt jedoch dazu, daß bei der Geschwindigkeit eine unbekannte Integrationskonstante auftritt, bei nochmaliger Integration zur Ermittlung des Weges eine zweite. Dabei wird die erste Integrationskonstante eine lineare Funktion der Zeit. Spannungszustände in Materialien, hervorgerufen durch äußere oder innere Kräfte, lassen sich mit optischen Methoden nachweisen, z. B. durch die Veränderung des Brechungsindexes. Auch die akustischen Parameter eines kompressiblen Mediums ändern sich unter der Druckwirkung.

Beschleunigungsaufnehmer

Zur Beschreibung dieser Meßmethode geht man von der Differentialgleichung einer erzwungenen harmonischen Schwingung aus:

$$m\ddot{x} + k\dot{x} + Dx = \hat{F} \sin(2\pi f t). \tag{35.81}$$

Es bedeuten $x =$ Weg, $m =$ Masse, $k =$ Reibungskoeffizient, $D =$ Rückstellkraft einer Feder, $\hat{F} =$ der Scheitelwert der anregenden Kraft und $f = \omega/2\pi$ deren Frequenz. Für die resultierende Schwingung erhält man:

$$x = \hat{F}\,[m^2(\omega_0^2-\omega^2)^2 + k^2\omega^2]^{-1/2}\cos\,(\omega t - \alpha) \tag{35.82}$$

mit den Abkürzungen $\omega_0^2 = D/m$ für die Eigenfrequenz des Systems und tg $\mathrm{tg}\,\alpha = k/m \cdot \omega/(\omega_0^2-\omega^2)$ für den Phasenwinkel. Beim Durchgang durch die Resonanzfrequenz ändert die Tangensfunktion ihr Vorzeichen, und der Phasenwinkel

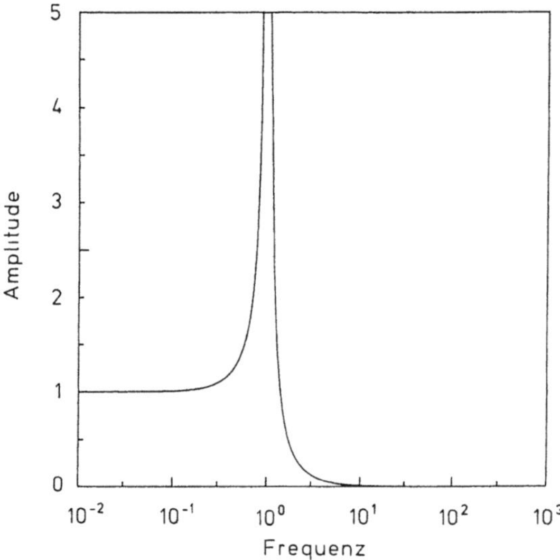

Abb. 35.32. Amplitudengang eines schwingungsfähigen Gebildes, bestehend aus Masse und Feder, bei Anregung mit einer sinusförmigen Schwingung. Über die mit der Resonanzfrequenz normierte Frequenz ist die normierte Amplitude aufgetragen

springt um π. Vernachlässigt man die Reibung und schließt $\omega=\omega_0$ aus, da die Funktion dort eine Polstelle hat, so vereinfacht sich (35.82) zu

$$x = \frac{\hat{F}}{m(\omega_0^2-\omega^2)}\cos(\omega t \pm \pi/2)\,; \quad k=0\,. \tag{35.83}$$

Nimmt man weiter an, daß die äußere Kraft auf eine Beschleunigung a zurückzuführen ist, die auf die Masse wirkt, ergibt sich aus (35.83)

$$x = \frac{a}{(\omega_0^2-\omega^2)}\cos(\omega t \pm \pi/2)\,, \tag{35.84}$$

wobei das positive Vorzeichen für $\omega>\omega_0$ und das negative für $\omega<\omega_0$ gilt. Die Beschleunigung ist direkt in einer Wegänderung abgebildet worden. Sofern $\omega_0 \gg \omega$ gilt, d.h. wenn das System unterhalb der Resonanzfrequenz betrieben wird, erhält man einen konstanten Amplituden- und Phasengang (Abb. 35.32). Wird die Feder als Blattfeder ausgebildet, deren Biegung z.B. mit einem Dehnmeßstreifen erfaßt wird, so kann die Beschleunigung direkt aufgenommen werden.

Kraft- und Druckaufnehmer

Prinzipiell unterscheiden sich Aufnehmer für die Größen Kraft und Druck nur dadurch, daß Kraftsensoren punktförmig beaufschlagt werden können, Drucksensoren stets flächenhaft. Dabei wird von einem über die Fläche konstanten Druck ausgegangen, der i.allg. auf eine Membran wirkt. Das Wirkungsprinzip beruht auf einer Verformung des Sensorelements. Liegt diese im submikroskopischen Bereich, innerhalb des Kristallgefüges des Materials, gelangt man zu den magnetostriktiven und piezoelektrischen Aufnehmern. Größere Verformungen werden mit Widerstandsgebern gemessen.

Gewisse Kristalle, keramische Materialien und Kunststoffe (PVDF-Folien) weisen den piezoelektrischen Effekt auf (Abb. 35.33). Bei Druckbeanspruchung werden Ladungen verschoben und führen zu einer auf der metallisierten Oberfläche abgreifbaren Spannung. Da die Ladungen über innere und äußere Widerstände abfließen, ist dieser Effekt flüchtig, eine Gleichkomponente kann nicht gemessen werden. Der Eingangswiderstand des Verstärkers muß sehr hochohmig sein. Die Spannung zwischen den Elektroden berechnet sich aus der

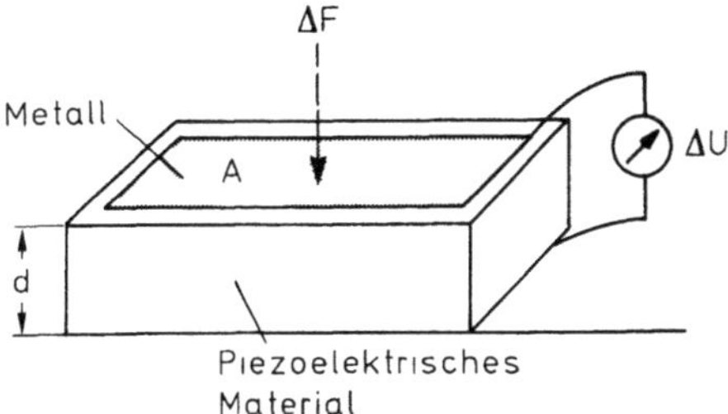

Abb. 35.33. Prinzipieller Aufbau eines piezoelektrischen Kraftmessers

Ladungsverschiebung ΔQ mit Hilfe der Kapazität und einer charakteristischen Materialkonstante D, die richtungsabhängig ist

$$\Delta Q = D \Delta F$$

$$C = \frac{\varepsilon_0 \varepsilon_r A}{d}$$

$$\Delta U = \frac{Dd}{\varepsilon_r \varepsilon_0 A} \Delta F = \frac{Dd}{\varepsilon_r \varepsilon_0} \Delta p \ . \tag{35.85}$$

Für Barium-Titanat-Keramik beträgt $D = 140 \cdot 10^{-12}\ \mathrm{Pa}^{-1}$ und $\varepsilon_r = 1200$. Wählt man für $d = 10^{-3}$ m, erhält man damit $\Delta U = 1{,}3 \cdot 10^{-5}$ V/Pa. Weitere Materialkenngrößen sowie eine gründlichere theoretische Behandlung werden in [47] gegeben. Legt man an ein piezoelektrisches Material eine elektrische Wechselspannung, so führt dieses Schwingungen aus. Dieser Effekt wird zur Ultraschallerzeugung ausgenutzt.

Der magnetostriktive Effekt beruht auf der Veränderung der magnetischen Eigenschaften vornehmlich ferromagnetischer Materialien unter der Wirkung einer Kraft. Er ist wie der piezoelektrische Effekt umkehrbar, d.h. in einem magnetischen Feld kontrahieren oder dilatieren sich diese Materialien. Der Effekt kann also zur Erzeugung von Ultraschallschwingungen eingesetzt werden. Befindet sich ein Kern aus magnetostriktivem Material in einer Spule, so verändert sich deren Induktivität bei einer mechanischen Belastung des Kerns. Schaltungen zum Nachweis der Induktivitätsänderung entsprechen denen, die für die Messung von Kapazitätsänderungen in Abschn. 35.5.1 angegeben wurden.

Die meisten Kraft- bzw. Druckmesser sind als Widerstandsgeber ausgebildet. Es werden sowohl metallische als auch halbleitende Materialien dafür verwendet. Während bei Metallen im wesentlichen die Änderung der geometrischen Abmessungen unter der Wirkung einer Zug- oder Druckkraft die Widerstandsänderung bewirkt, ist es bei halbleitenden, piezoresistiven Materialien die Änderung des spezifischen Widerstands durch Verschiebungen im Kristallgefüge. Im Gegensatz zum piezoelektrischen Effekt ist der piezoresistive Effekt anhaltend. Es können somit Signale mit der Frequenz Null, d.h. ein konstanter Druck bzw. eine konstante Kraft, übertragen werden. Die Widerstandsänderung ist trägheitslos und, wenn man im Bereich der elastischen Verformung bleibt, hysteresisfrei. Die dynamischen Eigenschaften sind demnach nur durch die des Gesamtsystems gegeben.

Eine gründliche mathematische Behandlung erfordert wegen der anisotropen Eigenschaften der Materialien die Beschreibung mit Hilfe von Tensoren [46, S. 114 ff]. Es wird hier eine lineare Betrachtung vorgenommen.

Der Widerstand R eines Leiters der Länge l mit dem Querschnitt A und dem spezifischen Widerstand ϱ ist gegeben durch:

$$R = \varrho \frac{l}{A} \ . \tag{35.86}$$

Logarithmiert man diese Gleichung und differenziert anschließend, erhält man die relative Widerstandsänderung:

$$\frac{\Delta R}{R} = \frac{\Delta l}{l} - \frac{\Delta A}{A} + \frac{\Delta \varrho}{\varrho}\,. \tag{35.87}$$

Die ersten beiden Glieder enthalten den geometrischen Anteil der Widerstandsänderung, wobei eine Zunahme der Länge mit einer Querschnittsabnahme verbunden ist. Beide Anteile führen also zu einer Widerstandserhöhung. Das Umgekehrte gilt für die Stauchung. Der dritte Summand beschreibt die Widerstandsänderung durch den piezoresistiven Effekt. Es werden folgende Abkürzungen eingeführt:

$$\varepsilon = \frac{\Delta l}{l} \qquad\qquad \text{Dehnung}\,,$$

$$\mu = -\frac{1}{2}\frac{\Delta A}{A}\cdot\frac{l}{\Delta l} \qquad \text{Quer(kontraktions)zahl}\,,$$

$$k = \frac{\Delta \varrho}{\varrho}\cdot\frac{l}{\Delta l} \qquad\qquad k\text{-Faktor}\,.$$

Gleichung (35.87) kann damit wie folgt geschrieben werden:

$$\frac{\Delta R}{R} = (1 + 2\mu + k)\,. \tag{35.88}$$

In der Literatur wird gelegentlich der gesamte Klammerinhalt als k-Faktor bezeichnet. Kann bei der Verformung Volumenkonstanz vorausgesetzt werden, ist $\mu = 0{,}5$ zu setzen. Für Metalle nimmt μ im Bereich elastischer Verformungen Werte zwischen 0,3 und 0,5 an [48] und der k-Faktor solche von 0 bis 4,4. Zur Temperaturabhängigkeit des Widerstands wird auf Abschn. 35.2 verwiesen. Es besteht also, sofern μ und k als konstant angesehen werden können, was in gewissen Grenzen anzunehmen ist, eine lineare Abhängigkeit zwischen Widerstandsänderung und Dehnung. Diese lineare Beziehung gilt auch für die Kraft F, die mit der Dehnung und dem Elastizitätsmodul E durch das Hooksche Gesetz verknüpft ist:

$$\frac{\Delta R}{R} = \frac{\Delta F}{AE}(1 + 2\mu + k)\,. \tag{35.89}$$

Widerstandsgeber werden i. allg. nicht trägerlos eingesetzt, sondern befinden sich auf einer Unterlage, deren mechanische Eigenschaften zusammen mit denen des Widerstandsgebers die Empfindlichkeit und Dynamik des Systems bestimmen. Sie können z. B. in Druckmessern in einer Anordnung nach Abb. 35.34a eingesetzt werden. Dabei wird ein federndes Element auf Biegung belastet. Bringt man auf beiden Seiten der Blattfeder gleiche Dehnmeßstreifen auf, so kommt es durch die Stauchung des Materials an der Innenseite zu einer Widerstandsabnahme, hingegen zu einer Widerstandszunahme an der Außenseite durch die Dehnung. Bei solchen Anordnungen verdoppelt sich der Effekt bei gleichzeitiger Temperaturkompensation.

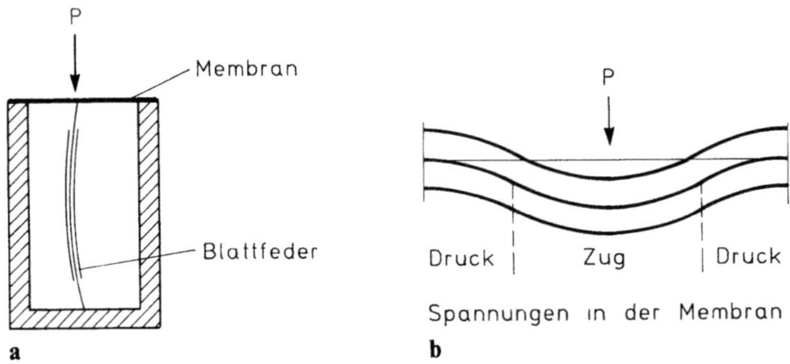

Abb. 35.34. Druckmessung mit Widerstandsgebern. **a** Die Kraft wird über die Membran in eine vorgespannte Blattfeder eingeleitet, die beidseitig mit dem Meßstreifen belegt ist. An der konkaven Seite kommt es zu einer Stauchung, an der konvexen zu einer Dehnung. **b** An einer allseitig eingespannten Membran bilden sich bei geringer Belastung Zug- und Druckzonen aus, sowohl an der inneren als auch an der äußeren Oberfläche. Durch einseitige Aufbringung von je zwei Widerstandsgebern in der Druck- und Zugzone kann eine Vollbrückenschaltung realisiert werden

Bei piezoresistiven Materialien gewinnt der k-Faktor den überragenden Einfluß auf die Empfindlichkeit. Er nimmt zu mit der Dotierung des Materials, allerdings auch die Temperaturabhängigkeit. Für p-leitendes Silizium mit einem spezifischen Widerstand von 0,1 Ωm, was einer Störstellendichte von etwa 10^{23} m^{-3} entspricht, wird ein Wert von 160 in der [111] Achse, in welcher der maximale Wert erreicht wird, angegeben. In der [100] Achse von n-leitendem Silizium erhält man bei gleichem spezifischen Widerstand und ebenfalls bei 25 °C einen k-Faktor von -90.

Die Verwendung von Silizium als Basismaterial, in welches die leitenden Bahnen durch Ionenimplantation eingebracht werden, hat den Vorteil, daß Membran, Träger und Widerstandsbahn mit den bekannten und technisch beherrschten Prozessen der Halbleitertechnologie hergestellt werden können. Ähnlich wie bei den Biegeschwingern nach Abb. 35.33 treten an einer mit Druck beaufschlagten kreisförmigen Membran auf der Außenseite wie auf der Innenseite Zonen mit Druck- und Zugspannung auf (Abb. 35.34 b). Durch geschickte Plazierung von jeweils zwei Elementen in der Druck- und Zugzone erhält man eine Vollbrücke. Auf diese Art können heute Drucksensoren mit Abmessungen im Millimeterbereich und darunter zusammen mit integrierten Verstärkern hergestellt werden. Auch eine Temperaturkompensation ist möglich durch die Integration von Halbleiter-Temperatursensoren. Die Herstellungskosten für solche piezoresistiven Druckgeber sind günstig, so daß sie für einmalige Verwendung vorgesehen werden können.

35.6 Literatur

1 Bliek, L.: Grundlagen der elektrischen Temperatur/Meßtechnik. PTB-Bericht E-13. Braunschweig: Physikalisch-Technische Bundesanstalt 1981
2 Heywang, W.: Sensorik. Berlin: Springer 1984

3 Weichert, L.: Temperaturmessung in der Technik. In: Bartz, W. (Hrsg.): Kontakt und Studium Band 9, 3. Aufl. Grafenau: Expert 1980

4 DIN IEC 751: Industrielle Platin-Widerstandsthermometer und Platin-Meßwiderstände. Berlin: Beuth 1985

5 DIN 16 160 Teil 5: Thermometer; Begriffe für elektrische Thermometer. Berlin: Beuth 1970

6 Kohlrausch, F.: Praktische Physik, 22. Aufl. Stuttgart: Teubner 1968

7 Sachse, H.: Semiconducting temperature sensors and their application. New York: John Wiley & Sons 1975

8 Müller, R.; Heywang, H.: Grundlagen der Halbleiter-Elektronik, 3. Aufl. Berlin: Springer 1979

9 DIN IEC 584 Teil 1 und Teil 2: Grundwerte der thermoelektrischen Spannungen für verschiedene Materialien und erlaubte Abweichungen. Berlin: Beuth 1984

10 Leaver, K. D. et al.: Material science. Wokingham: Van Nostrand Reinhold 1985

11 Pinson, L. J.: Electro-Optics. New York: John Wiley & Sons 1985

12 Bleicher, M.: Halbleiter Optoelektronik. Heidelberg: Hüthig 1986

13 Dinnis, P. N. J.: Photodetectors. New York: Plenum Press 1987

14 Ross, R. D.: Optoelektronik. München: R. Oldenburg 1982

15 Watson, J.: Optoelectronics. Wokingham: Van Nostrand Reinhold 1988

16 Sensoren II, Meßwertaufnehmer für optische und magnetische Größen, Elektronik. Sonderheft 246, 1987

17 Faust, U.: Entwicklungskonzepte zu neuen Bildübertragungssystemen. In: Bueß, G. (Hrsg.): Endoskopische Techniken, 2. Aufl. Köln: Deutscher Ärzte-Verlag, 1990

18 Brdička, R.: Grundlagen der Physikalischen Chemie, 8. Aufl. Berlin: VEB Deutscher Verlag der Wissenschaften 1969

19 Kortüm, G.: Lehrbuch der Elektrochemie, 4. Aufl. Weinheim: Chemie 1970

20 Handbook of chemistry and physics, 56. Aufl. Cleveland: Chemical Rubber 1975–76

21 Ammann, D.: Ion-selective microelectrodes. Berlin: Springer 1986

22 Koryta, J.; Štulík, K.: Ion-selective electrodes, 2. Aufl. Cambridge: Cambridge University Press 1983 (Tabellen für Selektivitätskoeffizienten, Carrier-Membranen)

23 Eisenmann, G.: Glass electrodes for hydrogen and other cations, principles and practice. New York: M. Decker Jne. 1967

24 Cobbold, R. S.: Transducers for biomedical measurements. New York: John Wiley & Sons 1974

25 Westcott, C. C.: pH-Measurements. New York: Academic Press 1978

26 Clark Jr., L. C.: The enzyme electrode. In: Turner, A. P. et al. (Hrsg.): Biosensors. Oxford: Oxford University Press 1987

27 Guilbault, G.: Handbook of immobilized enzymes. New York: Marcel Dekker 1984

28 Kuan, S. S.; Guilbault, G.: Ion-selective electrodes and biosensors on ISEs. In: Turner, A. P. et al. (Hrsg.): Biosensors. Oxford: Oxford University Press 1987

29 Kurnbe, I.: Micro-organism based sensors. In: Turner, A. P. et al. (Hrsg.): Biosensors. Oxford: Oxford University Press 1987

30 Arnold, M. A.; Rechnitz, G. A.: Biosensors based on plant and animal tissue. In: Turner, A. P. et al. (Hrsg.): Biosensors. Oxford: Oxford University Press 1987

31 Wilson, G. S.: Fundamentals of amperometric sensors. In: Turner, A. P. et al. (Hrsg.): Biosensors. Oxford: Oxford University Press 1987

31a. Olsen, R. A. et al.: J. Gen. Physiol. 32 (1949) 681–702

32 Müller, R.: Bauelemente der Halbleiter-Elektronik, 2. Aufl. Halbleiter-Elektronik. Berlin: Springer 1979

33 Bergveld, P.: Development of an ion-sensitive solid state device for neurophysiological measurements. IEEE BME-17 (1970) 70–71

34 Bergveld, P.: Development, operation and application of ion sensitive field effect transistors as a tool for electrophysiology. IEEE BME 19 (1972) 342–351

35 Bergveld, P.; Sibbald, A.: Analytical and biomedical application of ion-selective field-effect transistors. In: Svehla, G. (Hrsg.): Comprehensive analytical chemistry, Vol. XXIII. Amsterdam: Elsevier 1988

36 Landolt-Börnstein: Bd. II, Teil 2 b. 6. Aufl. Berlin: Springer 1962

37 Landolt-Börnstein: Bd. II, Teil 5 a. 6. Aufl. Berlin: Springer 1969

37a. Yasuda, H.: Permeability coefficients. In: Brandrup I., Immergut, E. H. (Hrsg.): Polymer handbook. New York: Intersci. Publ., III – 230–233, 2. Aufl., 1975

38 Grunewald, W.: Diffusion error and O_2 consumption of Pt-electrode during pO_2 measurements in the steady state. Pflüg. Arch. 320 (1970) 24–44

39 Grunewald, W.: Response time of the Pt-electrode with measurements of non-stationary partial pressure. Pflüg. Arch. 332 (1971) 39–46

40 Meyer-Waarden, K.: Bioelektrische Signale und ihre Ableitverfahren. Stuttgart: Schattauer 1985

41 Tietze, U.; Schenk, Ch.: Halbleiter-Schaltungstechnik. 4. Aufl. Berlin: Springer 1978, S. 419 ff

42 Simony, K.: Theoretische Elektrotechnik. Berlin: VEB Deutscher Verlag der Wissenschaften 1968, S. 240 ff

43 Kolin, A.; Culp, G. W.: A intra-arterial induction gauge. IEEE-BME 18 (1971) 110–114

44 Ernsthausen, W.: Über den Zusammenhang mechanischer und elektrischer Vorgänge am Warmblüter-Herzen. Ztschr. f. Kreislff. 51 (1962) 547–555, 667–675

45 Wetterer, E.: Eine neue manometrische Sonde mit elektrischer Transmission. – Z. Biol. 101 (1943) 392–350

46 Heywang, W.: Sensorik. Berlin: Springer 1984

47 Welkowitz, W.; Deutsch, S.: Biomedical instruments and design. New York: Academic Press 1976

48 Hoffmann, K.: Eine Einführung in die Technik des Messens mit Dehnungsmeßstreifen. Hottinger Baldwin Meßtechnik GmbH, 1987

36 Biomaterialien

Max Schaldach und Armin Bolz

36.1 Einleitung

Die Bedeutung von Implantaten zur Wiederherstellung von Körperfunktionen, die durch Krankheit, natürliche Abnutzung oder Unfall verlorengegangen sind, nimmt stetig zu. Die Grenzen, die der Anwendung von chirurgischen Ersatzteilen bei dem heutigen Stand der Technik gesetzt sind, liegen einerseits in den Eigenschaften der Werkstoffe, andererseits in der anwendungsgerechten Konstruktion begründet, die die physiologischen und biomedizintechnischen Anforderungen des Funktionsersatzes erfüllen muß. Die Verwendung alloplastischen Materials im Funktionsersatz geht weit in die Vergangenheit zurück; es handelt sich vorwiegend um Implantate im Haltungs- und Bewegungsapparat [34–36]. Substitutionen im kardiovaskulären System setzen subtile Operationstechniken voraus und haben sich deshalb erst in neuerer Zeit durchgesetzt [37–40].

Die Bedeutung chirurgischer Ersatzteile für die moderne Medizin läßt sich am einfachsten anhand des großen Bedarfs ermessen. Jährlich werden mehr als 1 500 000 Personen mit Gefäßprothesen versorgt, in 100 000 Fällen werden künstliche Herzklappen eingesetzt, etwa 220 000 Patienten erhalten einen implantierbaren Herzschrittmacher. Für die extrakorporale Zirkulation bei Operationen am Herzen werden jährlich etwa 600 000 Oxygenatoren benötigt. Der Jahresbedarf an künstlichen Nieren nähert sich der Zahl 1 000 000. Implantierbare Materialien für die rekonstruktive Chirurgie haben den Umfang vieler Tonnen erreicht. Beim Gelenkersatz steht die Hüftprothese mit ca. 350 000 Implantationen an erster Stelle vor dem Ersatz des Finger-, Knie-, Schulter- und Ellenbogengelenks.

36.1.1 Definition eines Biomaterials

Für die Entwicklung bzw. technische Realisierung eines Implantats stehen aus ingenieurwissenschaftlicher Sicht meist mehrere Materialien zur Auswahl. Das Ziel der Medizintechnik liegt jedoch in der Wiederherstellung der beeinträchtigten Körperfunktion, wobei gleichzeitig eine längerfristige Schädigung des Körpers auszuschließen ist. Das Materialproblem ist hierbei als vorrangig zu betrachten. Die interdisziplinäre Aufgabe bezieht sich daher auf die Bioverträglichkeit, die in [41] definiert wird:

Ein bioverträglicher Werkstoff darf die Rekonstruktion des traumatisch, durch den Eingriff geschädigten Gewebes nicht beeinträchtigen und keine

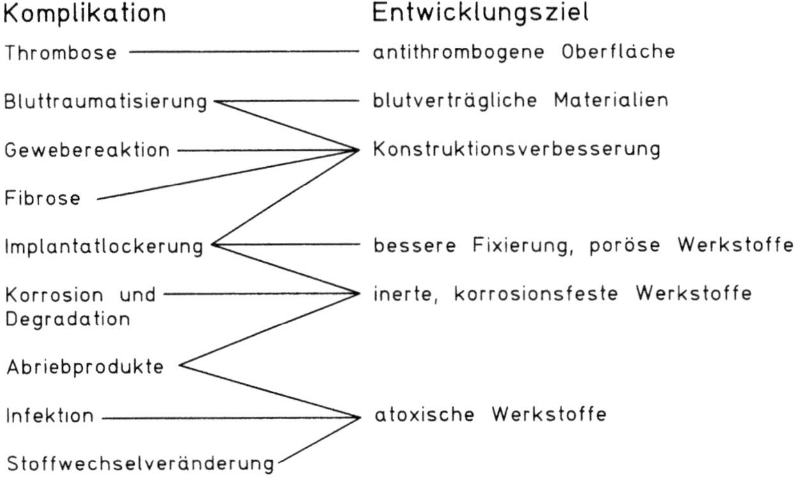

Abb. 36.1. Wechselwirkungsphänomene an implantierbaren Materialien

entzündlichen Reaktionen hervorrufen oder das umgebende Gewebe an einer normalen Differenzierung hindern.

Die Wechselwirkung des Werkstoffs mit dem umgebenden Gewebe kann außerdem zu Komplikationen am Implantat führen, wenn Auslaugung, Degradation, Korrosion und mechanischer Abrieb neben Fremdkörperreaktionen die Festigkeit des Implantats beeinträchtigen (Abb. 36.1). Damit ergibt sich bereits eine wesentliche Einschränkung der technisch verfügbaren Werkstoffe.

36.1.2 Zusammenstellung gebräuchlicher Biomaterialien

Als Biomaterialien sollen im folgenden diejenigen Werkstoffe behandelt werden, die alloplastisch, d. h. nichtbiologischen Ursprungs sind. Dazu gehören Metalle, Keramiken bzw. Gläser, Polymere und Verbundwerkstoffe. Physikalisch gesehen unterscheiden sich diese Werkstoffgruppen vor allem durch die jeweils vorherrschende Bindungsform.

Die Gruppe der Metalle weist die für sie typische metallische Bindung auf, die sich durch frei bewegliche Valenzelektronen in einem Gitter aus positiven Atomrümpfen und einer damit verbundenen hohen elektrischen Leitfähigkeit auszeichnet. Abgesehen von medizinischen Instrumenten, Kanülen oder Schrittmachergehäusen finden Metalle fast ausschließlich in orthopädischen Implantaten Anwendung, was im Abschnitt 36.2 ausführlich diskutiert wird. Aus diesem Grund wird auf eine Materialübersicht an dieser Stelle verzichtet.

Keramiken und Gläser zeichnen sich in der Regel durch einen hohen ionischen Bindungsanteil aus. Als Biomaterial haben sich dabei vor allem oxidische Werkstoffe und Materialien auf der Basis von Kalziumphosphat durchgesetzt. Die Herstellung der keramischen Bauteile erfolgt in der Regel aus einem Granulat bzw. Pulver durch Pressen oder Gießen und anschließendes Sintern. Die Ver-

Tabelle 36.1. Zusammenstellung der wichtigsten keramischen Biomaterialien und ihrer biomedizintechnischen Anwendungen

Zusammensetzung	Gitterstruktur	E-Modul (kN/mm^2)	Biegefestigkeit (N/mm^2)	Eigenschaften	Anwendungen	Referenzen
Al_2O_3	hexagonal	380	450	Korrosionsbeständig, gut polierbar	Gelenkkugelköpfe	5
					Zahnimplantate	7–10
					Mittelohrimplantate	11–12
ZrO_2	monoklin (kubisch, tetragonal)			Hohe Festigkeiten, sehr gutes Ermüdungsverhalten	Vorgeschlagen für hochbelastete Anwendungen	13–15
ZrO_2 und Zusätze	kubisch	170	100–600			
SiC	hexagonal (rhomboedrisch, kubisch)	420	550		Vorgeschlagen für Endoprothetik	16
Si_3N_4	hexagonal	320	760			
$Ca_5(PO_4)_3$ OH	hexagonal	etwa 20	150	Ähnelt der natürlichen Knochenstruktur, resorbierbar	Kieferrekonstruktion, Mittelohrimplantat	17–20
$Ca_3(PO_4)_2$	hexagonal	100	120			21
C	hexagonal, rhomboedrisch, amorph	25 (abh. von Modifikation)	140–220	Hämokompatibel	Herzklappen, vorgeschlagen für Endoprothetik	4

fahren und Herstellungsparameter sind werkstoffabhängig und für den speziellen Anwendungsfall jeweils neu festzulegen [1–3]. Eine Ausnahme bildet der Kohlenstoff, der durch Gasphasenabscheidung (pyrolytischer Kohlenstoff) oder Verkokung eines Kunststoffes (glasförmiger Kohlenstoff) gewonnen wird [4]. Die graphitische Modifikation des Kohlenstoffs weist zwar aufgrund ihrer Bandstruktur eine hohe elektrische Leitfähigkeit auf, wegen der fehlenden Metallbindung wird sie jedoch meist zu den Keramiken gezählt. Tabelle 36.1 gibt eine Übersicht über

Tabelle 36.2. Übersicht über die wichtigsten Polymerwerkstoffe und ihre Anwendungen in der biomedizinischen Technik.

Kunststoff	Verarbeitung	Eigenschaften	Anwendung	Referenzen
Polyethylen (PE)				
LDPE	Extrusion Formpressen Spritzgießen	Kleine Dielektrizitätskonstante, Geringer Widerstand	Wasserundurchlässige Beschichtung	22–27
HDPE			Verpackung Garne	22–27
LLDPE		Gerade Ketten	Folien	22–27
UHHMPE		Chemische Resistenz Hohe Verschleißfestigkeit Gutes Ermüdungsverhalten	Teile für orthopädische Prothesen, insbesondere Hüften, Knie und Finger	22–29
Ethylen Kopolymere auf der Basis von Ethylacrylat und Venylacetat		Optische Transparenz Hohe Flexibilität	Schläuche, Flexible Behälter, Isolationen	32
Polypropylene (PP)		Ähnlich PE, aber geringere chemische und UV-Resistenz, höhrere Zähigkeit	Schnappverschlüsse Ungewebte Verbandsstoffe	22, 23, 25
Poly(4-Methylpentan) (PMP)		Hohe Gas- und Wasserpermeabilität Hohe optische Transparenz Hohe Sterilisierungstemperatur	Ähnlich wie PP und PE	1–4, 22–25
Polystyren (PS) und Kopolymere	Alle Bearbeitungsmethoden für Thermoplaste, insbesondere Spritzgießen	Transparent, chemisch beständig	Verpackungen (sterilisierbar in Autoklaven und Gammastrahlung	31, 32
Acrylnitril-butadien-styrene Kopolymere (ABS)	Wie PS	Hohe Lichttransparenz	Saugpumpen	31, 32
Polyvinylchlorid (PVC) und Kopolymere	Plastifizierbar, alle Methoden für Thermoplaste	Degradiert thermisch (160 °C)	Flexible Schläuche, Dichtungen, Flaschen	31, 32

Tabelle 36.2. (Fortsetzung)

Kunststoff	Verarbeitung	Eigenschaften	Anwendung	Referenzen
Polytetrafluor-ethylene (PTFE)	Sintern	90–95% Kristallinität, empfindlich gegen Gammastrahlung	Imprägnierung von Stoffen, Metallen und Keramiken, künstl. Gefäße	31, 32
Polyvinyliden-fluorid (PVdF)	Gießprozesse, Dispersionsbeschichtung	Piezoelektrisch	Isolationen, Reaktionsgefäße	31, 32
Polymethyl-metacrylat (PMMA)		Resistent gegen Wasser und verdünnte Elektrolyte, nicht gegen Fluß- und Salpetersäure	Harte Kontaktlinsen, optisch transparente Abdeckungen, pulverisiert als Knochenzement	31, 32
Polyamide		Hydrophil (Wasseraufnahme von 10%), verschleißbeständig, chemisch resistent, dimensionsbeständig	Garne, Stoffe, stark verschleißende Teile, Verpackung	31, 32
Polyester (PET)	Alle Verfahren	In wäßrigen Laugen löslich	Garne, Stoffe	31, 32
Polyglycolid, Poly-p-dioxanon		Dissoziiert und wird im Körper absorbiert	Bioabsorbierbare Garne, Stoffe, temporäre Implantate	32
Polycarbonate	Spritzgießen, Extrusion	Hydrolysiert, hohe optische Transparenz	Folien, Teile für Röntgengeräte, Dialysemembranen	30
Aromatische Ether		Geringe Schwindung, hohe Kriechfestigkeit	Elektrische und elektronische Anwendungen	32
Polydimethyl-siloxan, Polyurethan	Gießen, Extrudieren		Isolation, Schrittmachertechnik, Katheter	22–26
Epoxy-Harze	Gießen	Chemisch resistent, geringe Schwindung, gute Adhäsion	Laminate, Einkapselungen	31

die derzeit verwendeten oder diskutierten keramischen Biomaterialien, ihre grundlegenden Eigenschaften und Anwendungen.

Polymere zeichnen sich durch eine längliche Molekülstruktur mit hohem Kohlenstoffanteil und vorwiegend kovalenter Bindung aus. Die Länge der Ketten und damit ihr Molekulargewicht bestimmen entscheidend die Werkstoffparameter. Die mechanischen Eigenschaften von Polymeren sind temperaturabhängig und weisen in der Regel zwei charakteristische Übergangstemperaturen auf. Unterhalb der sogenannten Glastemperatur sind Polymere Festkörper; ihre Struktur ist vollkommen amorph oder teilkristallin mit amorphen Zwischenbreiten und kann durch die Herstellungsbedingungen eingestellt werden. Wird die Glastemperatur überschritten, so liegt das Polymer als viskose Flüssigkeit vor, um schließlich bei Erreichen der Schmelztemperatur in eine Flüssigkeit überzugehen.

Polymere werden in der Regel in Form von Granulaten, Folien oder anderen Halbzeugen zur Verfügung gestellt. Die Verarbeitung ist werkstoff- und produktabhängig; gängige Methoden sind Extrusion, Spritzguß oder Vakuumverformen, mechanische Bearbeitungsmethoden sind ebenfalls teilweise möglich. Einen Überblick über die verschiedenen Verfahren, ihre Einschränkungen und ihre Möglichkeiten findet sich in zahlreichen Übersichtsartikeln [22–27, 31, 33]. Tabelle 36.2 vermittelt darüber hinaus einen Überblick über die Polymere, die zur Zeit in der Biomedizinischen Technik besondere Anwendung finden.

Neben diesen drei klassischen Werkstoffgruppen gewinnt eine vierte zunehmend an Bedeutung. Durch inhomogene Kombination zweier oder mehrerer Materialien entstehen Verbundwerkstoffe mit außergewöhnlichen Eigenschaften. In der Regel werden pulverisierte oder faserige Füllstoffe in einer Matrix eingebettet und verändern so die mechanischen und elektrischen Eigenschaften des Grundwerkstoffes. Als Füller bieten sich metallische, keramische oder glasförmige Materialien an; weit verbreitet sind Metall- und Kunststoffpulver zur Erhöhung der elektrischen Leitfähigkeit sowie Glas- und Kohlenstoffasern unterschiedlicher Abmessungen für die Verbesserung der Zugfestigkeit. Das Matrixmaterial ist üblicherweise ein Epoxyharz oder Polysulfon, mittlerweile werden jedoch bereits fast alle Kunststoffarten in einer faserverstärkten Variante angeboten.

Eine für die Anwendung sinnvolle Klassifizierung der Biomaterialien erfolgt einerseits nach ihren biomedizintechnischen Merkmalen und Anwendungen, andererseits nach der elektrischen Leitfähigkeit. Während die Unterscheidung in elektronenleitende Substanzen, Halbleiter und Isolatoren den Vorteil eines umfassenden Phasengrenzmodells bietet, läßt sich durch die Differenzierung nach den biomechanischen Eigenschaften eine Zuordnung der Biomaterialien für die Anwendung im Knochen, Weichteilgewebe und Blutkreislauf erreichen [42].

36.1.3 Anforderungen an Implantate

Die Aufgaben bei der Entwicklung von chirurgischen Ersatzteilen betreffen die Verbesserung und Entwicklung von Biomaterialien und die anwendungs- und materialgerechte Lösung der Implantatkonstruktion. Vom technischen Therapeutikum sind die Forderungen zu erfüllen, die übertragenen Funktionen über einen Zeitraum sicherzustellen, der mit der Lebenserwartung des Patienten übereinstimmt. Inwieweit diese Bedingungen erfüllbar sind, kann nur abgeschätzt werden, da erst die Langzeiterfahrungen einen hinreichenden Nachweis erbringen können. Deshalb wird im akuten Fall der implantierende Arzt aus der Notwendigkeit zur Hilfestellung beim Fehlen von Alternativlösungen dem primären Erfolg, den die vorhandenen Implantate bieten, die Priorität einräumen, ohne das Ergebnis der dauerhaften Funktion im Echtzeitbetrieb abzuwarten. Für den Biomedizintechniker ergibt sich daraus ein hohes Maß an Verantwortung hinsichtlich der Zuverlässigkeit, Qualität und Funktionsweise des Implantats.

Es hat sich gezeigt, daß die Grundlage für die Verbesserung und Neuentwicklung von Implantaten auf einer funktionsgerechten Konstruktion unter Berücksichtigung der besonderen Eigenschaften des Biomaterials beruht, das seinerseits den speziellen Anforderungen des Implantationsortes angepaßt sein muß. Eine schrittweise Lösung dieser Probleme erscheint im Hinblick auf die Komplexität der Aufgabenstellung die Methode der Wahl bei der ingenieurwissenschaftlichen Entwicklung von Biomaterialien und den daraus gefertigten Implantaten zu sein.

Von den verschiedenen physiologischen Bedingungen her betrachtet, denen die Materialien in vivo ausgesetzt sind, lassen sich drei Stoffgruppen unterscheiden:
- Materialien für orthopädische Implantate und Materialien der Zahnmedizin. Hierzu gehören Metalle in reiner Form und ihre Legierungen, Polymere, Keramiken und Verbundwerkstoffe, die in Kurz- und Langzeitimplantaten der Adaptation, Befestigung und Stabilisierung von Knochenfragmenten dienen oder als Ersatz für zerstörte und funktionsuntüchtige Gelenke im Bereich der oberen und unteren Extremitäten zur Anwendung kommen [43, 44].
- Materialien für Gewebeimplantate. Beispiele hierfür sind Gehäuse und Elektrodenzuleitungen von Schrittmachern, Neurostimulatoren, Defibrillatoren, Medikamentenspeicher und -dosiersysteme, Gewebeklebstoffe und Materialien der plastischen und rekonstruktiven Chirurgie [45, 46].
- Blutkompatible Materialien. Hierzu gehören alle Stoffe, die in Gefäßprothesen, Oxygenatoren, künstlichen Nieren, Herzklappen, Kreislaufentlastungs- und Herzsubstitutionssystemen, Kathetern und anderen Implantaten verwendet werden, die temporär oder permanent dem Kontakt mit dem Blut ausgesetzt sind [47–49].

Die unterschiedlichen Anforderungen, die je nach der Anwendung an diese Materialien gestellt werden, lassen sich nach folgenden Kriterien einteilen:
- physikalische und mechanische Eigenschaften, z. B. Dichte, Gaspermeabilität, Härte, Biegefestigkeit, Schermodul, elektrische Leitfähigkeit, Wärmeleitfähigkeit, thermischer Ausdehnungskoeffizient, spezifische Wärme, Oberflächenrauhigkeit;
- chemische und elektrochemische Parameter, z. B. Korrosionsbeständigkeit, chemische Stabilität, Lösungsmittelbeständigkeit, Sterilisierbarkeit, Wasseraufnahme, Oberflächenspannung;
- biologische und physiologische Aspekte, z. B. Toxizität, Karzinogenität, Thrombogenität, Immunreaktionen, allergische und entzündliche Reaktionen.

Je nach der spezifischen Anwendung sind bestimmte Kombinationen dieser Materialeigenschaften und der gewünschten funktionellen Eigenschaften herzustellen. Hier liegen bei der Erforschung und Entwicklung von Biomaterialien die eigentlichen Probleme, die nur in enger Zusammenarbeit von Ärzten, Natur- und Ingenieurwissenschaftlern gelöst werden können. Funktion, Konstruktion und Material müssen stets im Zusammenhang gesehen werden. Für Ersatzteile im Haltungs- und Bewegungsapparat werden Werkstoffe benötigt, die weitgehend korrosions- und degradationsfest sind und hohen mechanischen Belastungen standhalten. Für Implantate im vaskulären System steht die Blutverträglichkeit deutlich im Vordergrund. Der augenblickliche Stand der Materialentwicklung ist durch eine Vielzahl von Bemühungen gekennzeichnet, bekannte Werkstoffe durch eine besondere Oberflächenbehandlung antithrombogen auszurüsten. Speziell für den Gefäßersatz wird versucht, biochemisch aktiv in die Wechselwirkungsmechanismen an der Grenzfläche zwischen Werkstoff und Blut einzugreifen. Ein anderer Weg wird bei der Entwicklung von Materialien für den künstlichen (alloplastischen) Klappenersatz beschritten, indem Oberflächenbeschichtungen mit geeigneten elektronischen Strukturen eine Aktivierung der am Gerinnungsprozeß beteiligten Proteine verhindern sollen. Bei der Materialauswahl des Organ- und Funktionsersatzes stehen daher jeweils die reaktions- und gewebespezifischen Randbedingungen im Vordergrund, die aufgrund der historischen Entwicklung oft an den noch nicht überwundenen Schwierigkeiten und den anwendungsbedingten Komplikationen formuliert werden. Hierzu gehören:
- Thrombose,
- Bluttraumatisierung,
- Gewebereaktionen,
- Fibrose,
- Infektion,
- Stoffwechselstörungen,
- Implantatlockerung,
- Korrosion und Degradation.

Diese bislang sehr allgemein diskutierten Anforderungen und Lösungsansätze sollen im folgenden am Beispiel der orthopädischen und der kardiovaskulären Implantate detaillierter diskutiert werden. Die beiden Beispiele zeigen bereits, daß der zentrale Punkt der Biokompatibilität bisher nur in Spezialfällen auf bestimmte physikalische Parameter zurückgeführt werden konnte und daher ein Großteil der Materialentwicklung von der Erfahrung des Einzelnen bestimmt wird. Die vorgestellten Lösungen und Lösungswege sind daher auch nicht ohne weiteres auf andere Anwendungen übertragbar.

36.2 Biomaterialien und orthopädische Implantate

Durch die Fortschritte in allen Bereichen der Natur- und Ingenieurwissenschaften sowie die Erfolge der aseptischen Operationstechnik entwickelten sich neue Methoden zur Substitution im Haltungs- und Bewegungsapparat durch Implantate. Sie lassen sich hinsichtlich ihrer klinischen Anwendung in folgende Gruppen unterteilen [50]:

- Implantate zur Osteosynthese von Knochenfragmenten während des Heilungsprozesses nach Knochenbrüchen, Osteotomie, Versteifungsoperationen von Gelenken einschließlich der Wirbelsäule;
- Implantate zur Auffüllung und Überbrückung von Knochendefekten, z. B. bei Frakturen und Pseudoarthrosen oder nach der Resektion von Knochentumoren sowie von osteomyelitischen Höhlen und Defekten;
- Implantate als Ersatz verschlissener, zerstörter und funktionsuntüchtiger Gelenke im Bereich der unteren und oberen Extremitäten.

Entsprechend ihrer Verweildauer ist zu unterscheiden zwischen
- Kurzzeitimplantaten, deren Funktion im Körper nicht länger als 1 bis 2 Jahre erforderlich ist, und
- Langzeitimplantaten, die ihre Funktion lebenslänglich erfüllen sollen.

Art und Einsatz der Implantate stellen an die Biomaterialien unterschiedliche Anforderungen, wobei jedoch einige grundlegende Voraussetzungen von allen Werkstoffen erfüllt werden müssen.

Unter dem Einfluß des jeweiligen Körpermilieus dürfen die zur Herstellung von Implantaten verwendeten Biomaterialien im Idealfall keinerlei Veränderungen ihrer chemischen und physikalischen Eigenschaften erleiden. Speziell bei Langzeitimplantaten lassen sich diese Anforderungen durch Werkstoffe im stabil passiven Zustand erreichen. Dazu kommt die Forderung nach Körperverträglichkeit, auch als Biokompatibilität bezeichnet. Im Idealfall dürfen weder der Werkstoff noch freigesetzte Bestandteile, wie z. B. Abbau- oder Korrosionsprodukte, Abriebpartikel oder Zusätze anderer Stoffe das Gewebe des Implantatempfängers in irgendeiner Weise schädigen oder beeinträchtigen. In der Realität darf die Toleranzgrenze des Gewebes, z. B. durch laufende Ausscheidungsvorgänge, nicht überschritten werden, um infolge der Bildung von Granulationsgewebe, Knochenresorption und Nekrosen die Wirksamkeit des Implantats hinsichtlich seiner Betriebszeit nicht einzuschränken [51].

36.2.1 Mechanische Eigenschaften und Funktion

Je nach der Aufgabe eines Implantats, wie Lastaufnahme und Lastübertragung oder Bewegungselement im künstlichen Gelenk, variieren die Anforderungen an die mechanischen Eigenschaften der Werkstoffe beträchtlich. Hierbei steht die Biege- und Torsionsbeanspruchung (z. B. Platten, Schrauben oder Verankerungsschäfte künstlicher Gelenke) im Vordergrund, die sich nur von Werkstoffen mit hoher Dauerschwingfestigkeit und Zähigkeit erfüllen lassen. Der Prüfung der mechanischen Eigenschaften eines Implantatwerkstoffs dienen die in der allgemeinen Werkstofftechnik üblichen Verfahren [52]. Bei Materialien, die als Gleitelemente in Prothesen dienen, sind außerdem die tribologischen Eigenschaften zu beachten [53].

Vor der klinischen Anwendung sollte eine Qualifikation des Implantats unter simulierten Bedingungen erfolgen, die sich insbesondere auf die Höhe der auftretenden Kräfte, ihre Richtung und ihre Art (Druck-, Zug- und Scherkräfte) sowie die tribologischen Gegebenheiten (Reibung, Schmierung) beziehen soll.

36.2.2 Reibung, Schmierung, Verschleiß

Die artikulierenden Flächen eines künstlichen Gelenks müssen sich durch Leicht-
gängigkeit auszeichnen, um zu einer möglichst langdauernden Funktion beizu-
tragen. Die Beschaffenheit der Oberflächen (die Härte der Werkstoffe und die
Oberflächenrauhigkeit) ist für den Reibungswiderstand, mit dem die Implantat-
komponenten sich gegeneinander verschieben können, und den Verschleiß von
großer Bedeutung. Für die Herstellung eines Implantats, das aus mehreren Komponenten besteht, bietet eine konstruktionsgerechte Kombination optimal ausge-
wählter Werkstoffe die wesentliche Voraussetzung für den Langzeitbetrieb [54].

36.2.3 Verankerung

Die dauerhafte Verankerung der Implantate mit dem Knochen läßt sich durch
die äußere Gestaltung der Implantate und die Anwendung eines geeigneten Materials erreichen, um eine funktionsgerechte Kraftübertragung auf den Knochen
zu ermöglichen. Zur Verankerung dienen bei
- Kurzzeitimplantaten: Verhakung, Nagelung, Verschraubung;
- Langzeitimplantaten: Verkeilung, Verschraubung, grobe Oberflächenstruktu-
  rierung, feinporige Aufrauhungen, poröse Beschichtungen.

Festigkeit und Dauerhaftigkeit der Implantatverankerung hängen nicht nur von
den Implantatwerkstoffen und der Art der Verankerung, sondern auch von den
biologischen Vorgängen, insbesondere dem Umbau des knöchernen Lagers im
Anschluß an die Implantation ab [55].

36.2.4 Materialien

Zur Herstellung orthopädischer Implantate werden gegenwärtig in erster Linie
metallische Werkstoffe eingesetzt. Die Verwendung von Polymeren beschränkt
sich in diesem Bereich auf die Lagerschalen von Prothesen. In jüngster Zeit wird
allerdings versucht, auch Knochenplatten und Schrauben aus Kunststoffen her-
zustellen [56]. In der Gruppe der Keramiken ist zunächst das Aluminiumoxid in
der Funktion als Gelenkkopf zu erwähnen. Darüber hinaus existieren speziell im
Dentalbereich auch einige Anwendungen von Hydroxylapatit $(Ca_4(PO_4)_3OH)$,
Silikatgläsern und verschiedenen Kohlenstoffmodifikationen [57].
   Unter den Metallen haben sich besonders das Titan und seine Legierungen als
Biomaterial erster Wahl herausgestellt. Aufgrund der Forderungen an die
- Korrosionsbeständigkeit,
- Biokompatibilität,
- Bioadhäsion, d. h. das Verwachsen mit dem Knochen,
- günstigen mechanischen Eigenschaften, mit Anpassung des E-Moduls und der
  Anwendung entsprechender Dauerfestigkeitswerte,
- Verfügbarkeit bei vertretbaren Kosten
ist die Anzahl der metallischen Werkstoffe von vornherein für die Verwendung
als Biomaterialien begrenzt. Bekannt sind:

- rostbeständige Stähle (ISO 5832/1 bzw. AISI 316L),
- CoCrMo-Legierungen (Vitallium), z. B. CoCr30Mo6 im Gußzustand (ISO 5832/4), CoNiCr-Legierungen, z. B. CoNi35, Cr20Mo10, geschmiedet (ISO 5832/6),
- Titan-Werkstoffe, z. B. Titan technischer Reinheit (ISO 5832/2) und Titanlegierungen, z. B. TiAl6V4, TiAl5Fe2,5, TiAl6Nb4 (ISO 5832/3),
- Niob technischer Reinheit,
- Tantal technischer Reinheit (ASTM 560-78).

Anhand der oben ausgeführten Anforderungen werden im folgenden die einzelnen Gruppen von metallischen Biomaterialien miteinander verglichen [58].

36.2.5 Korrosionsbeständigkeit

Im Körperelektrolyten beträgt unter normalen Bedingungen der pH-Wert 7,4, der infolge operativer Eingriffe zunächst auf 7,8 ansteigen und dann auf 5,5 absinken kann und seinen Ausgangswert erst nach wenigen Tagen erreicht. Nicht nur diese Veränderungen, sondern auch der Gleichgewichtszustand, der sich in der postoperativen Phase einstellt, bedingt für alle Werkstoffe einen äußerst aggressiven Einfluß der Umgebung.

Titan und seine Legierungen, Niob und Tantal haben sich als korrosionsbeständige Werkstoffe erwiesen, gefolgt von verformtem CoNiCr, gegossenem CoCr und rostbeständigem Stahl [59, 60]. Der passive Zustand bedingt diese Korrosionsbeständigkeit, so daß ein relativ geringer Strom fließt und nur wenige Mikrogramm des Metalls in Lösung gehen.

Dennoch kann bei Reibung die Korrosionsrate um Größenordnungen ansteigen. Dies gilt auch für Spaltkorrosion, galvanische Korrosion oder den Lochfraß, Spannungsriß- und Ermüdungskorrosion, die das Verhalten des Metalls im Kontakt mit der Körperflüssigkeit bestimmen. Im Spalt einer verschraubten Platte kann der pH-Wert der Umgebung bis auf Werte von pH = 1 abfallen. Wie In-vitro-Untersuchungen in 0,9%-NaCl-Lösung mit dem Redoxsystem $Fe(CN)_6^{4-}/Fe(CN)_6^{3-}$ gezeigt haben, verhalten sich sowohl Titan und seine Legierungen als auch Tantal und Niob (Abb. 36.2) edler als der rostbeständige Stahl AISI 316 L. Analoges gilt für CoNiCr-Schmiedelegierungen. Die gleichen Schlußfolgerungen ergeben Messungen des Polarisationswiderstands an den unterschiedlichen Materialien (Tabelle 36.3) [61].

Das Durchbruchspotential der verschiedenen metallischen Implantatwerkstoffe in Hanks-Lösung lassen ebenfalls deutliche Unterschiede bezüglich der Korrosionsbeständigkeit in der gleichen Reihenfolge erkennen. Während Titan technischer Reinheit und die Legierung TiAl6V4 hohe Durchbruchspotentiale von 2,4 bzw. 2,0 V aufweisen, ergaben sich für den rostbeständigen Stahl und die CoCr- bzw. CoNiCr-Legierungen im gegossenen bzw. geschmiedeten Zustand Werte von nur 0,2 bzw. 0,42 V (Tabelle 36.4) [62]. Außerdem ist bekannt, daß Titan und seine Legierungen sowie Niob und Tantal zu der Gruppe der metallischen Werkstoffe gehören, die im implantierten Zustand keinen Lochfraß zeigen [63].

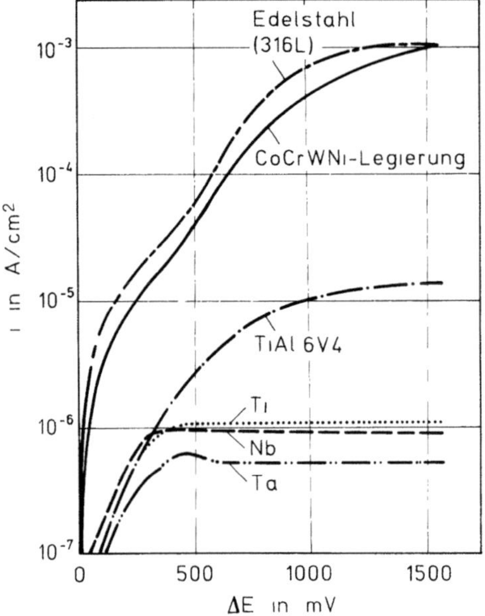

Abb. 36.2. Stromdichte-Potentialkurven verschiedener Werkstoffe in 0,9%-NaCl-Lösung mit einem stabilen Redoxsystem $Fe(CN)_6^{4-}/Fe(CN)_6^{3-}$

Tabelle 36.3. Polarisationswiderstand metallischer Biomaterialien in physiologischer Kochsalzlösung mit einem Redoxsystem $[Fe(CN)_6^{4-}/Fe(CN)_6^{3-}]$

	R_p in $k\Omega\,cm^2$
Au	0,28
FeCrNiMo (316L)	4,38
CoNiCr (geschmiedet)	3,32
cp-Ti	714
TiAl6V4	455
cp-Nb	455
cp-Ta	1430

Wegen der Empfindlichkeit der Passivschicht gegen mechanische Zerstörung kommt dem Repassivierungsverhalten der metallischen Implantatwerkstoffe besondere Bedeutung zu. In vergleichenden Untersuchungen konnte gezeigt werden, daß sich die Repassivierungszeit nach spanabhebender Aktivierung der Elektrodenoberfläche als wichtiges Kriterium für die Werkstoffauswahl anbietet [64]. Wie Tabelle 36.4 zeigt, ist das Wachstum der Passivschicht von Titan und seinen Legierungen im Vergleich zu anderen Werkstoffen schneller. Außerdem bietet sich zum Schutz der Passivschicht gegen mechanische Beschädigung die Oberflächenvergütung mit harten Schichten mit dem Vorteil günstiger tribologischer Eigenschaften an. Optimale Ergebnisse lassen sich durch TiN-Beschichtung

Tabelle 36.4. Das Durchbruchspotential und die Repassivierungszeit metallischer Werkstoffe unter simulierten Bedingungen (Hanks-Lösung und 0,9% NaCl) [60]

	Durchbruchs-spannung in V (Calomel-Elektrode)	Repassivierungszeit in ms			
		t_e		$t_{0,05}$	
		$-0,5$ V	$+0,5$ V	$-0,5$ V	$+0,5$ V
FeCrNiMo (316 L)	$+0,2\ldots0,3$	>72000	35	>72000	>6000
CoCr (gegossen)	$+0,42$	44,4	36	>6000	>6000
CoNiCr (geschmiedet)	$+0,42$	35,5	41	>6000	5300
TiAl6V4	$+2,0$	37	41	43,3	45,8
cp-Ti	$+2,4$	43	44,4	47,4	49
cp-Ta	$+2,25$				
cp-Nb		47,6	43,1	47	85

erreichen, die durch Ionenimplantation und reaktives Sputtern aufgebracht werden. An CoNiCr-Legierungen konnte nachgewiesen werden, daß sich durch Aufbringen von TiN-Schichten neben dem Reibungsverhalten auch die Korrosionsbeständigkeit verbessern läßt; das Durchbruchspotential erhöht sich auf diesem Wege von 0,83 auf 1,16 V [65]. Die Voraussetzung eines dauerhaften Oberflächenschutzes besteht allerdings in der Homogenität der Schichten bei Vermeidung von Rissen. Für Implantate aus Titan und Titanlegierungen bietet sich der Vorteil der oberflächlichen Nitrierung, um an den artikulierenden Elementen, z. B. Kugeln oder Achsen, die notwendigen Voraussetzungen einer Langzeitstabilität in Festigkeit und Reibungsverhalten zu erreichen. Durch Ionenimplantation von TiAl6V4 lassen sich das Reibungsverhalten und die Dauerlastfestigkeit verbessern, da der Aufprall der beschleunigten Stickstoffionen zu einem Druckeigenspannungszustand in der Oberfäche führt [66]. Eine andere Möglichkeit, die Oberfläche von Titanwerkstoffen zu härten, bietet die elektrochemische oder thermische Oxidation. In der Praxis hat sich gezeigt, daß durch induktive Erwärmung mit nachfolgendem Abschrecken das Reibungsverhalten von Hüftgelenkköpfen signifikant verbessert wird [67].

36.2.6 Biokompatibilität

Die Wechselwirkung zwischen Körper und Implantat führt beim Auftreten von Korrosion infolge des Elektronenflusses im metallischen Implantat zu einem entsprechenden Ionenstrom im lebenden Gewebe und damit zu einer Störung der physiologischen Ionenkonzentrationen. Eine anorganische Reaktion des Implantats oder das Entstehen primärer Korrosionsprodukte des Implantatmaterials durch die Lösung von Metallionen im Körperelektrolyten bleibt nicht lokal begrenzt auf die Implantatumgebung, sondern führt zu einer Anreicherung in den verschiedenen Organen mit der Gefahr des Erreichens der Toxizitätsgrenze (vgl. Tabelle 36.5), die für die verschiedenen Elemente spezifisch ist. Außerdem ist einer organischen direkten Reaktion des Implantats oder primärer Korrosionspro-

Tabelle 36.5. Toxizität der verschiedenen Metallsalze. CCR_{50}: Es wird die Konzentration angegeben, bei der noch 50% der Zellen einer Kultur überleben

	V	Cr	Ni	Co	Mn	Fe
CCR_{50} in µg/ml	$3 \cdot 10^{-2}$	$6 \cdot 10^{-2}$	1,1	3,5	15	59

Tabelle 36.6. Dielektrizitätskonstante ε, Bildungsenthalpie ΔH und Löslichkeit p_k der primären Korrosionsprodukte

Primäres Korrosionsprodukt	ε	$-\Delta H^{\circ}_{298}$ KJ/mol	p_k
Al_2O_3	5…10	1675	+14,6
$Al(OH)_3$		916	
CoO		239	−12,6
Cr_2O_3	12	1141	+18,6
CrO_3		595	
$Cr(OH)_3$		988	− 1,8
FeO		267	−13,3
Fe_2O_3	100	822	−14
$Fe(OH)_2$	30…38	568	+ 2,3
MoO_3		712	+ 3,7
NiO		240	−12,2
$Ni(OH)_2$		538	
NbO		486	
Nb_2O_5	280	1905	>20
Ta_2O_5	12	2090	>20
TiO		518	
TiO_2 Anatas	48	935	
Brookit	78		+18
Rutil	110	943	
VO		410	
V_2O_5		1560	+10,3
H_2O	78	273	+14

dukte des Implantats mit den Proteinen des Gewebes Rechnung zu tragen, die u. a. Entzündungen bewirken kann. Weiterhin kann die Bildung von H_2O_2 infolge entzündlicher Prozesse zur Entstehung von Hydroxylradikalen führen, was eine Störung des physiologischen Gleichgewichts zur Folge hat.

Das Auftreten derartiger Wechselwirkungen hängt im wesentlichen von den physikalischen und chemischen Eigenschaften der Implantatwerkstoffe ab. So sind Titan, Tantal und Niob besonders biokompatibel, da sie spontan schützende Oberflächenschichten aus nichtleitenden Oxiden bilden [68], die den Austausch von Ladungsträgern über die Phasengrenze und die Störung des Ionengleichgewichts im Gewebe verhindern. Die abschirmende Wirkung der verschiedenen Oxide hängt mit ihrer Dielektrizitätskonstanten zusammen (Tabelle 36.6) und gestattet hinsichtlich der Biokompatibilität eine Einteilung in drei Gruppen von Oxiden; während TiO_2 (Rutil), Fe_2O_3 und Nb_2O_5 Dielektrizitätskonstanten besitzen, die größer als die des Wassers sind, haben Al_2O_3, Cr_2O_3 und auch Ta_2O_5

eine geringere abschirmende Wirkung bei höherer Leitfähigkeit [69]. Nickel- und Vanadinoxide zeigen aufgrund ihrer hohen Elektronenleitfähigkeit keine meßbaren Dielektrizitätskonstanten.

Die hohe Biokompatibilität von Ti und seinen Legierungen hat ihre Ursache in der isolierenden Wirkung von Titanoxiden und ihrem dem Wasser ähnlichen dielektrischen Verhalten. Wenn sich die anorganische und organische Wechselwirkung zwischen Metall und Gewebe auf das Auftreten primärer Korrosionsprodukte zurückführen läßt, muß die Werkstoffabhängigkeit ihre Ursache in der unterschiedlichen thermodynamischen Stabilität haben. So zeigt sich, daß die Oxide bzw. Hydroxide von Aluminium, Chrom, Niob, Tantal, Titan und Vanadin aufgrund ihrer hohen negativen Bildungsenthalpie stabil sind, während dies für die Oxide und Hydroxide von Kobalt und Nickel nicht zutrifft (Tabelle 36.6) [70]. Je geringer also die Bildungsenthalpie der Oxide ist, desto eher tritt eine Wechselwirkung zwischen diesen Oxiden und Hydroxiden und dem Körperelektrolyten auf. Die Löslichkeit bzw. das Löslichkeitsprodukt p_k der primären Korrosionsprodukte dient damit als weiteres Indiz der Biokompatibilität. Während Titan-, Tantal-, Niob- und Chromoxide p_k-Werte >14 besitzen, also keine Hydrolyse auftritt, haben Kobalt-, Eisen-, und Nickeloxide sogar negative p_k-Werte, die ihre hohe Toxizität erklären [71–73].

Diese Überlegungen haben auch dazu beigetragen, die bewährte Implantatlegierung TiAl6V4 wegen des Legierungsbestandteils an Vanadium durch TiAl5Fe2,5 und TiAl6Nb7 zu ersetzen [74–77], die gegenwärtig den Stand der Technik darstellen.

Neben den anorganischen Reaktionen der Metallionen treten Reaktionen mit den Proteinen auf. Hierbei zeigt sich, daß thermodynamisch stabile primäre Korrosionsprodukte mit einer geringen Löslichkeit im Körperelektrolyten nur eine sehr geringe Reaktivität gegenüber Proteinen aufweisen. Bei inerten und biokompatiblen Werkstoffen ist festzustellen, daß die Zellen in der unmittelbaren Umgebung von Implantaten stets vaskulär versorgt sind, während die Nachbarschaft von toxischen Werkstoffen entzündliche Reaktionen mit abgestorbenen Zellen zeigt. Die Klassifikation der verschiedenen Werkstoffe in Abb. 36.3 läßt sich an

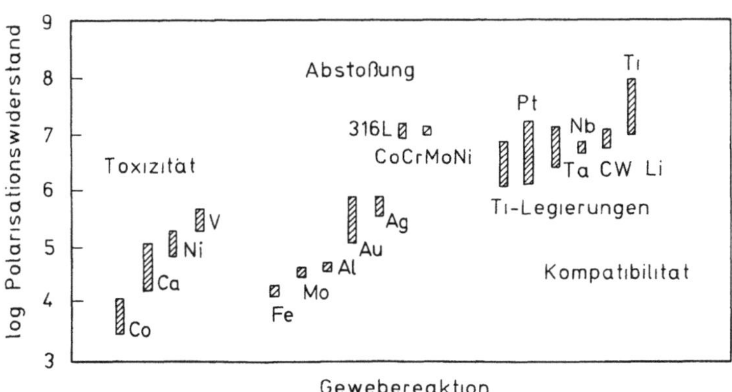

Abb. 36.3. Polarisationswiderstand und Gewebeverträglichkeit verschiedener metallischer Werkstoffe

ihrem Polarisationswiderstand veranschaulichen. Der toxische Effekt einiger Elemente (Cr, Co, Ni) korreliert eindeutig mit einem geringen Polarisationswiderstand, während das biologisch inerte Verhalten von Titan und seinen Legierungen, Niob und Tantal mit einem hohen Polarisationswiderstand in Zusammenhang gebracht wird.

Aus dem Korrosionsverhalten, der Löslichkeit der Korrosionsprodukte und anderen physikochemischen Parametern der Werkstoffe lassen sich somit enge Zusammenhänge mit der biologischen Verträglichkeit eines Implantatwerkstoffs herstellen [78].

36.2.7 Bioadhäsion (Verwachsen mit dem Knochen)

Über das Einwachsverhalten metallischer Implantate liegen für verschiedene Implantate und unterschiedliche Werkstoffe hinreichende Erkenntnisse vor. Auch hier zeigt sich, daß die makroskopischen Effekte an der Phasengrenze materialspezifisch sind. Während die Werkstoffe aus rostfreiem Stahl und CoCrMo-Legierungen ein Auftreten von granuliertem Gewebe am Übergang Knochen-Implantat zeigen [79], findet sich dagegen Knochenwachstum in engem Kontakt zu Implantaten aus Titanwerkstoffen [80, 81].

Diese Ergebnisse lassen den Schluß zu, daß das Zusammenwachsen des Knochens mit dem Implantat aus Titanwerkstoffen durch eine feste Bindung erfolgt, die eher einen biochemischen als einen chemischen bzw. bioaktiven Charakter hat. Damit wird die Verbesserung des Verbunds zwischen Knochen und Implantat durch eine strukturierte Implantatoberfläche verständlich und läßt die Einführung einer porösen Grenzschicht auf der Implantatoberfläche sinnvoll erscheinen, die ein Einwachsen des Knochens erlaubt und darüber hinaus folgende Vorteile bietet:
- Der E-Modul der Implantat-Knochen-Grenzschicht läßt sich verringern, was neben den biomechanischen Vorteilen auch die Knochenneubildung begünstigt.
- Die Dämpfung der Kraftübertragung vom Implantat in den Knochen wird erhöht und so die Scherspannung verringert, die bei Belastung zwischen Implantat und Knochen entsteht.

Wie Untersuchungen an Zahnimplantaten gezeigt haben, hängt die mechanische Festigkeit des Verbunds vom Einwachsen knöcheriger Substanz in die Poren des Implantats ab, die erst ab einer Porengröße von 100 µm erfolgt [82–84].

Die chemischen und biologischen Verhältnisse hinsichtlich ihrer Biokompatibilität hängen eng mit der elektronischen Struktur der Phasengrenze Titanoxid/Gewebe zusammen, so daß die Aktivierung der Proteine unterdrückt und die Anlagerung der zur Knochenbildung notwendigen Mineralien wie Ca und P im Spalt zwischen dem Oxid und dem Kollagen des Knochens erfolgen kann [85, 86]. Zahnimplantate zeigen nach Entfernung, daß Hydroxylapatitkristalle den Spalt zwischen dem Gewebe und dem Implantat überbrücken und eine feste Verbindung des Ti-Implantats mit dem knöchernen Lager ergeben [87, 88].

36.2.8 Mechanische Eigenschaften und Verarbeitbarkeit

Die mechanischen Eigenschaften von Implantatmaterialien sind in Tabelle 36.7 zusammengefaßt. Der E-Modul von Titan und seinen Legierungen sowie von Niob liegt im Bereich von 100000 bis 120000 N/mm^2, damit kommt diese Werkstoffgruppe im Vergleich mit den anderen metallischen Materialien dem mechanischen Verhalten des Knochens (10000 N/mm^2) am nächsten. In ihrer Dauerfestigkeit sind Titan und Titanlegierungen den anderen Legierungen technisch gleichwertig oder teilweise überlegen, sie lassen sich in weiten Bereichen den biomechanischen Bedingungen anpassen und stellen für die orthopädische und zahnmedizinische Anwendung somit den Werkstoff erster Wahl dar. Hochbela-

Tabelle 36.7. Zusammenstellung der mechanischen Eigenschaften metallischer Implantatwerkstoffe

	2CrNiMo1812 AISI 316L	CoCr ge- gossen	CoNiCr ge- schmiedet	TiAl6V4	TiAl5Fe2,5	cp-Ti	cp-Nb	cp-Ta
$E \cdot 10^3$ N/mm^2	210	200	220	105	105	100	120	200
$R_{p0,2}$ N/mm^2	450	500	850	900	900	300	250	300
σ_b N/mm^2	250	300	500	550	550	200	150	200
Bruch- dehnung $A_5\%$	40	8	20	13	15	30	70	40

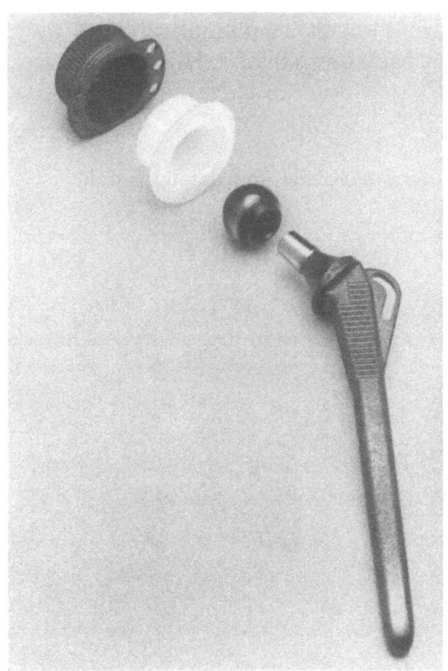

Abb. 36.4. Hüftgelenk aus TiAl5Fe2,5-Legierung

stete Implantatteile werden daher aus Titanlegierungen, gering belastete dagegen aus Titan technischer Reinheit gefertigt. Im Hüftgelenkersatz (vgl. Abb. 36.4) nehmen die Legierungen TiAl5Fe2,5 und TiAl5Nb6 wegen ihrer Biokompatibilität eine besondere Stellung ein [89]. Für Platten und Schrauben sowie Bündelnägel und Küntschernägel kommt Titan in technischer Reinheit zur Anwendung; es findet außerdem in der Gesichtschirurgie und für Zahnimplantate, Gitter und Plattenschraubensysteme Anwendung [90, 91].

Für die Herstellung von Implantaten aus Titan und seinen Legierungen bieten sich alle gängigen Verarbeitungsverfahren an. Während die Schäfte von Hüftgelenkprothesen gesenkgeschmiedet oder individuell aus geschmiedetem Halbzeug auf CNC-Maschinen spanabhebend gefertigt werden, lassen sich die Pfannen von Hüftgelenkprothesen durch Feinguß nach dem Wachsausschmelzverfahren herstellen [92].

Neben TiAl6V4 haben sich die Legierungen TiAl5Fe2,5 und TiAl5N6 im klinischen Einsatz bewährt und erfüllen die Biofunktionalität bei der zementlosen Verankerung von künstlichen Gelenken. Die Einführung dieser Materialien kann als ein weiterer Meilenstein in der orthopädischen Chirurgie angesehen werden, die ohne die materialwissenschaftliche Forschung und Entwicklung nicht denkbar gewesen wäre. Obwohl eine Knocheneinsprossung nur erfolgt, wenn während der ersten Wochen nach Implantation die absolute Ruhe des Implantats entweder durch mechanische Fixierung an den Knochen oder durch Ruhigstellung der Implantatregion gewährleistet ist, bietet die zementfreie Implantation nicht nur den Vorteil der biomechanischen Verankerung, sondern stellt für eine spätere Korrektur mit Implantatentfernung die gewünschte Rückzugsmöglichkeit sicher.

Eine Zusammenstellung der für die Anwendung als Implantatwerkstoff wichtigen Materialeigenschaften der bewährten Metalle und Metallegierungen zeigt Tabelle 36.8.

Tabelle 36.8. Zusammenstellung der für die Anwendung als Implantatwerkstoffe wichtigen Materialeigenschaften

	X2CrNiMo1812	CoCr (gegossen)	CrNiCr (geschmiedet)	TiAl6V4	TiAl5Fe2,5	Ti	Nb	Ta
Korrosionswiderstand	−	−	+	+	+	+	+	+
Biokompatibilität	−	−	−	(+)(V)	+	+	+	+
Bioadhäsion	−	−	−	+	+	+	(+)	(+)
$\sigma_b/E^a \cdot 10^{-3}$	1,2	1,5	2,3	5,2	5,2	1,8	1,3	1,3
Bearbeitbarkeit	CD WP	C WP	CD WP	CD WP	CD WP	CD WP	CD WP	CD WP
Kosten[c] [DM/kg]	−60	−60	−70	−75	−80	−70	−300	−450

[a] Biofunktionalität
[b] C = Guß; D = Verformung; W = Schweißen; P = Pulvermetallurgie möglich
[c] Halbzeug

36.2.9 Qualifikation und Zuverlässigkeit

Neben den Fragen der biologischen Verträglichkeit und Korrosionsfestigkeit ist für die Langzeitfunktion des Implantats eine Qualifizierung der Konstruktion und eine lückenlose Qualitätssicherung im Herstellungsprozeß unumgänglich. Soweit vorhanden sind die nationalen und internationalen Normen für die chemische Zusammensetzung und den Strukturaufbau sowie die mechanischen Eigenschaften der klinisch eingesetzten Implantatlegierungen und sonstigen Werkstoffe einzuhalten. Wie bei vielen anderen Industrieprodukten mit hohen technologischen Ansprüchen gilt auch für die orthopädischen Implantate, daß die Verarbeitung (Schmelzen, Gießen, Verformung, Endbearbeitung und Sterilisation) in einem dokumentierten Prozeßablauf zu erfolgen hat, der neben einer entsprechenden Dokumentation eine 100%ige Rückverfolgung des Produkts gewährleistet. Vor Freigabe zur klinischen Erprobung erfolgt zunächst die Qualifizierung, in der alle mechanischen, physikalischen und chemischen Eigenschaften des Materials, des Herstellungsprozesses und des Fertigprodukts auf seine implantatspezifischen Eigenschaften hin geprüft werden müssen. Im einzelnen handelt es sich um die in der Kunststoff- und Metallverarbeitung üblichen Methoden (spektroskopische und Gefügeanalysen, Bestimmung der Streckgrenze, der Zugfestigkeit und Bruchdehnung sowie der Dauerschwingfestigkeit). Dazu kommen Korrosionsuntersuchungen, Biokompatibilitätstests und Messungen zur Verschleißfestigkeit sowie Dauerermüdungsbruch-Untersuchungen, in denen die Konstruktion und das Material unter simulierten (in vitro) Implantationsbedingungen bis zum Versagen geprüft werden. Der Sicherstellung einer gleichbleibenden Fertigungsqualität dient nach erfolgreichem Abschluß der Qualifikation die fertigungsbegleitende Qualitätssicherung, in der die Einhaltung der technischen Daten während des Wertschöpfungsprozesses überprüft und dokumentiert wird.

36.3 Biomaterialien und kardiovaskuläre Implantate

Bereits seit Jahrzehnten ist der Umgang mit Blut in Form von Bluttransfusionen ein wichtiges Hilfsmittel der modernen Notfallmedizin geworden. Den nächsten Entwicklungsschritt bildeten Systeme, die in einem extrakorporalen Zirkulationssystem die Versorgung oder Aufbereitung des Blutes übernehmen, wie beispielsweise künstliche Nieren oder Blutoxygenatoren. Mit der Entwicklung der Herz-Lungen-Maschine wurden schließlich auch größere Operationen am Blutkreislauf und sogar am offenen Herzen möglich, wodurch alloplastische Langzeitimplantate in ständigen Kontakt mit dem Blutkreislauf gebracht werden konnten. Die Implantation von etwa 100 000 Herzklappen pro Jahr und die ständig steigende Zahl an Nierenpatienten, die die Millionengrenze bereits überschritten hat, belegen die zunehmende Bedeutung der blutkompatiblen Werkstoffe in der heutigen Medizintechnik.

Doch von Anfang an stellte die spezielle chemische und zelluläre Zusammensetzung des Blutes mit seinen zahlreichen komplexen Funktionsmechanismen hohe Anforderungen an die verwendeten Materialien. Um einen Werkstoff seiner Aufgabe entsprechend auswählen zu können bzw. um seine Formgebung, Bearbeitung und Oberflächenbehandlung richtig auslegen zu können, müssen seine möglichen Wechselwirkungen mit dem Blut bekannt sein. Aus diesem Grund werden in Abschn. 36.3.1 die Zusammensetzung und die wichtigsten Funktionen des menschlichen Blutes vorgestellt, wie z. B. der natürliche Gerinnungsmechanismus. Abschn. 36.3.2 faßt die makroskopisch beobachtbaren Wechselwirkungsmechanismen zusammen, die nur durch die speziellen Bluteigenschaften zu erklären sind. Im Anschluß daran werden in Abschn. 36.3.3 die Möglichkeiten diskutiert, diese Wechselwirkungen quantitativ zu erfassen und damit eine Aussage über die Blutverträglichkeit eines Werkstoffs machen zu können. Zusätzlich wird in Abschn. 36.3.4 ein Modell vorgestellt, das die festkörperinduzierte Aktivierung des Gerinnungssystems auf mikroskopisch-physikalischer Ebene verstehen läßt und damit eine gezielte Werkstoffentwicklung ermöglicht. In Abschn. 36.3.5 folgen Anwendungsbeispiele und einige Anmerkungen über weitere Entwicklungstendenzen.

36.3.1 Physiologische Merkmale des Blutes

Um die möglichen Wechselwirkungen des Blutes mit künstlichen Oberflächen abschätzen zu können, muß zunächst seine chemische und zelluläre Zusammensetzung bekannt sein [93, 94].

Blut ist eine inhomogene Flüssigkeit aus einem schwach gelblichen Blutplasma, in dem etwa 44 Volumenprozent (ml Zellen/dl Blut) Blutzellen (v. a. Erythrozyten, Leukozyten und Thrombozyten) suspendiert sind. Das Blutplasma besteht wiederum zu 90% aus Wasser und zu 6,5 bis 8% aus Eiweißen. Den Rest bilden kleinmolekulare Substanzen. Sein pH-Wert wird von den in Tabelle 36.9 aufgeführten Elektrolyten auf etwa 7,4 gehalten.

Einen der wesentlichsten Bestandteile des menschlichen Blutes bildet die Gruppe der Plasmaproteine. Sie dienen in erster Linie der Zellernährung, da sie ein schnell verfügbares Eiweißreservoir bilden. Ein Beispiel dafür ist das mit 4 000 mg/dl häufigste Protein, das Albumin. Die Gruppe der Globuline besitzt vor allem Vehikelfunktion, d. h. sie sind für den Transport von Lipiden, Eisen etc. verantwortlich. Insbesondere werden kationische Bestandteile des Blutes, wie z. B. das Calcium, leicht an Proteine angebunden und so weitertransportiert. Einige Vertreter der Globuline, die sogenannten Gammaglobuline, bestimmen außerdem das Immunsystem, indem sie als Antikörper gegen fremde Eiweiße oder Antigene aktiviert werden können.

Die im Hinblick auf die Biomaterialtechnologie wohl wichtigste Funktion der Blutproteine ist jedoch die Hämostase, also der Verschluß von Verletzungen blutführender Gefäße und damit der Schutz vor Blutverlusten. Da dieser Gerinnungsprozeß auch durch künstliche Oberflächen aktiviert werden kann, soll zum Vergleich zunächst der natürliche Ablauf vorgestellt werden. Abbildung 36.5 zeigt eine schematische Darstellung der letzten Stufen der sekundären Hämostase, die sowohl durch Kontaktaktivierung (intrinsisches System) als auch Gewebsverletzungen (extrinsisches System) aktiviert werden können. In beiden Fällen endet die Aktivierungsphase mit der Bildung von Thrombin. Diese Peptidase spaltet vom Fibrinogenmolekül vier Fibrinopeptide ab. Die so entstandenen Fi-

Tabelle 36.9. Durchschnittliche Konzentrationen gelöster Stoffe im menschlichen Blutplasma [94]

Elektrolyte	Kationen in mg/dl		Anionen in mg/dl	
	Natrium	328	Chlorid	365
	Kalium	18	Bicarbonat	61
	Calcium	10	Phosphat	4
	Magnesium	2	Sulfat	2
			Eiweiße	7000
Nicht-Elektrolyte	Glucose	90...100		
	Harnstoff	40		

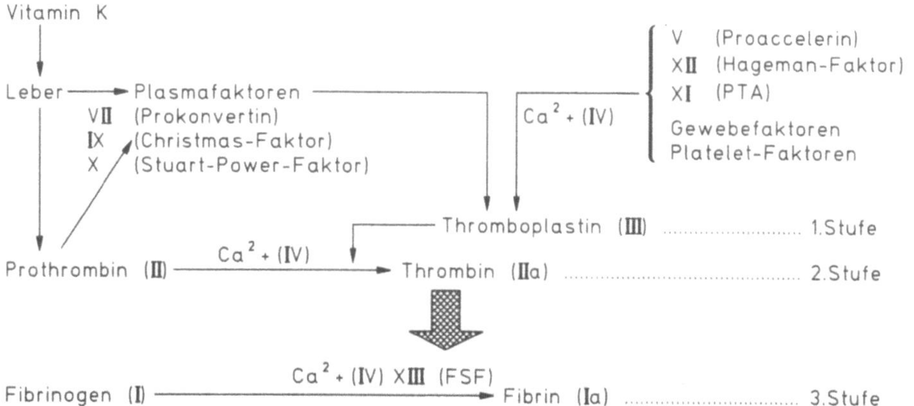

Abb. 36.5. Schematischer Drei-Stufen-Mechanismus der Blutgerinnung [93].

brinmonomere lagern sich zunächst zu elektrostatisch gebundenen Ketten zusammen und werden schließlich vom fibrinstabilisierenden Faktor (FSF) XIII durch kovalente Bindungen verfestigt. Dadurch bilden sich Fibrinfäden, die ihrerseits Blutzellen einfangen können und sich zu einem Maschenwerk, dem Thrombus, verbinden können. Die Aktivierung des Gerinnungssystems durch künstliche Oberflächen greift dabei in erster Linie an dem letzten, irreversiblen Schritt an, also der Fibrinogenspaltung. Darauf wird bei der Diskussion der mikroskopischen Erklärungen noch genauer eingegangen.

36.3.2 Wechselwirkungen zwischen Blut und künstlichen Oberflächen

Vor einer weiteren Diskussion der Funktionsmechanismen sollen jedoch zunächst die beobachtbaren Wechselwirkungen phänomenologisch beschrieben werden. Prinzipiell wirken Blut und Werkstoff gegenseitig aufeinander, es ist also kein einseitiger Prozeß. Abbildung 36.6 stellt dazu einige der wichtigsten Prozesse zusammen, die an der Phasengrenze ablaufen können.

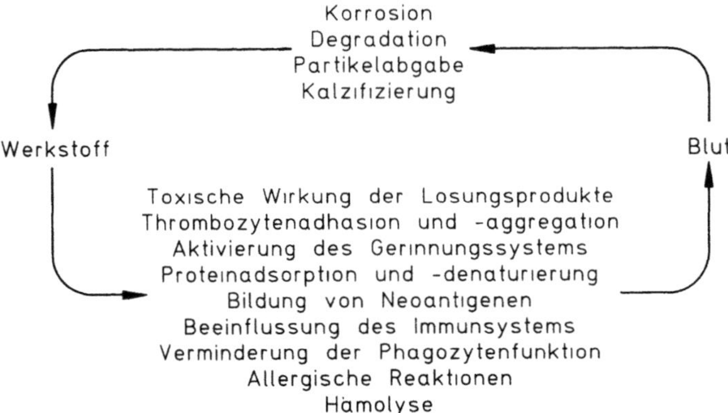

Abb. 36.6. Mögliche Wechselwirkungen zwischen Blut und Werkstoff. Die Richtung der Pfeile verdeutlicht die Richtung der Einflußnahme

Auf der einen Seite beeinflußt das Blut den Werkstoff und verändert dessen Eigenschaften. Metalle und metallische Legierungen können dabei korrodieren, insbesondere wenn sie mechanisch belastet werden (Reibkorrosion) oder ungünstige geometrische Formen wie scharfe Kanten oder Spalten besitzen (Spaltkorrosion, Spannungsrißkorrosion) [95]. Besondere Probleme treten an Stellen auf, wo gleiche oder gar verschiedene Materialien miteinander verbunden sind, da Schweißungen in der Regel die Mikrostruktur der Metalle verändern und es so zur Ausbildung von Lokalelementen mit stark erhöhter Korrosionsrate des einen Partners kommen kann [95]. Aber auch Kunststoffe werden durch den Blutkontakt verändert, wofür der Fachbegriff „Biodegradation" geprägt worden ist [96, 97]. Bekanntes Beispiel hierfür ist die Hydrolyse der Urea- bzw. der Urethanbindung im Polyurethan, die durch Phagozyten oder Enzyme wie Papain sogar noch katalysiert werden kann [98]. Die ebenfalls häufig eingesetzte Werkstoffgruppe der Keramiken und Gläser weist zwar meist nur geringe Korrosionsraten auf, aber auch hier werden die oberflächennahen Schichten durch den Blutkontakt gelöst bzw. ausgelaugt [99].

Die bei all diesen Prozessen freigesetzten Lösungsprodukte können wiederum auf das Blut rückwirken und toxische Reaktionen auslösen. Die Korrosionsprodukte müssen aber nicht immer chemisch gelöst sein. Beispielsweise zeigt sich bei Titanimplantaten, daß auch kleine Partikel der Oxidschicht freigesetzt werden.

Ferner sind Phänomene möglich, die auf einzelne Komponenten des Blutes zurückzuführen sind, wie z. B. die Kalzifizierung von Polymeren. Abbildung 36.7 stellt die Mechanismen dar, die nach der Entstehung von Mikrorissen zur Kalzifizierung und damit zur Versprödung des Werkstoffs führen, wodurch das Implantat schließlich bricht.

Auf der anderen Seite, d. h. bei der Wirkung des Werkstoffs auf das Blut, stellt die Aktivierung des Gerinnungssystems eines der schwerwiegendsten Phänomene dar, da sie die Entstehung von Thrombosen und Embolien fördert. Die schematische Darstellung einer künstlichen Oberfläche in Abb. 36.8 veranschaulicht zunächst den Einfluß der werkstoffunabhängigen Morphologie. So kann ei-

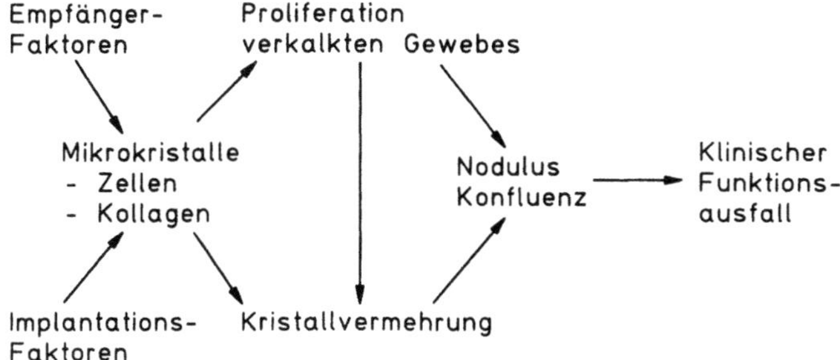

Abb. 36.7. Schema der Verkalkung von Polymeren

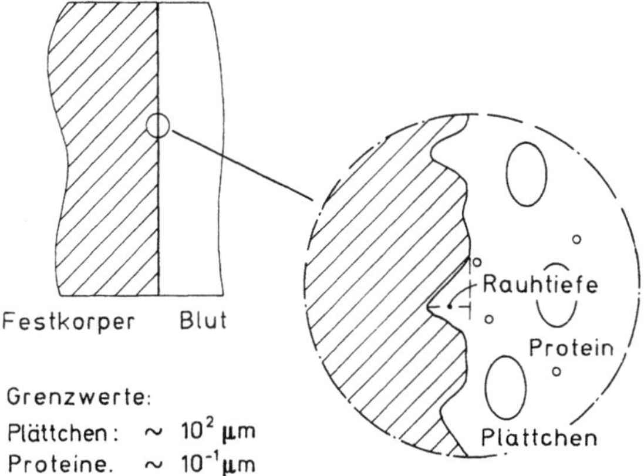

Abb. 36.8. Definition der Parameter zur Beschreibung einer realen Oberfläche.

ne zu große Rauhtiefe zu einer Anlagerung von korpuskulären Blutbestandteilen führen, damit beispielsweise eine sogenannte Release-Reaktion bei Blutplättchen bewirken und so den intrinsischen Zweig der Blutgerinnung aktivieren [100].

Doch auch glatte Oberflächen wechselwirken mit dem Blut. Den ersten Schritt bildet die Adsorption von Blutproteinen an der Grenzfläche. Nach bisherigen Erkenntnissen adsorbieren alle künstlichen Oberflächen Proteine, allerdings in unterschiedlicher Menge und Zusammensetzung [101]. Ein Beispiel für das zeitliche Adsorptionsverhalten von Silikon zeigt Abb. 36.9. Der so entstandene Proteinfilm induziert wiederum die Adsorption von Blutkorpuskeln, insbesondere von Thrombozyten, Erythrozyten und Leukozyten mit ähnlichen Folgen wie bei der direkten Anlagerung. Jedoch sind Art und Stärke der nachfolgenden Reaktionen abhängig von der Zusammensetzung des adsorbierten Proteinfilms und diese wiederum vom Werkstoff [102, 103]. So scheint insbesondere das Gamma-Immunglobulin die Adhäsion von Thrombozyten zu fördern. Da bei der werkstoffspezifischen Proteinadsorption ein systematischer Zusammenhang mit den Werkstoffeigenschaften vermutet wird, ist dieses Gebiet auch heute noch Gegenstand ausgedehnter Forschungen [104, 105].

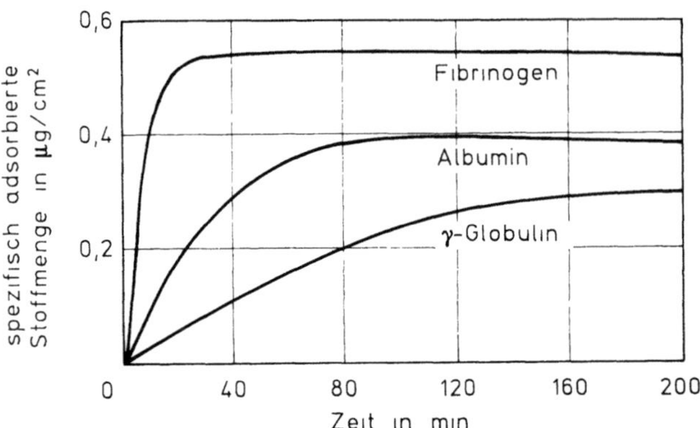

Abb. 36.9. Das zeitliche Adsorptionsverhalten von Blutproteinen an Silikonkautschuk

Eine andere Eingriffsmöglichkeit eines Werkstoffs in den natürlichen Gerinnungsprozeß bietet der direkte Übergang vom Fibrinogen zum Fibrin, der – wie bereits erwähnt – auch von künstlichen Oberflächen induziert werden kann [106]. Beide Wege, also sowohl die direkte Fibrinproduktion als auch die erhöhte Adsorption von Blutzellen, führen zur Bildung eines Thrombus, dessen korpuskuläre Zusammensetzung jedoch von den Strömungsbedingungen abhängt. Unterschieden wird dabei zwischen einem „weißen" Thrombus, der vorwiegend aus Blutplättchen besteht und in Bereichen hoher Scherkräfte gebildet wird, und einem „roten", der in Gebieten niedriger Scherkräfte viele rote Blutkörperchen bindet.

Adsorbierte Proteine gehen aber auch wieder teilweise in Lösung. Haben sie aufgrund des Adsorptionsprozesses ihre Sekundär- oder Tertiärstruktur geändert, so können sie im Blut enzymatisch [107] oder unter Bildung von Neoantigenen immunologisch aktiv werden und beispielsweise zu Entzündungen führen [108]. Eine weitere Beeinträchtigung ist bei der Untersuchung von Dialysepatienten beobachtet worden. Dort stellte man eine Veränderung der Phagozytenfunktion fest, was in einer höheren Infektionsanfälligkeit resultierte [109]. Auch sind allergische Reaktionen auf Implantate bzw. deren Lösungsprodukte bekannt geworden, insbesondere dann, wenn sie mit Ethylenoxid sterilisiert wurden bzw. Kobalt, Nickel oder Chrom enthielten [109].

In der Aufzählung möglicher Blutveränderungen muß schließlich auch noch die Möglichkeit der Hämolyse genannt werden, die jedoch vor allem durch das Design des Implantats bestimmt wird [110, 111]. So verursachen beispielsweise Implantate mit geringen Durchmessern, aber hohen Durchflußgeschwindigkeiten eine Schädigung der Blutzellen. Die oben diskutierten Werkstoffeigenschaften kommen dagegen vorwiegend in Totwasserzonen zum Tragen [111].

36.3.3 Bestimmung der Blutverträglichkeit

Nach der rein qualitativen Aufzählung möglicher Wechselwirkungsphänomene muß deren Quantifizierung folgen. Nur so ist es zur Zeit möglich, über die Einsatzfähigkeit eines Werkstoffs in der Medizintechnik zu entscheiden.

Die Beeinflussung des Werkstoffs durch den Blutkontakt kann vergleichsweise gut über elektrochemische Korrosionsmessungen und Langzeitbelastungstests gemessen werden. Besondere Möglichkeiten bietet dabei die Rasterelektronenmikroskopie, die Strukturveränderungen bis in den μm-Bereich sicher nachweist. Zur Analyse der teilweise sehr dünnen Korrosionsschichten eignen sich daneben noch oberflächensensitive Verfahren wie SIMS [112], XPS [113] oder die Auger-Elektronen-Spektroskopie, aber auch die Infrarotspektroskopie und die ATR-Technik [114] liefern wertvolle Ergebnisse. In Abschn. 36.4.2 wird auf diese Verfahren noch einmal genauer eingegangen.

Schwierigkeiten bereitet dagegen die Bestimmung der Auswirkungen des Werkstoffs auf das Blut. Große Bedeutung kommt dabei der Messung der Einzeleffekte zu, z. B. der Proteinadsorption bzw. der Thrombozytenanlagerung an Testoberflächen. Durch Experimente mit Lösungen einzelner Proteine wird versucht, screening-test-Methoden zu finden, um in vitro eine Vorauswahl bei der Werkstoffsuche zu ermöglichen. Mögliche physikalische Meßverfahren für die Untersuchung der adsorbierten Proteinschicht sind die Ellipsometrie, Experimente mit radioaktiv markierten Proteinen, die Raman-Spektroskopie [115] sowie Fluoreszenzmessungen (z. B. TIRIF) an intrinsisch fluoreszierenden Proteinen [116]. Daneben existiert auch eine Reihe von Methoden, die die Konzentrationsbestimmung einzelner Blut- und Zellenbestandteile in der Lösung ermöglichen [117]. Ein anderer Ansatz zur Vermeidung bzw. Verringerung von Tierversuchen sind die Zellkulturen [118]. Bei der Untersuchung der Blutverträglichkeit werden dazu insbesondere kultivierte Erythrozyten benutzt, um die direkte Hämolyse bestimmen zu können. Mit all diesen Methoden lassen sich jedoch grundsätzlich nicht die einander entgegenwirkenden Adsorptionsprozesse mehrerer Proteine bzw. die realistischen Auswirkungen auf die Blutzellen bestimmen. Außerdem fehlen eventuell fördernde oder hemmende Bestandteile des Hämostasesystems.

Aus diesem Grund wird in einer nächsten Stufe der In-vitro-Experimente Blut eines Spendertieres oder menschliches Blut in Kontakt mit dem Werkstoff gebracht. Bei der Verwendung von Vollblut sind die Meßzeiten in der Regel sehr kurz. Daher wird für diese Experimente meist antikoaguliertes Blut verwendet, was jedoch die Interpretation der Ergebnisse erschwert. Nach dem Werkstoffkontakt wird zum einen die Oberfläche der Probe auf Anlagerungen untersucht, indem beispielsweise die Zahl der adsorbierten Blutzellen [119] bestimmt wird oder die Morphologie der Zellen begutachtet wird. Zum anderen werden aber auch die veränderten Eigenschaften des Blutes getestet. Dazu bestimmt man beispielsweise die Vollblutgerinnungszeit oder die partielle Thromboplastinzeit [120]. Sind zur Bildung eines Thrombus vergleichsweise lange Zeiten erforderlich, so redet man von einer höheren Thromboresistenz, entsprechend umgekehrt. Ebenfalls durchgesetzt hat sich der Blutkammertest nach Nosè [121]. Dabei wird Blut in einen Hohlraum zwischen zwei Folien des zu untersuchenden Materials eingebracht und nach festgelegten Zeiten das Trockengewicht des gebildeten Thrombus gemessen. Je geringer das Gewicht, desto höher ist die Thromboresistenz. Schwierigkeiten bereitet bei all diesen Versuchen der Umgang mit dem Testblut, da die Einflüsse der zusätzlich beteiligten Werkstoffe und der umgebenden Gase ausgeschlossen werden müssen.

Den nächsten Schritt bilden daher sogenannte Ex-vivo-Versuche, bei denen das Blut des Tieres direkt über ein Zuleitungssystem der Testkammer zugeführt wird. Dabei unterscheidet man Systeme mit Kreislauf, die also das Testblut wieder in den Körper einspeisen, und Verfahren, bei denen das Blut zur weiteren Untersuchung gesammelt wird. Hauptsächlich wird das erstere Verfahren in der Form des arteriovenösen Shunts benutzt [122].

Die immer noch zuverlässigsten Methoden stellen die In-vivo-Experimente am Tier dar, bei denen Probekörper beispielsweise in Form eines Röhrchens in den Blutkreislauf des Tieres eingebracht wird. Es sind eine Reihe solcher „Ring-Tests" entwickelt worden [123–126], von denen der Vena-cava-Ring-Test nach V. L. Gott der bekannteste ist [127]. Doch auch hier sind der Implantationsort und die Spezies des Tieres von entscheidender Bedeutung [128]. Physiologisch unterscheiden sich die verschiedenen Tierarten vor allem in der Funktion ihrer Blutplättchen und ihrer körperlichen Größe, d. h. in der mechanischen Belastung ihres Blutkreislaufs. Die Auswahl des Tiermodells muß daher in erster Linie von dem geplanten Einsatzort des Werkstoffs abhängig gemacht werden, ist aber auch eine Frage der experimentellen Möglichkeiten. Große Tiere wie Kälber oder Schafe bieten einen Blutkreislauf mit menschenähnlichen mechanischen Belastungen, sind allerdings aufwendig in der Pflege. So werden in der Regel Materialuntersuchungen an kleineren Tieren wie Ratten, Mäusen oder Kaninchen vorgenommen, wohingegen die fertigen Implantate in größeren Tieren auf ihre Funktion hin überprüft werden. Das National Heart, Lung and Blood Institute (NIH) hat zum Zweck der besseren Vergleichbarkeit von experimentellen Ergebnissen eine Zusammenstellung der bisher etablierten Tiermodelle, die damit gesammelten Erfahrungen und die notwendigen Auswahlkriterien veröffentlicht [129].

Abschließend muß allerdings darauf hingewiesen werden, daß sowohl In-vitro- als auch Ex-vivo-Versuche nicht das langzeitliche In-vivo-Verhalten eines Werkstoffs voraussagen können, sondern allenfalls zu einer Vorauswahl der Werkstoffe dienen können. Aber selbst ein erfolgreich durchgeführtes Tierexperiment bietet noch keine endgültige Gewähr dafür, daß sich der untersuchte Werkstoff in der Form des Implantats auch im menschlichen Körper als blutverträglich herausstellt [129].

36.3.4 Mikroskopische Ursachen der Blutunverträglichkeit

Seit Anfang der 80er Jahre sind Bemühungen im Gange, die vielfältigen Testverfahren zu standardisieren und vor allem einheitliche Vergleichsmaterialien zu vertreiben, um die Ergebnisse der einzelnen Arbeitsgruppen besser miteinander vergleichen zu können [128]. Trotzdem ermöglichen die erwähnten Methoden lediglich, vorgegebene Materialien nach dem „Trial-and-error-Verfahren" zu testen. Sie vermitteln damit noch kein Verständnis für die mikroskopischen Ursachen der makroskopischen Befunde. Im Interesse einer gezielten Materialforschung bzw. -entwicklung wird daher versucht, die beobachteten Effekte wie Proteinadsorption und Aktivierung des Gerinnungssystems auf physikalische Parameter zurückzuführen. Die zur Zeit favorisierten Hypothesen benutzen den

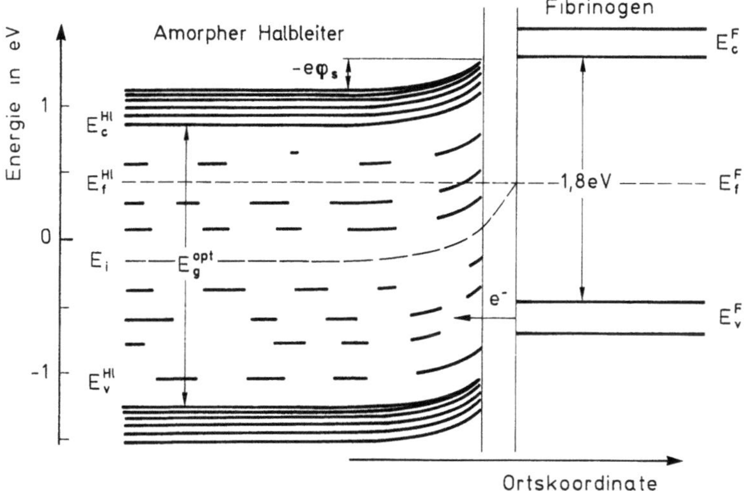

Abb. 36.10. Schematische Energietermverteilung an der Phasengrenze zwischen einer Fibrinogenlösung und einem amorphen Halbleiter. E_g^{opt} steht für die optische Bandlücke des Halbleiters, E_c und E_v für die jeweiligen Leitungs- und Valenzbänder, E_f deutet die Fermi-Energie an, E_i intrinsisches Niveau. Das Niveau des Elektronentransfers liegt bei dem mit e^- gekennzeichneten Pfeil

Grad der Hydrophilie, die freie Oberflächenenergie oder die Oberflächenladung des Werkstoffs, um eine Aussage über seine Blutverträglichkeit machen zu können [119, 130]. Jedoch erwies sich bisher keines der Modelle als allgemeingültig.

Speziell die direkte Aktivierung des Fibrinogens durch den Kontakt mit künstlichen Oberflächen konnte allerdings auf physikalischer Basis verstanden werden. Durch Untersuchungen von Eley und Spivey [131] an verschiedenen Proteinen und theoretische Überlegungen von Szent-Györgi [132] konnte dem Fibrinogen eine dem physikalischen Bändermodell angepaßte Energietermverteilung der Elektronen zugeordnet werden. Demnach besitzt dieses Protein valenz- und leitungsbandartige Zustände mit einer Breite von 0,2 eV und einem gegenseitigen Abstand von 1,8 eV, entspricht also in der Struktur einem Halbleiter. Mit elektrochemischen Experimenten mit halbleitenden Elektroden konnte daher gezeigt werden, daß der Transfer von Elektronen aus besetzten, valenzbandartigen Zuständen des Proteins in freie Zustände des Festkörpers eine Spaltung verursacht. Fibrinogen zerfällt in das Fibrinmonomer und die Fibrinopeptide [106, 133]. Abbildung 36.10 zeigt dazu die schematische Energietermverteilung an der Phasengrenze zwischen einer Fibrinogenlösung und einem Festkörper, hier am Beispiel eines amorphen Halbleiters.

Interessanterweise besitzen sehr viele biologisch relevante Proteine eine ähnliche elektronische Struktur. Dadurch wird also auch z. B. die gute Gewebeverträglichkeit von Titanimplantaten verständlich, da Titan als spontan passivierendes Metall eine halbleitende Oxidschicht ausbildet, die solche oder ähnliche Aktivierungsprozesse verhindert.

36.3.5 Anwendungsbeispiele und weitere Werkstoffentwicklung

Einige der wichtigsten kardiovaskulären Implantate und ihren derzeitigen Entwicklungsstand faßt Tabelle 36.10 zusammen. Doch selbst bei bereits routinemäßig verwendeten Systemen wird weiterhin versucht, die Werkstoffauswahl zu optimieren.

Die bei der Untersuchung der mikroskopischen Ursachen gewonnenen Ergebnisse werden natürlich auch für die Entwicklung neuer Werkstoffe herangezogen. Ein großer Bereich der heutigen Medizintechnik beschäftigt sich dazu mit der vakuumtechnischen Beschichtung von bereits funktionell bewährten Teilen, um durch eine Werkstoffkombination die Vorteile beider Materialien ausnutzen zu können. Dieser Aufwand ist notwendig, da natürliche Schichten, wie z. B. die Oxidhaut des Titans, nicht ausreichend mechanisch belastbar sind und nicht homogen genug aufwachsen. So wird einerseits versucht, mechanisch stark belastete Teile mit einer tribologisch günstigen Schicht zu versehen. Andererseits werden beispielsweise bei künstlichen Herzklappen die elektronischen Eigenschaften der Oberfläche gezielt verändert, um die direkte Fibrinaktivierung zu verhindern [134]. Bei Polymeren weist der Trend auf Beschichtungen mit Proteinen [135] oder Antikoagulantien wie Heparin oder Prostaglandin [136]. Technologisch durchgesetzt hat sich dagegen schon die Erhöhung der Hydrophilie von Polymeroberflächen mit Hilfe eines Sauerstoffplasmas [137].

Der Vollständigkeit halber seien noch die Aktivitäten erwähnt, die den Bereich der alloplastischen Materialien verlassen. Da die möglichen Wechselwirkungen allein schon aufgrund der Vielzahl der Blutkomponenten äußerst vielfältig und vernetzt und auch noch längst nicht alle bekannt sind, können sie bei der Entwicklung eines blutverträglichen Werkstoffs nicht alle berücksichtigt werden. Aus diesem Grund versucht man bereits seit geraumer Zeit, biologische Gewebe oder Zellverbände als Biomaterial zu benutzen. Dabei wird davon ausgegangen, daß explantierte Gewebeteile ihre gewebe- bzw. blutverträglichen Eigenschaften durch die Bearbeitung nicht verlieren und weiterhin in natürlicher Weise mit ihrer Umgebung wechselwirken. Beispiele sind die künstlichen Herzklappen aus Schweine- oder Rinderperikard, die jedoch zur Verhinderung von Immunreaktionen gegerbt und mit Glutaraldehyd fixiert werden müssen, so daß nur noch die Kollagenmembran übrig bleibt [138, 139]. Leider neigen diese Implantate besonders in jungen Patienten sehr stark zur Kalzifizierung und besitzen daher nur eine vergleichsweise kurze Lebensdauer. Trotzdem werden heutzutage bereits etwa

Tabelle 36.10. Implantate im kardiovaskulären System und ihr Entwicklungsstand

Funktionssubstitution	Erfahrungen
Gefäßprothese	Routine, erfolgreich
Herzklappe	Verbreitet, primäre Erfolge ohne sichere Langzeitprognose
Niere	Extrakorporal, erfolgreiche Routine
Lunge	Extrakorporal, Routine, beschränkte Funktionszeit
Herz	Experimentelles Stadium
Herzschrittmacher	Routine, bewährt

40 000 biologische Herzklappen pro Jahr vorwiegend bei älteren Patienten implantiert.

Einen anderen Ansatz bilden die Bemühungen, lebende Zellschichten auf dem Implantat zu fixieren. Erwähnenswert sind dabei vor allem die Arbeiten zur Beschichtung von Gefäßprothesen mit Endothelzellen [140, 141] oder die zahlreichen Bemühungen, poröse Oberflächen mit einer Neointima bewachsen zu lassen. Nachteile dieser Methoden sind die schlechte Wachstumskontrolle bzw. die geringe Haftfestigkeit, so daß sie in Bereichen großer Scherkräfte nicht verwendbar sind. Speziell bei mechanisch gering belasteten Gefäßprothesen hat sich jedoch ein Gewebe aus Teflon oder Dacron bereits in der Anwendung durchgesetzt. Die durch die Textur des Gewebes bedingte hohe Rauhigkeit der Oberfläche bietet genügend Halt für eine Neointima [142].

36.4 Experimentelle Untersuchungsmethoden

Zum Abschluß dieser Einführung in Biomaterialien soll noch ein kurzer Überblick über bewährte Untersuchungsmethoden gegeben werden, die das tägliche Handwerkzeug in den Labors bilden. Je nach der Art der gestellten Aufgabe sind die geeignetsten Verfahren auszuwählen und gegebenenfalls spezielle Tests hinzuzufügen.

Experimentelle Methoden zur Beurteilung von Materialien sind sowohl in der Forschung und Entwicklung als auch in der Qualitätssicherung [143] wichtig, insbesondere bei Werkstoffen, die – wie im Bereich der Medizintechnik – hohen Anforderungen genügen müssen. Die folgenden Abschnitte sollen exemplarisch einige der wichtigsten Verfahren vorstellen. Zur besseren Übersicht werden zunächst die Techniken erwähnt, mit denen das Volumen des Werkstoffs untersucht werden kann. Daran schließen sich die oberflächensensitiven Methoden an. Den Abschluß bilden die Experimente, die Aussagen über die Grenzfläche zum angrenzenden Medium ermöglichen.

36.4.1 Untersuchung der Volumeneigenschaften

Die Volumeneigenschaften eines Festkörpers lassen sich grob in die mechanischen und die elektrischen Merkmale unterteilen. Die mechanischen Parameter wie Härte, Dichte oder Porosität werden in der Regel mit Standardmethoden bestimmt, sei es die Vikkers-Härteprüfung [144] oder eine einfache Wägung. Weiterhin finden auch Dehnungs-Spannungs-Messungen für die Bestimmung der Festigkeiten sowie Ermüdungsversuche oder Untersuchungen über das Reißverhalten Anwendung.

Einen guten Überblick über die dazugehörigen Meß- und Auswertemethoden bieten die Standardwerke der Werkstoffwissenschaften [145, 146]. Die zugehörigen Normen, die die Durchführung der Versuche standardisieren, sind DIN 53 453 für die Schlag- und die Kerbschlagzähigkeit, DIN 53 455 für die Reißdehnung und die Reißfestigkeit sowie DIN 53 457 für den Zug-E-Modul. Häufig muß auch die räumliche Struktur des Festkörpers durch Röntgenbeugung bestimmt werden [147].

Bei den elektrischen Eigenschaften steht die Leitfähigkeit im Vordergrund, die in der Regel über ein Vier-Elektroden-Verfahren bestimmt wird, um die Kontaktwiderstände zu eliminieren [148]. Handelt es sich bei dem Werkstoff um einen Halbleiter, so kann zusätzlich dessen Bandlücke über optische Transmissionsversuche ermittelt werden [149]. Daneben dient auch die IR-Spektroskopie zur Untersuchung der elektronischen Struktur [150]. Bei der Messung von Volumeneigenschaften eignet sie sich allerdings nur für Materialien, die für infrarotes Licht transparent sind. Aufgrund der besseren Auflösung und der höheren Meßgeschwindigkeit hat sich hierbei speziell die Fourier-Transform-IR-Spektroskopie (FTIR) durchgesetzt [151].

36.4.2 Untersuchung der Oberflächeneigenschaften

Hat man auf diese Weise das Innere eines Festkörpers untersucht, so folgt die Begutachtung der Oberfläche. Denn auch bei gleichen Ausgangsstoffen können sich die Oberflächen durch verschiedene Bearbeitungsmethoden oder Vorbehandlungen unter Umständen wesentlich unterscheiden. Weitere Veränderungen gegenüber den Volumeneigenschaften resultieren aus einer Umstrukturierung bzw. einer chemischen Reaktion der Oberflächenatome.

Die einfachsten Untersuchungsmethoden sind zunächst die optische oder die Elektronenmikroskopie für eine rein morphologische Betrachtung. Standardmäßig wird auch die Rauhigkeit der Oberfläche mit Profilometern gemessen. Im nächsten Schritt kann die chemische Zusammensetzung der Festkörperoberfläche untersucht werden, um eventuelle Oxidations- oder Diffusionsprozesse aufzuklären. Zu diesem Zweck eignen sich alle oberflächenempfindlichen Verfahren wie XPS, UPS, AES, LAMMA oder SIMS, die sich vor allem in der elementabhängigen Empfindlichkeit, der Tiefen- und der räumlichen Auflösung unterschei-

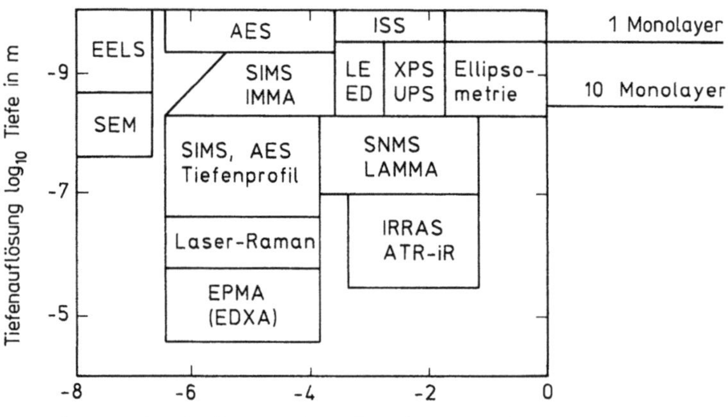

Abb. 36.11. Gegenüberstellung der wichtigsten oberflächensensitiven Verfahren, nach der räumlichen bzw. der Tiefenauflösung geordnet. Die Erklärung der Abkürzungen erfolgt in Tabelle 36.11

Tabelle 36.11. Gebräuchliche Abkürzungen für oberflächensensitive Meßmethoden

AES	Auger Electron Spectroscopy
ATR-IR	Attenuated Total Reflectance-IR
EELS	Electron Energy Loss SP. (Elektronen-Energieverlust-SP.)
EPMA	Electron Probe Microanalyzer
	EDXA = Energy Dispersive X-Ray Analysis = SEM (EDS)
	RMA = Röntgenmikroanalyse
ESCA	Electron Spectroscopy for Chemical Analysis
	XPS = X-Ray Photoelectron Spectroscopy
ESD	Electron Stimulated Desorption
EXAFS	Extended X-Ray Absorption Fine Structure
FMIR-IR	Frustrated Multiple Internal Reflection-IR
FT-ATR	Fourier Transform Attenuated Total Reflectance-IR
IMMA	Ion Microprobe Mass Analyzer
INS	Ionen-Neutralisations-Spektroskopie
IRRAS	IR Reflection-Absorption-Spectroscopy
ISS	Ion Scattering Spectroscopy
LAMMA	Laser Microprobe Mass Analysis
LEED	Low Energy Electron Diffraction
SEM	Scanning Electron Microscopy
	REM = RasterElektronenMikroskopie
SIMS	Secondary Ion Mass Spectroscopy
SNMS	Secondary Neutral Mass Spectroscopy
TDS	Thermal Desorption Spectroscopy
UPS	Ultraviolett Photoelectron Spectroscopy
UV-VIS	Absorptionsspektroskopie im UV und Sichtbaren
XRF	X-Ray Fluorescence

den. Eine Aufstellung der wichtigsten Verfahren geben Abb. 36.11 und Tabelle 36.11.

Sowohl bei der XPS [113, 152] als auch bei der UPS [153] wird elektromagnetische Strahlung zur Anregung der Hüllenelektronen der oberflächennahen Atome verwendet. Dazu wird die Probe monochromatisch bestrahlt und der äußere Photoeffekt ausgenutzt. Ist die Energie der eintreffenden Photonen groß genug, so wird ein Elektron aus der Schale eines Oberflächenatoms ausgelöst und ins Vakuum freigesetzt. Dadurch erhält es eine kinetische Energie, die der Differenz von Photonenenergie und Bindungsenergie entspricht. Durch energieaufgelöste Spektroskopie dieser Elektronen erhält man eine Aussage über die Bindungsenergie der beteiligten Atome. Elektronen aus gleichen Schalen gleicher chemischer Elemente besitzen die gleiche kinetische Energie. Es kommt daher zur Ausbildung von Peaks im Elektronenspektrum, deren Lage von den in der Probe enthaltenen chemischen Elementen und deren Fläche von ihren relativen Konzentrationen bestimmt wird.

UPS wirkt wegen der geringeren Energien der beteiligten Photonen nur auf die äußersten Elektronen und eignet sich daher z. B. für die Untersuchung der Bindungsverhältnisse, da unterschiedliche chemische Bindungen Energieverschiebungen der Hüllenelektronen zur Folge haben. Darüber hinaus läßt sich mit UPS die Dichte der besetzten Zustände im Valenzband bestimmen, was – insbesondere bei Halbleitern – genauere Aussagen über das elektronische Verhalten des untersuchten Materials ermöglicht [154]. XPS regt dagegen besonders die

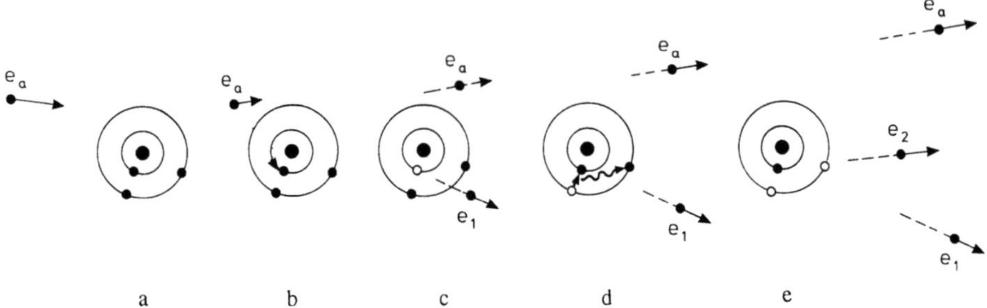

Abb. 36.12. Vereinfachte Darstellung des Auger-Effekts

kernnahen Elektronen an und ist daher in erster Linie für die Elementbestimmung tauglich. Beide Methoden, also sowohl XPS als auch UPS, sind ausgesprochen oberflächensensitiv. Zwar ist die Eindringtiefe der elektromagnetischen Strahlung materialabhängig und kann einige Mikrometer betragen; zum Meßsignal tragen aber in erster Linie die Elektronen bei, die ohne Energieverlust den Festkörper verlassen, also aus den obersten 10 nm stammen. Lediglich bei der Bestimmung der Zustandsdichten mit UPS kommt es zu Meßfehlern, da hier nicht die Lage der Peaks, sondern die Höhe des Signals ausgewertet wird.

Auch die Auger-Elektronen-Spektroskopie (AES) weist die aus der Probe austretenden Elektronen nach, regt sie allerdings durch eingestrahlte Elektronen an [112]. Bei dieser Meßmethode wird der Auger-Effekt ausgenutzt, der in Abb. 36.12 skizziert ist. Das einfallende Elektron (a) ionisiert ein Atom, indem es ein kernnahes Elektron herausschlägt (b, c). Die innere Schale wird anschließend durch ein Hüllenelektron wieder aufgefüllt (d). Die dabei freiwerdende Energie wird zum Teil in Form von elektromagnetischer Strahlung freigesetzt oder aber zum Auslösen eines weiteren Elektrons – des sogenannten Auger-Elektrons – genutzt (e). Der erste Effekt wird bei der Röntgenmikroanalyse (EDXA) verwendet, der zweite dient der AES. Die ausgelösten Auger-Elektronen weisen eine diskrete Verteilung ihrer kinetischen Energien auf und eignen sich damit für die Untersuchung der Bindungsverhältnisse. Allerdings können die leichten Elemente nicht detektiert werden, und auch bei sehr schweren Elementen ab einer Ordnungszahl von etwa 60 geht das Auflösungsvermögen sehr stark zurück. Alle bisher genannten Verfahren können ohnehin bestenfalls Elemente nachweisen, die in einer Mindestkonzentration von 0,5% vorliegen.

Für eine genauere Analyse der Materialzusammensetzung eignen sich nur massenspektroskopische Methoden, bei denen der Werkstoff entweder durch einen Laserstrahl (LAMMA) [155] verdampft oder durch Ionenbeschuß (SIMS [112] Atomlage für Atomlage abgetragen wird und die so freigesetzten Teilchen nachgewiesen werden. Auf diese Art lassen sich prinzipiell alle chemischen Elemente mit einem Auflösungsvermögen von mindestens 0,1% – in einigen Fällen sogar bis 1 ppb – detektieren. Die Auflösung wird dabei vor allem durch das verwendete Massenspektrometer mit seiner Ionenoptik bestimmt, aber auch durch die Isotopenverteilung der Elemente etwas eingeschränkt. Da gleiche chemische Elemente aufgrund unterschiedlicher Neutronenzahlen verschiedene Isotope besitzen können, existieren Nuklide mit gleicher Massenzahl, aber verschiedener

Ordnungszahl – sogenannte Isobare. Außerdem können auch Ionencluster leichterer Atome die Massenzahl eines schwereren Elements besitzen. Aus diesen Gründen gibt es keine eindeutige Beziehung zwischen der der Messung zugänglichen Massenzahl und der gesuchten Ordnungszahl. Bei bekannter Isotopenverteilung ist aber eine Korrektur der Messungen möglich.

Allerdings ist eine Quantifizierung der Ergebnisse nur mit Eichstandards möglich, da ausschließlich ionisierte Targetteilchen nachgewiesen werden können und die Ionisierungswahrscheinlichkeit der Atome von der Art des Elements und der elektronischen Umgebung im Festkörper abhängt. Daher ist in den letzten Jahren die SNMS [156, 157] entwickelt worden, bei der die Probe mit Hilfe eines Plasmas abgetragen wird. Die dabei entstehenden Neutralteilchen und Ionen werden alle nachionisiert, wodurch eine wesentlich höhere Ausbeute erzielt wird und für alle Elemente eine materialunabhängige Nachweiswahrscheinlichkeit angegeben werden kann.

Bei allen massenspektroskopischen Methoden wird die Probe während der Messung abgetragen. Man erhält dadurch die Möglichkeit, auch die Tiefenprofile verschiedener Elemente zu messen, was bei XPS, UPS oder AES höchstens mit winkelaufgelöster Spektroskopie oder mit zusätzlichem Materialabtrag zu erreichen ist. Die genannten Verfahren arbeiten daher nicht zerstörungsfrei.

Die bisher aufgezählten Meßverfahren lassen sich auch kombinieren, da sich die Anregungsquelle bzw. die Detektorsysteme für verschiedene Methoden gleichen und nur die Kombination sowie die Auswertung verändert werden muß. So ist beispielsweise für XPS, UPS und AES im Prinzip das gleiche Elektronenspektrometer verwendbar. Außerdem können Auger-Elektronen auch durch Io-

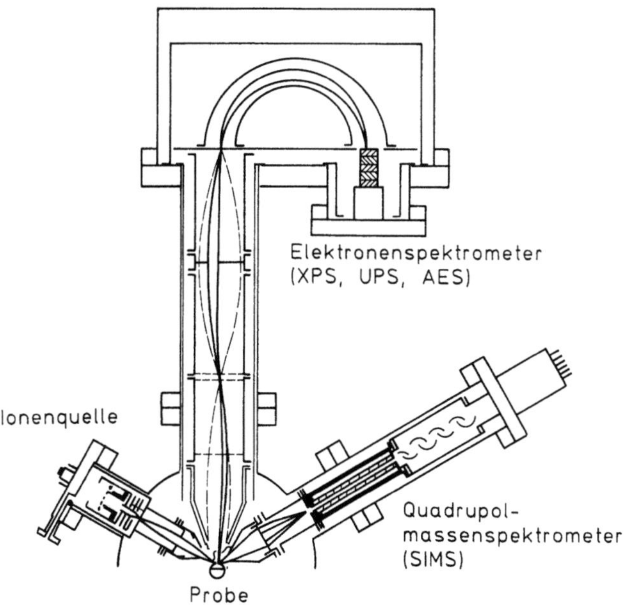

Abb. 36.13. Schematische Darstellung einer Anlage, die die gleichzeitige Verwendung von ESCA und SIMS ermöglicht [155]

nenbeschuß angeregt werden. Abbildung 36.13 zeigt eine ESCA-SIMS-Kombination der Leybold AG [158].

Als Spezialfälle einiger oberflächensensitiver Methoden sind noch die bildgebenden Varianten zu erwähnen, also beispielsweise „Imaging SIMS" [112] oder „Scanning AES" [159]. Wenn die Teilchen, mit denen die Probe angeregt oder abgetragen wird, gut fokussierbar sind, dann kann die Probenoberfläche mit dem Sondenstrahl abgerastert und die Elementverteilung an der Oberfläche zweidimensional aufgelöst werden. Falschfarbenbilder dieser Elementverteilungen eröffnen vor allem in der Implantatforschung neue Möglichkeiten, da sie z. B. Auslaugungs- oder Anreicherungsprozesse bildlich darstellen können [160].

Neben diesen aufgrund der erforderlichen Ultrahochvakuumtechnik recht aufwendigen Methoden wird auch die IR-Spektroskopie in Reflektionstechnik benutzt, um Aussagen über die Bindungsverhältnisse an der Oberfläche machen zu können. Durch das infrarote Licht werden insbesondere Atombindungen zu charakteristischen Schwingungen angeregt, die eine erhöhte Absorption verursachen. Speziell die Infrared Reflection-Absorption Spectroscopy (IRRAS) hat sich in jüngster Zeit bewährt [161].

Ein mehr qualitativer Ansatz in die gleiche Richtung sind Kontaktwinkelmessungen, mit deren Hilfe aber nur vergleichende Messungen bezüglich der Hydrophilie oder -phobie einer Oberfläche möglich sind. Dabei bringt man einen Tropfen einer Flüssigkeit – bei Biomaterialien in der Regel Wasser oder einfache organische Verbindungen – in Kontakt mit der zu untersuchenden Oberfläche und mißt den Winkel, den der Flüssigkeitsrand relativ dazu einnimmt [130]. Seit über 20 Jahren wird versucht, mit dieser thermodynamischen Methode Voraussagen über das Proteinadsorptionsverhalten und damit über die Biokompatibilität von Werkstoffen zu machen. Verschiedene Hypothesen [162, 163] schlagen unterschiedliche Werte der Oberflächenenergie als Voraussetzung für hohe Blutverträglichkeit vor, konnten bis heute jedoch nicht bestätigt werden.

36.4.3 Untersuchung der Grenzflächeneigenschaften

Bringt man nun schließlich den Festkörper in Kontakt mit einer anderen, in der Regel flüssigen Substanz, so erhält man eine Grenzfläche, deren Eigenschaften von denen der Oberfläche abweichen können. Selbst wenn vorausgesetzt wird, daß die beiden Medien nicht miteinander reagieren oder korrosiv aufeinander wirken, kommt es beim Kontakt aufgrund unterschiedlicher chemischer Potentiale zur Ausbildung von Raumladungszonen und einer Helmholtz-Doppelschicht, die Kondensatorcharakter besitzt [164]. Die dadurch entstehenden hohen elektrischen Felder beeinflussen sowohl die elektronischen als auch die strukturellen Eigenschaften der Grenzfläche. Eine gute Zusammenfassung der elektrochemischen Effekte, die an der praktisch interessierenden Phasengrenze zu oxidischen Oberflächen auftreten, findet sich bei Morrison [165]. Abbildung 36.14 zeigt schematisch die Ladungs- und Potentialverteilung an einer Phasengrenze zu einem Metall.

Ist eine der beiden beteiligten Phasen optisch transparent, so lassen sich auch hier wieder optische Transmissions- oder Reflektionsversuche durchführen. Ins-

besondere eignen sich Verfahren, die die Totalreflektion an der Grenzfläche ausnutzen, da so eine eventuelle Veränderung des zweiten Mediums ausgeschlossen
werden kann. Zu erwähnen ist hierbei die ATR-IR-Technik [114].

Für die Untersuchung der Potentialverhältnisse an der Phasengrenze finden
in der Regel potentiostatische Methoden Anwendung. Im einfachsten Fall ist das

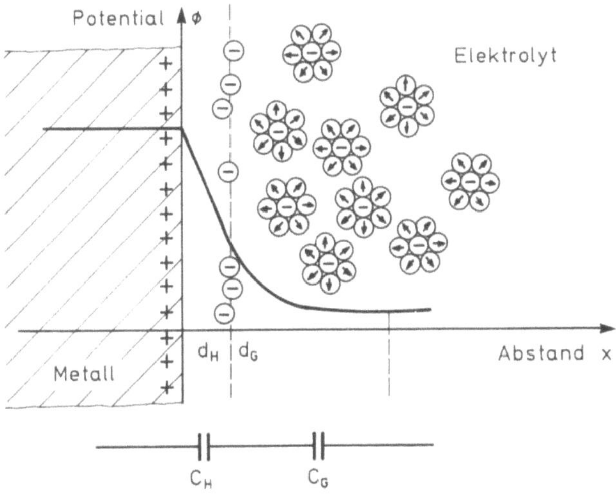

Abb. 36.14. Schematische Darstellung der Ladungs- und Potentialverteilung an einer Phasengrenze zu einem Metall. d_H und C_H stellen die Dicke und Kapazität der Helmholtz-Schicht dar,
d_G und C_G bezeichnen die Dicke und Kapazität der Gouy-Chapman-Schicht

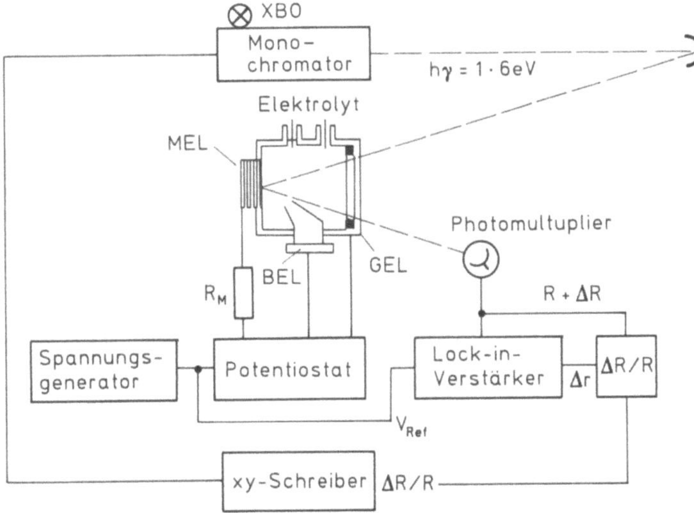

Abb. 36.15. Versuchsaufbau zur Messung des differentiellen Reflexionsvermögens an Werkstoff-
oberflächen, *MEL* Meßelektrode, *BEL* Bezugselektrode, *GEL* Gegenelektrode, *XBO* Xenon-
Bogenlampe

die Aufnahme von *I-U*-Kennlinien, die erste Aussagen über die an der Phasengrenze ablaufenden Redoxvorgänge erlauben [164, 166]. Für weitere Details werden Photostrommessungen oder die sogenannte *C-V*-Spektroskopie genutzt, bei der die Veränderung der Raumladungskapazität in Abhängigkeit von einer Vorspannung gemessen wird [167]. Handelt es sich bei dem zu untersuchenden Festkörper um einen Halbleiter, so empfiehlt sich insbesondere die Elektroreflexions-Spektroskopie, mit der exakte Aussagen über die Potentialaufteilung und die Bandstruktur des Festkörpers möglich sind [168]. Bei diesem Verfahren wird das differentielle Reflexionsvermögen eines Werkstoffs in Abhängigkeit von der Wellenlänge und der angelegten Spannung gemessen. Abbildung 36.15 zeigt schematisch den Versuchsaufbau. Aus den so erhaltenen Abhängigkeiten lassen sich beispielsweise die van-Hove-Singularitäten der Bandstruktur eines Festkörpers bestimmen oder aber bei bekannter Lage dieser Singularitäten der Potentialabfall im Festkörper berechnen.

Abschließend muß noch einmal betont werden, daß die vorgestellten Möglichkeiten nur einen Überblick über die wichtigsten Standardmethoden geben und sich nicht für alle Anwendungen eignen. In jedem Einzelfall ist daher neu zu prüfen, welches Verfahren sich für den betrachteten Werkstoff und das gestellte Problem am besten eignet.

36.5 Zusammenfassung

Die gezeigten Beispiele und Anwendungen von Werkstoffen in der Biomedizinischen Technik zeigen deutlich die vordringliche Aufgabe bei der weiteren Entwicklung von Biomaterialien, nämlich die Untersuchung der Phasengrenze zwischen Implantat und Körper. Gerade die Aufklärung der grundlegenden physikalischen Phänomene, die die auftretenden Komplikationen mit organischen Substanzen des Körpers erklären können, muß das Ziel aller Bemühungen sein, um von der rein empirischen Wissenschaft zu einer gezielten Werkstoffentwicklung kommen zu können. Aus diesem Grund werden auch intensive Forschungsanstrengungen in der Grundlagenforschung unternommen, sei es bei der Untersuchung der Proteinadsorptions- und -reaktionskinetik oder der Potentialverteilung an der Phasengrenze.

Die bisher erarbeiteten Ansätze zeigen bereits, daß auch in der Implantattechnik Werkstoffkombinationen nötig sind, da einfache Systeme nicht alle gestellten Anforderungen erfüllen können. Egal welche Werkstoffgruppe betrachtet wird – seien es Metalle mit keramischen Überzügen oder Polymere mit organischen, aktiven Beschichtungen – stets bieten Beschichtungen eine wesentliche Verbesserungsmöglichkeit. Auch neuartige Werkstoffbehandlungen oder Verarbeitungsmethoden, wie z. B. das Sintern, erweitern die bestehenden Möglichkeiten. Damit wird deutlich, daß auch in der Implantattechnik das Beherrschen von Technologien die zentrale Voraussetzung für die weitere Entwicklung bildet.

36.6 Literatur

1. Doremus, R. H.: Glass Science, New York: John Wiley & Sons (1973)
2. Kingery, W. D.: Introduction to Ceramics, New York: John Wiley & Sons (1960)
3. Doremus, R. H.: Manufacturing processes of ceramics. In: Ducheyne, P.; Hastings, G. W. (eds.): Metal and Ceramic Biomaterials. Boca Raton, FL: CRC Press (1984) 107–120
4. Haubold, A. D.; Shim, H. S.; Bokros, J. C.: Carbon in medical devices. In: Williams D. F. (ed.), Biocompatibility of Clinical Implant Materials, Vol. 2, Boca Raton, FL: CRC Press (1981) 3–42
5. Oonishi, H.; Hamaguchi, T.; Okabe, N.; Nabeshima, T.; Ota, N.: Al_2O_3 ceramic artificial ankle joint. In: Proceedings of the Colloquium for Orthopaedic Ceramic Implants, Kyoto (1980) 63–67
6. Sandhaus, S.: Bone implants and drills and taps for bone surgery. British Pat., 1,083,769 (1967)
7. Schulte, W.: The intra-osseous Al_2O_3 (FRIALIT) Tübingen Implant. Development status after eight years. Quintessence Int., 15 (1984)
8. Brinkmann, E.: Das Keramik-Anker-Implantat nach Mutschelknauss. Zahnärztliche Praxis, 29 (1978) 148–150
9. Kawahara, HH.; Yamagami, A.: Bio-ceram, a new type of ceramic implant. Proc. Jpn. Soc. Implant Dent. (1975) 187–196
10. Driskell, T. D.; Heller, A. L.: Clinical use of aluminum oxide endosseous implants, Oral Implantol. 7 (1977) 1–14
11. Jahnke, K.; Galic, M.; Eitel, W.; Heumann, H.: Electron microscope observations of Al_2O_3-ceramic implants in middle ear surgery. In: Winter, G. D.; Gibbons, D. F.; Plenk, H., Jr. (eds.): Biomaterials 1980, Chichester: John Wiley & Sons (1982) 715–720
12. Plester, D.; Jahnke, K.: Ceramic implants in otologic surgery. Am. J. Otol. 3 (1981) 104–108
13. Garvie, R. C.; Urbani, C.; Kennedy, D. R.; McNeuer, J. C.: Biocompatibility of magnesia partially stabilized zirconia (Mg-PSZ) ceramics. J. Mater. Sci. 19 (1984) 3224–3228
14. Claussen, N.: Umwandlungsverstärkte keramische Werkstoffe. Z. Werkstofftechn. 13 (1982) 138–147
15. Nakajima, K.; Kobayashi, K.; Murata, Y.: Phase stability of Y-Psz in aqueous solutions. Adv. Ceram. 12 (1984) 339–407
16. Clarke, I. E.; Philips, W.; McKellop, H. A.; Moreland, J.; Amstutz, H. C.: Sialon ceramic – a candidate material for total joint replacements. In: Hastings, G. W.; Williams, D. F. (eds.): Mechanical Properties of Biomaterials, New York: John Wiley & Sons (1980) 155
17. Swart, I. G. N.; de Groot, K.: Clinical experiences with sintered calciumphosphate as oral implant material. In: Heimke, G. (ed.): Dental Implants, Munich: Hanser (1980) 97–103
18. Denissen, H. W.; de Groot, K.: Immediate dental root implants from synthetic dense calcium hydroxylapatite. J. Prosthet. Dent. 42 (1979) 551
19. Reck, R.; Helms, J.: Fundamental aspects of bioglass and surgery with bioactive glass ceramic implants. In: Grote, J. J. (ed.); Biomaterials in Otology, The Hague: Martinus Nijhoff (1984) 230–241
20. Driskell, T. D.; Hassler, C. R.; Tennery, V. J.; McCoy, I. R.; Clarke, W. J.: Calcium phosphate resorbable ceramics: A potential alternative to bone grafting. J. Dent. Res. 52 (1973) 123
21. Zöllner, C.; Strutz, J.; Beck, C.; Büsing, C. M.: Are porous tricalcium phosphate ceramic implants suitable for middle ear surgery? An experimental study of the pig's hypotympanon, with additional preliminary clinical results. In: Grote, J.J. (ed.): Biomaterials in Otology, The Hague: Martinus Nijhoff (1984) 262–273
22. Han, C. D.: Rheology in polymer processing. New York: Academic Press (1976)
23. Middleman, S.: Fundamentals of polymer processing. New York: McGraw-Hill (1977)
24. Miller, E. (ed.): Plastics design handbook: Part B, Process and Design for Processes. New York: Dekker (1983)
25. Ogorkiewicz, R. M.: Thermoplastics-properties and processing. New York: John Wiley & Sons (1973)

26. Young, J. F.; Shane, R. S. (eds.): Materials and Processes, 3rd ed., Parts A and B, New York: Dekker (1985)
27. Flory, P. J.: NSF-Outlook for Science and Technology: The next five years. San Francisco, CA: Freeman (1982)
28. Billmeyer, F. W., Jr.: Textbook of polymer science. 3rd ed., New York: John Wiley & Sons (1984)
29. Shalaby, S. W.; Schwartz, B. G.: s. o.
30. Miller, E. (ed.): Plastics design handbook: Part A, materials and components. New York: Dekker (1981)
31. Rembaum, A.; Shen, M.: Biomedical Polymers. New York: Dekker (1971)
32. Saechtling-Zebrowski, Hj.: Kunststoff-Taschenbuch, 18. ed., München: Hanser (1971)
33. Shalaby, S. W.: Polymeric materials. In: Webster, J. G. (ed.): Encyclopedia of medical devices and instrumentation. New York: John Wiley & Sons (1988) 2324–2335
34. Rubin, L. R.: Biomaterials in reconstructive surgery. St. Louis: The CV Mosby Company (1983)
35. Frank, E.; Zitter, M.: Metallische Implantate in der Knochenchirurgie. Berlin: Springer (1971)
36. Winter, G. D. et al.: Evaluation of biomaterials, Bd. 1. Chichester, New York: John Wiley & Sons (1980)
37. Matloff, J. M.: Cardiac valve replacement – current status. Boston: Martinus Nijhoff (1985)
38. Callow, A. D.: Historical overview of experimental and clinical development of vascular grafts. In: Stanley I. C. et al. (eds.), Biological and synthetic vascular protheses. New York: Grune & Stratton (1982) 11–26
39. Hufnagel, C. A.: History of vascular grafting. In: Wright C. B. et al. (eds.). Boston: John Wright (1983) 1–12
40. Temple, L. J.; Wright, J. T. M.: Implants in the cardiovascular and respiratory systems. In: Williams D. F. ; Roaf R., (eds.): Implants in surgery. London: W. B. Saunders (1973) 481–536
41. Williams, D. F.: Definitions in biomaterials. Amsterdam: Elsevier 1987
42. Park, J. B.: Biomaterials: an overview. In: Webster J. G. (ed.): Encyclopedia of medical devices and instrumentation. New York: John Wiley & Sons (1988) 328–350
43. Semlitsch, M.; Willert, H. G.: Metallic materials for artificial hip joints. In: Webster J. G. (ed.): Encyclopedia of medical devices and instrumentation. New York: John Wiley & Sons (1988) 137–149
44. Willert, H. G.; Semlitsch, M.: Biomaterialien und orthopädische Implantate. In: Orthopädie in Praxis und Klinik II. Stuttgart: Thieme 1981
45. Szycher, M.: Biocompatible polymers, metals, and composites. Lancaster: Technomic 1983
46. Mohtashemi, M.; Hines, G. L.: Tissue response to permanently implanted pacemaker generators and electrodes. In: Rubin L. R. (ed.): Biomaterials in reconstructive surgery. St. Louis: The C. V. Mosby Company 1983
47. Ratner, B. D.: Surface characterization of biomaterials. Progress in biomedical engineering 6. Amsterdam: Elsevier 1988
48. Pourdeyhimi, B.; Wagner, D.: On the correlation between the failure of vascular grafts and their structural and material properties: a critical analysis. J. Biomed. Mater. Res. 20 (1986) 375–409
49. Cazenave, J. P.; Davies, J. A.; Kazatchkine, M. D.; van Aken, W. G.: Blood-surface interactions: biological principles underlying haemocompatibility with artificial materials. Amsterdam: Elsevier 1986
50. Park, J. B.: Biomaterials science and engineering. New York: Plenum Press 1984
51. Ral, T.: The toxicity of metals used in orthopaedic implants. J. of Bone and Joint Surgery 63 B(3) (1981) 435–440
52. Method for determination of the endurance properties of stemmed femoral components without application of torsion. ISO, TC-150, SC-4, N30, December 1985
53. Davidson, J. A.; Schwartz, G.: Wear, creep, and frictional heat of femoral implant articulating surfaces and the effect on long-term performance – Part I, A review. J Biomed. Mater. Res.: Applied biomaterials 21, A3 (1987) 261–285

Davidson, J.A.; Schwartz, G.; Lynch, G.: Wear, creep, and frictional heating of femoral implant articulating surfaces and the effect on long-term performance – Part II, friction, heating, and torque. J. Biomed. Mater. Res.: Applied biomaterials 22, A1 (1988) 69–91

54. McKellop, H.A.; Clarke, I.C.: Evolution and evaluation of materials-screening machines and joint simulators in predicting in vivo wear phenomena. In: Ducheyne P.; Hastings G., (eds.): Functional behavior of orthopaedic biomaterials, Bd. 2. Boca Raton FL: CRC Press 1984

55. Fraker, A.C.; Griffin, C.D.: Corrosion and degradation of implant materials. Second Int. Symposium on Corrosion and Degradation of Implant Materials 1983. Philadelphia: ASTM, Bd. 859 (1985)

56. Stange, J.; Mittelmeier, H.: Elastische Osteosynthese mit Autokompressionsplatten (ACP) aus kohlefaserverstärktem thermoplastischen Kunststoff. Biomedizinische Technik 34 (1989) 143–148

57. Dörre, E.: Hydroxylapatitkeramik-Beschichtungen für Verankerungsteile von Hüftgelenk-prothesen (Technische Aspekte). Biomedizinische Technik 34 (1989) 46–52

58. Breme, J.: Titanium and Titanium alloys, biomaterials of preference. Proc. Sixth World Conference on Titanium, France 1988

59. Zitter, H.; Plenk Jr., H.: The electromechanical behaviour of metallic implant materials as an indicator of their biocompatibility. J. Biomed. Mater. Res. 21 (1987) 881

60. Fraker, A.C.; Ruff, A.W.; Sung, P.; van Orden, A.C.; Speck, K.M.: Surface preparation and corrosion behaviour of Titanium alloys for surgical implants. Ti '80 Science and Technology, Plenum Press (1980) 2447

61. Mears, D.C.: Dissimilar metals in orthopaedic surgery. J. Biomed. Mater. Res. 6 (1975) 133

62. Brown, S.A.: Biomaterials, corrosion and wear of corrosion. In: Webster J.G. (ed.): Encyclopedia of medical devices and instrumentation. New York: John Wiley & Sons (1988) 351–361

63. Zitter, H.: The suitability of metals for surgical implants. In: Schaldach, M.; D. Hohmann, (eds.): Advances in artificial hip and knee joint technology. Engineering in medicine Bd. 2. Berlin, New York: Springer (1976) 227–241

64. Rätzer-Scheibe, H.J.; Buhl, H.: Repassivation of Titanium and Titanium alloys. Titanium Science and Technology AIME (1984) 2641

65. Higham, P.A.: Ion implantation as a tool for improving the properties of orthopaedic alloys. Proc. Conf. Biomed. Mat., Boston, Dec. 1985 (1986) 253

66. Williams, J.M.; Buchanan, R.A.: Ion implantation of surgical Ti-6Al-4V alloy. Mater. Sci. Eng. 69 (1985) 237

67. Zwicker, U.; Etzold, U.; Moser, Th.: Abrasive properties of oxide layers on TiAl5Fe2.5 in contact with high density polyethelene. In: Lütjering, G.; Zwicker, U.; Bunk, W. (eds.): Ti '84 Science and Technology (1984) 1343

68. Zetner, K.; Plenk, H.; Strassl, H.: Tissue and cell reactions in vivo and in vitro to different metals for dental implants. In: Heimke, G. (ed.): Dental implants. München: Hanser (1980) 15

69. Magnetische Eigenschaften. In: Hellwege, K.H.; Hellwege, A.M. (Hrsg.): Landolt-Börnstein. Berlin: Springer 1962

70. Kubaschewski, O.; Evans, E.Cl.; Alcock, C.B.: Metallurgical thermochemistry. London: Pergamon 1967

71. Steinemann, S.G.; Perren, S.M.: Titanium as metallic biomaterials. In: Lütjering, G.; Zwicker, U.; Bunk, W. (eds.): Ti '84 Science and Technology (1984) 1327

72. Zitter, H.: Schädigung des Gewebes durch metallische Implantate. Unfallheilkunde 79 (1976) 91

73. Ferguson Jr., A.B.; Laing, P.G.; Hodge, E.S.: The ionization of metal implants in living tissue. J. Bone and Joint Surg. 42A (1960) 77

74. Zwicker, U.; Bühler, K.; Müller, R.; Beck, H.; Schmid, H.J.; Ferstl, J.: Mechanical properties and tissue reactions of a Titanium alloy for implant material. Titanium '80 Science and Technology, AIME (1980) 505

75. Hohmann, D.; Legal, H.: Application of Titanium alloys for orthopaedic surgery. Ti '84 Science and Technology, 1984

76. Breme, J.; Heimke, G.: Corrosion fatigue test of TiAl5Fe2,5 hip implant under high stresses. In: Lütjering, G.; Zwicker, U.; Bunk, W. (eds.): Ti '84 Science and Technology (1984) 1351

77. Semlitsch, M.; Staub, F.; Weber, H.: Development of a vital, high strength wrought Ti-6-Al-7Nb alloy for surgical implants. 5th Europ. Conf. on Biomaterials, Paris (1985)

78. Albrektsson, T.; Brånemark, P-I.; Hansson, H-A.; Kasemo, B.; Larsson, K.; Lundström, I.; McQueen, D.H.; Skalak, R.: The interface zone of inorganic implants in vivo: Titanium implants in bone. Ann. Biomed. Eng. 11 (1983) 1–27

79. Brånemark, P.I.; Adell, R.; Albrektsson, T.; Lekholm, U.; Ludkvist, S.; Rockler, B.: Osseointegrated Titanium fixtures in the treatment of endentulousness. Biomaterials 4 (1983) 25

80. Schröder, A.; Stich, H.; Straumann, F.; Sutter, F.: Über die Anlagerung von Osteozement an einen belasteten Implantatkörper. Schw. Mschr. f. Zahnheilk. 88 (1978) 1051

81. Kydd, W.L.; Daly, C.H.: Bone-Titanium implant response to mechanical stress. J. Prosthet. Dent. 35 (1976) 567

82. Hansson, H.A.; Albrektsson, M.D.; Brånemark, P.I.: Structural aspects of the interface between tissue and Titanium implants. J. Prosthet. Dent. 50 (1983) 108

83. Kawahara, H.: Cellular response to implant materials: biological, physical and chemical factors. Intern. Dent. J. 33 (1984) 350

84. Pilliar, R.M.; Lee, J.M.; Manatopoulos, C.: Observations on the effect of movement on bone ingrowth into porous-surfaced implants. Clinical Orthopaed. and Related Res. 20B (1986) 108

85. Eulenberger, J.; Keller, F.; Schroeder, A.; Steinemann, S.G.: Haftung zwischen Knochen und Titan. 4. DVM-Vortragsreihe Implantate, DVM, (ed.) (1983) 131

86. Hahn, H.; Palich, J.: Preliminary evaluation of porous metals surfaced Titanium for orthopaedic implants. J. Biomed. Mater. Res. 4 (1970) 571

87. Fletcher, R.D.; Schneider, G.; Labant, M.; Albertson, J.N.: An in vitro technique for measuring cell adhesion to rigid materials. J. Dent. Res. 58 (1979) 1750

88. Schröder, A.; Pohler, O.; Suttner, P.: Gewebereaktion auf ein Titan-Hohlzylinderimplantat mit Titan-Spritzschichtoberfläche. Schw. Mschr. Zahnheilk. 86 (1976) 713

89. Steinemann, S.G.; Mäusli, P.-A.: Titanium alloys for surgical implants – biocompatibility from physicochemical principles. Sixth World Conf. on Titanium, France 1988

90. Steinhäuser, E.: Bone screws and plates in orthognathic surgery. Int. J. Oral Surg. 11 (1982) 209

91. Steinhäuser, E.: Erfahrungen mit dem Titangitter als temporäres Fremdimplantat zur Wiederherstellung bei Unterkieferdefekten. Dtsch. zahnärztl. Z. 32 (1977) 523

92. Plitz, W.: Wie beeinträchtigen osteoinduktive Oberflächenstrukturen die Gestaltfestigkeit von Endoprothesen. 7. DVM-Vortragsreihe Implantate (1988) 134

93. Schmidt, R.F.; Thews, G.: Physiologie des Menschen, Kap. 16: Funktionen des Blutes. 20. Aufl. Berlin: Springer 1980

94. Gerlach, E.; Moser, K.; Deutsch, E.; Willmanns, W.: Erythrocytes, thrombocytes, leukocytes. Recent advances in membrane and metabolic research. Stuttgart: Thieme 1973

95. Wranglen, G.: Korrosion und Korrosionsschutz. Berlin: Springer 1985

96. Lemm, W. et al.: Biodegradation of some biomaterials in vitro. Proc. Europ. Soc. Art. Organs 7 (1980) 86

97. Imai, Y. et al.: Biodegradation of polymeric materials. Trans. Soc. Biomat. 3 (1979) 84

98. Weimer, E.; Schaldach, M.: Biodegradation von Polyethylen und Polyäther-Polyurethan. Biomed. Techn. 29 (1984) 218–225

99. Dunken, H.: Physikalische Chemie der Glasoberfläche. Leipzig (1981)

100. Nossel, H.C.: Assessment of activation of coagulation and platelets in vivo. In: Salzman, E.W. (ed.): Interaction of the blood with natural and artificial surfaces. New York: Marcel Dekker (1981) 171–184

101. Andrade, J.D.: Principles of protein adsorption. In: Andrade J.D. (ed.): Surface and interfacial aspects of biomedical polymers. New York, London: Plenum Press, Bd.2 (1985) 1–80

102. Park, K.; Gerndt, S.J.; Park, H.: Patchwise adsorption of fibrinogen on glass surfaces and its implication in platelet adhesion. J. Colloid Interface Science 125 (1988) 702–711

103. Mosher, D. F.: Influence of proteins on platelet-surface interactions. In: Salzman, E. W. (ed.): Interaction of the blood with natural and artificial surfaces. New York: Marcel Dekker (1981) 85–102

104. Brash, J. L.: Protein interactions with artificial surfaces. In: Salzman, E. W. (ed.): Interaction of the blood with natural and artificial surfaces. New York: Marcel Dekker (1981) 37–60

105. Gölander, C.-G.; Kiss, E.: Protein adsorption on functionalized and ESCA-characterized polymer films studied by ellipsometry. J. Colloid Interface Science 121 (1988) 240–253

106. Baurschmidt, P.; Schaldach, M.: Alloplastische Materialien für den Herzklappenersatz. Biomed. Techn. 25 (1980) 89–95

107. Morrissey, B. W.: The adsorption and conformation of plasma proteins: a physical approach. Annals of the New York Academy of Science 283 (1977) 50

108. Kochwa, S.; Brownell, M.; Rosenfield, R. E.; Wasserman, L. R.: Adsorption of proteins by polystyrene particles. I. Molecular Unfolding and Acquired Immunogenicity of IgG. J. Immunology 99 (1967) 981

109. Vanholder; Ringoir: Bioincompatibility: an overview. The Intern. J. of Artificial Organs 12 (1989) 356–365

110. Nakahara, T.; Yoshida, F.: Mechanical effects on rates of hemolysis. J. Biom. Mat. Res. 20 (1986) 363–374

111. Anderson, G. H.; Hellums, J. D.; Moake, J. L.; Alfrey, C. P.: Platelet lysis and aggregation in shear fields. Blood Cells 4 (1978) 499–507

112. Benninghofen, A.; Werner, H. W.; Riedenauer, F. G.: Secondary ion mass spectrometry. New York: John Wiley & Sons (1987)

113. Andrade, J. D.: X-ray photoelectron spectroscopy. In: Andrade, J. D. (ed.): Surface and interfacial aspects of biomedical polymers. New York, London: Plenum Press, Bd. 1 (1985) 105–196

114. Knutson, K.; Lyman, D. J.: Surface infrared spectroscopy. In: Andrade, J. D. (ed.): Surface and interfacial aspects of biomedical polymers. New York, London: Plenum Press, Bd. 1 (1985) 197–248

115. Cotton, T. M.: Surface enhanced Raman spectroscopy of biological macromolecules. In: Andrade, J. D. (ed.): Surface and interfacial aspects of biomedical polymers. New York, London: Plenum Press, Bd. 2 (1985) 161–188

116. Hlady, V.; van Wagenen, R. A.; Andrade, J. D.: Total internal reflection intrinsic fluorescence (TIRIF) spectroscopy applied to protein adsorption. In: Andrade, J. D. (ed.): Surface and interfacial aspects of biomedical polymers. New York, London: Plenum Press, Bd. 2 (1985) 81–120

117. Test-Fibel Blutgerinnung. Boehringer Mannheim GmbH 1974

118. Augthun, M.; Brauner, A.; Kaden, P.; Mittermayer, Ch.: Möglichkeiten und Grenzen der Zellkultur. Z. für zahnärztl. Implantologie IV (1988) 228–231

119. Coleman, D. L.: In vitro blood materials interactions: a multitest approach. Ph. D. Dissertation, University of Utah 1980

120. Paar, D.; Maruhn, D.: Präzision teilautomatisierter Bestimmungen der Thromboplastinzeit bei unterschiedlichen Fibrinogenkonzentrationen. Das Ärztliche Laboratorium 20 (1974) 379–384

121. Kaiser, M. et al.: In vitro tests of thrombogenicity, protein adsorption and hemolytic properties of biomaterials. Proc. Europ. Soc. Artif. Organs 6 (1976) 203–206

122. Wilson, R. S.; Lelah, M. D.; Cooper, S. L.: Blood material interactions: assessment of in vitro and in vivo test methods. In: Williams, D. F. (ed.): Techniques of biocompatibility testing. Cleveland: CRC Press 1984

123. Kusserow, B.; Larrow, R.; Nichols, J.: Observations concerning prosthesis-induced thromboembolic phenomena made with a vivo embolus system. Trans. Amer. Soc. Artif. Int. Organs 16 (1970) 58

124. Whalen, R. L.; Jeffrey, D. L.; Norman, J. C.: A new method of in vivo screening of thromboresistant biomaterials utilizing flow measurement. Trans. Amer. Soc. Int. Organs 19 (1973) 19

125. Harbauer, G.; Brauner, H.; Schaldach, M.: A simplified in vivo screening method of implant materials for blood compatibility. Proc. of Europ. Soc. Artif. Organs (ESAO) 2 (1975) 163

126. Lederman, D. M. et al.: The intravascular magnetic suspension of a test device for in vivo hemocompatibility evaluation of biomaterials. Trans. Amer. Soc. Artif. Int. Organs 22 (1976) 545

127. Gott, V. L.; Furuse, A.: Antithrombogenic surfaces, classification and in vivo evaluation. Fed. Proc. 30 (1971) 1679

128. Guidelines for blood-material interactions. Report of the National Heart, Lung, and Blood Institute Working Group. NIH Publication No. 85-2185, First ed. (1980)

129. Guidelines for blood-material interactions. Chap. 8: Species effects in testing materials and cardiovascular devices in experimental animals. Report of the National Heart, Lung, and Blood Institute Working Group. NIH Publication No. 85-2185, Revised Ed. (1985)

130. Andrade, J. D.; Smith, L. M.; Gregonis, D. E.: The contact angle and interface energetics. In: Andrade, J. D. (ed.): Surface and interfacial aspects of biomedical polymers. New York, London: Plenum Press, Bd. 1 (1985) 249–292

131. Eley, D.; Spivey, D.: The semiconductivity of organic substances, Part 6. Transactions of the Faraday Society 56 (1960) 1432

132. Szent-Györgi, A.: The study of energy-levels in biochemistry. Nature 148 (1941) 157

133. Baurschmidt, P.; Schaldach, M.: The electrochemical aspects of the thrombogenicity of a material. J. Bioengineering 1 (1977) 261

134. Bolz, A.; Schaldach, M.: Entwicklung einer amorphen, halbleitenden Beschichtung zur Verbesserung der Blutverträglichkeit kardiovaskulärer Implantate. Biomed. Techn. 33 Ergbd. (1988) 175–176

135. Produktinformation der Biocompatibles Ltd., Brunel Science Park, Kingston Lane, Uxbridge, Middlesex, UB8 3PQ, GB

136. Sung Wan Kim; Ebert, C. D.; Lin, J. Y.; McRea, J. C.: Nonthrombogenic polymers: pharmaceutical approaches. J. Am. Soc. Artif. Intern. Organs 6 (1983) 76–87

137. Yasuda, H.: Plasma for modification of polymers. J. Macromolecular Sci.-Chem. A10 (1976) 383–420

138. McPherson, J. M.; Sawamura, S.; Armstrong, R.: An examination of the biological response to injectable, glutaraldehyde cross-linked collagen implants. J. Biom. Mat. Res. 20 (1986) 93–107

139. Morse, D.; Steiner, R.; Fernandez, J.: Guide to prosthetic cardiac valves. New York: Springer 1985

140. Lehmann, K.; Turina, M.: Gewinnung funktionsfähiger Endotholzellen aus Venen. Biomed. Techn. 33 Ergbd. (1988) 189–190

141. Mittermayer, Ch.; Breuers, W.; Richter, H.; Heiliger, R.; Klee, D.: Characterization of human endothelial cells on modified polymer surfaces. Biomed. Techn. 33 Ergbd. (1988) 23–26

142. Webster, J. G.: Encyclopedia of medical devices and instrumentation: vascular prosthesis. New York: John Wiley & Sons (1988) 2839–2847

143. Juran, J. M.; Gryna, F. M.; Bingham, R. S.: Quality control handbook. New York: McGraw-Hill 1974

144. Bückle, H.: Mikrohärteprüfung und ihre Anwendung. Stuttgart: Berliner Union 1960

145. Ashby, M. F.; Jones, D. R.: Ingenieurwerkstoffe. Berlin: Springer 1986

146. Ilschner, B.: Werkstoffwissenschaften. Berlin: Springer 1982

147. Buerger, M. J.: Crystal-structure analysis. New York: John Wiley & Sons 1960

148. Smits, F. M.: Measurement of sheet resistivities with the four-point-probe. The Bell Syst. Tech. Journal 37 (1958) 711

149. Greenaway, D. L.; Harbeke, G.: Optical properties and band structure of semiconductors. Oxford: Pergamon Press 1968

150. Mitra, S. S.; Nudelman, S.: Far infrared properties of solids. New York, London: Plenum Press 1970

151. Griffiths, P. R.; De Haseth, J. A.: Fourier transform infrared spectroscopy. New York: John Wiley & Sons 1986

152. Ratner, B. D.: Interface characterization of biomaterials by ESCA. Ann. Biomed. Eng. 11 (1983) 313–336

153. Cardona, M.; Ley, L.: Photoemission in solids I, II. Topics in applied physics, Bd. 26, 27. Berlin: Springer 1979

154. Griep, S.; Ley, L.: Direct spectroscopic determination of the distribution of occupied gap states in a-Si:H. Journ. of Non-Crystalline Solids 59 & 60 (1983) 253
155. Leybold AG, Köln
156. Jede, R.; Peters, H.; Dünnebier, G.; Ganschow, O.; Kaiser, U.; Seifert, K.: Quantitative depth profile and bulk analysis with high dynamic range by electron gas sputtered neutral mass spectrometry. J. Vac. Sci. Technol. A 6 (4) (1988) 2271
157. Peters, H.; Skoda, L.; Crecelius, G.; Adrian, H.: Quantitative depth profile analysis of high-T_c-superconductors with sputtered neutral mass spectrometry (SNMS). Fresenius Zeitschrift für Analytische Chemie 333 (1989) 343–345
158. Schillalies, H.: Konzept einer SIMS-Apparatur zur Analyse der Sekundär-Ionen von Oberflächen. Leybold AG, 5 Köln 51, Bonner Str. 504
159. Wirth, A. et al.: Surface and interface analysis. Proc. ECASIA 85, 9 (1986) 157
160. Tura, J.M.; Wirth, A.: Metal analysis in human tissue and bone. VG Instruments SIMSLAB Application Note 1988
161. Golden, W.G.: Fourier transform infrared reflection-absorption spectroscopy. In: Ferraro, J.R., Basile, L.J. (eds.): Fourier transform infrared spectroscopy: applications to chemical systems, Bd. 4. New York, London: Academic Press (1985) 315
162. Baier, R.E.: The role of surface energy in thrombogenesis. Bull. N.Y. Acad. Med. 48 (1972) 257
163. Andrade, J.D.: Interfacial phenomena and biomaterials. Med. Instrum. 7 (1973) 110
164. Kortüm, G.: Lehrbuch der Elektrochemie. Weinheim: Chemie 1970
165. Morrison, S.R.: Electrochemistry at semiconductor and oxidized metal electrodes. New York: Plenum Press 1984
166. Vetter, K.J.: Elektrochemische Kinetik. Berlin: Springer 1961
167. Pankove, J.I.: Semiconductors and semimetals. Chap. 2. Orlando: Academic Press (1984) 51
168. Cardona, M.: Modulation spectroscopy. New York, London: Academic Press 1969

37 Ergonomie

Wolfgang Friesdorf, Eric Hecker

Die Abschnitte dieses Kapitels sind wie folgt gegliedert:
Abschnitt 1: Einleitung
Abschnitt 2: Beschreibung der Elemente: Patient, Arzt, Maschine und der Umwelt
Abschnitt 3: Systemanalytischer Ansatz zur Beschreibung des Zusammenwirkens der Elemente
Abschnitt 4: Arbeitsorganisatorische Aspekte
Abschnitt 5: Normen und Gesetze

37.1 Einleitung

Am intensivmedizinischen Arbeitsplatz wirken Patient, Arzt (stellvertretend für das medizinische Personal) und Maschine (Gesamtheit der Geräte) zusammen. Sie stehen unter dem Einfluß von Umwelt-Faktoren wie Klima, Licht und Lärm.

Definitionen

Die *Arbeitswissenschaft* befaßt sich in Lehre und Forschung mit der wissenschaftlichen Behandlung aller Fragen, die mit der Gestaltung und dem aktuellen Vollzug von Arbeitsprozessen zusammenhängen [1], Abb. 37.1.

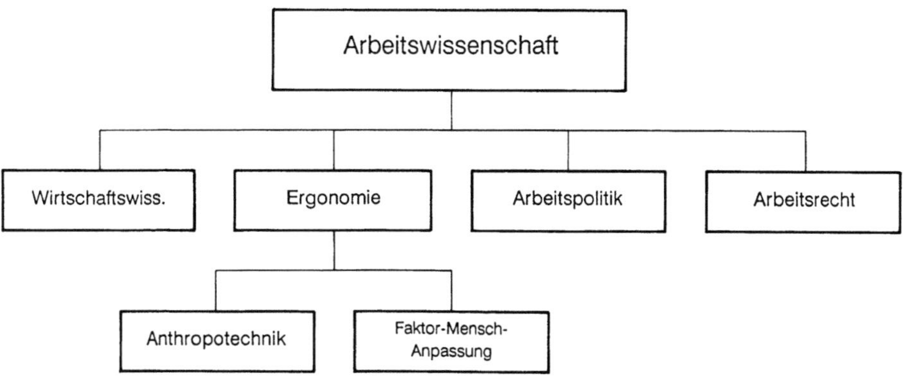

Abb. 37.1. Ergonomie als Teil der Arbeitswissenschaft

Die *Ergonomie* ist ein Teilgebiet der Arbeitswissenschaft, dessen Forschungsgegenstand auf die Interaktionen zwischen Mensch und technischem System gerichtet ist. Demzufolge baut sie einerseits auf die Humanwissenschaften und andererseits auf die Physik und Ingenieurwissenschaften auf [2]. Der Begriff Ergonomie ist aus den griechischen Worten Ergon = Werk, Arbeit, Nomos = Regel, Lehre gebildet.

Weitgehend synonym zu Ergonomie verwendete Begriffe sind *Human Factors Engineering, Human Factors, Human Engineering und Ergonomics.*

Die *Anthropotechnik* ist Teilgebiet der Ergonomie mit dem Ziel bestmöglicher Anpassung der Maschine an den Menschen.

Die *Faktor-Mensch-Anpassung* ist Teilgebiet der Ergonomie mit dem Ziel bestmöglicher Anpassung des Menschen an die Maschine. Dies wird angestrebt durch Auswahl und Ausbildung des Menschen sowie durch organisatorische und hygienische Maßnahmen [3].

Das Zusammenspiel zwischen Mensch und Maschine in einem bestimmten Arbeitsumfeld ist Gegenstand der Ergonomie. Die Arbeitswissenschaft umfaßt als Überbegriff zusätzlich u. a. wirtschaftswissenschaftliche (Kosten, Leistung), arbeitspolitische und arbeitsrechtliche Aspekte.

Rohmert gliedert die Ergonomie an Hand der in den Jahren 1957 bis 1967 erschienenen Artikel in der Zeitschrift Ergonomics [4]:
Der Mensch als Systemkomponente in Arbeitssystemen
- psychologische Funktionen,
- physiologische Funktionen,
- biomechanische und anthropometrische Funktionen,
- leistungsbeeinflussende Faktoren;
die Gestaltung von Mensch-Maschine-Verbindungselementen
- Informationsaufnahme,
- Informationsausgabe,
- Gestaltung des Arbeitsplatzes und der Ausstattung,
- physische Umgebung,
- Systemgestaltung und Organisation.

Dieses Spektrum verdeutlicht den interdisziplinären Charakter des Begriffs Ergonomie. Erkenntnisse unterschiedlichster Wissenschaften fließen ein: Medizin, Psychologie, Anthropologie, Pädagogik und Ingenieurwissenschaften, um nur die wichtigsten zu nennen.

Entwicklung der Ergonomie

Der Begriff Ergonomie wird das erste Mal 1857 in einer polnischen Wochenzeitschrift verwendet: Die Lehre der Ergonomie soll hiernach betrieben werden, „damit wir aus diesem Leben die besten Früchte bei der geringsten Anstrengung mit der höchsten Befriedigung für das eigene und das allgemeine Wohl ernten und dabei anderen und dem eigenen Gewissen gegenüber gerecht verfahren" [4].

Die Maschinen des 20. Jahrhunderts stellten zunehmend höhere Anforderungen an die bedienenden Menschen, führten zur *Überforderung* und damit zu *Fehlbedienungen.* Insbesondere die forcierte wehrtechnische Entwicklung während und nach dem 2. Weltkrieg verdeutlichte die Probleme der Mensch-Maschine-Interaktionen; wenig geschulte Männer mußten neue Waffensysteme, neue Flugzeuge und viele elektronische Geräte bedienen. Die anwenderangepaßte Maschine sparte Training und verminderte die Gefahr der Fehlbedienung.

1949 gründete K.F.H. Murrel in Oxford die Ergonomics Research Society. Nach diesem Beispiel entstanden in vielen Ländern zwischen 1950 und 1960 nationale Gesellschaften; in den USA beispielsweise die Human Factors Society. Trotz gleicher Zielsetzungen der verschiedenen Forschungsgruppen hat sich bis heute noch keine einheitliche Namensgebung der verschiedenen Synonyme zu Ergonomie durchgesetzt.

Ergonomie in der Medizin

Die technische Entwicklung der letzten Jahrzehnte hat zunehmend auch den Arbeitsplatz des Arztes und der Schwester beeinflußt, ihn geprägt und – wie in der Intensivmedizin – zu neuen medizinischen Fachrichtungen geführt. 20 verschiedene Geräte bzw. Gerätemodule, eingesetzt an einem einzigen Intensivpatienten, sind heute keine Seltenheit. All diese für die Behandlung notwendigen Geräte führen zu einer enormen Arbeitsbelastung des medizinischen Personals: Zu viele Bedienelemente ohne einheitliche Bedienlogik, zu viele nicht aufeinander abgestimmte Anzeigen und eine unüberschaubare Datenmenge. Das einzelne Gerät ist zwar nach ergonomischen Regeln gestaltet, im Zusammenwirken mit vielen anderen, d.h. in der Gesamtheit als Arbeitsplatz, entsteht aus ergonomischer Sicht jedoch ein Chaos. Steht ein einzelnes Gerät im Vordergrund (z.B. Röntgen, Computertomographie), prägt also nur ein Hersteller den Arbeitsplatz, so ist die ergonomische Gestaltung oftmals vorbildlich.

Beschränkung auf die Anästhesie und Intensivmedizin

Paradebeispiel für extensiven und vielfältigen Geräteeinsatz und deshalb zum Hintergrund dieses Kapitels gewählt ist die Anästhesie und Intensivmedizin. Weitere aus ergonomischer Sicht interessante Themen bleiben unberücksichtigt: Bildschirmarbeitsplätze in der Röntgendiagnostik, Einsatz von radioaktiven Substanzen, Einsatz von Geräten bei infektiösen Patienten usw.

37.2 Grundlagen

Beschreibung der Elemente: Patient, Arzt, Maschine und der Umwelt.

37.2.1 Patient

Individueller Patient in Ausnahmesituation. Der Patient ist durch seine Krankheit belastet und geschwächt, von der Therapie beeinflußt und durch die angeschlossenen Geräte in seiner Bewegung eingeschränkt. Die Funktion seiner Organe und ihr Zusammenspiel als Organismus sind gestört und können bis zur Lebensbedrohung führen. Krankheiten und Therapiemöglichkeiten sind vielfältig, die Reaktion des einzelnen Patienten ist unterschiedlich: Es gibt keinen Normalpatienten und keine Standardtherapie. Jeder Patient benötigt eine auf ihn zugeschnittene, am Erfolg kontrollierte und ständig korrigierte Therapie.

Physische Aspekte (Anthropometrie). Körpermaße, Gewicht und Gelenkbeweglichkeit sind in entsprechenden Tabellenwerken zu finden [5]; medizinische Aspekte sind zu berücksichtigen, z. B.

- die Einschränkung der Werte: Der Arm kann im Schultergelenk bis zur Vertikalen angehoben werden. Eine solche Lagerung führt beim narkotisierten Patienten zu Nervenschädigungen im Bereich der Achselhöhle. Der Winkel zwischen Rumpf und Oberarm darf nicht mehr als 90° betragen;
- die Berücksichtigung von Extremen: Die Anpassung der Geräte an einen mittleren Patienten (50. Perzentile) ist zwar zweckmäßig, aber auch Patienten unterhalb der 5. und oberhalb der 95. Perzentile bedürfen der Behandlung (Gewicht, Größe).

An der Verbindungsstelle zur Maschine droht über kurz oder lang die Schädigung des Patienten. Der Patient verfügt über keine „maschinengerechten" Anschlüsse. Wesentliche Verbindungsstellen sind:

- Luftröhre (Trachea) (Abb. 37.2): In ihr liegt der Tubus, der die Verbindung zur Patientenlunge herstellt. Die durch Knorpelspangen begrenzte Luftröhre ist

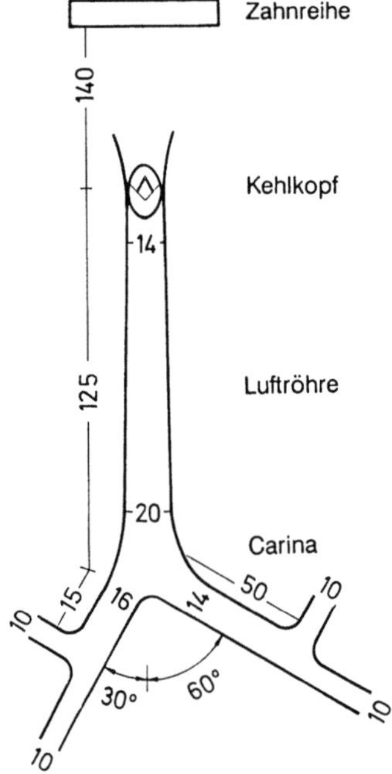

Abb. 37.2. Hauptatemwege des Patienten, Maße in mm [6]

nicht dehnbar, so daß die zur Abdichtung aufblasbare Manschette (Cuff) an der Tubusspitze leicht zu Druckschäden führt. Unsachgemäße Manipulationen führen häufig zur Verletzung der empfindlichen Schleimhaut. Bei Kindern unter acht Jahren wird auf den Cuff verzichtet (Weichheit und Empfindlichkeit der Luftröhre). Für Kinder ab zwei Jahren errechnet sich die Tubusgröße nach der Formel [6]

$$\text{Innendurchmesser in mm } ID = 4{,}5 + (\text{Alter}/4).$$

Für Erwachsene beträgt der Tubusinnendurchmesser zwischen 7 und 9 mm.

- Speiseröhre (Oesophagus): Durch sie lassen sich Schläuche legen, die der Zu- und Ableitung von Flüssigkeiten und der Diagnostik dienen. Der Oesophagus ist dehnbar, so daß sich auch ein dickerer Schlauch relativ leicht einführen läßt (Magenspülung, transoesophageales Echoskop, Gastroskop). Für eine längere Verweilzeit empfiehlt sich die Verwendung möglichst dünner und schleimhautverträglicher Schläuche (z. B. Dünndarmsonde für die Ernährung). Bei Kunststoffen ist die Verträglichkeit mit der Schleimhaut zu prüfen, austretende Weichmacher belasten den Organismus. Ein starrer Schlauch führt zu Druckstellen und schädigt die Schleimhaut.
- Mund-, Nasen-, Rachenraum: Schläuche im Mund-, Nasen- und Rachenraum (z. B. Tubus für die Beatmung, Magensonde) können zur Druckschädigung führen und überbrücken physiologische Infektbarrieren.
- Harnröhre: Künstliche Harnableitung mittels Dauerkatheter ist notwendig während langdauernder Narkosen und beim beatmeten Intensivpatienten. Mit zunehmender Liegedauer des Katheters wächst die Gefahr von Harnweginfekten und Drucknekrosen mit späterer Verengung der Harnröhre.
- Oberarm, Oberschenkel zur Blutdruckmessung: Blutdruckmessung nach Riva-Rocci erfolgt durch Kompression des Oberarms oder in Ausnahmefällen des Oberschenkels mittels Druckmanschette. Der Durchmesser der Extremität bestimmt die Breite der Manschette. Eine zu schmale Manschette ergibt falsch hohe Werte. Faustregel: Manschettenbreite = 2/3 des Umfangs der Extremität. Bei längerer Überwachung dürfen die Meßintervalle nicht zu kurz sein (> 5 min); es besteht die Gefahr der Gefäß- und Nervenschädigung.
- Haut: Sie schützt den Organismus gegenüber der Umwelt. Im Rahmen einer Behandlung ist die Haut großen Belastungen ausgesetzt, eine Schädigung ist oftmals nicht zu vermeiden (Punktion, Elektroden, Meßfühler usw.).
- Punktionen: Durchstechen der Haut mittels einer Hohlnadel zur Herstellung einer Verbindung zu Gefäßen und Körperräumen wie Thorax, Bauchraum usw. (Abb. 37.3) [6].
Durch die Punktion kann es zur direkten Schädigung des Körpers (Gefäßverletzung mit Blutung, Lungengewebeverletzung, usw.) oder zur indirekten Schädigung kommen (Verschluß einer Arterie, Entzündung einer Vene usw.).
- Ekg-Ableitung: Klebeelektroden zur Ekg-Ableitung rufen trotz „Hautfreundlichkeit" nicht selten Allergien hervor. Bei längerer Ekg-Überwachung (Intensivmedizin) ist ein Wechsel der Elektroden und der Ableitstelle notwendig (1 × täglich). Die Ableittechnik ist unbefriedigend: Kabel behindern Patient und Pflegepersonal, Bewegungen erzeugen Artefakte, wodurch eine automatische Dokumentation dieser Meßsignale nahezu unmöglich ist.

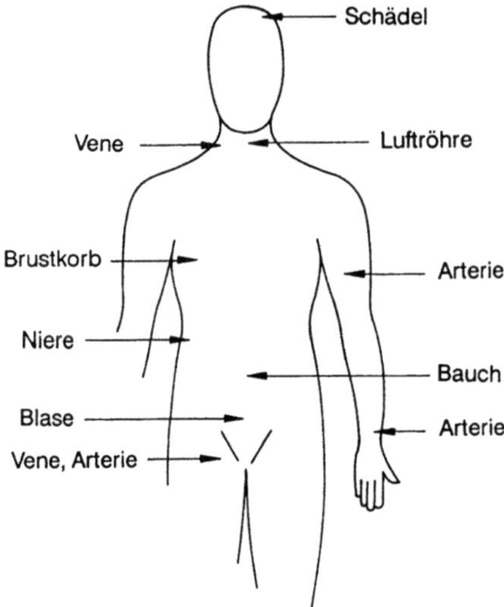

Abb. 37.3. Typische Einstichstellen; siehe [6]

- Anschluß der Pulsoximetrie: Finger oder Ohrläppchen sind Meßorte für dieses erfreulich wenig invasive Verfahren. Auch hier führen jedoch Bewegungen zu erheblichen Artefakten.
- Sauerstoffmessung durch die Haut: Die transkutane Sauerstoffmessung ist insbesondere für Säuglinge und Kinder geeignet. Der Meßkopf erwärmt die Haut zur besseren Durchblutung mit der Gefahr thermischer Hautschädigung.

Physiologische Aspekte. Unzählige miteinander verwobene Regelkreise gewährleisten beim Menschen die Homöostase des Organismus. Dieses Gleichgewicht kann durch eine Krankheit, aber auch durch eine Therapie gestört sein. Regelkreise können versagen, verursacht durch
- Störgrößenzunahme: Eine Störgröße überfordert die körpereigene Regelfähigkeit, Beispiel: Blutdruckregulation bei starkem Blutverlust.
- Einschränkung einer Organfunktion: Ein geschädigtes Organ stößt an seine Leistungsgrenze. Diese Schädigung kann direkt, beispielsweise durch Entzündung, oder indirekt durch Fehlfunktion anderer Organe verursacht sein (z. B. Nierenversagen als Folge schlechter Blutversorgung).
- Funktionseinschränkung des zentralen Nervensystems (ZNS): Medikamente (Analgetika, Sedativa, Narkotika) heben Schutzfunktionen des zentralen Nervensystems auf: Die Eigenatmung ist gestört, es droht Sauerstoffmangel. Druck und Hitze führen nicht zur Abwehr; Haut- und Nervenschäden können entstehen. Der Lidschluß unterbleibt mit der Gefahr der Cornealverletzung usw.
- Schwächung der Körperabwehr: Kanülen und Katheter bilden Eintrittspforten für Keime.
- Immobilisieren eines Patienten bedeutet Gefahr durch Venenthrombose, Lungenentzündung usw.

Psychische Aspekte. Krankheit ist eine psychische Belastung, die durch die stationäre Aufnahme in ein Krankenhaus noch wächst. Seine Krankheit, aber auch die diagnostischen und therapeutischen Maßnahmen geben dem Patient das Gefühl der Fremdbestimmung. Zeitmangel des medizinischen Personals und die Schwierigkeiten bei der Zeitplanung von diagnostischen Maßnahmen und Operationen verstärken dieses Gefühl. Verständnisvolle menschliche Zuwendung ist notwendig!

Große Operationen belasten zusätzlich. Die Phase vor einer Operation ist psychisch besonders belastend. Ärztliche Aufklärung über Komplikationen ist aus medicolegaler Sicht notwendig, zur Ermutigung jedoch äußerst ungeeignet. In der postoperativen Phase sind die Schmerzen durch den Eingriff oftmals stärker als vorher; der Patient ist an das Bett gebunden und findet sich unter Umständen beatmet auf der Intensivstation wieder. Wenig invasive Geräte, angenehmere OP-Tische, Betten und freundlichere Räume sind notwendig!

37.2.2 Medizinisches Personal

Zum medizinischen Personal zählen alle Mitarbeiter, die in direkter Interaktion mit Patienten stehen. *Ärzte* legen Diagnostik und Therapie fest und führen sie zum Teil selber durch wie z. B. das Legen eines pulmonalarteriellen Katheters. *Schwestern und Pfleger* assistieren den Ärzten bei den diagnostischen und therapeutischen Maßnahmen; sie pflegen den Patienten und überwachen sowohl den Patienten als auch die angeschlossenen Geräte. *Gymnasten* sorgen für den Erhalt der Gelenkbeweglichkeit bei längerer Liegedauer und helfen bei der Mobilisierung (Intensivstation).

Alle medizinischen Mitarbeiter haben die wichtige Aufgabe, sich dem Patienten menschlich zuzuwenden, ihm Hilfe und Kraft zu geben, mit der Krankheit fertig zu werden. Eine Aufgabe, für die – nicht zuletzt der Geräte wegen – leider immer weniger Zeit bleibt.

Physische Aspekte (Anthropometrie). Bei der Gestaltung der Arbeitsplätze sind die Körpermaße der medizinischen Mitarbeiter zu berücksichtigen. Die Arbeit auf der Intensivstation wird stehend verrichtet (Abb. 37.4). Am Narkosearbeitsplatz sollte die Dokumentation und Überwachung auch im Sitzen oder unter Verwendung von Stehhilfen möglich sein.

Physiologische Aspekte. Lagerung schwerstkranker Patienten auf der Intensivstation bedeutet Heben aus physiologisch schlechter Haltung heraus – eine extreme Belastung der Lendenwirbelsäule mit der Folge von Bandscheibenschäden (Abb. 37.5) [7]. Der Nurse Back ist eine typische Berufskrankheit [8, 9]. Betten und Lagerungshilfen sind gefragt, die von solchen Arbeiten entlasten.

Verantwortungsvolle geistige Aufgabe. Die Überwachung des Patienten und der am Patienten eingesetzten Geräte stellt hohe Anforderungen an die Aufmerksamkeit des medizinischen Personals. Lebensbedrohliche Komplikationen können sich unerwartet und innerhalb kürzester Zeit entwickeln. Schnelles Erfassen der Situation, Ursachenanalyse und adäquates Handeln sind notwendig. Je uner-

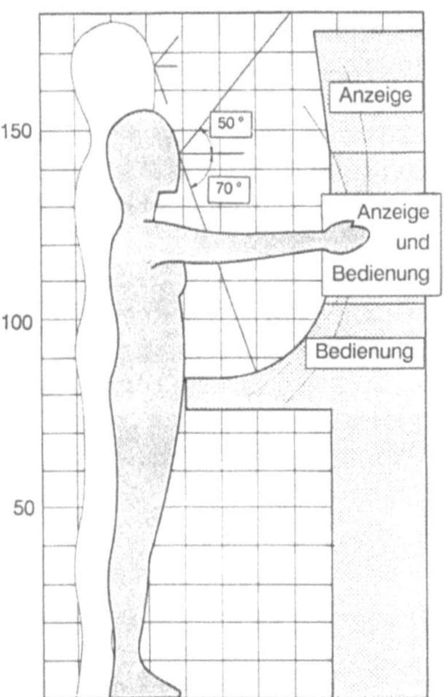

Abb. 37.4. Anpassung der Maschine an den Anwender. (5. Percentile für Frauen, 50. Percentile für Männer, Maße in cm)

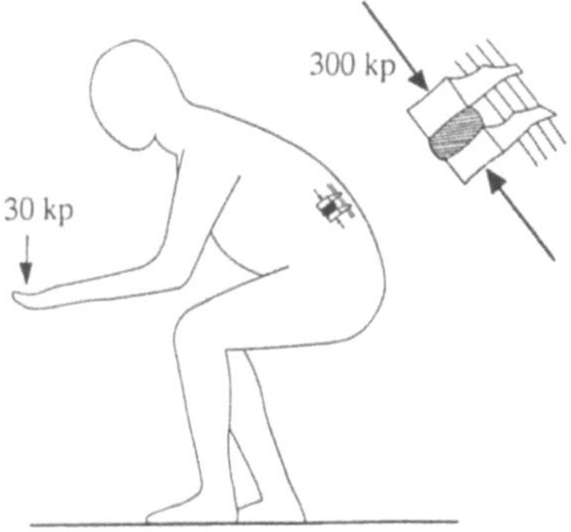

Abb. 37.5. Extreme Belastung der Lendenwirbelsäule beim Heben des Patienten [7]

warteter eine solche Komplikation auftritt, desto größer ist die Gefahr, daß es zu einer verzögerten Reaktion oder gar zu einem Fehlverhalten kommt.

Psychische Aspekte. Hohe körperliche und geistige Anforderungen führen bei den Pflegekräften zu Streß [10, 11]. Dies wird auf der Intensivstation durch die in der Regel notwendige Schichtarbeit verstärkt. Eine weitere Belastung ist die ständige Konfrontation mit schwerster Krankheit und Tod, mit Trauer und Fragen der Angehörigen. Folgen dieser Belastung – als Burn-out-Syndrom beschrieben – sind hohe Personalfluktuation und chronische Personalnot.

37.2.3 Medizinisch-technische Geräte

Definitionen

Betriebsmittel (technische Arbeitsmittel) sind alle beweglichen und unbeweglichen technischen Einrichtungen, die zur Auftragserfüllung notwendig sind: Werkzeuge, Vorrichtungen, Maschinen, Transport- und Informationsmittel, Arbeitstische und Körperunterstützungen (§ 2 des Gerätesicherheitsgesetzes [12] und DIN 33 400).

Zu den *medizinisch-technischen Geräten* gehören alle Geräte, die im Zusammenhang mit einer ärztlichen Untersuchung oder Behandlung eingesetzt werden [13]. Diese Geräte können am Körper des Patienten (Überwachung, Diagnostik, Therapie) und körperfern angewendet werden (z. B. Laborgerät).

Die Medizingeräteverordnung (MedGV) vom 14. 1. 1985 gliedert die Geräte in vier Gruppen [14]:
- Gruppe 1. Energetisch betriebene medizinisch-technische Geräte, die in einer gesonderten Liste aufgeführt sind,
- Gruppe 2. Implantierbare Herzschrittmacher und sonstige energetisch betriebene medizinisch-technische Implantate,
- Gruppe 3. Energetisch betriebene medizinisch-technische Geräte, die nicht der Gruppe 1 oder 2 zugeordnet sind,
- Gruppe 4. Alle sonstigen medizinisch-technischen Geräte.

Sicherheit ist die Fähigkeit einer Betrachtungseinheit, innerhalb vorgegebener Grenzen und während einer gegebenen Zeitdauer keine Personengefährdung zu verursachen oder eintreten zu lassen (VDI-Richtlinie 404).

Gerätefunktion

Der Zweck eines medizinisch-technischen Gerätes ist die Erfüllung einer bestimmten Aufgabe im Rahmen der Patientenbehandlung. Diese Hauptfunktion muß das Gerät sicher erfüllen; es verfügt deshalb über Sicherheitsfunktionen.

Wie verhält sich ein Gerät im Störfall? Bei einer Störung mit der Möglichkeit einer gefährlichen Auswirkung muß die Anlage in einen sicheren Zustand überführt werden (Sicherheitsgerechtes Ausfallverhalten) [15]. Geräte, die sich im Störfall in einen sicheren Zustand überführen lassen, sind „fail-safe-geeignet".

Ein Beispiel hierfür ist die Infusionspumpe. Kommt es zu einer Betriebsstörung (z. B. Luft im System), so schaltet die Pumpe ab und gibt Alarm. Dies gefährdet den Patienten in den meisten Fällen nicht, die Pumpe ist fail-safe-geeignet.

Kann jedoch auch eine kurzzeitige Unterbrechung der Medikamentenapplikation zu einer Lebensgefährdung des Patienten führen (höchstwirksames Kreislaufmedikament), so ist der abgeschaltete Zustand nicht der sichere. Die Pumpe ist in diesem Fall nicht fail-safe-geeignet. Erst durch die Gewährleistung eines sofortigen und die Gerätefunktion ersetzenden Eingreifens durch den Anwender kann hier von einem quasi sicheren Zustand gesprochen werden [15, 16].

Eine Fehlbedienung durch das medizinische Personal erkennt ein Gerät bislang in den wenigsten Fällen.

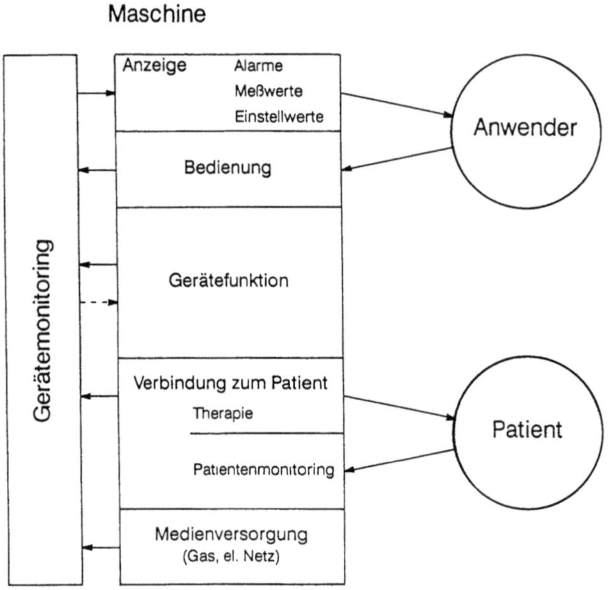

Abb. 37.6. Gliederung medizinisch-technischer Geräte (Maschine)

Mit der Alarmfunktion überwacht das Gerät Parameter (Abb. 37.6) und weist das Personal darauf hin, wenn sich ein Parameter von einem akzeptablen zu einem unakzeptablen Wert verändert [17], Alarmpräsentation s. Abschn. 37.2.3; integriertes Alarmsystem s. Abschn. 37.3.2.

Der rasche Fortschritt in der Elektrotechnik mit der Miniaturisierung der elektronischen Schaltungen gibt dem Konstrukteur neuen Gestaltungsfreiraum, der aus humanitären und wirtschaftlichen Gesichtspunkten genutzt werden sollte [2]:

a) Verbesserung der Patientenversorgung
 – Senkung der Invasivität der Verfahren,
 – Reduktion der Behinderung durch Kabel und Schläuche,
 – Verbesserung der situativen Anpassung (z. B. Beatmung bei hustendem Patienten);
b) Verbesserung der Gerätehandhabung
 – Vereinheitlichung der Bedien-, Anzeige- und Alarmlogik,
 – Beschränkung der Funktionen und der Bedien- und Anzeigeelemente auf das Notwendige,
 – Reduktion von Artefakten bei der Überwachung und damit Reduktion der „unnötigen" Alarme [18],
 – Verminderung der gerätebedingten Arbeiten (Geräteüberwachung, Dokumentation) [19].

Durch die datentechnische Verbindung der einzelnen Geräte zu einem integrierten Arbeitsplatz eröffnen sich neue Wege zur Arbeitsplatzverbesserung (s. Abschn. 37.3.3).

Verbindungsstelle zum medizinischen Personal

Die Nachrichtenübermittlung vom Personal zum Gerät erfolgt über die Bedienelemente, vom Gerät zum Personal durch optische und akustische Anzeigen und haptisch während des Bedienvorgangs.

Normen und Vorschriften zur Gestaltung der Bedienelemente und Anzeigen finden sich in Abschn. 37.5.

Aus ergonomischer Sicht sind folgende Anforderungen zu beachten:

- Sinnfälligkeit: Dies bedeutet, daß der Bedienvorgang und die Anzeige dem natürlichen Empfinden des Personals entspricht (z. B. Rechtsdrehung eines Drehknopfes erhöht einen Wert, ebenso Herauf- oder Rechtsbewegen eines Schiebers; die entgegengesetzte Bewegung vermindert einen Wert; ein Zeigerausschlag nach rechts oder oben zeigt einen erhöhten Wert an) [20].
- Priorisierung: Der Zugriff zu einem wichtigen und/oder einem häufig benutzten Bedienelement muß leichter erfolgen als zu einem unwichtigen oder selten benötigten (ein Beispiel am Ventilator: die Verstellung der Sauerstoffkonzentration erfolgt häufiger und ist wichtiger als die Einstellung des Inspirationsflows). Entsprechendes gilt für die Gestaltung von Anzeigen.
- Reduktion der Anzahl: Situationsabhängig kann – wenn technisch möglich (z. B. Touchscreen [21, 22] – die Menge an Bedienelementen und Anzeigen auf die tatsächlich benötigte beschränkt bleiben (z. B. in einem bestimmten Beatmungsmodus sind einzelne, für einen anderen Modus notwendige Bedienelemente überflüssig; bestimmte Gerätefunktionen werden auf einer Station u. U. nicht verwendet).

Tabelle 37.1. Ausgewählte Bedienelemente: Drehknopf [5], Tastatur [23, 24], Touchscreen [25–29]

Bedien-element	Vorteile	Nachteile	Eignung
Drehknopf	Stellung des Drehknopfes als Anzeige Gute Sinnfälligkeit (gewohnt) feste räumliche Zuordnung: (sicherer Griff zum richtigen Knopf)	Beschränkung des Einstellbereichs (z. B. 1…20) Schlecht zu reinigen	Einstellung innerhalb beschränktem Bereich Auswahl über diskrete Stufen (4 bis 20)
Tastatur	exakter, auch mehrstelliger Wert leicht einstellbar (z. B. 1.320) direkte Zuordnung Taste-Funktion	Für Parameter-einstellung zusätzliche Anzeige notwendig Platzaufwendig	Eingabe von Zeichen-folgen (z. B. ABC 123) Einstellung innerhalb großer Bereiche
Touch-screen	Bedarfsadaptierte Präsentation benötigter Bedienelemente Tastenfelder lassen sich beliebig anordnen und beschriften	Bislang ungewohnt Keine feste räumliche Zuordnung der Bedienelemente	Zentrale Bedienung komplexer Systeme bei geringem Platzbedarf

Tabelle 37.2. Ausgewählte optische Anzeigen [30–34]

Anzeige	Vorteil	Nachteil	Eignung
Digital	Zahlenwert exakt ablesbar	Langsame Perception	Anzeige von Daten zur manuellen Dokumentation
Analog	Schnelle Perception bei qualitativer Ablesung	Exakter Wert schlecht ablesbar	Überblick
Symbol Ikone	Schnelle Perception	Training notwendig Keine Detailüber-mittlung	Als Orientierungshilfe auf Monitor Darstellung komplexer Sachverhalte (z. B. Kreisdiagramm)

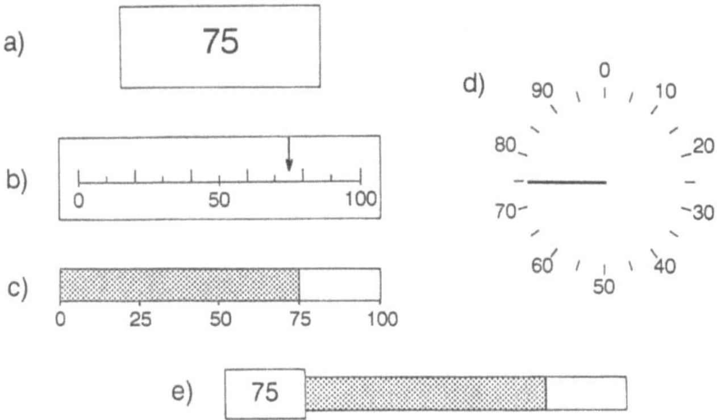

Abb. 37.7. Optische Anzeigen [2]. **a** Digitalanzeige; **b** Analoganzeige als Langfeldskala; **c** Bargraph; **d** Rundskala; **e** Hybridanzeige (digital und analog)

– Ordnen: Umfaßt eine Routinebedienung Einstellen und Ablesen mehrerer Parameter, so sollten die entsprechenden Bedienelemente und Anzeigen räumlich zusammengefaßt sein (z. B. ASB-Druck und PEEP-Druck beim Ventilator).
– Hygienische Aspekte: Die Geräte müssen leicht zu reinigen sein. Geriffelte Drehknöpfe und Kippschalter eignen sich schlecht; alle Ritzen und Kanten erschweren die Reinigung. Eine geschlossene und möglichst ebene, die Bedienelemente abdeckende Folie erleichtert die Reinigung.

Die Möglichkeiten der Gerätebedienung durch Spracheingabe sind noch beschränkt und bislang bei medizinisch-technischen Geräten selten genutzt – dieser Teil der künstlichen Intelligenz steht am Anfang seiner Entwicklung.

Einige ausgewählte Bedienelemente stellt Tabelle 37.1 zusammen. Tabelle 37.2 und Abb. 37.7 zeigen die entsprechende Zusammenstellung für optische Anzeigen. Erfolgt die Anzeige über einen Farbbildschirm, so ist die Eignung von Farbkombinationen zwischen Hintergrund und dargestellten Zeichen zu berücksichtigen (Tabelle 37.3).

Tabelle 37.3. Farbkombinationen [35–38]

Zeichen	Hintergrund					
	Weiß	Rot	Gelb	Grün	Blau	Schwarz
weiß		+	−	−	+ +	+ +
rot	+		+	−[a]	−	−
gelb	−	+ +		−	+ +	+ +
grün	−	−	−		−	−
blau	+ +	−	+	+		−
schwarz	+ +	+	+	+ +	−	

[a] Aufgrund einer möglichen Rot-Grün-Farbenblindheit sollte auf diese Kombination verzichtet werden

Tabelle 37.4. Anzeige von Meldungen [2, 39] und DIN IEC 73, VDE 199, DIN 4818, 4844, 5381

Bezeichnung	Ursache	Bedeutung	Optische Anzeige	Akustische Anzeige
Alarm	Gefahr	Sofortiges Eingreifen	Rot blinkend	Alarmton
Warnung	potentielle Gefahr	Unverzügliches Ein-greifen.	Gelb blinkend	Warnton
Hinweis	Veränderung der Situation ohne Gefahr	Erhöhte Aufmerksamkeit	Gelb kontinuierlich	

Untersuchungen zeigen, daß nur wenige Alarme hohe Dringlichkeit besitzen (1% Akutalarm, 66% Warnung, 33% Hinweis) [17, 18]. Es ist deshalb zweckmäßig, ihre optische und akustische Anzeige nach Dringlichkeit zu gestalten. Eine Zusammenstellung zeigt Tabelle 37.4. Weiterführende Literatur: [40].

Verbindung zwischen Patient und Maschine

Zwei Verbindungen sind zu unterscheiden: Vom Patienten zur Maschine (Überwachung, Diagnostik) und umgekehrt von der Maschine zum Patienten (Therapie).

Meßfühler stellen diese Verbindung her. Die heutige Technologie ermöglicht die Messung bzw. Erfassung von
- Kraft und Druck (z. B. Blutdruck, intracerebraler Druck),
- Schall (z. B. unblutige Blutdruckmessung, Phonokardiographie),
- Temperatur (z. B. Haut, Oesophagus, Rektum),
- elektrischer Spannung (z. B. Ekg, EEG, Myogramm),
- Konzentration von Elementen und Verbindungen (z. B. transkutan O_2 und CO_2).

Ein Meßfühler erfaßt das entsprechende Biosignal und wandelt es in ein von der angeschlossenen Maschine verarbeitbares (i. d. R. elektrisches) Signal um. Mangelhafte Funktion der Meßfühler limitiert oftmals die Qualität eines gesamten

Meßsystems und stellt damit den Nutzen in Frage. Bewegungsartefakte führen zu Störungen, schlechte Bioverträglichkeit limitiert den Einsatz (s. Abschn. 37.1.1).

Über geeignete Verbindungswege erhält der Patient von der Maschine dosiert:

- Flüssigkeiten (z. B. Medikamente, Elektrolytlösung, Volumenersatz, Nährlösung),
- Gase (z. B. O_2 bei der Beatmung),
- Energie (z. B. Wärmestrahlung, elektrischer Strom),
- Kräfte (z. B. Mobilisierung eines Gelenks).

Die Sicherstellung der dosierten Applikation macht eine entsprechende Überwachung notwendig (z. B. Stenose- oder Leckagealarm). Je wichtiger die Zufuhr für den Patienten ist, um so besser muß die Überwachung sein und um so dringlicher ist die Beseitigung eines Störfalls.

Die Sauerstoffversorgung und die Applikation hochwirksamer Medikamente haben oberste Priorität.

Lagerung

Die Anpassung der Operationstische an den Patienten ist bislang unzureichend: Der wache Patient, der u. U. längere Zeit auf die Narkoseeinleitung wartet, liegt auf einem höchst unbequemen und die Ausnahmesituation unterstreichenden Tisch, der seinen Charakter in den vergangenen Jahrzehnten nur wenig verändert hat. Rückenschmerzen nach einer Operation sind keine Seltenheit.

Die konstruktiven Merkmale der Tische orientieren sich fast ausnahmslos an den Anforderungen der Chirurgen und lassen auch die anästhesiologischen Wünsche außer Betracht. Vor allem der Transport eines narkotisierten Patienten innerhalb des Operationstraktes führt zu Problemen: Auf dem Weg zwischen Schleuse, Einleitungsraum, OP-Saal und Ausleitungsraum sind Therapie und Überwachung extrem schwierig und zwangsläufig eingeschränkt.

Das Bett der Intensivstation muß vielfältigeren Anforderungen gerecht werden. Es ist Transportmittel und der Aufenthaltsplatz des Patienten u. U. für mehrere Wochen. Pflege, Überwachung, Diagnostik und Therapie finden hier statt. Es ist „Turnplatz" für Gymnastik und Mobilisierung. Es fängt Stuhl und Urin, Blut und Wundsekret auf. All diese Funktionen unterstützt ein herkömmliches Intensivbett nicht [41].

37.2.4 Umwelt

Patient, Arzt/Pflegekraft und Maschine (Geräte) stehen in Interaktion. Dies geschieht nicht isoliert, sondern unter dem Einfluß der Umwelt. Unter „Umwelt" wird allgemein die Gesamtheit der auf den Menschen einwirkenden Reize verstanden [42].

Bei der Gestaltung der Umwelt sind die Anforderungen des Menschen und die Arbeitsziele zu berücksichtigen. Es ist deshalb zweckmäßig, überschaubare Funktionsbereiche mit gleicher Tätigkeit abzugrenzen (OP-Trakt, Aufwachraum, Intensivstation).

Gestaltung der Räume

Hygienische Anforderungen stehen im Vordergrund. Wände, Böden, Decken sowie Einrichtungsgegenstände müssen leicht zu reinigen sein. Dies führt zu steril wirkenden, ungemütlichen Räumen, häufig ohne Fenster und deshalb mit Kunstlicht. Das Gefühl der Hilflosigkeit des wachen Patienten vor der Narkoseeinleitung und nach der Operation im Aufwachraum wird verstärkt.

Auch für die medizinischen Mitarbeiter, die u. U. jahrelang in diesen Räumen arbeiten, ist die Umgebung eine Belastung, die nicht selten zum Arbeitsplatzwechsel führt. Freundlichere Gestaltung der Arbeitsräume und großzügigere Planung von Sozialräumen sind Ansatzpunkte, um der psychischen Belastung der medizinischen Mitarbeiter zu begegnen (s. Abschn. 37.1.2) [43, 44].

Klima

Die Klimatisierung hat folgende Aspekte zu berücksichtigen:
- hygienische Anforderungen,
- Belastung der Raumluft durch Narkosegase,
- Regulation der Lufttemperatur und der Luftfeuchte.

Die Narkosegasbelastung und die hygienischen Anforderungen machen eine Klimatisierung der OP-Säle notwendig [45–48]. Auch im Aufwachraum muß ein entsprechend hoher Luftwechsel gewährleistet sein; noch Stunden nach einer Narkose atmen die Patienten Narkosegase ab.

Intraoperativer Wärmeverlust und Beeinträchtigung der Wärmeregulation durch die Narkose führen zu einem Auskühlen der Patienten (nicht selten unter 35,5 °C). Die Wiedererwärmung nach der Narkose belastet den Organismus erheblich und ist einer der Hauptgründe für die Nachbeatmung der Patienten im Aufwachraum.

Die Auskühlung ist wesentlich von der Art und Dauer des operativen Eingriffs und dem Alter des Patienten abhängig: Verdunstungswärme bei offenen Körperhöhlen (Bauch, Brustkorb), Infusion großer, nicht angewärmter Flüssigkeitsmengen (Kompensation von Blutverlusten) und das schlechte Verhältnis zwischen Körperoberfläche und Körpergewicht beim Säugling und Kleinkind. Tabelle 37.5 zeigt die in der Praxis gewählten OP-Raumtemperaturen abhängig vom Alter [49].

Tabelle 37.5. Altersabhängige OP-Raumtemperatur [49]

Früh- und Neugeborene	28...30° C
Säuglinge	26...28° C
Kleinkinder	24...26° C
Schulkinder	24° C
Erwachsene	22...23° C

Licht

Mit wachsender Beleuchtungsstärke (gemessen in lx) steigt das Auflösevermögen
des Auges. Für OP-Leuchten ist neben der Beleuchtungsstärke u. a. die Farbwiedergabe, die Tiefenausleuchtung und der Infrarotanteil zu berücksichtigen, siehe
[50, 51] und Abschn. 37.4.

Die Abdeckung des Patienten erfolgt mit blauen oder grünen Tüchern. Weiße
Abdeckung würde zu einer im Vergleich zum Operationsfeld relativ hohen Licht-
reflektion und damit zur Blendung führen.

Der Blick des Anästhesisten wechselt häufig vom extrem hellen Operationsfeld (z. B. 100 klux) zu den Narkosegeräten und zu seiner Dokumentation. Der
Beleuchtungsunterschied in diesen beiden Raumabschnitten sollte nicht zu groß
sein, da die häufige Adaption für das Auge anstrengend und ermüdend ist.

Die Grundbeleuchtung des Operationssaales sollte auch dem Chirurgen ein
problemloses Aufblicken ermöglichen.

Für die Funktionsbereiche, in denen der Patient wach ist (Einleitungsraum,
Aufwachraum und Intensivstation), ist eine angenehmere Beleuchtung anzustreben. Ein Patient liegt u. U. über mehrere Wochen im Intensivbett und hat oftmals
als einzigen Ausblick eine weiße Decke mit Neonröhre.

Lärm

Lärm beeinträchtigt die Konzentrationsfähigkeit. Je schwieriger eine feinmotori-
sche oder geistige Arbeit ist, um so mehr stört Lärm. In neurochirurgischen
Operationssälen muß der Anästhesist deshalb nicht selten auf alle akustischen
Anzeigen verzichten.

Auf der Intensivstation belastet Lärm vor allem den wachen Patienten. Dau-
erlärm und Dauerlicht führen zum chronischen Schlafmangel bei Intensivpatienten und stören den biologischen Tag-Nacht-Rhythmus. Tabelle 37.6 zeigt eine
Analyse der lärmverursachenden Geräte einer Intensivstation.

Für den OP-Saal ergibt sich eine ähnliche Lärmbelastung [53–58].

Tabelle 37.6. Lärm auf der Intensivstation
[52]

Gespräche	60 dB
Betriebsgeräusche der Geräte	60 dB
Telefonklingel	65 dB
Gerätealarm	75 dB
Papierzerreißen	77 dB
Stuhlrücken	86 dB
Geräusche werden ab 35 bis 40 dB zu Lärm	

37.3 Patient-Arzt-Maschine-System (PAMS)

Definitionen

Als *System* wird jede Ansammlung von Teilen verstanden, die in Beziehung stehen (z. B. Patient-Arzt-Maschine). Bei der graphentheoretischen Darstellung von Systemen werden die Elemente durch Kreise (Knoten), die bestehenden Beziehungen zwischen den Elementen durch Verbindungslinien (Kanten) dargestellt. Die *Struktur* des Systems ist das abstrakte Anordnungsmuster der Elemente, gebildet durch ihre Beziehungen (Abb. 37.8) [59].

Nach Daenzer veranschaulicht der systemtheoretische Ansatz komplexe Erscheinungen, macht Problemfelder und komplexe Lösungen sichtbar und verständlich und fördert das gesamtheitliche Denken [59].

Systemgrenzen sind künstlich gezogen – da in Realität praktisch nie vorhanden – mit dem Zweck, ein komplexes System durch Abgrenzung überschaubar zu machen (z. B. der intensivmedizinische Arbeitsplatz).

Ein abgegrenztes System steht in bezug zu Elementen außerhalb des Systems. Die von ihnen ausgehenden Einflüsse auf das abgegrenzte System sind die *Umwelt* (z. B. Labor, Röntgenabteilung, Chirurgie).

Das *Übersystem* entsteht durch Zusammenfassung von mehreren Systemen (z. B. Intensivstation als Zusammenfassung der intensivmedizinischen Arbeitsplätze).

Das *Untersystem* ist die Zusammenfassung eines Teils der Elemente eines Systems. Über mehrere Stufen ist hierdurch eine Top-down-Analyse möglich: vom Ganzen zum Teil (z. B. innerhalb des Patient-Arzt-Maschine-Systems die organorientierte Gliederung Atmung, Stoffwechsel, Herz-Kreislauf usw.) [60].

Mit dem Modell wird die Realität abgebildet. Dies kann durch physische Objekte erfolgen (reales Modell) oder durch mathematische Gleichungen und graphische Darstellungen (abstraktes Modell). Modelle sind die Voraussetzung des Denkens und des Gedankenaustausches zwischen Menschen. Auch die Interaktion zwischen Mensch und Maschine setzt das gedankliche Modell der Maschine voraus [61].

Interaktion zwischen Systemelementen bedeutet die Übermittlung von *Nachrichten* (z. B. ein Blutdruckmeßgerät erfaßt und vermittelt die Nachricht: Höhe des aktuellen Blutdrucks).

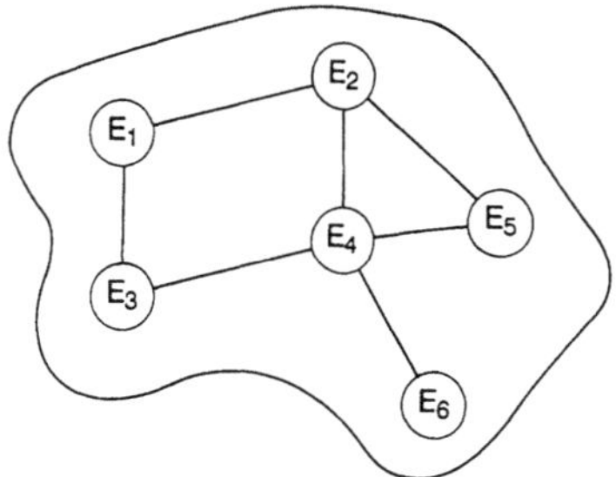

Abb. 37.8. Formale Systemdarstellung [59]

„Die Übertragung einer Nachricht bedarf eines physikalischen Trägers; man nennt ihn *Signal*" [2] (z. B. visuelle Übertragung durch optische Anzeige und Ablesung des aktuellen Blutdrucks als Digitalwert).

Eine übermittelte Nachricht enthält keine Wertung für die konkrete Situation. Durch die Wertung einer Nachricht entsteht *Information*, [z. B. 100 mmHg (133 mbar) systolischer Blutdruck (Nachricht) ist für einen Patienten akzeptabel, für einen anderen u. U. lebensbedrohlich].

37.3.1 Das Mensch-Maschine-System

Das Mensch-Maschine-System (MMS) ist definiert als eine Kombination von einem oder mehreren Menschen und einer oder mehreren physikalischen Komponenten. Diese Systemelemente stehen in Interaktion und haben das Ziel, ausgehend von einem bestimmten Input einen bestimmten Output herzustellen.

Der Mensch ist in diesem System der arbeitende Mensch, der eine vorgegebene Aufgabe hat. Mit Hilfe seiner Sinnesorgane erhält er Nachrichten, beurteilt das Wahrgenommene mit Hilfe gedanklicher Modelle, bildet somit Information und leitet hieraus Entscheidungen über notwendige Handlungen ab.

Welche Aufgaben hierbei eine Maschine übernehmen kann und soll ist eine Frage der unterschiedlichen Eignung von Mensch und Maschine – auch unter ethischen Aspekten – und ein Abwägen zwischen Nutzen und Kosten [62].

37.3.2 Besonderheiten des Patient-Arzt-Maschine-Systems

Im Gegensatz zum MMS sind beim PAMS zwei von ihrer Systemfunktion grundsätzlich unterschiedliche Menschen zu unterscheiden, Abb. 37.9 und [63].

Der Arzt – stellvertretend für das gesamte medizinische Personal – ist Mensch im Sinn des klassischen Mensch-Maschine-Systems. Zusätzlich ist jedoch der Patient zu berücksichtigen. Er steht bei allen Analysen des PAMS im Mittelpunkt.

Die Beschreibung des Patienten, des medizinischen Personals und der Geräte erfolgte in Abschnitt 37.1. Vorliegender Abschnitt skizziert einen systemanalytischen Ansatz und beschreibt Patient, Arzt und Maschine als Systemelemente. Sie bilden durch ihre Verbindungsstellen ein Wirkgefüge, über das Prozesse ablaufen. Die Gesamtheit dieser Prozesse charakterisiert die Dynamik des PAMS.

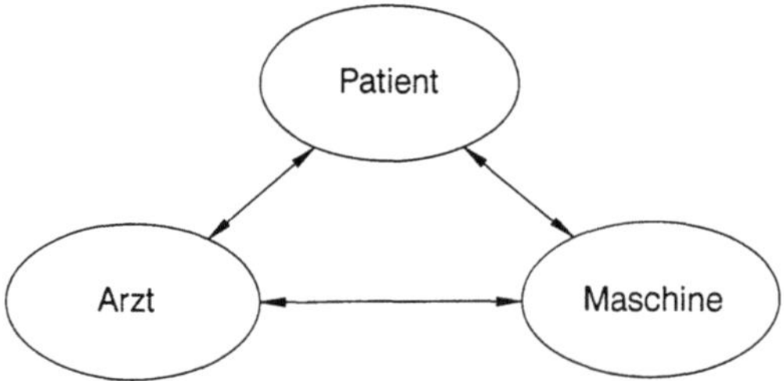

Abb. 37.9. Patient-Arzt-Maschine-System (PAMS). Arzt steht stellvertretend für das medizinische Personal

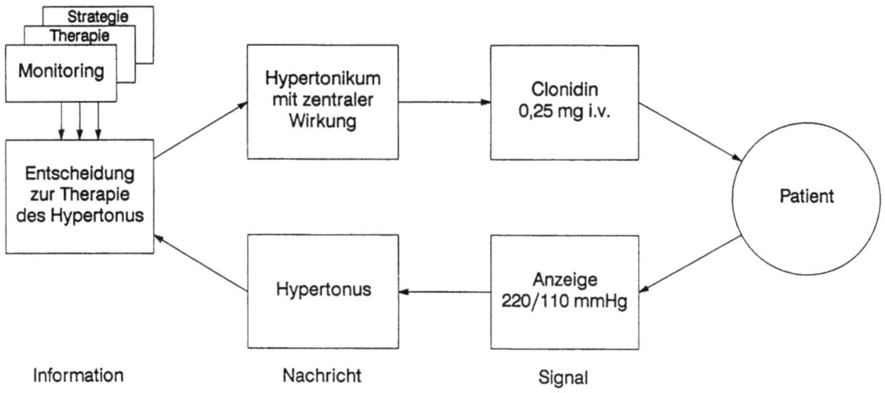

Abb. 37.10. Strukturbild der Verbindung zwischen Arzt und Patient (Beispiel: Behandlung eines Bluthochdrucks)

Der Arzt als Subsystem. Er hat die Möglichkeit, Nachrichten aufzunehmen, hieraus Information zu bilden und Nachrichten abzugeben. Für die Nachrichtenaufnahme stehen ihm seine fünf Sinne zur Verfügung, die er auch in der Interaktion mit dem Patienten alle einsetzt. Nachrichtenverarbeitung setzt Denkmodelle beim Arzt voraus. Aufgenommene Nachrichten sind Input für Modelle. Abhängig vom Modell und dem Input bildet der Arzt neue Information, die er zum Teil an andere Systemelemente weiterleitet. Hierfür stehen dem Arzt die durch Muskelkraft initiierte Bewegung (vor allem Schrift) und Sprache als Signale zur Verfügung. Information ist zu diesem Zweck in eine entsprechende Form zu transferieren (Abb. 37.10).

Der Patient als Systemelement. Der Patient verfügt, abhängig von seiner Bewußtseinslage, über dieselben Möglichkeiten wie der Arzt, Nachrichten über seine fünf Sinne aufzunehmen. Zusätzlich lassen sich über eine Vielzahl von Signale „medizinische Nachrichten" übermitteln (Medikamente, Flüssigkeiten, Gase, Energie in Form unterschiedlicher Strahlung, usw.).

Die eingehenden Signale gelangen als Nachricht zum Patienten und werden durch ihre Wirkung zur Information. Beispiel: ein Antihypertonikum (Nachricht) wird in Form einer intravenös zu applizierenden Substanz (Signal) dem Patienten verabreicht. Diese Nachricht greift in die Blutdruckregulation des Organismus ein und führt zu einer Blutdrucksenkung (Information für den Organismus).

Für die Nachrichtenabgabe an andere Systemelemente spielen die Sprache und die durch Muskelkraft initiierte mechanische Bewegung für den Patienten nur eine untergeordnete Rolle. Viele diagnostische und überwachende Verfahren liefern Nachrichten von Patienten (Laboranalysen, Röntgen, Biosignalableitung, usw.).

Subsystem Maschine. Die Verbindungsstellen der Maschine zum Arzt auf der einen Seite, zum Patienten auf der anderen sind völlig voneinander getrennt und

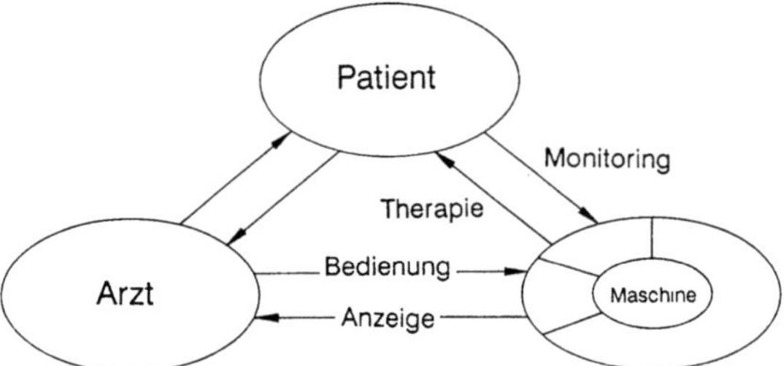

Abb. 37.11. Verbindungen im Patient-Arzt-Maschine-System (PAMS)

haben einen grundlegend anderen Charakter. Die Verbindungsstelle zum Arzt
besteht aus Bedien- und Anzeigeelementen, die Verbindungsstelle zum Patienten
aus Geräteteilen, die eine bestimmte Therapie, Überwachung oder Diagnostik ermöglichen (Abb. 37.11).

Ziel des PAMS. Die Wiederherstellung der Gesundheit des Patienten wird angestrebt. Dieses Ziel ist oftmals limitiert: Ein Patient, der zum Beispiel bei einem
Verkehrsunfall sein Augenlicht verloren hat, kann dies nicht zurückgewinnen,
auch bei noch so hohem Einsatz. Das Ziel orientiert sich somit an dem Machba-
ren, der Patient findet eine neue Homöostase, u. U. auf einem niedrigeren Niveau
als vor dem Ereignis, beispielsweise dem Unfall.

Wirkgefüge. Die drei Systemelemente Patient, Arzt und Maschine lassen sich in
Subsysteme gliedern, die wiederum aus Elementen bestehen. Abbildung 37.12
zeigt eine „Top-down-Darstellung" der ersten beiden Ebenen. Diese schematische Darstellung der Elemente und ihrer Verbindungen untereinander stellen das
Wirkgefüge des PAMS dar [64].

Dynamik des PAMS. In dem oben beschriebenen Wirkgefüge des PAMS laufen
Prozesse ab. Das Beispiel in Abb. 37.13 zeigt einen typischen Prozeßablauf bei einem schmerzbedingten Blutdruckanstieg.

Sicherheit des PAMS. Zur Gewährleistung der Systemsicherheit sind Sicherheits-
analysen notwendig. Dies kann nach Hartmann [65] mit der von der NASA entwickelten FME-Methode (Failure Mode and Effect) erfolgen:
- Liste der Systemelemente erstellen,
- mögliche Fehler der Systemelemente beschreiben (Failure oder Error),
- Auswirkung analysieren (auf andere Systemelemente und das System insgesamt),
- Gefahrenklassifikation
  sicher: keine Auswirkung auf das System als Ganzes,
  nicht kritisch: Beeinträchtigung von Funktionen ohne Gefahr für das System,
  den Menschen oder die Umwelt,
  kritisch: ohne raschen, korrigierenden Eingriff: Gefahr für System, Mensch
  oder Umwelt,
  katastrophal: Zerstörung des Systems,

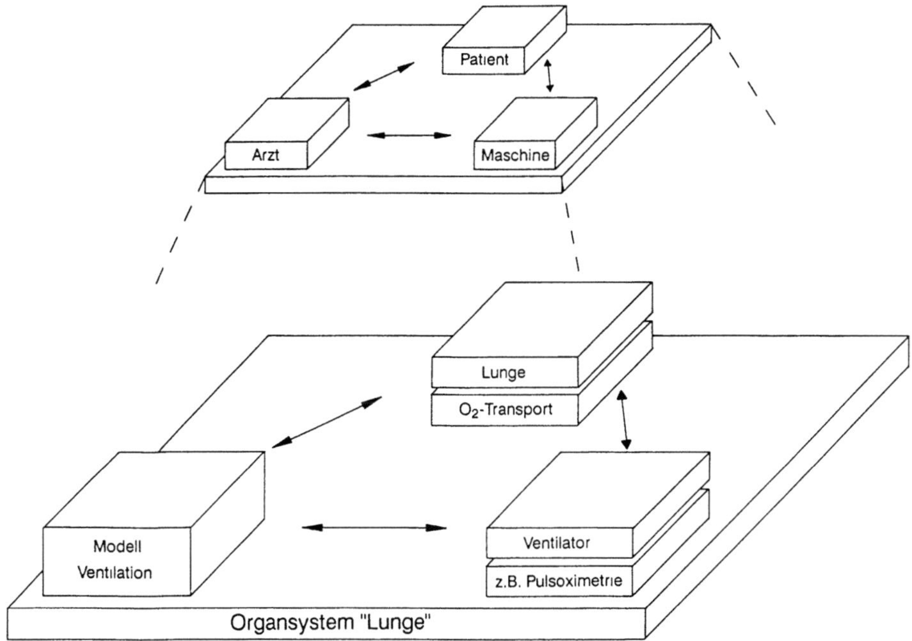

Abb. 37.12. Top-down-Gliederung des Patient-Arzt-Maschine-Systems (PAMS) am Beispiel des Organsystems Lunge

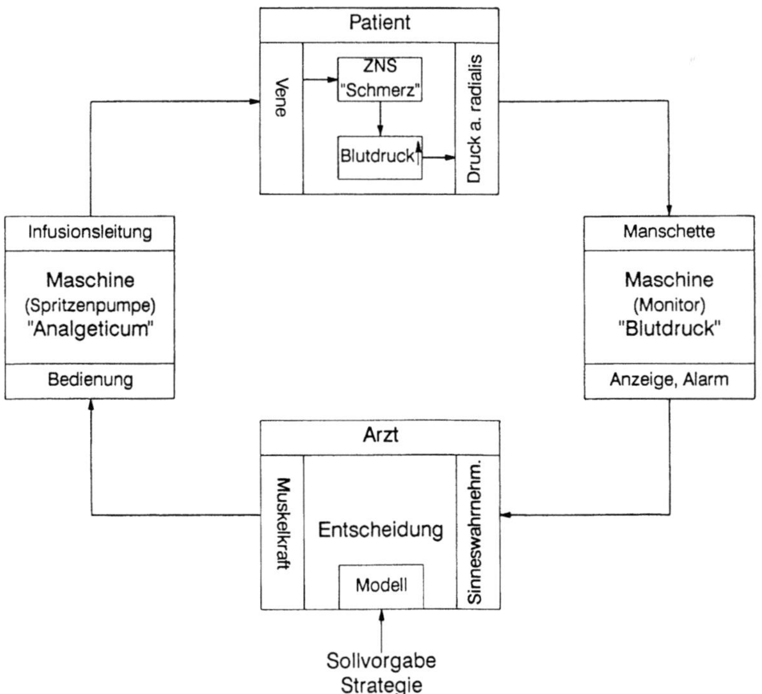

Abb. 37.13. Prozeßablauf im PAMS: Behandlung eines Bluthochdrucks

– Wahrscheinlichkeit für den Fehler
  Am medizinischen Arbeitsplatz ist auch das häufige Auftreten von Störfällen
  des Patientenorganismus zu berücksichtigen. Die beiden ersten Häufigkeits-
  klassen erweitern die von der NASA vorgenommene Klassifikation:
  sehr häufig: 1 oder mehr Fehler pro 10^2 Betriebsstunden,
  häufig: 1 Fehler zwischen 10^2 und 10^3 Betriebsstunden,
  wahrscheinlich: 1 Fehler zwischen 10^3 und 10^4 Betriebsstunden,
  ziemlich wahrscheinlich: 1 Fehler zwischen 10^4 und 10^5 Betriebsstunden,
  wenig wahrscheinlich: 1 Fehler zwischen 10^5 und 10^6 Betriebsstunden,
  sehr unwahrscheinlich: 1 Fehler bei mehr als 10^6 Betriebsstunden,
– Methoden zur Entdeckung des Fehlers,
– adäquate Reaktion bei Auftreten des Fehlers (vorbeugende, korrigierende und
  schützende Maßnahme).

Eine solche systematische Analyse liegt für einzelne Geräte zwar vor, für den Arbeitsplatz in seiner Gesamtheit steht diese Aufarbeitung bislang aus.

Analysen von Zwischenfällen weisen menschliches Versagen als Ursache
nach [66–68].

Der Grund für dieses Versagen ist:
– mangelhaft ergonomische Gestaltung der Arbeitsplätze [39, 69],
– mangelhaft sicherheitstechnische Betriebsmittelgestaltung (z. B. die Beatmung
  mit reinem Lachgas – ohne Sauerstoff – ist möglich!),
– Trainingsdefizit,
– Vigilanzprobleme.

Für medizinische Arbeitsplätze ist folgende Gliederung der Störfälle zweckmä-
ßig:
Patient: Fehlfunktionen des Organismus (z. B. Nierenversagen),
Arzt: Fehler des medizinischen Personals,
Maschine: Gerätefehler (z. B. Medienversorgung, Gerätefunktion),
Verbindungsstelle Patient–Maschine: Fehler bei Diagnostik, Überwachung oder
Therapie.

37.3.3 Interaktionen zwischen zwei Subsystemen

Patient, Arzt und Maschine stehen miteinander in Nachrichtenverbindung.

Beim Arzt ist auch die Interaktion zwischen verschiedenen medizinischen
Mitarbeitern (Arzt–Arzt, Arzt–Pflegekraft) zu berücksichtigen, bei der Maschine
die Interaktion zwischen einzelnen Geräten.

Bei der Interaktion zwischen Arzt und Patient ist eine verbale von einer non-
verbalen Nachrichtenübermittlung zu unterscheiden.

Die *verbale Nachrichtenübermittlung* setzt entsprechendes Bewußtsein des Patienten voraus. Auch der wache Patient kann durch die Therapie so stark eingeschränkt sein, daß ihm eine Nachrichtenübermittlung nahezu unmöglich ist (z. B.
der intubierte Patient: der Tubus passiert die Stimmbänder und macht Sprache
unmöglich). Medikamente führen zu motorischer Unsicherheit und behindern eine schriftliche Äußerung. Für den Patienten ist diese Situation äußerst belastend.
Ihm zu helfen bedarf großer Geduld.

Die *nonverbale Nachrichtenübermittlung* dient in erster Linie der Diagnostik: Hautfarbe, Puls, Körpertemperatur usw. Diese über die fünf Sinne des Arztes eingehenden Nachrichten stellen wesentlichen Input für die Denkmodelle des Arztes dar. Körperkontakt kann dem Patienten Trost spenden und Kraft geben – eine medizinische Aufgabe, die angesichts der Geräte immer mehr in den Hintergrund tritt.

Interaktion zwischen Patient und Maschine. In Abschn. 37.1.1 sind die Verbindungsstellen des Patienten und die Schwierigkeiten des Kontaktes zwischen lebendem Organismus und Geräten beschrieben.

Nachrichten vom Patienten zur Maschine. Der Arzt benötigt Information über die Vorgänge im Organismus des Patienten. Diese Information ist i. d. R. nicht direkt zu erhalten – nur indirekt über Parameter, die für die Meßfühler der Maschine zugänglich sind; Signale, die der Meßfühler aufnehmen kann. Die gewonnenen Nachrichten sind Input für die ärztlichen Denkmodelle und liefern so die benötigte Information.
Kriterien für die zugänglichen Parameter bzw. Signale sind:
Wert: abhängig von der Situation (z. B. pulmonalarterieller Druck bei Herzinsuffizienz wertvoller als beim Herzgesunden),
Verläßlichkeit: Genauigkeit der Signalgewinnung und Störanfälligkeit,
Zeitaspekt: kontinuierliche Erfassung (z. B. Temperatursonde) oder diskontinuierliche Erfassung (z. B. Blutdruck nach Riva Rocci); unmittelbare Signalübertragung (bettseitige Erfassung) oder mittelbare (z. B. Laborbestimmung),
Invasivität: wenig invasiv (z. B. Blutdruck nach Riva Rocci) oder sehr invasiv (z. B. pulmonalarterieller Katheter),
Aufwand: Belastung des Personals durch die Überwachung des Verfahrens.
Die bettseitige Signalerfassung setzt eine Verbindung zwischen Meßfühler und damit Patient und Maschine voraus – heute zumeist in Form von Kabeln und Schläuchen, die den Patienten in seiner Bewegung einschränken und die Pflege behindern. Telemetrie (drahtlose Signalübertragung) wird in Anästhesie und Intensivmedizin bislang aus Kostengründen nicht eingesetzt.

Nachricht vom Gerät zum Patienten. Therapierende Geräte ermöglichen den Nachrichtenfluß von einer Maschine zum Patienten. Die Bedeutung der Verbindung ist abhängig von der übermittelten Nachricht: Die Beatmung eines relaxierten Patienten ist die wichtigste Nachricht im gesamten PAMS. Bewußt wurde hierbei eine lebenswichtige Funktion des Organismus der Maschine übergeben. Der Sicherstellung dieser Verbindung ist also höchste Priorität einzuräumen.

Die Interaktion zwischen Arzt und Maschine entspricht der Verbindung zwischen Mensch und Maschine des klassischen Mensch-Maschine-Systems (s. entsprechende Literatur).

Nachrichten vom Arzt zur Maschine. Durch die Bedienung erhält die Maschine Nachrichten vom Arzt. Die Maschine soll nach der Bedienung eine bestimmte Funktion erfüllen. Der Arzt muß als Voraussetzung für richtige Bedienung ein möglichst einfaches Denkmodell von der Funktionsweise der Maschine im Kopf haben – eine Aufgabe der Geräteschulung. Die Bedienlogik sollte für die Maschine, d. h. für alle Geräte, einheitlich und transparent sein, Fehlbedienungen sollte die Maschine durch „Mitdenken" erkennen (z. B.: assistierte Beatmung mit einer Sauerstoffkonzentration von 80% ist sehr unwahrscheinlich).

Nachricht von der Maschine zum Arzt. Zweckmäßige Präsentation von Nachrichten ist übersichtlich und berücksichtigt den Empfänger. Der Arzt benötigt andere Nachrichten als die Schwester.

Die Menge verfügbarer Nachrichten macht eine Gliederung notwendig. Es empfiehlt sich eine in Abb. 37.14 wiedergegebene Top-down-Anordnung. Das oberste Bild sollte mit Hilfe weniger Daten und durch entsprechende Gestaltung einen möglichst schnellen Überblick gewährleisten und den Status des Patienten charakterisieren (Abb. 37.15). Es ist gegliedert in Organsysteme (von oben nach unten) und in Patientenmeßwerte (links) sowie Geräteeinstellungen (rechts). Die beiden Reihen von Bargraphen, die Abweichungen von der Norm anzeigen, bilden ein Patienten- und ein Therapieprofil.

Innerhalb der beiden Systemelemente Maschine und Arzt lassen sich weitere Subsysteme abgrenzen: Die Maschine besteht aus verschiedenen Geräten, der Arzt steht stellvertretend für mehrere medizinische Mitarbeiter. Zwischen den Elementen dieser Subsysteme können bzw. müssen Interaktionen ablaufen.

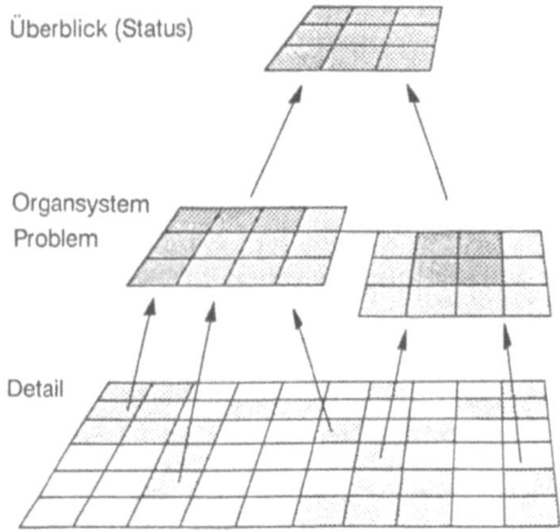

Abb. 37.14. Zweistufige Zusammenfassung von Nachrichten

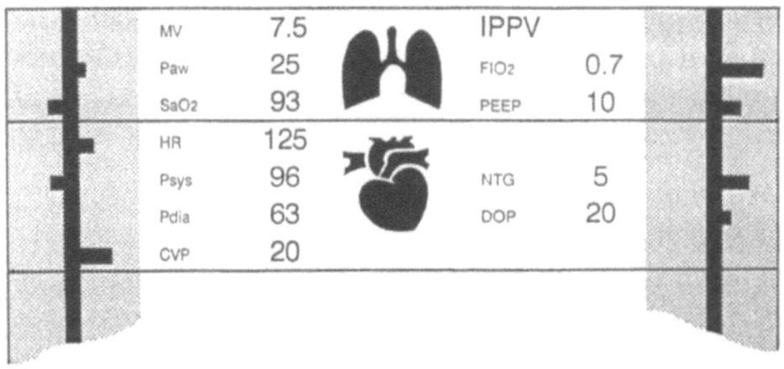

Abb. 37.15. Statusbild: Zusammenfassung der wichtigsten Daten

Interaktion zwischen Subsystemen der Maschine. Jedes Gerät ist als Einzelgerät konzipiert, eine datentechnische Verbindung ist zwar heute durch eine entsprechende Schnittstelle möglich, die Geräte verstehen sich aber nicht und tauschen keine Nachrichten aus. Mehrmalige Anzeige ein und desselben Parameters ist nicht selten (z. B. Puls). In zunehmendem Maße ist von den Geräten „intelligentes" Verhalten gefordert. Sie sollen „mitdenken" und Parameter anderer Geräte berücksichtigen (z. B. Closed Loop, d. h. Regelung der Therapie durch automatische Berücksichtigung des Behandlungserfolgs).

Interaktion zwischen medizinischem Personal. Die Nachrichtenmenge ist in der Intensivmedizin ein Problem: Zum einen ist die Menge an Nachrichten nicht mehr zu überschauen, zum anderen fehlen einheitliche medizinische Denkmodelle, die bei gleichem Input zu gleicher Information und somit gleichen Entscheidungen führen. Die Betreuung der Patienten rund um die Uhr macht eine häufige Nachrichtenübermittlung zwischen den medizinischen Mitarbeitern notwendig. Einzelne Nachrichten können hierbei verlorengehen oder in unterschiedliche Denkmodelle einfließen – langfristige Behandlungsplanung findet keine Unterstützung.

Weitere Interaktionen bestehen mit anderen Systemen: z. B. Labor, Röntgen, Verwaltung usw.

37.3.4 Arbeitsplatzgestaltung

Anforderungen kommen von Arzt und Patient [70, 71]:

Für den *Arzt* (das medizinische Personal) soll die Gestaltung des Arbeitsplatzes eine bestmögliche Entfaltung menschlicher Leistung ermöglichen, d. h. den größten Wirkungsgrad bei niedrigster psycho-physischer Beanspruchung [2]. Die einzelne Tätigkeit sowie die zeitliche Folge mehrerer Tätigkeiten, die einen Arbeitsprozeß bilden, sind zu berücksichtigen; u. a.:

- Gestaltung des Arbeitsplatzes (z. B. Platzbedarf der Mitarbeiter, Anordnung der Betriebsmittel),
- Erleichterung der Pflege (z. B. Lagerungshilfen für den Patienten, Anordnung der Pflegeutensilien),
- Vereinfachung der Patienten- und Geräteüberwachung (z. B. Ordnen und Reduzieren der Anzeigen; Vereinheitlichung der Anzeigelogik; Verbesserung der räumlichen Anordnung),
- Minimierung der Gefahr einer Gerätefehlbedienung (z. B. Reduktion der Funktionen, Ordnen und Reduzieren der Bedienelemente; Vereinheitlichung der Bedienlogik verschiedener Geräte, Verbesserung der räumlichen Anordnung),
- Reduktion des Dokumentationsaufwandes (z. B. automatische Dokumentation).

Zur Erreichung der Ziele muß der Konstrukteur eines einzelnen Gerätes zukünftig den gesamten Arbeitsplatz und die Arbeitsabläufe vor Augen haben. Die Datenverarbeitung ermöglicht eine datentechnische Verbindung der einzelnen Geräte und damit die logische Integration des Arbeitsplatzes [72, 73], wodurch andererseits aber eine Reihe neuer Probleme entsteht, die sich auf die Software und die Interaktion zwischen Anwender und Datenverarbeitung beziehen [74–84].

Zum Thema Expertensysteme [85–87] und Krankenhaus-EDV-Systeme (MIS: Management-Information-System [88,89]) sei auf die weiterführende Literatur verwiesen.

Neben neuer Technik und Technologie könnte eine Ergonomieschaltung des Personals hilfreich sein [90], denn das medizinische Personal fügt einzelne Geräte bedarfsadaptiert hinzu und bestimmt hierdurch die Struktur des Arbeitsplatzes.

Für den *Patienten* soll die psycho-physische Belastung durch die Behandlung möglichst gering sein, u. a. durch:
– Reduktion der Invasivität von Verfahren,
– Minimierung der Patientenbehinderung (z. B. telemetrische Übertragung),
– kritische Beschränkung der angewendeten Verfahren (z. B. Abwägung von Gefahren und Behinderungen einerseits und medizinischem Nutzen andererseits),
– freundlichere Gestaltung des Arbeitsplatzes für den wachen Patienten.

Auch bei diesen Zielen ist der Hersteller (neue Technologie) und der Arzt gefordert.

37.4 Arbeitsstrukturierung und Arbeitszeitgestaltung

Notwendige Schichtarbeit vergrößert die ohnehin schon schwere Arbeit des medizinischen Personals (s. Abschn. 37.1.2); Tag-Nacht-Rhythmus, soziale Beziehungen usw. siehe [91, 92]. Folge davon sind offene Stellen und erhebliche Nachwuchssorgen im Pflegebereich. Probleme, die auch mit höheren Tarifen kaum zu lösen sind.

Zeit für die Zuwendung zum Patienten. „Pflegefremde" Tätigkeiten (Geräteüberwachung, Dokumentation, Botengänge usw.) nehmen immer mehr Zeit in Anspruch. Für die motivierende und befriedigende Pflegetätigkeit, die Zuwendung zum Patienten, bleibt der Schwester und dem Pfleger immer weniger Zeit. Zunehmender EDV-Einsatz birgt die Gefahr weiterer pflegefremder Belastung.

Die zusätzliche Einbindung von den Aufgaben entsprechenden Arbeitskräften könnte die dringend notwendige Entlastung bringen (Dokumentare, Techniker, Hilfskräfte usw.).

Job-Enlargement. Verantwortungsvolle Pflege ist ein wesentliches Element der Intensivtherapie. Die einzelne Pflegekraft muß sich dieser Aufgabe und der damit verbundenen hohen Verantwortung bewußt sein. Ärzte sollten Pflegekräfte in ihre Entscheidungen einbinden und diese erläutern. Pflegekräfte sind nicht nur die Erfüllungsgehilfen des Arztes [91, 92].

Job-Rotation. Es muß möglich sein, daß Mitarbeiter der Intensivstation in regelmäßigen Abständen in andere Abteilungen wechseln können, um sich von den Belastungen der Intensivstation zu erholen.

Schichtarbeitszeit. Zur Optimierung von Schichtarbeitszeiten sei auf die entsprechende weiterführende Literatur verwiesen [91, 92].

Pausenregime. Es ist zweckmäßig, das Pausenregime innerhalb der Funktionseinheit (OP, Intensivstation usw.) mit den Mitarbeitern zu diskutieren. Eine Hilfe zur Optimierung können rechnerische Ansätze geben [2].

Diese Pausen dienen auch dem sozialen Kontakt zwischen den Mitarbeitern. Einen Mitarbeiter am Arbeitsplatz abzulösen und ihn alleine „zum Kaffeetrinken" zu schicken erfüllt den Zweck nur teilweise. Bei der Planung von Intensivstationen ist der Bedarf für Sozialräume großzügig zu bemessen.

37.5 Normen, Gesetze, Vorschriften

Beleuchtung und Farben
DIN 5032 Lichtmessung; photometrische Meßverfahren
DIN 5034 Innenraumbeleuchtung mit Tageslicht
DIN 5035 Innenraumbeleuchtung mit künstlichem Licht
DIN 5037 Lichttechnische Bewertung von Scheinwerfern
DIN 5039 Licht, Lampen, Leuchten, Begriffe, Einteilung
DIN 6169 Farbwiedergabe; Lichtquellen, Beleuchtungstechnik

Lärm und Lärmschutz
DIN 1318   Lautstärke, Begriffsbestimmung
DIN 1320   Allgemeine Benennung der Akustik
DIN 18041 Hörsamkeit in kleinen bis mittelgroßen Räumen

Klima
DIN 1946   Lüftungstechnische Anliegen
DIN 33403 Klima am Arbeitsplatz und in der Arbeitsumgebung
VDI 2051   Lüftung von Laboratorien
VDI 2080   Lüftungstechnik, Grundlagen

Dämpfe
VDI 2104 Begriffsbestimmung Reinhaltung der Luft

Arbeitsgestaltung, Allgemeine Aspekte
DIN 31000 Allgemeine Leitsätze für das sicherheitsgerechte Gestalten technischer Erzeuge
DIN 33400 Gestaltung von Arbeitssystemen nach arbeitswissenschaftlichen Erkenntnissen
DIN 33405 Psychische Belastung und Beanspruchung: Allgemeines, Begriffe, Zusammenhänge
DIN 33407 Arbeitsanalyse; Rahmenanalyse, Aufbau, Merkmale
DIN 33413 Ergonomische Gesichtspunkte für Anzeigeeinrichtungen, Arten, Wahrnehmungsaufgaben, Eignung

Arbeitsgestaltung, Anthropometrische Aspekte
DIN 33402 Körpermaße des Menschen; Begriffe, Methoden, Werte
DIN 33406 Arbeitsflächen-, Sitzflächen-, Fußstützenhöhe im Produktionsbereich
DIN 33408 Körperumrißschablonen
DIN 2780   Körpermaße als Grundlage für die Gestaltung von Sitzen und Arbeitsplätzen

Arbeitsgestaltung, Arbeits- und Betriebsmittel
DIN 4566   Leitern und Tritte aus Metall
DIN 66233 E Bildschirmarbeitsplätze; Begriffe
DIN 66234 E Bildschirmarbeitsplätze

Arbeitsgestaltung, Stellteile
DIN 2137   Alphanumerische Tastaturen
DIN 2139   Alphanumerische Tastaturen für Dateneingabe
DIN 9753   Numerische Tastaturen; Zehner-Blocktastatur
DIN 1410   Bewegungsrichtung und Anordnung der Bedienteile
DIN 43602   Bestätigungssinn und Anordnung von Bedienteilen
ISO 2261   Reciprocating Internal Combustion Engines – Hand Operated Control Devices – Standard Direction of Motion

Arbeitsgestaltung, Anzeigen und Informationsmittel
DIN 5381   Kennfarben
DIN 40100   Bildzeichen der Elektrotechnik; medizinische Technik
DIN 43802   Skalen und Zeiger für elektrische Meßinstrumente
DIN 4844   Sicherheitskennzeichnung
DIN 12000   Sicherheitssymbole und Sicherheitszeichen im Labor

Arbeitsgestaltung, Sicherheitstechnische Aspekte
DIN 1000   Sicherheitsgerechtes Gestalten technischer Erzeugnisse
DIN 31001   Sicherheitsgerechtes Gestalten technischer Erzeugnisse
DIN 31004 E Sicherheit und Schutz in Arbeitssystemen; Begriffe, Wortzusammensetzungen
DIN 43802   Skalen und Zeiger für elektrische Meßinstrumente

Medizintechnische Geräte
DIN 57750   Sicherheit elektromedizinischer Geräte
DIN 57752   Grundsätzliche Aspekte der Sicherheit elektrischer Einrichtungen in medizinischer Anwendung
DIN 13208   Magensonden
DIN 13273   Katheter für den medizinischen Bereich
DIN 13252   Inhalationsnarkosegeräte
DIN 13254   Medizinisches Atemgerät
DIN 58360   Transfusion, Infusion; Transfusionsgeräte; Benennung, Anforderungen, Prüfung
VDE 0107   Errichten und Prüfen von elektrischen Anlagen in medizinisch genutzten Räumen

Weitere Vorschriften und Gesetze
VBG 4 (Verband Berufsgenossenschaft) Ausgabe April 1979: Elektrische Anlagen und Betriebsmittel
MedGV Medizingeräteverordnung vom 14. Jan. 1985
Gerätesicherheitsgesetz vom 24. Juni 1968
Verordnung über Arbeitsstätten vom 20. März 1975

37.6 Literatur

Allgemeine Literatur

Becker-Biskaborn, G. U.: Ergonomische Erkenntnissammlung für den Arbeitsschutz mit Informationssystem. Forschungsbericht Nr. 142, Band I, Bremerhaven: Wirtschaftsverlag NW 175

Becker-Biskaborn, G. U.: Ergonomische Erkenntnissammlung für den Arbeitsschutz mit Informationssystem. Forschungsbericht Nr. 142, Band II, Bremerhaven: Wirtschaftsverlag NW 175

Benzer, H.; Frey, R.; Hügin, W.; Mayrhofer, O.: Anaesthesiologie Intensivmedizin und Reanimatologie. 5. Aufl. Berlin: Springer 1982

Bernotat, R.: Plenary session: operation functions in vehicle control anthropotechnic. Ergonomics 13 (1970) 353–377

Bernotat, R.: Anthropotechnik in der Fahrzeugführung. Vol. 13, No. 3 (1970) 353–377

Bernotat, R.; Rau, G.: Ergonomics in medicine. In: Reul, H.; Ghista, D. N.; Rau, G. (eds.) Perspectives in biomechanics. Vol. 1, Chur: Harwood 1980

Bundesamt für Wehrtechnik und Beschaffung: Handbuch der Ergonomie. München: Hanser 1975

Daenzer, W. F.: Systems engineering. Zürich: Verlag Industrielle Organisation 1986/87

Hackstein, R.: Arbeitswissenschaft im Umriß. 1. Band, 1. Aufl. Essen: Girardet 1977

Hackstein, R.: Arbeitswissenschaft im Umriß. 2. Band, 1. Aufl. Essen: Girardet 1977

Hettinger, Th.; Kaminsky, G.; Schmale, H.: Ergonomie am Arbeitsplatz. 2. Aufl. Ludwigshafen: Friedrich Kiehl 1980

Huchingson, R. D.: New horizons for human factors in design. New York: McGraw-Hill 1981

Kraiss, K. F.; Morall, J.: Introduction to human engineering. TÜV Rheinland 1976

Kvalseth, T. O.: Ergonomics of workstation design. London: Butterworths 1983

Löhr, R. W.: Ergonomie: Ergonomie kurz und bündig. Würzburg: Vogel 1976

McCormick, E. J.; Sanders, M. S.: Human factors in engineering and design. New York: McGraw-Hill 1982

Murell, K. F. H.: Ergonomie. Düsseldorf: Econ 1971

Nemes, C.; Niemer, M.; Noack, G.: Datenbuch Anästhesie. 3. Aufl. Stuttgart: Fischer 1985

Park, K. S.: Human reliability. In: Salvendy, G. (ed.) Advances in human factors/ergonomics. Band 7. Amsterdam: Elsevier 1987

Rau, G.: Ergonomie in der Medizin. In: Schmitt, H. J. Der Mensch im elektromagnetischem Feld. Opladen: Westdeutscher Verlag N 311, 1982

Roebuck, J. A.: Engineering anthropometry methods. New York: John Wiley & Sons 1975

Rohmert, W.; Becker-Biskaborn, G. U.: Ergonomische Prüfliste für den Arbeitsschutz mit Literaturanhang. Forschungsbericht 116, Bremerhaven: Wirtschaftsverlag NW 1974

Rohmert, W.: Entwicklung und Erkenntnisse der Arbeitswissenschaft. Schriftenreihe „Arbeitswissenschaft und Praxis". Band 34. Berlin: Beuth 1974

Schmidtke, H.: Lehrbuch der Ergonomie. München: Hanser 1981

Stanley, P. E.: Handbook of hospital safety. Bocca Raton (USA): CRC Press 1982

Van Cott, H. P.; Kinkade, R. G.: Human engineering guide to equipment design. American Institutes for Research, Washington D.C. 1972

Woodson, W. E.: Human factors design handbook. New York: McGraw-Hill 1981

Spezielle Literatur

1. Schulte, B.: Arbeitswissenschaft und Arbeitspraxis. In: Der Mensch und die Technik. Technisch-wissenschaftliche Blätter der Süddeutschen Zeitung, 25. Oktober 1971
2. Schmidtke, H.: Lehrbuch der Ergonomie. München: Hanser 1981
3. Löhr, R. W.: Ergonomie: Ergonomie kurz und bündig. Würzburg: Vogel 1976
4. Rohmert, W.: Ergonomie als Teildisziplin der Arbeitswissenschaft. In: Bundesamt für Wehrtechnik und Beschaffung: Handbuch der Ergonomie. München: Hanser 1975

5. Bundesamt für Wehrtechnik und Beschaffung: Handbuch der Ergonomie. München: Hanser 1975
6. Nemes, C.; Niemer, M.; Noack, G.: Datenbuch Anästhesie. 3. Aufl. Stuttgart: Fischer 1985
7. Schwanger, M. L.: Ergonomics: a new factor in the evaluation of disabilities. J. Manipulative Physiol. Ther. 6 (1983) 85–86
8. Stubbs, D.: Ergonomics in nursing. Int. J. Nurs. Stud. 24 (4) (1987) 285–349
9. Bell, F.: Ergonomic aspects of equipment. Int. J. Nurs. Stud. 24 (4) (1987) 331–337
10. Hawkins, L.: An ergonomic approach to stress. Int. J. Nurs. Stud. 24 (4) (1987) 307–318
11. Greenburg, A. G.; Civetta, J. M.; Barnhill, G.: Neglected components of intensive care. J. Surg. Res. 26 (1979) 494–498
12. Jeiter, W.: Das neue Gerätesicherheitsgesetz. München: C. H. Beck 1980
13. Bundestagsdrucksache 8/2824
14. Böckmann, R. D.; Winter, M.: Durchführungshilfen zur Medizingeräteverordnung. Köln: TÜV Rheinland 1985
15. Ministerium für Arbeit, Gesundheit und Soziales des Landes Nordrhein-Westfalen: Zur Verbesserung der Sicherheit von Beatmungs- und Narkosegeräten. Bielefeld: idis 1981
16. Duberman, S. M.; Bendixen, H. H.: Concepts of fail-safe in anesthetic practice. Int. Anesthesiol. Clin. 22 (2) (1984) 149–165
17. Kerr, J. H.: Warning devices. Br. J. Anaesth. 57 (1985) 696–708
18. O'Carroll, T. M.: Survey of alarms in an intensive therapy unit. Anaesthesia 41 (1986) 742–744
19. Gravenstein, J. S.; Paulus, D. A.; Eames, S.; McLaughlin, G.: The electronic clipboard: a semiautomatic anesthesia record. Int. J. Clin. Monit. Comput. 4 (1987) 153–159
20. Murell, K. F. H.: Ergonomie: Econ Verlag 1971
21. Trispel, S.; Rau, G.; Günther, K.: Direkter Zugriff auf Bildschirminformation über Berühreingabe (touch input) und Anwendung in komplexen klinischen Systemen. Biomed. Tech. 24 (1979) 64–65
22. Straton, P. R.; McClelland, S. R.; Kilbourn, T. E.: The HP 150 touchscreen: an interactive user input device for a personal computer. Hewlett Packard Journal (1984) 11–15
23. Litterick, I.: QWERTYUIOP-dinosaur in a computer age. New Scientist (1981) 66–68
24. Noyes, J.: The QWERTY keyboard: a review. Int. J. Man-Machine Studies 18 (1983) 265–281
25. Whitefield, D.; Ball, G.; Bird, J. M.: Some comparisons of on-display touch input devices for interaction with computer generated displays. Ergonomics 26 (11) (1983) 1033–1053
26. Gärtner, K. P.; Holzhausen, K. P.: Controlling air traffic with a touch sensitive screen. Applied Ergonomics 11 (1980) 17–22
27. David, H.: The ergonomics society. Ergonomics 22 (5) (1979) 573–589
28. Pickering, J. A.: Touch-sensitive screens: the technologies and their application. Int. J. Man-Machine-Studies 25 (1986) 249–269
29. Karat, J.; McDonald, J. E.; Anderson, M.: A comparison of menu selection techniques: touch panel, mouse and keyboard. Int. J. Man-Machine-Studies 25 (1986) 73–88
30. Marcus, A.: Corporate identity for iconic interface design: the graphic design. IEEE Computer Graphics and Applications 4 (1984a) 24–32
31. Easterby, R. S.: The perception of symbols for machine displays. Ergonomics 13 (1970) 149–158
32. Jervell, H. R.; Olsen, K. A.: Icons in man-machine communications. Behaviour and Information Technology 4 (1985) 249–254
33. Westhorpe, R. N.: Ergonomics and Monitoring. Anaesth. Intensive Care 16 (1) (1980) 71–75
34. Gittins, D.: Icon-based human-computer interaction. Int. J. Man-Machine-Studies 24 (1986) 519–543
35. Reynolds, R. E.; White, R. M.; Hilgendorf, R. L.: Detection an recognition of colored signals light. Human Factors 14 (3) (1972) 227–236
36. Bruce, M.; Jeremy, J. F.: The visibility of colored characters on colored backgrounds in viewdata displays. Visible Language 16 (1982) 382–390
37. Johnson, D.: Einsatz von Farbbildschirmen in der Informations- und Datenverarbeitung unter Berücksichtigung farbphysiologischer Parameter. Biomed. Tech. 31 (5) (1986) 108–111

38. Ohlsson, K.; Nilsson, L. G.; Rönnberg, J.: Speed and accuracy in scanning as a function of combinations of text and background colors. Int. J. Man-Machine Studie 14 (1981) 215–222

39. McIntyre, J. W. R.: Ergonomics: Anaesthetists' use of auditory alarms in operating room. Int. J. Clin. Monit. and Comp. 2 (1985) 47–55

40. Patterson, R. D.: Guide lines for auditory warning systems on Civil aircraft. Civil Aviation Authority, London, November 1982

41. Beckert, J.: Leistungsfähigkeit und Wirtschaftlichkeit von Krankenhaus- und Umwelthygiene. Hamburg: Rohrberg & Mildner 1984

42. Neubauer, R.; v. Rosenstiel, L.: Handbuch der angewandten Psychologie. Band 1. München: Verlag Moderne Industrie 1980

43. Aull, R.: Farbgestaltung im Krankenhaus. f & w (September/Oktober 1988) 20–23

44. Fiedler, H.: Planungskriterien für Wach- und Intensivstationen. Med. Tech. 102 (1982) 14–18

45. Bartholmess, K.: Klimatisierung und Arbeitsschutz. Vorschriften gewährleisten Sicherheit. Krankenhaus-Tech. 12 (11) (1986) 34, 36, 38–40

46. Scharf, G.: Kostenoptimale Zuluftsysteme für den OP. Wirtschaftliche Lösungen. Krankenhaus-Tech. 13 (3) (1987) 90–92

47. Keller, R.; Becker, J.: Berechnung der Schadstoffkonzentration in Innenraumluft. Umweltmedizin 1 (1986) 7–10

48. Kochs, E.; Blanc, I.; Pfeifer, G.: Verlauf der Körperkerntemperatur im Laminar-air-flow-Operationsraum unter verschiedenen Narkoseverfahren. Anaesth. Intensivther. Notfallmed. 21 (4) (1986) 203–206

49. Altemeyer, K. H.; Fösel, T.; Breucking, E.; Ahnefeld, F. W.: Narkosen im Kindesalter. Willy Rüsch AG, Kernen-Stuttgart 1984

50. Krochmann, J.: Über eine Bewertungszahl zur Kennzeichnung von OP-Leuchten. Krankenhaus 5 (1983) 198–202

51. Kockott, D.; Krochmann, J.: Lichttechnische Forderungen an eine OP-Feldbeleuchtung und deren Realisierung mit der OP-Leuchte Hanaulux Amsterdam. Medizintechnik 99 (1979) 131–134

52. Hilton, A.: The hospital racket: how noisy is your unit? American Journal (January 1987) 59–61

53. Hilton, B. A.: Noise in acute patient care areas. Research in Nursing & Health 8 (1985) 283–291

54. Seidlitz, P. R.: Excessive noise levels detrimental to patients, staff. Hospital progress 62 (1981) 54–55, 64

55. Minckley, B. B.: A study of noise and its relationship to patient discomfort in the recovery room. Nursing Research 17 (3) (1968) 247–250

56. Shapiro, R. A.; Berland, T.: Noise in the operating room. N. Engl. J. Med. 287 (1972) 1236–1238

57. Kryter, K. D.: Non-auditory effects of environmental noise. Am. J. Public Health 62 (1972) 389–398

58. Woods, N. F.; Falk, S. A.: Noise stimuli in the acute care area. Nurs. Res. 23 (1974) 144–150

59. Daenzer, W. F.: Systems Engineering. Zürich: Verlag Industrielle Organisation 1986/87

60. Beneken, J. E. W.; Blom, J. A.: An integrative patient monitoring approach. In: Gravenstein, J. S.; Newbower, R.; Ream, A. K.; Smith, N. T.: An integrated approach to monitoring. Bosten: Butterworths 1983

61. Gaines, B. R.; Shaw, L. G.: Foundations of dialog engineering: the development of human-computer interaction. Part II. Int. J. Man-Machine Studies 24 (1986) 101–123

62. Whitefield, D.: Human skill as a determinate of allocation of function (1967) 54–60

63. Cooper, J. B.; Newbower, R. S.: The Boston anesthesia system. Contemp. Anesth. Pract. 8 (1984) 207–219

64. Saunders, R. J.; Jewett, W. R.: System integration – the need in future anesthesia delivery systems. Medical Instrumentation 17 (6) (1983) 389–392

65. Hartmann, W.: Zuverlässigkeit und Systemsicherheit. io 39 (2) (1970) 79–81

66. Cooper, J. B.; Newbower, R. S.; Kitz, R. J.: An analysis of major errors and equipment failures in anesthesia management: considerations for prevention and detection. Anesthesiology 60 (1984) 34–42

67. McDonald, J. S.; Peterson, S. F.; Hansell, J.: Operating room event analysis. Med. Instrument 17 (1983) 107–112
68. Jenkins, J.: The anaesthetic monitors. Can. Anaesth. Soc. J. 31 (1984) 294–298
69. Drinker, P. A.: Design of medical device alarm systems. Medical Instrumentation 17 (1983) 103–106
70. McIntyre, J. W. R.: Man–machine interface: the position fo the anesthetic machine in the operating room. Can. Anaesth. Soc. J. 29 (1) (1982) 74–78
71. Dick, W.; Eberle, B.; Friesdorf, W.: Zukünftiger Arbeitsplatz des Anästhesisten. Anaesthesist 36 (1987) 1–8
72. Shabot, M. M.; Carlton, P. D.; Sadoff, S.; Nolan-Avila, L.: Graphical reports and displays for complex ICU data: a new flexible and configurable method. 9th Annual Symposium on Computer Applications in Medical Care (1985) 418–421
73. Meijler, A. P. Automation in Anesthesia, a relief? Promotionsschrift, Met lit. opg., reg. Eindhoven 1986
74. Gaines, B. R.; Shaw, L. G.: 1. Dialog engineering. In: Sime, M. E.; Coombs, M. J. (eds.): Dialog engineering. Designing for Human-Computer Interaction (1983) 23–53
75. Turner, J. A.; Karasek, R. A.: Software ergonomics: effects of computer application design parameters on operator task performance and health. Ergonomics 27 (6) (1984) 663–690
76. Norman, D. A.: Design principles for human computer interfaces. In: Janda, A.: Human factors in computing systems. Amsterdam: CHI '83 (1983) 1–10
77. Gaines, B. R.; Shaw, L. G.: The art of computer conversation. Englewood Cliffs (NJ): Prentice-Hall International 1984
78. Sivak, E. D.; Cochberg, J. S.; Fronek, R.; Scott, D.: Lessons to be learned from the design, development and implementation of a computerized patient care management system for the intensive care unit. Symp. on. Comp. Appl. in Med. Care (1987) 614–619
79. Clarke, A. A.: A three-level human-computer interface mode. Int. J. Man-Machine Studies 24 (1986) 503–517
80. Schmidtke, H.: Systemergonomische Aufgaben-Bewertung in komplexen Mensch-Maschine-Systemen und Leitwarten. Ortung und Navigation (3/1984) 317–327
81. Rouse, W. B.: Design of man-computer interfaces. Proceedings of the IEEE 63 (6) (1975) 847–857
82. Rau, G.; Trispel, S.: Ergonomic design aspects in interaction between man and technical systems in medicine. Med. Progr. Technol. 9 (1982) 153–159
83. Card, S. K.; Moran, T. P.: The psychology of human-computer interaction. Hillsdale, NJ: Lawrence Erlbaum Associates, Publisher 1983
84. Taylor, M. M.: Layered protocols for computer-human dialogue. I: principles. Int.J. Man–Machine Studies 28 (1988) 175–218
85. Hasling, D. W.; Clancey, W. J.; Rennels, G.: Strategic explanations for a diagnostic consultation system. Int. J. Man–Machine Studies 20 (1984) 3–19
86. Klocke, H.; Rau, G.: Record keeping, monitoring and decision support during surgical anesthesia: the AIS and the AES in use. Research Report (1985/1986)
87. Kelley, C. R.: Predictor instruments look into the future. Control Engineering (1962) 86 f
88. Schroeder, R. G.; Benbasat, I.: An experimental evaluation of the relationship, of uncertainty in the environment to information used by decision makers. Decision Sciences 6 (1975) 556–567
89. Benbasat, I.; Schroeder, R. G.: An experimental investigation of some MIS design variables. The Management Information System Quarterly 1 (1977) 37–49
90. Troup, J. D. G.; Rauhala, H. H.: Ergonomics and training. Intern. J. of Nursing Studies 24 (4) (1987) 325–330
91. Coloquhoun, W.; Blake, M.; Edwards, R.: Experimental studies of shift-work I: a comparison of „roating" and „stabilized" 4-hour shift systems. Ergonomics 11 (5) (1968) 437–453
92. Coloquhoun, W.; Blake, M.; Edwards, R.: Experimental studies of shift-work II: stabilized 8-hour shift systems. Ergonomics 11 (6) (1968) 527–556

38 Elektromagnetische Verträglichkeit

Hansgeorg Meyer

38.1 Einführung

Elektrische Einrichtungen (Komponenten, Geräte, Systeme) sollen mit möglichst großer Funktionssicherheit und Zuverlässigkeit allein oder im Verbund vorgegebene Aufgaben erfüllen. Dabei beeinträchtigen Umweltgrößen, spontane Ausfälle von Komponenten, Programmfehler oder Fehlbedienungen die geforderten Eigenschaften. Von diesen Möglichkeiten behandelt das folgende Kapitel die Beeinflussung durch elektromagnetische Umweltgrößen.

Betrieb und Anwendung elektrischer Einrichtungen dürfen weiterhin nicht zur Gefährdung von Lebewesen (z. B. Personen) oder Sachen führen. Daher sind entsprechende Schutzmaßnahmen nach einschlägigen Bestimmungen (z. B. DIN VDE- und IEC-Normen, Gerätesicherheitsgesetz) vorzusehen. Diese Probleme werden hier nicht behandelt.

Die *elektromagnetische Beeinflussung (EMB)* durch elektrische Einrichtungen gewinnt immer mehr an Bedeutung. Einerseits steigt die Zahl elektronischer Geräte mit geringerer Störfestigkeit laufend – hervorgerufen durch hohe Packungsdichte von Komponenten und niedriges Energieniveau in den informationsverarbeitenden Schaltungen – und andererseits wird die elektromagnetische Umwelt immer aggressiver, z. B. durch Sender, Störaussendungen anderer Einrichtungen oder Störgrößen auf den Versorgungsnetzen.

Das *Beeinflussungsmodell* nach Abb. 38.1 beschreibt die Zusammenhänge. Die von der Störquelle über die Kopplung auf die Störsenke (gestörte Einrichtung) übertragenen Störgrößen führen zu Beeinflussungen, deren Auswirkungen

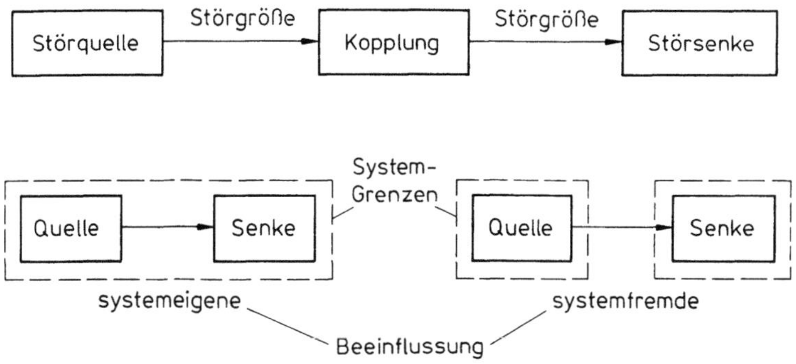

Abb. 38.1. Modell der elektromagnetischen Beeinflussung.

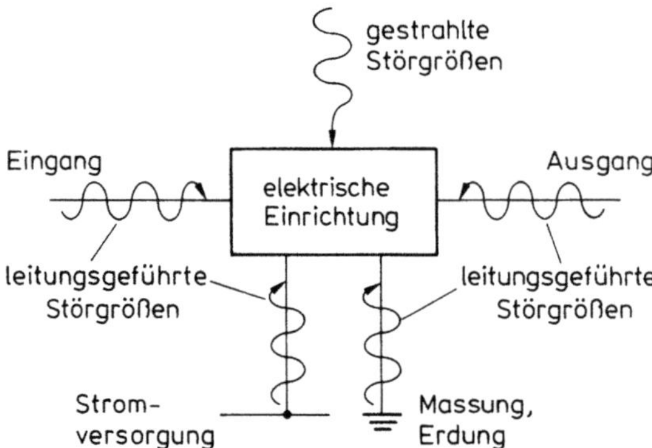

Abb. 38.2. Übertragungswege der leitungsgeführten und der gestrahlten Störgrößen

von der Störfestigkeit der Störsenke abhängen. Dabei kann die Störfestigkeit eine Funktion verschiedener Parameter der Störgrößen sein. Die Beeinflussung kann innerhalb der Grenzen von Geräten oder Systemen sowie darüber hinweg erfolgen. Danach wird auch zwischen systemeigenen (internen, intrasystemaren) und systemfremden (externen, intersystemaren) Störquellen unterschieden.

Für die technische Behandlung der Beeinflussungen erfolgt eine Differenzierung zwischen *leitungsgeführten* und *gestrahlten* Störgrößen (Abb. 38.2). Besonders sei auf die Wege „Stromversorgung" und „Massung" hingewiesen, die erfahrungsgemäß den größten Anteil leitungsgeführter Störgrößen übertragen.

Als Störgrößen sind hierbei alle elektromagnetischen Größen wirksam, die unerwünschte Beeinflussungen hervorrufen können. Dabei erfolgt die Kopplung nach den Gesetzen der Energieübertragung in elektromagnetischen Feldern je nach den Relationen zwischen charakteristischen Abmessungen der Systeme und Wellenlängen der Störgrößen unter Nah- und Fernfeldbedingungen oder über Wellenvorgänge auf Leitungen.

Die *elektromagnetische Verträglichkeit* (EMV) aller am Einsatzort vorhandenen Einrichtungen ist die Voraussetzung für ihre Funktionssicherheit bei Beeinflussungen durch elektromagnetische Störgrößen. Die Definition der EMV lautet nach DIN VDE 0870 [1]: „Fähigkeit einer elektromagnetischen Einrichtung, in ihrer elektromagnetischen Umgebung zufriedenstellend zu funktionieren, ohne diese Umgebung, zu der auch andere Einrichtungen gehören, unzulässig zu beeinflussen."

Die Sicherstellung der EMV erfolgt durch EMV-Maßnahmen, die eine Verminderung der Störgrößen-Aussendung und -Übertragung bewirken sowie die Störfestigkeit von Senken erhöhen. Dabei sind unzulässige Störpegel in der Umgebung und die Störfestigkeit der elektrischen Einrichtungen bei bestimmten Kriterien für ihre Funktionsstörungen festzulegen.

Die *Funkentstörung* ist ein wichtiges Teilgebiet der EMV, das schon lange entwickelt ist. Hierzu bestehen gesetzliche Vorschriften und Normen [4] für Eigenschaften und Betrieb von Geräten, die Hochfrequenz-Schwingungen erzeugen.

Die *EMV-Meßtechnik* soll in einem weiten Amplituden- und Frequenzbereich Störgrößen erfassen und beurteilen, Störfestigkeiten prüfen, Kopplungseigenschaften ermitteln sowie EMV-Nachweise führen. Um dabei reproduzierbare und vergleichbare Ergebnisse zu erzielen, sind Verfahren, Einrichtungen und Anordnungen in Normen und Vorschriften weitgehend festgelegt.

Für das Arbeitsgebiet der EMV liegen zivile und militärische *Normenwerke* vor, die auf nationaler und internationaler Ebene ständig weiterentwickelt werden. Speziell die zivilen Normen sind auch mit Rücksicht auf die Harmonisierung innerhalb der EG laufend zu ergänzen. Die Normen legen Begriffe, Grenzwerte, Prüfgrößen und Errichtungsvorschriften fest.

Die *EMV ist ein Qualitätsmerkmal* elektrischer Einrichtungen, das wie andere Qualitätskriterien rechtzeitig und laufend während der Herstellung oder Projektabwicklung sorgfältig überwacht werden muß. Der damit verbundene Aufwand muß unter Berücksichtigung sicherheitstechnischer und ökonomischer Aspekte optimiert werden.

38.2 Elemente der elektromagnetischen Verträglichkeit (EMV)

Zur Behandlung der EMV sind die Elemente des Beeinflussungsmodells zu analysieren, die Auswirkungen von Störgrößen zu untersuchen und die Störfestigkeit zu beschreiben. Die hierzu verwendeten Begriffe enthält die Norm DIN VDE 0870 T1 [1].

38.2.1 Störgrößen

Als Störgrößen sind für die EMV-Betrachtungen alle elektromagnetischen Größen zu berücksichtigen, die in elektrischen Einrichtungen unerwünschte Beeinflussungen hervorrufen können; z. B. Störspannung, Störstrom, Störfeld oder Störleistung. Die Störgrößenparameter treten in weiten Bereichen auf, wobei insbesondere der große Frequenzumfang zu beachten ist (Tabellen 38.1 und 38.2).

Nichtelektrische Größen können über physikalische Größenumwandlungen ebenfalls Störgrößen verursachen. Weiterhin ist zu beachten, daß Nutz- und Störgrößen an verschiedenen Stellen eines Systems ihre Funktion vertauschen können.

Tabelle 38.1. Wertebereiche elektromagnetischer Störgrößen

Frequenzbereich	$0\ldots10^{10}$ Hz
Spannung	$10^{-6}\ldots10^{6}$ V
Spannungsänderung	bis 10^{11} V/s (100 kV/µs)
Elektrische Feldstärke	bis 10^{5} V/m
Strom	$10^{-9}\ldots10^{5}$ A
Stromänderung	bis 10^{11} A/s
Magnetische Feldstärke	$10^{-6}\ldots10^{8}$ A/m
Leistung	$10^{-9}\ldots10^{9}$ W
Pulsenergie	$10^{-9}\ldots10^{7}$ J
Impulse — Anstiegszeiten	$10^{-10}\ldots10^{-2}$ s
Impulse — Dauer	$10^{-8}\ldots10$ s

Tabelle 38.2. Grundtypen von Störgrößen

Zeitlicher Verlauf	Bandbreite	Beispiele
Periodisch	Schmalbandig	Sinusfunktion
	Breitbandig	Rechteckfunktion
Nichtperiodisch,	Schmalbandig	Auf- oder abklingende Sinusfunktion
zufällig verteilt	Breitbandig	Impuls, Rauschen

Störgrößen erscheinen in verschiedenen Formen, die auf die Grundtypen nach Tabelle 38.2 zurückgeführt werden können:

Die Darstellung von Störgrößen x erfolgt häufig im Frequenzbereich $x(f)$, wobei für periodische Größen das Amplitudenspektrum und für nichtperiodische Größen das Amplituden-Dichtespektrum verwendet wird. Der Frequenzbereich erlaubt eine allgemeine Beurteilung der Größen.

Ein Schmalbandsignal hat ein Signalspektrum, das schmaler als die eingestellte Bandbreite des zur Anzeige verwendeten Meßempfängers ist. Das Spektrum eines Breitbandsignals ist breiter als die Empfängerbandbreite. Bei Breitbandsignalen ist die Bezugsbandbreite mit anzugeben, weil Meßempfänger auf beide Signaltypen unterschiedlich reagieren.

Die Angabe von Störgrößen und anderen EMV-relevanten Daten erfolgt meistens als Pegel in dB, dem logarithmischen Verhältnis zu einer Bezugsgröße, wobei die entsprechende Einheit der Größe mit angegeben ist. Für den Pegel p_X gilt mit der Größe X und der Bezugsgröße X_0 bei Spannungen, Strömen und Feldstärken

$$p_X = 20 \lg \frac{X}{X_0} \text{ dB } ([X]) . \tag{38.1}$$

Übliche Angaben sind $dB(\mu V)$, $dB(\mu A)$, $dB(V/m)$, $dB(A/m)$ und $dB(pT)$.

Bei Leistungen gilt

$$p_P = 10 \lg \frac{P}{P_0} \text{ dB } ([P]) . \tag{38.2}$$

Beispiele von Pegeln zeigt Tabelle 38.3.

Leitungsgeführte Störgrößen können nach Abb. 38.3 an der Störsenke symmetrische, asymmetrische und unsymmetrische Störspannungen oder Störströme hervorrufen.

Symmetrische Störgrößen (Gegentakt-Größen, Differential-Mode) bilden die primären Ursachen für Funktionsstörungen, da sie den Nutzgrößen direkt überlagert sind. Diese Störgrößen entstehen durch leitungsgeführte oder gestrahlte Beeinflussungen sowie durch die Umwandlung von asymmetrischen Größen. Da die Wirkung symmetrischer Störgrößen vielfach nur durch aufwendige Maßnahmen verhindert werden kann, ist bereits an den potentiellen Störquellen eine Unterdrückung anzustreben.

Asymmetrische Störgrößen (Gleichtakt-Größen, Common-Mode) verursachen z. B. Ströme, die über alle Leitungen von der Quelle zur Senke und von dort über die Ableit-Impedanzen zurückfließen. Als Störquellen wirken z. B. schlechte

Tabelle 38.3. Beispiele von Pegeln

p in dB	-60	-20	-10	0	3	6	10	20	60	80
X/X_0	10^{-3}	0,10	0,316	1,00	1,41	2,00	3,16	10,0	10^3	10^4
P/P_0	10^{-6}	0,01	0,10	1,00	2,00	4,00	10,0	100	10^6	10^8

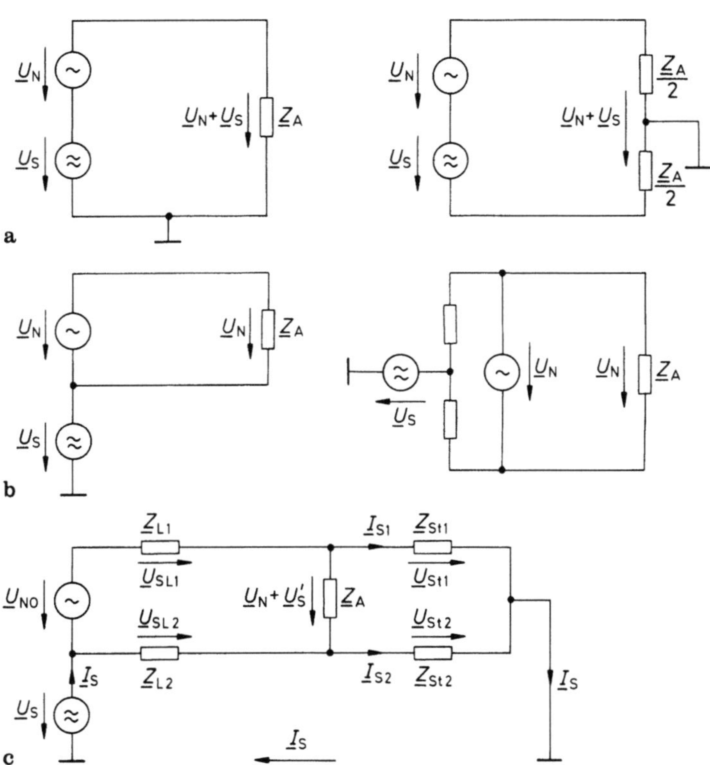

Abb. 38.3. Überlagerung von Störgrößen. **a** Symmetrische Störspannungen (Gegentakt, Differential-Mode) in unsymmetrisch (links) oder symmetrisch (rechts) betriebenen Stromkreisen. **b** Unsymmetrische Störspannungen (Gleichtakt, Common-Mode) in unsymmetrisch oder symmetrisch betriebenen Stromkreisen. **c** Gleichtakt-Gegentakt-Konversion, die durch Streu-Impedanzen $\underline{Z}_{St}$ zwischen der Schaltung und Masse sowie unterschiedliche Leitungs-Impedanzen $\underline{Z}_L$ verursacht wird.
$\underline{U}_N$ Nutzspannung, $\underline{U}_S$ Störspannung, $\underline{U}_{SL}$ und $\underline{U}_{St}$ durch Störströme verursachte Spannungen an Leitungs- und Streu-Impedanzen, $\underline{I}_S$ Störstrom, $\underline{Z}_A$ Abschluß-Impedanz, $\underline{Z}_L$ Leitungs-Impedanzen, $\underline{Z}_{St}$ Streu-Impedanzen zwischen Schaltung und Masse

Masseverbindungen oder Ausgleichsströme im Massungssystem. Asymmetrische Größen können am Eingang von Senken durch Differenz-Bildung unterdrückt werden. Da jedoch in realen Schaltungen häufig eine Gleichtakt-Gegentakt-Konversion als Folge von Unsymmetrien gegen Masse (z. B. durch unterschiedliche Ableit- oder Leitungs-Impedanzen) auftritt, sollten asymmetrische Störgrößen schon vor der Senke reduziert werden; z. B. durch Entstördrosseln in der Masseleitung.

Unsymmetrische Störgrößen zwischen den Anschlußpunkten einer Einrichtung und Bezugspotential oder Masse (z. B. Phasen- oder Neutralleiter gegen Schutzleiter) haben ähnliche Wirkungen wie die asymmetrischen Größen und erfordern entsprechende Maßnahmen.

38.2.2 Störquellen

Als Ursprung von Störgrößen und damit als potentielle Störquellen sind alle elektromagnetischen Vorgänge zu betrachten. Ihre Identifikation kann in der Praxis durch eine Systematisierung, ggf. mit mehrfacher Zuordnung, z. B. nach den folgenden Merkmalen erleichtert werden:
- interne oder externe Quellen (s. Abb. 38.1),
- natürliche oder künstliche Quellen,
- Quellen breitbandiger oder schmalbandiger Störgrößen,
- Quellen leitungsgeführter oder gestrahlter Störgrößen,
- reguläre oder unbeabsichtigte Quellen,
- ständig oder intermittierend wirkende Quellen.

Zu den natürlichen Quellen gehören atmosphärische und elektrostatische Entladungen sowie das Rauschen. Als künstliche Quellen sind alle mit einem Energieumsatz verbundenen elektromagnetischen Vorgänge zu berücksichtigen. Dazu gehört auch der nukleare elektromagnetische Puls (NEMP) bei exoatmosphärischen Kernexplosionen [5]. Beispiele von breitbandigen Störquellen und ihrem Frequenzspektrum für leitungsgeführte und gestrahlte Störgrößen zeigt Tabelle 38.4. Quellen schmalbandiger Störgrößen sind Einrichtungen, die periodische Störgrößen bei diskreten Frequenzen erzeugen; z. B. Rundfunksender, HF-Generatoren, Geräte für HF-Chirurgie. Bei leitungsgeführten Störquellen treten hauptsächlich Frequenzen bis etwa 30 MHz auf.

Reguläre Quellen erzeugen elektromagnetische Größen für bestimmte Zwecke (z. B. Sender, digitale Schaltungen), die bei EMV-Betrachtungen als vorgege-

Tabelle 38.4. Typische Kennwerte nichtperiodischer Störgrößen

Kennwert[a]	Vorgang[b]			NEMP	
	ESD	SEMP	LEMP	tief	hoch
E in kV/m		10	40 ...einige 100	100	30 ...60
H in A/m		300	150 ...1000	700	130
t_A in ns	0,5...50	10 ...50	50 ...1000		5 ...8
t_R in µs	0,2...1	0,5 ...1	5 ...20		0,2...10
Δf in MHz	0,1...1000	0,01...100	0,001...5		0,1...100

[a] E elektrische Feldstärke, H magnetische Feldstärke, t_A Anstiegszeit, t_R Rückenzeit, Δf Frequenzspektrum

[b] ESD elektrostatische Entladungen, SEMP Schaltvorgänge in Versorgungsnetzen, LEMP Blitzentladungen, NEMP Nuklearentladungen, tief: in Bodennähe, hoch: in etwa 50 bis 600 km Höhe

Tabelle 38.5. Beispiele breitbandiger Störquellen, nach [9]

Leitungsgeführte Störgrößen		Gestrahlte Störgrößen	
Quelle	Überwiegendes Frequenzspektrum in MHz	Quelle	Überwiegendes Frequenzspektrum in MHz
Leuchtstoffröhren	0,1...3	HF-Chirurgie	0,4...5
Quecksilber- dampflampen	0,1...1,0	bistabile Schaltg. Thermostat-Kontakte	0,015...400 30...1000
EDV-Anlagen	0,05...20	Motor	0,01...0,4
Kommutatoren	2...4	Schaltlichtbogen	30...200
Leistungsschalter- Kontakte	10...20	GS-Versorgungsgerät unbehandelte	0,1...30 0,01...10
Schütze, Relais	0,05...20	Gehäusedeckel von	
Netzschalter	0,5...25	Geräten	
GS-Netzteile (getaktet)	0,1...30	Leuchtstoffröhren	0,1...3
Korona	0,1...10	Halbleiter-Multiplexer	0,3...0,5
Staubsauger	0,1...1	Nockenkontakte	10...20
		Leistungs-Schaltkreise	0,1...300

bene Umweltgrößen zu behandeln sind. Unbeabsichtigte Quellen können ggf. durch geeignete Maßnahmen in ihrer Störaussendung beeinflußt werden.

Elektrostatische Entladungen (ESD) sind breitbandige Störquellen, die insbesondere für elektronische Einrichtungen eine erhebliche Gefährdung darstellen und in ihrer Wirkung häufig unterschätzt werden. Ursachen sind Aufladungen durch Influenz oder Ladungstrennung bei kontaktierenden Stoffen. Dadurch können Spannung und Energie in dem System um viele Zehnerpotenzen bis auf einige 10 kV und einige 10 mJ ansteigen. Gefährliche Aufladungen entstehen bei Feststoffen mit Oberflächenwiderständen von mehr als 10^9 Ω und bei Flüssigkeiten mit Leitfähigkeiten, die geringer als $\kappa = 10^{-8}$ S/m ($\varrho > 10^8$ Ωm) sind.

Typische Werte für Aufladungen sind bei Bewegungen von Personen etwa 0,1 bis 10 µC und von beweglichen Möbeln (z. B. Laborwagen) bis ca. 20 µC sowie beim Versprühen von Flüssigkeiten ca. 10 bis 1 000 µC/m^3 [6].

Bei der Entladung über einen Lichtbogen oder über einen leitenden Kontakt treten sehr steile Stromimpulse (Tabelle 38.4) mit Spitzenwerten von einigen 10 A an Menschen oder über 100 A an Möbeln auf. Der zeitliche Verlauf hängt von der Ladespannung und von weiteren Randbedingungen (z. B. Annäherungsgeschwindigkeit, Topologie) ab. Abbildung 38.4 zeigt einige typische Verläufe mit Einzel- und Mehrfach-Entladungen [7]. Bemerkenswert ist die größere Steilheit der Strom-Impulse bei kleineren und die größere Impulsdauer bei höheren Ladespannungen. Das Ersatzschaltbild in Abb. 38.5 beschreibt diese Vorgänge. Als Störgrößen sind das elektrische Feld, Korona-Effekte vor und während der Entladung, der Entladestrom (zeitliche Änderung und Scheitelwert), das Magnetfeld des Entladestromes (besonders die zeitliche Änderung) und die Energie von 2...75 mWs bei Menschen oder ca. 400 mWs bei Möbeln zu berücksichtigen. Die Beeinflussung kann dabei durch direkten Stromfluß oder über das Magnetfeld des Stromes in benachbarten Metallteilen (z. B. Metallgehäuse) erfolgen.

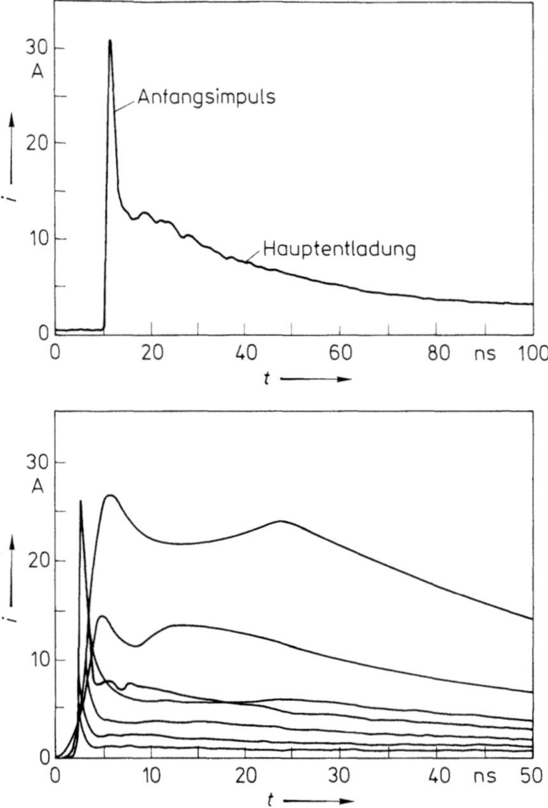

Abb. 38.4. Verlauf von Entladeströmen nach elektrostatischer Aufladung von Menschen und Entladung über ein in der Hand gehaltenes Werkzeug. Oben: Einzelentladung mit steilem Anstieg und längerer Hauptentladung; Ladespannung 4 kV. Unten: Mehrfach-Entladungen nach einer Aufladung; Ladespannung 15 kV [7]

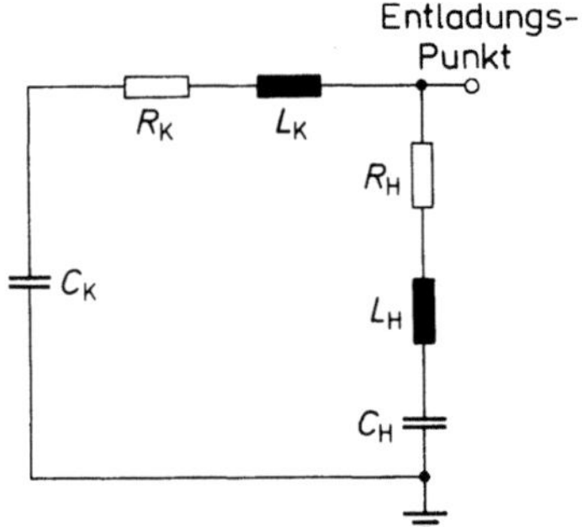

Abb. 38.5. Ersatzschaltbild für die elektrostatische Entladung von Menschen. Werte der Ersatzschaltung: Körper: $R_K = 150 \ldots 1\,500\ \Omega$, $L_K = 0,5 \ldots 2\ \mu H$, $C_K = 60 \ldots 300\ pF$;   Hand: $R_H = 20 \ldots 200\ \Omega$, $L_H = 0,05 \ldots 0,2\ \mu H$, $C_H = 3 \ldots 10\ pF$

Blitzentladungen (LEMP) gehören ebenfalls zu den breitbandigen Störquellen, die im Rahmen der EMV-Arbeit bei größeren Anlagen stets mit berücksichtigt werden müssen [8]. Kenngrößen von Blitzentladungen enthält Tabelle 38.4. Bei Direkt- und Naheinschlägen fließt der Blitzstrom über die Blitzschutzanlage oder Teile der zu schützenden Anlage zur Erde, wobei am Stoßerdungswiderstand Spannungsabfälle im 100-kV-Bereich entstehen können. Im Magnetfeld des Blitzstromes bilden Installationssysteme Leiterschleifen, in denen hohe Spannungen induziert werden. In Kabeln treten Spannungen zwischen und längs der Adern auf, die Eingangsschaltungen angeschlossener Geräte und die Isolation beanspruchen. Ferneinschläge verursachen auf Leitungen Überspannungswellen (bei einigen 10 kV Scheitelwert), die bis zu den Betriebsmitteln gelangen können.

Nukleare elektromagnetische Impulse bilden bei Explosionen in großen Höhen eine Störquelle, die schnell veränderliche Felder erzeugt; s. Tabelle 38.4 [5].

Isolierte Metallteile können im Feld als Sekundärstrahler wirken, die empfangen, abstrahlen und weiterleiten. Dabei sind Änderungen des ursprünglichen Amplitudenspektrums durch Resonanzeffekte möglich. Öffnungen, z. B. in Gehäusen oder Abschirmungen, können wie Schlitzantennen wirken.

Modulations- und Mischeffekte beim Durchgang von HF-Strömen durch Kontakte mit nichtlinearem Verhalten (korrodierte, lockere oder fettige Verbindungen, Rusty-bolt Effect) [9] können Störgrößen mit zusätzlichen Frequenzen zum ursprünglichen Spektrum erzeugen.

Das Versorgungsnetz ist für viele Beeinflussungsfälle die wesentliche Störquelle mit folgenden Störgrößen:

– Ausfälle und Änderungen der Netzspannung,
– Spannungssprünge (Glitches),
– Frequenzabweichungen,
– Unsymmetrien im Drehstromnetz,
– Oberwellen (bis etwa zur 50. Ordnung),
– überlagerte Einzelimpulse (Spikes) und Impulspakete (Bursts),
– Tonfrequenz-Rundsteuer-Signale,
– hochfrequente Spannungsüberlagerungen,
– Rauschen.

Messungen in Netzen [10] haben ergeben, daß höherfrequente Störspannungen signifikant im Frequenzbereich zwischen 5 kHz und 20 MHz mit Amplituden bis 1 kV und Transienten mit Steilheiten von 1 ... 10 V/ns, selten bis zu 300 V/ns auftreten. Es wurden auch leitungsgeführte Störspannungen mit Frequenzen im GHz-Bereich mit begrenzter Ausdehnung beobachtet.

Die elektromagnetische Umwelt in medizinisch genutzten Räumen wird im hochfrequenten Bereich zwischen 10 kHz und 1 GHz wesentlich durch die Störaussendungen der elektromedizinischen Geräte bestimmt [11–13]. Bestimmte Geräte unterliegen nach DIN VDE 0871 [4] keinen Leistungsbeschränkungen für den Betrieb innerhalb eines abgeschlossenen Krankenhausgeländes. Daher muß dort mit erheblichen Störfeldstärken (bis etwa 10 V/m, bei ca. 20 m Abstand von der Quelle) gerechnet werden. Chirurgische Geräte sind die intensivsten Störquellen. Im klinischen Bereich sind weiterhin Beeinflussungen durch niederfrequente Störquellen (mit Netzfrequenz und Harmonischen) kritisch, da ihre Frequenzen mit denen schwacher elektrophysiologischer Nutzsignale übereinstimmen. Hierbei sind elektrische Felder und insbesondere die schwerer zu beherrschenden magnetischen Störfelder elektrischer Ströme zu beachten, zu denen DIN VDE 0107 [14] Grenzwerte angibt.

38.2.3 Kopplungen

Die Kenntnis der Kopplungen ist eine wichtige Bedingung für die Sicherstellung der EMV. Zu Abschätzungen und für grundsätzliche Angaben der Systemgestaltung sind oft die hier behandelten einfachen und übersichtlichen Modelle ausreichend.

Eine genauere Bestimmung der Kopplungen unter Berücksichtigung realer Randbedingungen ist durch die Anwendung von Rechenprogrammen möglich, die speziell für die EMV-Analyse entwickelt worden sind [9, 15].

Für Betrachtungen unter quasistationären Bedingungen, bei denen die Wellenlänge λ von Störgrößen ein Mehrfaches charakteristischer Systemabmessungen ist, kann das Kopplungsmodell nach Abb. 38.6 zur Beschreibung galvanischer, kapazitiver und induktiver Kopplung verwendet werden. Wenn die Wellenlänge der Störgröße kleiner oder gleich den Systemabmessungen ist, muß mit den Modellen der Wellenbeeinflussung auf Leitungen oder der Strahlungskopplung gearbeitet werden.

Galvanische Kopplung

Galvanische Kopplungen entstehen, wenn verschiedene Stromkreise über gemeinsame Leitungsabschnitte verlaufen (Abb. 38.6). Diese Fälle treten insbesondere bei flächenhaften Masse- oder Erdleitungen sowie bei Stromversorgungsleitungen für mehrere Baugruppen auf. Die Intensität der Beeinflussung wird durch die Leitungsimpedanz $\underline{Z}_K$ und den störenden Strom $\underline{I}_1$ des Stromkreises 1 bestimmt.

Nach Abb. 38.6 beträgt die durch den Strom $\underline{I}_1$ und die Kopplungsimpedanz $\underline{Z}_K$ verursachte Störspannung im Stromkreis 2

$$\underline{U}_2 = \underline{I}_1 \, \underline{Z}_K = \underline{I}_1 \, (R_K + j\omega L_K) \tag{38.3}$$

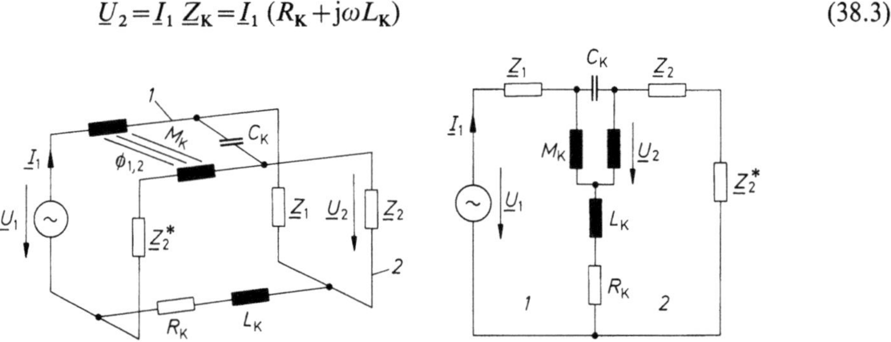

Abb. 38.6. Beeinflussungsmodell für die galvanische, kapazitive und induktive Kopplung zwischen den Stromkreisen 1 und 2 über die Kopplungselemente R_K, L_K, C_K und M_K

mit $\underline{I}_1$ als Strom im störenden Stromkreis 2, R_K als ohmschem Widerstand, L_K als Induktivität des gemeinsamen Leitungsweges beider Stromkreise und ω als Kreisfrequenz der betrachteten Störgröße.

$\underline{Z}_K$ wird bei niederen Frequenzen (bis in den Kilohertz-Bereich) durch R_K bestimmt. Bei höheren Frequenzen überwiegt dann ωL_K, wodurch die Kopplungsimpedanz etwa linear mit der Frequenz ansteigt. Daneben erhöht sich R_K durch den Skin-Effekt bei Frequenzen bis 1 GHz je nach Leiterform um den Faktor 10 bis 1 000 [16, 17].

Die Verminderung galvanischer Kopplungen ist in der Praxis durch kurze gemeinsame Leitungen, hinreichende Leitungsquerschnitte, induktivitätsarme Leitungsführung oder vollständige Potentialtrennung möglich.

Kapazitive Kopplung

Kapazitive Kopplungen entstehen über Streukapazitäten zwischen der Störquelle und dem gestörten Teil der Anlage. Die Intensität der Beeinflussung wird durch die Impedanzen im System und die Spannung zwischen Störquelle und Störsenke bestimmt.

Nach Abb. 38.6 beträgt die in den Kreis 2 eingekoppelte Störspannung

$$\underline{U}_2 = \underline{U}_1 \frac{(\underline{Z}_2 + \underline{Z}_2^*)}{\left(\underline{Z}_2 + \underline{Z}_2^* + \underline{Z}_1 + \dfrac{1}{j\omega C_K}\right)} \tag{38.4}$$

bzw.

$$\underline{U}_2 = \underline{U}_1 j\omega C_K(\underline{Z}_2 + \underline{Z}_2^*), \quad \text{für} \quad (\underline{Z}_2 + \underline{Z}_2^*) \gg \frac{1}{\omega C_K}. \tag{38.5}$$

Die Kopplungskapazität C_K hängt von der Topologie der Leiteranordnung ab. Für Anordnungen mit 2 parallel geführten Leitern gilt z. B. nach [9]:

$$C_K = (\pi \varepsilon_0 \varepsilon_r l) / \ln\left[\left(\frac{a}{d}\right) + \sqrt{\left(\frac{a}{d}\right)^2 - 1}\right] \tag{38.6}$$

mit l als Länge, a als Abstand und d als Durchmesser der Leiter.

In realen Systemen bestehen zwischen allen Leitern Streukapazitäten, aus deren Kombination die Koppelkapazität zu ermitteln ist. Weiterhin können Störspannungen in Stromkreisen mit großen Kapazitäten gegen Erde auftreten, wenn rasch veränderliche Potentialdifferenzen vorhanden sind.

Zur Verminderung kapazitiver Kopplungen sollen gemeinsame Führungen kritischer Leiter möglichst kurz sein, sowie kleine Durchmesser und große Abstände der Leiter vorgesehen werden. Eine wirksame Maßnahme ist die Schirmung der betroffenen Leiter oder Stromkreise.

Induktive Kopplung

Sie erfolgt über die Gegeninduktivität zwischen Stromkreisen.

Für die eingekoppelte Störspannung $\underline{U}_2$ gilt nach Abb. 38.6 mit M_K als Gegeninduktivität der verkoppelten Kreise

$$\underline{U}_2 = \underline{I}_1\, \omega M_K. \tag{38.7}$$

Die Gegeninduktivität M_K hängt von der Leiteranordnung ab und beträgt bei 2 parallelen Leiterschleifen [16]

$$M_K = (\mu/2\pi)\, l\{\ln[1 + (a/d)^2]\} \tag{38.8}$$

mit l als Länge und a als Breite der beeinflußten Leiterschleife sowie d als Abstand zwischen den beeinflußten Stromkreisen.

Die induktive Kopplung kann durch kleine Leiterschleifen, große Abstände zwischen den Leitungen, orthogonale Anordnung der Leiterschleifen, Verdrillung und Schirmung reduziert werden. Weiterhin sollten die zeitlichen Stromänderungen (Frequenzen, Anstiegs- und Abfallzeiten) so gering wie möglich sein.

Wellenbeeinflussung

Wenn die Wellenlängen der Störgrößen in der Größenordnung von Systemabmessungen liegen oder die Anstiegszeiten von Störimpulsen in die Größenordnung von Signallaufzeiten kommen, wirkt als Störquelle eine auf der Leitung fortschreitende Welle, die ein elektrisches Feld E und ein magnetisches Feld H erzeugt (Abb. 38.7). Strom- und Spannungsverteilung auf der Leitung sind orts- und zeitabhängige Größen, die von der Anregung, den Leitungsparametern und den Abschluß-Impedanzen abhängen. Die Beeinflussung erfolgt über Teilwellenwiderstände zwischen den Leitungen nach relativ komplizierten Zusammenhängen [16].

Die Wellenbeeinflussung kann durch Vergrößerung der Teilwellenwiderstände (z. B. durch räumliche Trennung), Symmetrierung und Wellenschirmung (z. B. mit Koaxialkabeln) reduziert werden.

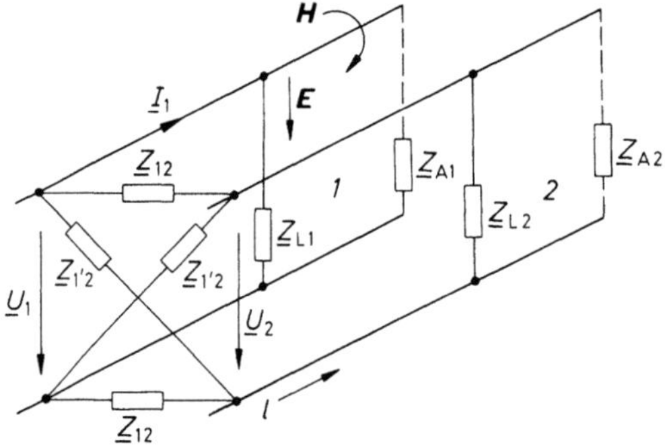

Abb. 38.7. Beeinflussungsmodell für die Wellenbeeinflussung. Alle Impedanzen $\underline{Z}$ sind Wellenwiderstände

Strahlungskopplung

Wenn charakteristische Systemabmessungen gleich den oder kleiner als die Wellenlängen der dort auftretenden Störgrößen sind, erfolgt die Beeinflussung über das durch elektrische Feldstärke E und magnetische Feldstärke H beschriebene Strahlungsfeld. Die Energieübertragung bewirken elektromagnetische Wellen, die sich mit der Lichtgeschwindigkeit $c = 3 \cdot 10^8$ m/s im freien Raum ausbreiten. Dabei beträgt die Wellenlänge λ bei der Frequenz f

$$\lambda = c/f. \tag{38.9}$$

Hinsichtlich der Übertragungsbedingungen ist abhängig vom Abstand x zwischen Quelle und Senke beiderseits der Grenzkurve

$$x = c/2\pi f = \lambda/2\pi \tag{38.10}$$

zwischen Nahfeld ($x < \lambda/2\pi$) und Fernfeld ($x > \lambda/2\pi$) zu unterscheiden.

Im Nahfeld können die Beeinflussungen über induktive oder kapazitive Kopplung ermittelt werden.

Im Fernfeld sind E und H über den Wellenwiderstand des freien Raumes

$$Z_0 = E/H = 377\ \Omega \tag{38.11}$$

verknüpft.

Das Verhalten der als Antenne wirkenden Teile kann überschlägig als eine Spannungsquelle mit der Störspannung U_{st} und der inneren Impedanz Z_i betrachtet werden (Abb. 38.8). Dabei sind

$$U_{St} = E\, h_{eff} \tag{38.12}$$

und

$$Z_i = 1{,}6 \cdot 10^3\ (h_{eff}/\lambda)^2 \tag{38.13}$$

mit h_{eff} als wirksamer Antennenlänge, die angenähert gleich der realen Antennenlänge ist [18].

Eine Verminderung der Strahlungskopplung wird durch die Schirmung erzielt.

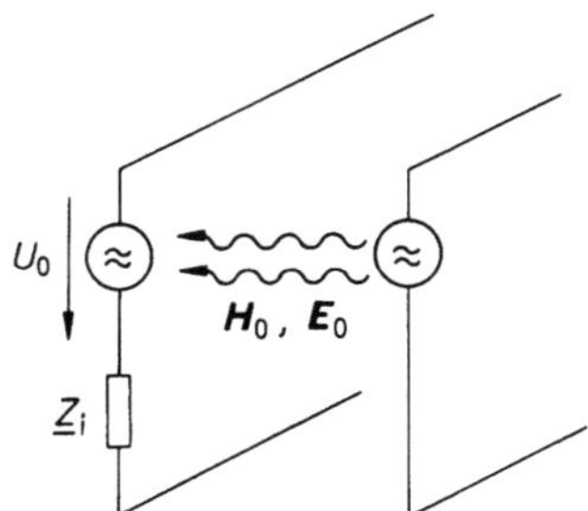

Abb. 38.8. Beeinflussungsmodell für die Strahlungskopplung

38.2.4 Störsenken

Als Störsenken sind alle Einrichtungen oder Teile davon zu betrachten, die auf in ihrer Umgebung vorhandene Störgrößen reagieren. Hierbei ist für ihre Identifikation und die Beurteilung ihres Verhaltens ebenfalls eine Klassifizierung in schmalbandig beeinflußbar (z. B. Geräte mit frequenzselektiven Eingängen) oder breitbandig beeinflußbar (z. B. Meß- oder Steuerungssysteme) zweckmäßig. Dabei ist zu beachten, daß Störquellen und Störsenken ihre Funktionen unter verschiedenen Randbedingungen vertauschen können.

Die Störgrößen-Empfindlichkeit von Störsenken kann sich durch die Intensität einer Störgrößen-Einwirkung ändern; z. B. durch die Übersteuerung von Eingangsstufen, die Sättigung von Abschirmmaterial oder den Durchschlag von Isolationsstrecken.

38.2.5 Funktionsstörungen und Störfestigkeit

Beeinflussungen führen in Störsenken zu Funktionsstörungen mit den folgenden Intensitäts-Stufen (nach DIN VDE 0870 T1) [1]:
- Funktionsminderung: Beeinträchtigung der Funktion, die zwar nicht vernachlässigbar ist, aber als zulässig akzeptiert wird.
- Fehlfunktion: Beeinträchtigung der Funktion, die nicht mehr zulässig ist. Die Fehlfunktion endet mit dem Abklingen der Störgröße.
- Funktionsausfall: Beeinträchtigung der Funktion, die nicht mehr zulässig ist, und wobei die Funktion nur durch technische Maßnahmen wiederhergestellt werden kann (z. B. durch Instandsetzung, Neuladung von Rechnerprogrammen usw.).

Für die Beurteilung von Funktionsstörungen sind Störkriterien festzulegen, nach denen eindeutige Aussagen getroffen werden können. Dazu gehören Betriebsbedingungen, Reaktionen der Störsenke und ihre Bewertung im Zusammenhang mit den Anforderungen der Betriebssicherheit.

Die Störfestigkeit ist die Fähigkeit einer Einrichtung, Störgrößen bestimmter Höhe ohne Fehlfunktionen zu ertragen. Dabei ist die Störschwelle der kleinste Wert einer Störgröße, bei der in einer Störsenke eine Fehlfunktion auftritt.

Zur Beurteilung der Störsicherheit einer Einrichtung dient der Störsicherheitsabstand, das logarithmierte Verhältnis der Beträge von Störschwelle und Störgröße am Ort der Einwirkung.

Die Festlegung der Grenzwerte für Störgrößen und Störfestigkeit muß sorgfältig unter Abwägung der Forderungen nach Funktionssicherheit und Wirtschaftlichkeit erfolgen. Ein Beispiel dafür ist die NAMUR-Empfehlung „Störfestigkeitsanforderungen und Funkentstörung" [19].

38.3 EMV-Maßnahmen

Zur Sicherstellung der EMV sind Beeinflussungen zu beherrschen und Störaussendungen auf vorgeschriebene Werte zu reduzieren. Dabei sollen Anforderungen und Maßnahmen der Aufgabe und der elektromagnetischen Umwelt des Einsatzortes angepaßt werden, um ökonomische Lösungen zu erzielen. Entsprechende Planungen sind bereits in der ersten Phase eines Projekts (Entwurfs- oder Definitionsphase) angebracht, weil dann die größte Freizügigkeit bei der Wahl der Maßnahmen besteht, und die damit verbundenen Kosten am geringsten sind. Spätere Nachbesserungen stellen immer die kostenaufwendigste Lösung dar, da mit dem Herstellungsfortschritt die Zahl der frei verfügbaren Maßnahmen sinkt und die Kosten für ihren Einsatz stark ansteigen.

Der finanzielle Aufwand für EMV-Maßnahmen wird mit etwa 3% (große Systeme) bis 12% (kleine Geräte) der Entwicklungs- und Konstruktionskosten angegeben.

38.3.1 Planung der EMV

Die EMV-Planung soll vor und während der Durchführung eines Projekts die zur Sicherstellung der EMV erforderlichen Daten und Maßnahmen vorgeben, ihre Auswirkungen abschätzen sowie die Modalitäten für die laufende Überwachung der Arbeiten und die abschließenden Prüfungen festlegen. Für die Planung haben sich die nachfolgend erläuterten Schritte zum systematischen Erreichen der EMV als zweckmäßig erwiesen. In der Literatur [20] und insbesondere in der Norm VG 95374 [2] sind dazu zahlreiche Hinweise enthalten.

Formulierungen von Anforderungen an Komponenten und Geräte erfolgen aufgrund der Aufgaben der geplanten Einrichtung unter Berücksichtigung aller Randbedingungen, wobei zulässige Störaussendungen und erforderliche Störfestigkeiten zu berücksichtigen sind.

Die zulässigen Störaussendungen regeln in der Bundesrepublik im Frequenzbereich von 10 kHz/150 kHz bis 1 GHz das Hochfrequenzgerätegesetz [4, 21], die EG-Richtlinien [22], die entsprechenden Verfügungen für das Fernmeldewesen und DIN-VDE-Normen zur Funkentstörung [4]. Dabei ist insbesondere die Regelung für medizinische HF-Geräte zu beachten. Für Krankenhäuser enthält VDE 0707 [14] Grenzwerte von 50-Hz-Magnetfeldern.

Anforderungen an die Störfestigkeit von Meß-, Steuer- und Regeleinrichtungen enthalten die Normen IEC 801 bzw. DIN VDE 0843 [1]. DIN VDE 0160 [23] liefert Angaben für elektronische Betriebsmittel in der Starkstromtechnik. Die EMV-Prüfregeln der PTB [24] gelten für eichfähige Meßgeräte. Für die chemische Industrie hat die NAMUR Empfehlungen für Störfestigkeitsanforderungen an Automatisierungseinrichtungen erstellt [19]. Weitere Normen und Vorschriften sind in Bearbeitung.

Sammlungen EMV-relevanter Daten von Komponenten, Geräten und Umgebung bilden die Basis für Analysen und den Einsatz von EMV-Maßnahmen. Sie erfordern häufig ein aufwendiges Studium von Datenblättern und Gerätebeschreibungen, da die Hersteller bisher kaum Angaben zur EMV mitliefern. Die elektromagnetische Umwelt kann durch Messungen und durch rechnerische Abschätzung aus den Daten von Störquellen [20] ermittelt werden.

EMV-Analysen dienen zur systematischen Untersuchung der internen und externen Beeinflussungsmöglichkeiten von Geräten und Systemen zur Erkennung

Störquelle \ Störsenke		1	2	3	4	5	6	7	8	9	10	11	12	13	14	15	16	17	18	19	20	21	22	23	24	25
Trafo-Stationen	1		+	+	+	?	?	+	+	+	?	−	−	−	?	?	?	?	−	?	?	−	?	?		
Schaltanlagen / Kabel	2	+		+	+	?	?	+	+	+	?	−	−	−	?	?	?	?	−	?	?	−	?	?		
Motore	3	+	+		+	?	?	+	+	+	?	−	−	−	?	?	?	?	−	?	?	−	?	?		
sonstige Energietechnik	4	+	+	+		?	?	+	+	+	?	−	−	−	?	?	?	?	−	?	?	−	?	?		
Sendeanlagen	5	+	+	+	+		?	+	+	+	?	−	−	−	−	−	−	−	?	?	?	−	?	?		
DV-Anlagen	6	+	+	+	+	?		+	+	+	?	?	?	?	?	?	?	?	?	?	?	?	?	?		
HF-Chirurgie-Geräte	7	+	+	+	+	+	?		+	+	?	−	−	−	−	−	−	−	?	?	?	−	?	?		
HF-Therapie-Geräte	8	+	+	+	+	+	?	+		+	?	−	−	−	−	−	−	−	?	?	?	−	?	?		
sonstige HF-Geräte	9	+	+	+	+	+	?	+	+		?	−	−	−	−	−	−	−	?	?	?	−	?	?		
Röntgen-Gen./Ger.	10	+	+	+	+	+	?	+	+	+		−	−	−	?	?	−	?	?	?	?	−	?	?		
EMG	11	+	+	+	+	+	+	+	+	+	+		+	+	+	+	+	+	+	+	+	+	+	+		
EEG	12	+	+	+	+	+	+	+	+	+	+	+		+	+	+	+	+	+	+	+	+	+	+		
EKG	13	+	+	+	+	+	+	+	+	+	+	+	+		+	+	+	+	+	+	+	+	+	+		
Rheographie	14	+	+	+	+	+	+	+	+	+	+	+	+	+		+	+	+	+	+	+	+	+	+		
Telemetrie	15	+	+	+	+	+	+	+	+	+	+	+	+	+	+		+	+	+	+	+	+	+	+		
Schrittmacher	16	+	+	+	+	+	+	+	+	+	+	?	?	?	?	?		+	+	+	+	?	?	?		
AUDIO-VIDEO Anlagen	17	+	+	+	+	+	?	+	+	+	?	?	?	?	?	?	?		?	?	?	?	?	?		
Elektronenmikroskop	18	+	+	+	+	+	+	+	+	+	+	?	?	?	?	?	?	?		+	?	?	?	?		
Elektronische Laborgeräte	19	+	+	+	+	?	?	+	+	+	+	?	?	?	?	?	?	?	?		?	?	?	?		
Reizstromgeräte	20	+	+	+	+	+	+	+	+	+	+	?	?	?	?	+	?	+	+	+		?	?	?		
ENG	21	+	+	+	+	+	+	+	+	+	+	+	+	+	+	+	+	+	+	+	+		+	+		
ERG	22	+	+	+	+	+	+	+	+	+	+	+	+	+	+	+	+	+	+	+	+	+		+		
US-Geräte	23	+	+	+	+	+	+	+	+	+	+	?	?	?	?	?	?	?	?	?	?	?	?			
NMR	24																									
	25																									

+ EMV gewährleistet
− EMV nicht sichergestellt
? Untersuchung erforderlich

Abb. 38.9. Beispiel einer Beeinflussungsmatrix am Anfang der EMV-Planung [26]

kritischer Beeinflussungsfälle, als Grundlage für die Anwendung von EMV-Maßnahmen und zur Festlegung von Störsicherheitsabständen. Die Analyse beginnt zweckmäßig mit der Aufstellung einer Beeinflussungsmatrix [20], bei der alle im System vorhandenen Einrichtungen als potentielle Störquellen und Störsenken einander gegenübergestellt werden (s. Abb. 38.9). An den Kreuzungspunkten von Zeilen und Spalten wird nach entsprechender Untersuchung die Beeinflussung angegeben. Anschließend erfolgt die Auswahl und Abschätzung der Wirkung von zusätzlichen EMV-Maßnahmen, bis die Matrix keine kritischen Beeinflussungsfälle mehr enthält. Als Hilfsmittel für die Auswertung der Beeinflussungsmatrix werden das Frequenzschema zur Angabe der Frequenzbereiche, in denen Kopplungen erfolgen können, und das Pegelschema als Aufzeichnung der im System auftretenden Störpegel und der Störschwellen bzw. Störfestigkeiten der Komponenten des Systems benutzt. Weiterhin dient eine Kopplungsmatrix zur Darstellung von Beeinflussungsmöglichkeiten zwischen zwei Komponenten des Systems. Für die rechnerische Analyse stehen Rechenprogramme zur Verfügung [9, 25].

Angaben von EMV-Maßnahmen erfolgen für kritische Beeinflussungsfälle unter Berücksichtigung wirtschaftlicher Gesichtspunkte. Da sich EMV-Maßnahmen gegenseitig beeinflussen, ist ein iteratives Vorgehen erforderlich. Dabei sollten die Wirkungen etwa in der Reihenfolge „räumliche Anordnung – Massung – Schirmung – Filterung" bewertet werden, weil häufig der wirtschaftli-

che Aufwand etwa in der gleichen Reihenfolge steigt. Ein Überspannungsschutz
sollte stets vorgesehen werden.

EMV-Grenzwerte werden aus Ergebnissen von Pegeldarstellung und Analyse
der Beeinflussungen gewonnen. Sie geben die Anforderungen an zulässige Störaussendungen, Störfestigkeiten und Dämpfungen im Zeit- und Frequenzbereich
an und berücksichtigen die verschiedenen Störphänomene. Dabei soll im System
ein gewisser Störsicherheitsabstand bestehen. Die Festlegung von Grenzwerten
ist auch unter ökonomischen Gesichtspunkten zu betrachten. Daher werden ggf.
Werte vorgesehen, die nur einen bestimmten Bereich (z. B. 95%) der wahrschein-
lichen Beeinflussungsfälle abdecken [19].

Die *Aufstellung von Prüfplänen* dient der Festlegung der Prüfgeräte und Prüf-
anforderungen für den Nachweis der EMV. Diese Vereinbarungen sollten sorgfältig erfolgen, da EMV-Messungen häufig einen hohen technischen und zeitlichen Aufwand erfordern.

EMV und Funk-Entstörung dürfen wegen unterschiedlicher Zielsetzungen
und Randbedingungen nicht pauschal gleichgesetzt werden. Die Funk-
Entstörung ist ein Teilbereich der EMV und dient primär dem Schutz der Funk-
dienste im Frequenzbereich ab 10 kHz. Im Rahmen gesetzlicher Regelungen wird
für alle Einrichtungen, die in diesem Frequenzbereich hochfrequente Schwingungen erzeugen (Hochfrequenzgeräte), eine Betriebsgenehmigung der Deutschen Bundespost verlangt, wozu bestimmte Funkstörfeldstärke-Pegel nach verschiedenen Grenzwertklassen nicht überschritten werden dürfen. Es gibt jedoch
Arbeitsfrequenzen mit unbegrenztem Störpegel, die für spezielle Anwendungen
(z. B. industrielle oder elektromedizinische Geräte) vorgesehen sind [4]. Höhere
Funkstörfeldstärken sind auch innerhalb zusammenhängender Betriebsstätten,
Industriegebiete oder abgegrenzter Krankenhausgelände zulässig. Weiterhin
werden Störgrößen bei der Funk-Entstörung nach dem physiologischen Hörein-
druck, dagegen im Rahmen der EMV nach dem Spitzenwert und dem Frequenzbereich bewertet.

38.3.2 EMV-Bereiche, räumliche Anordnung

In ausgedehnten Systemen können räumliche Bereiche mit unterschiedlichen
Störpegeln und damit differenzierten Anforderungen an die Störfestigkeit der
dort eingesetzten Komponenten abgegrenzt werden. Derartige EMV-Bereiche
besitzen Umgebungen, die undefiniert und durch Messungen und Abschätzungen zu ermitteln sind oder die mit vorgegebenen Eigenschaften definiert sind. Eine Gruppierung von Komponenten mit gleichen Anforderungen in entsprechenden Bereichen erleichtert häufig die EMV-gerechte Gestaltung der Systeme, z. B.
die Aufteilung in geschlossene energietechnische und datenverarbeitende Bereiche oder in Analog- und Digitalteil.

An den Schnittstellen von Bereichen sind ggf. Anpassungen an die unterschiedlichen Anforderungen vorzusehen, z. B. durch Filter. Eine strenge Abgrenzung erfolgt durch Schirmung.

Die räumliche Anordnung ist eine wirksame Maßnahme zur Reduktion von
Kopplungen oder von Störfeldern und sollte insbesondere bei störenden nieder-

frequenten Magnetfeldern als ökonomische Lösung angewendet werden. Dabei wird entweder die Abnahme der Feldstärke mit der Entfernung vom stromführenden Leiter oder die Kompensation der Felder bei eng benachbarten Leitungen ausgenutzt [26].

38.3.3 Massung

Die Massung umfaßt alle Mittel und Maßnahmen zur Verbindung von elektrisch leitfähigen Teilen oder zu massenden Leitern (Bezugsleiter) mit der Masse. Dabei soll der Potentialunterschied möglichst gering und frequenzunabhängig sein. Nach DIN VDE 0870 T1 ist die Masse die Gesamtheit der untereinander elektrisch leitend verbundenen Metallteile einer elektrischen Einrichtung, die für den betrachteten Frequenzbereich den Ausgleich unterschiedlicher Potentiale bewirkt und ein Bezugspotential bildet. Die Erdung ist ein wichtiger Sonderfall der Massung insbesondere zum Schutz von Personen und elektrischen Einrichtungen.

Die Massung bzw. Erdung hat folgende funktions- und sicherheitstechnischen Funktionen zu erfüllen [27]:
– Schutz gegen zu hohe Berührungsspannungen,
– Betriebserdung von Energiesystemen,
– Rückleitung von Betriebsströmen,
– Ableitung von Störströmen von Schirmen und Filtern,
– Festlegung von Schirmpotentialen.

In der Praxis sind daher häufig die Funktionen auf verschiedene Massungssysteme zu verteilen. Diese werden den entsprechenden Teilaufgaben angepaßt, gegeneinander isoliert ausgeführt und an definierten Punkten galvanisch, kapazitiv oder nur bei Störfällen (z. B. Blitzschlag) durch Überspannungs-Schutzelemente miteinander verbunden, um gefährliche Potentialunterschiede zwischen den Systemen zu vermeiden [8]. Angaben zu EMV-gerechten Ausführungen von Massungen enthalten insbesondere die VG-Normen [2].

Bei einer sternförmigen Massung erhält jeder Stromkreis einen Bezugsleiter, der isoliert verlegt und mit einem zentralen Massungspunkt verbunden wird. Dadurch entstehen keine galvanischen Kopplungen über Impedanzen gemeinsamer Masseleitungen verschiedener Stromkreise. Außerdem treten keine Ströme durch induzierte Spannungen in diesen Leitungen auf. Nachteilig ist der erhöhte Aufwand für die zusätzliche Isolation gegen andere Stromkreise und Gehäuse sowie die kapazitive Einkopplung hochfrequenter Störgrößen. Weiterhin ist keine beidseitige Massung von Kabelschirmen erlaubt, auch nicht von Koaxialkabeln. Die sternförmige Massung wird bevorzugt für Anlagen mit niederen Betriebsfrequenzen bis etwa 10 kHz (Analogtechnik, Energietechnik) eingesetzt.

Für die flächenförmige Massung werden die Bezugsleiter miteinander vermascht, als Flächen ausgebildet (z. B. bei Platinen mindestens die Hälfte der nutzbaren Fläche), nicht isoliert und an vielen Stellen mit Masse verbunden. Damit bleiben Leitungsimpedanzen und Potentialunterschiede innerhalb des Systems in einem weiten Frequenzbereich klein. Nachteilig sind dabei galvanische Kopplungen und Ströme als Folge induzierter Spannungen in den Leiterschleifen.

Ein hybrides Massungssystem kann die Nachteile der Konzepte ausgleichen. Dazu wird das System mit geringen Widerständen und Induktivitäten (z. B. einem Verhältnis von Länge zu Breite der Leiter von 4 bis 5 zu 1) der Bezugsleiter sternförmig ausgelegt. Eine bei Hochfrequenz wirksame Vermaschung zwischen den Bezugsleitern und dem Chassis oder Gehäuse erfolgt durch Kapazitäten. Schirme werden galvanisch oder kapazitiv beidseitig mit Masse verbunden.

Bei größeren Systemen können Beeinflussungen bei Schleifen im Massungssystem (Erdschleifen) und dort eingekoppelte Störspannungen auftreten. Störpotentiale sind insbesondere zwischen Bezugsleitern und Schutzleitern möglich. Abhilfe schaffen galvanische Unterbrechungen im Massungssystem, z. B. mit Isoliertransformatoren, Optokopplern oder Trennverstärkern. Dabei darf die galvanische Trennung nicht durch Streukapazitäten überbrückt werden.

38.3.4 Schirmung

Die Schirmung bewirkt die Entkopplung für gestrahlte Störgrößen von zwei räumlichen Bereichen durch Materialien mit entsprechender Schirmdämpfung. Dabei werden die elektrischen und magnetischen Feldstärken E_0 und H_0 des unbeeinflußten Feldes (einfallende Welle) auf die Werte E_1 und H_1 gedämpft. Die Schirmdämpfung a_s beträgt dabei für das elektrische und das magnetische Feld im Nahfeld

$$a_\mathrm{SE} = 20 \lg(E_0/E_1) \text{ dB} \quad \text{und} \quad a_\mathrm{SH} = 20 \lg(H_0/H_1) \text{ dB.} \tag{38.14}$$

Im Fernfeld gilt $a_\mathrm{SF} = a_\mathrm{SE} = a_\mathrm{SH}$.

Nach der Theorie von Schelkunoff [28, 42] kann die Schirmwirkung durch Reflexionen der einfallenden Welle bei Fehlanpassungen an den Grenzen des Abschirmmaterials mit der Umgebung sowie durch Absorption im Schirmmaterial ermittelt werden (Abb. 38.10). Danach ist die Schirmdämpfung

$$a_\mathrm{S} = a_\mathrm{R} + a_\mathrm{A} + a_\mathrm{M} \tag{38.15}$$

mit a_R als Reflexionsdämpfung, a_A als Absorptionsdämpfung und a_M als Dämpfung durch Mehrfachreflexionen, die bei Werten von $a_\mathrm{A} > 10$ dB vernachlässigt werden kann.

Bei perforiertem oder geflochtenem Material erhält (38.15) noch Korrekturfaktoren, die Füllfaktor, Eindringtiefen bei Niederfrequenz und Gegenkopplung benachbarter Löcher berücksichtigen.

Die Reflexionsdämpfung hängt von der Oberflächenimpedanz des Schirmes, der Wellenimpedanz des Feldes, der Frequenz und dem Abstand zwischen Quelle und Schirm ab. Im Nahfeld hat das elektrische Feld eine hohe und das magnetische Feld eine niedere Wellenimpedanz gegenüber Z_0.

Für die Reflexionsdämpfung gelten nach [16, 45] im Nahfeld mit den auf S. 318 angegebenen Größen folgende Zahlenwertgleichungen

$$a_\mathrm{RE}/\text{dB} = 322 - 10 \lg(\mu_\mathrm{r} D^2 f^3\, \sigma_\mathrm{Cu}/\sigma_\mathrm{S}) \tag{38.16}$$

für das elektrische Feld und für das magnetische Feld

$$a_\mathrm{RH}/\text{dB} = 15 + 10 \lg(D^2 f \sigma_\mathrm{S}/\sigma_\mathrm{Cu}\mu^\mathrm{r}) \tag{38.17}$$

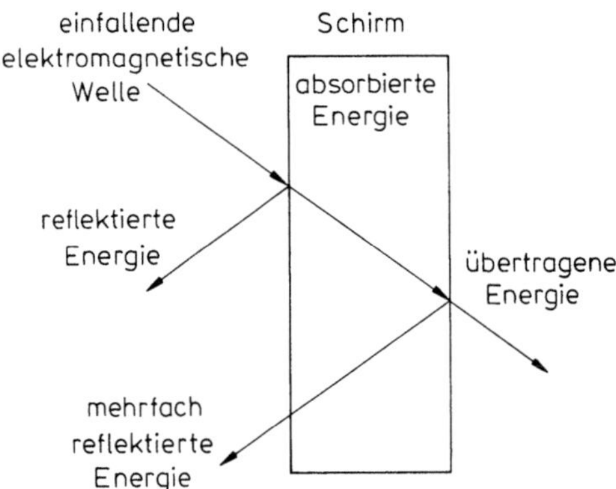

Abb. 38.10. Prinzip der Schirmdämpfung

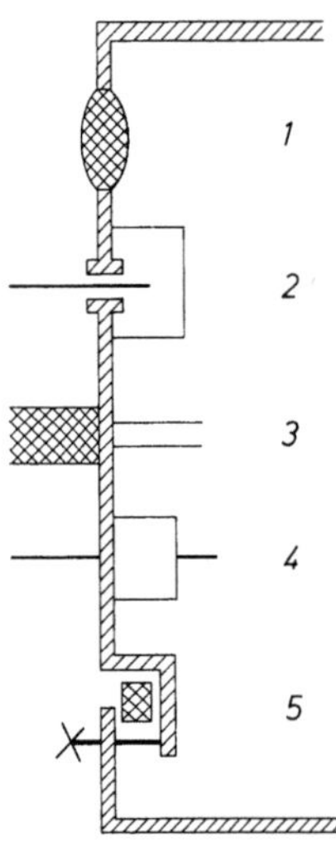

Abb. 38.11. Konstruktive Einzelheiten zum HF-dichten Aufbau von Gehäusen (Quelle: Siemens). *1* große Öffnung mit Gaze abgedeckt, *2* direkte Leitungszuführung in das innere Gehäuse, *3* geschirmte Leitungen, *4* Filterung direkt am Eingang, Filterbox, *5* Fuge mit Dichtung und richtigem Schraubenabstand

Im Fernfeld lautet die Zahlenwertgleichung für die ebene Welle

$$a_{\mathrm{RF}}/\mathrm{dB} = 186 - 10\,\lg(\mu_{\mathrm{r}}f\sigma_{\mathrm{Cu}}/\sigma_{\mathrm{S}}), \tag{38.18}$$

Die Glu. (38.16–19) gelten mit d als Stärke des Schirmmaterials in mm, D als Abstand zwischen Quelle und Schirm in m, f als Frequenz in Hz, μ_{r} als relative Permeabilität sowie σ_{Cu} und σ_{s} als Leitfähigkeit von Kupfer und Schirmmaterial.

Und für die Absorptionsdämpfung gilt

$$a_{\mathrm{A}}/\mathrm{dB} = 0{,}1314\,d\sqrt{\mu_{\mathrm{r}}f\sigma_{\mathrm{S}}/\sigma_{\mathrm{Cu}}}\ \mathrm{dB}. \tag{38.19}$$

Ausführliche Angaben zur Schirmungsberechnung enthält die Literatur, z. B. [2, 29, 30, 45].

Im elektrischen Nahfeld (kapazitive Kopplung) werden elektrisch gut leitende Materialien (Kupfer, Aluminium), im magnetischen Nahfeld permeable Materialien [31, 32] und im Fernfeld wiederum elektrisch leitende Materialien verwendet. Für die Abschirmung bei nichtleitenden Teilen (z. B. Kunststoffgehäuse) werden metallische Beschichtungen oder Anstriche eingesetzt [33, 34].

Die in hochfrequenten Feldern erreichbaren Dämpfungswerte hängen praktisch vom HF-dichten mechanischen und elektrischen Aufbau der Einrichtungen ab. Abb. 38.11 gibt dazu Hinweise. Dabei ist besonders auf gute Dichtungen bei Gehäusedeckeln und Türen sowie die richtige Gestaltung von Öffnungen (Wabenkamine) zu achten.

Das Potential von Schirmen muß festgelegt werden. Da über Schirme kapazitive Ableitströme fließen, sind hinreichende Leiterquerschnitte vorzusehen. Angaben zur Massung von Kabelschirmen enthält Abschn. 38.3.8.

Geschirmte Räume haben häufig Wände aus Stahlblech oder eine Kupfer-Verkleidung und sind ggf. mit HF-Absorbern ausgestattet. Besondere Beachtung erfordern HF-dichte Türen und Öffnungen [35]. Für die Abschirmung niederfrequenter Felder ist ein großer Aufwand an permeablem Material erforderlich [36]. Bei geschlossenen Räumen sind ggf. Hohlraum-Resonanzen zu beachten.

38.3.5 Filterung

Ziel der Filterung ist die Verminderung leitungsgeführter Störgrößen. Dazu werden Kondensatoren, Drosselspulen (Induktivitäten), Impedanz-Netzwerke (passive Filter) und potentialtrennende Bauteile eingesetzt. Aktive Filter finden nur in Sonderfällen Anwendung. Die EMV-Filterung benutzt überwiegend Elemente mit Tiefpaß-Eigenschaften [16, 37, 38]. Der Katalogwert der Einfügungsdämpfung a_E wird oft in angepaßten Meßschaltungen mit gleichen Abschlußwiderständen von Störquelle und -senke (z. B. 60 Ω) ermittelt. Danach ist

$$a_\mathrm{E} = 20 \lg \left(U_0 / 2 U_1 \right) \tag{38.20}$$

mit U_0 als Leerlaufspannung der Störquelle und U_1 als Spannung an der Störsenke.

Bei der Applikation erreichte Dämpfungswerte sind in der Regel geringer, da die realen Impedanzen von Leitungen, Störquelle und Störsenke nicht dem Wert der Meßschaltung entsprechen.

Reale Kondensatoren besitzen Anschluß- und Wickelinduktivitäten, die in Reihe mit der Kapazität liegen. Damit verschlechtert sich die Filterwirkung bei hohen Frequenzen. Große Frequenzbereiche erfordern spezielle Ausführungen; z. B. koaxiale Durchführungskondensatoren für Frequenzen bis über 1 GHz.

In Netzleitungen werden Entstörkondensatoren zwischen Leiter (X-Kondensatoren) oder Leiter und Masse (Y-Kondensatoren) geschaltet. Y-Kondensatoren unterliegen strengen Prüfvorschriften, da ein Durchschlag zur Personengefährdung führen kann. Außerdem ist die Kapazität der Y-Kondensatoren durch den zulässigen Ableitstrom nach den Sicherheitsvorschriften [39] begrenzt.

Entstördrosseln dienen zur Erhöhung der Impedanzen von Störquellen oder Leitungen. Drosseln werden für den Frequenzbereich bis etwa 50 MHz als Stabkerndrosseln und als Ringkerndrosseln, auch stromkompensiert, hergestellt. UKW-Drosseln arbeiten im Bereich bis etwa 250 MHz.

Im Frequenzbereich von einigen MHz bis zu einigen GHz kann die Serienimpedanz von Leitungen durch darüber geschobene Perlen, Klammern oder Schläuche aus Ferrit-Material (Bead) erhöht werden. Die Ferrite wirken bei niederen Frequenzen als Induktivität und bei höheren aufgrund der Verluste im Kernmaterial als ohmscher Widerstand.

Filter sind als LC-Glieder ausgebildet und arbeiten für die zu unterdrückenden Frequenzen als fehlangepaßte Vierpole. Die Dämpfung steigt mit der Fehlanpassung. Bei der Auswahl sind die Abschlußimpedanzen auf der Netz- und Lastseite im Zusammenhang mit den Serien-Induktivitäten und den Parallel-Kapazitäten der Filter zu berücksichtigen. Weiterhin müssen insbesondere bei Netzleitungsfiltern in medizinischen Geräten die zulässigen Ableitströme beachtet werden.

Zur Erzielung einer hohen Einfügungsdämpfung von Filterelementen sind folgende Maßnahmen zu beachten:
- Anschluß von Kondensatoren mit kurzen Leitungen,
- Verwendung von Kondensatoren mit 3 oder 4 Anschlüssen oder Durchführungskondensatoren,
- Überbrückung von Kondensatoren großer Werte mit kleineren,
- Anordnung von Drosseln dicht am beschalteten Eingang,
- großflächige Masseverbindung von Filtern,
- Anordnung von Netzleitungsfiltern unmittelbar an der Netzeinführung in das Gehäuse,
- Abschirmung der Netzzuleitung mit beiderseitiger Massung des Schirms, wenn die Leitungsführung innerhalb des Gehäuses erfolgen muß.

In Anlagen mit verschiedenen Geräten ist es häufig zweckmäßiger, getrennte Filter (Einzelentstörung) vorzusehen. Eine gemeinsame Filterung (Sammelentstörung) erfordert ein größeres Filter, das höhere Ableitströme verursacht.

Transformatoren sind wirksame Filterelemente mit Tiefpaß- oder Bandpaßverhalten. Da sie gleichzeitig zur Potentialtrennung oder -anpassung dienen können, bieten sie oft ökonomische Lösungen. Störschutztransformatoren besitzen getrennte Wicklungen (Kammerwicklungen), einen Schirm zwischen Primär- und Sekundärwicklung und je einen zusätzlichen Schirm um diese Wicklungen, die mit Masse primär und sekundär verbunden werden. Sie sind in ein HF-dichtes Gehäuse eingebaut. Die Streukapazität zwischen den Wicklungen ist sehr gering (z. B. $< 10^{-15}$ F).

38.3.6 Überspannungsschutz

Die Begrenzung leitungsgeführter transienter Überspannungen erfolgt durch Halbleiterbauelemente, spannungsabhängige Widerstände (Varistoren), Schutzfunkenstrecken oder Schutzkondensatoren (ggf. in Verbindung mit Widerständen). Diese Elemente können während der Schutzfunktion große Stoßbelastun-

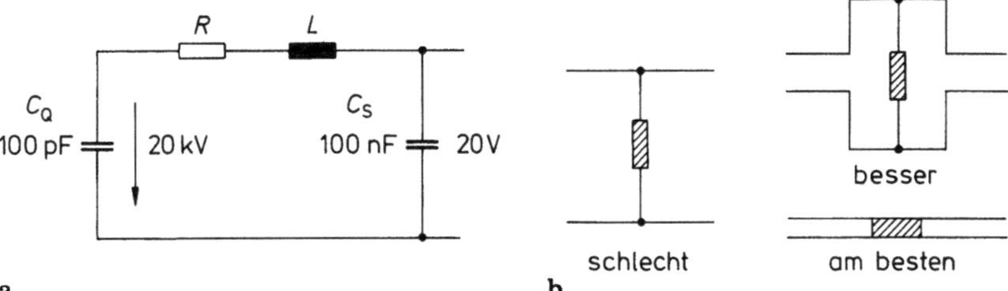

Abb. 38.12. Anwendung von Überspannungsschutz-Elementen. **a** Spannungsteilung eines Überspannungs-Impulses zu Beginn des Vorganges an der Kapazität von Quelle C_Q und Schutzelement C_S. Widerstand R und Induktivität L der Zuleitungen wirken sich erst später auf den Spannungsverlauf aus. **b** Einbau von Schutzelementen

gen übernehmen, dagegen sind sie meist nur für eine geringe Dauerbelastung geeignet. Die Auswahl geschieht nach Begrenzungswert, Betriebsspannung, Ansprechzeit und Energieinhalt der Impulse [40].

Die Anwendung der Schutzelemente ergibt eine kapazitive Spannungsteilung, die auch bei Varistoren und Schutzdioden (mit ca. 1 bis 10 nF Eigenkapazität) im Ansprechzeitpunkt auftritt (Abb. 38.12). Stören kann auch der Spannungsabfall an der Induktivität der Zuleitung beim Einschaltstrom. Induzierte Störspannungen in den Anschlußleitungen müssen durch kurze Leitungsführungen mit geringer Schleifenbildung klein gehalten werden.

Überspannungen beim Schalten von Induktivität (z. B. Schütze, Relais, Leuchtstoffröhren) werden an der Störquelle durch die Parallelschaltung von spannungsabhängigen Widerständen, Kondensator-Widerstands-Kombinationen oder Dioden (nur bei Gleichstromgeräten) bedämpft [42].

Der Schutz gegen Überspannungen und die weiteren Einflußgrößen bei elektrostatischen Entladungen erfolgt über die Reduzierung der Aufladung durch die Verwendung antistatischer Materialien, durch Ableiten von Ladungen über Erdverbindungen (mit $R_e \leq 1$ MΩ), leitfähige Werkstoffe, hohe Luftfeuchte ($> 65\%$) und Ionisation der Luft (positive *und* negative Ionen). Personen müssen über 1-MΩ-Widerstände geerdet werden, und empfindliche Bauelemente sollen in leitfähigen Schutzbeuteln oder Gehäusen aufbewahrt werden. In Schaltungen sind Schutzelemente vorzusehen.

Den Schutz gegen die Folgen von Blitzentladungen übernehmen als äußeren Blitzschutz die Anlagen zum Auffangen und Ableiten des Blitzstromes gegen Erde. Der innere Blitzschutz reduziert die Einwirkung von Überspannungen und Überströmen innerhalb von Anlagen und Systemen durch Potentialausgleich zwischen allen Bauteilen und Schirmen sowie durch Schutzelemente. Dabei werden Potentialverbindungen ggf. nur im Störungsfall geschaffen. Schutzeinrichtungen für Geräte bestehen z. B. aus einem Grobschutz mit Funkenstrecken und Längsimpedanzen sowie einem Feinschutz mit Zenerdioden und Varistoren [41].

38.3.7 Symmetrierung und Verdrillung

Die Symmetrierung wandelt unsymmetrisch eingekoppelte Störgrößen in symmetrische um, die sich z. B. mit differenzbildenden Schaltungen leichter unterdrücken lassen. Schaltungstechnisch kann dieser Effekt durch zusätzliche Widerstände in der beeinflußten Schaltung, Vierer-Anordnungen oder Verdrillung erreicht werden. Die Verdrillung bewirkt auch eine Kompensation induzierter Störspannungen in Leitungen.

Bei der Verdrillung steigt die Wirkung mit der längenbezogenen Schlagzahl, wobei sich 30 Schläge/Meter als guter Wert erwiesen haben. Bei stark inhomogenen Störfeldern sind mehrfach verdrillte Leitungen und zusätzliche Abschirmungen einzusetzen.

38.3.8 Wahl von Kabeln

Kabel können in einem System als Störquellen oder Störsenken wirken und müssen sorgfältig ausgewählt werden. Dabei erfolgt zweckmäßig, abhängig von Nutzpegel und Frequenzbereich, eine Einteilung in verschiedene Kategorien unterschiedlicher Kabelarten und getrennter Verlegung. Im industriellen Einsatz genügen in der Regel drei Kabel-Kategorien: 1. Energieleitungen – Störer, 2. unempfindliche Leitungen mit geringem Störpotential (z. B. Steuerleitungen), 3. Leitungen mit angeschlossenen empfindlichen Störsenken (z. B. Meß- oder Datenleitungen).

Zwischen den Kabeln verschiedener Kategorien sollten ein Abstand von etwa 10 bis 20 cm oder bei gemeinsamer Verlegung Schirmungen vorgesehen werden. Niederfrequente Störfelder in der Umgebung von Energiekabeln können durch die Verwendung von Drei- oder Fünfleitersystemen für die Drehstromübertragung reduziert werden [26]. Einleiterkabel sollten möglichst vermieden werden.

Die Einkopplung von Störgrößen wird durch Kabelschirme vermindert, die geschlossen aus Folie, perforiert aus Metallgeflecht oder als Mehrfach-Schirme, ggf. mit absorbierenden Zwischenschichten, ausgeführt sein können. Ein Maß für die Wirksamkeit von Kabelschirmen ist der frequenzabhängige Kopplungswiderstand, der Quotient aus Spannungsabfall und Strom auf dem Schirm [42]. Dieser Wert und die Schaltungsdaten bestimmen die Beziehung zwischen eingekoppelter Störspannung und äußerem Feld [43].

Die Massung von Kabelschirmen erfolgt unter EMV-Gesichtspunkten beidseitig, um das Schirmpotential eindeutig festzulegen und auf dem Schirm Ströme zur Kompensation externer Störfelder zu ermöglichen. Falls niederfrequente Störspannungen auftreten (z. B. durch galvanische Kopplungen), kann die Massung auf einer Seite kapazitiv erfolgen. Weiterhin ist die Verwendung zusätzlicher innerer Schirme mit einseitiger Massung möglich.

38.3.9 Schaltungsentwurf

Die EMV soll bereits beim Entwurf elektronischer Schaltungen mit berücksichtigt werden, um möglichst optimale Lösungen zu erhalten. Dazu haben sich die folgenden Maßnahmen bewährt:

- symmetrischer Aufbau, Einsatz von Differenz-Verstärkern, Symmetrierung über Widerstände oder Kondensatoren, Verdrillen,
- niedrige Eingangsimpedanzen,
- Beschränkung der Bandbreite,
- Leitungsführung mit abgeschirmten oder verdrillten Leitungen möglichst am Chassis, paarweise verlegte Signalleitungen mit Masseleiter dazwischen, separate Verlegung von Taktleitungen,
- sorgfältige Ausführung von Masseverbindungen unter Berücksichtigung sternförmiger oder flächiger Massung mit großem Massebelag auf Leiterplatten sowie Masseleitern zwischen Leitungen und Steckerstiften,
- Überbrückungen von Stromversorgungsleitungen mit Tantal-Kondensatoren von 1 μF und zusätzlich mit keramischen Scheibenkondensatoren von 0,1 μF bzw. 0,001 μF bei Hochgeschwindigkeits-Logik,
- kurze verdrillte Leitungen bei verdrahteten Stromversorgungen,
- Entstörglieder aus RC-Schaltungen über Gleichrichter-Dioden und Thyristoren,
- sorgfältige Filter-Auswahl bei getakteten Netzgeräten,
- Entkopplung der Magnetfelder von Stromversorgungs-Einheiten von der restlichen Schaltung durch geeignete Anordnung und Schirmung; *wichtig*: die Sicherstellung der EMV beginnt beim Netzteil eines Gerätes.

Mit dem automatischen Platinen-Entwurf wird häufig keine EMV-gerechte Auslegung erreicht. Für die Kontrolle der EMV gedruckter Schaltungen bestehen Rechenprogramme; z. B. [15, 44].

38.3.10 Technisch-organisatorische Maßnahmen

Technisch-organisatorische Maßnahmen sind mit einzusetzen, wenn die vorher aufgeführten Maßnahmen die EMV nicht sicherstellen oder aus wirtschaftlichen Gründen nicht eingesetzt werden können. Zu diesen Maßnahmen gehören:
- Verwendung digitaler Nutzgrößen,
- Anwendung codierter Signale (mit Fehlererkennung),
- Signalwandlungen mit Frequenztransformationen,
- Wahl von Betriebsfrequenzen außerhalb von Störfrequenzen,
- Kompensation von Störgrößen,
- Verlegung von Betriebszeiten in störungsarme Zeiten,
- Trennung von Nutz- und Störgrößen durch Multiplexbetrieb (räumlich, zeitlich, im Frequenzbereich),
- Anwendung höherer Methoden der Signalverarbeitung,
- Speisung über EMV-sichere Netze.

Diese Maßnahmen umfassen ebenfalls Vorschriften zum Verhalten von Menschen beim Umgang mit Geräten und Materialien, für den Transport und die Lagerung beeinflußbarer Einrichtungen, sowie für die Gestaltung von Arbeitsplätzen. Derartige Vorschriften sind insbesondere für Bedrohungen durch elektrostatische Entladungen entwickelt worden.

Die EMV ist auch bei der Gestaltung von Software zu berücksichtigen, wobei Störsignale erkannt, fehlerhafte Signale ausgeschaltet und Funktionen überprüft werden müssen.

38.4 Meß- und Prüftechnik

38.4.1 Ziele und Umfang

Im Rahmen der Sicherstellung und Beurteilung der EMV sind Messungen von
Störaussendungen und Dämpfungen sowie Prüfungen der Störfestigkeit mit den
folgenden Zielen erforderlich:
- Gewinnung von Daten über Geräte und Umwelt für EMV-Analysen,
- Nachweis der Erfüllung gesetzlicher oder vertraglicher Anforderungen, die
  durch Normen oder Lieferbedingungen vorgegeben sind,
- Bestimmung des Störsicherheitsabstandes von Systemen,
- Suche von Störursachen in Geräten und Systemen.

Die Messungen erfolgen im Frequenz- und Zeitbereich, z. T. mit speziell für diese
Meßtechnik entwickelten Geräten. Die Meßergebnisse sollen zeit- und ortsunab-
hängig reproduzierbar sein. Dazu sind in den Normen künstliche Schnittstellen
definiert, mit denen die räumliche Anordnung von Prüflingen und Prüfgeräten,
die Leitungsführung, die Meßgeräte und die Umgebung genau beschrieben sind.
Trotzdem bleibt eine relativ große Unsicherheit bestehen, die häufig bei der Einhaltung vertraglicher Bedingungen durch höhere Störsicherheitsabstände ausgeglichen werden muß. Daher bewirkt eine Erhöhung der Meßgenauigkeit auch eine Verminderung der Kosten für EMV-Maßnahmen. Die Untersuchungen erfordern vielfach eine große Zahl von Einzelmessungen und sind dadurch sehr zeit-
aufwendig. Zu ihrer ökonomischen Durchführung werden daher häufig rechner-
gesteuerte Geräte und Systeme eingesetzt.

38.4.2 Messung von Störaussendungen

Störaussendungen werden bei leitungsgeführten Störgrößen als Spannungen
oder Ströme sowie bei gestrahlten Störgrößen als elektromagnetische Felder oder
Leistungen mit Meßgeräten nach DIN VDE 0876 [4] und Meßverfahren nach
DIN VDE 0877 [4] gemessen. Dabei dienen Spannungsteiler, die als separate
Meßglieder ausgeführt oder in Netznachbildungen enthalten sind, als Meßum-

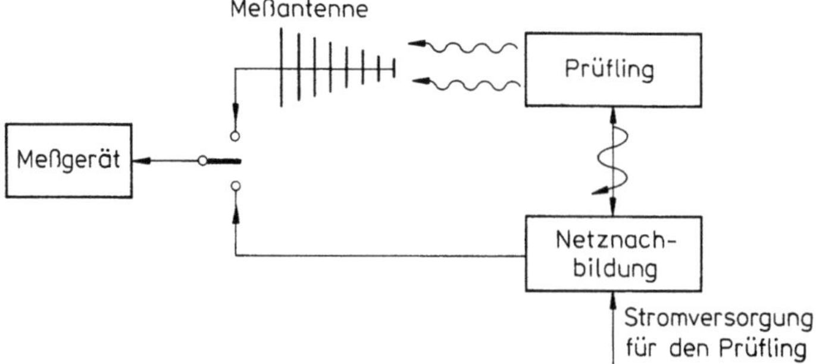

Abb. 38.13. Prinzip von Meßeinrichtungen für gestrahlte (oben) und leitungsgeführte (unten)
Störgrößen

former mit galvanischer Ankopplung an die Meßgröße. Meßgrößenumformer mit Ankopplungen über Felder sind Stromwandler, Antennen und Absorberzangen (Abb. 38.13).

Alle Ankoppeleinrichtungen liefern am Ausgang der Meßgröße proportionale Spannungen, die im Frequenzbereich mit Funkstörmeßempfängern nach DIN VDE 0876 T1 [4] oder Spektrumanalysatoren sowie im Zeitbereich mit Oszilloskopen oder Transientenrekordern gemessen werden. Störmeßempfänger sind abstimmbare selektive Spannungsmesser, die nach dem Überlagerungsverfahren arbeiten. Spektrumanalysatoren enthalten Störmeßempfänger mit repetierender zeitlinearer Abstimmung über einen bestimmten Frequenzhub, deren Ausgangssignal zeit- und damit frequenzabhängig dargestellt wird. Bei Oszilloskopen und Transientenrekordern ist die zur Aufnahme von einzelnen Ereignissen (Single Shot) erforderliche Bandbreite zu beachten.

Zur Bewertung der Störgrößen hinsichtlich ihrer Auswirkungen auf die Störsenke wird bei EMV-Messungen der Spitzenwert der Meßgröße herangezogen. Funkstörmessungen verwenden den bewerteten Spitzenwert (Quasispitzenwert), der dem physiologischen Störeindruck des menschlichen Ohres entspricht. Dabei sind Knackstörungen mit großem Scheitelwert und geringer Häufigkeit oder mit geringem Scheitelwert und großer Häufigkeit gleich störend bewertet.

Leitungsgeführte Störgrößen werden nach DIN VDE 0847 T1 [1] und 0877 T1 [4] im Frequenzbereich von 10 kHz bis 30 MHz als Störspannungen bestimmt. Zur Erzielung reproduzierbarer Ergebnisse sind die Messungen an definierten Impedanzen zwischen den Leitungen durchzuführen. Nach Abb. 38.13 werden dazu vorzugsweise Netznachbildungen verwendet, die über zusammengeschaltete Impedanzen die Störquelle von den angeschlossenen Leitungen hochfrequenzmäßig entkoppeln und einen Anschluß zur Spannungsmessung enthalten. Die Schaltung einer Netznachbildung zeigt Abb. 38.14. Die räumliche Anordnung der Meßschaltung ist in den Normen festgelegt. Abb. 38.15 enthält ein Beispiel.

Die Störgrößen können auch als Störströme über Stromwandler bestimmt werden. Das Meßverfahren ist in der Norm VG 95373 T 10 [3] näher beschrieben. Dabei wird das Massungskonzept des untersuchten Gerätes nicht beeinflußt, weil keine galvanische Kopplung mit dem Meßgerät besteht.

Die Messungen sollen möglichst in geschirmten Räumen vorgenommen werden, damit fremde Störquellen die Messungen nicht beeinflussen. Das Meßergebnis ist eindeutig, wenn der Meßwert mindestens 6 dB über dem Grundstörpegel liegt.

Gestrahlte Störgrößen werden zum Nachweis der Funk-Entstörung nach DIN VDE 0877 T 2 [4] bestimmt. In den Frequenzbereichen werden unter 30 MHz die magnetische Feldstärke, von 30 MHz bis 1 GHz die elektrische Feldstärke oder die Störleistungen auf Leitungen nach DIN VDE 0877 T 3 und über 1 GHz das elektromagnetische Feld bestimmt. Ausführliche Angaben zu Messungen im Frequenzbereich von 30 MHz bis 1 GHz enthält VG 95373 T 12 [2].

Antennen sind kalibriert sowie dem Feldtyp und dem Frequenzbereich angepaßt [45]. Zur Messung der magnetischen Feldstärke im Frequenzbereich von 20 Hz bis 200 MHz dienen passive oder aktive Rahmenantennen. Die Ausführung als Ferritantenne besitzt hohe Empfindlichkeit und Richtwirkung. Die Messung der elektrischen Feldstärke erfolgt im Frequenzbereich von 1 bis 30 MHz

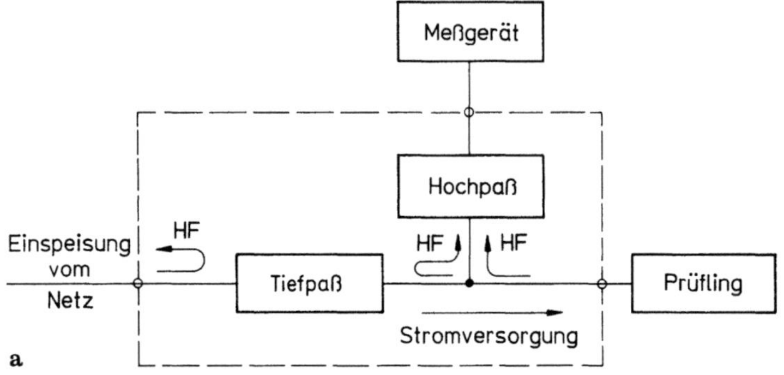

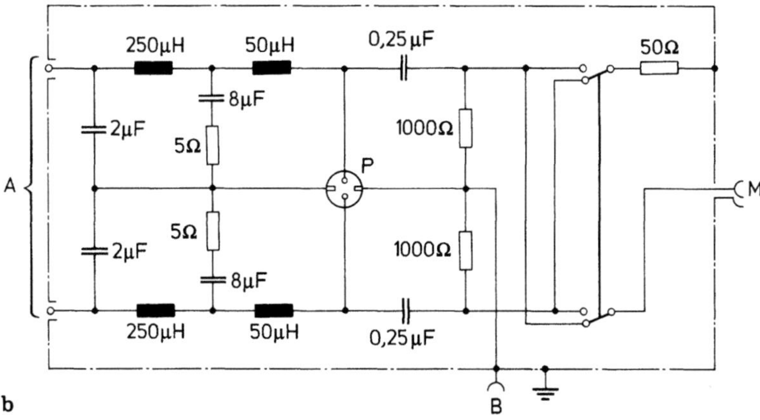

Abb. 38.14. Aufbau von Netznachbildungen **a** Signalflußdiagramm einer Netznachbildung zur Messung leitungsgeführter Störgrößen; **b** Schaltung einer Netznachbildung nach DIN VDE 0876 T 1. Anschlüsse: *A* Stromversorgung, *B* Bezugsmasse, ⊥ Schutzerdung, *M* Funkstörmeßempfänger (50 Ω), *P* Prüfling

durch unsymmetrische Monopolantennen mit Gegengewicht. Für Frequenzen von 10 MHz bis 1 GHz werden Dipolantennen (symmetrisch) und bei höheren Frequenzen bis etwa 12 GHz breitbandige Dipole verwendet. Letztere sind als bikonische, logarithmisch periodische, konisch logarithmische Antennen oder als Hornantennen ausgeführt. Für Monitorzwecke (z. B. Suche von Störquellen) gibt es nicht kalibrierte kleine Antennen (Schnüffelantennen) in verschiedener Ausführung [46].

Bei Geräten und Abmessungen, die klein gegen die Wellenlänge sind, und deren Störabstrahlungen überwiegend über die angeschlossenen Leitungen erfolgt, kann die weniger aufwendige *Störleistungsmessung* statt der Störfeldstärkemessung erfolgen. Dazu dient die Absorptions-Meßwandlerzange, eine Kombination aus HF-Stromwandler und HF-Absorbern für die Netzleitung und das Meßkabel, die über die Netzleitung geschoben wird. Das Gerät liefert eine der Störleistung proportionale Spannung. Vorteilhaft ist dabei, daß diese Messung relativ

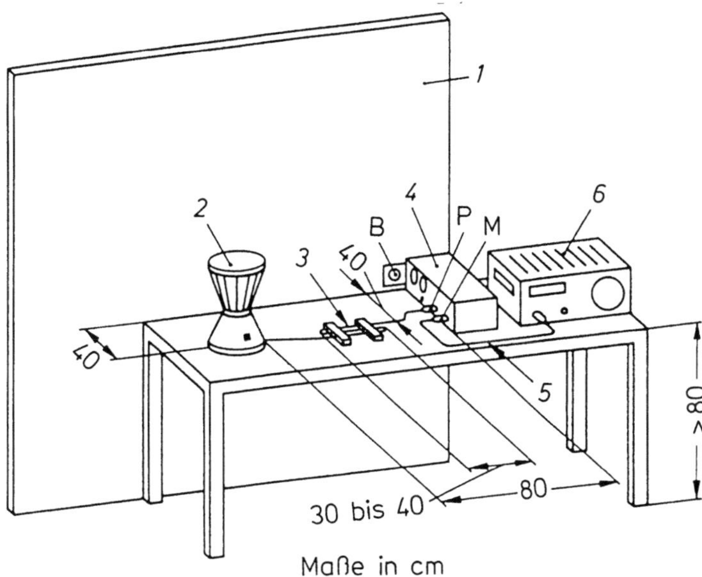

Abb. 38.15. Meßanordnung zur Messung von Störspannungen nach DIN VDE 0877 T1 [4]. *1* Metallwand, mindestens 2 m × 2 m, *2* Prüfling, *3* mäanderförmig gefaltetes Leitungsbündel, *4* Netznachbildung, *5* geschirmte Verbindungsleitung, *6* Funkstörmeßempfänger; *B* Anschluß: Bezugsmasse, *M* Anschluß: Funkstörmeßempfänger, *P* Anschluß: Prüfling

unempfindlich gegenüber äußeren Störeinflüssen ist und daher keine abgeschirmten Räume erforderlich sind.

Ein Meßplatz zur Messung der Funkstörfeldstärke umfaßt neben der Meßeinrichtung ein entsprechendes Meßgelände, das als Freifeld oder reflexionsarmer geschirmter Raum ausgeführt sein kann. Abmessungen und Anforderungen des Freifeldes sind in DIN VDE 0877 T 2 [4] angegeben. Danach ist für einen Frequenzbereich bis 1 GHz eine elliptische Form mit den Achsen 60 m und 52 m erforderlich. Das Gelände soll gut leitfähig sein und darf keine reflektierenden Gegenstände aufweisen. Da der Aufwand für Freifeldmessungen oder für entsprechende geschirmte Hallen nach der Norm hoch ist, werden in der Praxis oft nur die Magnetfeldmessungen in geschirmten Räumen vorgenommen. Für Messungen bei höheren Frequenzen werden andere Anordnungen, z. B. TEM- oder GTEM-Zellen [47, 48], sowie verkürzte Meßabstände [49] in Anlehnung an die militärische Normung diskutiert.

38.4.3 Messung der Störfestigkeit

Störfestigkeitsmessungen elektrischer Einrichtungen sollen ihre Störgrößenempfindlichkeit ermitteln. Hierzu werden an den Schnittstellen der Prüflinge zur Umgebung (Ein- und Ausgänge, Gehäuse) Prüfstörgrößen direkt oder über Ankopplungsnetzwerke eingespeist und das Auftreten von Funktionsstörungen nach de-

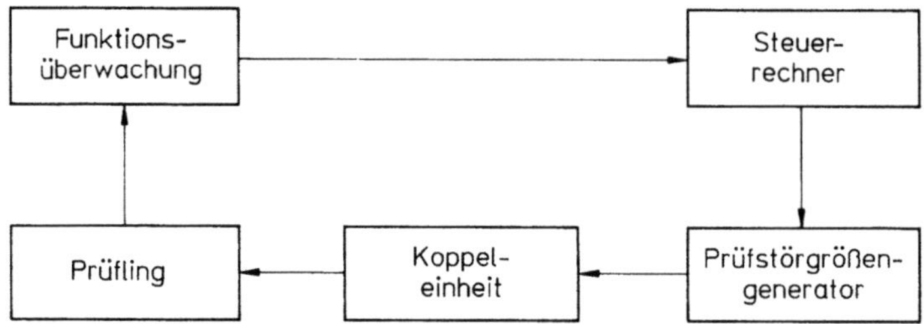

Abb. 38.16. Prinzipschaltung zur Prüfung der Störfestigkeit gegen leitungsgeführte Störungen

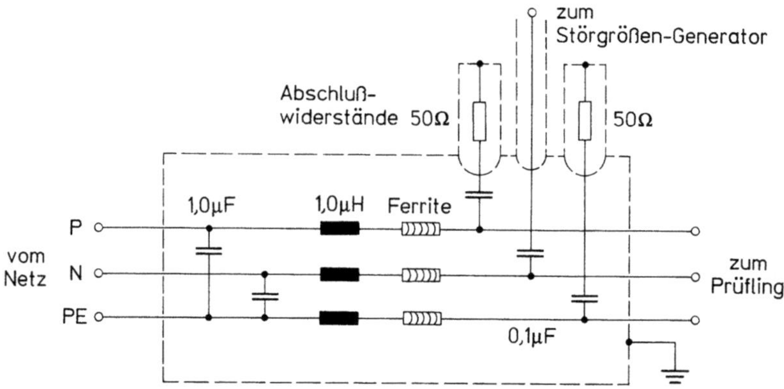

Abb. 38.17. Netzwerk zur Einkopplung von Störspannungen [24]. P Phase, N Neutralleiter, PE Schutzerde

finierten Kriterien beobachtet. Daten von Prüfstörgrößen sind in Normen und Vorschriften angegeben; z. B. DIN VDE 0843 [1], PTB-Prüfregeln [24], NAMUR-Empfehlungen [19], wobei die Entwicklung noch nicht abgeschlossen ist. Daher sind häufig spezielle Vereinbarungen zwischen Herstellern und Anwendern erforderlich. Die Störpegel unterschiedlicher Umgebungen können Umgebungsklassen mit verschiedenen Anforderungen zugeordnet werden, die zu bestimmten Prüfschärfen führen.

Abb. 38.16 zeigt das Prinzip einer Meßanordnung zur Störfestigkeitsmessung. Der Störgrößensimulator speist die Störgrößen über eine Koppeleinheit in den Prüfling. Die Koppeleinheit kann bei leitungsgeführten Störgrößen eine Netznachbildung (Abb. 38.17), eine induktive oder eine kapazitive Anordnung sein. Weiterhin ist der Prüfling vom Netz zu entkoppeln. Gestrahlte Störgrößen werden durch entsprechende Antennen übertragen. Ein Meßgerät dient zur Überwachung der eingestellten Störgröße, und die Funktionsüberwachung meldet das Erreichen von Störschwellen.

Zur Prüfung der Störfestigkeit gegen leitungsgeführte Störgrößen werden in DIN VDE 0847 T 2 Meßeinrichtungen für sinusförmige Störgrößen in einem Frequenzbereich von 15 Hz bis 300 MHz angegeben. Bei impulsförmigen Störgrößen sind Simulatoren für Einzelimpulse mit Zeiten von ns bis zu ms, gedämpfte Schwingungen oder Impulspakete (Bursts) vorgesehen. Weitere Einrichtungen

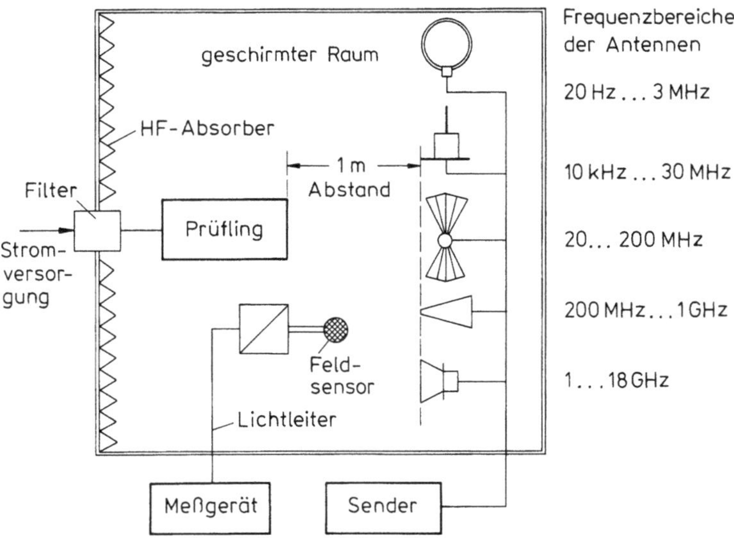

Abb. 38.18. Prinzip von Meßanordnungen zur Messung der Störfestigkeit gegen die Einwirkung gestrahlter Störgrößen, nach DIN VDE 0847 T4 [1]

simulieren Absenkungen und Unterbrechungen der Netzspannung. Die bei diesen Prüfungen verwendeten Prüfstörgrößen enthält DIN VDE 0839 T 10 E.

Die Störfestigkeit gegen die Entladung statischer Elektrizität (ESD) erfolgt nach DIN VDE 0843 T 2/IEC 801-2 mit Prüfgeneratoren, in denen ein auf 2 bis 16,5 kV aufgeladener Kondensator von 150 pF über einen Entladewiderstand von 150 Ω und einen Funken oder galvanischen Kontakt direkt oder indirekt (über eine Koppelplatte) auf den Prüfling entladen wird. Der Aufbau der Meßeinrichtung mit den Hilfsgeräten ist in den Normen festgelegt. Werte für die Prüfgrößen enthält DIN VDE 0843 T 2.

Die Prüfung der Störfestigkeit gegen gestrahlte Störgrößen erfolgt nach dem in Abb. 38.18 gezeigten prinzipiellen Aufbau mit unterschiedlichen Antennen für die einzelnen Frequenzbereiche der Störgröße. Die erzeugte Feldstärke wird mit Monitorantennen und Meßempfängern, Feldsensoren oder über die Speiseleistung der Antennen ermittelt. Wegen der hier erforderlichen hohen Feldstärken sind Messungen im Freifeld in der Regel nicht möglich, sondern müssen zur Unterdrückung störender Abstrahlungen in einem geschirmten Raum vorgenommen werden. In diesen Räumen treten Meßunsicherheiten durch Reflexionen auf, die durch eine Auskleidung mit Absorbern reduziert werden können. Möglich ist auch eine mechanische Veränderung der Raumresonanzen und Mittelwertbildung des dabei veränderten Feldes (Reverberation Chamber). Für kleinere Prüflinge eignen sich offene Wellenleiter (Streifenleitungen), die allerdings stark abstrahlen und daher in abgeschirmten Räumen betrieben werden müssen. Transversale elektromagnetische (TEM-)Felder können in einer TEM-Meßzelle nach Abb. 38.19 erzeugt werden. Diese Einrichtungen sind in sich abgeschlossen und strahlen nicht nach außen. Ihre maximalen Abmessungen hängen von den

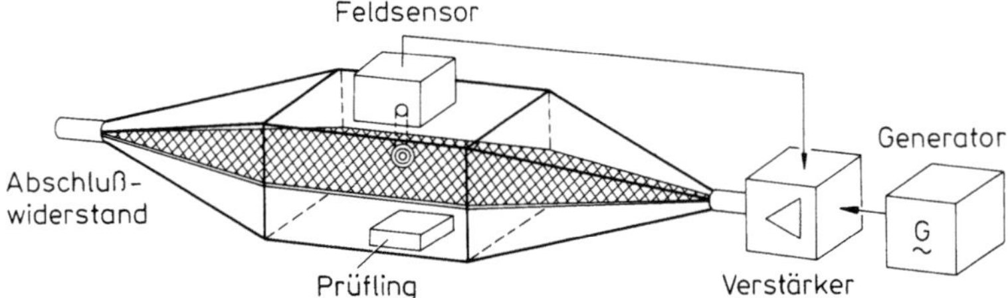

Abb. 38.19. Meßanordnung mit TEM-Zelle zur Beurteilung der Störfestigkeit gegen die Einwirkung gestrahlter Störgrößen, nach DIN VDE 0847 T4 [1]. In der Zelle wird eine ebene Welle erzeugt

geometrisch bedingten Resonanzfrequenzen dieser koaxialen Wellenleiter ab. Dabei können in der Praxis nur relativ kleine Prüfobjekte, z. B. von 60 mm Höhe, bei Frequenzen bis 200 MHz untersucht werden. Größere Abmessungen und weite Frequenzbereiche (z. B. bis in den GHz-Bereich) werden bei asymmetrischen, mit Absorbern abgeschlossenen Anordnungen erreicht, die nach dem gleichen Prinzip arbeiten (GTEM-Meßzellen) [47, 48].

Da Störfelder stets Ströme in Schirm- und Schaltungsteilen verursachen, kann die Wirkung der Feldeinkopplung auch durch eine direkte Stromeinkopplung (Current Injection) über Stromwandler oder Tastköpfe simuliert werden. Derartige Verfahren sind in VG-Normen enthalten (VG 95373 T 13) [3] und werden auch für zivile Anwendungen untersucht [50].

38.5 Normen und Vorschriften zur EMV

Normen sollen allgemein gültige und anerkannte Festlegungen schaffen, deren Anwendung die Rationalisierung und Qualitätssicherung fördert. Als „anerkannte Regeln der Technik" bilden sie insbesondere bei sicherheitstechnischen Festlegungen einen Maßstab für einwandfreies technisches Verhalten. Normen berücksichtigen den herrschenden Stand der Technik auf dem betreffenden Fachgebiet zum Zeitpunkt der Ausgabe. Dabei werden jedoch nicht immer alle relevanten Sachverhalte erfüllt.

Die Ausarbeitung erfolgt in entsprechenden Gremien auf nationaler, regionaler und internationaler Ebene. Dabei entstehen in verschiedenen Gremien Querschnitts- und produktbezogene Normen, für die häufig eine langwierige Harmonisierung erforderlich ist.

Eine umfassende spezielle Normung zur EMV in der biomedizinischen Technik liegt zur Zeit noch nicht vor. Es werden lediglich gewisse Bereiche in den Normen von DIN VDE, EG, IEC und US-Behörden abgedeckt. Daher sind häufig spezielle vertragliche Regelungen zwischen Herstellern und Anwendern zur Einhaltung der EMV erforderlich. Arbeitsgruppen der IEC befassen sich zur Zeit mit der Erweiterung des Normenwerkes.

38.5.1 Nationale Normen und Vorschriften

Normen für den zivilen Bereich sind in der Bundesrepublik Deutschland die DIN VDE-Normen, die für die EMV von verschiedenen Komitees mit ihren Arbeitskreisen und Unterkomitees in der Deutschen Elektrotechnischen Kommission (DKE) erarbeitet und herausgegeben werden. Weiterhin bestehen insbesondere hinsichtlich der Störaussendungen Regelungen des Bundesministers für das Post- und Fernmeldewesen durch das Hochfrequenzgerätegesetz, das Fernmeldegesetz, das Funkstörgesetz sowie durch Postverfügungen [4].

Die Normung der Störaussendung umfaßt zunächst den Bereich der Funkentstörung [4] bei Hochfrequenzgeräten, die elektromagnetische Schwingungen im Frequenzbereich von 10 kHz bis 300 GHz erzeugen. Für Hochfrequenzgeräte für industrielle, wissenschaftliche, medizinische und ähnliche Zwecke (Schmalbandstörer) im Frequenzbereich von 10 kHz bis zu 1 GHz gilt DIN VDE 0871 mit Angaben zu Grenzwerten der Emission, ihren Messungen und dem Genehmigungsverfahren. Dabei wird zwischen 3 Grenzwertklassen unterschieden, für die unterschiedliche Genehmigungen erteilt werden. DIN VDE 0875 umfaßt in 3 Teilen Geräte und Anlagen für den Hausgebrauch, Leuchten mit Entladungslampen sowie besondere elektrische Betriebsmittel. Zu letzterer Gruppe müssen alle Einrichtungen gerechnet werden, die breitbandige Störungen im Frequenzbereich von 150 kHz bis 300 MHz erzeugen. Hier sind ebenfalls 3 Grenzwertklassen mit verschiedenen Störgraden (G, N, K) festgelegt. Für Geräte der Fernmeldetechnik und informationstechnische Einrichtungen gilt DIN VDE 0787. Vorschriften zur Meßtechnik enthalten die DIN VDE 0876 und 0877.

Die Störaussendungen im Zusammenhang mit der Personengefährdung und dem Explosionsschutz im Frequenzbereich von 0 Hz bis 3 000 GHz behandelt DIN VDE 0848 [1] mit den Teilen Meß- und Berechnungsverfahren, Schutz von Personen und Explosionsschutz im Frequenzbereich von 10 kHz bis 3 000 GHz.

Störaussendungen als Harmonische der Netzfrequenz behandelt DIN VDE 0838. Den Bereich von Bahnen und EVU deckt DIN VDE 0873 ab, und die Emission von Fahrzeugen mit Verbrennungsmotoren behandelt DIN VDE 0879.

Die Normen zur Störfestigkeit enthalten in DIN VDE 0839 [1] Grenzwerte zur Spannungsqualität und zu Prüfstörgrößen, die in Störfestigkeitsklassen gegliedert sind.

Die Meßverfahren zur Beurteilung der elektromagnetischen Verträglichkeit sind in DIN VDE 0847 festgelegt. Dabei enthält Teil 1 Angaben zu leitungsgeführten sinus- und impulsförmigen Prüfstörgrößen. Teil 4 beschreibt die Verfahren für gestrahlte Prüfstörgrößen für den Frequenzbereich von 16 Hz bis 1 GHz. Die bei diesen Verfahren erforderlichen Meßgeräte beschreibt DIN VDE 0846: Oberwellen-Meßgeräte, Flickermeter, Prüfstörgrößen-Generatoren, Kopplungseinrichtungen, Meßhilfsmittel und Leistungsverstärker.

Die EMV im Krankenhaus berührt auch die Norm DIN VDE 0107: Errichten und Prüfen von elektrischen Anlagen in medizinisch genutzten Räumen.

Militärische Normen (VG-Normen) hat die Normenstelle Elektrotechnik (NE) zur Sicherstellung der EMV bei der Entwicklung von militärischen Geräten und Waffensystemen erarbeitet. Das Normenwerk umfaßt auch Vorschriften zur EMV von Anzünd- und Zündmitteln sowie zum Schutz gegen Beeinflussungen durch NEMP und Blitzschlag.

Die Normen zu Geräten, Systemen und Bauteilen (VG 95370 bis 95377) [2] sind weitgehend fertiggestellt. Sie umfassen die folgenden Themen:
- Grundlagen,
- Programme und Verfahren,
- Meßverfahren und Grenzwerte,
- Grundlagen und Maßnahmen für die Entwicklung,

dabei bestehen in den vorgenannten Gruppen jeweils getrennte Vorschriften für Systeme, Geräte und ggf. Bauteile,
- Meßeinrichtungen und Meßgeräte.

Eine Übersicht der vorhandenen Normen enthält das Blatt VG 95372.

Die VG-Normen können auch Hinweise für die zivile EMV-Arbeit liefern. Dabei müssen jedoch die unterschiedlichen Randbedingungen im zivilen und militärischen Bereich beachtet werden. Eine Harmonisierung mit den zivilen Normen wird angestrebt.

38.5.2 EG-Normen

Mit der Verwirklichung des Europäischen Binnenmarktes treten 1992 in den Mitgliedstaaten der EG auch einheitliche gesetzliche Regelungen für die EMV in Kraft. Nach den römischen Verträgen von 1957 sind die Mitgliedstaaten gehalten, nationales Recht und auch technische Vorschriftenwerke dem EG-Recht anzupassen. Die am 3.5.1989 vom EG-Rat veröffentlichte EG-Rahmenrichtlinie für EMV [51] zählt die betroffenen Geräte auf, legt Schutzziele fest, gibt Hinweise zur Normung von EMV-Eigenschaften sowie ihrer Prüfung und beschreibt das Vorgehen für die Erlangung der Konformitätserklärung für EMV und des EG-Konformitätszeichens.

Die Rahmenrichtlinie gilt für Geräte, die elektromagnetische Störungen verursachen können oder deren Betrieb durch diese Störungen beeinflußt werden kann, die in der EG hergestellt, verkauft oder dorthin importiert werden.

Folgende Geräte sind von der EG-Rahmenrichtlinie EMV erfaßt [51, Anhang III]:
- private Ton- und Fernsehrundfunkempfänger,
- Industrieausrüstungen,
- mobile Funkgeräte,
- kommerzielle mobile Funk- und Funktelefongeräte,
- medizinische und wissenschaftliche Apparate und Geräte,
- informationstechnologische Geräte,
- Haushaltsgeräte und elektronische Haushaltsausrüstungen,
- Funkgeräte für die Luft- und Seeschiffahrt,
- elektronische Unterrichtsgeräte,
- Telekommunikationsnetze und -geräte,
- Sendegeräte für Ton- und Fernsehrundfunk,
- Leuchten und Leuchtstofflampen.

Die Schutzziele der Rahmenrichtlinie fordern, daß
a) die Erzeugung elektromagnetischer Störungen so weit begrenzt wird, daß ein bestimmungsgemäßer Betrieb von Funk- und Telekommunikationsgeräten sowie sonstigen Geräten möglich ist;
b) die Geräte eine angemessene Festigkeit gegen elektromagnetische Störungen aufweisen, so daß ein bestimmungsgemäßer Betrieb möglich ist.

Damit sind Messungen von Störaussendungen und Störfestigkeitstests zur Erlangung der EG-Konformitätserklärung erforderlich. Diese Untersuchungen sollen nach EMV-bezogenen Europa-Normen (EN) erfolgen.

An derartigen Normen liegen für die Messung von Störaussendungen bereits vor:
- EN 55011 für industrielle, wissenschaftliche und medizinische Geräte,
- EN 55014 für Haushaltsgeräte und
- EN 55022 für informationstechnische Einrichtungen und Geräte.

Diese Europa-Normen entsprechen weitgehend den international gültigen IEC/CISPR-Publikationen 11, 14 und 22.

Für die Prüfung der Störfestigkeit liegen Anfang 1990 noch keine Europa-Normen vor. Die mit der Etablierung von diesen Normen beauftragte europäische Organisation CENELEC in Brüssel beabsichtigt, bis Ende 1991 alle fehlenden EMV-Normen fertigzustellen. Dabei werden voraussichtlich die IEC-Standards IEC 801 als Basis dienen. Von den 6 Teilen dieser Norm dürften die Teile 801-2 (Entladung statischer Elektrizität, identisch mit DIN VDE 0843 T 2) und 801-3 (Störfestigkeit gegen elektromagnetische Felder) als EN 55801-2 und EN 55801-3 zuerst vorliegen.

Bis alle Europa-Normen vorhanden sind, gelten die nationalen Standards der Mitgliedsländer. Für die Anpassung des nationalen Rechts an die EN wird es auch nach 1992 noch Übergangsfristen geben. Für die Anwendung nationaler Normen in Sonderfällen gelten spezielle Vorschriften.

Die Untersuchungen für die EMV-Konformitätserklärung können vom Hersteller des Produkts oder einem autorisierten Vertreter durchgeführt werden, wenn dabei nach harmonisierten Normen verfahren wird. Andernfalls sind Gutachten oder Konformitätserklärungen einzuholen. Letzteres gilt ausschließlich für die Zulassung von Telekommunikationsgeräten. Diese Prüfstellen müssen nach der Rahmenrichtlinie qualifiziertes und kompetentes Personal besitzen, das unabhängig von wirtschaftlichen Interessen hinsichtlich der Vermarktung der untersuchten Produkte ist. Weiterhin muß dort eine entsprechende technische Ausstattung vorhanden sein.

Die EG-Konformitätserklärung für EMV muß eine Gerätebeschreibung des entsprechenden Gerätes, die Spezifikationen der EMV-Prüfungen und ggf. Angaben über eine von anderer Stelle erteilte EG-Baumusterbescheinigung (EG-Konformitätserklärung einer zugelassenen Prüfstelle) enthalten.

Das EG-Konformitätszeichen für EMV soll aus dem Kurzzeichen „CE" bestehen. Es enthält die Jahreszahl, in der das Zeichen erstmalig vergeben wurde, und wird auf dem getesteten Objekt sowie seiner Verpackung und den entsprechenden Unterlagen angebracht.

38.5.3 Internationale Normung

Als internationales Normungsgremium arbeitet auf dem Gebiet der Elektrotechnik die Internationale Elektrotechnische Kommission IEC, die auch für den Bereich der EMV zuständig ist. Die Arbeit erfolgt in Technischen Komitees (TC), Subkomitees (SC) und Arbeitsgruppen (WG).

Fragen der EMV werden zur Zeit in folgenden Gremien bearbeitet (Offizielle Bezeichnungen englisch):
- TC 62 „Elektrische Einrichtungen in medizinischer Anwendung" mit SC 62A/WG 13 „Elektromagnetische Verträglichkeit",
- TC 65 „Messen, Steuern, Regeln" mit WG 4 „EMV",
- TC 77 „Elektromagnetische Verträglichkeit" mit 2 Subkomitees,
- CISPR (Internationale Sonderkommission für Funkstörungen) „Funk-Entstörung" mit SC G/WG3 „Störfestigkeit".

Außerdem besteht bei der IEC ein beratendes Komitee EMV ACEV, das die bereichsübergreifende Normung behandelt.

Die Arbeitsergebnisse der IEC (IEC-Publikationen oder -Entwürfe) werden später in die nationalen Normen übernommen und dort mit aufgeführt, z. B. DIN VDE 0750 und IEC 601 [3].

38.5.4 Normen der USA

In den USA gibt die Federal Communications Commission (FCC) „Rules and Regulations" heraus, die den Status von Verordnungen haben.

FCC Part 15 „Radio Frequency Devices" behandelt die Störaussendung von Einrichtungen mit zufälliger unbeabsichtiger Hochfrequenzemission, mit bestimmungsgemäßer Hochfrequenzerzeugung und Datenverarbeitungsgeräten. Dabei werden 2 Anwendungsklassen angegeben, von denen die Klasse mit höheren Grenzwerten in Arztpraxen und Krankenhäusern berücksichtigt werden sollte.

FC Part 18 „Industrial, Scientific, and Medical Equipment" umfaßt weitgehend DIN VDE 0871.

Häufig werden die einschlägigen Militärnormen auch im zivilen Bereich angewendet, z. B.
- MIL-Std 461 B „Elektromagnetic Emission and Susceptibility Requirements for the Control of Electromagnetic Interference",
- MIL Std 462 „Measurement of Electromagnetic Interference Characteristics",
- MIL-Std 463 a „Definitions and Systems of Units, Electromagnetic Interference and Electromagnetic Compatibility Technology".

Weiterhin besteht eine zivile Norm des American National Standard Institute (ANSI): ANSI C63.12 „Recommended Practice on Procedures for Control of Systems Electromagnetic Compatibility".

Außerdem wurde eine spezielle Empfehlung für medizinische Einrichtungen von der Food and Drug Administration FDA veröffentlicht: VDS 201-0004 „Electromagnetic Compatibility Standard for Medical Devices".

Weitere Angaben enthält die Literatur; z. B. White, EMC-Handbook Series, Vol. 9 u. 11.

38.6 Literatur

Allgemeine Literatur

Boxleitner, W.: Electrostatic discharge and electronic equipment. IEEE Order Nr. PC 0235-2. New York: IEEE 1988

Gard, M. F.: Electromagnetic interference control in medical electronics. Gainesville, VA, USA: Don White 1979

Hasse, P.: Überspannungsschutz von Niederspannungsanlagen. Köln: TÜV Rheinland 1987

Hasse, P.; Wiesinger, J.: Handbuch für Blitzschutz und Erdung, 2. Aufl. München, Berlin: Pflaum, vde 1982

Keiser, B.: Principles of electromagnetic compatibility, 3rd ed. Norwood, MA (USA): Artech House 1987

Peier, D.: Elektromagnetische Verträglichkeit. Heidelberg: Hüthig 1990

Schlicke, H. M.: Electromagnetic compossibility. New York, Basel: Dekker 1982

Schmeer, H. R.; Bleicher, M.: EMV Elektromagnetische Verträglichkeit. Vorträge v. Kongreß Karlsruhe 18.–20.10.88. Heidelberg: Hüthig 1988

Schmeer, H. R. (Hrsg.): Elektromagnetische Verträglichkeit, Vorträge EMV '90 Karlsruhe. Berlin, Offenbach: vde 1990

Schwab, A.: Elektromagnetische Verträglichkeit. Berlin: Springer 1990

White, D. R. J.: EMC-Handbook, Series (12 Bde). Gainesville, VA (USA): Interference Control Technologies 1988

Wilhelm, J. u. A.: Funkentstörung. 2. Aufl. Sindelfingen: Expert 1988

Zentrum für Forschung und Technologie d. VEB Elektroprojekt u. Anlagenbau, Berlin (Hrsg.): Handbuch elektromagnetische Verträglichkeit. Berlin: vde, VEB Technik 1987

IEEE Transactions on Electromagnetic Compatibility. Laufender Jahrgang: EMC-31 (1991); erscheint vierteljährlich. New York: Inst. Electrical and Electronic Engineers

EMC Technology (& Interference Control News). Laufender Jahrgang: 10 (1991); erscheint vierteljährlich. Gainesville, Va, USA: Interference Control Technologies.

HF-Report. Laufender Jahrgang 5 (1991); erscheint vierteljährlich. München: Baltz

J. Electrostatics. Laufender Jahrgang: 23 (1991). Amsterdam: Elsevier

Spezielle Literatur

1. DIN-VDE (Hrsg.): Elektromagnetische Verträglichkeit 1, DIN-Normen und DIN-VDE-Normen. DIN-VDE-Taschenbuch 515. Berlin: Beuth, vde 1989

2. DIN (Hrsg.): Elektromagnetische Verträglichkeit 2, VG-Normen. DIN-Taschenbuch 516. Berlin: Beuth 1989

3. DIN-VDE (Hrsg.): Elektromagnetische Verträglichkeit 3, Englische Übersetzung Deutscher Normen, EN-Normen und IEC-Normen. DIN-VDE-Taschenbuch 517. Berlin: Beuth, vde 1989

4. DIN-VDE (Hrsg.): Funk-Entstörung 1, Funk-Entstörung von Hausgeräten, Leuchten, elektrischen Anlagen, ISM-Geräten sowie zugehörige Meßgeräte und -verfahren. Berlin: Beuth, vde 1987

5. Wilhelm, J.; u. a.: Nuklear-elektromagnetischer Puls (NEMP) – Entstehung, Schutzmaßnahmen, Meßtechnik. Sindelfingen: expert 1986

6. Hauptverband der gewerblichen Berufsgenossenschaften: Richtlinien für die Vermeidung von Zündgefahren infolge elektrostatischer Aufladungen. Köln: Heymanns 1980

7. Richman, P.: Progress report on a different kind of ESD standard. Proc. 8th EMC Symposium, Zürich (1989) S. 349–354

8. Hasse, P.; Wiesinger, J.: Handbuch für Blitzschutz und Erdung, 2. Aufl. München, Berlin: Pflaum, vde 1982

9. Keiser, B.: Principles of electromagnetic compatibility, 3rd ed. Norwood (MA): Artech 1987

10. Meissen, W.: Transiente Netzüberspannungen. Elektrotechn. Z. (etz) 107 (1986) H.2, S. 50–55

11. Harms, R.: Die elektromagnetische Umwelt in Kliniken. Abschlußbericht, Phase 1. Förderungskennzeichen 01 ZQ 021. Der Bundesminister für Forschung und Technologie 1983
12. Harms, R.: Ergebnisse elektromagnetischer Umweltmessungen in Kliniken. Biomed. Techn. 30 (1985), Ergänzungsband (Sept. 1985) S. 268–271
13. Gard, M. F.: Electromagnetic interference control in medical electronics. Multi-Volume EMC Encycl. Series X. Gainsville (Vi): Don White Consultants 1979
14. DIN VDE 0107/6.81 und DIN VDE 0107 A1/11.82: Errichten und Prüfen von elektrischen Anlagen in medizinisch genutzten Räumen
15. Schmeer, H. R.; Bleicher, M. (Hrsg.): EMV Elektromagnetische Verträglichkeit. Vorträge, gehalten auf dem Kongreß v. 18.–20. 10. 1988. Heidelberg: Hüthig 1988
16. Stoll, D. (Hrsg.): EMC Elektromagnetische Verträglichkeit. Berlin: Elitera 1976
17. Meinke; Gundlach: Taschenbuch der Hochfrequenztechnik, Bd. 1. 4. Aufl. Hrsg: Lange, K.; Löcherer, K.-H. Berlin: Springer 1986
18. Oxley, G. C.; Nowak, A.: Antennentechnik, 2. Aufl. Hannover: Schütz 1957
19. Pelz, L.: Anforderungen an die Störfestigkeit von Automatisierungseinrichtungen in der Chemischen Industrie. Automatisierungstechn. Praxis atp 31 (1989), H. 4, S. 174–181 und H. 5, S. 217–219. NAMUR-Empfehlung: Elektromagnetische Verträglichkeit (EMV) von Betriebsmitteln der Prozeß- u. Laborleittechnik 1988
20. Kohling, A.; Steinmeier, G.: Planung der elektromagnetischen Verträglichkeit von Systemen. Jahrbuch Elektrotechnik 1987, S. 157–167. Berlin: vde 1987
21. Kohling, A.: Grundlagen der Funk-Entstörung in der Bundesrepublik Deutschland. Elektrotechn. Z. (etz) 108 (1987) H. 10, S. 424–427
22. EG-Richtlinie 76/889/EWG und 76/890/EWG v. 4. 11. 1976 (ABL. EG L 336 v. 4. 12. 1976). EG-Richtlinie 82/499/EWG und 82/500/EWG v. 7. 6. 1982 (ABL.EG L 222 v. 30. 7. 1982. EG-Richtlinie 87/308/EWG v. 2. 6. 1987 und 87/310/EWG v. 3. 6. 1987
23. DIN VDE 0160 01.86: Ausrüstung von Starkstromanlagen mit elektronischen Betriebsmitteln
24. PTB-Prüfregeln Bd. 17: Störfestigkeit. Verfahren zur Prüfung des Einflusses elektromagnetischer Störgrößen auf Meßgeräte. Braunschweig: Physikalisch-Technische Bundesanstalt 1985
25. Wurm, M.; Müller, K.: Rechenmodelle für EMV-Analysen und ihre praktische Anwendung. In [15] S. 7–17
26. Kohling, A.: Planung der Elektromagnetischen Verträglichkeit von Krankenhausneubauten. In: [15] S. 537–544
27. DIN VDE 0800 T2/07.85 Fernmeldetechnik. Erdung und Potentialausgleich
28. Schelkunoff, S. A.: Transmission theory of plane electromagnetic waves. Proc. IRE 25 (1937) S. 1457
29. Kaden, H.: Wirbelströme und Schirmung in der Nachrichtentechnik. Berlin: Springer 1959
30. Ari, N.: Computerprogrammsystem zur Auslegung der Schirmung gegen elektromagnetische Störfelder. Elektrot. Z. (etz) 106 (1985) H. 9, S. 440–443
31. Boll, R.; Borek, L.: Elektromagnetische Schirmung. NTG-Fachberichte 76 (1980) S. 187–204
32. Schuy, St.: Theoretische und experimentelle Methoden zur Dimensionierung von Raumabschirmungen gegen 50-Hz-Magnetfelder. Elektrotechnik u. Maschinenbau 101 (1984) H. 5, S. 237–242
33. Mair, H. J.: Elektrisch leitende Kunststoffe. Elektrotechn. Z. (etz) 109 (1988) H. 20, S. 946–951
34. Scheyrer, P.: Metallbeschichtung von Kunststoffgehäusen. Elektronik 32 (1983) H. 10, S. 93–96
35. Pauli, P.: Schirmung, Meßkabinen und Absorberräume. In: [20] S. 267–290
36. Best, K.-J.; Bork, J.: Abschirmkabinen in medizinischer Diagnose und Halbleiter-Technologie. Elektrotechn. Z. (etz) 110 (1989) H. 16, S. 814–819
37. Schaller, R.: Elektromagnetische Verträglichkeit durch den Einsatz von Entstör-Filtern. Siemens, Techn. Mitt. aus dem Bereich Bauelemente, Best. Nr. B2418
38. DIN VDE 0565 Funk-Entstörmittel. T1 Funk-Entstörkondensatoren, T2 Funk-Entstördrosseln bis 16A und Schutzleiter-Drosseln 16 bis 36A, T3 Funk-Entstörfilter bis 16A

39. DIN VDE 0750 T1 Bestimmungen für elektromedizinische Geräte, Teil 1 Allgemeine Festlegungen. IEC 601-1 Sicherheitsbestimmungen für elektromedizinische Geräte, Teil 1: Allgemeine Festlegungen

40. Key Tek (Firmenschrift) 1. Surge protection test handbook. 2. Electrostatic discharge (ESD) protection test handbook. Key Tek Instrument Corporation Wilmington, MA, USA

41. Hasse, P.: Überspannungsschutz von Niederspannungsanlagen – Einsatz elektronischer Geräte auch bei direkten Blitzeinschlägen. Köln: TÜV Rheinland 1987

42. Gonschorek, K. H.; Kohling, A.: Elektromagnetische Verträglichkeit (EMV). Physik in unserer Zeit 19 (1988) H. 3, S. 80–91

43. Remde, H.: Funktionsweise von Kabelschirmen in der Leittechnik. In: [15] S. 289–298

44. White, D. R. J.: EMI control in the design of printed circuit boards and backplanes. Gainesville (Va) USA: Don White Consultants

45. Schwab, A. J.: Elektromagnetische Verträglichkeit. Berlin: Springer 1990

46. Weisser, H.: Beseitigung von Störaussendungen in HF-Schaltungen mit EMV-Nahfeldsonden. Mikrowellenmagazin (1988), S. 527–529

47. Hansen, D.; Garbe, H.: Meßmethodik für normgerechte Feld-Ein- und Abstrahlungsmessungen – Übersicht und Bewertung in Theorie und Praxis. In: [15] S. 339–354

48. Ma, T. et al.: A review of electromagnetic compatibility/interference measurement methodologies. Prov. IEEE 73 (1985) H. 3, S. 388–411

49. Kaiser, J.; Kohling, A.; Probst, W.: Wittenberg, J.: Feldstärkeumrechnung von 30 m auf kürzere Meßentfernungen. Elektrotechn. Z. (etz) 110 (1989) H. 16, S. 820–829

50. Theori, A.: EMP inductive injection System. Proc. 8th EMC Symp., Zürich (1989) S. 233–236

51. Richtlinie des Rates vom 3. Mai 1989 zur Angleichung der Rechtsvorschriften der Mitgliedstaaten über die elektromagnetische Verträglichkeit (89/336/EWG). Amtsblatt der Europäischen Gemeinschaften v. 23. 5. 89, Nr. 139/19–25

39 Technik im Krankenhaus – Praxis, Normen und Richtlinien

Otto Anna, Christoph Hartung

Vorbemerkung

Die Krankenhaustechnik ist eine sehr vielseitige und interessante Technik. Sie ist eigentlich „Anwendung der Technik im Krankenhaus". Da man aber über Technik in dieser allgemeinen Form in diesem begrenzten Rahmen nicht angemessen schreiben kann, haben wir einige wichtige, spezifische Teilbereiche herausgegriffen, die Probleme angesprochen und Literatur angegeben, die die verschiedenen Aspekte näher beleuchtet und über die dortige Sekundärliteratur einen weiteren Einstieg erlaubt. Wir hoffen, damit einen praktikablen Weg zur Lösung der uns gestellten Aufgabe gefunden zu haben. Über Anregungen würden wir uns freuen.

39.1 Allgemeines zur Technik im Krankenhaus

Die Technik im Krankenhaus lebt in einem Zwiespalt: Es gilt als Selbstverständlichkeit, daß die Technik mit all ihren Möglichkeiten dem Menschen, insbesondere dem Kranken und Hilfsbedürftigen dient. Andererseits wird sie jedoch der Inhumanität geziehen und für die Kostenexplosion im Gesundheitswesen verantwortlich gemacht.

Nun ist Technik immer schon nicht von allen verstanden worden, immer hat es Anwender gegeben, die ihr liebstes Werkzeug verteufelten (etwa das Telefon). Und immer hat die Anwendung von Technik nicht nur Wohlstand (Glück?), sondern auch Unfälle und Leid über die Menschen gebracht.

Trotzdem kann man anhand von Fakten beweisen, daß die Anwendung der Technik im Krankenhaus und im Gesundheitswesen im ganzen positiv zu sehen ist, nicht nur unter objektiven Aspekten, etwa dem Anstieg der mittleren Lebensdauer, sondern auch wegen der vielen Möglichkeiten, die die Technik dem Arzt in die Hand gibt, um immer effektiver zu helfen.

Literatur

1. Hartung, C.: Gedanken eines Technikers zur Instandhaltung medizintechnischer Geräte im Krankenhaus. Das Krankenhaus (80) 189
2. Harder, H.J.: Unfälle und Unfallmöglichkeiten beim Einsatz medizintechnischer Geräte am Beispiel der HF-Chirurgie; FKT (80) 86
3. Böckmann, R.-D.: Über den Zustand medizintechnischer Geräte im Krankenhaus; FKT (80) 78
4. Deutsch, E.: Der Umgang mit medizin-technischen Geräten – straf- und zivilrechtliche Konsequenzen; FKT (80) 34

5. Gessner, U.: Optimierung und Management der Medizintechnik: Probleme, Ziele, Grenzen;
   FKT (80) 1
6. Anna, O.: Fortbildung pflegerischen und technischen Personals; FKT (80) 168

39.2 Medizintechnische Geräte

Medizintechnische Geräte dienen der Gesundheit der Patienten. An ihre wirksame und gefahrlose Anwendung entsprechend der ärztlichen Indikation sind einige Voraussetzungen geknüpft, die der Eigenart der technischen Einrichtung Rechnung tragen müssen.

Für die sachgerechte Handhabung eines technischen Gerätes muß vom Anwender eine Reihe von „Vereinbarungen" beachtet werden, die der Konstrukteur beim Entwurf des Gerätes – mehr oder weniger ergonomisch – festgelegt hat und die gewissen Sachzwängen, meist technischer Art, entsprechen (z. B. die Einstellung einer Dosis kann mit einem Drehknopf oder auch durch eine Folge von Tastenbetätigungen realisiert werden).

Diese Festlegungen, sozusagen die „Sprache" des Gerätes mit dem Anwender, müssen voll beherrscht werden. Hierbei wird das Problem der ärztlichen Indikation nicht berührt.

Da die Art der Reaktion des Gerätes auf die Bedienung erheblichen Einfluß auf die medizinische Wirkung haben kann, müssen Arzt und Anwender über diese informiert sein.

Über die Besonderheiten der Indikationsstellung hinaus bringt die Anwendung medizintechnischer Geräte neben ihrer gewollten Funktion auch konkrete Gefahren, sei es, daß die gewollte Funktion nicht hinreichend sicher erfüllt wird oder daß zusätzliche, nur durch den Betrieb des technischen Gerätes bedingte zusätzliche Probleme die Erfolgsbilanz – maßgebend für die Abwägung „Nutzen oder Schaden" – belasten.

Da Anwender – Arzt oder Pflegekraft – zurecht von einem einwandfreien Funktionieren des Gerätes ausgehen, beschränkt sich die Sachkenntnis der Anwender auf die einwandfreie Anwendung sowie auf evtl. Schutzmaßnahmen gegen Gefahren, die vom Gerät für den Patienten – oder auch für den Anwender und für unbeteiligte Dritte – ausgehen können.

Wichtiger Gesichtspunkt und oft mißachtet ist die Problematik der Benutzung von Geräten, die mit elektrischer Energie betrieben werden. Nicht nur der Ausfall, sondern auch plötzliche Defekte des Gerätes erfordern die Beachtung von Vorsorgemaßnahmen zum Schutz vor elektrischen Unfällen.

Primäre Pflicht und beste Vorsorge ist die sorgfältige Behandlung der Geräte einschließlich ihres Zubehörs. Zuleitungskabel, Stecker, etc., der Schutz des Gerätes vor unzulässigen Einwirkungen, wie Stoß, Eindringen von Feuchtigkeit oder unzulässigen Eingriffen wie provisorische Anschlüsse von Testgeräten, Computern o. ä.

Auch die regelmäßige Reinigung und Desinfektion der Geräte muß fachkundig erfolgen, und es dürfen nur zulässige Reinigungs- und Desinfektionsverfahren angewendet werden. Im Zweifelsfall muß ein Fachmann oder der Hersteller befragt werden.

Insgesamt gehört zu den Pflichten des Anwenders eine Reihe von selbstverständlichen Sorgfaltspflichten, die der Fachmann als „Vorortinspektion" bezeichnet und die regelmäßig vor jeder Anwendung und/oder täglich bzw. wöchentlich vom Anwender erledigt werden müssen: Jede erkannte Unregelmäßigkeit muß sofort zu Maßnahmen führen, die den einwandfreien Zustand des Gerätes unverzüglich herbeiführen. In der Zwischenzeit darf das Gerät nicht benutzt werden, es sei denn in einem Notfall nach Abwägung von Nutzen und möglichem Schaden durch Nichtfunktion oder Gefährdung. Gegebenenfalls muß durch Bereitstellung besonderer Sicherheitsmaßnahmen, etwa einer sachkundigen Aufsichtsperson, dem zusätzlichen Risiko Rechnung getragen werden.

Als Anhaltspunkt für die Abgrenzung dieser Inspektion gegen die von der Technik im Rahmen der Instandhaltung durchzuführenden Inspektionen gilt die Faustregel, daß alle ohne Werkzeug, Meßgerät oder besondere Fachkenntnisse durchzuführenden Inspektionen dem Anwender obliegen.

Diese Anwenderinspektionen dienen nicht nur der Sicherheit der Anwendung, sie unterstreichen auch die Verantwortung des Anwenders für den einwandfreien Zustand des Gerätes und lassen unsachgemäße Behandlung durch Unkundige (und Unwillige) erkennen.

Natürlich kann der Anwender durch seine Inspektion einen äußeren Überblick über den Instandhaltungszustand des Gerätes erhalten.

Wesentlicher Faktor bei der sicheren Anwendung der medizintechnischen Geräte ist, die Verfügbarkeit durch geeignete organisatorische Maßnahmen sicherzustellen.

Die sichere Anwendung medizintechnischer Geräte wird durch regelmäßige Maßnahmen der Instandhaltung gewährleistet. Darüber hinaus ist Voraussetzung die hohe Verfügbarkeit der Infrastruktur. Diese Voraussetzungen auf hohem Niveau für alle Anwendungen zu garantieren ist – fast – die ganze Aufgabe der Krankenhaustechnik.

Sicherheit und Verfügbarkeit durch Instandhaltung medizinisch-technischer Geräte und technischer Anlagen im Krankenhaus zu erreichen, ist deshalb die zentrale Aufgabe der Krankenhaustechnik.

Der Betrieb technischer Anlagen und Geräte ist in vielen Gesetzen, Verordnungen, Richtlinien und Vorschriften geregelt, deren Aufzählung und Besprechung den Rahmen dieser Ausführungen sprengen würde. Die wesentlichen Vorschriften und viele weiterführende Literaturstellen sind im Schluß zu jedem Kapitel genannt, einige wichtige werden nachfolgend besprochen.

Beim Bau von Krankenhäusern ist der Träger und damit der Architekt an länderunterschiedliche Krankenhausbauordnungen gebunden, die teils verbindliche Vorschriften enthalten, teils Empfehlungen geben, deren Einhaltung aber mit der Sanktion der „Nichtförderung" erzwungen wird. Die Spezialarchitekten für Krankenhäuser kennen diese Vorgaben, hier soll nur auf die Tatsache selbst hingewiesen werden.

Bereits hier können die Weichen für den späteren Betrieb des Hauses gestellt werden. Grobe Konzeptmängel können später laufende hohe Betriebsaufwendungen mit sich bringen, die die Leistungsfähigkeit des Hauses beeinträchtigen. (Konzept der Energieversorgung, Klimatisierung, Betriebsorganisation, Einhaltung von Arbeitsschutzvorschriften, etc.) Beispiele dieser Art sind bekannt.

Hier beginnt die Betriebstechnik im Krankenhaus. Wünschenswerterweise sollte der künftige Technische Leiter, der einmal den Betrieb verantworten soll, bei Planung und Bau beteiligt werden. Leider ist das eher die Ausnahme. Meist beginnt erst bei der Übergabe der Gebäude und Anlagen an die Betreiber und deren Beauftragte die organisatorische Führung des Betriebes Krankenhaus. Unabhängig von der Ausstattung muß auf eine einwandfreie Übergabe der Anlagen samt vollständiger Unterlagen, Pläne und Betriebsanweisung bestanden werden. Die Überwachung der Garantiefristen, die mit der Übergabe und nicht mit der Inbetriebnahme beginnen, gehört in die wichtige Einarbeitungszeit, in der Fehler und Unklarheiten formlos beseitigt und Know-how nacherworben werden kann. Gelegentlich werden berechnete Instandhaltungsarbeiten in dieser Zeit zur Korrektur oder Nachbesserung benutzt. All dies muß dokumentiert werden, weist es doch auf Schwachstellen hin, die später große Probleme bringen könnten.

Die Wartungspläne des Herstellers geben Hinweise auf notwendige Betriebsmittel, Ölmengen, Spezialwerkzeuge oder Hilfsmittel, aber auch auf notwendige Vorsorgemaßnahmen im Bereich des Arbeitsschutzes. Die Erfassung der Zeiten und der Verbräuche ermöglicht eine präzise Personalplanung und Kostenkontrolle.

Das Bedienungspersonal bedarf evtl. besonderer Fortbildungsmaßnahmen, um spezielle Anlagen optimal und sicher auch in kritischen Situationen zu beherrschen.

Der Kontakt zum medizinischen Bereich bedarf einer besonderen Aufmerksamkeit, da die Technik nicht ohne Auswirkung auf die Betriebsführung der Klinik bleibt.

Besondere Maßnahmen, etwa der monatliche Probelauf der Notstromsysteme, müssen langfristig mit der Klinik abgestimmt werden, ebenso wie die Renovierungsarbeiten, Umbauten, etc. Ferner muß ein Weg geklärt werden, wie Schadensmeldungen nach verschiedener Dringlichkeit den zuständigen technischen Stellen ohne Verzug bekanntgegeben werden können und auch, was in Katastrophenfällen zu geschehen hat.

Besondere Aufmerksamkeit verdienen die Einrichtungen, die den medizinischen Bereich berühren, etwa Klimatisierung, Notstromsysteme, Nachrichteneinrichtungen, Brandschutzvorkehrungen, etc.

Die Sensibilität gegen die die Anwendung der Technik begleitende Gefahr sollte erhalten und zur Sorgfalt und Aufmerksamkeit umgemünzt werden. Technische Notwendigkeiten können so auf ein vertretbares Maß reduziert werden.

Beispielhaft sei hier die Unsitte genannt, die besonders gekennzeichneten Steckdosen der ersatzstromversorgungsberechtigten Stationen kritiklos zu benutzen: Jede unnötige Speisung eines Gerätes aus diesem Netz beeinträchtigt im Notfall die Speisung der wirklich notwendigen Geräte und Anlagen, denn die zur Verfügung stehende Leistung des Ersatzstromgenerators ist – im Gegensatz zur Netzversorgung – begrenzt. Eine Überlastung im Normalfall führt im Notfall zum Ausfall des Gesamtsystems!

So lassen sich manche vermeidbaren Probleme im engen Kontakt des Technikers mit der Klinik im guten Einvernehmen lösen, und das gegenseitige Verständnis ermöglicht optimale Bedingungen.

Literatur

7. Hartung, C.; Adler, N.: Zum technischen Kundendienst medizintechnischer Geräte aus der Sicht der Krankenhausbetreiber. Krankenhaus-Umschau (87) 20
8. Verordnung über die Sicherheit medizintechnischer Geräte (MedGV) v. 14.1.85 (BGBl. I S. 93)
9. Böckmann, R.-D.; Winter, M.: Durchführungshilfen zur Medizingeräteverordnung. Köln: TÜV Rheinland 1985
10. Zur Ergänzung der Gebrauchsanweisung für medizintechnische Geräte (Stand 87) Empfehlung der WGKT 3/87 (MHH Hannover)
11. Bruckenberger, E.: Finanzierung medizintechnischer Geräte – Beschaffung, Instandhaltung, Wiederbeschaffung. FKT (80) 333

39.2.1 Pflichten der Anwender und Betreiber

Eine der wichtigsten Schnittstellen der Krankenhaustechnik zum klinischen Alltag ist die Anwendung medizintechnischer Geräte am Patienten.

Ein medizintechnisches Gerät wird in aller Regel aus klinischer Notwendigkeit nach langwierigen Verhandlungen mit dem Geldgeber angeschafft. Mehrere Stellen sind mit der Entscheidung befaßt. Auch der Techniker hat in aller Regel wichtige Gesichtspunkte, wenn nicht für oder gegen die Anschaffung, so doch bei der Auswahl des Lieferanten, der Aufstellung und Energieversorgung und der Instandhaltung des Gerätes. Regelmäßig spielen auch Fragen des Arbeitsschutzes, der Ver- und Entsorgung etc. eine wesentliche Rolle.

Wird das Gerät geliefert, so wird es vom Hersteller an den vom Besteller autorisierten „Geräteverantwortlichen" ausgeliefert und im Rahmen einer Einweisung und Vorführung übernommen. Die Bestandsverzeichnisse werden ergänzt, auf einer neuen Karteikarte wird die Übernahme vermerkt, und das Gerät steht für die medizinische Anwendung bereit. Die Organisation der Klinik sorgt dafür, daß alle, die das Gerät benutzen sollen, in die sachgerechte Handhabung eingewiesen werden, damit der nötige Wissenstand vorhanden ist. Die Wirtschaftsabteilung disponiert den Betriebsmittelbedarf, die Technik plant die Instandhaltung anhand der Bauartzulassung.

Diese normale Art der Einführung eines neuen Gerätes geschieht leider in der Praxis nicht so reibungslos wie eben geschildert.

Ursache ist die komplizierte Organisation des Klinikbetriebes, die Informationskanäle verstopft und in der Masse der vielen Vorgänge erstickt.

Aufgrund von Sachverständigenuntersuchungen, die in der Öffentlichkeit stark diskutiert wurden, hat der Gesetzgeber als Voraussetzung für eine einheitliche Regelung erklärt, daß medizintechnische Geräte nunmehr in die Klasse der überwachungspflichtigen Anlagen (Gerätesicherheitsgesetz) fallen. Damit war der Erlaß einer Verordnung möglich, die die Pflichten von Herstellern und Betreibern solcher Geräte regeln soll. Die Medizingeräteverordnung vom 14. Jan. 1985, in Kraft getreten am 1.1.1986 (MedGV), regelt die Voraussetzungen für das Inverkehrbringen (und Ausstellen) von medizintechnischen Geräten.

Zunächst werden die Geräte je nach Gefährdungsmöglichkeit in 4 Gruppen eingeteilt:
- Gruppe 1: Geräte nach Liste in Anlage (gefährliche Geräte),
- Gruppe 2: Implantate,

– Gruppe 3: sonstige energetisch betriebene, medizintechnische Geräte,
– Gruppe 4: alle anderen medizintechnischen Geräte.

Zur Klärung von Einzelzuordnungsfragen wird ein Gerätekatalog geführt und laufend ergänzt. Im einzelnen werden für Geräte verschiedener Klassen unterschiedliche Prozeduren vorgeschrieben, deren eindeutige Zuordnung hier nicht weiter ausgeführt wird:
– Bauartzulassung nach Bauartprüfung (Gruppe 1),
– Pflicht zur Ersteinweisung durch den Hersteller gegenüber dem Gerätebeauftragten (Gruppe 1 + 3),
– Pflicht zur Führung eines Bestandsverzeichnisses (Gruppe 1 + 3),
– Pflicht zur Führung eines Gerätebuchs (Gruppe 1 + 3),
– Pflicht zu regelmäßigen sicherheitstechnischen Kontrollen (Gruppe 1 + 3),
– Pflichteinweisung aller Anwender (Gruppe 1 + 3).

Einzelfragen zur MedGV samt ihren Durchführungsverordnungen sowie den Normen und Richtlinien haben Böckmann und Winter in [9] ausführlich dargelegt.

39.3 Medizintechnische Großgeräte

39.3.1 Allgemeines

Im Rahmen der medizintechnischen Ausstattung nehmen die sogenannten Großgeräte eine Sonderstellung ein, die im wesentlichen durch deren
– hohen, spezifischen Nutzen für die Klinik,
– technische Komplexität,
– kurze technische Lebensdauer sowie
– hohe Investitions- und Betriebskosten

gekennzeichnet ist. Sicherheit, Verfügbarkeit und Wirtschaftlichkeit stehen im Vordergrund. Betreiber und Nutzer sind aus sozialpolitischen, wirtschaftlichen und medizinisch-technischen Gründen zu umsichtigem Handeln verpflichtet.

Tabelle 39.1. Medizintechnische Großgeräte [12]

Diagnosegeräte
1. Computer-Tomographen (Schädel und Ganzkörper)
2. Emissions-Computer-Tomographen
    – SPECT (Single-Photon-Emissions-Computer-Tomographen)
    – Szintigraphische Großfeldkameras (Gammakameras)
3. MR-Geräte (Kernspin-Tomographen)
4. Koronarangiographische Arbeitsplätze (Herzkathetermeßplätze)
5. DSA (Digitale Subtraktions-Angiographie)

Therapiegeräte
1. Kreisbeschleuniger
2. Tele-Kobalt-Therapiegeräte
3. Linearbeschleuniger
4. Stoßwellenlithotripter

Klärung des Bedarfs, Prüfung der Realisationsmöglichkeiten, Wirtschaftlichkeitsanalysen, eigentliche Planung, Genehmigung, Realisation und Betrieb erfordern große Fachkenntnisse, Sorgfalt, abgestimmtes Vorgehen und laufende Kontrolle.

Zu diesen zählen nach dem Hochschulbauförderungsgesetz Systeme, die mehr als 150 000 DM kosten (Tabelle 39.1). Für sie gelten die Richtlinien für den bedarfsgerechten und wirtschaftlichen Einsatz von medizinisch-technischen Großgeräten. Die Liste der Großgeräte wird regelmäßig überprüft.

39.3.2 Klärung des Bedarfs

Der Wunsch des Patienten nach bestmöglicher klinischer Leistung und der medizintechnische Fortschritt wecken Bedürfnisse und reizen zu Investitionen, die versorgungsgefährdende Ausmaße annehmen würden, wenn ihnen nicht durch verordnete Kostendämpfung sozialpolitisch begegnet würde.

Der Gerätebedarf muß anhand spezieller Bedingungen im Haus und unter regionalen Gesichtspunkten konkretisiert werden.

Bedarf im Haus für ein neues Gerätesystem kann entstehen, wenn
- eine medizinisch gestellte Indikation häufig anfällt,
- das neue Verfahren wirtschaftlicher, sicherer und patientenschonender arbeitet,
- alte Geräte ausgemustert werden müssen oder
- der Leistungskatalog ausgeweitet werden muß.

Standorte sowie wirtschaftlicher und bedarfsgerechter Einsatz von Großgeräten zwischen dem ambulanten und stationären Bereich sind mit der für die Krankenhausbedarfsplanung zuständigen Landesbehörde, dem Landesausschuß der Ärzte und Krankenkassen sowie der Krankenhausgesellschaft im Lande abzustimmen. Bei der Festlegung der Standorte für Großgeräte sollte berücksichtigt werden,
- für welche Indikationsstellung das medizintechnische Großgerät genutzt werden soll,

Tabelle 39.2. Kriterien für die ambulante und stationäre Versorgung mit medizintechnischen Großgeräten [12]

Gerätetyp	Einwohner, Gerät	Break-even Point ab Anwendungen/Jahr
CT	250 000	4000
SPECT	1 800 000	?
Gamma-Kamera	43 000...81 000	?
MR-Gerät	1 500 000	?
Koronar-Arbeitsplätze	500 000	600
DSA-Gerät	250 000	700
Tele-Kobalt Therapiegerät	500 000	500
Nierensteinzertrümmerer	4 000 000	?

- wie groß die zu versorgende Bevölkerungszahl ist,
- wie groß das für das Großgerät bestimmte, regionale, spezifische Leistungsaufkommen ist,
- wieviele Leistungen mit einem Gerät erbracht werden können,
- welche regionalen Besonderheiten, z. B. Verkehrsaufkommen, gegeben sind und
- welche Transportrisiken es für die Patienten gibt.

Für die Anschaffung, Nutzung und Mitbenutzung von medizintechnischen Geräten kommen grundsätzlich der ambulante und der stationäre Bereich in Betracht. Dabei ist von den notwendigen medizinischen Voraussetzungen auszugehen und an ihnen die Standortfrage des Großgerätes zu klären (Tabelle 39.2).

39.3.3 Planung, Kosten, Genehmigung

Grundlagenermittlung und Vorplanung sind erst abgeschlossen, wenn alle Realisationsmöglichkeiten durchdacht sind und Kostenschätzungen für andere Varianten vorliegen. Hierzu gehören überschlägige Auslegung des Gerätesystems, räumliche, funktionelle und personelle Integration genauso wie Kosten für Beschaffung, Einbindung, Betrieb und Schulung.

Ist die langfristige Wirtschaftlichkeit nachgewiesen und die Entscheidung für eine Variante in gebotener Schärfe gefallen, muß das Großgerät funktionell und technisch so beschrieben werden, daß alle Planungsbeteiligten, Nutzer, Betreiber, Fachplaner, Instanzen und in Frage kommende Lieferanten bewerten, urteilen und erforderliche Informationen übernehmen können.

Nach dem Krankenhausfinanzierungsgesetz müssen Krankenhäuser die Großgerätebeschaffung mit der zuständigen Landesbehörde abstimmen und genehmigen lassen. Diese prüft und entscheidet in Form eines Verwaltungsaktes. Die erforderlichen Genehmigungen richten sich nach Gerätetyp, Betreiber und Bundesland und sind teilweise durch spezielle Erlasse geregelt. Weitere Instanzen können der zuständige Sozialminister, die DFG, die Gewerbeaufsicht oder sachverständige -organisationen sein. Die Form der Anträge ist weitestgehend festgelegt; ihre Inhalte müssen alle zur Erteilung der Genehmigung erforderlichen Daten enthalten. Erfolgt eine Genehmigung mit Auflagen, müssen die Planungen entsprechend angepaßt und nachgereicht werden.

39.3.4 Realisation

Nach Vorliegen der Genehmigung wird die Ausführung geplant: Erstellung von Schlitz- und Durchführungsplänen, Planung der Anschlüsse für Betriebsmittel und Integration von Leistungen der Fachplaner. In dieser Phase werden oft iterative Anpassungsplanungen notwendig, weil sich zwischen Antrag und Genehmigung die Verhältnisse ändern können.

Die Schilderung zeigt auf, wie wichtig die Einschaltung eines neutralen Fachplaners ist. Die häufig praktizierte Vorgehensweise, Kosten durch Vergabe eines Planungsauftrags an die Lieferfirma einzusparen, wird in der Regel nicht empfohlen, weil dann der Wettbewerb bei Ausschreibung und Vergabe derartig kostspieliger Geräte nicht stattfindet und die häufig schwierige Integrationsplanung beim fachunkundigen Betreiber verbleibt.

Ausschreibungen sollten firmenneutral und technisch exakt sein sowie alle örtlichen Gegebenheiten enthalten. Ferner sollten vom Anbieter Zusatzinformationen verlangt werden, z. B. über Gewährleistung, Folgekosten für Servicing, Updating und Schulung, weil gerade durch die jüngsten Entwicklungen im gesetzgeberischen Bereich viele neue Pflichten auf den Betrieb zukommen. Der Hinweis auf die Medizingeräteverordnung, das Eichgesetz, das Strahlenschutzgesetz und die Röntgenverordnung, VDE-Vorschriften und DIN-Normen muß an dieser Stelle genügen.

Die Auftragsvergabe sollte sowohl unter medizintechnischen als auch betriebspraktischen Gesichtspunkten erfolgen; Einbindungskriterien wie Personalaufwand, Integration in vorhandene – auch bauliche – Systeme, Instandhaltung sowie hohe Serviceverfügbarkeit, Ergonomie, Betriebssicherheit und Umweltfreundlichkeit sind genauso wichtig wie klinische Kriterien. Es folgen dann Aufstellung, Anbindung, Leistungs- und Funktionsmessungen, Abnahmen und Verfolgen von Gewährleistungspflichten.

39.3.5 Betrieb und Instandhaltung

Obwohl technisch verschieden und unterschiedlich eingesetzt, können allgemeine Hinweise über Betrieb und Instandhaltung von Großgeräten gemacht werden.

Großgeräte können nur wirtschaftlich betrieben werden, wenn sie hoch ausgelastet sind, in der Regel mehr als 10 Stunden pro Tag. Der Personalbedarf ist entsprechend einzuplanen. Dieser Betriebsablauf hat Konsequenzen für die Instandhaltungsstrategie: vorbeugende Maßnahmen (Inspektion, Wartungen) sollten so geplant werden, daß sie außerhalb der Betriebszeit erfolgen können. Art und Ausfallverhalten der Systemkomponenten von Großgeräten lassen in der Regel eine Abwartestrategie zu, zumal mit hoher Serviceverfügbarkeit der in Frage kommenden Firmen gewöhnlich gerechnet werden kann. Diese sollte sich der Betreiber vor Kaufabschluß schriftlich bestätigen lassen. Eine Konventionalstrafe kann vereinbart werden. Wenn überhaupt, so sollen Wartungsverträge nur für Pegel- und Justagearbeiten sowie Rechnerteil nebst Peripherie, ferner Software-Updating in sinnvollen Abständen geschlossen werden. Der Abschluß einer Schwachstromversicherung wird empfohlen.

Literatur

12. Großgeräterichtlinie v. 10. 12. 1985 (BGBl. I S. 3)
13. Krankenhausfinanzierungsgesetz (KHG) v. 29. 6. 1972 (BGBl. I S. 1009), geändert durch Gesetz zur Neuordnung der Krankenhausfinanzierung v. 20. 12. 1984 (BGBl. I S. 1716)
14. Junker, E.: Strahlenschutz in kleinen und großen Krankenhäusern. Hospitech (87) 411

39.4 Technische Anlagen im Krankenhaus

Vorbemerkung:
Die Vielfalt und Komplexität der technischen Anlagen erlauben es nicht, im hier gesetzten Rahmen auf die einzelnen Probleme erschöpfend einzugehen. Deswe-

gen werden die Probleme hier nur unvollständig aufgezeigt und die Ausführungen hierzu auf Hinweise und Literaturausgaben eingeschränkt.

Kaum ein Gebäudetyp ist derart mit technischen Anlagen bestückt wie ein modernes Krankenhaus. Bevor die einzelnen Techniken angesprochen werden, ist auf die technische Betriebsführung in einem Krankenhaus hinzuweisen.

39.4.1 Betriebsführung, Leitwarten

Im modernen Krankenhaus ist die Betriebsführung zentral in einer Leitwarte zusammengefaßt, die oft mit einem Rechner zusammenarbeitet, der verschiedene Hilfsfunktionen und Routinearbeiten übernimmt: Diese Leitwarte ist gekennzeichnet durch ein Zentralsystem, an das die verschiedenen Meßstellen und Stellsysteme angeschaltet werden. Verschiedene Einrichtungen zum Ablesen, Verarbeiten und Registrieren sind vereint mit Einrichtungen, die Eingriffe in das System erlauben. Darüber hinaus sind meist noch Entscheidungshilfen installiert, die gegebenenfalls dem Bediener mit Informationen helfen. Da es sehr unterschiedliche Systeme dieser Art gibt, muß auf genormte Schnittstellen geachtet werden, sonst ist ein Austausch wegen Reparatur oder Erweiterung nicht ohne weiteres möglich. Moderne Systeme sind rechnergerecht ausgeführt und besitzen genormte Schnittstellen, um einen problemlosen Anschluß zu ermöglichen.

Das Leitsystem ermöglicht auch den Anschluß von Anlagen zur Gefahrenmeldung (Brand, etc.) und bietet organisatorische Möglichkeiten zur Betriebsführung, etwa EDV-gestützte Instandhaltung, Bestandsführung und Kostenkontrolle.

Literatur

15. Einsatz von Zentralen Leitsystemen (ZLT-G) in kleinen und mittleren Krankenhäusern. Empfehlung der WGKT 10/87 (MHH Hannover)
16. Moser, K.: Notwendigkeit von Meßeinrichtungen zur Erfassung und Überwachung des Energieeinsatzes im Krankenhaus. FKT (81) 153
17. Lang, H. V.: Energieeinsparung durch Energie-Management-Systeme – eine technisch-organisatorische Alternative, die sich rechnet. FKT (85) 238
18. Graff, K. W.: Erfassung und Vergleich von Verbrauch und Kosten für Energie und Wasser im Krankenhaus. FKT (79) 1
19. Blodau, A.: Optimierung der Energieverwendung mittels Regeleinrichtungen und zentraler Leittechnik. FKT (79) 191
19.a Krause, W.; Koch, W.; Noak, H. E.: Überwachung von haustechnischen Anlagen durch Leitsysteme und elektronische Rechnung. Heizung – Lüftung – Haustechnik, Bd. 19 (1968) 395–399
20. Graef, A.: EDV-gestützte Instandhaltung energietechnischer Anlagen. FKT (79) 309
21. Knabe, G.: Rationalisierungsmaßnahmen im Krankenhaus. FKT (85) 103
22. Plasa, D.: ZLT-G in einem 600-Betten-Krankenhaus – 4 Jahre Betriebserfahrung. Hospitech (87) 21
23. Joeschke, M.; Rouvel, L.: Mindestausstattung an Meßmöglichkeiten für den Versorgungsbereich im Krankenhaus. Hospitech (87) 115
24. Benez, H.: Probleme für Krankenhäuser? Kompatibilität von ZLT-G-Systemen. Hospitech (87) 14
25. Ellrich, M.: Zentrale Leittechnik – auch für kleinere und mittlere Krankenhäuser. FKT (83) 54

39.4.2 Anlagen zur Versorgung mit elektrischer Energie

Die Energieversorgung nimmt in der Krankenhaustechnik eine zentrale Rolle
ein. Insbesondere die Versorgung mit elektrischer Energie ist kritisch, da viele
wichtige Anlagen elektrisch betrieben werden und mit hoher Verfügbarkeit be-
triebsbereit sein müssen. Schon mittlere Krankenhäuser sind von den Elektrizi-
tätsversorgungsunternehmen her mit Starkstrom versorgt, so daß auch deshalb
besondere Sachkunde notwendig ist.

Die Betriebsführung und Handhabung und noch mehr die Schaltbefugnis
und Instandhaltung müssen besonders geschultem Personal vorbehalten bleiben,
das wegen der besonderen Gefahr, die Hochspannungsschaltanlagen mit sich
bringen, auch besonders zuverlässig sein muß.

Ausfälle in einzelnen Sektoren dürfen nicht zu generalisierten Störungen führen. Deshalb muß dem Netzschutz besondere Aufmerksamkeit gewidmet werden. Einrichtungen und geeignete Maßnahmen sind auch zur Verhinderung von
Elektrounfällen notwendig. Darüber hinaus muß beim Personal eine motivierte
Sorgfalt vorhanden sein.

Ersatzstromversorgung

Zum Schutz der Patienten und zur Aufrechterhaltung des Krankenhausbetriebs
sind technische Maßnahmen erforderlich, die eine hohe Sicherheit geben. Behördliche Vorschriften verlangen deshalb, daß wesentliche Anlagen bei Ausfall
der allgemeinen Stromversorgung weiterbetrieben werden können.

Eine besonders sichere Stromversorgung benötigen OP-Leuchten und jene
medizinisch-technischen Geräte, die der Aufrechterhaltung lebenswichtiger
Funktionen beim Patienten dienen.

Auch Defekte in Geräten und Leitungen, etwa ein Körperschluß, darf nicht
zum Abschalten der Stromversorgung führen, da ein Abschalten für den Patienten schlimme Folgen haben kann.

Ersatzstromversorgungen werden errichtet und betrieben nach den VDE-
Bestimmungen VDE 107. Die Verordnungen der Länder, z. B. die Krankenhaus-
verordnung des Landes Nordrhein-Westfalen, haben z. T. Vorrang vor den
VDE-Vorschriften.

Die AEV dient der Aufrechterhaltung der Versorgung des Krankenhauses
über längere Dauer, z. B. über 24 Stunden mit einer Übernahmezeit 15 s nach
Stromausfall. Sie erlaubt den Weiterbetrieb von Beleuchtungen der Verkehrs-
und Rettungswege und der benutzten Räume mit mindestens einer Leuchte, von
vollständigen Beleuchtungen der Räume der Gruppe 2E und der Arbeitsplätze
mit unmittelbarer Unfallgefahr, von unerläßlichen medizinisch-technischen Geräten und Laboratoriumseinrichtungen sowie der medizinischen Gasversorgung
samt Überwachungseinrichtungen; darüber hinaus erlaubt sie die Weiterversor-
gung aller Verbraucher in Räumen der Gruppe 2E, aller Aufzüge, soweit diese
weiterbetrieben werden müssen, sowie aller sicherheitstechnischen Einrichtungen.

Weitere Geräte müssen unterschiedlich verzögert zugeschaltet werden, da der Betrieb eines Krankenhauses ohne solche Anlagen über 24 Stunden nicht möglich ist:
- haustechnische Anlagen,
- Feuerlöscheinrichtungen,
- Kühlanlagen, insbesondere Tiefkühlanlagen,
- Kocheinrichtungen für die Patientenversorgung,
- Sterilisatoren,
- Wasserdruckerhöhungsanlage bei Hochhäusern.

Da die Leistung der Notstromaggregate meist nicht besonders üppig bemessen ist, muß besonders auf die fiktive Notstromleistung – das ist die Leistung, die im Augenblick von der AEV gefordert würde – geachtet werden, z. B. wenn neue Einrichtungen in die notstromberechtigten Bereiche installiert werden, oder wenn alte Anlagen durch neue, leistungsfähigere ersetzt werden.

Die BEV für lebenserhaltende Geräte soll dann schnell einspringen, wenn an den BEV-berechtigten Stromkreisen die elektrische Versorgung ausbleibt:
- Operations- und Untersuchungsleuchten in den Räumen der Gruppe 2E,
- Sonderleuchten, bei deren Ausfall Gefahr für den Patienten entstehen kann, z. B. in der Intensivpflege oder Angiographie,
- lebenserhaltende Geräte, z. B. für die Beatmung, Blutstillung, Reanimation, die Aufrechterhaltung sonstiger Körperfunktionen und die Intensivüberwachung.

Sachkundige Empfehlungen für die Installation von Ersatzstromeinrichtungen wurden von der Wissenschaftlichen Gesellschaft für Krankenhaustechnik (WGKT) kürzlich veröffentlicht:
Erzeuger, Netze und Verteilungen der Ersatzstromversorgung müssen regelmäßig Inspektionen, Wartungen und Probeläufen unterzogen werden, um die Betriebssicherheit im Notstromfall sicherzustellen.

Literatur

26. Tingler, W.: Verantwortlichkeit des technischen Leiters beim Betrieb energietechnischer Anlagen – rechtliche Konsequenzen. FKT (79) 158
27. Niebergall, H.: Abnahme und Überwachung energietechnischer Anlagen aus der Sicht des TÜV. FKT (79) 146
28. Tryzna, M.: Abnahme und Überwachung energietechnischer Anlagen aus der Sicht der Gewerbeaufsicht. FKT (79) 134
29. Schulz, N.: Abnahme und Überwachung energietechnischer Anlagen aus der Sicht des Gemeinde-Unfallversicherungsverbandes. FKT (79) 126
30. Stein, M.: Energielieferungsverträge beim Land Niedersachsen. FKT (79) 14
31. Flach, A.: Mängelbeseitigung aufgrund eines Prüfberichtes und Auswirkungen auf die Kosten. FKT (83) 276
32. Runtsch, E.: Verbesserung des Berührungsschutzes durch Verwenden von Fehlerstromschutzeinrichtungen. FKT (83) 136
33. Menges, R.: Schutzmaßnahmen in elektrischen Netzen. Hospitech (87) 84
34. Kreinberg, W.: Elektrische Schutzmaßnahmen in medizinisch genutzten Räumen. Hospitech (87) 99
35. Scheuermann, K.: Gefahren und Gefahrenschutz in elektrischen Anlagen. Hospitech (87) 108
36. Thiele, P.: Meßtechnische Überwachung und Optimierung des elektrischen Energieverbrauchs im Krankenhaus. FKT (79) 27

37. Sichere Stromversorgung im Krankenhaus. Empfehlung der WGKT 10/87 (MHH Hannover)
38. Bethge, H.-J.: Elektrische Notstromversorgung. Hospitech (87) 68
39. Scheuermann, K.: Gefahren und Gefahrenschutz in elektrischen Anlagen. Hospitech (87) 108
40. Anna, O.: Sichere Stromversorgung im Krankenhaus. Hospitech (87) 66
41. Menges, H. R.: Schutzmaßnahmen in elektrischen Netzen. Hospitech (87) 84
42. Weber, G.: Probelauf und Notbetrieb der Ersatzstromanlage. FKT (79) 74
43. Becker, H.: Ersatzstromanlagen für kleinere und mittlere Krankenhäuser. FKT (79) 67
44. Becker, H.: Praxis der Ersatzstromversorgung. Hospitech (87) 55
45. Becker, W.: Eigen- und Fremdvergabe von Instandhaltungsleistungen. Hospitech (87) 131
46. Anna, O.: WGKT-Studie: „Sichere Stromversorgung im Krankenhaus". Hospitech (87) 66
47. Anna, O.: Notstromversorgung – Handhabung. FKT (79) 262
48. Starkstromanlagen in Krankenhäusern und medizinisch genutzten Räumen außerhalb von Krankenhäusern VDE 0107/2.89
49. Hartig, F.: Kennen Sie die VDE-Bestimmung 0107? FKT (84) 249
50. Pointner, E.: Wissenswertes über neue Vorschriften für Bau und Betrieb elektrischer Anlagen im Krankenhaus. Hospitech (87) 31

39.4.3 Instandhaltung technischer Anlagen

Wesentlicher zeitlicher und organisatorischer Schwerpunkt der technischen Anstrengungen ist die Erhaltung der Verfügbarkeit der technischen Anlagen. Mittel hierzu ist die ordnungsgemäße Instandhaltung der Anlagen. Nach DIN 31051 ist Instandhaltung aufgeteilt in

- Inspektion,
- Wartung,
- Instandsetzung (Reparatur).

Erfahrungsgemäß kann man davon ausgehen, daß es wirtschaftlich ist, die Inspektion nach Möglichkeit im Hause zu erledigen. Das schafft technische Kenntnisse und Erfahrungen, die auch in Schadensfällen nützlich sind. Sie erleichtern die Sachkunde bei der Betriebsführung und helfen, manches Mißverständnis mit dem Nutzer vor Ort unproblematisch zu erledigen, da oft falsche oder unzureichende Bedienung Ursache von kleinen und großen Problemen ist. Die Erfahrung des Technikers und der Kontakt mit seinem Nutzer ist wichtiges Kapital des Betreibers.

Wartungen sind oft mit Austausch von Betriebsmitteln wie Öl oder Verschleißteilen verbunden, die, rechtzeitig disponiert, Verzögerung vermeiden. Die Übernahme der Instandhaltungsarbeiten muß von Fall zu Fall entschieden werden. Hierbei spielen wirtschaftliche Gründe die entscheidende Rolle. Dabei darf nicht vergessen werden, daß u. a. in Notfällen die Wartungsfirma nicht immer sofort zur Verfügung steht. Eine Schwachstellenanalyse hilft oft, ursächliche Probleme zu erkennen, setzt aber voraus, daß Erkenntnisse über das Systemverhalten vorliegen.

Gemessen an der erforderlichen Sicherheit und Verfügbarkeit besteht der Eindruck, daß die Instandhaltung in Krankenhäusern einen eher zu kleinen Stellenwert hat. Ein Vergleich der Instandhaltungsaufwendungen mit Industriefirmen zeigt deutliche, nicht erklärbare Defizite. Dabei ist zu bedenken, daß das Aufschieben von Instandhaltungsmaßnahmen aus nicht zwingendem Grund durchaus juristische Konsequenzen für den Verantwortlichen hat, insbesondere, wenn regelmäßige Instandhaltungsmaßnahmen in der Betriebserlaubnis festgelegt sind, wie z. B. bei medizinisch-technischen Geräten, Kesseln, Aufzügen und anderen „gefährlichen" Anlagen.

Grundlage jeder ordnungsgemäßen Instandhaltung ist eine genaue und konsequente Bestandsführung aller Anlagen. Sie muß Aufschluß geben über die individuellen Daten des Systems, seinen Lebenslauf, evtl. Änderungen und Ergänzungen, am besten auch den Betriebsmittelverbrauch und nötige Spezialwerkzeuge zur Messung oder Überprüfung. In der Regel müssen derartige Dokumentationen mit EDV-Anlagen erstellt werden, da Daten massenhaft anfallen. Die Durchführung von Instandhaltungsarbeiten erfordert ausreichende Qualifikation und Kenntnis über das Einzelgerät oder die gesamte Anlage sowie über die einschlägigen Arbeitsschutzvorschriften. Die Instandhaltungsorganisation muß deshalb die unterschiedlichen Anforderungen an Personalqualifikation berücksichtigen. Erfahrungs- oder sogar Personalaustausch der Krankenhäuser ist deshalb notwendig.

Schließlich vermittelt die genaue Planung und Bestätigung der durchgeführten Arbeiten Erkenntnisse über den Zustand der Anlagen, und so kann oft die – aus Gründen einer gewissen Vorsicht des Herstellers – überhöhte Wartungsfrequenz bewußt und zulässig herabgesetzt werden. Die Dokumentation erlaubt neben einer sauberen Planung auch den Nachweis für notwendige personelle und sachliche Aufwendungen, die sonst nicht ohne weiteres dem vorgesetzten Nichtfachmann dargelegt werden können.

Literatur

51. Hartung, C.: Gedanken zum Servicegeschehen in der Krankenhaustechnik. Krankenhaus-Umschau (87) 224
52. Becker, W.: Eigen- und Fremdvergabe von Instandhaltungsleistungen. Hospitech (87) 131
53. Anna, O.: Diagnosegeräte für die zustandsabhängige Instandhaltung – Zukunftsmusik? Hospitech (87) 276
54. Männel, W.: Wirtschaftlichkeitsvergleich von Instandhaltungsmaßnahmen. FKT (77) 16
55. Lange, E.: Rechtsvorschriften und Maßnahmen zur Instandhaltung im Krankenhaus aus der Sicht der Unfallversicherungsträger. FKT (77) 123
56. Tryzna, M.: Rechtsvorschriften und Maßnahmen zur Instandhaltung im Krankenhaus aus der Sicht der Staatl. Gewerbeaufsicht. FKT (77) 134
57. Hartung, P.: Rechnergestützte Instandhaltung. Hospitech (87) 141
58. Schultheis, D.: Brandmelde- und Feuerlöschanlagen, Prüfungen und vorbeugende Instandhaltung. Hospitech (87) 51
59. Hack, H.-J.: Instandhaltung EDV-gestützt – Anforderungen, Strukturänderungen, Bemessung und Kosten. FKT (81) 307
60. Hasskarl, H.: Mögliche rechtliche Konsequenzen nach Aufschieben einer Servicemaßnahme. Hospitech (87) 120
61. Mexis, N. D.: Schwachstellenanalyse und -Behebung zwischen Service und Technik. Hospitech (87) 159
62. Anna, O.: Diagnosegeräte für die zustandsabhängige Instandhaltung – Zukunftsmusik? Hospitech (87) 276
63. Wawra, W.: Instandhaltungsarbeiten an elektrischen Anlagen im Krankenhaus. Hospitech (87) 47
64. Hack, H.-J.; Tobias, V.: Anlagenaufnahme vor Ort! Unabdingbare Voraussetzung für die geplante Instandhaltung. Hospitech (87) 40
65. Schmitz, H.: Anleitungen zum Betrieb und zur Instandhaltung von Heizungsanlagen. FKT (82) 294

66. Back, G.: Möglichkeiten der Abwärmenutzung aus Kälteanlagen. FKT (82) 319
67. Stein, M.: Abwärmenutzung aus Kälte am Beispiel eines Krankenhauses. FKT (82) 326
68. Scheuermann, K.: Service-Maßnahmen an in Betrieb befindlichen Anlagen unter erschwerten Umfeldbedingungen. Hospitech (87) 283
69. Ellrich, M.: Zentrale Leittechnik – auch für kleinere und mittlere Krankenhäuser. FKT (83) 54
70. Frankenberger, H.; Ullrich, H.: Bedeutung weiterzuentwickelnder Kooperation und Arbeitsteilung mit den Kundendiensten der Hersteller und Lieferanten. FKT (84) 369
71. Brachetti, H.E.: Energielieferungen an Krankenhäuser aus der Sicht des Energieversorgungsunternehmens. FKT (79) 21
72. Below, K.: Betriebs- und Servicemaßnahmen zur Begrenzung der Schadstoff-Emission Ihrer Heizungsanlage. Hospitech (87) 384

39.4.4 Anlagen zur Ver- und Entsorgung

Unter der Vielfalt der technischen Anlagen seien – beispielhaft – die der Ver- und Entsorgung hervorgehoben.

Kälte und Wärme

Die Erzeugung und Verteilung von Wärme und Kälte ist herausragende Notwendigkeit. Sie bestimmt auch im wesentlichen die hohen Krankenhausenergiekosten, die die Betriebskosten belasten. Zu beachten ist hier die Betriebssicherheit, die durch regelmäßige Instandhaltung gesichert werden muß.

Literatur

73. Flaig, K.: Methoden der Wärmerückgewinnung im Krankenhaus. FKT (79) 213
74. Loewer, H.: Kälteanlagen – Arbeitsprinzipien. Konstruktion und Installation. FKT (79) 38
75. Wadzinski, H.: Kälte im Krankenhaus – Medizinischer Bereich – Küchenbereich – Klimabereich. FKT (79) 46
76. Steffen, K.: Kältetechnik bei Sonderklimaanlagen. FKT (79) 60
77. Rothmann, H.: Realistische Programmempfehlungen für Energieeinsparungsmaßnahmen im Krankenhaus. FKT (84) 74
78. Graff, K.W.: Energieverbraucher Krankenhaus – Bedarf – Verbrauch – Kosten. FKT (83) 14
79. Esdorn, H.; Schmidt, M.: Welche Energieeinsparmaßnahmen bei RLT-Anlagen im Krankenhaus sind heute realistisch? Hospitech (87) 210
80. Wiechmann, M.: Energieeinsparung und Schadstoffreduktion durch prozeßgesteuerte Wärmerückgewinnung. Hospitech (87) 145
81. Becker, W.: Modernisierung Ihrer Heizungsanlage? – Ausführungsbeispiele in Krankenhäusern. Hospitech (87) 156
82. Apel, H.: Energieflüsse im Krankenhaus: Anfall, Beurteilung, Wirtschaftlichkeit, Management. Hospitech (87) 123
83. Siebert, L.: Fernwärme- und Eigenwärmeversorgung. FKT (79) 74
84. Gäfgen, K.-H.: Schäden in Kälteanlagen – Auftreten und Abwendung. FKT (82) 342
85. Kern, M.: Vorschriften und Normen für den Betrieb von Kälteanlagen. FKT (82) 354
86. Hardt, H.J.: Vorschriften für den Betrieb und die Überwachung von Heizungsanlagen im Krankenhaus. FKT (82) 287
87. Wadzinski, H.: Kälte im Krankenhaus – Verfahren, Anforderungen, Einsatz. FKT (82) 302
88. Back, G.: Möglichkeiten der Abwärmenutzung aus Kälteanlagen. FKT (82) 319

89. Loewer, H.: Wirtschaftlichkeitsfragen zur Kälteversorgung – Möglichkeiten der Absorptionskältemaschine. FKT (82) 333
90. Stein, M.: Abwärmenutzung aus Kälte am Beispiel eines Krankenhauses. FKT (28) 326
91. Haseköster, H.: Kälteversorgung im Krankenhaus – Arbeitsprinzipien, Konstruktion, Installation, Regelung. Hospitech (87) 222
92. Kriewald, B.: Schäden in der Kälteversorgung. Hospitech (87) 232
93. Paul, J.: Kälteanlagen mit Wärmerückgewinnung. Hospitech (87) 239
94. Stichel, W.: Innen- und Außenkorrosion in Heizungsinstallationen. FKT (82) 245
95. Bitter, H.: Der wirtschaftliche Betrieb von Heizungsanlagen durch Regelung und Schaltung. FKT (82) 232
96. Brinke, R.: Schadensfälle bei Öl- und Gasfeuerungen und deren Verhütung. FKT (82) 251
97. Börner, H.: Auslegung und Betrieb von Wärmeversorgungsanlagen. FKT (82) 176
98. Greulich, H. S.: Kohle als Primärenergiebasis?
99. von Cube, H. L.: Konventionelle Heizungen im Krankenhaus – Umstellung schon heute oder erst morgen? FKT (82) 8
100. Kern, H.: Vorschriften und Normen für den Betrieb von Kälteanlagen. FKT (82) 354
101. Schindel, H.-J.: Hygiene und Kälte in Sonderbereichen des Krankenhauses. FKT (82) 348

Raumlufttechnische Anlagen (RLT)

Neben der Anpassung des Raumklimas an wechselnde Außentemperaturen werden die Klimaanlagen zur Konditionierung (Trocknung und Erwärmung) und zur Filterung der Frischluft benötigt. Insbesondere die Klimaanlagen für die Reinraumtechnik unterliegen besonderen Auflagen, da sie die Hygiene der OPs und Intensivstationen gewährleisten.

Literatur

102. Neuhaus, G.: Raumlufttechnische Anlagen. Hospitech (87) 87
103. Schad, J.: OP-Hygiene – elektrisch messen? Hospitech (87) 437
104. Schmidt, P.: Supplement: Neueste Keimzahlmessungen bei OP-Betrieb mit Stützstrahl-Zuluftdecke. Hospitech (86) 95
105. Rasmussen, K.: Gebläse in LTA – Energieeinsparung und Wirtschaftlichkeit. FKT (79) 66
106. Drescher, J.: Zur Hygiene lüftungstechnischer Anlagen im Krankenhaus. FKT (78) 1
107. Duvlis, Z.: Überprüfung lüftungstechnischer Anlagen im OP- und Intensivbereich und bakteriologische Meßmethoden. FKT (78) 4
108. Esdorn, H.: Verminderung der aerogenen Keimübertragung mit Hilfe raumlufttechnischer Anlagen. FKT (78) 7
109. Esdorn, H.; Jahn, A.: Untersuchungen zur Energie- und Kosteneinsparung in einigen Großkliniken. FKT (85) 251
110. Flaig, K.: Anpassung bestehender raumlufttechnischer Anlagen in Krankenanstalten an den heutigen Stand der Technik. FKT (78) 241
111. Rüden, H.: Unverzichtbare Forderungen des Hygienikers an die Klimatechnik. FKT (84) 112
112. Junger, D.: Strahlenschutz in kleinen und großen Krankenhäusern. Hospitech (87) 411
113. Schmidt, P.: RLT-Anlagen nach der künftigen DIN 1946, Teil 4: Anlagentechnische und betriebliche Konsequenzen. Hospitech (87) 200

DIN 1946

Hier ist besonders auf die DIN 1946 – Teil 4 hinzuweisen. Die Entwicklung wirtschaftlicher RLT-Systeme für Krankenhäuser muß sorgfältig verfolgt werden.

Literatur

114. Kraupner, K.-W.: Neufassung der DIN 1946 Teil 4 in Sicht! Zu erwartende Änderungen und sich daraus insbesondere für den Krankenhausbetreiber ergebende Konsequenzen. FKT (84) 124
115. Esdorn, H.: DIN 1946 Teil 4 – Anpassung an die veränderte Energie- und Finanzsituation wünschenswert? FKT (82) 210
116. Kraupner, K.-W.: DIN 1946 – Teil 4. Stand der derzeitigen Arbeitsausschuß-Beratung. FKT (85) 138
117. Kraupner, K.-W.: DIN 1946 Teil 4 „RLT-Anlagen in Krankenhäusern" – Veröffentlichung des Weißdruckes in Sicht. Hospitech (87) 191

Sonderprobleme

Besondere Überlegungen müssen heutzutage auch hinsichtlich der Belastung der Belüftung bei Smog und bei/nach radioaktiven Niederschlägen angestellt werden.

Literatur

118. Junker, D.: Behandlung von radioaktivem Klinikabwasser. FKT (82) 157
119. Schirmer, G.: Explosionsschutz im Krankenhaus. FKT (84) 212
120. Hartung, C.: Smog und RLT-Anlagen in Krankenhaus. Hospitech (87) 446
121. Hindricks, R.: Untersuchungen an kontaminierten Luftfiltern. Diplomarbeit FH Hannover 88

Brauchwasser

Bei Brauchwasserversorgungsanlagen können Korrosion und Inkrustierungen auftreten, die neben technischen Folgeschäden zu erhöhter Verkeimung führen können. Neben technischer Inspektion ist daher die Hygieneüberwachung dieser Anlagen wichtig.

Literatur

122. Dünnleder, W.: Warmwasserversorgung im Krankenhaus – Anlagentechnik, Energieeinsparung. FKT (79) 106
123. Scharmann, R.: Kosten- und Energieeinsparung bei wasserführenden Systemen durch Beseitigung und Verhinderung von Ablagerungen. FKT (79) 120
124. Schmitz, H.: Brauchwasser-Versorgungsanlagen für Krankenhäuser. Hospitech (87) 179
125. Stichel, W.: Korrosion in der Trinkwasserinstallation. FKT (82) 109
126. Abwasserordnung der Medizinischen Hochschule Hannover

Dampf

Die Sicherstellung der Reindampfversorgung für die Sterilisatoren und meist auch zur Befeuchtung der Zuluft in raumlufttechnischen Anlagen, oft auch für den Betrieb der Küche und Wäscherei, stellt an die Fachkunde des technischen Personals hohe Anforderungen. Bei Betriebsdampf für Heizung und WW-Bereitung kommt der Kondensatwirtschaft und den Dampferzeugern ein besonders hoher Stellenwert zu.

Literatur

127. Nienburg, K. B.: Dampfversorgung im Krankenhaus. Hospitech (87) 165
128. Wollrab, O.: Aufbereitung, Schutzschichtbildung und Korrosion in wasserführenden Systemen. Hospitech (87) 185
129. Pitzer, H.: Das Medium Dampf im Krankenhaus – Verwendung, Erzeugung, Transport. FKT (79) 319

Medizinische Gase, Druckluft und Vakuum

Die Versorgung der Stationen und Labors sowie der OPs mit medizinischen Gasen, Druckluft und Vakuum gehört zur selbstverständlichen Ausrüstung und benötigt regelmäßige Inspektion durch Fachpersonal.

Literatur

130. Wilke, H.-J.: Medizinische Gasversorgung – Gase, Druckluft, Vakuum, Anwendungsumfang – Installation – Vorschriften. FKT (79) 286
131. Schinkmann, M.: Medizinische Gasversorgung und Vakuumanlagen. Hospitech (86) 76
132. Nienburg, K. B.: Dampfversorgung Krankenhaus. Hospitech (87) 165

39.4.5 Sanitäreinrichtungen und physikalische Therapie

Sanitäreinrichtungen im Krankenhaus übernehmen weit vielfältigere Funktionen als im Privathaushalt oder in sonstigen haustechnischen Bereichen, etwa Hotels. Von der Handhabung her ist der Patient oft auf Hilfe angewiesen, oder er braucht, um sich selbst zu helfen, geeignete Einrichtungen und Hilfen. Darüber hinaus ist Hygiene besonders wichtig, da der Patient Krankheitskeime einträgt, vor denen Mitpatienten geschützt werden müssen. So wird man in der Regel mit der normalen Fachausstattung nicht auskommen.

Schon der Bau, noch mehr die Sanierung, erfordern besondere Fachkenntnisse der modernen Möglichkeiten der Systemtechnik. Das Reinigen und die notwendige Desinfektion müssen schon in diesem Stadium Berücksichtigung finden. Fachkenntnisse der mikrobiellen Kontamination und der Physik und Chemie der Desinfektion sind nötig. Das Abwasser wird nicht nur durch die Fäkalien belastet, sondern mehr noch durch die Mengen an – oft unnötig hochdosierten – Desinfektionsmitteln. Die Aufbereitung des Wassers richtet sich nach der DIN 520 und dem Merkblatt der BGA-Richtlinie „Erkennen, Verhütung und Bekämpfung von Krankenhausinfektionen".

Unter den Begriff Sanitäreinrichtungen im Krankenhaus fallen auch die Einrichtungen der physikalischen Therapie, die nicht nur Behandlungsort für Patienten, sondern auch Arbeitsplatz für das Personal sind. Etwa vorhandene Schwimmbäder stellen noch zusätzliche Anforderungen an Wasseraufbereitung und Fachaufsicht.

Literatur

133. Martiny, H.: Hygienische Anforderungen an sanitärtechnische Einrichtungen. FKT (82) 62
134. Schneider, G.: Reinigung und Desinfektion von Sanitäreinrichtungen. FKT (82) 72

135. Wawra, W.: Instandhaltung von Sanitärinstallationen – aus dem Alltag eines Technischen Betriebsleiters. FKT (82) 117
136. Bartholmess, K.: Anforderungen an die Wassereigenschaften und Verfahren der Wasseraufbereitung im Krankenhaus. FKT (82) 122
137. Scharmann, H.: Entscheidungshilfen für die Auswahl von Enthärtungs- und Entsalzungsanlagen sowie Wasserkonditionierung. FKT (82) 135
138. Clodius, C.-D.: Desinfektion und Neutralisation von Abwasser. FKT (82) 150
139. Schinlauer, Ch.: Grundsätzliches zu sanitärtechnischen Einrichtungen im Krankenhaus. FKT (82) 1
140. Knoblauch, H.-J.: Systemelemente der sanitärtechnischen Ausrüstung im Krankenhaus. FKT (82) 15
141. Zysno, E.A.; Mucha, Chr.: Therapeutische Funktionen und Sanitärtechnik aus der Sicht des Arztes. FKT (82) 80
142. Feurich, H.: Sanitärtechnik in der physikalischen Therapie. FKT (82) 88
143. Philippen, D.P.: Sanitärtechnik für Behinderte – Entwicklungen und Ausstattungsempfehlungen. FKT (82) 26
144. Fissler, J.: Sanitäre Anlagen für Alte und Behinderte – architektonische Perspektiven, dargestellt an 3 Beispielen. FKT (82) 37
145. Fissler, J.: Die Bedürfnisse behinderter Patienten als Planungsparameter bei Sanierungsmaßnahmen im Krankenhaus. FKT (85) 443
146. Haseköster, H.: Service an Kälteanlagen erfordert erhebliche Sachkunde. Hospitech (86) 243

39.4.6 Abwasserentsorgung

In diesem Zusammenhang ist auch die Abwasserentsorgung zu nennen, der insbesondere aus hygienischer und abwassertechnischer Sicht hohe Aufmerksamkeit gebührt. Die Abwässer aus Toiletten, Labors, Küchen, Wäschereien und aus Röntgenabteilungen (Entwickler und Fixierbäder) werden zusammengeführt und bilden dann ein Konglomerat, mit dem die Kläranlagen schwer fertig werden. Eine gründliche Analyse und geeignete Maßnahmen zur Entlastung helfen hier weiter. Letztendlich ist das Abwasser ein wichtiger Träger von Abfallenergie, die in geeigneten Wärmepumpensystemen nutzbar gemacht werden kann (Abwasserordnung).

Literatur

147. Schmidt-Burbach, G.M.: Abwasserentsorgung aus Krankenanstalten! Vorschriften, hygienische und chemisch-physikalische Gesichtspunkte. Hospitech (87) 332
148. Rudat, K.: Abwasserentsorgungsnetze und -anlagen im Krankenhaus. Hospitech (87) 342
149. Barniske, L.: Krankenhaus-Abfallbeseitigung – Neuordnung gesetzlicher Regelungen. FKT (84) 223
150. Junker, D.: Entsorgung radioaktiver Abfälle und Abwässer. Hospitech (87) 281
151. Boie, I.: Entsorgung fotochemischer Abwässer. Hospitech (87) 428
152. Seeber, E.: Einleitung von Krankenhausabwässern in die öffentliche Kanalisation – hygienische Parameter. FKT (82) 167
153. Gößl, N.: Wärmerückgewinnung aus Prozeßwärme, Abluft, Abfall und Müll im Krankenhaus. FKT (82) 224
154. Gülke, H.-J.: Reorganisation einer Abfallentsorgung nach Inkrafttreten der neuen BGA-Richtlinie. FKT (81) 373
155. Daniel, R.: Sterilisation von infektiösem Müll mit Hochdruckdampf im Autoklaven. FKT (79) 334

39.5 Sanierung technischer Anlagen

Nachdem in den 50er und 60er Jahren viele neue Krankenhäuser gebaut wurden, steht seit einiger Zeit die Sanierung von Krankenhäusern im Vordergrund der Überlegungen. Gründliche Planungen, an den vermutlichen Betriebsnotwendigkeiten der nächsten 50 Jahre orientiert, sind nötig, um eine sachgerechte Sanierung an Bau und technischen Anlagen zu sichern. Es wäre eine Illusion, zu erwarten, die Sanierung würde wesentlich billiger als ein neues Krankenhaus, aber sie bietet die Möglichkeit, im gewohnten Umfeld die Gesundheitsversorgung auf moderne Weise zu gewährleisten. Die Verwendung des Hauses im größeren Umfeld der Region und der sich daraus ergebende Betriebsablauf incl. der Verkehrswege (Behinderte!) sind die Grundlage der Planung. Der öffentliche Versorgungsauftrag, den das Haus übernimmt, bestimmt Art und Umfang der technischen Anlagen. Diese wiederum bestimmen Raumbedarf, Bauart, Energieversorgung und die weitergreifende technische Infrastruktur.

Oft soll der Betrieb ohne Einschränkungen weitergeführt werden, was besondere Auslagerungsplanungen nötig macht. Daher muß der Umzug der einzelnen Abteilungen genau geplant sein, um die Belegung nicht allzu sehr zu beeinträchtigen, denn die Kosten laufen weiter.

Mobile Raummodule, die alle wichtigen Einrichtungen etwa einer OP-Gruppe enthalten, sind Möglichkeiten für einen ungestörten Weiterbetrieb.

Häufiger sind Sanierungen einzelner technischer Anlagen, weil sie nicht mehr genügend leisten. Sei es, sie genügen den mengenmäßigen Anforderungen nicht mehr, sei es, die gestellten Anforderungen an moderne Methoden lassen sich nicht mehr erfüllen. Oft werden durch Veränderung gesetzlicher Vorgaben oder ähnlicher Normen Anstöße zur Sanierung gegeben.

Deshalb ist es Aufgabe der technischen Leitung eines Hauses, die Entwicklung der Vorschriftenlage zu beobachten und den Betreiber auf Defizite hinzuweisen, damit dieser die Sanierung einleiten kann, was oft mit langwierigen Finanzverhandlungen beginnt (Rationalisierung-, Ersatz- und Erweiterungsinvestitionen).

Liegen die Planungsdaten für unabdingbare Veränderungen fest, so ist zu prüfen, ob nicht wünschenswerte Veränderungen bei der Gelegenheit kostengünstig einbezogen werden sollen. Beispielsweise Maßnahmen zur Energieeinsparung, Rationalisierung, Verbesserung der Infrastruktur oder der Logistik sind Vorschläge, die der Techniker macht. Auch medizinische Notwendigkeiten, die an technischen Anlagen hängen, sollen bedacht werden, etwa die Verbesserung der Hygiene durch konsequente Trennung von reinen und unreinen Wegen.

Literatur

156. Sälzer, E.: Schallschutz im Krankenhaus. FKT (84) 205
157. Junker, D.: Strahlenschutz im Krankenhaus. FKT (84) 188
158. Stinshoff, D.: Alarmorganisation – wesentliche Komponente des vorbeugenden Brandschutzes. FKT (84) 178
159. Esser, R.: Brandmeldeanlagen – Projektierung, Installation, Instandhaltung. FKT (84) 171
160. Achilles, E.: Das brandsichere Krankenhaus, gestern – heute – morgen. FKT (75) 56
161. Mühlmeister, A.: Planung der Brandsicherheit in Großkliniken – Dargestellt am Beispiel der Zentralklinik der MHH. FKT (75) 1

162. Isterling, F.: Brandschutz und Feuersicherheit im Krankenhaus. FKT (81) 138
163. Kuczera, K.: Elektrische Kabel – ein brennendes Problem. FKT (75) 112
164. Wimmer, H. W.: Brand und Explosion in elektrischen Anlagen – Entstehung, Verhaltens-
     regeln und ihre Abwendung. FKT (83) 196
165. Knabe, G.: Rationalisierungsmaßnahmen im Krankenhaus – OP-Fertigbausysteme. FKT
     (85) 103
166. Boewer, D.: Mögliche arbeitsrechtliche Konsequenzen nach Erweiterungs- und Rationali-
     sierungsmaßnahmen. FKT (85) 349
167. Sälzer, E.: Wie können Geräusche technischer Versorgungsanlagen gemindert werden?
     Hospitech (87) 399
168. Kreienfeld, H.: Bauakustische Maßnahmen zur Vorbeugung und Verminderung von Ge-
     räuschen in der Heizungs- und Sanitärtechnik. FKT (82) 273
169. Urlaub, G.: Kompendium für Krankenhäuser derzeit relevanter und neuer Umweltschutz-
     bestimmungen. Hospitech (87) 367
170. Stinshoff, D.: Nachrichtentechnik – Kommunikationssysteme und Überwachungsanlagen.
     FKT (79) 244
171. Jenisch, R.: Energieeinsparung im Krankenhaus – Bauphysikalische Maßnahmen bei Alt-
     und Neubauten. FKT (79) 270
172. Specht, H.: Entdeckung von Wärmeverlusten durch Thermografie. FKT (79) 280
173. Gudat, H.: Mobile Raummodule für medizinische Funktionsbereiche als Überbrückung
     bei Krankenhaus-Sanierungsmaßnahmen. FKT (85) 92
174. Rakoczy, T.: Sanierungsbeispiele an Raumlufttechnischen Anlagen. FKT (85) 126
175. Schmidt, P.: Energiepolitische, wirtschaftliche und technische Aspekte bei der Sanierung
     von Raumlufttechnischen Anlagen. FKT (85) 112
176. Freymann, H.: Sanierung oder Erneuerung – Entscheidungshilfen zur Lösung eines Ziel-
     konfliktes. FKT (85) 8
177. Labryga, F.: Stellenwert von Planungsstandards bei Sanierungsmaßnahmen im Kranken-
     hausbau. FKT (85) 16
178. Wawra, W.: Umbaumaßnahmen und Krankenhausalltag-Erfahrungen eines Betriebstech-
     nikers. FKT (84) 41
179. Wischer, R.: Grenzen der baulichen Sanierung von Krankenhäusern. FKT (84) 17
180. Gudat, H.: Mobile Raummodule für medizinische Funktionsbereiche als Überbrückung
     bei Krankenhaus-Sanierungsmaßnahmen. FKT (85) 92

39.6 Organisation der technischen Abteilung

Voraussetzung für eine hohe Verfügbarkeit der technischen Einrichtungen eines Krankenhauses ist eine gut funktionierende technische Organisation. Nur die Fachkunde und Kompetenz des Technischen Leiters garantiert dem Betreiber die gewünschte hohe Verfügbarkeit für den ungestörten Bereich sowie die notwendigen Vorsorgen für den Schutz der Patienten, der Bediensteten und auch unbeteiligter Dritter (Besucher, Studenten).

Der Technische Leiter ist durch eine Vielzahl von Vorschriften in seinem Handeln bestimmt, die Mindestanforderungen festlegen, deren Nichteinhaltung im Falle eines Schadens von ihm persönlich strafrechtlich und ggf. zivilrechtlich zu vertreten ist.

Die Nichteinhaltung einer Vorschrift kann nicht mit Mangel an finanziellen Mitteln begründet werden, vielmehr ist die Realisierung der Vorschriften „unverzüglich" (d. h. ohne schuldhaften Verzug) vorzunehmen.

Aus Erfahrung kann hier festgestellt werden, daß vielfach zwingende Vorschriften in Krankenhäusern nicht eingehalten werden, weil keine Mittel zur Realisierung zur Verfügung gestellt werden. Resignation und Improvisation sind oft die Folge. Es muß klargestellt werden, daß in solchen Fällen die Verantwortung in der Regel auf den Betreiber zurückfällt, wenn er die erforderlichen angeforderten Mittel nicht rechtzeitig bereitstellt. Oft wird der Technische Leiter dann gewisse technische Möglichkeiten nicht mehr nutzen können und so den Betrieb beeinträchtigen müssen.

Es sei hier klargestellt, daß für den sicheren Betrieb eines Krankenhauses die Einhaltung aller einschlägigen Vorschriften eine unabdingbare Notwendigkeit ist, da diese den „allgemein anerkannten Stand der Technik" darstellen, der als Mindestanforderung jedem Betreiber zur Auflage gemacht ist.

Hier steht niemand ein Infragestellen zu, auch nicht dem Geldgeber. Jedoch hat der Technische Leiter initiativ die notwendigen Investitionen zu beantragen.

Die Fachkunde und Kompetenz des Technischen Leiters sind – wie ausgeführt – Basis für den einwandfreien und gefahrlosen Betrieb der technischen Anlagen. In der Regel wird eine Ausbildung an einer Hochschule entsprechender Fachrichtung, eine entsprechende Erfahrung und der Erwerb von speziellen Kenntnissen die Fachkunde gewährleisten.

Trotzdem muß der Technische Leiter sich laufend fortbilden, um sein Fachwissen auf dem Stand der Technik zu halten. Besonders Kurse in komplementären Fachgebieten und Kurse der Hersteller von technischen Anlagen legen neben dem selbstverständlichen Erfahrungsaustausch unter Kollegen und anderen interessierten Fachingenieuren die Grundlage für ein durch lebenslanges Lernen gesichertes modernes Fachwissen.

Die Delegation des Betreibers an den Technischen Leiter ist nur insoweit rechtswirksam, als der Betroffene die notwendige Fachkunde hat. Die Verweigerung einer regelmäßigen Fortbildung legt oft den Keim einer Inkompetenz zu Lasten des Betreibers und muß vermieden werden.

Die technische Abteilung unter dem Technischen Leiter ist in der Regel dem Verwaltungsleiter unterstellt, der damit die Technik in seinen Verantwortungsbereich integriert.

Die bessere Lösung, die mit zunehmendem Umfang und Komplexität unausweichlich wird, ist die Einbindung des Technischen Leiters in das Leitungsgremium und damit die direkte Verantwortung und Mitsprache der Technischen Leitung im Direktorium des Krankenhauses.

Die Organisation der technischen Abteilung, zum Beispiel in einem mittleren Krankenhaus, sollte sich nach Fachbereichen aufgliedern, mindestens müssen die Bereiche Elektrotechnik, Maschinenbau und Bauwesen kompetent durch qualifizierte Meister besetzt sein.

Eine Stabsstelle Verwaltung mit EDV-Möglichkeiten muß die Dokumentation, Planung und Auswertung der Betriebsüberwachung sowie die sonst üblichen Notwendigkeiten abdecken.

Eine Angabe des Personalbedarfs ist schwierig, da die Verhältnisse in den einzelnen Krankenhäusern bezüglich Fremdvergabe und Eigenleistung sehr verschieden sind. Eine Abschätzung in einem vernünftigen Rahmen, der als Anhalt dienen kann, hat die Fachvereinigung Krankenhaustechnik, der Berufsverband der Technischen Leiter, vorgelegt (Janßen-Studie). Derzeit ist die Wissenschaftliche Gesellschaft für Krankenhaustechnik (WGKT) bemüht, derartige Bemessungen zu vertiefen.

Besondere Notwendigkeiten erfordert die Verantwortung für die medizin-technischen Geräte: Hier werden von der MedGV explizit regelmäßige Maßnahmen zur Sicherstellung der sicheren Funktion der Geräte verlangt, die nach den Richtlinien des BMA nur durch Ingenieure oder Personen vergleichbarer Kenntnisse und Erfahrungen erledigt werden können. Das bedeutet, daß auch aus dieser Sicht nur eine qualifizierte Person die Verantwortung übernehmen kann.

Nachvollziehbare und wissenschaftlich begleitete Studien haben die Wertigkeiten der Organisationsstrukturen von technischen Abteilungen in Krankenhäusern – vorzugsweise in den Bereichen Medizintechnik – untersucht und verglichen.

Im Rahmen des Forschungsvorhabens „Technische Servicezentren – TSZ" wurden Erfahrungen mit der Einrichtung von Instandhaltungsdiensten gesammelt. Nach Abbau einiger Hindernisse und Modifikation von Vorschriften und Kommunikationstraditionen zwischen Herstellern und Krankenhäusern wird als Ergebnis eine weitgehende Eigeninstandhaltung empfohlen. Dies erfordert eine Umschichtung von Haushaltsmitteln für die Instandhaltung in Personalmittel und Sachmittel für die Ausstattung der Service-Stelle, was nicht immer leicht zu bewerkstelligen ist.

Von zunehmender praktischer Bedeutung ist die zunehmende Organisationsart der Benennung von „Beauftragten für ...". Es ist üblich, diese meist gesetzlich vorgeschriebenen Aufgabenbereiche dem Technischen Leiter zu übertragen.

Dies ist keine geeignete Methode, dem Sinn der Gesetze zu entsprechen. In der Regel sind nämlich die Beobachtungspflichten des Beauftragten als unabhängige Kontrolle vorgesehen, was sich in der Formel ausdrückt, daß der Beauftragte in der Ausführung dieser Tätigkeit weisungsfrei zu stellen ist. Nachfolgend eine Auswahl der „Beauftragten für ..."

- Unfallverhütung,
- Abfallbeseitigung,
- Strahlenschutz,
- Datenschutz,
- Umweltschutz.

Es ist also nicht nur im Interesse der Vermeidung einer Einschränkung der Arbeitskapazität des Technischen Leiters zu fordern, daß die Kontrolltätigkeiten in aller Regel durch einen Fachkundigen außerhalb des technischen Bereichs in Stabsposition wahrgenommen werden soll. Am besten ist ein geeigneter Fachmann direkt bei der Leitung des Hauses angesiedelt, wo auch die nötige Kommunikation sichergestellt ist. Auch eine Beauftragung außerbetrieblicher Stellen, etwa eine Prüfinstitution, hat sich bewährt.

Literatur

181. Ellrich, M.: Welche Qualifikation sollte das technische Personal einer technischen Abteilung im Krankenhaus haben? FKT (83) 96
182. Körtge, O.: Einbindung der Betriebstechnik in den Krankenhausbetrieb. FKT (84) 45
183. Janßen, G.: Organisation und Personalbedarf des Technischen Dienstes. FKT (84) 55
184. Kuhl, F. H.: Personalplanung und Stellenbesetzung in Zeiten knapper Kassen. FKT (85) 337
185. Rüthschilling, P.: Welche Qualifikation sollte das Personal einer Technischen Abteilung im Krankenhaus haben? FKT (83) 114

186. Ruttkowski, H.: Welche Qualifikationen sollte das Personal einer Technischen Abteilung im Krankenhaus haben? FKT (83) 108
187. Körtge, O.: Qualifikation des Personals einer Technischen Abteilung im Krankenhaus aus der Sicht Betriebstechnischer Dienste. FKT (83) 99
188. Kreysch, W.: Schnittstellen zwischen medizintechnischen und betriebstechnischen Arbeitsgruppen im Krankenhaus. FKT (84) 398
189. Albrecht, H.: Modellversuch „Technische Service-Zentren in Krankenhäusern" – Statusbericht des Projektträgers „DFVLR-Krankheitsforschung". FKT (84) 307
190. Zangemeister, C.: Organisationsanalyse: Aufbau und Entwicklung des TSZ (Abschlußbericht zur Begleituntersuchung – Teil 1). FKT (84) 320
191. Frankenberger, H.; Ullrich, H.: Bedeutung weiterzuentwickelnder Kooperation und Arbeitsteilung mit den Kundendiensten der Hersteller und Lieferanten. FKT (84) 369
192. Erfahrungsbericht eines TSZ 2 Jahre nach der Abschlußpräsentation. Hospitech (86) 220
193. Baugut, G.: Rückblickende und vorausschauende Erfolgsanalyse der TSZ (Abschlußbericht zur Begleituntersuchung – Teil 2). FKT (84) 334
194. Müller, D. H.; Schmohl, E.: Erfahrungsbericht eines geförderten TSZ. FKT (84) 362
195. Riedel, W.: Privatisierung gewisser Dienste? Hospitech (86) 299

39.7 Anhang

Fachbücher zum Thema

196.a FKT 88: Tagungsband 16. Fachtagung Krankenhaustechnik. Sicherheit, Verfügbarkeit und Wirtschaftlichkeit im Krankenhaus. Hospitech 88 Hannover
196.b Status-Kolloquium: MedGV – 4 Jahre nach Inkrafttreten, Hannover 1990
196.c Krankenhaustechnik im Jahre 2000: WGKT-Tagung in Deutscher Krankenhaustag 189, 347–396, Kohlhammer-Verlag, Düsseldorf
196.d FKT 87: Tagungsband 15. Fachtagung Krankenhaustechnik. Technische Ver- und Entsorgung im Krankenhaus. Hospitech 87 Hannover
197. FKT 86: Tagungsband 14. Fachtagung Krankenhaustechnik. Service und Technik im Krankenhaus. Hospitech Hannover 86
198. FKT 85: Tagungsband 13. Fachtagung Krankenhaustechnik: Sanierung und Erneuerung im Krankenhaus. Hannover 1985
199. FKT 84: Tagungsband 12. Fachtagung Krankenhaustechnik: Betriebstechnik und Bautechnik im Krankenhaus. Hannover 1984
200. FKT 83: Tagungsband 11. Fachtagung Krankenhaustechnik: Elektrizitätsversorgung und elektrotechnische Anlagen im Krankenhaus. Hannover 1983
201. FKT 82: Tagungsband 10. Fachtagung Krankenhaustechnik. Heizungs-, Kälte- und Sanitärtechnik im Krankenhaus. Hannover 1982
201.a FKT 81: Tagungsband 9. Fachtagung Krankenhaustechnik: Technik zentraler Dienste im Krankenhaus. Hannover 1981
202. FKT 80: Tagungsband 8. Fachtagung Krankenhaustechnik: Medizintechnische Geräte im Krankenhaus. Hannover 1980
203. FKT 79: Tagungsband 7. Fachtagung Krankenhaustechnik: Instandhaltung medizintechnischer Geräte. Hannover 1979
204. FKT 79: Tagungsband 6. Fachtagung Krankenhaustechnik: Energie im Krankenhaus. Hannover 1979
205. FKT 78: Tagungsband 5. Fachtagung Krankenhaustechnik: Klimaanlagen im Krankenhaus. Hannover 1978
206. FKT 77: Tagungsband 4. Fachtagung Krankenhaustechnik: Wirtschaftliche Instandhaltung im Krankenhaus. Hannover 1977
207. FKT 76: Tagungsband 3. Fachtagung Krankenhaustechnik: Infektiöser Müll im Krankenhaus. Hannover 1976
208. FKT 75: Tagungsband 2. Fachtagung Krankenhaustechnik: Sicherheit im Krankenhaus. Hannover 1975

209. FKT 74: Tagungsband 1. Fachtagung Krankenhaustechnik: Einsatz computergesteuerter Leitsysteme im Krankenhaus. Hannover 1974
210. American Society of Heating, Refrigerating and Air-Conditioning Engineers. ASHRAE Handbook & Product Directory 1974, Applications, New York
211. Lehrbuch der Klimatechnik, Band 1 Grundlagen. Karlsruhe: C. F. Müller 1974
212. Schlegel, H. G.: Allgem. Mikrobiologie. G. Thieme
213. Sprenger, E. (Hrsg.): Taschenbuch für Heizung und Klimatechnik einschl. Brauchwasserbereitung und Kältetechnik. 59. Ausgabe 1977–78. München: Oldenbourg 1977
214. Egyptien, H. H.; Schliephacke, J.; Siller, E.: Elektrische Anlagen und Betriebsmittel. Hrsg.: Berufsgenossenschaft der Feinmechanik und Elektrotechnik. Köln (1981) 9, 88, 95

Gesetze

215. Gesetz zur Einsparung von Energie in Gebäuden (Energieeinsparungsgesetz – EnEG). Vom 22.7.76. In: Bundesgesetzblatt, Bonn, Teil 1 (1976) Nr. 87, S. 1873 ff
216. Gesetz zur wirtschaftlichen Sicherung der Krankenhäuser und zur Regelung der Pflegesätze – Krankenhausfinanzierungsgesetz (KHG) vom 29.6.1972, BGBl. I S. 1009
217. Gesetz zur Änderung des Gesetzes zur wirtschaftlichen Sicherung der Krankenhäuser und zur Regelung der Krankenhauspflegesätze – Krankenhaus-Kostendämpfungsgesetz (KHKG) vom 22.12.1981, BGBl. I S. 1568
218. Gesetz zur wirtschaftlichen Sicherung der Krankenhäuser und zur Regelung der Krankenhauspflegesätze – KHG. Vom 29.6.1972. In: Bundesgesetzblatt, Bonn, Teil 1 (1972) Nr. 60, S. 1009–17
219. Gesetz über eine Bundesstatistik für das Hochschulwesen (Hochschulstatistikgesetz – HStatG). Vom 31.8.1971. In: Bundesgesetzblatt, Bonn, Teil 1 (1971) Nr. 91, S. 1473–77
220. Gesetz über städtebauliche Sanierungs- und Entwicklungsmaßnahmen in den Gemeinden vom 27.7.1971, BGB S. 1125
221. Gesetz über technische Arbeitsmittel vom 24. Juni 1968 in der Fassung vom 13. August 1979. BGBl I, S. 1432
222. Gesetz zum Schutz vor schädlichen Umwelteinwirkungen durch Luftverunreinigungen, Geräusche, Erschütterungen und ähnliche Vorgänge (Bundes-Immissionsschutzgesetz – BImSchG) vom 15.3.1974 (BGBl. I, S. 721, ber. S. 1193), zuletzt geändert durch Zweites Gesetz zur Änderung des Abfallbeseitigungsgesetzes vom 4.3.1982 (BGBl. I, S. 281)
223. Gesetz über die Vermeidung und Entsorgung von Abfällen (Abfallgesetz) vom 27. August 1986, Bundesgesetzblatt, Teil I, 1986
224. Gesetz über Abgaben für das Einleiten von Abwasser in Gewässer, Bundesgesundheitsblatt I, 1976, 2721
225. Gesetz zur Verhütung und Bekämpfung übertragbarer Krankheiten beim Menschen i. d. F. vom 18.12.1979; Bundesgesundheitsblatt I, S. 2262, bzw. 1980: I, S. 151
226. Gesetz über Abgaben für das Einleiten von Abwasser in Gewässer (Abwasserabgabengesetz – AbwAG) vom 5. März 1987, BGBl. I, S. 880
227. Gesetz über die Umweltverträglichkeit von Wasch- und Reinigungsmittel (Wasch- und Reinigungsmittelgesetz – WRMG) vom 20. August 1975, zuletzt geändert durch Gesetz vom 19. Dez. 1986, BGBl I, S. 2615
228. Gesetz über die Vermeidung und Entsorgung von Abfällen (Abfallgesetz AbfG), vom Juni 1972 i. d. Fassung vom 27. August 1986, BGBl. I, S. 1410
229. Gesetz zur Verhütung und Bekämpfung übertragbarer Krankheiten (Bundesseuchengesetz), i. d. Fassung vom 18. Dez. 1979, zuletzt geändert durch Gesetz vom 27. Juni 1985 BGBl I, S. 1254

Verordnungen, Richtlinien und Normen

230. Die Beseitigung von Abfällen aus Krankenhäusern, Arztpraxen und sonstigen Einrichtungen des medizinischen Bereichs – Merkblatt Nr. 8 der Zentralstelle für Abfallbeseitigung, Bundesgesetzblatt Nr. 23 vom 15.11.1974, S. 355/57

231. DIN 58990: Verbrennungsanlagen für Abfälle aus Kliniken, sonstigen Einrichtungen des Gesundheitswesens und Arztpraxen. Begriffe, Anforderungen. Febr. 1975

232. Verordnung über die Sicherheit medizinisch-technischer Geräte (Medizingeräteverordnung-MedGV) BGBl. I, S. 93, 1985

233. DIN 276, Kosten von Hochbauten. Hrsg.: Deutscher Normenausschuß, Berlin, Köln: Beuth-Vertrieb 1971. Bl. 1: Begriffe; Bl. 2: Kostengliederung; Bl. 3: Kostenermittlungen

234. DIN 277, Grundflächen und Rauminhalte von Hochbauten. Bl. 1: Begriffe, Berechnungsgrundlagen. Hrsg.: Deutscher Normenausschuß. Berlin, Köln: 1973

235. Verordnung über energiesparende Anforderungen an den Betrieb von heizungstechnischen Anlagen und Brauchwasseranlagen (Heizungsbetriebs-Verordnung – HeizBetrV). Vom 22. 8. 1978. In: Bundesgesetzblatt, Bonn, Teil 1 (1976) Nr. 87, S. 1873 ff

236. VDI 2067 (Entwurf), Bl. 1: Wirtschaftlichkeitsberechnung von Wärmeverbrauchsanlagen. Betriebstechnische und wirtschaftliche Grundlagen. Hrsg.: VDI. Düsseldorf 1974

237. VDI 2068, Meß-, Überwachungs- und Regelgeräte in heizungstechnischen Anlagen mit Wasser als Wärmeträger. Hrsg.: VDI. Düsseldorf 1974

238. VDI 2077, Heizkosten. Hrsg.: VDI. Düsseldorf 1971

239. DIN 18960, Baunutzungskosten von Hochbauten. Begriff, Kostengliederung. Teil 1. Hrsg.: Deutscher Normenausschuß, Berlin: Beuth 1976

240. Empfehlungen des Arbeitskreises „Technische Versorgung" des Zentralarchivs für Hochschulbau, Stuttgart, für den Einbau von Meßeinrichtungen zur Erfassung des Energie- und Medienverbrauchs wissenschaftlicher Hochschulen (3.76). Hrsg.: Zentralarchiv für Hochschulbau. In: Information, Stuttgart, 9 (1976) H. 33, S. 80–82

241. Energie- und Medienverbrauch in staatlichen Gebäuden. Bericht über Kosten und Verbrauch von Energie und Medien 1973. Hrsg.: Staatliche Hochbauverwaltung des Landes Baden-Württemberg. Stuttgart 1975

242. Energieverbrauch in staatlichen Gebäuden. Bericht über Kosten und Verbrauch von Energie und Wasser 1974–75. Hrsg.: Staatliche Hochbauverwaltung des Landes Baden-Württemberg. Stuttgart 1977

243. Energieverbrauchserfassung in Schleswig-Holstein 1973–1976. Verbrauch und Kosten von Energie und Wasser in landeseigenen Gebäuden. Bearb.: OFD Kiel – LVB, Betriebsüberwachungsstelle beim Landesbauamt Kiel. Hrsg.: Landesbauverwaltung Schleswig-Holstein. Kiel 1978

244. Zuordnungs-Richtlinien zum Gruppierungsplan (ZR-GPI). In: Haushaltssystematik des Landes Baden-Württemberg. Hrsg.: Fin.-Min. B.-W. Stuttgart 1972

245. Verordnung zur Regelung der Krankenhauspflegesätze (Bundespflegesatzverordnung – BPflV). Vom 25. 4. 1973. In: Bundesgesetzblatt, Bonn, Teil 1 (1973) Nr. 32, S. 333–356

246. Verordnung über die Rechnungs- und Buchführungspflichten von Krankenhäusern (Krankenhaus-Buchführungsverordnung – KHBF). In: Bundesgesetzblatt, Bonn, Teil 1 (1978) Nr. 19, S. 473–493

247. Verordnung über die Abgrenzung und die durchschnittliche Nutzungsdauer von Wirtschaftsgütern im Krankenhaus – Abgrenzungsverordnung (AbgrV) vom 5. 12. 1977, BGBl. I, S. 2355

248. Unfallverhütungsvorschrift „Kälteanlagen" (VBG 20 vom 20. 12. 1974) mit Durchführungsanweisungen vom Dezember 1977

249. Verordnung über Druckbehälter, Druckgasbehälter und Füllanlagen vom 27. 2. 1980

250. DIN 8975 Teil 1 bis Teil 2; Kälteanlagen – Sicherheitstechnische Grundsätze für Gestaltung, Ausrüstung, Aufstellung, Betreiben

251. Verordnung über Allgemeine Tarife für die Versorgung mit Elektrizität (Bundestarifordnung Elektrizität), vom 26. 11. 71, zul. 30. 1. 80 BGBl. I, S. 122

252. Brand- und Explosionsschutz in Operationseinrichtungen, Merkblatt der BG für Gesundheitsdienst und Wohlfahrtspflege, M 639 Stand 3.78

253. Elektrische Anlagen und Betriebsmittel, VBG 4, BG der Feinmechanik und Elektrotechnik, Stand 1. 4. 79

254. Richtlinien für die Vermeidung von Zündgefahren infolge elektrostatischer Aufladungen, ZH 1/200 Ausgabe 4.80

255. Verordnung über elektrische Anlagen in explosionsgefährdeten Räumen (ElexV) v. 27. 2. 1980

256. DIN 5035 Teil 5; Innenraumbeleuchtung mit künstlichem Licht, Notbeleuchtung. Dezember 1979
257. DIN 5035 Teil 3; Innenraumbeleuchtung mit künstlichem Licht. Spezielle Empfehlungen für die Beleuchtung in Krankenhäusern. Februar 1974
258. VDE 0107/6.81 (DIN 57 107); Errichten und Prüfen von elektrischen Anlagen im medizinisch genutzten Räumen
259. Merkblatt M 639, Brand- und Explosionsschutz in Operationseinrichtungen 5.77, Berufsgenossenschaft für Gesundheitsdienst und Wohlfahrtspflege
260. VDE-Bestimmungen für das Errichten von Starkstromanlagen mit Nennspannungen bis 1 000 V, VDE 0100/5.73
261. Starkstromanlagen in Krankenhäusern und medizinisch genutzten Räumen außerhalb von Krankenhäusern, VDE 0107/2.88
262. DIN 276: Kosten von Hochbauten
263. Raumlufttechnische Anlagen (VDI-Lüftungsregeln). Raumlufttechnische Anlagen in Krankenhäusern DIN 1946, Teil 4
264. Richtlinien für Bau, Betrieb und Überwachung von lüftungstechnischen Anlagen in Spitälern. Bulletin Nr. 4, Schweizerisches Krankenhausinstitut, Aarau 1975
265. DIN 4109 – Schallschutz im Hochbau – 5 Blätter. Berlin: Beuth 1962
266. DIN 4109 E – Schallschutz im Hochbau, Teile 1 bis 3, und 5 bis 7. Berlin: Beuth 1984
267. Verordnung über Betriebsbeauftragte für Abfall vom 26. Oktober 1977 (BGBl. I, S. 1913)
268. Verordnung über die Beförderung gefährlicher Güter auf der Straße (Gefahrgutverordnung Straße – GGVS) vom 23. 8. 1979 (BGBl. I, S. 1509) i. d. Fassung der Bekanntmachung vom 29. 6. 1983 (BGBl. I, S. 905)
269. Department of Health and Social Security (DHSS): Health Building Note, Hospital Design Note, Health Technical Memorandum, Health Equipment Note, London, seit 1962
270. Planungsstelle für Medizinische Universitätsbauten (PMU): Planungsgrundlagen für medizinische Forschungs- und Ausbildungsstätten, Freiburg 1977–1983
271. Hygienekommission des Bundesgesundheitsamtes: Anlagen zur „Richtlinie für die Erkennung, Verhütung und Bekämpfung von Krankenhausinfektion", Bundesgesundheitsblatt, seit 1979
272. Errichten von Starkstromanlagen in Krankenhäusern und medizinisch genutzten Räumen außerhalb von Krankenhäusern. VDE 0107/Nov. 1984 (Entwurf)
273. Errichten und Prüfen von elektrischen Anlagen in medizinisch genutzten Räumen, VDE 0107/6.81
274. Sicherheit elektromedizinischer Geräte; Allgemeine Festlegungen, DIN IEC 601 Teil 1/VDE 0750 Teil 1/5.82
275. DIN 1946, Teil 4: Raumlufttechnische Anlagen in Krankenhäusern. Ausgabe April 1978
276. Einbau von Meßgeräten zum Erfassen des Energie- und Medienverbrauches, AMEV-Empfehlung (BMf. Raumordnung, Bauwesen und Städtebau 1979)
277. DIN Taschenbuch 1969, Medizin 3, Normen über Sterilisation, Desinfektion, Sterilgutversorgung
278. Merkblatt M 011, BG Chemie: Hydrazin
279. DIN 18 024; Bauliche Maßnahmen für behinderte und alte Menschen im öffentlichen Bereich, Planungsgrundlagen; Teil 1: Straßen, Plätze und Wege. Berlin: Beuth 1974; Teil 2: Öffentlich zugängige Gebäude. Berlin: Beuth 1976
280. Verordnung über Aufzugsanlagen (Aufzugsverordnung – AufzV) vom 27. 2. 1980, BGBl. I, S. 173
281. Technische Regeln für Aufzüge, aufgestellt vom Deutschen Aufzugsausschuß, in der jeweils neuesten Fassung, veröffentlicht im Bundesarbeitsblatt Taschenbuchausgabe 1984. Köln: Carl-Heymanns-Verlag
282. Musterverträge für Instandhaltung technischer Anlagen und Einrichtungen. Hrsg.: Bundesminister für Raumordnung, Bauwesen und Städtebau, Bonn 1980. Bonn: Buch- und Offsetdruckerei E. Seidl
283. VDE 0100/5.73 (mit Änderungen), Bestimmungen für das Errichten von Starkstromanlagen mit Nennspannungen bis 1 000 V
284. VDE 0107/6.81, Bestimmungen für das Errichten elektrischer Anlagen in medizinisch genutzten Räumen

285. VDE 0108/12.79, Errichten und Betreiben von Starkstromanlagen in baulichen Anlagen für Menschenansammlungen sowie von Sicherheitsbeleuchtung in Arbeitsstätten
286. DIN VDE 0100 Teil 410/11.83, Errichten von Starkstromanlagen mit Nennspannungen bis 1 000 V, Schutzmaßnahmen, Schutz gegen gefährliche Körperströme
287. DIN VDE 0106 Teil 1/5.82; Schutz gegen elektrischen Schlag; Klassifizierung von elektrischen und elektronischen Betriebsmitteln
288. DIN VDE 0551/5.72; Bestimmungen für Sicherheitstransformatoren
289. DIN VDE 0530 Teil 1/12.84; Umlaufende elektrische Maschinen; Nennbetrieb und Kenndaten
290. DIN VDE 0510/1.77; VDE-Bestimmungen für Akkumulatoren und Batterieanlagen
291. DIN VDE 0804/1.83; Fernmeldetechnik; Herstellung und Prüfung der Geräte
292. DIN VDE 0100 Teil 540/5.86/11.83); Errichten von Starkstromanlagen mit Nennspannungen bis 1 000 V; Auswahl und Errichtung elektrischer Betriebsmittel; Erdung, Schutzleiter, Potentialausgleichsleiter
293. DIN 50930, Korrosionsverhalten von metallischen Werkstoffen gegenüber Wasser
294. Verordnung über den Schutz vor Schäden durch ionisierende Strahlen (Strahlenschutzverordnung) vom 20. Oktober 1976, Bundesgesetzblatt, Teil I, 1976
295. Merkblatt 2 zur Richtlinie für die Erkennung, Verhütung und Bekämpfung von Krankenhausinfektionen, Bundesgesundheitsamt (Hrsg.), Bundesgesundheitsblatt 19, 1976, 1 bzw. Bundesgesundheitsblatt 20, 1978, 34
296. DIN 19520 vom Mai 1964: Abwasser aus Krankenanstalten – Richtlinien für die Behandlung
297. Merkblatt: Einleitung von Krankenhausabwasser in Kanalisation oder Gewässer. Bundesgesundheitsamt (Hrsg.), Bundesgesundheitsblatt 21, Nr. 2 vom 20. 1. 1978, S. 34
298. „Durchführung der Desinfektion“, Anl. zur Ziffer 7.2. der Richtlinie für die Erkennung, Verhütung und Bekämpfung von Krankenhausinfektionen. Bundesgesundheitsblatt 23, 1980, 356. Abfallnachweis-Verordnung (AbfNachwV), 2. Juni 1978 BGBl. I, S. 668
299. DIN V 30739 Abfallbehälter für ansteckungsgefährliche Abfälle zur Verbrennung, Juli 1986
300. Erste Allgemeine Verwaltungsvorschrift zum Bundes-Immissionsgesetz (Technische Anleitung zur Reinhaltung der Luft – TA Luft) vom 27. Februar 1986, GMBl. S. 95
301. Hinweise für das Einleiten von Abwasser in eine öffentliche Abwasseranlage, Regelwerk der Abwassertechnischen Vereinigung e. V. AVT, A 115 Jan. 1983
302. Merkblatt über die Beseitigung von Abfällen aus Krankenhäusern, Arztpraxen und sonstigen Einrichtungen des medizinischen Bereichs, ZFA-Merkblatt Nr. 8, 9.1974, Bundesgesundheitsamt
303. Verordnung über das Einsammeln und Befördern von Abfällen (Abfallbeförderungs-Verordnung-AbfBefV) 24. August 1983, BGBl. I, S. 1130
304. DIN 4109 „Schallschutz im Hochbau“, 5 Blätter, 1962, 1963. Berlin: Beuth-Verlag
305. Empfehlungen der Internationalen Strahlenschutzkommission, ICRP 26, vom 17. Januar 1977. Stuttgart: Gustav Fischer 1978
306. Verordnung über den Schutz vor Schäden durch ionisierende Strahlen (Strahlenschutzverordnung) vom 20. Oktober 1976; Bundesgesetzblatt, Teil I, 1976
307. Röntgenverordnung vom 8. Januar 1987; Bundesgesetzblatt, Teil I, 1987
308. DIN 31 051 (Jan. 85) Instandhaltung, Begriffe und Maßnahmen
309. DIN 8975, Teil 1–8, Kälteanlagen, Sicherheitstechnische Grundsätze für Gestaltung, Ausrüstung, Aufstellung und Betreiben
310. VDMA-Einheitsblatt 24 176 (Sept. 80), Lufttechnische Geräte und Anlagen, Leistungsprogramm für die Inspektion
311. VDMA-Einheitsblatt 24 186, Teil 3 (April 86), Leistungsprogramm für die Wartung von lufttechnischen und anderen technischen Ausrüstungen in Gebäuden, Kälteanlagen

Sachverzeichnis